"十四五"时期国家重点出版物出版专项规划项目

新能源先进技术研究与应用系列

工业和信息化部"十四五"规划教材

# 辐射换热原理

## 热辐射特性与传输（第2版）

# Principle of radiative heat transfer
## Thermal radiative properties and transfer

余其铮　谈和平　易红亮　夏新林　编　著

U0222656

哈尔滨工业大学出版社
HARBIN INSTITUTE OF TECHNOLOGY PRESS

# 内 容 简 介

本书为适应研究生培养需要而撰写,针对国内现有传热学教材中有关辐射换热的内容,在深度和广度上进行了拓展。全书共四篇十六章。前三篇重点介绍"热辐射传输原理",包括第一篇"热辐射的基本概念与定律"(第1章至第4章),第二篇"非透明介质表面热辐射"(第5章至第7章),第三篇"半透明介质热辐射"(第8章至第13章)。第四篇"复合换热、数值计算与实验测试"(第14章至第16章)适当介绍了热辐射与导热、对流的复合换热,计算热辐射学,以及热辐射光谱特性实验测试。

本书可作为能源、动力、航空、航天、光学、机械、冶金、化工等专业领域的研究生教材和参考书,也可供相关科研人员参考使用。

**图书在版编目(CIP)数据**

辐射换热原理:热辐射特性与传输/余其铮等编著
. —2 版. —哈尔滨:哈尔滨工业大学出版社,2024.5
(新能源先进技术研究与应用系列)
ISBN 978-7-5767-1204-9

Ⅰ.①辐… Ⅱ.①余… Ⅲ.①辐射热交换—研究
Ⅳ.①TK124

中国国家版本馆 CIP 数据核字(2024)第 028252 号

策划编辑 王桂芝
责任编辑 林均豫 张永文
出版发行 哈尔滨工业大学出版社
社　　址 哈尔滨市南岗区复华四道街 10 号　邮编 150006
传　　真 0451-86414749
网　　址 http://hitpress.hit.edu.cn
印　　刷 哈尔滨市颉升高印刷有限公司
开　　本 787 mm×1 092 mm　1/16　印张 31　字数 716 千字
版　　次 2024 年 5 月第 2 版　2024 年 5 月第 1 次印刷
书　　号 ISBN 978-7-5767-1204-9
定　　价 98.00 元

# 再 版 前 言

辐射是宇宙空间和自然界的基本现象之一,太阳光就是通过辐射传输到地面的。不同的工程技术领域也常遇到有关辐射传输的问题。任何辐射源发出的射线,例如热辐射源发出的热射线和发光源发射的可见光光线,从一种介质空间进入另一种介质空间时都会出现熟知的射线透射、吸收、反射、折射等现象。发射率、透射率、吸收系数、散射系数、反射率、折射率等都是物质的辐射特性。

《辐射换热原理——热辐射特性与传输》的初版——《辐射换热原理》,是哈尔滨工业大学"热辐射特性与传输"研究团队的创始人余其铮教授在 2000 年撰写出版的,至今已有24 年。

自 2000 年以来,哈工大"热辐射特性与传输"研究团队针对我国航天、动力、能源、冶金、化工等各领域所涉及的热辐射光谱特性与传输问题进行了长期、系统的研究。

从 2017 年开始,我们就开始筹备出版《辐射换热原理》的第 2 版:对原著(第 1 版)进行全面修订,包括公式、符号等;增加思考题、习题;将热辐射领域自 2000 年以来一些较成熟的新概念、新进展、新成果和新方向补充到教材中。

"热辐射特性与传输"的研究内容一般包含"热辐射传输原理""计算热辐射学""热辐射光谱特性实验测试"以及近年来蓬勃兴起的"近场热辐射(微纳尺度热辐射)"4 部分。

本书主要介绍"热辐射传输原理"的相关内容。在初版的基础上,本书增加了以下章节:由易红亮撰写的第 4 章;由谈和平撰写的 5.6 节;由刘林华协助谈和平撰写的 8.7 节;由赵军明协助谈和平撰写的第 9 章;由董士奎协助谈和平撰写的 12.1.2 节;由董士奎、时东文协助谈和平校对增补的 12.3 节、12.4 节;由齐宏、阮立明、任亚涛协助谈和平撰写的13.1.4 节、13.2.2 节和 13.6 节;由陈学协助夏新林撰写的 14.3 节和校对增补的 14.1.5节;由易红亮撰写的第 15 章(介绍了 3 种经典的数值求解方法——区域法、离散坐标法、球谐函数法);由刘梦、艾青协助谈和平撰写的第 16 章。

此外,易红亮在其课题组博士生张煜与谢鸿飞的协助下增补了附录 A、附录 B;高包海协助谈和平增补了附录 D;帅永协助谈和平增补了附录 E。博士生原伟哲在校稿中也提出了修改意见。全书由谈和平统稿。

撰写出版《辐射换热原理——热辐射特性与传输》的目的是为工科研究生"辐射换热""高等传热学Ⅲ——热辐射"课程提供教材或参考书。

《辐射换热原理》初版,有两个显著特点:①物理概念写得比较多,重要的公式推导写得比较细;前者是为了课堂的讲授,后者是为了课后的自学;②为了方便工程技术人员在工作中参阅,特增加了部分与工程计算分析相关的内容,例如:第 7 章"工程中的表面辐射换热分析"、第 11 章"工业炉中介质辐射的工程计算"、第 12 章的 12.5 节"水蒸气、$CO_2$ 辐射特性的工程计算方法"、第 13 章的 13.5 节"工程中应用的某些粒子群理论"。而本书第 2 版保留了这两个特点。

本书在撰写过程中,得到了哈尔滨工业大学"热辐射特性与传输"研究团队的教师和学生的支持与帮助,在此表示衷心的感谢。

限于作者水平,且书中部分内容涉及热辐射特性与传输的新方向、新概念、新表述,书中难免有不足及疏漏,作者热切希望读者和同行专家提出宝贵的批评意见与建议,以便在第 3 版时扩充和修订。我们的电子信箱分别是:tanheping@hit. edu. cn,yihongliang@hit. edu. cn,xiaxl@hit. edu. cn。

作　者

**2024 年 3 月**

**于哈尔滨工业大学**

# 符 号 表

## 英文缩写

| | |
|---|---|
| BRDF | 双向反射分布函数,是波长、入射角、反射角和温度的函数 |
| BTDF | 双向透射分布函数,是波长、入射角、反射角和温度的函数 |
| DOM | 离散坐标法(discrete ordinate methods) |
| LTE | 局部热平衡(local thermal equilibrium) |
| LTNE | 局部非热平衡(local thermal non-equilibrium) |
| MCM | 蒙特卡罗法(monte-carlo method) |
| RTE | 辐射传输方程(radiantive transfer equation) |
| SHM | 球谐函数法,又称 $P_n$ 法;展开级数取 $n$ 阶,称 $P_n$ 近似 |
| STM | 半透明介质(semi-transparent materials) |

## 英文字母

| | |
|---|---|
| $A$ | 面积,$\mathrm{m}^2$ |
| $A$ | 有效谱带宽,$A = \int_{\Delta\eta} \left[ 1 - \exp(-\kappa_{a\eta} Y) \right] \mathrm{d}(\eta - \eta_0)$,$\mathrm{cm}^{-1}$ |
| $A_f$ | 计算辐射受热面积,$\mathrm{m}^2$ |
| $A_{spe}$ | 比表面积(specific surface area),$\mathrm{m}^2 \cdot \mathrm{g}^{-1}$ |
| $a$ | 热扩散率、导温系数,$a = k/(\rho c_p)$,$\mathrm{m}^2 \cdot \mathrm{s}^{-1}$ |
| $B$ | 膨胀系数;后半球散射份额($\Theta = \pi/2 \sim \pi$) |
| $B_{k,T}(\Delta\lambda_k, T)$ | 温度为 $T$ 时谱带 $\Delta\lambda_k$ 内黑体辐射占总辐射的份额,$B_{k,T}(\Delta\lambda_k, T) = \int_{\Delta\lambda_k} E_{b\lambda}(T)\mathrm{d}\lambda / \int_0^\infty E_{b\lambda}(T)\mathrm{d}\lambda$ |
| $b; \bar{b}$ | 谱线半宽;谱线平均半宽。$\mathrm{cm}^{-1}$ |
| $b_C; b_D; b_L$ | 气体碰撞(压力)增宽半宽;多普勒增宽半宽;洛伦兹增宽半宽。$\mathrm{cm}^{-1}$ |
| $C$ | 单位体积热容,$C = \rho c$,$C = \rho c_p$,$\mathrm{J} \cdot \mathrm{m}^{-3} \cdot \mathrm{K}^{-1}$ |
| $C_0$ | 为黑体辐射系数,$C_0 = 5.6703 \ \mathrm{W} \cdot \mathrm{m}^{-2} \cdot \mathrm{K}^{-4}$ |
| $C_{a\lambda}; C_{e\lambda}; C_{s\lambda}$ | 光谱吸收截面;光谱衰减截面;光谱散射截面。$\mathrm{m}^2$ |
| $c, c_p$ | 比热容;定压比热容。$\mathrm{J} \cdot \mathrm{kg}^{-1} \cdot \mathrm{K}^{-1}$ |
| $c$ | 光子或电磁波在除真空以外的介质中的速度,$c = c_0/n$,$\mathrm{m/s}$ |

$c_0$　　　　　　　光子或电磁波在真空中的速度，$c_0 = 2.997\ 924\ 58 \times 10^8$ m/s

$c_1$　　　　　　　普朗克定律关系式的第一辐射常数，$c_1 = 2\pi h c_0^2 = 3.741\ 832 \times 10^8$
　　　　　　　　　W · $\mu$m$^4$/m$^2$

$c_2$　　　　　　　普朗克定律关系式的第二辐射常数，$c_2 = hc_0/k_B = 1.438\ 8 \times 10^4$
　　　　　　　　　$\mu$m · K

$D$　　　　　　　　直径、粒子直径、相变介质的厚度，m 或 $\mu$m

$d;\bar{d}$　　　　　　谱线间距；谱线平均间距（等谱线间隔）。cm$^{-1}$

$\boldsymbol{E};E$　　　　　　电场强度向量；电场强度波的振幅

$E;E_b$　　　　　　辐射力（半球辐射力、本身辐射力）；黑体辐射力。W · m$^{-2}$

$E_n(x)$　　　　　$n$ 阶指数积分函数，$E_n(x) = \int_0^1 e^{-x/\mu} \mu^{n-2} d\mu \ (n = 0,1,2,3,\cdots)$

$E_\lambda;E_{b\lambda}$　　　　光谱辐射力（单色辐射力）；黑体光谱辐射力。W · m$^{-2}$ · $\mu$m$^{-1}$ 或
　　　　　　　　　W · m$^{-3}$

$E_\lambda(\theta,\varphi)$　　　　方向（定向）光谱辐射力，W · m$^{-2}$ · $\mu$m$^{-1}$ · sr$^{-1}$ 或 W · m$^{-3}$ · sr$^{-1}$

$E_\eta$　　　　　　以波数表示的光谱辐射力，W · m$^{-2}$ · cm$^{-1}$

$E_\nu$　　　　　　单频辐射力，W · m$^{-2}$ · Hz$^{-1}$

$E_E;E_R;E_V$　　　电子态能量；转动态能量；振动态能量。J

$F$　　　　　　　　前半球散射份额（$\Theta = 0 \sim \pi/2$）

$F_{b(0-\lambda T)};F_{\lambda_1-\lambda_2}$　黑体的相对波段辐射力；$\lambda_1$ 到 $\lambda_2$ 的波段辐射力。W · m$^{-2}$ · $\mu$m$^{-1}$

$F(\eta);F_D(\eta-\eta_0)$　谱线线型函数；下标"D"指多普勒线型，cm

$F_L(\eta-\eta_0)$　　　谱线线型函数，下标"L"指洛伦兹线型，cm

$F_V(\eta-\eta_0)$　　　谱线线型函数，下标"V"指佛奥特线型，cm

$\boldsymbol{F}$　　　　　　　多孔材料孔隙结构引起的附加动量源项，kg · m$^{-2}$ · s$^{-2}$

$f_v$　　　　　　　粒径为 $D$ 的粒子的体积百分比（粒子体积占粒子系总体积的份额）

$G$　　　　　　　　几何投影面积，对球形粒子 $G = \pi D^2/4$，m$^2$ 或 $\mu$m$^2$

$G;G_\lambda$　　　　　投射辐射力，W · m$^{-2}$；光谱投射辐射函数，W · m$^{-2}$ · $\mu$m$^{-1}$

$\boldsymbol{H};H$　　　　　　磁场强度向量；磁场强度波的振幅。C · m$^{-1}$ · s$^{-1}$

$h$　　　　　　　　普朗克常数，$h = 6.626\ 176 \times 10^{-34}$ J · s

$h;h_x;h^r$　　　　对流换热系数；局部对流换热系数；辐射换热系数。W · m$^{-2}$ · K$^{-1}$

$h_{com}$　　　　　复合换热系数，$h_{com} = -\dfrac{k}{T_\infty - T_w} \dfrac{\partial T}{\partial y}\Big|_{y=0} + \dfrac{q_w^r}{T_\infty - T_w}$，W · m$^{-2}$ · K$^{-1}$

$I;I(\theta,\varphi)$　　　　辐射强度；方向辐射强度。W · m$^{-2}$ · sr$^{-1}$

$I_\lambda$　　　　　　光谱辐射强度（以波长为单位），W · m$^{-2}$ · sr$^{-1}$ · $\mu$m$^{-1}$

| | |
|---|---|
| $I_\eta$ | 光谱辐射强度（以波数为单位），$W \cdot m^{-2} \cdot sr^{-1} \cdot \mu m$ |
| $\bar{I}_\lambda(\tau_\lambda)$ | 平均光谱投射辐射强度，$W \cdot m^{-2} \cdot sr^{-1} \cdot \mu m^{-1}$ |
| $I_{i\lambda}(\boldsymbol{\Omega}_i)$；$I_{s\lambda}(\boldsymbol{\Omega}_i)$ | 光谱入射辐射强度；光谱散射辐射强度。$W \cdot m^{-2} \cdot sr^{-1}$ |
| $I_{s\lambda}(\boldsymbol{\Omega}_i,\boldsymbol{\Omega})$ | 光谱方向散射强度，$W \cdot m^{-2} \cdot sr^{-2}$ |
| $I_{V,max}$ | 谱线中心处佛奥特线型函数的值，cm |
| $J$；$J_\lambda$ | 有效辐射力，$W \cdot m^{-2}$；光谱有效辐射力，$W \cdot m^{-2} \cdot \mu m^{-1}$ |
| $J_1$ | 一阶贝塞尔函数 |
| $j_\lambda$ | 光谱发射系数、体积光谱发射源强度，$W \cdot m^{-3} \cdot sr^{-1} \cdot \mu m^{-1}$ |
| $j_\eta$ | 光谱发射系数（以波数为自变量），$W \cdot m^{-3} \cdot sr^{-1} \cdot cm$ |
| $K$ | 介电常数，$\gamma/\gamma_0$；多孔材料的渗透率，$m^2$ |
| $k$；$k_x$ | 吸收指数（absorption index）；$x$ 方向吸收指数 |
| $k$；$k_i$；$k^r$ | 热传导率、导热系数；第 $i$ 个单元的导热系数；辐射导热系数。$W \cdot m^{-1} \cdot K^{-1}$ |
| $k_B$ | 玻尔兹曼常数，$k_B = 1.380\ 662 \times 10^{-23}\ J \cdot K^{-1}$ |
| $k_{e,f}$；$k_{e,s}$ | 流、固两相的等效导热系数，$W \cdot m^{-1} \cdot K^{-1}$ |
| $L_e$ | 射线平均行程长度、平均有效行程长度、有效辐射层厚度，m |
| $l_m$ | 平均穿透距离，m |
| $M$ | 气体分子量，$g \cdot mol$ |
| $M_b$ | 谱带模型中，介质与表面的辐射特性随波长变化划分的总谱带数 |
| $M_s$；$M_t$ | 计算域内表面的总数；控制体（内节点）的总数 |
| $m$ | 介质、粒子的复折射率，$m = n - ik$；气体分子质量，g |
| $N$；$N(r)$ | 粒子的数密度，$m^{-3}$；半径为 $r$ 的粒子数密度分布，$m^{-3} \cdot \mu m^{-1}$ |
| $n$ | 介质的折射率（单折射率、折射指数） |
| $P_e$ | $P_e = \dfrac{p}{p_0}\left[1 + (b-1)\dfrac{p_a}{p}\right]^n$（$p_0 = 1$ atm），atm |
| $p$ | 压力，Pa 或 atm |
| $Q$，$Q^r$ | 辐射热量或其他热量，当两者同时存在时，则辐射热量加上标"r"，W |
| $Q_a$；$Q_e$；$Q_s$ | 粒子的吸收因子；粒子的衰减因子；粒子的散射因子 |
| $Q_{1-2}$；$Q_{d1-d2}$ | 表面 1 对表面 2 的投射辐射；微元面 $dA_1$ 对 $dA_2$ 的投射辐射。W |
| $q$ | 辐射热流密度、热流密度、换热热流密度，$W \cdot m^{-2}$ |
| $q^+$；$q^-$ | 前向（外法向）热流密度；后向（内法向）热流密度。$W \cdot m^{-2}$ |
| $q^{cd}$；$q^{cv}$；$q^r$；$q^t$ | 导热热流密度；对流热流密度；辐射热流密度；总的热流密度。$W \cdot m^{-2}$ |

| | |
|---|---|
| $R_x$；$R_\theta$；$R_a$ | $x$ 在$[0,1]$内均匀分布的随机数；$\theta$ 在$[0,1]$内均匀分布的随机数；$\alpha$ 在$[0,1]$内均匀分布的随机数 |
| $RD_{ij}$ | 辐射传递因子 |
| $r$；$r_e$ | 半径，m；电阻率，$\Omega \cdot m$ 或 $N \cdot m^2 \cdot s \cdot C^{-2}$ |
| $\boldsymbol{S}$ | Poynting 向量，$\boldsymbol{S} = \boldsymbol{E} \times \boldsymbol{H}$ |
| $S$ | 单位面积能量传递的瞬时速率，$N \cdot m \cdot s^{-1} \cdot m^{-2}$ 或 $W \cdot m^{-2}$ |
| $S_{i,\mathrm{Line}}$ | 第 $i$ 条谱线的谱线积分强度或谱线强度，$S_{i,\mathrm{Line}} = \int_{-\infty}^{+\infty} \kappa_{a\eta,\mathrm{Line}}^i \mathrm{d}\eta$，$\mathrm{cm}^{-2}$ |
| $\bar{S}$ | 等谱线强度（平均参数），$\mathrm{cm}^{-2}$ |
| $\bar{S}$ | 平均谱线强度，$\bar{S} = \int_0^\infty SP(S)\mathrm{d}S$ |
| $\bar{S}$ | 窄谱带线强，窄谱带按线间距积分的积分吸收系数，$\bar{S} = \int_{-d} \kappa_{a\eta} \mathrm{d}\eta$ |
| $\overline{S_iS_j}$；$\overline{S_iV_j}$；$\overline{V_iV_j}$ | 面元与面元之间的总交换面积；面元与体元之间的总交换面积；体元与体元之间的总交换面积。$\mathrm{m}^2$ |
| $s$ | 辐射传递行程，m |
| $\overline{s_is_j}$；$\overline{s_iv_j}$；$\overline{v_iv_j}$ | 面元与面元之间的直接交换面积；面元与体元之间的直接交换面积；体元与体元之间的直接交换面积。$\mathrm{m}^2$ |
| $T$；$T_0$；$T_{\mathrm{rf}}$ | 温度；初始温度；参考温度。K |
| $T_a$ | $T_a = \sqrt{TT_V}$，激发速率方程中采用的平均温度 |
| $T_E$；$T_{\mathrm{elec}}$；$T_R$；$T_V$ | 电子激发温度；电子态激发温度；转动态激发温度；振动态激发温度。K |
| $T_g$；$T_{g1}$；$T_{g2}$ | 介质（气体、流体）、介质两侧环境的温度。K |
| $t$ | 时间，s |
| $u$ | 速度、流速，$\mathrm{m} \cdot \mathrm{s}^{-1}$ |
| $V$ | 体元、体积，$\mathrm{m}^3$ |
| $\nu$ | 运动黏度，$\mathrm{m}^2 \cdot \mathrm{s}^{-1}$ |
| $W$ | 有效谱线宽度，$W = \int_{\Delta\eta} 1 - \exp(-\kappa_{a\eta}^l Y)\mathrm{d}\eta$，$\mathrm{cm}^{-1}$ |
| $W_D$；$W_L$；$W_V$ | 谱线线型全线宽，$W_D$ 代表普勒谱线线型全线宽；$W_L$ 代表洛伦兹谱线线型全线宽；$W_V$ 代表佛奥特谱线线型全线宽。$\mathrm{cm}^{-1}$ |
| $W_a$；$W_{\mathrm{em}}$；$W_{\mathrm{is}}$；$W_s$ | 单位时间、单位立体角、单位体积介质吸收衰减的光谱能量；发射增强的光谱能量；散射增强的光谱能量；散射衰减的光谱能量。$\mathrm{W} \cdot \mathrm{m}^{-3} \cdot \mathrm{sr}^{-1} \cdot \mu\mathrm{m}^{-1}$ |

| $W_\lambda(s,\boldsymbol{\Omega})$ | 位置 $s$ 处沿 $\boldsymbol{\Omega}$ 方向，单位时间、单位立体角、单位体积介质获得与失去光谱能量之和，$W \cdot m^{-3} \cdot sr^{-1} \cdot \mu m^{-1}$ |
|---|---|
| $w$ | 谱带宽度参数，$cm^{-1}$ |
| $X_{1-2}$；$X_{d1-d2}$ | 表面 1 对表面 2 的角系数；微元面 $dA_1$ 对 $dA_2$ 的角系数 |
| $Y$ | 光学行程长度。若采用线性吸收系数，则 $Y$ 与几何行程长度相同，$Y=L$，单位为 $m$；若采用压力吸收系数，则 $Y=pL$，称为压力行程长度，单位为 $atm \cdot m$；若采用质量吸收系数，则 $Y=\rho L$，称为质量行程长度，单位为 $g \cdot m^{-2}$ |

**希腊字母**

| $\alpha$；$\alpha_\lambda$；$\alpha_k$ | 吸收率（吸收比）；光谱吸收率；谱带吸收率 |
|---|---|
| $\alpha$ | 谱带积分吸收系数或谱带强度，单位为 $cm^{-2}$；当 $Y=\rho_e L$ 为质量行程长度时，$\alpha$ 的单位为 $cm^2 \cdot g^{-1} \cdot cm^{-1}$ |
| $\beta$ | 谱线重叠参数（line overlap parameter），$\beta=\pi \overline{b_L}/\overline{d}$，$\overline{b_L}$ 为谱带中谱线的平均半宽，单位为 $cm^{-1}$；$\overline{d}$ 为谱线平均间隔，单位为 $cm^{-1}$ |
| $\beta$；$\beta^*$；$\beta_0^*$ | 谱线重叠参数；$\beta^*$ 为单位有效压力 $P_e$ 条件下谱线重叠参数，与温度相关；$\beta_0^*$ 为单位有效压力 $P_e$、标准温度 $T_0$ 条件下谱线重叠参数 |
| $\gamma$；$\gamma_\lambda$；$\gamma_k$ | 透射率（透射比、穿透率、穿透比）；光谱透射率；谱带透射率 |
| $\overline{\gamma}_\eta$ | $\overline{\gamma}_\eta=\exp(-W/\overline{d})$，光谱透射率 |
| $\gamma$；$\gamma_0$ | 电容率（介电常数）；真空中的电容率。$C^2 \cdot N \cdot m^{-2}$ |
| $\delta$；$\delta_{th}$ | 厚度、流动边界层厚度；热边界层厚度。$m$ |
| $\delta_{k,i}$ | 克罗内克算符 |
| $\varepsilon$；$\varepsilon_\lambda$；$\varepsilon_k$；$\varepsilon_a$ | 发射率；光谱发射率；谱带发射率；腔口视在发射率 |
| $\varepsilon(\theta,\varphi)$；$\varepsilon_\lambda(\theta,\varphi)$ | 方向发射率；光谱方向发射率 |
| $\eta$ | 方向余弦；波数，波长的倒数，即 $\eta=1/\lambda$，$cm^{-1}$ |
| $\eta_0$；$\eta_{0i}$ | 位置波数；第 $i$ 条谱线中心处的波数。$cm^{-1}$ |
| $\Theta$ | 散射角（入射方向与散射方向之间的夹角） |
| $\theta$ | 天顶角（纬度，纬度角、极角、极距角），$rad$ 或 ° |
| $\theta_i$；$\theta_r$；$\theta_s$；$\theta_t$；$\theta_c$ | 入射角；反射角；散射角；折射角；全反射临界角。$rad$ 或 ° |
| $\kappa_a$；$\kappa_e$；$\kappa_s$ | 介质的吸收系数；介质的衰减系数；介质的散射系数。$m^{-1}$ 或 $cm^{-1}$ |

| | |
|---|---|
| $\kappa_{\mathrm{a}\eta,\mathrm{Line}}$ | 光谱吸收系数,等于各个相互重叠谱线在波数处的谱线吸收系数 $\kappa_{\mathrm{a}\eta,\mathrm{Line}}^{i}$ 之和,$\mathrm{cm}^{-1}$ 或 $\mathrm{m}^{-1}$ |
| $\kappa_{\mathrm{a}\eta,\mathrm{Line}}^{i}$ | 第 $i$ 条谱线在波数 $\eta$ 处的谱线吸收系数,$\mathrm{cm}^{-1}$ 或 $\mathrm{m}^{-1}$ |
| $\kappa_{\mathrm{e}\lambda,\rho};\kappa_{\mathrm{e}\lambda,p};\kappa_{\mathrm{e}\lambda,\mu}$ | 光谱密度,$\mathrm{m}^2\cdot\mathrm{kg}^{-1}$;光谱压力,$\mathrm{Pa}^{-1}\cdot\mathrm{m}^{-1}$;光谱浓度衰减系数,$\mathrm{m}^2\cdot\mathrm{kg}^{-1}$ |
| $\overline{\kappa}_{\mathrm{ai}};\overline{\kappa}_{\mathrm{aP}};\overline{\kappa}_{\mathrm{aR}}$ | 入射平均吸收系数;普朗克平均吸收系数;罗斯兰德平均吸收系数。$\mathrm{m}^{-1}$ 或 $\mathrm{cm}^{-1}$ |
| $\overline{\kappa}_{\mathrm{a}\eta,\mathrm{NB}}$ | 正规谱带模型光谱吸收系数 $\overline{\kappa}_{\mathrm{a}\eta,\mathrm{NB}}=\overline{S}/d$,$\mathrm{m}^{-1}$ |
| $\lambda;\lambda_{\max};\lambda_{\mathrm{m}}$ | 波长;峰值波长;介质中的射线波长,$\lambda_{\mathrm{m}}=\lambda/n$。$\mu\mathrm{m}$ |
| $\mu;\mu_{\mathrm{c}}$ | $\mu=\cos\theta,\mu_{\mathrm{c}}=\cos\theta_{\mathrm{c}}$ |
| $\mu;\mu_0$ | 磁导率;真空磁导率。$\mathrm{N}\cdot\mathrm{s}^2\cdot\mathrm{C}^{-2}$ |
| $\mu$ | 浓度、质量浓度,$\mathrm{kg}\cdot\mathrm{m}^{-3}$ |
| $\mu_{\mathrm{f}}$ | 流体的动力黏度,$\mathrm{N}\cdot\mathrm{s}\cdot\mathrm{m}^{-2}$ 或 $\mathrm{Pa}\cdot\mathrm{s}$ |
| $\nu$ | 频率,$\mathrm{Hz}$;运动黏度,$\mathrm{m}\cdot\mathrm{s}^{-1}$ |
| $\xi$ | $\xi_n=\psi_n-i\eta_n$;$\psi_n,\eta_n$ 为 Ricatti 贝塞耳函数(Ricatti-Bessel) |
| $\rho;\rho_{\mathrm{f}}$ | 密度;流体的密度。$\mathrm{kg}\cdot\mathrm{m}^{-3}$ |
| $\rho_{\mathrm{e}}$ | 发射气体的密度,$\mathrm{kg}\cdot\mathrm{m}^{-3}$ |
| $\rho;\rho_\lambda;\rho_k$ | 反射率;光谱反射率;谱带反射率 |
| $\sigma$ | 黑体辐射常数,斯蒂芬—玻尔兹曼常数,$\sigma=5.6703\times10^{-8}\ \mathrm{W}\cdot\mathrm{m}^{-2}\cdot\mathrm{K}^{-4}$ |
| $\tau;\tau_0;\tau_\lambda$ | 光学厚度,$\tau=\kappa_{\mathrm{e}}x$;$\tau_0=\kappa_{\mathrm{e}}L$;$\tau_\lambda=\kappa_{\mathrm{e}\lambda}x$ |
| $\tau$ | 光学厚度,$\tau=\kappa_{\mathrm{a}}y$ |
| $\tau$ | 谱带的平均吸收系数与行程长度的乘积,$\tau=(\alpha/w)Y$ |
| $\overline{\tau}$ | 标准化光学坐标,$\overline{\tau}=\tau/\tau_L$ |
| $\tau_\Delta$ | 网格光学厚度,$\tau_\Delta=\kappa_{\mathrm{e}}\Delta s$ |
| $\Phi(\theta,\varphi),\Phi(\boldsymbol{\Omega}_{\mathrm{i}},\boldsymbol{\Omega})$ | 散射相函数 |
| $\Phi_{\mathrm{p}},\Phi_{\mathrm{p},\lambda}$ | 单个粒子的(光谱)散射相函数 |
| $\phi;\phi_{\mathrm{E}}$ | 孔隙率,$\phi=V_{\mathrm{f}}/V_{\mathrm{rev}}$;热源、内热源 |
| $\chi$ | 直径为 $D$ 的球形粒子的尺度参数,$\chi=\pi D/\lambda$ |
| $\boldsymbol{\Psi}_{\mathrm{d}}$ | 黏性耗散函数 |
| $\psi;\psi^*$ | 流函数;无因次流函数,$\psi^*(\zeta)=\dfrac{\psi}{\sqrt{\nu u_\infty x}}$ |
| $\psi_{\mathrm{E}}(\boldsymbol{\Omega},\boldsymbol{r});\psi_{\mathrm{O}}(\boldsymbol{\Omega},\boldsymbol{r})$ | 偶宇称函数;奇宇称函数 |
| $\Omega;\mathrm{d}\Omega$ | 立体角;微元立体角,$\mathrm{sr}$(球面度) |

| | |
|---|---|
| $\boldsymbol{\Omega}_i;\boldsymbol{\Omega}$ | 入射方向;散射方向 |
| $\Omega_s$ | 散射方向的立体角,sr |
| $\omega$ | 圆频率,$\omega=2\pi\nu=2\pi c/\lambda$,Hz |
| $\omega$ | 吸收、散射性介质的散射反照率(消光系数、漫射系数),$\omega=\kappa_s/(\kappa_a+\kappa_s)$ |
| $\omega_p$ | 单个粒子的散射反照率 |
| $\Upsilon$ | 散射非对称因子,单个粒子前、后半球散射份额的比率,$\Upsilon=\overline{\cos\Theta}$ |
| $\varphi$ | 圆周角(azimuthal angles),也称经度、经度角 |
| $\bar{\omega}$ | 约化频率变量 $\bar{\omega}=(\Delta s\bar{\omega})/(2\pi)$ |
| $\zeta$ | 相似变量 $\zeta=y\sqrt{\dfrac{u_\infty}{\nu x}}$ |

**下角标**

| | |
|---|---|
| 0 | 参考值、在真空中、在长度=0处 |
| 1、2 | 介质1或2,位置1或2,界面1或2 |
| $1-2;d1-d2;i-j$ | 面元1对面元2;微元面1对微元面2;面元$i$对面元$j$ |
| $/\!/;\perp$ | 平行分量;垂直分量 |
| a | 吸收;空腔口 |
| b | 黑体 |
| c | 准直 |
| diffr | 衍射 |
| $E、W、S、N、T、B$ | 东、西、南、北、上、下,代表与控制体$P$相邻的各控制体中心节点 |
| e、w、s、n、t、b | 东、西、南、北、上、下,代表控制体$P$的各边界 |
| e | 衰减 |
| em | 发射、辐射 |
| f | 流体相 |
| g | 介质,气体 |
| i | 入射、投射,如 $I_i,\theta_i$;入口,如 $T_i$ |
| $i$ | 第$i$个单元,如 $E_{/\!/,i},x_i,y_i$ |
| is | 入射导致的散射增强,如 $W_{is,\lambda}$ |
| $k$ | 谱带 $\Delta\lambda_k$,第$k$个谱带 |
| L | 洛伦兹谱线 |
| m;max | 介质,平均;最大值 |
| NB | 窄谱带模型 |

| n | 法向、法线 |
|---|---|
| o | 出射,辐射出,外侧(面向环境的表面侧),环境;出口,如 $T_o$ |
| oi | 外界(外侧)入射 |
| r | 反射,如 $E_{//,r}, E_{y,r}, \theta_r, \Phi^s_{\lambda,r}$ |
| rf | 环境参数、参考参数 |
| s | 散射;固相 |
| t | 折射,如 $E_{//,t}, E_{y,t}, \theta_t$ |
| WB | 宽谱带模型 |
| w | 壁面 |
| $\eta$ | 光谱波数 |
| $\lambda$ | 光谱波长 |
| $\nu$ | 光谱频率 |

**上角标**

| cd;cv;r;t | 导热;对流;热辐射;总的 |
|---|---|
| d | 漫反射、漫射、扩散 |
| d+s | 表面反射的能量中既含漫反射份额,又含镜反射份额 |
| f | 固有平均 |
| s | 镜面的、镜反射 |
| $v$ | 表观平均 |

**无因次参数**

| $Bi(\delta)$ | 毕渥数,$Bi(\delta) = h\delta/k$,$Bi = hS/k$,$S$ 为肋间距 |
|---|---|
| $Bo$ | 波尔兹曼数,$Bo = \rho c_p u/(n^2 \sigma T^3)$ |
| $C_F$ | Forchheimer(福希海默)系数 |
| $Ec$ | 埃克特数,$Ec = u^2/c_p T$ |
| $G^*$ | 无因次投射辐射函数,$G^* = G/(n^2 \sigma T^4_{rf})$ |
| $N_A$ | 阿伏伽德罗常数,$N_A = 6.02 \times 10^{23}$ |
| $Nu$ | 复合换热的努塞尔数,$Nu = q_w l/k(T_w - T_\infty)$ |
| $N_{ra-cd}$ | 辐射 — 导热参数,$N_{ra-cd} = k\kappa_a/(4n^2 \sigma T^3_{rf})$ |
| $Pe$ | 贝克莱数(对流贝克莱数),$Pe = ul/a = ulc_p\rho/k$ |
| $Pe^r$ | 辐射贝克莱数,$Pe^r = \dfrac{ulc_p\rho}{16n^2\sigma T^3/(3\kappa_e)}$ |
| $Pr$ | 普朗特数,$Pr = \nu/a = \mu c_p/k = \nu c_p\rho/k$ |
| $q^{r*}$ | 无因次辐射热流密度,$q^{r*} = q^r/(n^2\sigma T^4_{rf})$ |

| | |
|---|---|
| $Re$ | 雷诺数，$Re = \rho u l / \mu = u l / \nu$ |
| $t^*$；$t_s^*$ | 无因次时间，$t^* = 4\sigma T_r^3 t / (C_i L)$，$C_i$ 相同时无因次时间才有意义；无因次稳态时间 |
| $y^*$ | 无因次量，$y^* = y / \delta$ |
| $\Theta$；$\Theta_b$ | 无因次温度，$\Theta = (T - T_{rf_2}) / (T_{rf_1} - T_{rf_2})$；$\Theta_b = (T - T_{b_2}) / (T_{b_1} - T_{b_2})$ |
| $\xi$ | 无因次参数，$\xi = n^2 \sigma T^3 \kappa_e x / (\rho c_p u)$ |
| $\Psi$；$\Psi_b$；$\Psi'$ | 无因次辐射热流密度，$\Psi = \dfrac{q / n^2 \sigma}{T_1^4 - T_2^4}$，$\Psi_b = \dfrac{q / \pi}{I_{b1} - I_{b2}}$，$\Psi' = \dfrac{q}{J_1 - J_2}$ |

# 目　　录

## 第一篇　热辐射的基本概念与定律

# 第二篇　非透明介质表面热辐射

# 第三篇　半透明介质热辐射

# 第四篇　复合换热、数值计算与实验测试

# 第一篇　热辐射的基本概念与定律

# 第1章 绪 论

## 1.1 热辐射的本质与研究方法

热辐射是辐射现象的一种。人类对辐射本质的认识经历了长期的过程。在初始阶段,它和人类对可见光的认识紧密地结合在一起。17世纪末,相关的学说有牛顿(I. Newton,英国人,1643—1727)的微粒说及惠更斯(C. Huygens,荷兰人,1629—1695)的波动说。微粒说认为:光是一种完全弹性的球形微粒流,粒子不连续,沿直线传播。波动说认为:光是在弹性媒介中传递的一种连续的弹性机械波。在18世纪,微粒说占统治地位;在19世纪,发现了光的干涉、衍射和偏振等现象,这些现象是波动的特征,因而波动说占了上风。1865年,麦克斯韦(J. C. Maxwell,英国人,1831—1879)提出了电磁理论,指出可见光是电磁辐射的一种形式,更明确了光是一种波动,于是产生了辐射的波动说定义——物体以电磁波的形式向外传递能量的过程称为辐射。可见,此定义已在19世纪解释了光、热辐射现象。但是,有一些光、热辐射现象不能用波动说解释,如光电效应、黑体辐射的光谱性质等。1900年,普朗克(M. Planck,英国人,1858—1947)提出了量子假设,认为存在能量的最小单元,物体发射或吸收的能量只能是这最小单位的整倍数,因此重新提出,能量发射与吸收具有粒子性。这一假设圆满地解释了黑体辐射能量随波长的分布规律。1905年,爱因斯坦(A. Einstein,德国人,1879—1955)提出了量子理论,认为光是一束以光速运动的能量子流,这种能量子称为光子,其能量与频率成正比。这就产生了辐射粒子说的新定义——辐射是物体向外发射光子的能量传递过程。后来爱因斯坦进一步指出,光子具有波粒二象性——既有粒子性,又有波动性。从光子能量的频率与电磁波的波长两者的联系中,就可看出这两种性质的关联:

$$c_0 = \lambda \nu \tag{1.1}$$

式中 $c_0$—— 光子或电磁波在真空中的速度,$c_0 = 2.997\ 9 \times 10^8$ m/s。

根据辐射的两种定义,可以引出热辐射的两种定义:物体中粒子的热运动产生的热量转化为电磁辐射,以电磁波的形式传递的能量;物体因其温度而产生频率范围在红外波段以及更长波长的微波、可见光等,通过光子的形式传递的能量。

由热运动产生的电磁波称为热射线,其波长在 $0.3 \sim 1\ 000$ μm 范围内,主要可分为可见光及红外线两部分,如图1.1所示。真空中,可见光的波长为 $0.38 \sim 0.76$ μm,红外线的波长为 $0.76 \sim 1\ 000$ μm。红外线又可分为近红外、中红外和远红外3个区,但也存在仅分为近红外、远红外2个区的情况。以上所说的分区,并没有严格规定统一的分界线,不同的分类有不同的数值分界:紫外线与可见光的分界波长在 $0.3 \sim 0.4$ μm 间变化;可见光与红外线的分界波长在 $0.7 \sim 0.78$ μm 间变化;红外线与无线电波的分界波长在 $100 \sim 1\ 000$ μm 间变化。至于红外区内的近、中、远红外线的分界就更不统一了。此处仅介绍国际照明委员会的分类,即 $0.76 \sim 1.4\ \mu m$ 为近红外,$1.4 \sim 3\ \mu m$ 为中红外,$3 \sim 1\ 000\ \mu m$ 为远红外。

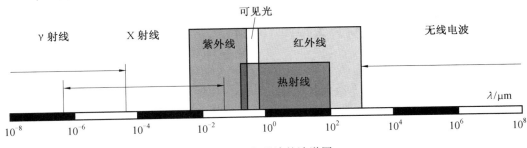

图 1.1　电磁波的波谱图

　　只要物体的温度高于 0 K,物体就会不断地把热能转变为辐射能,向外发出热射线;同时,该物体也不断地吸收周围物体投射来的热射线,并把吸收的辐射能转变成热能。辐射换热(也称辐射传热)就是指这些能量转换引起的热量交换。

　　人类对热辐射的认识虽然经过了多年的研究,但目前尚不能用一种统一的理论来描述所有的热辐射现象,其有关理论还在继续发展。目前,在热辐射现象的解释及工程应用的过程中,有时用电磁理论,有时用量子理论,所以上述两个辐射定义目前都有实用意义。

　　与热辐射的两个定义类似,辐射换热通常有两种研究方法:

　　(1)以量子力学为基础的微观方法,一般用于描述物体的发射、吸收特性。例如:热辐射的基本定律——普朗克定律的推导,物体发射及吸收光谱的解释,气体发射率及吸收率的计算等。

　　(2)基于能量守恒原理的宏观方法——输运理论,多用于热辐射能传递的研究。绝大多数的辐射换热计算都是这种方法。该方法包含了电磁理论和几何光学(实际上几何光学是电磁理论中的一种特殊情况)。但同时,该方法也可用于描述物体热辐射特性,如:用米氏电磁理论描述微粒热辐射特性,用电磁理论求固体表面的热辐射特性等。

　　辐射换热与导热、对流换热有本质的不同,具体如下。

　　(1)辐射换热过程中必定伴随着能量形式的转变。物体热辐射的发射是物体的热能转变为辐射能(电磁能),而物体热辐射的吸收则是辐射能(电磁能)转变为热能。导热与对流换热过程中就没有这种能量形式的转变。

　　(2)导热与对流换热一定要通过物体的直接接触才能进行,而辐射换热无需媒介,可以在真空中传递。这一特点使得辐射换热系统的温度场不一定是单向渐变的。它不像导热、对流换热那样,在热源处温度最高,然后逐渐下降,冷源处温度最低。进行辐射换热时有可能中间温度最低。以太阳与地球的辐射换热为例,太阳的温度很高,地球的温度较低,而它们之间的太空温度比两者都低。并且温度场还可以是不连续的,在纯辐射换热系统中,物体边界处会出现温度的跳跃。

　　(3)辐射能有方向性,一个空间点上各个方向都可能存在辐射换热,并且数值不同。

　　(4)辐射能有光谱性,它的能量是按波长分布的。

　　对流换热实质上是导热加上流体的热对流运动,在能量传递的本质上与导热相同。

所以从物理性质角度分析,热交换的基本种类可以分为两类:一类是辐射换热;一类是导热与对流换热。这就决定了这两类热交换在基本概念、基本定律、计算公式、计算方法、实验设备等方面有很大的区别。

## 1.2 热辐射发展简史

辐射换热属于技术基础学科,是传热传质学的一个分支,它随着工程技术的需要而诞生、成熟与发展。它诞生的年代可追溯到 1900 年,距今已有 120 余年的历史。

19 世纪初,科学家通过对太阳辐射的观察,发现了红外线。随后,出现了多种测量热辐射能量的仪器,科学家开始对热辐射进行定量的研究。19 世纪下半叶,西欧的钢铁、化工等重工业有了很大的发展,很多高温辐射现象引起了实验物理与理论物理界的注意,出现了比较精密的测量热辐射与高温的仪器,为热辐射的实验研究提供了有力的工具;同时,经典物理学中的热力学、光谱学、电磁学也有了足够的进展。这些都为热辐射的理论与实验研究提供了很好的基础,热辐射的几个基本定律都是在这个时期提出的。例如:

1860 年,基尔霍夫(G. R. Kirchhoff,德国人,1824—1887)在光谱试验的基础上,用热力学方法,提出了在热平衡条件下,物体的发射光谱与吸收光谱的关系,即基尔霍夫定律。

1879 年,斯忒藩(J. Stefan,奥地利人,1835—1893)总结了大量实验结果,提出黑体辐射总能量与其热力学温度的 4 次方成正比的经验公式。1884 年,玻耳兹曼(L. E. Boltzmann,奥地利人,1844—1906)用热力学原理与电磁理论证明了此公式,后此定理被称为斯忒藩 — 玻耳兹曼定理。

1893 年,维恩(W. Wien,德国人,1864—1928)基于实验数据与热力学原理,提出了辐射能量随温度和波长分布的公式,后人称作维恩分布定律;虽然此定律在长波波段的推算结果与实验数据偏差大,但由此公式可以得出峰值波长与热力学温度的关系,即维恩位移定律。

1900 年,普朗克将维恩分布定律与长波波段的实验数据结合,得出一个新的辐射能量随温度和波长分布的经验公式,此公式与众多的实验数据符合得较好。为了进一步研究该公式的理论推导,普朗克提出了能量非连续假设 —— 辐射量子假设,即:存在能量的最小单元,物体发射或吸收的能量是不连续的,只能是这最小单元的整倍数。从而得到了黑体辐射能量与发射波长、黑体温度关系的规律 —— 普朗克定律,圆满地解释了黑体辐射能量随波长的分布规律。普朗克所提出的热辐射光量子概念揭开了量子力学的序幕,并于 1914 年出版了专著 *The Theory of Heat Radiation*。

至此,描述热力学平衡状态下热辐射的基本定律全部建立。所以可以将 1900 年作为辐射换热诞生的标志年代。

20 世纪上半叶,由于工业得到发展,需要对各种高温工业炉的热辐射进行计算,因此出现了许多目前仍在广泛应用的基本概念、计算方法与理论,促进了辐射换热研究的成长。基本概念方面,有灰体、发射率(黑度)、角系数、有效辐射、吸收系数、平均射线行程长度等。计算方法方面,有角系数的代数分析法、积分法、图解法,计算辐射换热量的净热量法、射线踪迹法、区域法等。计算理论方面,有估计固体表面热辐射特性的电磁理论,以及解决某些工程专门问题的理论,如炉内换热、热辐射在通道中的传递、空腔热辐射、肋片热辐射等。这一时期还开发了多种实验设备、仪器,并进行了大量实验:在热辐射特性实验方面,研究并获得了多种固体表面的发射率、吸收率、反射率,部分气体的发射率、吸收率等参数,积累了大量热辐射特性数据;针对某些工业设备进行辐射换热实验,得出了许多满足工程需要的经验公式、经验系数、计算图表和计算方法等。

但是,这些基本概念、参数与计算方法等,主要基于实验与几何光学,和量子理论无关。这说明,虽然辐射换热理论与量子力学理论几乎同时诞生,且辐射换热理论的诞生得到了近代物理学的支撑,但由于相关的分析理论尚未成熟,还不能立即在工程技术中得到应用。这一时期是辐射换热理论的成长期,结合工程需要,利用经典物理学的基本理论,辐射换热从物理学中独立出来,成了传热学的一部分。

20 世纪中期,印度裔美籍物理学家钱德拉塞卡(S. Chandrasekhar,1983 年诺贝尔物理学奖获得者)建立了以辐射传输方程为基础的辐射传输理论,应用于大气中多重散射过程的分析,于 1950 年出版了专著 *Radiative Transfer*。该理论之后发展为参与性介质辐射换热分析的基本理论。在表面之间的辐射换热分析方面,美国加州大学伯克利分校教授奥本海默(Oppenheimer R. J.) 于 1956 年发表了 *Radiation Analysis by the Network Method*,现已成为表面辐射换热工程分析的重要基础理论。

20 世纪 60 年代是辐射换热理论的成熟期。这个时期出现的航天技术要求更精确的辐射换热计算。同时,动力、化工、仪表、机械加工等工业也对辐射换热提出了更高的要求。

辐射换热理论成熟的标志之一是出现了求气体发射率的光谱法。送航天器上天的大型火箭尾部会喷出大量的高温气体,正确预计它的热辐射特性对火箭的设计有重要的作用。由于实验设备的限制,气体的高温热辐射特性只能从低温的实验数据向高温外推。过去的解决方法是凭借科学家的经验,存在一定的主观性,显然误差很大。这一时期美国的"阿波罗计划"吸引了一些传热学专家来研究气体的热辐射,他们采用基于量子力学原理的光谱学,从理论上指导实验数据从低温向高温的外推,科学地解决了这一问题。这表明近代的辐射基础理论开始直接应用于辐射换热研究,标志着它的成熟。

辐射换热理论成熟的标志之二是出现了论述辐射换热的专著。如成书于 20 世纪 60 年代,由美国 NASA 科学家西格尔(Robert Sigel)撰写的辐射换热专著 *Thermal Radiation Heat Transfer*,目前已成为辐射换热的经典著作(已出版到第 7 版),已被引用上万次,成为引用最多的热辐射领域专著。

20 世纪 60 年代以来,热辐射研究有了很大的发展,主要表现在以下几个方面。

(1)热辐射的应用面更宽广。除动力、机械制造、建筑等传统工业外,热辐射还应用在航空航天、国防军事、信息、生物等行业,如红外信息传输、生物组织内辐射传递、空间环境中的辐射传输等。热辐射不仅是热量传递的 3 种方式之一,也是利用电磁波传递信息的一个波段。

(2)热辐射的研究扩展到了所有温度范围。过去不少人以为,辐射换热只有在高温时才需要考虑,事实上有时在常温和低温时的辐射换热也很重要。例如:在无对流的太空环境中,热辐射是主要的换热形式;常温环境下物体向平静空气散热,由于自然对流很弱,辐射换热也不能忽略不计。现对辐射换热的强度与温度水平的关系分析如下。

导热热流与对流热流,基本上均与温差的一次方成正比,如考虑变物性、自然对流等影响,温差方次可能大于 1,但通常不会趋近于 2。而辐射热流与 $T_1^4 - T_2^4$ 成正比,若考虑变物性,发射率、吸收率、吸收系数是温度的函数,则温差方次可能大于 4。下面估算一下辐射换热的强度。

令 $T_1 - T_2 = \Delta T$,则

$$T_1^4 - T_2^4 = \Delta T(T_1 + T_2)(T_1^2 + T_2^2)$$

设 $T_m$ 为平均温度,则:$T_1 + T_2 = 2T_m$,$T_1 = T_m + \Delta T/2$,$T_2 = T_m - \Delta T/2$。故有

$$T_1^2 + T_2^2 = \left(T_m + \frac{\Delta T}{2}\right)^2 + \left(T_m - \frac{\Delta T}{2}\right)^2 = 2T_m^2 + \frac{\Delta T^2}{2}$$

当 $\Delta T \to 0$ 或 $\Delta T^2 \ll T_m^2$ 时,上式 $\approx 2T_m^2$,所以

$$T_1^4 - T_2^4 = \Delta T(T_1 + T_2)(T_1^2 + T_2^2) \approx \Delta T \times 2T_m \times 2T_m^2 = \Delta T \times 4T_m^3$$

故

$$q^r \approx 4\sigma T_m^3 \Delta T = h^r \Delta T \qquad (1.2)$$

式中　　$h^r$——辐射换热系数。

若 $T_m = 300$ K,则 $h^r \approx 6$ W/(m²·K),与墙面散热的自然对流换热量级相当;若 $T_m = 2\,000$ K,则 $h^r \approx 1\,800$ W/(m²·K),与膜态沸腾换热量级相当。因此辐射换热的强度与温度水平(平均温度)的 3 次方相关。通常,以下 3 种情况都需考虑热辐射的影响:温度高;温度虽不高,但对流、导热很弱,如人体散热、房屋对流散热等;真空环境。

(3) 热辐射研究内容扩大、深入。例如:粒子辐射中的多次独立散射,浓相粒子群的非独立散射,各向异性散射,热辐射与湍流的相互作用,半透明体复合换热,热辐射多参数群反演,非平衡态气体热辐射,微尺度辐射,多维辐射换热数值计算,复杂光学界面下辐射换热等研究方向。热辐射研究与其他学科的交叉也越来越多,较突出的是与光学的交叉,此外还与电磁学、大气科学、燃烧学、信息科学等学科进行交叉。

享誉世界的著名华裔工程热物理学专家田长霖教授(1960 年入美国加利福尼亚大学伯克利分校任教,1990—1996 年任该分校校长),在辐射换热研究方面也做出了卓越贡献。他于 1958 年进入普林斯顿大学攻读博士学位,便开始从事辐射换热研究。1982—1990 年,田长霖在稠密颗粒介质辐射换热方面取得了重要成果,获得独立散射与非独立散射划分条件,这一条件成为粒子散射理论的重要组成部分。田长霖也是微纳尺度热辐射领域的开创者,在 1967 年最早公开发表了亚波长间距下电介质材料的辐射换热论文 *Effect of Small Spacings on Radiative Transfer Between Two Dielectrics*,首次研究了光子隧穿(photon tunneling)对辐射换热的增强作用。当前,随着微纳米技术的发展,微纳尺度热辐射已成为辐射换热领域的重要前沿热点研究方向。

# 1.3 本书内容介绍

辐射换热的研究可以分为 3 大部分:热辐射传输原理,热辐射光谱特性与传输的实验与测试,热辐射数值计算。本书主要介绍第 1 部分,概要性地介绍第 2、3 部分的内容。本书分为 4 篇:

第一篇为"热辐射的基本概念与定律",包含第 1 ~ 4 章,集中介绍辐射换热工程应用中的物理基础与基本定义,实际物体表面热辐射特性,以及电磁理论如何应用于估计固体表面热辐射特性。

第二篇为"非透明介质表面热辐射",它包含第 5 ~ 7 章,介绍了非透明表面漫射角系数与非漫射辐射传输因子,换热的一般计算方法及其在一些工程中应用的特点。

第三篇为介质热辐射与复合换热,它包含第 8 ~ 13 章,介绍了气体和粒子群的辐射特点、性质及其辐射换热的一般计算方法与工程应用特点,包括用光谱学理论求气体热辐射特性;用米氏电磁理论求微粒热辐射特性;用几何光学及衍射理论求大粒子热辐射特性。

第四篇为"复合换热、数值计算与实验测试",它包含第 14 ~ 16 章,介绍了辐射与导热、辐射与对流复合换热及多孔材料内的高温复合换热,还概要性地介绍了热辐射数值计算及热辐射实验与测试。

# 本章参考文献

[1] 郭奕玲,沈慧君. 物理学史[M]. 2 版. 北京:清华大学出版社,2005.

[2] 魏凤文,申先甲. 20 世纪物理学史[M]. 南昌:江西教育出版社,1996.

[3] CHANDRASEKHAR S. Radiative transfer[M]. London:Oxford University Press,1950.

[4] OPPENHEIMER J R. Radiation analysis by the network method[J]. ASME J. Heat Transfer,1956,78(4):725-735.

[5] 西格尔,豪威尔. 热辐射传热[M]. 曹玉璋,黄素逸,陆大有,等译. 2 版. 北京:科学出版社,1990.

[6] HOWELL J R,MENGUC M P,DAUN K,et al. Thermal radiation heat transfer[M]. 7th ed. Boca Raton:CRC Press,2021.

[7] 徐根兴. 目标和环境的光学特性[M]. 北京:宇航出版社,1995.

[8] 徐南荣,卞南华. 红外辐射与制导[M]. 北京:国防工业出版社,1997.

[9] 卞荫贵,徐立功. 气动热力学[M]. 合肥:中国科学技术大学出版社,1997.

[10] 李世昌. 高温辐射物理与量子辐射理论[M]. 北京:国防工业出版社,1992.

[11] 章冠人. 光子流体动力学理论基础[M]. 北京:国防工业出版社,1996.

[12] 欧阳水吾,谢中强. 高温非平衡空气绕流[M]. 北京:国防工业出版社,2001.

[13] CRAVALHO E G, TIEN C L, CAREN R P. Effect of small spacings on radiative

transfer between two dielectrics[J]. ASME J. Heat Transfer, 1967, 89(4): 351-358.

[14] БЛОХ А Г. Основы теплообмена излучением[M]. Москва:Госэнергоиздат,1962.

[15] WIEBELT J A. Engineering radiation heat transfer[M]. New York:Holt, Rinehart and Winston,1966.

[16] LOVE T J. Radiative heat transfer[M]. Columbus:Charles E. Merrill Publishing Company,1968.

[17] АДРИАНОВ В Н. Основы радиационного и сложного теплообмена[M]. Москва: Энергия,1972.

[18] OZISIK M N. Radiative transfer and interaction with conduction and convection[M]. New York:John Wiley & Sons,1973.

[19] EDWARDS D K. Radiation heat transfer notes[M]. New York:Hemisphere,1981.

[20] 斯帕罗 E M,塞斯 R D. 辐射传热[M]. 顾传保,张学学,译. 北京:高等教育出版社,1982.

[21] BOHREN C F,HUFFMAN D R. Absorption and scattering of light by small particles[M]. New York:John Wiley&Sons,Inc,1983.

[22] РУБЦОВ Н А. Теплообмен излучением в сплошных средах[M]. Новосибирск: Наука,1984.

[23] 卞伯绘. 辐射换热的分析与计算[M]. 北京:清华大学出版社,1988.

[24] 陆大有. 工程辐射传热[M]. 北京:国防工业出版社,1988.

[25] 王兴安,梅飞鸣. 辐射传热[M]. 北京:高等教育出版社,1989.

[26] 余其铮. 辐射换热基础[M]. 北京:高等教育出版社,1990.

[27] 王福恒,王嵩薇. 近代科学技术中的原子分子辐射理论[M]. 成都:成都科技大学出版社,1991.

[28] BREWSTER M Q. Thermal radiative transfer and propertis[M]. New York:John Wiley & Sons,1992.

[29] 秦裕琨. 炉内传热[M]. 2 版. 北京:机械工业出版社,1992.

[30] 孙鸿宾,殷晓静,杨晶. 辐射换热[M]. 北京:冶金工业出版社,1996.

[31] 余其铮. 辐射换热原理[M]. 哈尔滨:哈尔滨工业大学出版社,2000.

[32] 刘林华,谈和平. 梯度折射率介质内热辐射传递的数值模拟[M]. 北京:科学出版社,2006.

[33] 谈和平,夏新林,刘林华,等. 红外辐射特性与传输的数值计算:计算热辐射学[M]. 哈尔滨:哈尔滨工业大学出版社,2006.

[34] 刘林华,赵军明,谈和平. 辐射传递方程数值模拟的有限元和谱元法[M]. 北京:科学出版社,2008.

[35] DOMBROVSKY L A,BAILIS D. Thermal radiation in disperse systems:an engineering approach[M]. New York:Begell House,2010.

[36] 谈和平,易红亮. 多层介质红外热辐射传输[M]. 北京:科学出版社,2012.

[37] MODEST M F，MAZUMDER S. Radiative heat transfer[M]. 4th ed. New York：Academic Press，2022.

# 本章思考题

1.试找最近几年内,某年全年的传热学或光学方向的期刊,统计有关辐射换热的文章有多少篇? 选择其中的 2 篇,关注其研究背景、研究内容、涉及的领域以及资助部门。(提示:可请相关学科的教师推荐期刊)

2.试分析一下所熟悉的专业内,有哪些辐射换热的问题与现象?

3.读热辐射发展简史后有何体会?

# 第 2 章　黑体辐射

本章介绍理想物体——黑体,在理想条件——热力学平衡状态下的辐射基本规律,即普朗克定律,并推导由此定律派生的一些定律。普朗克定律的推导不是本书关注的内容,它属于物理学的范畴,本书主要阐述此定律在工程中的应用及在某些条件下的简化。

## 2.1　热辐射能量的表示方法

辐射能的分布是多元的,它随波长、方向、偏振以及位置、时间等维度分布。描述辐射能的这些性质,需要用不同的参量。目前对辐射换热中偏振性质的应用还不多,因为工程中除激光等少数情况外,大多数热源的性质是非偏振的。有关热辐射的偏振性在第 4 章中有叙述;若需深入了解,可参考本章参考文献[1]。本节主要介绍辐射换热中,常用的固体表面辐射能量表示方法;而对于介质辐射能量的特殊性,将在第 8 章中介绍。

### 2.1.1　半球、光谱及方向辐射能量

平面发射能量的空间范围为半球,任何微元面 $\mathrm{d}A$ 都可以视为平面,各方向辐射能量定义所依据的表面为 $\mathrm{d}A$,即本节定义各参量中的单位面积皆为除以微元面面积 $\mathrm{d}A$ 所得。

#### 1. 辐射力与光谱辐射力

辐射力(emissive power):单位时间内,$\mathrm{d}A$ 表面向半球空间发射的 $\lambda$ 为 $0 \sim \infty$ 的所有波长的辐射能量 $\mathrm{d}Q$,单位为 W。相应的单位面积的辐射能量称为半球辐射力(hemispherical emissive power),简称辐射力(emissive power)或本身辐射力,用符号 $E$ 表示,$E = \mathrm{d}Q/\mathrm{d}A$,单位为 $\mathrm{W/m^2}$。因此辐射力 $E$ 的定义可以表述为:单位时间内,单位面积向半球空间发射的所有波长的辐射能量。

光谱辐射力(spectral emissive power):设某一波长 $\lambda$ 附近的波长间隔为 $\Delta\lambda$(包含波长 $\lambda$),单位时间、单位面积向半球空间发射的 $\Delta\lambda$ 波长范围的辐射能量为 $\Delta E$,将 $\Delta E$ 与 $\Delta\lambda$ 比值的极限称为半球光谱辐射力(hemispherical spectral emissive power),简称光谱辐射力或单色辐射力。光谱辐射力用符号 $E_\lambda$ 表示,单位为 $\mathrm{W/(m^2 \cdot \mu m)}$。

$$E_\lambda = \lim_{\Delta\lambda \to 0} \frac{\Delta E}{\Delta\lambda} = \frac{\mathrm{d}E}{\mathrm{d}\lambda} \tag{2.1}$$

显然,辐射力与光谱辐射力的关系为

$$E = \int_0^\infty E_\lambda \, \mathrm{d}\lambda \tag{2.2}$$

#### 2. 辐射方向和立体角(directional angle & solid angle)

辐射能量除了光谱特性外还有方向特性。空间方向的性质常用辐射方向和立体角

（solid angle）表示,有时也用向量表示。直角坐标系中,设有一半球,半径为 $r$,在基圆中心有一微元面 $\mathrm{d}A$,如图 2.1 所示。微元面发射一微元束能量,微元束的中心轴表示此发射方向,该方向用方向角 $\theta$ 和 $\varphi$ 表示。$\theta$ 角是该方向中心轴与面 $\mathrm{d}A$ 的法线（$z$ 坐标轴）的夹角,称为天顶角（zenith angle）,也称纬度、纬度角或极距角。$\varphi$ 角是中心轴在基圆上的投影线与 $x$ 坐标轴的夹角,称为圆周角（azimuthal angle）,也称经度或经度角。该束能量所占空间范围用微元立体角 $\mathrm{d}\Omega$ 表示。立体角的大小用被该空间范围切割的球面面积 $\mathrm{d}A_\mathrm{s}$ 除以球半径 $r$ 的平方来表示,单位为球面度 sr,即

$$\mathrm{d}\Omega = \frac{\mathrm{d}A_\mathrm{s}}{r^2} = \frac{r\sin\theta\mathrm{d}\varphi \cdot r\mathrm{d}\theta}{r^2} = \sin\theta\mathrm{d}\theta\mathrm{d}\varphi \tag{2.3}$$

半球空间的立体角大小为 $2\pi r^2/r^2 = 2\pi$,通常用 $\Omega = 2\pi$ 表示半球空间。

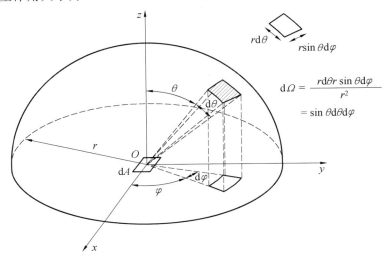

图 2.1　辐射方向角和立体角

### 3. 方向辐射力与方向光谱辐射力

方向辐射力（directional emissive power）:在单位时间、单位面积向（$\theta,\varphi$）方向 $\Delta\Omega$ 立体角内发射的 $\lambda$ 为 $0 \sim \infty$ 的所有波长的总能量为 $\Delta E$,将 $\Delta E$ 与 $\Delta\Omega$ 比值的极限称为方向辐射力 $E(\theta,\varphi)$,单位为 W/(m$^2$ · sr）,定义式为

$$E(\theta,\varphi) = \lim_{\Delta\Omega \to 0} \frac{\Delta E}{\Delta\Omega} = \frac{\mathrm{d}E}{\mathrm{d}\Omega} \tag{2.4}$$

显然,辐射力与方向辐射力的关系为

$$E = \int_{\Omega=2\pi} E(\theta,\varphi)\mathrm{d}\Omega \tag{2.5}$$

方向光谱辐射力（directional spectral emissive power）:在单位时间、单位面积向（$\theta,\varphi$）方向上 $\Delta\Omega$ 立体角内发射的 $\Delta\lambda$ 波长范围的辐射能量为 $\Delta E$,将 $\Delta E$ 与 $\Delta\lambda$ 及 $\Delta\Omega$ 比值的极限称为方向光谱辐射力,也可称为方向单色辐射力,用符号 $E_\lambda(\theta,\varphi)$ 表示,单位为 W/(m$^2$ · sr · $\mu$m）。即

$$E_\lambda(\theta,\varphi) = \lim_{\Delta\lambda \to 0}\left[\left(\lim_{\Delta\Omega \to 0} \frac{\Delta E}{\Delta\Omega}\right)\frac{1}{\Delta\lambda}\right] = \frac{\mathrm{d}}{\mathrm{d}\lambda}E(\theta,\varphi) = \frac{\mathrm{d}E(\theta,\varphi)}{\mathrm{d}\lambda} \tag{2.6}$$

显然,方向辐射力与方向光谱辐射力的关系为

$$E(\theta,\varphi) = \int_0^\infty E_\lambda(\theta,\varphi)\mathrm{d}\lambda \tag{2.7}$$

则辐射力与方向光谱辐射力的关系为

$$E = \int_{\Omega=2\pi} E(\theta,\varphi)\mathrm{d}\Omega = \int_{\Omega=2\pi}\int_0^\infty E_\lambda(\theta,\varphi)\mathrm{d}\lambda\mathrm{d}\Omega \tag{2.8}$$

### 4. 辐射强度与光谱辐射强度

辐射强度(radiative intensity):单位时间内,微元面 $\mathrm{d}A$ 向 $(\theta,\varphi)$ 方向上 $\Delta\Omega$ 立体角内发射的所有波长的能量为 $\Delta Q$,则 $\Delta Q$ 与 $\mathrm{d}A$ 在该方向的投影面积以及 $\Delta\Omega$ 比值的极限称为辐射强度,又称方向辐射强度,用符号 $I(\theta,\varphi)$ 表示,单位为 $\mathrm{W/(m^2 \cdot sr)}$,按其定义可知

$$I(\theta,\varphi) = \lim_{\Delta\Omega\to 0}\frac{\dfrac{\Delta Q}{\mathrm{d}A\cos\theta}}{\Delta\Omega} = \lim_{\Delta\Omega\to 0}\frac{\Delta E}{\Delta\Omega}\frac{1}{\cos\theta} = \frac{E(\theta,\varphi)}{\cos\theta} \tag{2.9}$$

光谱辐射强度(spectral radiative intensity):单位波长的辐射强度,即微元波长范围内的辐射强度除以该波长范围,也可称为单色辐射强度,用符号 $I_\lambda(\theta,\varphi)$ 表示,单位为 $\mathrm{W/(m^2 \cdot sr \cdot \mu m)}$。

$$I_\lambda(\theta,\varphi) = \frac{\mathrm{d}I(\theta,\varphi)}{\mathrm{d}\lambda} \tag{2.10}$$

显然,辐射强度与光谱辐射强度的关系为

$$I(\theta,\varphi) = \int_0^\infty I_\lambda(\theta,\varphi)\mathrm{d}\lambda \tag{2.11}$$

辐射力与以上诸量有下列关系:

$$E = \int_0^\infty E_\lambda\mathrm{d}\lambda = \int_{\lambda=0}^\infty\int_{\Omega=2\pi} E_\lambda(\theta,\varphi)\mathrm{d}\Omega\mathrm{d}\lambda = \int_{\lambda=0}^\infty\int_{\theta=0}^{\frac{\pi}{2}}\int_{\varphi=0}^{2\pi} E_\lambda(\theta,\varphi)\sin\theta\mathrm{d}\theta\mathrm{d}\varphi\mathrm{d}\lambda$$

$$= \int_{\lambda=0}^\infty\int_{\theta=0}^{\frac{\pi}{2}}\int_{\varphi=0}^{2\pi} I_\lambda(\theta,\varphi)\cos\theta\sin\theta\mathrm{d}\theta\mathrm{d}\varphi\mathrm{d}\lambda \tag{2.12}$$

### 2.1.2　用频率、波数表示的光谱辐射能量

某些情况下,辐射光谱用频率 $\nu$ 表示,辐射力用 $E_\nu$ 表示,称为单频辐射力。频率的单位为赫兹(Hz),故 $E_\nu$ 的单位为 $\mathrm{W/(m^2 \cdot Hz)}$。真空中,频率与波长有下列关系:

$$\lambda = c_0/\nu \tag{2.13}$$

式中　　$c_0$——真空中的光速。

此时辐射力可写为

$$E = \int_0^\infty E_\lambda\mathrm{d}\lambda = \int_\infty^0 E_\nu\mathrm{d}\nu = -\int_0^\infty E_\nu\mathrm{d}\nu \tag{2.14}$$

由此式可得 $E_\lambda$ 与 $E_\nu$ 的关系为

$$E_\lambda\mathrm{d}\lambda = -E_\nu\mathrm{d}\nu \tag{2.15}$$

因为单位波长间隔不等于单位频率间隔,所以 $E_\nu$ 与 $E_\lambda$ 在数值上不等。

光谱也可用波数 $\eta$ 表示,波数 $\eta$ 为波长的倒数,即 $\eta = 1/\lambda$,单位一般为 $\mathrm{cm^{-1}}$,关系

如下：

$$E = -\int_0^\infty E_\eta \mathrm{d}\eta \qquad (2.16)$$

$$E_\lambda \mathrm{d}\lambda = -E_\nu \mathrm{d}\nu = -E_\eta \mathrm{d}\eta \qquad (2.17)$$

式中 $E_\eta$——以波数表示的光谱辐射力，$\mathrm{W}/(\mathrm{m}^2 \cdot \mathrm{cm}^{-1})$。

### 2.1.3 辐射热流

2.1.1 节详细介绍了表面发射的相关物理量，发射能量的空间分布范围为表面的上半球（向外）。在研究表面辐射热交换时，要同时考虑上半球向外的出射和下半球向内的投射。在单位时间、单位面积上的辐射换热量称为辐射热流密度 $q$。图 2.2 给出了一个辐射强度 $I(\theta,\varphi)$ 的二维分布示意。考虑到实际辐射强度在球空间分布的方向性及非漫射特性，经过参考平面 $\Delta A$ 法线方向的辐射热流密度（radiative flux）为

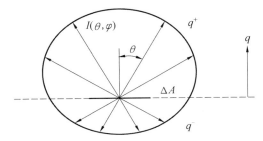

图 2.2 辐射强度和辐射热流密度

$$q = \int_{\Omega=4\pi} I(\theta,\varphi)\cos\theta \mathrm{d}\Omega = \int_{\varphi=0}^{2\pi}\int_{\theta=0}^{\pi} I(\theta,\varphi)\cos\theta\sin\theta \mathrm{d}\theta \mathrm{d}\varphi \qquad (2.18)$$

把全球辐射空间分为前半球和后半球，引入前向（正向）辐射热流密度 $q^+$（forward hemispherical fluxe）和后向（负向）辐射热流密度 $q^-$（backward hemispherical fluxe），$q^+$ 的方向为外法向，$q^-$ 的方向为内法向，单位为 $\mathrm{W}/\mathrm{m}^2$，则

$$q^+ = \int_{\Omega=2\pi} I(\theta,\varphi)\cos\theta \mathrm{d}\Omega = \int_{\varphi=0}^{2\pi}\int_{\theta=0}^{\frac{\pi}{2}} I(\theta,\varphi)\cos\theta\sin\theta \mathrm{d}\theta \mathrm{d}\varphi \qquad (2.19)$$

$$q^- = \int_{\Omega=-2\pi} I(\theta,\varphi)\cos\theta \mathrm{d}\Omega = \int_{\varphi=0}^{2\pi}\int_{\theta=\pi}^{\frac{\pi}{2}} I(\theta,\varphi)\cos\theta\sin\theta \mathrm{d}\theta \mathrm{d}\varphi \qquad (2.20)$$

$\Omega = 2\pi$ 表示前半球空间，$\Omega = -2\pi$ 表示后半球空间，则

$$q = \int_{\varphi=0}^{2\pi}\left[\int_{\theta=0}^{\frac{\pi}{2}} I(\theta,\varphi)\cos\theta\sin\theta \mathrm{d}\theta + \int_{\theta=\frac{\pi}{2}}^{\pi} I(\theta,\varphi)\cos\theta\sin\theta \mathrm{d}\theta\right]\mathrm{d}\varphi$$
$$= q^+ - q^- \qquad (2.21)$$

辐射热流密度 $q$ 为全球空间的全光谱量，$q^+$ 和 $q^-$ 分别为前后半球空间的全光谱量。辐射热流密度同样存在光谱量、方向量和光谱方向量。

为了表征向内的投射能量，引入投射辐射力（incident radiative flux）的概念。单位时间，由半球空间投射到单位面积的所有波长的辐射能量称投射辐射力，单位为 $\mathrm{W}/\mathrm{m}^2$，用符号 $G$ 表示：

$$G = q^- = \int_{\Omega=-2\pi} I(\theta,\varphi)\cos\theta\mathrm{d}\Omega = \int_{\varphi=0}^{2\pi}\int_{\theta=\pi}^{\frac{\pi}{2}} I(\theta,\varphi)\cos\theta\sin\theta\mathrm{d}\theta\mathrm{d}\varphi \tag{2.22}$$

与前面辐射力的概念类似,根据能量性质及方向的不同可分别定义如下概念:光谱投射辐射力 $G_\lambda$、方向投射辐射力 $G(\theta,\varphi)$ 和方向光谱投射辐射力 $G_\lambda(\theta,\varphi)$。

黑体表面没有反射,则

$$E_b = q^+ = \int_{\Omega=2\pi} I(\theta,\varphi)\cos\theta\mathrm{d}\Omega = \int_{\varphi=0}^{2\pi}\int_{\theta=0}^{\frac{\pi}{2}} I_b\cos\theta\sin\theta\mathrm{d}\theta\mathrm{d}\varphi \tag{2.23}$$

实际物体表面有反射,因此正向热流密度 $q^+$ 并不等于本身辐射力 $E$,下面用有效辐射力(outgoing radiative flux)的概念来表征实际表面的出射。在单位时间、单位面积向半球空间出射的所有波长的辐射能量称为有效辐射力,用符号 $J$ 表示,单位为 $W/m^2$。对于实际表面:

$$J = q^+ = \int_{\Omega=2\pi} I(\theta,\varphi)\cos\theta\mathrm{d}\Omega = \int_{\varphi=0}^{2\pi}\int_{\theta=0}^{\frac{\pi}{2}} I(\theta,\varphi)\cos\theta\sin\theta\mathrm{d}\theta\mathrm{d}\varphi \tag{2.24}$$

与投射辐射类似,根据能量性质及方向的不同可分别定义:光谱有效辐射力 $J_\lambda$、方向有效辐射力 $J(\theta,\varphi)$ 和方向光谱有效辐射力 $J_\lambda(\theta,\varphi)$。有效辐射由本身辐射和反射辐射两部分组成,第 3 章将进行说明。本书中的"发射""辐射"指本身辐射,"出射"指有效辐射。

### 2.1.4　辐射参量符号表示法

辐射能量及辐射特性涉及的主要是光谱特性和方向特性,独立变量较多,在符号表示上比较复杂,因此需要有一个简明但又准确的符号表示法。

本书采用下标和函数两种表示法。当涉及的变量较少时,直接采用下标表示法,如光谱辐射力 $E_\lambda$;当涉及的变量较多时,采用函数表示法或采用下标和函数表示法,如方向辐射力 $E(\theta,\varphi)$、方向光谱辐射力 $E_\lambda(\theta,\varphi)$。对必须特别强调的变量同时用下标和函数表示,如 $\varepsilon_\lambda(\lambda,\theta,\varphi,T_A)$ 表示 $\varepsilon_\lambda$ 与括号内的 4 个变量有关。光谱量将总是带有下标"$\lambda$",即使在特殊情况下其数值不随波长变化时也如此;对总量则没有下标"$\lambda$"。下面以辐射力系列参量为例,说明本书符号的命名规则。

(1)半球全光谱量 —— 辐射力,用符号 $E$ 表示,该参量是温度的函数。如果物体是黑体则加下标"b",表示为 $E_b$,单位为 $W/m^2$。

(2)半球光谱量 —— 光谱辐射力,用符号 $E_\lambda$ 表示,该参量是温度与波长的函数。若物体是黑体则表示为 $E_{b\lambda}$(有的参考文献用 $E_{\lambda b}$ 表示),单位为 $W/(m^2 \cdot \mu m)$。

(3)方向全光谱量 —— 方向辐射力,用符号 $E(\theta,\varphi)$ 表示。该参量符号 $E(\theta,\varphi)$ 为一个符号,注意其与辐射力 $E$ 是两个不同的参量。该参量是温度与方向(两个方向角 $\theta,\varphi$)的函数。如果是黑体则加下标"b",即 $E_b(\theta,\varphi)$,单位为 $W/(m^2 \cdot sr)$。

(4)方向光谱量 —— 方向光谱辐射力,用符号 $E_\lambda(\theta,\varphi)$ 表示。该参量符号 $E_\lambda(\theta,\varphi)$ 为一个符号,注意其与光谱辐射力 $E_\lambda$ 是两个不同的参量。该参量是温度、波长及方向(方向角 $\theta,\varphi$)的函数。若是黑体则表示为 $E_{b\lambda}(\theta,\varphi)$,单位为 $W/(m^2 \cdot sr \cdot \mu m)$。

为保持能量平衡的数学形式的一致性,对于有限面积上的辐射热流率 $Q$,需要予以附加的标注。这样,$d^2Q_\lambda$ 依旧表示一个方向光谱量,但是需要二次微分以表示能量具有对波长和立体角二者微分的性质。同样,$dQ$ 和 $dQ_\lambda$ 则分别是相对于立体角和波长的微分量。如果涉及微分面积,则导数的阶相应地增加。

这种符号表示法可能稍微显得累赘,但是,对于在本书中所涉及的某些特殊情况,如灰体和漫射体,其用处很明显。

### 2.1.5　辐射能量的有关术语

由于辐射换热、光学、光谱学、电磁学在历史上各自独立发展,所以存在虽然是同样的辐射能量、辐射特性参数,在不同的学科中往往用不同的术语(名称)表示的现象。20 世纪后辐射换热逐渐与光学、光谱学、电磁学有更多的交叉,有一些术语逐渐通用或统一起来,但至今仍未完全达到一致。此外,我国不少学术术语是从外文翻译而来,译名不一致,所以辐射换热的术语比较混乱,主要差异在于对辐射强度的定义:传热学中称为辐射强度(radiative intensity);光度学中称为亮度(luminance);辐射度量学中称为辐亮度(radiance)。而光度学中的"辐射强度(radiant intensity/luminous intensity)"单位为W/sr,与传热学中的辐射强度不同,且在辐射换热领域没有直接对应的术语。

目前,对于这些术语,我国正在逐渐统一中。为便于查阅,表 2.1 列举了传热学、电磁学及光学中一些描述辐射能量的有关术语。

**表 2.1　辐射能量的有关术语**

| 序号 | 传热学中名称 | 符号 | 定义式 | 单位 | 电磁学及光学中名称 | 其他名称 |
|---|---|---|---|---|---|---|
| 1 | 辐射热流量 | $Q$ | $\dfrac{辐射换热量}{时间}$ | W | 辐(射能)通量 | 辐射功率 |
| 2 | 辐射热流密度 | $q$ | $\dfrac{辐射换热量}{时间 \times 面积}$ | W/m² | 辐射换热热流密度 | — |
| 3 | (半球总)辐射力 | $E$ | $\dfrac{半球空间辐射能量}{时间 \times 面积}$ | W/m² | 辐(射)出(射)度 | 辐射通量密度 |
| 4 | (半球)光谱辐射力 | $E_\lambda$ | $\dfrac{微元波段的辐射力}{微元波段}$ | W/(m²·μm) | 光谱辐出度 | 单色辐射力 |
| 5 | 方向辐射力 | $E(\theta,\varphi)$ | $\dfrac{某方向的辐射能量}{时间 \times 面积 \times 立体角}$ | W/(m²·sr) | — | 定向辐射力 |
| 6 | 方向光谱辐射力 | $E_\lambda(\theta,\varphi)$ | $\dfrac{某方向微元波段的辐射能量}{时间 \times 面积 \times 立体角 \times 微元波段}$ | W/(m²·sr·μm) | — | 单色定向辐射力 |
| 7 | 辐射强度 | $I$ | $\dfrac{某方向的辐射能量}{时间 \times 法向面积 \times 立体角}$ | W/(m²·sr) | 辐(射)亮度,辐射度 | — |
| 8 | 光谱辐射强度 | $I_\lambda$ | $\dfrac{微元波段的辐射强度}{微元波段}$ | W/(m²·sr·μm) | 光谱辐亮度 | 单色辐射强度 |

续表 2.1

| 序号 | 传热学中名称 | 符号 | 定义式 | 单位 | 电磁学及光学中名称 | 其他名称 |
|---|---|---|---|---|---|---|
| 9 | 投射辐射力 | $G$ | $\dfrac{投射辐射能量}{时间 \times 面积}$ | W/m² | 辐（射）照度 | — |
| 10 | — | — | $\dfrac{某方向的辐射能量}{时间 \times 立体角}$ | W/sr | 辐（射）强度 | — |

# 2.2　绝对黑体与其他理想物体

绝对黑体（简称黑体）是能全部吸收投射辐射能的物体，它略去了真实物体本身及周围环境对物体热辐射规律起的次要作用及非常复杂的次要影响，所以它是个理想物体。黑体的性质代表了物体热辐射规律的共性，在热辐射中常把它作为一种基准或实际物体热辐射性质的极限，因此不仅热辐射理论离不开它，工程技术也常用到它。黑体具有下列性质：

（1）在相同温度条件下，黑体的发射本领最大。

（2）投射到黑体上的能量将被全部吸收，即黑体的吸收本领最大。这个性质与性质（1）本质上相同。稳态时，如果物体的吸收本领很大，发射本领很小，则会不断积蓄能量而破坏其稳态，所以吸收本领最大的物体发射本领也最大。

（3）黑体的发射、吸收性质与方向无关，各个方向上的辐射强度相同，属于漫发射。

（4）黑体的辐射规律可从理论中推导出，其发射的能量仅与波长及温度有关。

由任意表面围成的封闭等温空腔就是一个黑体，证明过程见 3.5 节。如果在该腔壁上开一个小孔，只要小孔的尺寸与空腔相比足够小，此小孔就是人工黑体。外界通过小孔进入空腔的能量，经过腔壁多次吸收与反射，再通过小孔反射出的能量可忽略不计，投入的辐射能量可认为全被吸收，所以小孔可近似为黑体。

在热辐射中应用的理想物体还有：

（1）漫辐射体。物体发射的辐射强度与方向无关的性质为漫辐射。具有漫辐射性质的物体为漫辐射体。漫辐射体必定进行漫吸收。黑体是漫辐射体。

（2）漫反射体。物体反射的辐射强度与方向无关的性质为漫反射。具有漫反射性质的表面或物体为漫反射表面或漫反射体。

（3）白体。投射到表面上的能量全部被漫反射的物体为白体。

（4）镜体。投射到表面上的能量全部被镜反射（反射角等于入射角）的物体为镜体。漫反射与镜反射的区别如图 2.3 所示。

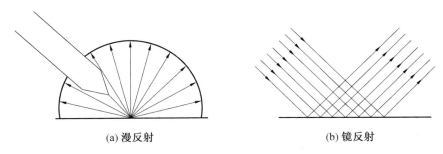

|(a) 漫反射|(b) 镜反射|

图 2.3　漫反射与镜反射的区别

（5）透明体（绝对透明体）。能透过全部辐射能的物体为透明体，可见透明体对辐射能即不吸收也不反射。由于它不吸收，当然也就不发射。

除此之外，将在 3.2.3 节中介绍的灰体也是一种理想物体。

# 2.3　黑体辐射的光谱性质 —— 普朗克定律

普朗克定律给出了在热力学平衡状态下，黑体发射光谱的变化规律。它是普朗克在 1900 年用量子假说提出的，后来爱因斯坦于 1905 年用近代量子理论又进行了证明。真空中其表达式如下：

$$E_{b\lambda} = \frac{c_1 \lambda^{-5}}{\exp[c_2/(\lambda T)] - 1} \tag{2.25}$$

式中　　$E_{b\lambda}$—— 黑体的光谱辐射力，$W/(m^2 \cdot \mu m)$；

　　　　$T$—— 热力学温度（本章统称"温度"），K；

　　　　$c_1$—— 普朗克定律第一辐射常数，$c_1 = 2\pi h c_0^2 = 3.741\ 832 \times 10^8 (W \cdot \mu m^4)/m^2$，其中 $h$ 为普朗克常数，$h = 6.626\ 176 \times 10^{-34}$ J·s，$c_0$ 为真空中的光速，$c_0 = 2.997\ 924\ 58 \times 10^8$ m/s。

　　　　$c_2$—— 普朗克定律第二辐射常数，$c_2 = h c_0/k_B = 1.438\ 8 \times 10^4\ \mu m \cdot K$，其中，$k_B$ 为玻尔兹曼常数，$k_B = 1.380\ 662 \times 10^{-23}$ J/K。

以上辐射及某些物理常数的单位及数值见表 2.2。

**表 2.2　辐射及某些物理常数的单位及数值**

| 名称 | 符号 | 单位 | 数值 | 本书取值 |
|---|---|---|---|---|
| 普朗克定律第一辐射常数 | $c_1$ | $(W \cdot \mu m^4)/m^2$ | $3.741\ 832 \times 10^8$ | $3.741\ 8 \times 10^8$ |
| 普朗克定律第二辐射常数 | $c_2$ | $\mu m \cdot K$ | $1.438\ 8 \times 10^4$ | $1.438\ 8 \times 10^4$ |
| 黑体峰值辐射力公式常数 | $c_3$ | $W/(m^2 \cdot \mu m \cdot K^5)$ | $1.286\ 612 \times 10^{-11}$ | $1.286\ 6 \times 10^{-11}$ |
| 维恩位移定律中的常数 | $b$ | $\mu m \cdot K$ | $2\ 897.79$ | $2\ 897.8$ |
| 黑体辐射常数 | $\sigma$ | $W/(m^2 \cdot K^4)$ | $5.670\ 3 \times 10^{-8}$ | $5.67 \times 10^{-8}$ |
| 黑体辐射系数 | $C_0$ | $W/(m^2 \cdot K^4)$ | $5.670\ 3$ | $5.67$ |
| 普朗克常数 | $h$ | J·s | $6.626\ 176 \times 10^{-34}$ | $6.626\ 2 \times 10^{-34}$ |

续表2.2

| 名称 | 符号 | 单位 | 数值 | 本书取值 |
|---|---|---|---|---|
| 玻尔兹曼常数 | $k_B$ | J/K | $1.380\,662 \times 10^{-23}$ | $1.380\,7 \times 10^{-23}$ |
| 真空中的光速 | $c_0$ | m/s | $2.997\,924\,58 \times 10^{8}$ | $2.997\,9 \times 10^{8}$ |

普朗克定律的黑体光谱分布如图 2.4 所示,图中曲线称普朗克分布曲线。由图可见:

(1) 黑体发射的光谱是连续光谱。

(2) 所有波长对应的光谱辐射力都随温度的升高而增大。曲线下的面积表示半球总辐射力,温度升高,半球总辐射力迅速增大,且短波区增大的份额比长波区的大。

(3) 一定温度下,黑体光谱辐射力随波长的变化出现峰值,记为 $E_{b\lambda\,\max}$。对应的波长称为峰值波长 $\lambda_{\max}$。温度升高时 $\lambda_{\max}$ 向短波方向移动。

用普朗克定律可以解释钢材加热时的颜色变化。随着钢材温度的升高,可见光部分的能量所占的比例逐渐加大。在 600 ℃ 以下,钢材发射的基本上都是红外线,因此呈原色;到 600 ℃ 以上,随着温度升高,钢材相继呈暗红、红、黄色;当温度超过 1 300 ℃ 时,钢材开始发白。一般工程中,遇到的最高温度在 2 000 K 以下,可见光能量所占的比例少于 1.5%(人眼对可见光很灵敏,很少一点可见光能量即能觉察到),所以一般工程中遇到的辐射换热,基本上都在红外辐射范围内。

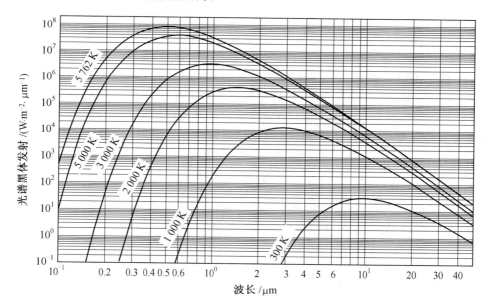

图 2.4　普朗克定律的黑体光谱分布 $E_{b\lambda} = f(\lambda, T)$

在一些极限情况下,普朗克公式可简化为比较简单的近似式。在低温、短波,即 $c_2/(\lambda T) \gg 1$ 时,普朗克公式中分母内的 1 可忽略不计,此时普朗克公式(2.25)变为

$$E_{b\lambda} = \frac{c_1 \lambda^{-5}}{\exp[c_2/(\lambda T)]} \tag{2.26}$$

此式称维恩分布定律,于 1893 年由维恩提出。在 $T \leqslant 3\,000$ K,$\lambda \leqslant 0.8\ \mu m$ 的范围内,且

当 $\lambda T \leqslant 0.22c_2$ 时,维恩分布定律相对普朗克公式的误差不超过 $1\%$。

在 $c_2/(\lambda T) \ll 1$ 时,由普朗克公式(2.25)可得另一简化式。将式(2.25)中的指数项展开成级数,令 $c_2/(\lambda T) = x$,得

$$\exp(x) = 1 + x + \frac{x^2}{2!} + \frac{x^3}{3!} + \cdots + \frac{x^n}{n!} + \cdots$$

当 $x \ll 1$ 时,级数中的高次项可忽略,此时普朗克公式可简化为

$$E_{\mathrm{b}\lambda} = c_1 T/(c_2 \lambda^4) \tag{2.27}$$

此式称为瑞利-琼斯公式。当 $\lambda T \geqslant 50c_2$ 时,上式相对普朗克公式的误差在 $1\%$ 以内。

当用频率 $\nu$ 或波数 $\eta$ 来表示黑体的光谱时,普朗克公式有不同的形式。利用式(2.17)及波长、波数、频率之间的相互关系:

$$\begin{cases} \lambda = \dfrac{c_0}{\nu} \\[2mm] \eta = \dfrac{1}{\lambda} \\[2mm] \mathrm{d}\lambda = -\dfrac{c_0\,\mathrm{d}\nu}{\nu^2} \end{cases} \tag{2.28}$$

可得

$$E_{\mathrm{b}\nu} = -E_{\mathrm{b}\lambda}\frac{\mathrm{d}\lambda}{\mathrm{d}\nu} = \frac{c_1 \nu^3}{c_0^4 \{\exp[c_2 \nu/(c_0 T)] - 1\}} = \frac{2\pi h \nu^3 c_0^{-2}}{\exp[h\nu/(k_{\mathrm{B}} T)] - 1} \tag{2.29}$$

同理,可得

$$E_{\mathrm{b}\eta} = \frac{c_1 \eta^3}{\exp(c_2 \eta/T) - 1} \tag{2.30}$$

如果黑体不是处在真空中,则必须考虑环境介质的影响。辐射能在介质中传递时,除频率外,光速和波长都会发生变化;介质中的光速为 $c = c_0/n$,介质中的射线波长为 $\lambda_{\mathrm{m}} = \lambda/n$($n$ 为介质的折射率)。所以,用频率 $\nu$ 来表示光谱,有时会方便一些。若一个辐射换热系统具有多种介质,普朗克定律第一及第二辐射常数分别记为 $c_{1,\mathrm{m}}$ 及 $c_{2,\mathrm{m}}$,则有如下变化:

$$c_{1,\mathrm{m}} = 2\pi h c^2 = 2\pi h \left(\frac{c_0}{n}\right)^2 = \frac{c_1}{n^2} \tag{2.31}$$

$$c_{2,\mathrm{m}} = \frac{hc}{k_{\mathrm{B}}} = \frac{hc_0}{k_{\mathrm{B}} n} = \frac{c_2}{n} \tag{2.32}$$

代入式(2.17),以 $E_{\mathrm{b}\lambda,\mathrm{m}}$ 表示介质中黑体光谱辐射力,则

$$E_{\mathrm{b}\lambda,\mathrm{m}} = \frac{c_{1,\mathrm{m}} \lambda_{\mathrm{m}}^{-5}}{\exp[c_{2,\mathrm{m}}/(\lambda_{\mathrm{m}} T)] - 1} = \frac{c_1 \lambda_{\mathrm{m}}^{-5}}{n^2 \{\exp[c_2/(n\lambda_{\mathrm{m}} T)] - 1\}} \tag{2.33}$$

若用真空中的波长表示,则有

$$E_{\mathrm{b}\lambda,\mathrm{m}}\,\mathrm{d}\lambda_{\mathrm{m}} = \frac{c_1 \lambda^{-5} n^2 \,\mathrm{d}\lambda}{\exp[c_2/(\lambda T)] - 1} = n^2 E_{\mathrm{b}\lambda}\,\mathrm{d}\lambda \tag{2.34}$$

空气的折射率可认为等于1,所以大气中的普朗克公式与真空中的相同。

由于辐射能在介质中传递时,其频率与在真空中时相同,所以介质中的单频辐射力 $E_{\mathrm{b}\nu,\mathrm{m}}$ 为

$$E_{\mathrm{b}\nu,\mathrm{m}} = \frac{c_{1,\mathrm{m}} c^{-4} \nu^3}{\exp[c_{2,\mathrm{m}} \nu/(cT)] - 1} = \frac{2\pi h \nu^3 n^2 c_0^{-2}}{\exp[h\nu/(k_{\mathrm{B}} T)] - 1} = n^2 E_{\mathrm{b}\nu} \tag{2.35}$$

# 2.4　维恩位移定律

维恩位移定律说明了黑体的峰值波长 $\lambda_{max}$ 与温度的关系,这一关系可直接从普朗克定律导出。将 $E_{b\lambda}$ 对波长取极值,得

$$\frac{\partial E_{b\lambda}}{\partial \lambda} = 5c_1\lambda^{-6}\left[\exp\left(\frac{c_2}{\lambda T}\right)-1\right]^{-1}\left\{-1+\exp\left(\frac{c_2}{\lambda T}\right)\left[\exp\left(\frac{c_2}{\lambda T}\right)-1\right]^{-1}\frac{c_2}{5\lambda T}\right\}=0$$

解上式得到的波长即峰值波长 $\lambda_{max}$,令 $x=c_2/(\lambda_{max}T)$,上式可写成:

$$\exp x - \frac{x \cdot \exp x}{5} - 1 = 0 \tag{2.36a}$$

式(2.36a)是变量 $x$ 的超越方程,解式(2.36a)可得

$$x = \frac{c_2}{\lambda_{max}T} = 4.965\ 1$$

$$\lambda_{max}T = \frac{c_2}{4.965\ 1} = b \tag{2.36b}$$

式中　　$b$——常数,$b=2\ 897.79\ \mu m \cdot K$。

式(2.36b)即维恩位移定律的表达式。式(2.36b)说明,黑体在波长 $\lambda_{max}=b/T$ 处有光谱(单色)辐射力的峰值,随着黑体温度升高,峰值波长向短波方向移动。用式(2.36b)可算出,黑体温度在 3 600 K 以下时其峰值波长都在红外区。利用维恩位移定律,可根据黑体的光谱分布(极值波长的位置)求黑体温度 $T=b/\lambda_{max}$。

将维恩位移定律的表达式代入普朗克公式(2.25),即可得出黑体峰值光谱辐射力 $E_{b\lambda,max}$ 与温度的关系式

$$E_{b\lambda,max} = \frac{c_1 T^5}{(\lambda_{max}T)^5\left[\exp\left(\frac{c_2}{\lambda_{max}T}\right)-1\right]} = \frac{c_1 T^5}{b^5\left[\exp\frac{c_2}{b}-1\right]} = c_3 T^5 \tag{2.37}$$

式(2.37)表明,黑体的峰值光谱辐射力与黑体热力学温度的5次方成正比,$E_{b\lambda,max}$ 随温度的变化非常剧烈。

将 $E_{b\lambda,max}$ 作为 $E_{b\lambda}$ 的相对单位来表示普朗克定律,可得

$$\frac{E_{b\lambda}}{E_{b\lambda,max}} = \frac{\dfrac{c_1}{c_3}}{(\lambda T)^5\left[\exp\left(\dfrac{c_2}{\lambda T}\right)-1\right]} \tag{2.38}$$

式(2.38)图示于图2.5。由图可看出,温度越高,可见光(短波)能量占总辐射能量的比例越大。

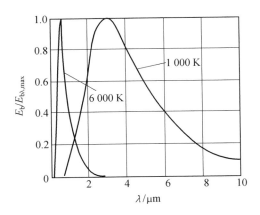

图 2.5　将 $E_{b\lambda,\max}$ 作为 $E_{b\lambda}$ 的相对单位表示的普朗克定律

# 2.5　斯蒂芬－玻尔兹曼定律

斯蒂芬－玻尔兹曼定律指出,黑体的辐射力与其热力学温度的 4 次方成正比,俗称四次方定律。其表达式为

$$E_b = \sigma T^4 = C_0 \left(\frac{T}{100}\right)^4 \tag{2.39}$$

式中　　$\sigma$——黑体辐射常数,$\sigma = 5.670\ 3 \times 10^{-8}\ \text{W}/(\text{m}^2 \cdot \text{K}^4)$,又称斯蒂芬－玻兹曼常数;

$C_0$——黑体辐射系数,$C_0 = 5.670\ 3\ \text{W}/(\text{m}^2 \cdot \text{K}^4)$。

1879 年,斯蒂芬从实验中得出式(2.39);1884 年,玻尔兹曼用热力学理论也推导出式(2.39),现可直接由普朗克定律推导出式(2.39)。利用普朗克定律及辐射力与光谱辐射力的关系式,可得

$$E_b = \int_0^\infty \frac{c_1 \lambda^{-5}}{\exp[c_2/(\lambda T)] - 1} \mathrm{d}\lambda$$

令 $x = c_2/(\lambda T)$,则

$$\mathrm{d}\lambda = -\frac{c_2 \mathrm{d}x}{T x^2}$$

代入上式,得

$$E_b = \frac{c_1}{c_2^4} T^4 \int_0^\infty \frac{x^3 \mathrm{d}x}{\mathrm{e}^x - 1}$$

其中

$$\int_0^\infty \frac{x^3 \mathrm{d}x}{\mathrm{e}^x - 1} = \int_0^\infty x^3 \left[\sum_{n=1}^\infty \mathrm{e}^{-nx}\right] \mathrm{d}x = \sum_{n=1}^\infty \int_0^\infty x^3 \mathrm{e}^{-nx} \mathrm{d}x = \sum_{n=1}^\infty \frac{3!}{n^4} = \frac{3!}{90} \frac{\pi^4}{90} = \frac{\pi^4}{15}$$

所以

$$E_b = \frac{\pi^4 c_1 T^4}{15 c_2^4} = \sigma T^4$$

介质中的四次方定律可利用式(2.35)得出。如介质折射率不随波长变化,则

$$E_{b,m} = \int_0^\infty E_{b\lambda,m}\,d\lambda_m = \int_0^\infty n^2 E_{b\lambda}\,d\lambda = n^2 \sigma T^4 \tag{2.40}$$

在许多实际问题中,需要计算某段波长内的辐射能量。例如,要计算波长 $\lambda_1$ 到 $\lambda_2$ 波段内的黑体辐射力 $E_{b(\lambda_1 - \lambda_2)}$,参考式(2.2)可得

$$E_{b(\lambda_1 - \lambda_2)} = \int_{\lambda_1}^{\lambda_2} E_{b\lambda}\,d\lambda = \int_0^{\lambda_2} E_{b\lambda}\,d\lambda - \int_0^{\lambda_1} E_{b\lambda}\,d\lambda = E_{b(0-\lambda_2)} - E_{b(0-\lambda_1)} \tag{2.41}$$

式中　$E_{b(0-\lambda)}$ —— 波长由 0 到 $\lambda$ 的黑体波段辐射力,与温度和波长有关。

$E_{b(0-\lambda)} = f(\lambda, T)$ 的数值可在有关手册中查到,如本章参考文献[7]。由于有两个变量 —— 波长及温度,相应的数值表需要的篇幅较多,为了减少变量,引入相对波段辐射力。黑体的相对波段辐射力 $F_{b(0-\lambda)}$ 是黑体波段辐射力与同温黑体辐射力之比,表达式如下:

$$F_{b(0-\lambda)} = \frac{E_{b(0-\lambda)}}{E_b} = \frac{\int_0^\lambda E_{b\lambda}(T)\,d\lambda}{\int_0^\infty E_{b\lambda}(T)\,d\lambda} = f(\lambda, T) \tag{2.42}$$

令 $x = \lambda T$,得

$$F_{b(0-\lambda T)} = \frac{\int_0^x x^{-5}\,[\exp(c_2/x) - 1]^{-1}\,dx}{\int_0^\infty x^{-5}\,[\exp(c_2/x) - 1]^{-1}\,dx} = f(x) = f(\lambda T) \tag{2.43}$$

根据式(2.43)得出的数值列于附录 A 及图 2.6 上,本章参考文献[7]给出了更详细的表,利用此表可方便地求出黑体某波段的辐射能量,读者可自行参考。

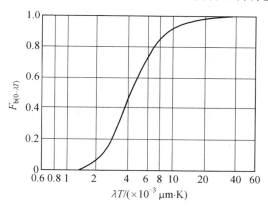

图 2.6　黑体相对波段辐射力 $F_{b(0-\lambda T)}$ 与 $\lambda T$ 的关系

【例 2.1】　一盏 100 W 的白炽灯,发光时钨丝的温度约 2 800 K。若将钨丝按黑体计算,求其在可见光波段的辐射份额。

**解**　可见光波段($0.38 \sim 0.76\ \mu m$)的辐射份额可用 $F_{b(0-\lambda T)}$ 计算。$\lambda = 0.38\ \mu m$ 时,$\lambda T = 1\,064\ \mu m \cdot K$,查表得 $F_{b(0-\lambda T)} = 0.000\,7$。$\lambda = 0.76\ \mu m$ 时,$\lambda T = 2\,128\ \mu m \cdot K$,查表得 $F_{b(0-\lambda T)} = 0.088$。故可见光占总辐射能量的份额为 $0.088 - 0.000\,7 = 0.087\,3$,即约占 $8.7\%$。可见,白炽灯中 $90\%$ 以上的能量用于红外加热,不起照明作用。实际白炽灯的发光效率还要更低,所以用热辐射方法来照明是浪费电能的做法。

# 2.6　兰贝特定律

兰贝特(Lambert)定律也译为朗伯定律,光学中常用此译名。兰贝特定律描述了辐射能量按方向分布的规律。从方向辐射力 $E(\theta,\varphi)$、辐射强度 $I(\theta,\varphi)$ 的定义或式(2.9)可看出

$$E(\theta,\varphi)=I(\theta,\varphi)\cos\theta \tag{2.44}$$

对于漫辐射体,辐射强度与方向无关,$I(\theta,\varphi)=I$,故

$$E(\theta,\varphi)=I\cos\theta \tag{2.45}$$

式(2.45)就是兰贝特定律的表达式。它说明,漫辐射体的方向辐射力随天顶角呈余弦规律变化,如图 2.7 所示,故兰贝特定律也称为辐射余弦定律。黑体为漫辐射体,故遵守兰贝特定律。漫辐射体也称为兰贝特体或朗伯体。

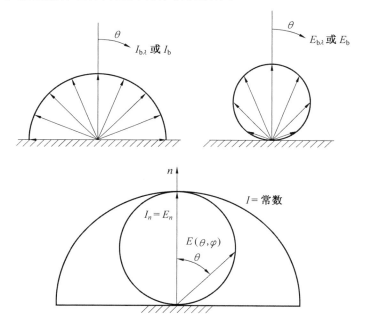

图 2.7　兰贝特定律图示

根据式(2.5)及兰贝特定律,漫辐射体的辐射力可写成

$$E=\int_{\Omega=2\pi}E(\theta,\varphi)\mathrm{d}\Omega=I\int_{\Omega=2\pi}\cos\theta\mathrm{d}\Omega=I\int_{\varphi=0}^{2\pi}\int_{\theta=0}^{\frac{\pi}{2}}\cos\theta\sin\theta\mathrm{d}\theta\mathrm{d}\varphi=\pi I \tag{2.46}$$

此式表明,在数值上漫辐射体的辐射力是辐射强度的 $\pi$ 倍。

工程中不存在天然的漫辐射体,所以兰贝特定律在工程上进行应用时,需加上近似或简化假设,或者加上限制条件。

# 本章参考文献

［1］ HULST H C，VAN DE HULST H C. Light scattering by small particles[M]. New York：John Wiley & Sons，1957.

［2］ 国家科学技术委员会光学与应用光学学科组红外、光电分组. 常用红外辐射术语统一方案[J]. 红外研究，1983，2(2)：153-156.

［3］ 全国量和单位标准化技术委员会. 光及有关电磁辐射的量和单位：GB 3102. 6—1993[S]. 北京：中国标准出版社，1993.

［4］ 全国能源基础与管理标准化技术委员会能源名词术语分技术委员会. 太阳能热利用术语：GB/T 12936—2007[S]. 北京：中国标准出版社，2007.

［5］ 全国能源基础与管理标准化技术委员会能源名词术语分技术委员会. 热辐射术语：GB/T 17050—1997[S]. 北京：中国标准出版社，1997.

［6］ 曹才芝. "黑体辐射"中的两个数学问题[J]. 大学物理，1985，4(11)：40-41.

［7］ 朱焕文，刘贤诗，郑亲波，等. 黑体辐射数据表[M]. 北京：科学出版社，1984.

［8］ STEWART S M. Spectral peaks and Wien's displacement law[J]. J. Thermophysics and Heat Transfer，2012，26(4)：689-692.

［9］ CREPEAU J. A brief history of the $T^4$ radiation law：HT2009—88060[R]. New York：ASME，2009.

# 本 章 习 题

1. 太阳表面可近似地看成 $T=5\,630\,\text{K}$ 的黑体，试确定太阳发出的辐射能中可见光所占的百分数及其峰值波长。

2. 一工件在炉内加热，如工件表面可视为黑体，试计算工件温度为 $800\,℃$ 及 $1\,100\,℃$ 时，所发出的可见光能量为 $600\,℃$ 时的多少倍？

3. 一石英中有一黑体，该黑体的辐射力比其周围介质是空气时大多少？相同波长或频率下的光谱辐射力相差多少？峰值波长相差多少？（石英的折射率为 $n \approx 1.5$）

4. 假设辐射强度 $I$ 随天顶角 $\theta$ 的变化关系为

$$I = I_n \qquad (0 \leqslant \theta < 60°)$$

$$I = I_n - I\left(\frac{\theta}{30} - 2\right)^2 \quad (60° \leqslant \theta \leqslant 90°)$$

式中　　$I_n$——法向辐射强度。

试推导表面辐射力与 $I_n$ 的关系式。

5. 介质中的普朗克定律为式（2.34），若考虑折射率 $n$ 随波长变化，试证明该式等号右边应乘上一个因子 $\left(1 + \dfrac{\lambda}{n}\dfrac{\mathrm{d}n}{\mathrm{d}\lambda}\right)$。

6. 投射到地球表面的太阳辐射可分为两部分：一是穿过大气层直接垂直投射到地表，

其能量为单位平方米垂直投射的能量 $q$，$q=1\ 000\ \text{W/m}^2$；二是被大气层散射，一部分散射到外太空，一部分散射到地表。可以认为大气层散射的能量在各方向均等，故可用辐射强度 $I_s$ 表示，$I_s=70\ \text{W/(m}^2\cdot\text{sr)}$。如果太阳光与地平面成 $60°$ 角，试求太阳投射到单位地表的总辐射热流量。

7. 距太阳表面 $1.4\times10^{11}\text{m}$ 处，一无人飞船在飞行，飞船为长 20 m、直径 2 m 的圆柱体，圆柱轴线垂直于太阳光。假设：(1) 飞船为黑体；(2) 太阳表面温度为 $T=5\ 630\ \text{K}$；(3) 飞船为热的良导体；(4) 忽略地球与其他星球对飞船的辐射加热。试估计飞船的温度。(太阳半径为 $R=6.96\times10^8\ \text{m}$)

8. 入射辐射波长范围为 $0.35\sim2.7\ \mu\text{m}$ 时，石英玻璃板的透射率为 $92\%$，而对该范围以外的长波和短波来讲，石英玻璃板实际上是不透明的。试估算太阳辐射透过该玻璃的百分数(假设将太阳看作温度为 $5\ 630\ \text{K}$ 的黑体)。如果温室内花园的辐射相当于温度为 $37\ \text{℃}$ 的黑体表面，求此辐射透过玻璃的百分数。

9. 一黑体的温度为 $1\ 111\ \text{K}$，向空间辐射。

(1) $\lambda=1\ \mu\text{m}$ 时的黑体光谱辐射强度与 $\lambda=5\ \mu\text{m}$ 时的黑体光谱辐射强度之比为多少？

(2) 在 $\lambda$ 为 $1\sim5\ \mu\text{m}$ 的波长间隔内，黑体辐射力的份额为多少？

(3) 在何种波长下该黑体光谱有最大值？

(4) 在 $1\ \mu\text{m}\leqslant\lambda\leqslant5\ \mu\text{m}$ 区间内黑体发射出多少能量？

10. 一黑体辐射，其对应于最大辐射力的波长为 $1.5\ \mu\text{m}$。试求在 $\lambda$ 为 $1\sim4\ \mu\text{m}$ 的区间内黑体总辐射所占的份额。

11. 一平面黑体在温度为 $1\ 089\ \text{K}$ 条件下进行辐射，试问波长为 $6\ \mu\text{m}$ 且与法线成 $60°$ 角时，该黑体的方向光谱辐射力为多少？

12. 一黑体在可见光谱中心处辐射力最大，求此黑体的温度。

# 第3章　　非透明固体表面的热辐射特性

在实际生活中,物体不是黑体,其热辐射性质与黑体不同。工程中常用热辐射特性(也称热辐射物性)参数来描述这些不同之处,这些参数反映了实际物体的发射、反射、吸收辐射能的本领。

固体与气体的辐射性质有很大的不同,表示其热辐射特性的参数也不完全一样。就固体而言,从热辐射角度也可以分为几类:透明的,不(非)透明的,半透明的,多孔性的等等。本章主要介绍一般工程中常遇到的固体材料,特别是非透明固体材料表面一些共同的热辐射特性;对于要考虑其穿透性的材料,如纤维材料、涂料、玻璃等,则放到第三篇的相应章节中介绍。流体的热辐射特性介于气体热辐射特性与固体热辐射特性之间,但更接近固体的,所以本章也介绍一些流体的热辐射特性。目前,固体表面的热辐射特性主要是通过实验获得。热辐射特性的测量是一个涉及面较广的专门问题,本书将在第17章中做简单介绍,其深入的研究和相关特性数据可参考本章参考文献[1-4]。

本章还将介绍描述物体辐射与吸收一般关系的基尔霍夫定律。实际物体的热辐射特性很复杂,通常具有光谱和方向的选择性,它们之间的辐射换热计算起来很麻烦,为了简化或忽略一些次要因素,一个理想物体 —— 漫辐射灰体的概念被提出。

本章要介绍的主要内容属于经典热辐射范畴,它有两个前提:一是符合局域平衡的假设;二是在大尺度范围内。本章将简要地解释它们的概念。

## 3.1　　表面热辐射特性简介

对于一般工程中的固体材料,只有表面很薄的一层参与热射线的吸收和发射。例如:厚度为 $0.1~\mu m$ 的金、银、铂薄片,在红外波段的光谱穿透率都小于 $0.003$;普通玻璃在可见光波段为透明体,但当厚度为 $1~mm$ 时,对于 $95~℃$ 的黑体辐射,其穿透率仅在 $0.000~1$ 以下。所以,对于主要为红外辐射的工程材料的计算,可以将此类材料视为穿透率等于零的不透明物体;其换热方式为表面有辐射换热,内部仅有导热。

水和玻璃类似,在可见光波段,辐射能的穿透能力较强,但随着波长增加,辐射能的穿透能力显著降低。对波长大于 $2.4~\mu m$ 的辐射能,在不到 $1~mm$ 厚的水层内就可认为被完全吸收。所以对主要处于中、远红外波段的辐射能,水层又不是很薄时,可认为水的热辐射与吸收仅在表面进行。

根据实验测试数据,以及本章参考文献[5](该文章拟合了纸张厚度测量中红外透射率和厚度的关系)可知,厚度为 $1~mm$ 的宣纸,红外透射率为 $0.998~7$;厚度为 $2~mm$ 的宣纸,红外透射率为 $0.12$。

对于极薄、极细、极小的固体材料,如涂层、薄漆、极细的纤维、微粒等,不能看成只有表面参与热辐射,即同样的材料在变薄、变细、粉碎后其热辐射特性与大块时不一致(如粒子,其热辐射特性将在第 13 章介绍)。

有一些如泡沫混凝块、纤维、粉末等材料或块状物质堆积成的材料,有些文献把它们归结为固体,但实质上它们是固体与气体的混合体,应当称之为多孔性材料。由于气体能透过热射线,所以材料内部有辐射能量的传递,与纯固体材料不同。这部分内容将在第 14 章介绍。

固体表面的热辐射特性,主要是指它的发射率、吸收率、反射率和透射率。描述物体发射本领的热辐射特性参数为发射率 $\varepsilon$(emissivity),等于物体的辐射力 $E$ 与同温度黑体辐射力 $E_b$ 之比;描述物体吸收本领的热辐射特性参数为吸收率 $\alpha$(absorptivity),是物体吸收的辐射能量占投射能量的份额;反射率 $\rho$(reflectivity)是物体表面反射的辐射能量占投射能量的份额;透射率 $\gamma$(transmissivity)是穿透物体的辐射能量占投射能量的份额。它们之间有下列关系:

$$\alpha + \rho + \gamma = 1 \tag{3.1}$$

黑体的发射率和吸收率都等于 1,为漫辐射体,并且光谱特性可由普朗克定律从理论上求出,所以黑体可作为衡量各种材料热辐射特性的基准。因此,对材料热辐射性质的研究,在某种程度上,可理解为研究材料在各种热状态下的热辐射性质与黑体的区别。

黑体的光谱特性由普朗克曲线表述,同温度实际物体的光谱辐射低于普朗克曲线,绝大部分固体材料发射、吸收的能量光谱是连续的。描述物体光谱发射本领的物性参数为光谱发射率 $\varepsilon_\lambda$,等于物体的光谱辐射力 $E_\lambda$ 与同温度黑体光谱辐射力 $E_{b\lambda}$ 之比;描述物体光谱吸收本领的物性参数为光谱吸收率 $\alpha_\lambda$,是物体吸收的某一光谱辐射能量占同一光谱投射辐射能量的份额。物体光谱发射率或光谱吸收率随波长变化的性质称为物体的光谱选择性,它表示物体辐射或吸收按波长分布的规律异于黑体辐射的性质。

黑体为漫辐射体,而实际物体的辐射和吸收偏离漫辐射,该性质称为物体的方向选择性。描述物体辐射和吸收方向特性的参量为方向发射率和方向吸收率。考虑到实际物体的光谱选择性,还需要引入方向光谱发射率或方向光谱吸收率的概念。

黑体无反射,但是实际物体反射外界投射的辐射;对于不透明固体表面,反射率与吸收率有下面的关系:

$$\rho = 1 - \alpha \tag{3.2a}$$

对于光谱反射率有

$$\rho_\lambda = 1 - \alpha_\lambda \tag{3.2b}$$

所以,在已知半球吸收率(简称吸收率)及半球光谱吸收率(简称光谱吸收率)后,半球反射率(简称反射率)、半球光谱反射率(简称光谱反射率)可由上式求出。

反射的方向特性与表面状况有关,两种理想状况为漫反射和镜反射。漫反射时,任何方向的投射能量经表面反射后,反射辐射强度与方向无关;而镜反射时,反射辐射的反射角等于投射辐射的入射角。很多工程材料表面的反射性质介于这两者之间,如图 3.1 所示;一般在镜反射方向上反射的能量会多一些。材料表面相对于投射波长越光滑(见3.2.4 节),反射则越接近镜反射;越粗糙,则越接近漫反射。为了表示实际表面反射的方向特性,引入双向反射分布函数(见 3.3.1 节)。

迄今为止,还不能完全用微观机理定量地描述所有固体材料的热辐射特性,目前定量描述固体热辐射特性的理论只有宏观的电磁理论。利用电磁场受到固体表面干扰所发生的变化，可求出材料热辐射特性与它的光学特性或电学特性的关系，但这都是在理想条件下得出的，与实际情况有一定的差距；且某些材料的光学特性测量不一定比测量表面发射率容易，所以在大多数情况下电磁理论还不能用于工程实际。但电磁理论能描绘固体表面热辐射特性的共性或者提供参考数据，参见第 4 章内容。

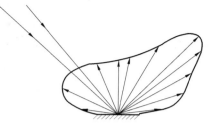

图 3.1　工程材料表面反射方向性质示意图

　　一般工程材料在空气中的表面发射率、吸收率或反射率在相关热辐射特性手册、工程手册或各种传热学教材的附录（热辐射特性表）中都可查到，这些数值可用于材料在任何气体或真空中的辐射计算；但如果这些材料在液体或固体里，则它们的数值就不一样了，因为材料表面的热辐射特性与表面状态有很大关系，而表面状态迄今为止还没有用统一的、科学的参数来表示。在热辐射特性表上只有一些定性的标注，如光滑的、粗糙的、抛光的、氧化的、新的、沾污的等等，不能确切、定量地规定出表面状况。所以，由热辐射特性表中查到的数据往往不能很确切地符合要查材料的情况，且不同的资料中对同一表面状态的同一材料所给出的数值往往不同。因此，如果需要高准确度的数据，只能做特定实验，实测其热辐射特性。

## 3.2　表面发射及吸收特性

### 3.2.1　发射率

　　描述物体发射本领的物性参数为发射率 ε(emissivity)，又称为辐射率、黑度，在应用光学中也称为热辐射效率、比辐射率等。它以黑体作为比较标准，等于物体的辐射力 $E$ 与同温度黑体辐射力 $E_b$ 之比，无量纲，表示物体的发射本领接近黑体的程度，其值介于 0 和 1 之间（只有个别特殊情况，如小粒子的 ε 会大于 1，见 13.3.3 节）。ε 的表达式为

$$\varepsilon = \frac{E}{E_b} = f(T) \tag{3.3}$$

　　为了描述物体发射本领随光谱及方向的分布，引入光谱发射率 $\varepsilon_\lambda$、方向发射率 $\varepsilon(\theta, \varphi)$ 及方向光谱发射率 $\varepsilon_\lambda(\theta, \varphi)$，各参量皆是物体表面温度 $T$ 的函数。方向光谱发射率 $\varepsilon_\lambda(\theta, \varphi)$ 是物体在角度为 $(\theta, \varphi)$ 的方向光谱辐射力（或光谱辐射强度）与同温、同波长的黑体方向光谱辐射力（或光谱辐射强度）之比，有的文献称之为定向光谱发射率。

$$\varepsilon_\lambda(\theta, \varphi) = \frac{E_\lambda(\theta, \varphi)}{E_{b\lambda}(\theta, \varphi)} = \frac{I_\lambda(\theta, \varphi)}{I_{b\lambda}} = f(\lambda, \theta, \varphi, T) \tag{3.4a}$$

$\varepsilon(\theta, \varphi)$ 及 $\varepsilon_\lambda$ 的定义与 $\varepsilon_\lambda(\theta, \varphi)$ 类似：

$$\varepsilon(\theta, \varphi) = \frac{E(\theta, \varphi)}{E_b(\theta, \varphi)} = \frac{I(\theta, \varphi)}{I_b} = f(\theta, \varphi, T) \tag{3.4b}$$

$$\varepsilon_\lambda = \frac{E_\lambda}{E_{b\lambda}} = f(\lambda, T) \tag{3.4c}$$

光谱发射率与方向光谱发射率之间的关系为

$$\varepsilon_\lambda = \frac{\displaystyle\int_{\Omega=2\pi} \varepsilon_\lambda(\theta, \varphi) E_{b\lambda}(\theta, \varphi)\,d\Omega}{\displaystyle\int_{\Omega=2\pi} E_{b\lambda}(\theta, \varphi)\,d\Omega} = \frac{\displaystyle\int_{\Omega=2\pi} \varepsilon_\lambda(\theta, \varphi) I_{b\lambda}\cos\theta\,d\Omega}{\displaystyle\int_{\Omega=2\pi} I_{b\lambda}\cos\theta\,d\Omega}$$

$$= \frac{1}{\pi} \int_{\varphi=0}^{2\pi} \int_{\theta=0}^{\frac{\pi}{2}} \varepsilon_\lambda(\theta, \varphi)\cos\theta\sin\theta\,d\theta\,d\varphi = f(\lambda, T) \tag{3.5}$$

如果物体表面是漫发射的，即 $\varepsilon_\lambda(\theta, \varphi)$ 与方向无关，则 $\varepsilon_\lambda(\theta, \varphi) = \varepsilon_\lambda$。本书中如没有特殊说明，都默认物体表面是漫发射的。

发射率与光谱发射率的关系为

$$\varepsilon = \frac{E}{E_b} = \frac{\displaystyle\int_0^\infty \varepsilon_\lambda E_{b\lambda}\,d\lambda}{E_b} = \frac{\displaystyle\int_0^\infty \varepsilon_\lambda E_{b\lambda}\,d\lambda}{\displaystyle\int_0^\infty E_{b\lambda}\,d\lambda} = f(T) \tag{3.6}$$

由式(3.6)可以看出影响发射率的因素：① 材料本身固有的特性——光谱发射率 $\varepsilon_\lambda$；② 由普朗克定律计算的黑体光谱辐射力 $E_{b\lambda}$。所以，$\varepsilon$ 不仅与 $\varepsilon_\lambda$ 有关，还受到普朗克定律的支配。

关于普朗克定律的影响，可用一理想化的例子定性说明，如图 3.2 所示。曲线 1 表示某固体表面的光谱发射率 $\varepsilon_\lambda$，在波长 $\Delta\lambda_1$ 区间处有一低谷，光谱发射率 $\varepsilon_\lambda$ 等于零，而在其他波长处 $\varepsilon_\lambda$ 为常数。温度为 $T$ 时，黑体的光谱辐射力 $E_{b\lambda}(T)$ 分布为曲线 2，物体的光谱辐射力 $E_\lambda(T) = \varepsilon_\lambda E_{b\lambda}(T)$ 分布为曲线 3。曲线 3 在 $\Delta\lambda_1$ 处有一低谷，该波段中的能量为零。根据发射率定义式(3.6)可看出：固体表面在温度 $T$ 时的发射率为曲线 3 下的面积与曲线 2 下的面积之比。温度为 $T'$ 且 $T > T'$ 时，相应的曲线为 2′ 及 3′。从图中可看出，温度为 $T'$ 时两曲线下的面积之比要比温度为 $T$ 时的大。因为 $\varepsilon_\lambda$ 曲线的低谷区正处于 $E_{b\lambda}(T)$ 的峰值区，所以 $E_\lambda(T) = \varepsilon_\lambda E_{b\lambda}(T)$ 减少的相对面积就多；温度在 $T'$ 时，$\varepsilon_\lambda$ 的低谷区处于 $E_{b\lambda}(T')$ 的低值区，所以 $E_\lambda(T') = \varepsilon_\lambda E_{b\lambda}(T')$ 减少的相对面积就少。

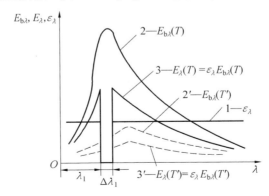

图 3.2　$\varepsilon_\lambda = f(\lambda)$ 一定时 $\varepsilon$ 随温度变化的关系

由此例可以看出，当光谱发射率的峰值区与黑体光谱辐射力的峰值区相重合时，发射率就比较大,反之则小。所以,发射率与光谱发射率的关系受到热辐射普遍规律 —— 普朗克定律的影响。由以上分析可知,要比较清楚地认识固体表面发射率的变化规律,一定要研究光谱发射率的变化情况。

对于漫辐射体,辐射能量按方向分布的规律可用兰贝特定律表示,即辐射强度、方向发射率与方向无关。实际物体与此不同,方向发射率随方向而变化。金属材料与非金属材料的方向发射率的变化特性不尽相同,定性的变化情况如图 3.3 所示。金属材料天顶角 $\theta$ 为 40° 以下、非金属材料天顶角 $\theta$ 为 45° 以下(或比 45° 更大一些)时,方向发射率随天顶角 $\theta$ 的变化不大。当大于上述角度时,随着 $\theta$ 的增加,金属材料的方向发射率逐渐变大,而非金属则逐渐变小;当天顶角 $\theta$ 趋近于 90° 时,二者的方向发射率都很快趋近于零。

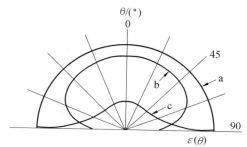

图 3.3　方向发射率
a— 漫辐射表面;b— 非金属表面;c— 金属表面

图 3.4 及图 3.5 分别给出了几种金属与非金属表面的方向发射率随天顶角 $\theta$ 变化的曲线。但是在短波时,许多材料不遵循上述规律。例如:表面磨光的钛,在 $\theta > 40°$、波长小于 1 $\mu m$ 时,方向光谱发射率会随着 $\theta$ 的增加逐渐变小,出现类似非金属的现象。

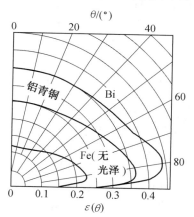

图 3.4　某些金属表面的方向发射率

关于物体辐射的方向性,一般工程手册中给出的发射率有两种:法向发射率 $\varepsilon_\perp$ 和半球发射率 $\varepsilon$。在缺乏可靠数据时,对于非金属可取 $\varepsilon \approx 0.95\varepsilon_\perp$,对于金属取 $\varepsilon \approx 1.2\varepsilon_\perp$。

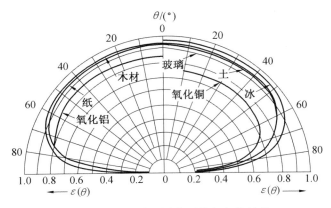

图 3.5　某些非金属表面的方向发射率

### 3.2.2　吸收率

为了描述吸收的光谱性和方向性,引入了光谱吸收率 $\alpha_\lambda$、方向吸收率 $\alpha(\theta,\varphi)$ 及方向光谱吸收率 $\alpha_\lambda(\theta,\varphi)$ 等系数。下面针对吸收率系列系数进行说明,透射率系列系数与此类似;而反射率有其特殊性,在 3.3 节专门阐述。

光谱吸收率 $\alpha_\lambda$ 是物体表面所吸收的光谱辐射能量占相同光谱的光谱投射辐射能量的百分比。

方向吸收率 $\alpha(\theta,\varphi)$ 是物体表面在 $(\theta,\varphi)$ 方向上吸收的全光谱辐射能量占同方向上全光谱投射辐射能量的百分比。

方向光谱吸收率 $\alpha_\lambda(\theta,\varphi)$ 是在相同光谱下,物体表面在 $(\theta,\varphi)$ 方向上吸收的光谱辐射能量占沿该方向的方向光谱投射辐射能量的百分比。

$\alpha$、$\alpha_\lambda$ 与 $\alpha_\lambda(\theta,\varphi)$ 有下列关系:

$$\alpha = \frac{\displaystyle\int_{\lambda=0}^{\infty} \alpha_\lambda G_\lambda \, \mathrm{d}\lambda}{\displaystyle\int_{\lambda=0}^{\infty} G_\lambda \, \mathrm{d}\lambda} = \frac{\displaystyle\int_{\lambda=0}^{\infty} \int_{\Omega=2\pi} \alpha_\lambda(\theta,\varphi) G_\lambda(\theta,\varphi) \, \mathrm{d}\Omega \mathrm{d}\lambda}{\displaystyle\int_{\lambda=0}^{\infty} \int_{\Omega=2\pi} G_\lambda(\theta,\varphi) \, \mathrm{d}\Omega \mathrm{d}\lambda} \tag{3.7}$$

式中　$G_\lambda$ —— 投射到表面上的光谱投射辐射力;

$G_\lambda(\theta,\varphi)$ —— 方向光谱投射辐射力。

由式(3.7)可知,吸收率不是物体本身的属性,因为它不仅与物体固有的性质 $\alpha_\lambda(\theta,\varphi)$、$\alpha_\lambda$ 有关,还与外界因素 —— $G_\lambda(\theta,\varphi)$、$G_\lambda$ 的性质有关。日常生活中最明显的例子:红光投射到红玻璃上时,玻璃背面有红光透出,说明红玻璃对红光的吸收率不大;但当绿光投射到红玻璃上时,玻璃背面无光透出,说明红玻璃对绿光吸收率很大。可见,投射光的波段对红玻璃的吸收率有很大的影响。所以,确定材料吸收率时,必须要给定投射辐射的性质。目前,各类手册中列出的各种材料表面的吸收率,其投射辐射源一般有两种:太阳或某温度黑体。太阳的辐射光谱变化很小,这样就确定了投射辐射的性质。黑体的辐射光谱与温度有关,所以要确定实际材料对黑体辐射的吸收率,在给出材料本身温度的同时,也要给出黑体源的温度。

从式(3.7)可以看出,要确切地求出吸收率,必须知道材料吸收率的光谱特性和方向特性。

### 3.2.3　表面辐射与吸收的关系 —— 基尔霍夫定律

1859 年,基尔霍夫用热力学方法揭示了与周围环境处于热力学平衡状态下的任何物体的辐射本领与吸收本领间的关系,提出了基尔霍夫定律。

基尔霍夫定律最简单的推导方法是利用两块无限大平板间的热力学平衡。由两平板构成的辐射换热系统如图 3.6 所示,板 1 是黑体,辐射力为 $E_b$;板 2 是任意物体,辐射力为 $E$;板 2 的吸收率为 $\alpha$,发射率为 $\varepsilon$;两板间为透明体。由于两板是无限大平板,所以任一板发出的能量全部投射到另一板表面上,也没有能量通过两板透射到外界去,故投射到板 2 上的能量除被板 2 吸收外,全部反射回板 1。该系统处于热力学平衡状态,每处的温度相同,所以板 2 吸收的能量等于它发射的能量,即

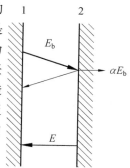

图 3.6　基尔霍夫定律的图示

$$\alpha E_b = E \quad 或 \quad \alpha = \frac{E}{E_b} = \varepsilon \qquad (3.8)$$

此即基尔霍夫定律表达式之一。式(3.8)说明,在热力学平衡状态下,物体对黑体辐射的吸收率等于同温度发射率。吸收率不仅与物体本身吸收特性有关,还与投射辐射的光谱特性有关,所以吸收率不是物性参数;而发射率是物性参数,因为它仅与本身的特性相关。二者性质的差异,导致基尔霍夫定律有下列限制:

(1) 整个系统处于热力学平衡状态。若系统中有温差,存在辐射换热,则不符合此条件。

(2) 从上述推导看,板 1 是与板 2 同温度的黑体,所以本定律中,物体吸收率的投射辐射源必须是与该物体同温度的黑体,这一条件必须存在,与其他外界性质无关。

由上面的限制条件可以看出,基尔霍夫定律的局限性很大,几乎不能用于实际工程。为了实际应用,提出如下两个假设:

(1) 关于状态的假设 —— 局域平衡状态。它是指整个系统虽不处于热力学平衡状态,但局部区域仍符合热力学平衡状态下的规律。这一假设将在 3.6 节中介绍。

(2) 关于物体热辐射特性的假设,提出灰体的概念。灰体是指光谱发射率不随波长变化的物体。灰体的发射光谱和黑体的相似,但其光谱辐射力在整个热射线范围内都比同温度下黑体的小,且都按同样的比例缩小,如图 3.7 所示。灰体的概念在工程计算中应用广泛,它简化了计算过程。灰体是一种理想物体,在自然界中并不存在,但很多工程材料在红外波段内可近似地看成灰体。

灰体无光谱选择性,$\varepsilon = \varepsilon_\lambda \neq f(\lambda)$。实际物体都不属于灰体,但在某些波段中 $\varepsilon_\lambda$ 随波长的变化很小,在这些波段中可将其近似地看作灰体。所以,对于光谱选择性物体,根据不同波段的发射率的不同,可用多个灰体近似之。

图 3.8 列举了几种非金属的光谱法向发射率。从图中可以看出,$\varepsilon_{\lambda\perp}$ 随波长的变化比较复杂,在材料的红外特征吸收区(由于光学声子、官能团)出现反常色散,但在其他区域总的趋势是随波长的增加而变大。在远红外区,大部分非金属的光谱发射率变化不是很

大,在工程中常简化为灰体处理。

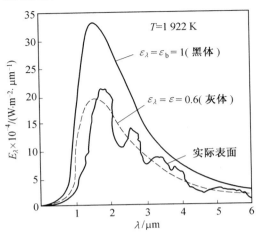

图 3.7　实际物体、黑体和灰体的辐射能量光谱

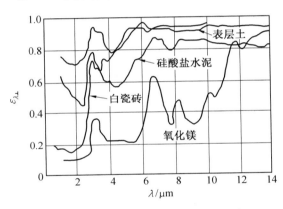

图 3.8　几种非金属的光谱法向发射率

　　图 3.9 列举了几种金属在红外区的光谱法向发射率。由图可看出,在红外区光谱法向发射率随波长的增加而减小,且变化比较平缓,所以和非金属一样,在工程中常简化为灰体处理。大多数金属光谱发射率的峰值出现在紫外区及可见光短波区,当波长大于或小于此峰值区时,光谱发射率减小。图 3.10 给出了纯钨表面的光谱发射率随波长的变化。

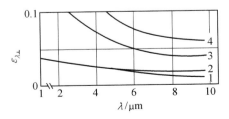

图 3.9　几种金属在红外区的光谱法向发射率
1— 抛光的 Ag;2— 抛光的 Au;3— 抛光的 Al 及 Cu;4— 抛光的 Fe

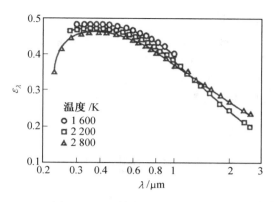

图 3.10　纯钨表面的光谱发射率

很多材料在可见光区的发射率与红外区的发射率相差较大,所以它们对太阳辐射的吸收率与对红外辐射的吸收率有较大的差异。例如,霜对太阳辐射的吸收率约为 0.1,而对红外辐射的吸收率为 0.98 左右,接近黑体。表 3.1 列出了几种物质表面对太阳辐射的吸收率 $\alpha_s$、长波发射率 $\varepsilon$(可近似认为等于长波的吸收率)及其比值。由表 3.1 可看出,非金属材料的 $\alpha_s/\varepsilon$ 大部分小于 1,而金属的则大于 1。

**表 3.1　几种物质表面对太阳辐射的吸收率、长波发射率及其比值**

| 表面 | $\alpha_s$ | $\varepsilon$（300 K） | $\alpha_s/\varepsilon$ |
|---|---|---|---|
| 蒸镀的铝膜 | 0.09 | 0.03 | 3.0 |
| 未使用过的不锈钢(黯淡的) | 0.50 | 0.21 | 2.4 |
| 红砖 | 0.63 | 0.93 | 0.68 |
| 雪 | 0.28 | 0.97 | 0.29 |
| 谷物的叶子 | 0.76 | 0.97 | 0.78 |
| 金属底材上的白漆 | 0.21 | 0.96 | 0.22 |
| 金属底材上的黑漆 | 0.97 | 0.97 | 1.0 |

由电磁理论可知,辐射具有偏振性,偏振具有两个波动分量,彼此成直角地进行振动并垂直于传播方向;对于黑体辐射,偏振的两个分量相等。因此,严格地讲,基尔霍夫定律最通用的表达形式为

$$\varepsilon_{\lambda,\perp}(\lambda,\theta,\varphi,T)=\alpha_{\lambda,\perp}(\lambda,\theta,\varphi,T)$$
$$\varepsilon_{\lambda,/\!/}(\lambda,\theta,\varphi,T)=\alpha_{\lambda,/\!/}(\lambda,\theta,\varphi,T)$$

$$(3.9)$$

(1)研究辐射换热时,通常不考虑偏振问题,所以

$$\varepsilon_{\lambda}(\lambda,\theta,\varphi,T)=\alpha_{\lambda}(\lambda,\theta,\varphi,T)$$

$$(3.10)$$

(2)对于漫辐射体(漫辐射体一定是漫吸收体),则

$$\varepsilon_{\lambda}(\lambda,T)=\alpha_{\lambda}(\lambda,T)$$

$$(3.11)$$

(3)对于灰体:

$$\varepsilon(T)=\alpha(T)$$

$$(3.12)$$

（4）对于局域平衡状态下的漫辐射灰体：

$$\varepsilon = \alpha \tag{3.13}$$

综上可知，实际物体的辐射和吸收特性存在两个理想化的处理方法：① 方向特性的理想化 —— 漫发射、漫吸收；② 光谱特性的理想化 —— 灰体。实际处理中常利用漫辐射灰体的概念简化计算过程，通常认为物体表面为漫辐射，因此漫辐射灰体简称为灰体。

### 3.2.4　表面状况的影响

材料表面状况对它的发射率、吸收率影响很大，往往超过材料本身的影响。对此，下面分 4 个方面阐述。

**1. 表面粗糙度的影响**

在热辐射中，所谓表面光滑或不光滑是相对于射线波长而言的。当物体表面凹凸不平的尺度小于射线波长时，称该表面对于此射线来讲是光滑的。所以，对于长波来讲是光滑的表面，有可能相对短波是粗糙的。普通磨床加工的粗糙度一般是 $0.8~\mu m(0.4 \sim 1.6~\mu m)$，精密数控磨床加工光洁度一般为 $0.1 \sim 0.2~\mu m$。对紫光而言，前者可视为粗糙表面，后者可视为光滑表面。

粗糙表面的每一个凹凸不平之处类似于一个空腔，空腔内会引起投射射线的多次反射与吸收，所以粗糙表面的吸收率要比光滑表面的大得多。辐射强度在表面外空间的分布也会由于粗糙度的不同发生变化。

射线遇到可以比拟波长的微小物体时会产生明显的折射与衍射，使射线方向改变。表面粗糙处可视为微小突出物体，所以粗糙度对辐射的影响还包含折射、衍射的作用。

目前，对表面粗糙度还缺乏全面、符合实际的统一表示，这给理论分析带来一定的困难。虽已存在几种粗糙度的物理模型及求粗糙度对表面吸收率、反射率影响的分析方法，但离工程应用还有一定差距。

**2. 表面氧化的影响**

大气中的金属，尤其是处于高温时，表面常覆盖一层氧化膜。一般氧化膜表面要比磨光的金属表面粗糙，并且氧化膜为非导电体，故氧化后金属表面的发射率变大，且具有非金属的辐射性质。

当氧化膜很薄，对长波来说其厚度比波长还小时，长波射线能穿透它；而对短波来说，其厚度比波长大得多，短波射线不能穿透。这样，薄的氧化膜相对于长波射线好像并不存在，相对于短波才显出它对投射射线的作用。所以，薄的氧化膜会使金属表面产生附加的光谱选择性，其厚度对表面发射率有影响。图 3.11 给出了氧化层对铜表面发射率的影响。

**3. 表面沾污及吸附的影响**

在潮湿的空气中，固体表面会吸附一部分水分，形成一层很薄的水膜；有的材料表面会吸附一层气体；工厂中的材料表面有时会附着一层油膜。这些都会使表面发射率或吸收率发生变化，例如：吸收率为 0.77 的干燥铁板表面，受潮后吸收率会增加到 0.9 以上。

在工业设备中，钢铁表面常会积一层灰尘，各种炉、窑的内壁面、受热表面常会积一层灰垢、工业粉尘、炭黑等，它们会改变原本材料的热辐射特性。处于这种情况下的表面，其

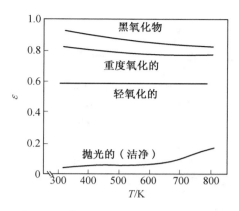

图 3.11　氧化层对铜表面发射率的影响

热辐射特性在很大程度上由环境对表面的污染程度决定。

**4. 表面颜色的影响**

颜色对可见光的发射与吸收有显著的影响,但一般来说对红外线影响不大。例如,衣料对太阳光的吸收率中,黑色的可达 $0.97 \sim 0.98$,而白色的只有 $0.12 \sim 0.26$,但它们对红外线的吸收率几乎相同;又如,在铝板上分别涂上透明、黄、白、蓝、黑的喷漆,它们对红外线的吸收率都在 $0.68$ 左右,但对太阳光的吸收率各异,分别为 $0.18,0.28,0.33,0.94$ 及 $0.95$。

### 3.2.5　表面温度的影响

温度对材料表面热辐射特性的影响比较复杂:大部分金属表面在大气中会氧化,表面粗糙度也随之发生变化;吸附在其表面上的水分、气体会飞逸等等。这些都会使发射率发生变化。此外,从前几节中可以看出,温度对表面热辐射特性的影响有多种机理,且相互影响。以下按机理的不同分别予以说明。

**1. 对光谱发射率的影响**

一般来说,在长波区,金属的光谱发射率随温度的增加而增加。例如,由图 3.10 可知,钨的光谱发射率在波长大于 $1.2\ \mu m$ 左右时温度高的光谱发射率比温度低的大,而在短波区正相反,但两者区别都不大。非金属的红外特征吸收区的光谱发射率一般随温度的升高而增大,在其他区域随温度的升高而减小。这方面的研究不多,很多计算中都没有考虑,即忽略了温度对光谱发射率的影响。

**2. 普朗克定律的影响**

根据普朗克定律可知,温度升高时,黑体光谱辐射力的峰值波长向短波方向移动,对于选择性材料表面(如短波的光谱发射率比长波的大),则总发射率将随温度的升高而增大(图 3.7)。金属表面的光谱发射率一般随波长的增加而减小,所以金属温度升高时发射率增大,而非金属的非红外特征吸收区正相反。

图 3.12、图 3.13 分别给出了某些金属和非金属材料的法向发射率随本身温度变化的曲线,以及室温下某些材料的法向吸收率随投射黑体源温度变化的曲线。从图中可看出,以上两种机理可定性地解释图中大部分曲线的变化规律。

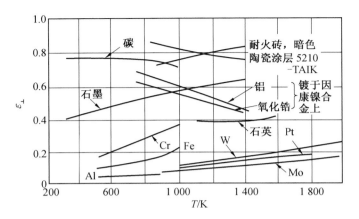

图 3.12　某些金属和非金属材料的法向发射率随本身温度变化的曲线

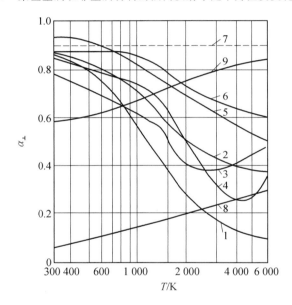

图 3.13　室温下某些材料的法向吸收率随投射黑体源温度变化的曲线
1— 白耐火黏土；2— 石棉；3— 软木；4— 木材；5— 瓷；
6— 混凝土；7— 屋顶瓦；8— 铝；9— 石墨

**3. 忽略发射率随温度变化引起的辐射换热计算误差**

到目前为止，相关工程手册中很少给出发射率、吸收率随温度变化的计算公式，只给出某个温度或某一温度范围内的发射率、吸收率的数值或变化范围。除了这方面能为工程采纳的研究成果不多外，也存在由于忽略发射率随温度变化引起的辐射换热计算误差要小于温度测不准引起的误差这一原因。理由如下：因

$$E = \varepsilon \sigma T^4$$

所以

$$\frac{\mathrm{d}E}{\mathrm{d}T} = 4\varepsilon\sigma T^3 + \sigma T^4 \frac{\mathrm{d}\varepsilon}{\mathrm{d}T} = 4\varepsilon\sigma T^3 \left(1 + \frac{T}{4\varepsilon}\frac{\mathrm{d}\varepsilon}{\mathrm{d}T}\right) \tag{3.14}$$

其中, $\dfrac{T}{4\varepsilon}\dfrac{\mathrm{d}\varepsilon}{\mathrm{d}T}$ 表示忽略发射率随温度变化引起的误差。对于一般金属表面的氧化膜, 在工程温度范围内最大的 $\dfrac{\mathrm{d}\varepsilon}{\mathrm{d}T}\approx 0.000\ 145\ \mathrm{K}^{-1}$, 如取 $\varepsilon=0.8$, $T=1\ 273\ \mathrm{K}$, 则 $\dfrac{T}{4\varepsilon}\dfrac{\mathrm{d}\varepsilon}{\mathrm{d}T}$ 约为 $5.8\%$。而在同样情况下, 温度只要有 $1.4\%$ 的误差, 辐射力就能达到 $5.8\%$ 的误差。所以, 不少工程计算中对于温度对发射率的影响, 除因缺乏数据没法考虑外, 也"允许"不考虑。当然, 在取发射率数值时, 应尽可能选取接近实际温度的数值。

# 3.3　表面的反射特性

很多工程材料属于不透明固体, 其表面的反射性质介于漫反射与镜反射之间, 如图 3.1 所示。由式 (3.2) 可知, 对于不透明固体表面, (光谱) 反射率与 (光谱) 吸收率的关系如下:

$$\rho=1-\alpha$$
$$\rho_\lambda=1-\alpha_\lambda$$

即半球 (光谱) 反射率在已知相应的吸收率后可由上式求出。本节主要讨论这类材料表面反射的方向性。

对于方向反射率, 用类似 $\rho+\alpha=1$ 的规律通常是不对的, 因为一般物体表面在入射方向上吸收辐射后, 剩余的能量通常不会全部在入射方向反射, 其中的大部分会向其他方向反射。所以, 同方向的方向反射率与方向吸收率之和不一定等于 1。为了表示反射的方向特性, 引入双向反射分布函数、方向 — 半球反射率、半球 — 方向反射率几个概念。上述热辐射方向反射特性, 目前多用于热辐射探测、遥感、目标与环境的红外特性等领域, 如卫星光学系统的杂散辐射分析与抑制, 军用目标红外热成像探测识别, 海天背景红外成像等。

漫辐射体不一定是漫反射体。为简化起见, 本书称漫辐射、漫反射表面为漫表面。

## 3.3.1　光谱双向反射分布函数 $\mathrm{BRDF}_\lambda(\theta_i,\varphi_i,\theta_r,\varphi_r)$

反射率除与光谱特性有关外, 还与入射 (投射) 及反射的方向有关。为了考虑这些因素的影响, 引入双向反射分布函数 (bidirectional reflectance distribution function, BRDF) 的概念。此概念源于光学, 有些辐射换热文献中称其为双向反射率。本书采取第一种名称, 符号为 BRDF。以下符号定义中, 下标"i"表示入射, "r"表示反射。

如图 3.14 和图 3.15 所示, 在投射方向 $(\theta_i,\varphi_i)$ 的微元立体角 $\mathrm{d}\Omega_i$ 内, 单位时间内投射到单位面积上的光谱能量为 $G_{\lambda,i}(\theta_i,\varphi_i)\,\mathrm{d}\Omega_i=I_{\lambda,i}(\theta_i,\varphi_i)\cos\theta_i\mathrm{d}\Omega_i$, 其中 $I_{\lambda,i}(\theta_i,\varphi_i)$ 为 $(\theta_i,\varphi_i)$ 方向光谱投射辐射强度。此能量投射到表面, 在不同反射方向上反射的能量不同。若在反射方向 $(\theta_r,\varphi_r)$ 上, 反射的光谱辐射强度为 $I_{\lambda,r}(\theta_i,\varphi_i,\theta_r,\varphi_r)$, 则光谱双向反射分布函数的定义为此两部分能量之比, 即

$$\mathrm{BRDF}_\lambda(\theta_i,\varphi_i,\theta_r,\varphi_r)=\frac{I_{\lambda,r}(\theta_i,\varphi_i,\theta_r,\varphi_r)}{I_{\lambda,i}(\theta_i,\varphi_i)\cos\theta_i\mathrm{d}\Omega_i} \tag{3.15}$$

由此式可以看出, BRDF 的数值可能小于 1 或者大于 1, 取决于 $I_{\lambda,r}(\theta_i,\varphi_i,\theta_r,\varphi_r)$ 的大

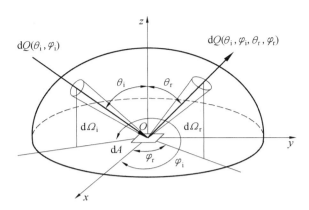

图 3.14　光谱双向反射分布函数

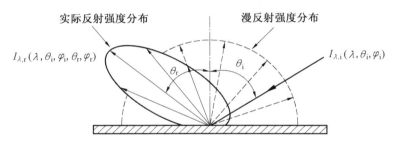

图 3.15　光谱双向反射分布函数的定义

小:如果 $I_{\lambda,r}(\theta_i,\varphi_i,\theta_r,\varphi_r)$ 的数量级与 $I_{\lambda,i}(\theta_i,\varphi_i)$ 的数量级相同,则 BRDF 的数值就很大;反之,如果 $I_{\lambda,r}(\theta_i,\varphi_i,\theta_r,\varphi_r)$ 与 $\mathrm{d}\Omega_i$ 的数量级相同,则 BRDF 值就小。对于理想镜面而言:反射角等于入射角,即 $\theta_r=\theta_i$,$\varphi_r=\varphi_i$;反射辐射强度等于入射辐射强度,即 $I_{\lambda,r}(\theta_i,\varphi_i,\theta_r,\varphi_r)=I_{\lambda,i}(\theta_i,\varphi_i)$。此时反射方向的 BRDF 值趋于无限大,而其他方向的 BRDF 值趋于零。此外,若立体角 $\mathrm{d}\Omega_i$ 的单位为"sr",由式(3.15)可以看出 BRDF 的单位是 $\mathrm{sr}^{-1}$。一般情况,用"率"表示的参数,其数值都小于等于1,且没有单位。所以本书采用光学上的名词 —— 光谱双向反射分布函数。

　　双向反射分布函数符合互换性原理,即对于入射角和反射角来说,光谱双向反射分布函数是对称的。也就是说,入射方向为 $(\theta_i,\varphi_i)$、反射方向为 $(\theta_r,\varphi_r)$ 的 BRDF 等于同一表面入射方向为 $(\theta_r,\varphi_r)$、反射方向为 $(\theta_i,\varphi_i)$ 的 BRDF:

$$\mathrm{BRDF}_{\lambda}(\theta_i,\varphi_i,\theta_r,\varphi_r)=\mathrm{BRDF}_{\lambda}(\theta_r,\varphi_r,\theta_i,\varphi_i) \tag{3.16}$$

证明过程可见本章参考文献[13]。有关光谱双向反射分布函数的实验测试,可参考本章参考文献[30-32]。

　　在辐射换热计算中,还有两个表示方向特性的反射率,一是光谱方向－半球反射率,二是光谱半球－方向反射率。这两个反射率也可由 BRDF 导出。

### 3.3.2　光谱方向－半球反射率 $\rho_{\lambda}(\theta_i,\varphi_i,2\pi)$

　　光谱方向－半球反射率 $\rho_{\lambda}(\theta_i,\varphi_i,2\pi)$ 是表示 $(\theta_i,\varphi_i)$ 方向投射来的光谱能量,向半球空间 $\Omega_r=2\pi$ 反射的性质,如图 3.16 所示。其定义为:投射方向 $(\theta_i,\varphi_i)$ 上、$\mathrm{d}\Omega_i$ 立体角内、

单位时间内投射到单位面积上的光谱能量引起的半球空间内的光谱反射辐射能量与引起它的投射光谱能量之比,即

$$\rho_{\lambda}(\theta_{i},\varphi_{i},2\pi)=\frac{\int_{\Omega_{r}=2\pi}I_{\lambda,r}(\theta_{i},\varphi_{i},\theta_{r},\varphi_{r})\cos\theta_{r}\mathrm{d}\Omega_{r}}{I_{\lambda,i}(\theta_{i},\varphi_{i})\cos\theta_{i}\mathrm{d}\Omega_{i}}=\int_{\Omega_{r}=2\pi}\mathrm{BRDF}_{\lambda}(\theta_{i},\varphi_{i},\theta_{r},\varphi_{r})\cos\theta_{r}\mathrm{d}\Omega_{r}$$

$$(3.17)$$

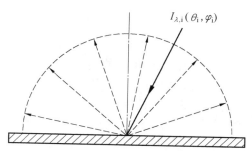

图 3.16　光谱方向—半球反射率

### 3.3.3　光谱半球—方向反射率 $\rho_{\lambda}(2\pi,\theta_{r},\varphi_{r})$

光谱半球—方向反射率 $\rho_{\lambda}(2\pi,\theta_{r},\varphi_{r})$ 表示半球空间 $\Omega_{i}=2\pi$ 投射来的光谱能量,向 $(\theta_{r},\varphi_{r})$ 方向反射的性质,如图 3.17 所示。其定义为:半球投射光谱辐射力 $G_{\lambda,i}$ 在 $(\theta_{r},\varphi_{r})$ 方向反射的光谱辐射强度 $I_{\lambda,r}(2\pi,\theta_{r},\varphi_{r})$,与平均半球投射光谱辐射强度 $G_{\lambda,i}/\pi$ 之比。注意:光谱半球—方向反射率 $\rho_{\lambda}(2\pi,\theta_{r},\varphi_{r})$ 等于光谱双向反射分布函数 $\mathrm{BRDF}_{\lambda}(\theta_{i},\varphi_{i},\theta_{r},\varphi_{r})$ 对所有入射方向的积分。利用式(3.15),可得

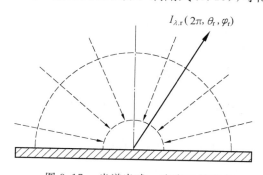

图 3.17　光谱半球—方向反射率

$$\rho_{\lambda}(2\pi,\theta_{r},\varphi_{r})=\frac{I_{\lambda,r}(2\pi,\theta_{r},\varphi_{r})}{\dfrac{G_{\lambda,i}}{\pi}}=\frac{\int_{\Omega_{i}=2\pi}\mathrm{BRDF}_{\lambda}(\theta_{i},\varphi_{i},\theta_{r},\varphi_{r})I_{\lambda,i}(\theta_{i},\varphi_{i})\cos\theta_{i}\mathrm{d}\Omega_{i}}{\dfrac{1}{\pi}\cdot\int_{\Omega_{i}=2\pi}I_{\lambda,i}(\theta_{i},\varphi_{i})\cos\theta_{i}\mathrm{d}\Omega_{i}}$$

$$(3.18)$$

式(3.18)也可以理解为:光谱半球—方向反射的光谱辐射强度 $I_{\lambda,r}(2\pi,\theta_{r},\varphi_{r})$ 等于双向反射的光谱辐射强度 $I_{\lambda,r}(\theta_{i},\varphi_{i},\theta_{r},\varphi_{r})$ 对入射半球内所有方向的积分。若半球空间光谱投射辐射强度 $I_{\lambda,i}(\theta_{i},\varphi_{i})$ 均匀,则

$$\int_{\Omega_i=2\pi} \cos\theta_i \mathrm{d}\Omega_i = \int_0^{2\pi} \mathrm{d}\varphi \int_0^1 \sin\theta_i \mathrm{d}(\sin\theta_i) = 2\pi \left. \frac{\sin\theta_i}{2} \right|_0^1 = \pi \tag{3.19}$$

则式(3.18)可写成

$$\rho_\lambda(2\pi, \theta_r, \varphi_r) = \int_{\Omega_i=2\pi} \mathrm{BRDF}_\lambda(\theta_i, \varphi_i, \theta_r, \varphi_r) \cos\theta_i \mathrm{d}\Omega_i \tag{3.20}$$

### 3.3.4　光谱方向－半球反射率与光谱半球－方向反射率的互换关系

比较式(3.17)和式(3.20),当角$(\theta_i, \varphi_i)$和角$(\theta_r, \varphi_r)$相等时,得

$$\rho_\lambda(\theta_i, \varphi_i, 2\pi) = \rho_\lambda(2\pi, \theta_r, \varphi_r) \tag{3.21}$$

注意:式(3.21)仅适用于入射辐射强度均匀的情况。这意味着,当角$(\theta_r, \varphi_r)$等于角$(\theta_i, \varphi_i)$时:在给定入射角$(\theta_i, \varphi_i)$的照射下,某一种材料的半球反射率,等于来自半球的均匀照射下角$(\theta_r, \varphi_r)$的反射率。从实验角度看,测量$\rho_\lambda(\theta_i, \varphi_i, 2\pi)$需要收集整个反射半球的能量来进行,测量$\rho_\lambda(2\pi, \theta_r, \varphi_r)$需要通过收集单一反射角$(\theta_r, \varphi_r)$的能量来进行。目前,式(3.21)已用于测量热辐射特性的"半球反射计"的设计中。

### 3.3.5　光谱半球－半球反射率(光谱半球反射率、光谱反射率)$\rho_\lambda$

光谱半球－半球反射率$\rho_\lambda$,简称光谱半球反射率、光谱反射率。$\rho_\lambda$等于光谱半球反射辐射力$E_{\lambda,r}$与光谱半球投射辐射力$G_{\lambda,i}$之比,可写为

$$\rho_\lambda = \frac{E_{\lambda,r}}{G_{\lambda,i}} = \frac{\int_{\Omega_i=2\pi} \rho_\lambda(\theta_i, \varphi_i, 2\pi) I_{\lambda,i}(\theta_i, \varphi_i) \cos\theta_i \mathrm{d}\Omega_i}{\int_{\Omega_i=2\pi} I_{\lambda,i}(\theta_i, \varphi_i) \cos\theta_i \mathrm{d}\Omega_i} \tag{3.22}$$

若半球空间投射辐射强度均匀,注意式(3.19),则有

$$\rho_\lambda = \frac{1}{\pi} \int_{\Omega_i=2\pi} \rho_\lambda(\theta_i, \varphi_i, 2\pi) \cos\theta_i \mathrm{d}\Omega_i \tag{3.23}$$

将式(3.17)代入上式,得

$$\rho_\lambda = \frac{1}{\pi} \int_{\Omega_i=2\pi} \left[ \iint_{\Omega_r=2\pi} \mathrm{BRDF}_\lambda(\theta_i, \varphi_i, \theta_r, \varphi_r) \cos\theta_r \mathrm{d}\Omega_r \right] \cos\theta_i \mathrm{d}\Omega_i \tag{3.24}$$

对于漫反射面,BRDF与投射和反射方向均无关,则光谱半球漫反射率(光谱漫反射率)$\rho_\lambda^{\mathrm{d}}$表示为

$$\rho_\lambda^{\mathrm{d}} = \pi \cdot \mathrm{BRDF}_\lambda \tag{3.25}$$

### 3.3.6　全光谱反射特性参数

各种全光谱反射特性参数的表达式与以上公式类似,只要将下标"λ"去掉即可。这里仅列出全光谱与光谱的各种反射特性的关系。

(1) 全光谱双向反射分布函数(简称双向反射分布函数)。

$$\mathrm{BRDF}(\theta_i, \varphi_i, \theta_r, \varphi_r) = \frac{I_r(\theta_i, \varphi_i, \theta_r, \varphi_r)}{I_i(\theta_i, \varphi_i) \cos\theta_i \mathrm{d}\Omega_i} = \frac{\int_0^\infty \mathrm{BRDF}_\lambda(\theta_i, \varphi_i, \theta_r, \varphi_r) I_{\lambda,i}(\theta_i, \varphi_i) \mathrm{d}\lambda}{\int_0^\infty I_{\lambda,i}(\theta_i, \varphi_i) \mathrm{d}\lambda}$$

$$\tag{3.26}$$

（2）全光谱方向－半球反射率（简称方向－半球反射率）。

$$\rho(\theta_i, \varphi_i, 2\pi) = \frac{\int_0^\infty \rho_\lambda(\theta_i, \varphi_i, 2\pi) I_{\lambda, i}(\theta_i, \varphi_i) \, d\lambda}{\int_0^\infty I_{\lambda, i}(\theta_i, \varphi_i) \, d\lambda} \tag{3.27}$$

（3）全光谱半球－方向反射率（简称半球－方向反射率）。

$$\rho(2\pi, \theta_r, \varphi_r) = \frac{\int_0^\infty \rho_\lambda(2\pi, \theta_r, \varphi_r) \left[ \iint_{\Omega_i = 2\pi} I_{\lambda, i}(\theta_i, \varphi_i) \cos\theta_i d\Omega_i \right] d\lambda}{\int_0^\infty \iint_{\Omega_i = 2\pi} I_{\lambda, i}(\theta_i, \varphi_i) \cos\theta_i d\Omega_i d\lambda} \tag{3.28}$$

（4）全光谱半球反射率（简称反射率）。

$$\rho = \frac{\int_0^\infty \rho_\lambda \left[ \iint_{\Omega_i = 2\pi} I_{\lambda, i}(\theta_i, \varphi_i) \cos\theta_i d\Omega_i \right] d\lambda}{\int_0^\infty \left[ \iint_{\Omega_i = 2\pi} I_{\lambda, i}(\theta_i, \varphi_i) \cos\theta_i d\Omega_i \right] d\lambda} \tag{3.29}$$

从上述推导可以看出，如果已知表面上半球空间所有方向的 $\text{BRDF}_\lambda(\theta_i, \varphi_i, \theta_r, \varphi_r)$，则此表面所有的反射特性就都可以求出，所以光谱双向反射分布函数是求表面反射特性的最基本的参数。

对于镜反射表面（指反射率不等于1，反射角 $\theta_r$ 等于入射角 $\theta_i$ 的面），由于反射的方向特性已经确定，所以无须用光谱双向反射分布函数，而用方向光谱反射率 $\rho_\lambda^s(\theta_r, \varphi_r)$ 来描述其反射的方向分布特性，即

$$\rho_\lambda^s(\theta_r, \varphi_r) = \frac{I_{\lambda, r}(\theta_r, \varphi_r)}{I_{\lambda, i}(\theta_i, \varphi_i)} \tag{3.30}$$

光谱半球反射率与方向光谱反射率的关系为

$$\rho_\lambda^s = \frac{1}{\pi} \int_{\Omega_r = 2\pi} \rho_\lambda^s(\theta_r, \varphi_r) \cos\theta_r d\Omega_r \tag{3.31}$$

当然，用光谱双向反射分布函数也能描述镜反射表面的反射特性，但用处不大。若为了了解理论的完整性而进行相关研究，可参考本章文献 [13]。

# 3.4　表面的辐射换热参量

在辐射换热的测量与计算中，有几种热量的表示方法应用范围较广：本身辐射、投射辐射、吸收辐射、有效辐射及净辐射。

本身辐射是指由物体本身温度决定的辐射，本身辐射力用 $E$ 表示。投射辐射（有的文献中称为入射辐射、投入辐射）是指落到物体上的总辐射，投射辐射力用 $G$ 表示。投射辐射可以是从其他物体发射来的，也可以是物体自身发射的。例如，凹形表面发射的一部分能量会落到自己身上，这部分能量应计算到该表面的投射辐射中。吸收辐射是指物体对外界投射辐射的吸收，若物体表面的辐射吸收率为 $\alpha$，则吸收辐射力为 $\alpha G$。有效辐射是指物体本身辐射和反射辐射之和，有效辐射力用 $J$ 表示。在辐射换热中，物体最终失去或得到的热量称为该物体的净辐射量，有的书中称为结果辐射，我国出版的大部分传热学书籍中直接称为辐射换热量。单位时间内、物体单位面积的净辐射量称为净辐射热流密度、辐

射换热热流密度、辐射热流密度,用 $q$ 或 $q^r$ 表示(当存在其他传热方式,如热传导、对流传热时,为表示清楚起见,加上角标"r")。

图 3.18 表示了固体表面的有效辐射,其表达式如下:

$$J = \varepsilon E_b + \rho G = \varepsilon E_b + (1-\alpha) G \tag{3.32}$$

其中,$\varepsilon E_b$ 表示表面的本身辐射,$(1-\alpha) G$ 表示表面的反射辐射。辐射探测仪测到的物体辐射都是物体的有效辐射。

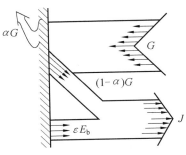

图 3.18　固体表面的有效辐射

一个物体的净辐射量等于其有效辐射减去投射辐射,也可以表示为物体的本射辐射减去其吸收辐射,即有

$$q = J - G \tag{3.33}$$

式(3.33)可理解为表面外部的热平衡方程式,类似于将要计算热平衡的面(简称热平衡面)选在紧贴表面的外部,如图 3.19 中的面 2 所示。通过面 2 流出的热量为有效辐射,流入的热量为投射辐射,两者之差即此面的净辐射量。如选择图 3.19 中紧贴表面内侧的面 1 为热平衡面,则可写出

$$q = E - \alpha G = \varepsilon E_b - \alpha G \tag{3.34}$$

由于反射辐射仅在表面进行,不会进入内部,所以通过此面流出的热量不是有效辐射,而是本身辐射。同理,流入的热量是吸收辐射。所以式(3.34)可理解为表面内部热平衡方程式。从式(3.33)和式(3.34)中消去 $G$,得有效辐射力为

$$J = \frac{E}{\alpha} - \left(\frac{1}{\alpha} - 1\right) q \tag{3.35}$$

上式是有效辐射力的又一表达式。

图 3.19　两种热平衡计算面

一等温空腔,腔内无热交换,$q=0$。根据基尔霍夫定律,有 $E=\varepsilon E_b=\alpha E_b$。将此式代入式(3.34),可得 $J=E_b$,由此可知:任一封闭的等温空腔是黑体腔,腔内任一表面发出的有效辐射等于黑体辐射,与表面材料无关。如表面本身辐射小,则其反射辐射必然大,而总的有效辐射不变。封闭腔的用处不大,而当封闭腔上开了小孔,腔与外界就有了能量交换,从而破坏了封闭腔的黑体性质;但如果小孔面积比腔内表面积小得多,当小到所交换的能量可忽略不计时,此带孔的腔仍可视为黑体腔。由图 3.20 可看出,小孔射出的辐射是腔壁的有效辐射,并且各个方向一致,这就从发射的角度说明了小孔可看作是人工黑体。

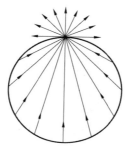

图 3.20　人工黑体发射

从工程中的一些现象也可看出有效辐射与净辐射的关系。例如,在高温加热炉中加热两块颜色不同的钢料,或者被加热的两块钢料上有不同于底色的记号,并且这种颜色本身的性质在加热过程中保持不变。在没加热或刚加热时,从炉子的观察孔中可以清楚地分辨出钢料的不同颜色。但当钢料加热到与炉子温度基本相同时,即 $q=0$,人眼只能看到浑然一体的钢料与炉壁,分不出颜色的区别。但是,如果把高温的钢料拿到炉外阳光下,则又能分辨出颜色的不同。钢料颜色在人眼中的变化,并不是材料颜色本身改变引起的,而是由射到人眼中的钢料表面有效辐射的变化引起的,它的反射率、发射率变化并不大。

# 3.5　热辐射特性随波长变化的处理

热辐射传输计算的特点是辐射能量与位置、方向、波长(光谱特性)有关。位置、方向对热辐射传输的影响将在本书的第 8 章和第 10 章中讨论,本节讨论波长(光谱特性)对热辐射传输影响的处理。

适用于全光谱情况下的能量方程和边界条件,一般不适用于单一波长。例如:一理想绝热表面(无对流、导热),在热平衡状态下,总的入射辐射能量 $Q_i$ 等于总的离开的辐射能量 $Q_o$(总的有效辐射),即 $Q_o-Q_i=Q=0$。但是,对于某一波长,入射能量 $Q_{\lambda,i}$ 与出射能量 $Q_{\lambda,o}$ 不一定相等,即 $Q_{\lambda,o}-Q_{\lambda,i}=Q_\lambda\neq 0$。确切地说,一个绝热表面仅意味着辐射总能量的增益或损失为零:

$$Q=\int_0^\infty \left[Q_{\lambda,o}-Q_{\lambda,i}\right]\mathrm{d}\lambda=0$$

所以要用光谱特性与光谱能量来建立热平衡方程。

对于物体表面、介质和粒子的热辐射特性随波长的变化,通常采用 3 种处理方法。

（1）假定物体表面、介质和粒子分别为灰体、灰介质和灰粒子,无选择性,这是最简单的方法,但是计算误差大。工程计算中采用灰体、灰介质和灰粒子模型往往出于两方面的原因:一方面是简化工程计算,另一方面是缺乏各种热辐射特性随波长变化的资料和数据。如果具备这些资料与数据,同时计算本身又要求相当高的精确度时,就需要考虑物体表面、介质和粒子的热辐射特性随波长及温度的变化。

（2）采用平均当量参数代替对波长有选择性的特性参数（平均当量参数法）。

（3）采用谱带近似法。

### 3.5.1 平均当量参数法

平均当量参数法的基本思想是将随波长变化的物体表面特性、介质特性和粒子特性,按黑体发射光谱或入射能量光谱或其他光谱规律在全光谱范围内积分平均,得出相应的平均物性系数,使热辐射传递计算中的所有参数都变成全光谱的总参数,这样热辐射传输控制方程中就不再出现单色光谱参量。例如:半球全光谱发射率 $\varepsilon(T)$（简称发射率）用半球发射率 $\varepsilon_\lambda(\lambda, T)$ 表示,且按黑体发射光谱平均,可得

$$\varepsilon(T) = \frac{\int_0^\infty \varepsilon_\lambda(\lambda, T) E_{b\lambda}(\lambda, T) d\lambda}{E_b(T)} \tag{3.36}$$

方向全光谱吸收率 $\alpha(\theta, \varphi, T)$ 用方向光谱吸收率 $\alpha_\lambda(\lambda, \theta, \varphi, T)$ 表示,且按入射光谱辐射强度平均,可得

$$\alpha(\theta, \varphi, T) = \frac{\int_0^\infty \alpha_\lambda(\lambda, \theta, \varphi, T) I_{\lambda, i}(\lambda, \theta, \varphi) d\lambda}{\int_0^\infty I_{\lambda, i}(\lambda, \theta, \varphi) d\lambda} \tag{3.37}$$

积分形式的辐射传输方程也可化成全光谱的形式,但在同一项内会出现两个物性系数,通常需要两个系数一起平均,才能将光谱项消去。介质的吸收系数有多种平均方法,入射平均吸收系数 $\overline{\kappa_{ai}}$ 按入射能量光谱平均:

$$\overline{\kappa_{ai}} = \frac{\int_0^\infty \kappa_{a\lambda} I_\lambda(s) d\lambda}{\int_0^\infty I_\lambda(s) d\lambda} \tag{3.38}$$

普朗克（Planck）平均吸收系数 $\overline{\kappa_{aP}}$ 按黑体发射光谱平均:

$$\overline{\kappa_{aP}} = \frac{\int_0^\infty \kappa_{a\lambda} I_{b\lambda}(s) d\lambda}{\int_0^\infty I_{b\lambda}(s) d\lambda} = \frac{\int_0^\infty \kappa_{a\lambda} E_{b\lambda}(T) d\lambda}{E_b(T)} \tag{3.39}$$

在光学厚条件下,通常采用罗斯兰德（Rosseland）平均吸收系数 $\overline{\kappa_{aR}}$:

$$\frac{1}{\overline{\kappa_{aR}}} = \frac{\int_0^\infty (1/\kappa_{a\lambda}) [\partial I_{b\lambda}(T)/\partial T] d\lambda}{\int_0^\infty [\partial I_{b\lambda}(T)/\partial T] d\lambda} \tag{3.40}$$

介质的平均吸收系数与温度、压力、密度或入射光谱的分布有关。通常这些分布沿着

射线传递路程变化,若考虑这些变化因素,计算就比较复杂,所以这种方法只适用于比较简单或简化的情况,若用于较复杂的情况,就会出现误差。

### 3.5.2　谱带近似法

在计算精度要求较高的情况下,通常采用谱带近似法(也称多带近似法、能带近似法、谱带模型)。

谱带近似法根据系统内各表面的反射率 $\rho$ 或发射率 $\varepsilon$,介质的衰减系数 $\kappa_e$、吸收系数 $\kappa_a$、散射系数 $\kappa_s$ 和折射率 $n$ 等热辐射特性随波长变化的规律,将全波长范围分成有限数目的谱带,使每个谱带内的光谱热辐射特性变化较小,并视其为常数,这样就可将各谱带按灰体、灰介质模型进行计算,即用一组矩型谱带描述随波长变化的热辐射特性,各谱带的辐射换热量之和即为总换热量。若谱带数目 $M_b$ 取得足够多,则每一谱带的间隔 $\Delta\lambda_k(k=1,2,\cdots,M_b)$ 足够小,极限时 $M_b \to \infty$,$\Delta\lambda_k \to 0$,即为单色分析。谱带的划分以下例说明之。

1 073 K 下硅玻璃的光谱吸收系数和光谱折射率可以用 11 个矩形谱带近似,293 ～ 973 K 下硼硅酸盐玻璃(BK7 玻璃)的光谱吸收系数可以用 9 个矩形谱带近似,相应的谱带近似参数见表 3.2。1 073 K 下硅玻璃的光谱吸收系数用 11 个矩形谱带近似的结果如图 3.21 所示;293 ～ 973 K 下硼硅酸盐玻璃的光谱吸收系数用 9 个矩形谱带近似的结果如图 3.22 所示。

**表 3.2　硅玻璃和硼硅酸盐玻璃光谱参数的谱带近似参数**

| 谱带 $k$ | 1 073 K 下硅玻璃的光谱吸收系数和光谱折射率的 11 个矩形谱带近似参数 | | | 293 ～ 973 K 下硼硅酸盐玻璃的光谱吸收系数的 9 个矩形谱带近似参数 | |
|---|---|---|---|---|---|
| | $\Delta\lambda_k/\mu m$ | $\kappa_{ak}/m^{-1}$ | $n_k$ | $\Delta\lambda_k/\mu m$ | $\kappa_{ak}/m^{-1}$ |
| 1 | 0 ～ 2.14 | 1 | 1.452 | 0 ～ 2.00 | 1 |
| 2 | 2.14 ～ 2.62 | 30 | 1.441 | 2.00 ～ 2.75 | 50 |
| 3 | 2.62 ～ 2.73 | 300 | 1.436 | 2.75 ～ 2.92 | 740 |
| 4 | 2.73 ～ 2.79 | 1 450 | 1.434 | 2.92 ～ 3.50 | 680 |
| 5 | 2.79 ～ 2.84 | 1 040 | 1.433 | 3.50 ～ 3.70 | 900 |
| 6 | 2.84 ～ 2.94 | 300 | 1.431 | 3.70 ～ 3.84 | 1 020 |
| 7 | 2.94 ～ 3.73 | 70 | 1.421 | 3.84 ～ 4.14 | 970 |
| 8 | 3.73 ～ 4.28 | 480 | 1.393 | 4.14 ～ 4.60 | 1 170 |
| 9 | 4.28 ～ 4.64 | 1 260 | 1.368 | 4.60 ～ 5.00 | > 2 000 |
| 10 | 4.64 ～ 4.80 | 1 450 | 1.355 | — | — |
| 11 | 4.80 ～ 5.00 | > 2 500 | 1.355 | — | — |

考虑一个含参与性介质的腔体,该腔体共有 $M_s$ 个表面。若表面热辐射特性随波长的变化大致可分为 $M_{b,s}$ 个谱带,参与性介质的热辐射特性随波长的变化大致可分为 $M_{b,m}$

个谱带。则总的谱带数为 $M_b \leqslant M_{b,s} + M_{b,m}$，等号表示 $M_{b,s}$ 和 $M_{b,m}$ 的划分没有重合，小于号表示 $M_{b,s}$ 和 $M_{b,m}$ 的划分有部分重合。

采用谱带近似法时，需要计算不同温度 $T$ 下各谱带 $\Delta\lambda_k$ 内的黑体辐射能占总辐射能的份额 $B_{k,T}(\Delta\lambda_k, T)$：

$$B_{k,T}(\Delta\lambda_k, T) = \frac{\int_{\Delta\lambda_k} E_{b\lambda}(T)\mathrm{d}\lambda}{\int_0^{\infty} E_{b\lambda}(T)\mathrm{d}\lambda} \quad (k = 1, 2, \cdots, M_b) \tag{3.41}$$

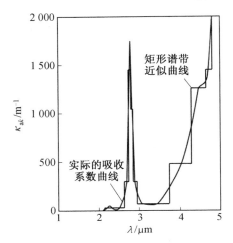

图 3.21　1 073 K 下硅玻璃的光谱吸收系数用 11 个矩形谱带近似的结果

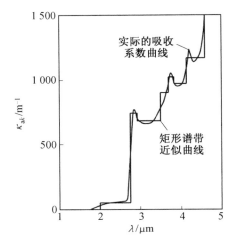

图 3.22　293 ~ 973 K 下硼硅酸盐玻璃的光谱吸收系数用 9 个矩形谱带近似的结果

# 3.6　局域平衡假设

热力学平衡状态是指系统内无一切势差、无一切宏观变化的状态。此时温度处处相同，没有热量交换。普朗克定律、基尔霍夫定律、斯蒂芬－玻尔兹曼定律、维恩位移定律等都是在这种状态下推导出来的。如果系统内存在热量交换，就破坏了热力学平衡态，背离了上述定律的前提条件。严格地说，上述定律用于这种系统就会出现偏差，甚至根本就不能用。

当物质远离平衡态时，其分子、原子各种能级的分布不再符合平衡态时的玻尔兹曼分布，不同粒子的热运动也不一致，并且各种能级能量所体现的特征温度都不一样，不能用一个温度来表示一个状态，这时物体发射与吸收的微观机制与平衡态时有很大的差别。所以非平衡态热辐射时，物质对辐射的吸收和发射与其微观基本过程的特殊机制有关，要直接用量子辐射理论、非平衡统计理论、非平衡热力学等知识去解决。

非平衡热辐射常出现在稀薄气体、超高温状态的系统中，如原子弹爆炸时的热辐射，某些高温等离子体热辐射，导弹返回大气层时弹头外壁激波层内高温气体热辐射，某些星球表面的大气辐射，激光器内的气体辐射等。

　　一般工程技术中出现的非平衡态都邻近平衡态。为了使从平衡态推导出的各种热力学关系和辐射基本定律能应用于这种状态,提出局域平衡(局域热力学平衡、局部热力学平衡、局域热动平衡近似)的假设。局域平衡假设包括两点:① 局域范围(也可称为子系统)应体现微观足够大而宏观足够小的条件。微观足够大是指此子系统中有足够多的微观粒子,以符合统计规律的要求;宏观足够小是指宏观尺寸不能太大,否则不能保证此局域范围内可认为是平衡的假设。② 在这局域范围内,所有热力学变量关系仍然满足平衡体系中的关系。由此假设可以看出,辐射换热时,虽然系统内有温差,属于非平衡态,但是每一个局域(宏观上可看成每一个点)都符合平衡态时的各种规律,可以用从平衡态推导出的定律及公式。

　　"热平衡"这一概念,在不同的传热学书籍或同一本传热学书籍的不同章节中常有不同的意义:一种是指系统温度平衡,无温差,无热量交换;一种是从能量守恒定律出发,指系统的热量平衡,即此时温度可以是不均匀的,有热量交换,但能量守恒。为了避免混淆起见,本书中将前者称为平衡态或热力学平衡态,后者称为热平衡。

　　严格地说,吸收率、反射率与透射率不能算物体本身的属性,因为它们不仅与物体固有的性质有关,还和外界因素 —— 投射辐射的性质有关。发射率也是这样,固体表面发射率与固体所处环境介质的折射率有关,所以严格来讲它也不能算作物体本身的属性。但很多情况下,常将外界因素忽略不计,仍把它们算作物体本身的物性参数。

　　在局域平衡假设及漫辐射灰体的条件下,基尔霍夫定律的两个条件 —— 热力学平衡、同温度黑体投射源 —— 可以去掉,只留下吸收率与发射率必须处于同一温度下这一条件。

# 本章参考文献

[1] 葛绍岩,那鸿悦. 热辐射性质及其测量[M]. 北京:科学出版社,1989.

[2] 埃克特,戈尔茨坦. 传热学测试方法[M]. 蒋章焰,何文欣,陈文芳,译. 北京:国防工业出版社,1989.

[3] 戴景民. 多光谱辐射测温理论与应用[M]. 北京:高等教育出版社,2002.

[4] 帅永,齐宏,谈和平. 热辐射测量技术[M]. 哈尔滨:哈尔滨工业大学出版社,2014.

[5] 郇帅,莫长涛. 红外纸张厚度测量中参数选取的模型研究[J]. 哈尔滨商业大学学报(自然科学版),2017,33(4):441-443.

[6] 全国能源基础与管理标准化技术委员会能源名词术语分技术委员会. 热辐射术语:GB/T 17050—1997[S]. 北京:中国标准出版社,1997.

[7] TOULOUKIAN Y S,DEWITT D P. Thermal radiative properties, metallic elements and alloys[M]. New York:Springer Science & Business Media,1970.

[8] TOULOUKIAN Y S,DEWITT D P. Thermal radiative properties, nonmetallic solid[M]. New York:Springer Science & Business Media,1970.

[9] 马庆芳,方荣生,项立成,等. 实用热物理性质手册[M]. 北京:中国农业机械出版社,1986.

[10] 德意志联邦共和国工程师协会,工艺与化学工程学会.传热手册[M].化学工业部第六设计院,译.北京:化学工业出版社,1983.

[11] 钱滨江,伍贻文,常家芳,等.简明传热手册[M].北京:高等教育出版社,1983.

[12] 罗森诺.传热学基础手册(下册)[M].齐欣,译.北京:科学出版社,1992.

[13] 西格尔,豪威尔.热辐射传热[M].曹玉璋,黄素逸,陆大有,等译.2版.北京:科学出版社,1990.

[14] 弗兰克 P I,戴维 P D.传热的基本原理[M].葛新石,王义方,郭宽良,译.合肥:安徽教育出版社,1985.

[15] 李小文,王锦地.植被光学遥感模型与植被结构参数化[M].北京:科学出版社,1995.

[16] 徐根兴.目标和环境的光学特性[M].北京:宇航出版社,1995.

[17] 宣益民,韩玉阁.地面目标与背景的红外特征[M].北京:国防工业出版社,2004.

[18] 余其铮,唐明,谈和平,等.星载扫描仪遮阳罩的杂光计算[J].运载火箭与返回技术,1991,12(2):56-62.

[19] 唐明,夏新林,谈和平,等.多光谱扫描仪的杂光计算[J].宇航学报,1996,17(1):87-90,107.

[20] 王平阳,夏新林,谈和平.用蒙特卡罗法数值模拟CCD相机的杂光[J].中国空间科学技术,1999,19(2):60-65.

[21] XIA X L,SHUAI Y,TAN H P.Calculation techniques with the monte carlo method in stray radiation evaluation[J].Journal of Quantitative Spectroscopy and Radiative Transfer,2005,95(1):101-111.

[22] 宣益民,吴轩,韩玉阁.坦克红外热像理论建模和计算机模拟[J].弹道学报,1997,9(1):17-21.

[23] 谈和平,崔国民,阮立明,等.地物目标红外热像理论建模中的蒙特卡罗法与并行计算[J].红外与毫米波学报,1998,17(6):417-423.

[24] 宣益民,刘俊才,韩玉阁.车辆热特征分析及红外热像模拟[J].红外与毫米波学报,1998,17(6):441-446.

[25] 董士奎,谈和平,贺志宏,等.高超声速再入体可见、红外辐射特性数值模拟[J].红外与毫米波学报,2002,21(3):180-184.

[26] 罗继强,毛宏霞,董雁冰,等.地面相控阵雷达天线红外辐射特性研究[J].红外与激光工程,2004,33(6):559-561.

[27] 张建奇,方小平,张海兴,等.雪面辐射温度预测模型[J].红外与毫米波学报,1997,16(3):206-210.

[28] 宣益民,李德沧,韩玉阁.复杂地面背景的红外热像合成[J].红外与毫米波学报,2002,21(2):133-136.

[29] 张延冬,吴振森.二维粗糙海面的光散射及其红外成像[J].光学学报,2002,22(9):1039-1043.

[30] 王明军,董雁冰,吴振森,等.粗糙表面光散射特性研究与光学常数反演[J].红外与

激光工程,2004,33(5):549-552.

[31] 谢鸣,徐辉,邹勇,等.花岗岩表面双向反射分布函数实验研究[J].工程热物理学报,2005,26(4):683-685.

[32] 廖胜,沈忙作.红外吸收涂层与双向反射分布系数测试[J].光电工程,1994,21(4):5-8.

[33] 谈和平,阮立明,刘林华,等.瞬态激光脉冲在吸收、发射性介质内引起的温度响应[J].工程热物理学报,1999,20(3):326-331.

[34] PATCH R W. Effective absorption coefficients for radiant energy transport in nongrey, nonscattering gases[J].Journal of Quantitative Spectroscopy and Radiative Transfer,1967,7(4):611-637.

[35] 卞伯绘.辐射换热的分析与计算[M].北京:清华大学出版社,1988.

[36] KUNC T. Etude du transfert couplé conduction-rayonnement application à la determination de la conductivite phonique des verres à haute température par identification paramétrique[D].Poitiers:Université de Poitiers,1984.

[37] TAN H P. Transfert couplé rayonnement-conduction instationnaire dans les milieux semi-transparents à frontières opaques ou naturelles soumis à des conditions de température et de flux[D].Poitiers:Université de Poitiers,1988.

[38] TAN H P,FERRE M,LALLEMAND M. Transfert radiatif dans $NO_3K$ fondu et la fonte vitreuse de $B_2O_3$[J]. Rev. Phys. Appl. ,1987,22(2):125-138.

[39] TAN H P,LALLEMAND M. Radiative heat transfer in molten potassium nitrate and glassy melts of boric oxide[J]. High Temperature-High Pressure,1987,19:417-424.

[40] 王福恒,王嵩薇.近代科学技术中的原子分子辐射理论[M].成都:成都科技大学出版社,1991.

[41] 李世昌.高温辐射物理与量子辐射理论[M].北京:国防工业出版社,1992.

[42] 陈熙.高温电离气体的传热与流动[M].北京:科学出版社,1996.

[43] 章冠人.光子流体动力学理论基础[M].北京:国防工业出版社,1996.

[44] 欧阳水吾,谢中强.高温非平衡空气绕流[M].北京:国防工业出版社,2001.

[45] 黄宝锐,彭勃,任栖锋,等.偏振微面双向反射分布函数建模与仿真研究[J].光学技术,2024,50(5):560-566.

[46] 傅莉,樊金浩,张兆义,等.双向反射分布函数结合 Bi－LSTM 网络求解壁面发射率[J].红外与激光工程,2023,52(2):169-180.

[47] 谭畅,王世勇,高思莉,等.基于改进偏振双向反射分布函数的海面场景红外偏振成像仿真[J].光子学报,2022,51(6):243-252.

[48] GUO J L,HAN P X,ZHANG M L,et al.Bidirectional Reflectance Distribution Function (BRDF) measurements, modeling and applications in space-agile Tx/Rx common aperture system[J]. J. Quant. Spectrosc. Radiat. Transfer,2024(326):109105.

# 本 章 习 题

1. 某表面温度为 600 K,当光谱反射率为 $\lambda = 0 \sim 3\ \mu m$ 时,$\rho_\lambda = 0.1$;当 $\lambda = 3 \sim 6\ \mu m$ 时,$\rho_\lambda = 0.3$;当 $\lambda = 6 \sim 9\ \mu m$ 时,$\rho_\lambda = 0.6$;当 $\lambda > 9\ \mu m$ 时,$\rho_\lambda = 1.0$。试算此温度下该表面的辐射力。

2. 一灰表面的方向发射率如图 3.23 所示,它对于圆周角 $\varphi$ 而言是各向同性的。问:

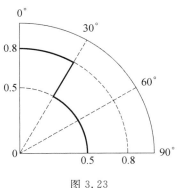

图 3.23

(1) 该表面的半球发射率为多少?

(2) 如将该表面置于 0 K 的环境中,为了维持表面温度为 550 K,表面需要加上的投射辐射力为多少?

3. 有两种玻璃窗,一种为普通玻璃窗,一种为有机玻璃窗。它们的热辐射特性如下:两种玻璃的光谱反射率对所有波长都是 0.08;普通玻璃在 $0.34\ \mu m < \lambda < 2.7\ \mu m$ 范围内,光谱透射率 $\gamma_\lambda = 0.9$,在其他波长下光谱透射率为零;有机玻璃在 $0.5\ \mu m < \lambda < 1.4\ \mu m$ 范围内,光谱透射率 $\gamma_\lambda = 0.9$,在其他波长下光谱透射率为零。如太阳投射到窗上的辐射力为 1 000 W/m$^2$,试求两种窗:(1) 穿过窗户进入房间的辐射力;(2) 被玻璃吸收的辐射力;(3) 被玻璃反射的辐射力;(4) 可见光被减弱的份额。

4. 已知某表面的总半球发射率 $\varepsilon$ 是温度的已知函数 $\varepsilon = f(T)$,光谱发射率 $\varepsilon_\lambda$ 与温度无关,但随波长变化。试推导出计算 $\varepsilon_\lambda$ 的公式。

5. 有一漫辐射性平板,其光谱吸收率如图 3.24 所示。若其位于太空轨道上,正面受到太阳的辐射,辐射力为 1 394 W/m$^2$,背面及侧面视为绝热。试问此板的平衡温度为多少?

6. 一选择性吸收表面,其光谱吸收率在 $\lambda$ 为 $0 \sim 1.4\ \mu m$ 时为 0.9,在 $\lambda > 1.4\ \mu m$ 时为 0.2。试计算太阳投射辐射为 $G = 800$ W/m$^2$ 时,该表面单位面积上所吸收的太阳能及对太阳辐射的总吸收率。

7. 假定 $\varepsilon_\lambda$ 与 $\lambda$ 无关(灰体辐射),试证明 $F_{0-\lambda T}$ 表示的是灰体在 0 至 $\lambda T$ 范围内输出的总辐射的份额。

8. 温度为 333.33 K 的某表面的半球发射率见表 3.3。

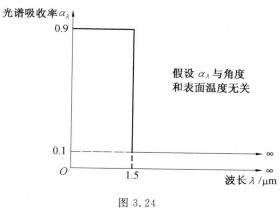

图 3.24

表 3.3

| $\lambda/\mu m$ | $\varepsilon_\lambda$ (333.33 K) | $\lambda/\mu m$ | $\varepsilon_\lambda$ (333.33 K) |
|---|---|---|---|
| < 1 | 0 | 4 | 0.8 |
| 1 | 0 | 4.5 | 0.7 |
| 1.5 | 0.2 | 5 | 0.6 |
| 2 | 0.4 | 6 | 0.4 |
| 2.5 | 0.6 | 7 | 0.2 |
| 3 | 0.8 | 8 | 0 |
| 3.5 | 0.8 | > 8 | 0 |

（1）在温度为 333.33 K 时该表面的半球总发射率为多少？

（2）如果入射辐射来自温度为 1 110.93 K 的灰体源，该灰体源的发射率为 0.8，入射辐射对所有入射角而言都是均匀的。试问 333.33 K 条件下该表面的半球总吸收率为多少？

9. 温度为 1 000 K 的表面，在与表面法线成 60° 的方向，波长为 5 $\mu m$ 时的方向光谱发射率为 0.7。该发射率对 $\varphi$ 角是各向同性的。试问在该方向的光谱强度为多少？

10. 某种材料的半球发射率随波长的不同而有显著的改变，但与表面温度完全无关（例如钨的热辐射特性）。来自温度为 $T_i$ 的灰体源的辐射入射到该表面上。试证明对入射辐射的总吸收率等于该材料按灰体源温度 $T_i$ 计算的总发射率。

11. 温度为 $T_A = 1\ 111.11$ K 的某个表面的 $\varepsilon_\lambda(\lambda, T_A)$ 可近似地表达成图 3.25 所示的形式。试问该表面的半球总发射率和半球总辐射力为多少？

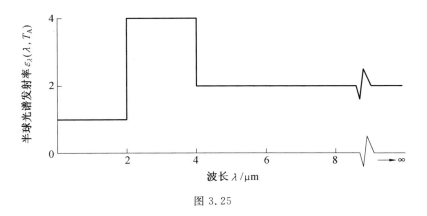

图 3.25

# 第二篇　非透明体的表面辐射

# 第4章 计算热辐射性质的经典电磁理论

## 4.1 引 言

麦克斯韦在 1864 年发表的一篇论文中确立了电场和磁场之间的相互关系,并认识到电磁波是以光速传播的,有力地揭示了光本身就是电磁波的一种形式这一性质。尽管后来量子效应已经成功地解释了电磁能量的传播现象,但是还是需要用经典的波动方法来阐述光的许多性质和热辐射。本章将证明材料的反射率、发射率和吸收率在某些情况下能够根据材料的光学性质和电学性质进行计算。当电磁波从一种介质入射到另一种介质的表面上时,通过研究它们之间存在的相互作用,就能找出材料的热辐射特性、光学性质、电学性质之间的关系。

假设入射波与表面之间存在一种理想的相互作用,在物理学上,这意味着该相互作用发生在光学光滑、清洁并具有镜反射的表面上。在这里将用麦克斯韦基本方程来研究波的传播与表面之间的相互作用。实际材料和理论中所假设的理想材料之间的差别常常是导致测量的性质与理论计算值间产生较大偏差的主要原因,这种差别是由许多因素造成的,如杂质、表面粗糙度、表面污染、表面加工引起的晶体结构的改变等。虽然实际上表面状况对测量有很大的影响,但是这里所提出的理论仍有很多实用意义:它将解释为什么绝缘体和导电体的辐射性质有根本的区别;它揭示的热辐射性质的总趋势有助于统一所提供的实验数据。另外,在工程计算中,利用该趋势可将有限的实验数据外推到其他区域。该理论也可解释方向反射率、吸收率和发射率与角度的依赖关系。因为电磁理论只适用于具有理想光滑表面的纯净物质,这样就可以利用该理论计算出热辐射特性可达到的某一极限,如确定金属表面的最大反射率或最小发射率。

4.2 节至 4.4 节将根据经典理论详细地推导热辐射特性的关系式,然后在 4.5 节中将这些关系式应用于热辐射特性的计算。读者如果只对运用关系式计算热辐射特性感兴趣的话,可以忽略推导部分而只阅读 4.5 节。

## 4.2 电磁理论的基本方程

在包括真空在内的任何一种各向同性介质内,在没有静电荷聚集的情况下,可用麦克斯韦方程组来描述其电场和磁场的相互作用。麦克斯韦方程组在这些限制条件下有如下形式:

$$\nabla \times \boldsymbol{H} = \gamma \frac{\partial \boldsymbol{E}}{\partial t} + \frac{\boldsymbol{E}}{r_e} \tag{4.1}$$

$$\nabla \times \boldsymbol{E} = -\mu \frac{\partial \boldsymbol{H}}{\partial t} \tag{4.2}$$

$$\nabla \cdot \boldsymbol{E} = 0 \tag{4.3}$$

$$\nabla \cdot \boldsymbol{H} = 0 \tag{4.4}$$

式中　　$H$—— 磁场强度；

　　　　$E$—— 电场强度；

　　　　$\gamma$—— 电容率；

　　　　$r_e$—— 电阻率；

　　　　$\mu$—— 介质的磁导率。

以上物理量的国际单位列在表 4.1 中，下标"0"表示该量在真空下的值。

**表 4.1　麦克斯韦方程中用国际单位表示的物理量**

| 符号 | 物理量 | 单位 | 值 |
|---|---|---|---|
| $c$ | 电磁波的传播速度 | m/s | — |
| $c_0$ | 电磁波在真空中的传播速度 | m/s | $2.997\ 9 \times 10^8$ |
| $E$ | 电场强度 | N/C | — |
| $H$ | 磁场强度 | C/(m · s) | — |
| $K$ | 介电常数，$\gamma/\gamma_0$ | — | — |
| $r_e$ | 电阻率 | $\Omega \cdot m$，$(N \cdot m^2 \cdot s)/C^2$ | — |
| $S$ | 单位面积能量传递的瞬时速率 | $N \cdot m/(s \cdot m^2)$，$W/m^2$ | — |
| $\gamma$ | 电容率 | $C^2/(N \cdot m^2)$ | — |
| $\gamma_0$ | 真空中的电容率 | $C^2/(N \cdot m^2)$ | $\dfrac{1}{4\pi \times 8.987\ 5} \times 10^{-9}$ |
| $\mu$ | 磁导率 | $(N \cdot s^2)/C^2$ | — |
| $\mu_0$ | 真空的磁导率 | $(N \cdot s^2)/C^2$ | $4\pi \times 10^{-7}$ |

　　上述方程的解将揭示辐射波在材料中传播的规律，以及电场和磁场之间存在的相互作用。通过了解电磁波在两相邻介质中的每一种介质内是如何运动的，以及利用两介质交界面上的耦合关系，可得到决定反射和吸收的诸关系式。

# 4.3　介质内辐射波的传播

　　本节讨论辐射波在无限大的、均匀的、各向同性的介质内的传播。4.3.1 节中研究辐射波在理想绝缘介质中的传播，辐射波在这一类材料中不衰减。4.3.2 节分析辐射波在有限导电率的各向同性介质中的传播，这类材料包括不完全的绝缘体(不良导体)和金属(良导体)。因为在此类材料中能量被吸收，所以辐射波在这类材料中是衰减的。4.3.3 节进行了电磁波能量的计算。

## 4.3.1　在理想绝缘介质中的传播

　　为了简化起见，首先考虑这样一种情况，即介质是真空或者是其他绝缘体，式(4.1)

中的最后一项 $E/r_\mathrm{e}$ 可以忽略不计。有了这样的简化,式(4.1)和式(4.2)在直角坐标系中对电场强度和磁场强度在 $x$、$y$、$z$ 方向的分量可写出分别由 3 个方程组成的两个方程组:

$$\frac{\partial H_z}{\partial y} - \frac{\partial H_y}{\partial z} = \gamma \frac{\partial E_x}{\partial t} \tag{4.5a}$$

$$\frac{\partial H_x}{\partial z} - \frac{\partial H_z}{\partial x} = \gamma \frac{\partial E_y}{\partial t} \tag{4.5b}$$

$$\frac{\partial H_y}{\partial x} - \frac{\partial H_x}{\partial y} = \gamma \frac{\partial E_z}{\partial t} \tag{4.5c}$$

$$\frac{\partial E_z}{\partial y} - \frac{\partial E_y}{\partial z} = -\mu \frac{\partial H_x}{\partial t} \tag{4.6a}$$

$$\frac{\partial E_x}{\partial z} - \frac{\partial E_z}{\partial x} = -\mu \frac{\partial H_y}{\partial t} \tag{4.6b}$$

$$\frac{\partial E_y}{\partial x} - \frac{\partial E_x}{\partial y} = -\mu \frac{\partial H_z}{\partial t} \tag{4.6c}$$

由式(4.3)和式(4.4)可得

$$\frac{\partial E_x}{\partial x} + \frac{\partial E_y}{\partial y} + \frac{\partial E_z}{\partial z} = 0 \tag{4.7}$$

$$\frac{\partial H_x}{\partial x} + \frac{\partial H_y}{\partial y} + \frac{\partial H_z}{\partial z} = 0 \tag{4.8}$$

**1. 平面波**

接下来需要考虑材料内部电磁辐射波的特性。为了简化起见,先研究一个平面波,如图 4.1 所示。按照激发和传播条件的不同,电磁波的场强可以有各种不同的形式。例如:从广播天线发出的球面波;沿传输线或导管定向传播的波;由激光器激发的狭窄光束。而平面电磁波是交变电磁场中存在的一种最基本的电磁波形式。假设电磁波沿 $x$ 轴方向传播,则平面波的波阵面(等相位点组成的面)是与 $x$ 轴正交的平面,其场强在与 $x$ 轴正交的平面上的各点具有相同的值,即 $\boldsymbol{H}$、$\boldsymbol{E}$ 仅与 $x$、$t$ 有关,而与 $y$、$z$ 无关。也就是说,所有与波有关的量在任一给定时刻对任一 $yOz$ 平面都是常数。因此,$\partial/\partial y = \partial/\partial z = 0$,式(4.5)~(4.8)可以简化为

$$0 = \gamma \frac{\partial E_x}{\partial t} \tag{4.9a}$$

$$-\frac{\partial H_z}{\partial x} = \gamma \frac{\partial E_y}{\partial t} \tag{4.9b}$$

$$\frac{\partial H_y}{\partial x} = \gamma \frac{\partial E_z}{\partial t} \tag{4.9c}$$

$$0 = -\mu \frac{\partial H_x}{\partial t} \tag{4.10a}$$

$$-\frac{\partial E_z}{\partial x} = -\mu \frac{\partial H_y}{\partial t} \tag{4.10b}$$

$$\frac{\partial E_y}{\partial x} = -\mu \frac{\partial H_z}{\partial t} \tag{4.10c}$$

$$\frac{\partial E_x}{\partial x} = 0 \tag{4.11}$$

$$\frac{\partial H_x}{\partial x} = 0 \tag{4.12}$$

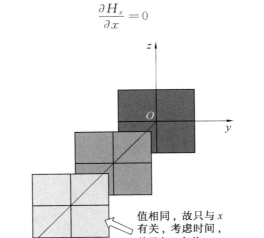

值相同,故只与 $x$ 有关,考虑时间,故又与 $t$ 有关

图 4.1 平面波示意图

为了消去 $\boldsymbol{H}$ 分量,可将式(4.9b)和式(4.9c)对 $t$ 微分,将式(4.10b)和式(4.10c)对 $x$ 微分,得

$$-\frac{\partial^2 H_z}{\partial t \partial x} = \gamma \frac{\partial^2 E_y}{\partial t^2} \tag{4.13a}$$

$$\frac{\partial^2 H_y}{\partial t \partial x} = \gamma \frac{\partial^2 E_z}{\partial t^2} \tag{4.13b}$$

$$-\frac{\partial^2 E_z}{\partial x^2} = -\mu \frac{\partial^2 H_y}{\partial x \partial t} \tag{4.14a}$$

$$\frac{\partial^2 E_y}{\partial x^2} = -\mu \frac{\partial^2 H_z}{\partial x \partial t} \tag{4.14b}$$

将式(4.13a)和式(4.14b)合并,消去 $H_z$:

$$\mu\gamma \frac{\partial^2 E_y}{\partial t^2} = \frac{\partial^2 E_y}{\partial x^2} \tag{4.15a}$$

将式(4.13b)和式(4.14a)合并,消去 $H_y$:

$$\mu\gamma \frac{\partial^2 E_z}{\partial t^2} = \frac{\partial^2 E_z}{\partial x^2} \tag{4.15b}$$

上述波动方程决定了 $y$ 和 $z$ 方向的电场强度分量在 $x$ 方向的传播。

**2. 偏振**

偏振是电磁波的一种属性。偏振效应的影响通常对于传热工程来说可忽略,因为光的发射通常是随机偏振。在某些工程应用场合使用全偏振和部分偏振光,比如使用激光源,工程人员需要知道:① 表面的反射如何取决于入射光的偏振;② 一个表面的反射如何改变偏振的状态。

为了简化余下的推导过程,假设电磁波的偏振使向量 $\boldsymbol{E}$ 只处在 $xOy$ 平面上(图 4.2),从而使 $E_z$ 和它的导数均为零,式(4.15b)也就不需要考虑了,即向量 $\boldsymbol{E}$ 只需考虑 $x$ 和 $y$ 方向的分量。

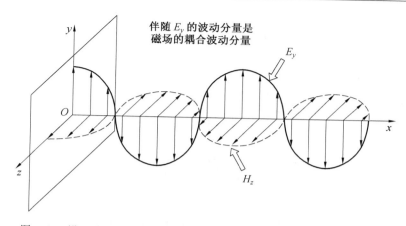

图 4.2　沿 $x$ 向传播,具有伴随磁场波的电场波在 $xOy$ 平面上的偏振

对于 $\boldsymbol{E}$ 和 $\boldsymbol{H}$ 在 $x$ 方向的分量,由式(4.9a)、式(4.10a)、式(4.11) 和式(4.12) 有:$\partial E_x/\partial t = \partial E_x/\partial x = \partial H_x/\partial t = \partial H_x/\partial x = 0$。因此电场强度分量和磁场强度分量在传播方向上都是稳定的,且与传播方向 $x$ 无关。这样一来,$\boldsymbol{E}$ 只有一个由式(4.15a) 决定的随时间而变化的分量 $E_y$。因为该分量垂直于传播方向 $x$,所以电磁波是横波。

式(4.15a) 被看作是描述波动分量 $E_y$ 在 $x$ 方向传播的波动方程。这个方程的通解为

$$E_y = f\left(x - \frac{t}{\sqrt{\mu\gamma}}\right) + g\left(x + \frac{t}{\sqrt{\mu\gamma}}\right) \tag{4.16a}$$

其中,$f$ 和 $g$ 是任意的微分函数。$f$ 函数给出正 $x$ 方向的传播,而 $g$ 函数给出负 $x$ 方向的传播。由于现在讨论所涉及的是波在正方向的运动,因此在分析中只出现 $f$ 函数。

为了得到波的传播速度,假设观察者随波一同运动;于是观察者将总有一固定的 $E_y$ 值。观察者的位置 $x$ 则必须随时间改变,以使 $f$ 的自变量 $x - t/\sqrt{\mu\gamma}$ 也固定,因此 $\mathrm{d}x/\mathrm{d}t = 1/\sqrt{\mu\gamma}$,关系式

$$E_y = f\left(x - \frac{t}{\sqrt{\mu\gamma}}\right) \tag{4.16b}$$

描述的是 $y$ 方向的分量为 $E_y$、正 $x$ 方向的传播速度为 $1/\sqrt{\mu\gamma}$ 的波。在真空中,该波的传播速度为 $c_0$,这正是电磁辐射在真空中传播的速度,所以有关系式 $c_0 = 1/\sqrt{\mu_0\gamma_0}$。

伴随 $E_y$ 的波动分量是磁场的耦合波动分量。如果将式(4.9b) 对 $x$ 微分,将式(4.10c) 对 $t$ 微分,将其结果合并后即可得

$$\mu\gamma \frac{\partial^2 H_z}{\partial t^2} = \frac{\partial^2 H_z}{\partial x^2} \tag{4.17}$$

式(4.17) 是与式(4.15a) 同样的波动方程。因此,磁场的 $H_z$ 分量如图 4.2 所示,是同 $E_y$ 一起传播的。

令 $a = 1/\sqrt{\mu\gamma}$,$E_y$ 的下标省略,则式(4.15a) 可以写成式 ①

$$E_u - a^2 E_{xx} = 0 \qquad\qquad ①$$

此为柯西问题。注意到 ① 式的两族特征线为

$$x - at = \mathrm{const} \quad x + at = \mathrm{const}$$

因此引入新变量

$$\xi = x - at \qquad \eta = x + at$$

使式 ① 化为

$$E_{\xi\eta} = 0 \qquad\qquad\qquad ②$$

将式 ② 对 $\xi$ 积分,再对 $\eta$ 积分,得

$$E = f_1(\xi) + f_2(\eta)$$

代回原来的变量,得

$$E = f_1(x - at) + f_2(x + at)$$

见式(4.16a)。

### 3. 单色波

式(4.16b)中给出的 $f$ 函数可以具有任意复杂和任意形状的波形。这种函数可用傅里叶级数表示为谐波的叠加,每个谐波具有不同的固定波长。此处仅研究这样一个单色波,因为任一种波形都能够由若干个单色分量所构成。为方便起见,在之后的分析中,波动分量将用复数的形式表示。考虑到这一点,给出原点处($x=0$)电场 $E_y$ 分量的表达式:

$$E_y = E_{yM} \exp(i\omega t)$$

式中　　$E_{yM}$ —— 波的振幅。

　　　　$\omega$ —— 圆频率,$\omega = 2\pi\nu$,表示 $2\pi$ s 内波的振动周期次数。

在 $t_1$ 时刻离开原点($x=0$)的波上的一点,时隔 $x/c$ 后到达位置 $x$,其中 $c$ 为电磁波在介质中的传播速度。因此到达的时刻为 $t = t_1 + x/c$,离开原点的时刻为 $t_1 = t - x/c$。于是,一个在 $x$ 正方向传播的波的电场分量表达式为

$$E_y = E_{yM} \exp\left[ i\omega\left(t - \frac{x}{c}\right) \right]$$

或

$$E_y = E_{yM} \exp\left[ i\omega\left(t - \sqrt{\mu\gamma}\, x\right) \right] \qquad (4.18a)$$

式中　　$\nu$ —— 频率。

式(4.18a)正是波动方程式(4.15a)的一个解,通过和式(4.16b)比较可以证明这一点。若有需要,利用关系式 $\omega = 2\pi\nu = 2\pi c/\lambda = 2\pi c_0/\lambda_0$ 也能得到解的其他形式。在这里,$\lambda$ 和 $\lambda_0$ 分别为介质中和真空中的波长。

由于单折射率 $n$ 的定义为真空中波速 $c_0$ 和介质中的波速 $c = 1/\sqrt{\mu\gamma}$ 之比,因此

$$n = \frac{c_0}{c} = c_0\sqrt{\mu\gamma} = \frac{\sqrt{\mu\gamma}}{\sqrt{\mu_0\gamma_0}}$$

这样,式(4.18a)也可以写成

$$E_y = E_{yM} \exp\left[ i\omega\left(t - \frac{n}{c_0}x\right) \right]$$

$$= E_{yM}\left\{ \cos\left[ \omega\left(t - \frac{n}{c_0}x\right) \right] + i\sin\left[ \omega\left(t - \frac{n}{c_0}x\right) \right] \right\} \qquad (4.18b)$$

式(4.18a)表明,该波以不衰减的振幅通过介质传播,即

$$\frac{\omega x}{c} = \frac{2\pi\nu}{v}\frac{x}{\lambda} = \frac{2\pi x}{\lambda}$$

则当波走过一个波长的距离,即 $x = \lambda$ 后,$E$ 还是原来的值。这是因为前面讨论的是理想的绝缘介质,其导电率为零(电阻率 $r_e$ 无限大)。在许多实际材料中,导电率都有一定的数值,因此式(4.1)中不能忽略 $E/r_e$,包含这一项时将引起传播波的衰减。

综上所述,式(4.18a)适用于各向同性、电阻率 $r_e$ 无限大且只在 $xOy$ 平面偏振的平面单色波。

### 4.3.2　在有限导电率的各向同性介质中的传播

本节中将研究具有低导电率(电阻率 $r_e$ 为有限值)的不完全绝缘体和金属。为简单起见,再次探究式(4.18)所描述的单色波。如果引入一个随距离指数衰减的波(式(4.21)～(4.23)将证明这种波遵守麦克斯韦方程),则该波有如下的形式:

$$E_y = E_{yM} \exp\left[ i\omega \left( t - \frac{n}{c_0} x \right) \right] \exp\left( -\frac{\omega}{c_0} kx \right) \tag{4.19a}$$

式中　　$k$——介质的吸收指数(absorption index),无量纲。

衰减项说明当波通过介质传播时它的能量被吸收;幅值随传播距离的增大而呈指数形式衰减,这样的波称之为倏逝波。选择现在这种指数衰减的形式,是为了将指数项合并到关系式中,于是有

$$
\begin{aligned}
E_y &= E_{yM} \exp\left\{ i\omega \left[ t - (n - ik)\frac{x}{c_0} \right] \right\} \\
&= E_{yM} \exp\left[ i\omega \left( t - m\frac{x}{c_0} \right) \right] \\
&= E_{yM} \left\{ \cos\left[ \omega \left( t - m\frac{x}{c_0} \right) \right] + i\sin\left[ \omega \left( t - m\frac{x}{c_0} \right) \right] \right\}
\end{aligned}
\tag{4.19b}
$$

式(4.18b)和式(4.19b)的比较表明,用一个复数项——复折射率 $m$ 取代了单折射率 $n$,于是有

$$m = n - ik \tag{4.20}$$

还需要指出的是,式(4.19b)是包含式(4.1)中 $E/r_e$ 的控制方程组的一个解。保留这一项时,式(4.15a)有如下形式:

$$\mu\gamma \frac{\partial^2 E_y}{\partial t^2} = \frac{\partial^2 E_y}{\partial x^2} - \frac{\mu}{r_e} \frac{\partial E_y}{\partial t} \tag{4.21}$$

将由式(4.19b)所给定的波(注意:这里探究的是单色平面波),代入式(4.21),得

$$c_0^2 \mu\gamma = (n - ik)^2 + \frac{i\mu\lambda_0 c_0}{2\pi r_e} \tag{4.22a}$$

式中　　$\lambda_0$——真空中的波长。

式(4.22a)给出了对满足麦克斯韦方程的波所必需的波长和介质特性之间的关系。使式(4.22a)的实部和虚部分别相等,就得到

$$n^2 - k^2 = \mu\gamma c_0^2 \tag{4.22b}$$

$$nk = \frac{\mu\lambda_0 c_0}{4\pi r_e} \tag{4.22c}$$

解式(4.22b)和式(4.22c),可求出复折射率分量 $n$、$k$ 与 $\mu$、$\gamma$、$\lambda_0$、$c_0$、$r_e$ 的关系:

$$n^2 = \frac{\mu \gamma c_0^2}{2} \left\{ 1 + \left[ 1 + \left( \frac{\lambda_0}{2\pi c_0 r_e \gamma} \right)^2 \right]^{0.5} \right\} \tag{4.23a}$$

$$k^2 = \frac{\mu \gamma c_0^2}{2} \left\{ -1 + \left[ 1 + \left( \frac{\lambda_0}{2\pi c_0 r_e \gamma} \right)^2 \right]^{0.5} \right\} \tag{4.23b}$$

上述解中在平方根前取正号,因为 $n$ 和 $k$ 通常是正实数。

当电磁波在绝缘体中传播时,电阻率 $r_e$ 无限大,$k = 0$、$m = n$(参见式(4.23b)),则式(4.19b)回到式(4.18b)。

将波动方程对理想绝缘介质的解(式(4.18b))以及波动方程对导电介质的解(式(4.19b))进行比较,可以看出,除了出现在理想绝缘介质的解中的单折射率 $n$ 被导电介质的复折射率 $n - ik$ 代替外,其余都是相同的。这个观察结果非常重要,它意味着在理想绝缘介质所导得的某些关系式中,当用复折射率 $n - ik$ 代替单折射率 $n$ 时,对于导电介质,关系式仍然成立。下面各节将广泛运用这种类比方法,但应注意,在某些情况下该类比方法并不适用。

### 4.3.3　电磁波能量的计算

电磁波每单位时间内、每单位面积上所携带的瞬时能量可用电场强度 $\boldsymbol{E}$ 和磁场强度 $\boldsymbol{H}$ 的叉积表示,此叉积叫作 Poynting 向量 $\boldsymbol{S}$:

$$\boldsymbol{S} = \boldsymbol{E} \times \boldsymbol{H} \tag{4.24a}$$

根据叉积的性质,$\boldsymbol{S}$ 是一个在由右手定则决定的方向上与 $\boldsymbol{E}$ 和 $\boldsymbol{H}$ 向量成直角的向量。对于图 4.2 所示的平面波,$\boldsymbol{S}$ 在 $x$ 正方向传播,其值为

$$|\boldsymbol{S}| = E_y H_z \tag{4.24b}$$

如果 $E_y$ 由式(4.19b)给定,对式(4.19b)求 $\partial E_y / \partial x$,注意 $e^x$ 的导数为 $e^x$,得

$$\frac{\partial E_y}{\partial x} = -i\omega \left[ (n - ik) \frac{1}{c_0} \right] E_{yM} \exp\left\{ i\omega \left[ t - (n - ik) \frac{x}{c_0} \right] \right\} = \frac{-i\omega}{c_0} (n - ik) E_y$$

而式(4.10c)不仅对理想绝缘体,而且对导体都成立,因此将上式代入式(4.10c),得

$$-\mu \frac{\partial H_z}{\partial t} = \frac{\partial E_y}{\partial x} = \frac{-i\omega}{c_0} (n - ik) E_y = \frac{-i\omega m}{c_0} E_y$$

注意式(4.19b)中 $E_y$ 对 $t$ 的关系,对 $t$ 积分就得到电场强度和磁场强度之间的关系式:

$$H_z = \frac{m}{\mu c_0} E_y \tag{4.25}$$

这里,积分常数已取作零。这意味着在现在所讨论的情况下,除了由 $E_y$ 感应而产生一稳定的磁场强度外,其他来源的磁场强度为零。

将式(4.25)代入式(4.24b),Poynting 向量的值就变成

$$|\boldsymbol{S}| = \frac{m}{\mu c_0} E_y^2 \tag{4.26a}$$

即:电磁波每单位时间内、每单位面积上所携带的瞬时能量与波的振幅的平方成正比。

因为 $|\boldsymbol{S}|$ 有单色性,所以研究其定义就可以明白,它与我们称之为光谱强度的量成正比,对于通过介质的辐射,根据式(4.26a)可知,光谱强度中的指数衰减因子必定等于 $E_y$

中衰减项的平方。于是由式(4.19a)可知,强度的衰减因子为 $\exp(-2\omega kx/c_0)$ 或 $\exp(-4\pi kx/\lambda_0)$。式(4.26a)更为通用的向量形式为

$$|\boldsymbol{S}| = \frac{m}{\mu c_0}|\boldsymbol{E}|^2 \qquad (4.26b)$$

# 4.4　反射定律和折射定律

在前面的推导中,已经揭示了辐射传播的波动性质,并且找出了辐射波通过均匀、各向同性、无限大介质的传播特性。现在要研究的是电磁波与两介质之间交界面的相互作用。本节将给出用折射率和吸收指数表示的反射定律和折射定律。根据式(4.23),折射率和吸收指数本身又和介质的电性质及磁性质有关。

### 4.4.1　两理想绝缘体$(k \to 0)$之间的交界面上的反射和折射

本节研究两个非衰减材料(理想电介质)光滑交界面处的相互作用。为简单起见,整个讨论只限于简单的余弦波,这样式(4.19b)中就只保留余弦项。坐标系 $x'$、$y'$、$z'$ 轴相对入射波路径是不变的,并且波只沿 $x'$ 轴正方向传播。波入射到两介质的交界面上,如图 4.3 所示,界面处在附属于这两种介质的 $xyz$ 坐标系的 $yOz$ 平面上。现将包含交界面的法线和入射方向 $x'$ 的平面定义为入射平面,取图 4.3 中的坐标系,使 $y'$ 的方向位于入射平面上。波和交界面之间的相互作用取决于波相对于入射平面的方位。例如,若入射波的振幅向量位于入射平面内(振幅向量在 $y'$ 方向上),那么振幅向量就与交界面形成某一个角度;若振幅向量垂直于入射面(振幅向量在 $z'$ 方向上),那么入射波向量就与交界面平行。

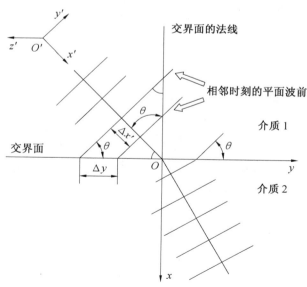

图 4.3　入射到两介质交界面上的平面波

　　图 4.3 表示了横波波前在 $x'$ 方向传播的一个平面。虽然当越过界面时，由于波在两个介质中的传播速度不同，通常波将产生弯曲，但是波将仍是连续的；因此与界面相切的速度分量（$y$ 分量）在两介质交界面处是相同的。这个连续性关系将用于导出反射定律和折射定律。

　　现在讨论一个平行偏振的入射波 $E_{/\!/,\mathrm{i}}$，它只在 $x'O'y'$ 平面上有振幅（图 4.4），且平行于入射面（注意：在这里 $xOy$ 平面和 $x'O'y'$ 平面重合）。根据式（4.18b），为了简单起见，只保留实部（余弦项），则在 $x'$ 方向传播的波用下式描述：

$$E_{/\!/,\mathrm{i}} = E_{/\!/,\mathrm{i},M} \cos\left[\omega\left(t - \frac{n_1 x'}{c_0}\right)\right] \tag{4.27}$$

由图 4.4 可知，入射波在坐标系 $xyz$ 中的分量为（各分量在坐标轴正方向均取正值）

$$E_{x,\mathrm{i}} = -E_{/\!/,\mathrm{i}} \sin\theta \tag{4.28a}$$

$$E_{y,\mathrm{i}} = E_{/\!/,\mathrm{i}} \cos\theta \tag{4.28b}$$

$$E_{z,\mathrm{i}} = 0 \tag{4.28c}$$

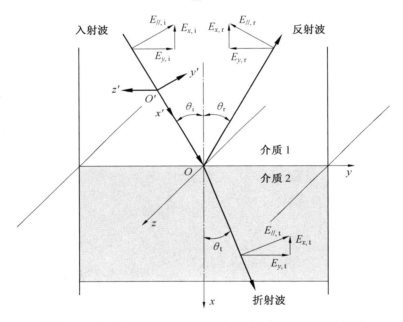

图 4.4　在 $xOy$ 平面偏振的平面电场波入射到两介质的界面

将式（4.27）代入式（4.28），并注意到 $x'$ 是波前在给定时间内所传播的距离，$x'$ 相对于波前沿界面传播的距离 $y$ 有如下关系：

$$x' = y\sin\theta \tag{4.29}$$

此关系可以从图 4.3 看出。对于入射分量得到

$$E_{x,\mathrm{i}} = -E_{/\!/,\mathrm{i},M} \sin\theta \cos\left[\omega\left(t - \frac{n_1 y\sin\theta}{c_0}\right)\right] \tag{4.30a}$$

$$E_{y,\mathrm{i}} = E_{/\!/,\mathrm{i},M} \cos\theta \cos\left[\omega\left(t - \frac{n_1 y\sin\theta}{c_0}\right)\right] \tag{4.30b}$$

$$E_{z,\mathrm{i}} = 0 \tag{4.30c}$$

当电磁波入射到介质 1 和介质 2 之间的界面 $yOz$ 平面上时,入射波就被分成与法线成 $\theta_r$ 角的反射部分 $E_{/\!/,r}$ 以及与法线形成 $\theta_t$ 角并透射到介质 2 中的折射部分 $E_{/\!/,t}$。根据图 4.4 所示的几何系,在交界面处计算的坐标轴正方向的反射射线的分量为

$$E_{x,r} = -E_{/\!/,r}\sin\theta_r = -E_{/\!/,r,M}\sin\theta_r\cos\left[\omega\left(t - \frac{n_1 y\sin\theta_r}{c_0}\right)\right] \tag{4.31a}$$

$$E_{y,r} = -E_{/\!/,r}\cos\theta_r = -E_{/\!/,r,M}\cos\theta_r\cos\left[\omega\left(t - \frac{n_1 y\sin\theta_r}{c_0}\right)\right] \tag{4.31b}$$

$$E_{z,r} = 0 \tag{4.31c}$$

$E_{/\!/,r}$、$H_r$ 和 $S_r$ 符合右手定则,$E_{/\!/,r}$ 的方向可由此确定。用类似的方法,由图 4.4 可知,波的折射部分的分量为

$$E_{x,t} = -E_{/\!/,t,M}\sin\theta_t\cos\left[\omega\left(t - \frac{n_2 y\sin\theta_t}{c_0}\right)\right] \tag{4.32a}$$

$$E_{y,t} = E_{/\!/,t,M}\cos\theta_t\cos\left[\omega\left(t - \frac{n_2 y\sin\theta_t}{c_0}\right)\right] \tag{4.32b}$$

$$E_{z,t} = 0 \tag{4.32c}$$

**1. 电磁波连续性原理**

当电磁波越过交界面时,因为在两种介质中的传播速度不同,波将产生弯曲,但是波仍是连续的。因此,与交界面相切的速度分量($y$ 分量)在两种介质交界面处相同 —— 界面上电磁波连续性原理。即:波在两种介质的交界面处必须遵循一定的边界条件,反射波和入射波的电场强度平行于界面的分量,必定等于折射波在同一平面处的强度。这是因为介质 1 中的强度是入射强度和反射强度的叠加。对于要研究的偏振波,为使两种介质中的 $y$ 分量(平行于分界面)相等,根据上述条件给出

$$[E_{y,i} + E_{y,r} = E_{y,t}]_{x=0}$$

$$E_{/\!/,i,M}\cos\theta\cos\left[\omega\left(t - \frac{n_1 y\sin\theta}{c_0}\right)\right] - E_{/\!/,r,M}\cos\theta_r\cos\left[\omega\left(t - \frac{n_1 y\sin\theta_r}{c_0}\right)\right] =$$

$$E_{/\!/,t,M}\cos\theta_t\cos\left[\omega\left(t - \frac{n_2 y\sin\theta_t}{c_0}\right)\right]_{x=0} \tag{4.33}$$

因为式(4.33)对任意 $t$(任何时刻)和 $y$(界面上任何点)均必定成立,并且角 $\theta$、$\theta_r$、$\theta_t$ 均与 $t$ 和 $y$ 无关,所以包含时间的余弦项必然相等,即有

$$\omega\left(t - \frac{n_1 y\sin\theta}{c_0}\right) = \omega\left(t - \frac{n_1 y\sin\theta_r}{c_0}\right) = \omega\left(t - \frac{n_2 y\sin\theta_t}{c_0}\right)$$

只有这样,才能使式(4.33)在任意 $t$ 和 $y$ 下成立。由上式可得

$$n_1\sin\theta = n_1\sin\theta_r = n_2\sin\theta_t \tag{4.34}$$

由此得

$$\theta = \theta_r \tag{4.35}$$

于是电磁波的反射角等于其入射角(即围绕界面的法线旋转了一个 $\varphi = \pi$ 的圆周角)。这正是决定镜反射的关系式(注意:上述推导的前提是界面光学光滑),在 3.3 节中曾对此进行讨论。

根据式(4.34),也能得到折射角 $\theta_t$ 与入射角 $\theta$ 之间的关系:

$$\frac{\sin \theta_t}{\sin \theta} = \frac{n_1}{n_2} \tag{4.36}$$

式(4.36)用介质折射率将折射角和入射角联系起来。式(4.36)就是光学中的折射定律,即 Snell 定律。对于通常遇到的入射波处在空气中的情况($n_1 \approx 1$),$n_2 = \sin \theta / \sin \theta_t$。

**2. 反射电场强度与入射电场强度间的关系**

由于包含时间的余弦项相等,故由式(4.33)式(4.35)得

$$[E_{/\!/,i,M}\cos \theta - E_{/\!/,r,M}\cos \theta = E_{/\!/,t,M}\cos \theta_t]_{x=0} \tag{4.37}$$

式(4.37)可用来找出反射的电场强度和入射值之间的关系,为此要消去折射分量 $E_{/\!/,t,M}$。为达到此目的,必须研究磁场强度。

平行于界面的磁场强度在两种介质的交界平面处必定也是连续的。磁场强度向量垂直于电场强度(图 4.5);因为所研究的电场强度位于入射面上,所以磁场强度平行于分界面。由界面上的连续性可得

$$[H_i + H_r = H_t]_{x=0} \tag{4.38}$$

电场强度和磁场强度各分量之间的关系已经由式(4.25)给出。虽然为了简单起见,式(4.25)仅推导了分量 $H_z$ 和 $E_y$ 之间的关系,但对于更通用的情况它也是正确的。因此,电场强度向量 $\boldsymbol{E}$ 的值和磁场强度向量 $\boldsymbol{H}$ 的值间的关系为

$$|\boldsymbol{H}| = \frac{m}{\mu c_0}|\boldsymbol{E}| \tag{4.39}$$

对于绝缘体和金属来说,其磁导率很接近真空的磁导率,因此 $\mu \approx \mu_0$,故式(4.38)可写成

$$\frac{1}{\mu_0 c_0}[m_1 E_{/\!/,i,M} + m_1 E_{/\!/,r,M} = m_2 E_{/\!/,t,M}]_{x=0} \tag{4.40}$$

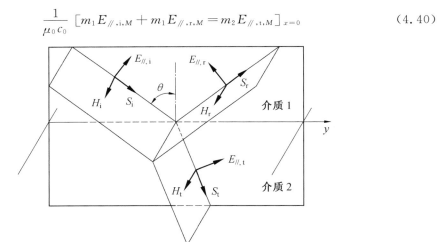

图 4.5  在入射平面偏振的入射波的电场强度、磁场强度和 Poynting 向量

为了消去 $E_{/\!/,t,M}$,将式(4.37)和式(4.40)合并,并用入射强度来表示反射的电场强度

$$\frac{E_{/\!/,r,M}}{E_{/\!/,i,M}} = \frac{\cos \theta / \cos \theta_t - m_1/m_2}{\cos \theta / \cos \theta_t + m_1/m_2} \tag{4.41a}$$

对于非衰减性材料,$k=0$,则 $m \rightarrow n$,有

$$\frac{E_{/\!/,\mathrm{r},M}}{E_{/\!/,\mathrm{i},M}} = \frac{\cos\theta/\cos\theta_\mathrm{t} - n_1/n_2}{\cos\theta/\cos\theta_\mathrm{t} + n_1/n_2} \tag{4.41b}$$

如果对一个垂直于入射平面的偏振波,重复上述推导过程,则反射分量和入射分量之间有下列关系式:

$$\frac{E_{\perp,\mathrm{r},M}}{E_{\perp,\mathrm{i},M}} = -\frac{\cos\theta_\mathrm{t}/\cos\theta - m_1/m_2}{\cos\theta_\mathrm{t}/\cos\theta + m_1/m_2} \tag{4.42a}$$

对于非衰减性材料,有

$$\frac{E_{\perp,\mathrm{r},M}}{E_{\perp,\mathrm{i},M}} = -\frac{\cos\theta_\mathrm{t}/\cos\theta - n_1/n_2}{\cos\theta_\mathrm{t}/\cos\theta + n_1/n_2} \tag{4.42b}$$

为了用 $\sin\theta_\mathrm{t}/\sin\theta$ 消去 $n_1/n_2$,可将式(4.36)代入式(4.41b),利用三角恒等式进行某些运算,式(4.41b)就可变成如下形式:

$$\frac{E_{/\!/,\mathrm{r},M}}{E_{/\!/,\mathrm{i},M}} = \frac{\tan(\theta-\theta_\mathrm{t})}{\tan(\theta+\theta_\mathrm{t})} \tag{4.43}$$

类似地,由式(4.42b)有

$$\frac{E_{\perp,\mathrm{r},M}}{E_{\perp,\mathrm{i},M}} = -\frac{\sin(\theta-\theta_\mathrm{t})}{\sin(\theta+\theta_\mathrm{t})} \tag{4.44}$$

### 3. 方向－半球反射率

正如式(4.26)所示,波携带的能量正比于波的振幅的平方,将 $E_{/\!/,\mathrm{r},M}/E_{/\!/,\mathrm{i},M}$ 进行平方,得出从一个表面反射出来的能量与来自给定方向的入射到该表面的能量之比。在3.3节中,我们将这个比值定义为方向－半球反射率,因为这里所研究的是在理想情况下的电磁辐射,并经式(4.35)证明就是镜反射;又因为电磁波理论的关系式均以单色波为基础,所以更准确地讲,该能量之比是"方向－半球光谱镜反射率"。这一光谱相关性由光学常数随波长变化而引起。

由此得到,对于入射的平行和垂直的偏振分量,$\rho_\lambda^\mathrm{s}(\lambda,\theta,\varphi,2\pi)$ 的值为

$$\rho_{/\!/,\lambda}^\mathrm{s}(\lambda,\theta,\varphi,2\pi) = \left[\frac{E_{/\!/,\mathrm{r},M}}{E_{/\!/,\mathrm{i},M}}\right]^2 = \left[\frac{\tan(\theta-\theta_\mathrm{t})}{\tan(\theta+\theta_\mathrm{t})}\right]^2 \tag{4.45a}$$

$$\rho_{\perp,\lambda}^\mathrm{s}(\lambda,\theta,\varphi,2\pi) = \left[\frac{E_{\perp,\mathrm{r},M}}{E_{\perp,\mathrm{i},M}}\right]^2 = \left[\frac{\sin(\theta-\theta_\mathrm{t})}{\sin(\theta+\theta_\mathrm{t})}\right]^2 \tag{4.45b}$$

式(4.45a)和式(4.45b)中,上标"s"表示镜反射,因为电磁波理论预测的所有反射率都是镜面的,所以下文中将省略上标"s"。又因为所考察的理想表面假设为各向同性,所以与圆周角 $\varphi$ 无关,因此下文中也将省略 $\varphi$。

对于非偏振的入射辐射而言,电场相对入射面没有固定的方位且可以分成两个彼此相等的平行和垂直分量,因此方向－半球镜反射率是 $\rho_{/\!/,\lambda}(\lambda,\theta,2\pi)$ 和 $\rho_{\perp,\lambda}(\lambda,\theta,2\pi)$ 的平均值。由式(4.43)～(4.45)得到

$$\begin{aligned}\rho_\lambda(\lambda,\theta,2\pi) &= \frac{1}{2}\left[\rho_{/\!/,\lambda}(\lambda,\theta,2\pi) + \rho_{\perp,\lambda}(\lambda,\theta,2\pi)\right]\\ &= \frac{1}{2}\left[\frac{\tan^2(\theta-\theta_\mathrm{t})}{\tan^2(\theta+\theta_\mathrm{t})} + \frac{\sin^2(\theta-\theta_\mathrm{t})}{\sin^2(\theta+\theta_\mathrm{t})}\right]\\ &= \frac{1}{2}\frac{\sin^2(\theta-\theta_\mathrm{t})}{\sin^2(\theta+\theta_\mathrm{t})}\left[1 + \frac{\cos^2(\theta+\theta_\mathrm{t})}{\cos^2(\theta-\theta_\mathrm{t})}\right]\end{aligned} \tag{4.46}$$

式(4.46)称为菲涅耳(Fresnel)方程,它给出了一非偏振的射线入射到两种绝缘介质(电介质)之间界面上的方向－半球光谱镜反射率。$\theta_t$ 和 $\theta$ 之间的关系由式(4.36)给定。

在特殊情况下,当入射辐射垂直于两种介质之间的交界面时,$\cos \theta = \cos \theta_t = 1$,则由式(4.41b)和式(4.42b)得

$$\frac{E_{/\!/,r,M}}{E_{/\!/,i,M}} = -\frac{E_{\perp,r,M}}{E_{\perp,i,M}} = \frac{1-n_1/n_2}{1+n_1/n_2} = \frac{n_2-n_1}{n_2+n_1} \tag{4.47}$$

所以,法向－半球光谱镜反射率为

$$\rho_{\lambda,n}(\lambda) = \rho_{\lambda,n}(\lambda,\theta = \theta_r = 0, 2\pi) = \left(\frac{n_2-n_1}{n_2+n_1}\right)^2 \tag{4.48}$$

对于由空气($n_1 \approx 1$)进入绝缘体的电磁波,有

$$\rho_{\lambda,n}(\lambda) = \rho_{\lambda,n}(\lambda,\theta = \theta_r = 0, 2\pi) = \left(\frac{n_2-1}{n_2+1}\right)^2 \tag{4.49}$$

因为 $n_1$、$n_2$ 均为 $\lambda$ 的函数,所以上述反射率都是光谱量。

### 4.4.2　吸收介质($k \neq 0$)中的入射

正如式(4.19b)已经指出的,如果用复折射率 $m = n - ik$ 代替非吸收介质的折射率 $n$,波在无限大的吸收介质中的传播可由与非吸收介质相同的方程来决定。当探究波和界面的相互作用时,如果用 $m$ 代替 $n$,先前对 $k = 0$ 所推导的反射波振幅的理论公式仍然适用。例如 Snell 定律变成

$$\frac{\sin \theta_t}{\sin \theta} = \frac{m_1}{m_2} = \frac{n_2 - ik_1}{n_2 + ik_2} \tag{4.50}$$

因为式(4.50)是复数的形式,所以 $\sin \theta_t$ 也是复数,角 $\theta_t$ 在物理的角度上不能再解释为波传播到材料内的一个简单的折射角。除了法向入射这种特殊情况外,此时 $n$ 也不再与传播速度有直接的关系。下面将通过研究衰减介质中的倾斜入射来进行一些讨论,这种讨论仅仅是基础性的,不需要应用导出的反射定律,而反射定律最终将用入射角和 $n$ 及 $k$ 来表达。

图4.6为平面波自真空入射到复折射率为 $n - ik$ 的吸收材料上的示意图。折射后,等相面仍垂直于传播方向且以相速度运动,$c_0/\alpha$ 为相速度且与 $n$ 和 $k$ 有关。在材料为非衰减介质的情况下,相速度为 $c_0/n$。波的衰减一定与介质中的传播距离有关,因此等幅面必定平行于交界面。由于等幅面和等相面不是沿着同一方向,材料中的这种波就称之为非均匀波。只有对于法向入射,等幅面和等相面才是平行的,所以由法向入射到介质中的波是均匀波。在 $x$ 方向的吸收指数以 $k_x$ 表示,只有对于法向的入射波,才有 $k_x = k$。与式(4.19a)类似,介质中的波可描述为

$$E_{y'} = E_{y'M} \exp\left[i\omega\left(t - \frac{\alpha}{c_0}x'\right)\right] \exp\left(-\frac{\omega}{c_0}k_x x\right) \tag{4.51}$$

图4.6中,平面波的传播是在 $x'$ 方向上,而衰减是在 $x$ 方向上。$x$ 坐标可以写为 $x = x'\cos\delta - y'\sin\delta$,由相速度得

$$\delta = \arcsin^{-1}\left[\left(\frac{1}{\alpha}\right)\sin\theta\right] \tag{4.52}$$

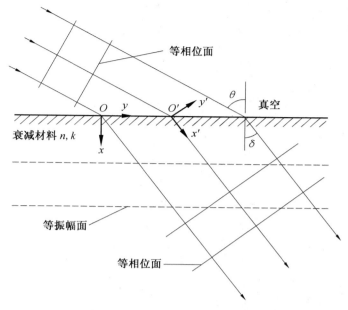

图 4.6　在衰减性介质中传播的等幅面和等相面

由于 $\theta_t$ 在这种情况下为复数,所以传播角 $\delta$ 并不等于式(4.50)中的 $\theta_t$。这样一来,$E_{y'}$ 就变为

$$E_{y'} = E_{y'M}\exp(i\omega t)\exp\left[-x'\left(\frac{i\omega\alpha}{c_0} + \frac{\omega}{c_0}k_x\cos\delta\right)\right]\exp\left(y'\frac{\omega}{c_0}k_x\sin\delta\right) \quad (4.53)$$

因为 $E_{y'}$ 是 $t$、$x'$ 和 $y'$ 的函数,所以波动方程式(4.21)在二维空间中可写为

$$\mu\gamma\frac{\partial^2 E_{y'}}{\partial t^2} + \frac{\mu}{r_e}\frac{\partial E_{y'}}{\partial t} = \frac{\partial^2 E_{y'}}{\partial x'^2} + \frac{\partial^2 E_{y'}}{\partial y'^2} \quad (4.54)$$

代入式(4.53),得

$$-\mu\gamma\omega^2 + \frac{\mu}{r_e}i\omega = \left(\frac{i\omega\alpha}{c_0} + \frac{\omega}{c_0}k_x\cos\delta\right)^2 + \left(\frac{\omega}{c_0}k_x\sin\delta\right)^2$$

使实部和虚部相等,并利用式(4.22b)和式(4.22c),即得到 $\alpha$、$k_x$、$n$ 和 $k$ 之间的关系为

$$\alpha^2 - k_x^2 = n^2 - k^2 \quad (4.55a)$$

$$\alpha k_x\cos\delta = nk \quad (4.55b)$$

式(4.52)、式(4.55a)和式(4.55b)3 式联立,即可由 $\theta$、$n$、$k$ 计算出材料的吸收指数 $k_x$、传播速度(相速度)系数 $\alpha$ 和传播方向 $\delta$。显然传播速度 $c_0/\alpha$ 取决于 $\delta$,即速度取决于材料内的传播方向,即便材料是各向同性的也是如此。对于法向入射,$\delta=0$,于是 $\alpha=n$、$k_x=k$;只有在这种情况下,$n$ 才由于 $c=c_0/n$ 而直接与传播速度相关,且 $k$ 是衰减率(rate of extinction),可用材料深度进行直接度量。

　　现在再回到以复折射率表示的反射定律,首先探究法向入射的情况。根据式(4.47),用 $m$ 取代 $n$,则

$$\frac{E_{/\!/,r,M}}{E_{/\!/,i,M}} = -\frac{E_{\perp,r,M}}{E_{\perp,i,M}} = \frac{m_2 - m_1}{m_2 + m_1} = \frac{n_2 - ik_2 - (n_1 - ik_1)}{n_2 - ik_2 + (n_1 - ik_1)} \quad (4.56)$$

从式(4.26b)中可知,波的能量取决于 $|\boldsymbol{E}|^2$。对于一个复数 $Z$,$|Z|^2 = ZZ^*$,$Z^*$ 是共轭复数。因为对于法向入射而言,平行和垂直偏振的关系式是一样的,所以反射率为

$$\rho_{\lambda,n}(\lambda) = \left|\frac{E_{//,r,M}}{E_{//,i,M}}\right|^2 = \frac{n_2 - ik_2 - (n_1 - ik_1)}{n_2 - ik_2 + (n_1 - ik_1)} \times \frac{n_2 + ik_2 - (n_1 + ik_1)}{n_2 + ik_2 + (n_1 + ik_1)} \quad (4.57)$$

上式可简化为

$$\rho_{\lambda,n}(\lambda) = \frac{(n_2 - n_1)^2 + (k_2 - k_1)^2}{(n_2 + n_1)^2 + (k_2 + k_1)^2} \quad (4.58)$$

空气($n_1 = 1$、$k_1 \approx 0$)中的一束射线入射到一种吸收材料($n_2$、$k_2$)上时,式(4.58)可简化为

$$\rho_{\lambda,n}(\lambda) = \frac{(n_2 - 1)^2 + k_2^2}{(n_2 + 1)^2 + k_2^2} \quad (4.59)$$

当材料是透明体($k_2 \approx 0$)时,式(4.59)就简化成式(4.49)了。

对于倾斜入射,方向-半球反射率可以从式(4.41)和式(4.42)出发并利用复折射率推导出来。对于入射射线平行或垂直于入射面偏振的情况,式(4.41)式(4.42)给出的是复数比

$$\frac{E_{//,r,M}}{E_{//,i,M}} = \frac{\cos\theta/\cos\theta_t - (n_1 - ik_1)/(n_2 - ik_2)}{\cos\theta/\cos\theta_t + (n_1 - ik_1)/(n_2 - ik_2)} \quad (4.60)$$

$$\frac{E_{\perp,r,M}}{E_{\perp,i,M}} = -\frac{\cos\theta_t/\cos\theta - (n_1 - ik_1)/(n_2 - ik_2)}{\cos\theta_t/\cos\theta + (n_1 - ik_1)/(n_2 - ik_2)} \quad (4.61)$$

式(4.60)和式(4.61)的实部和虚部分别对应于振幅和相位的变化。式(4.60)乘共轭复数后即可得到平行分量的反射率

$$\rho_{//,\lambda}(\lambda,\theta,2\pi) = \frac{E_{//,r,M}}{E_{//,i,M}} \left(\frac{E_{//,r,M}}{E_{//,i,M}}\right)^*$$

对于垂直分量也可得到类似的表达式。如式(4.50)所示,由于 $\cos\theta_t$ 也是复数,所以上述表达式需要进行大量的运算。

为了提供某些具体的结果,现研究一种重要情况:辐射由空气或真空入射到吸收性材料上。于是由式(4.50)、式(4.60)和式(4.61)有

$$\frac{E_{//,r,M}}{E_{//,i,M}} = \frac{(n - ik)\cos\theta - \cos\theta_t}{(n - ik)\cos\theta + \cos\theta_t} = \frac{m\cos\theta - \cos\theta_t}{m\cos\theta + \cos\theta_t} \quad (4.62a)$$

$$\frac{E_{\perp,r,M}}{E_{\perp,i,M}} = -\frac{(n - ik)\cos\theta_t - \cos\theta}{(n - ik)\cos\theta_t + \cos\theta} = -\frac{m\cos\theta_t - \cos\theta}{m\cos\theta_t + \cos\theta} \quad (4.62b)$$

$$\frac{\sin\theta_t}{\sin\theta} = \frac{1}{n - ik} = \frac{1}{m}$$

式(4.62)中的 $m\cos\theta_t$ 可写成

$$m\cos\theta_t = m(1 - \sin^2\theta_t)^{\frac{1}{2}} = (m^2 - \sin^2\theta)^{\frac{1}{2}} \quad (4.63)$$

令

$$a - ib = (m^2 - \sin^2\theta)^{\frac{1}{2}}$$

上述结果就能更方便地表达出来。将实数部分和虚数部分平方并令其相等,对 $a$ 和 $b$ 解联立方程即可得

$$2a^2 = \left[(n^2 - k^2 - \sin^2\theta)^2 + 4n^2k^2\right]^{\frac{1}{2}} + (n^2 - k^2 - \sin^2\theta) \quad (4.64a)$$

$$2b^2 = \left[(n^2 - k^2 - \sin^2\theta)^2 + 4n^2 k^2\right]^{\frac{1}{2}} - (n^2 - k^2 - \sin^2\theta) \tag{4.64b}$$

用 $a - ib$ 代替式(4.62)中的 $m\cos\theta_t$,并将所得的方程都与其共轭复数相乘,于是得反射率为(注意:$m^2 = (a - ib)^2 + \sin^2\theta$):

$$\rho_{/\!/,\lambda}(\lambda,\theta,2\pi) = \frac{a^2 + b^2 - 2a\sin\theta\tan\theta + \sin^2\theta\tan^2\theta}{a^2 + b^2 + 2a\sin\theta\tan\theta + \sin^2\theta\tan^2\theta} \rho_{\perp,\lambda}(\lambda,\theta,2\pi) \tag{4.65a}$$

$$\rho_{\perp,\lambda}(\lambda,\theta,2\pi) = \frac{a^2 + b^2 - 2a\cos\theta + \cos^2\theta}{a^2 + b^2 + 2a\cos\theta + \cos^2\theta} \tag{4.65b}$$

如果入射射线不发生偏振,则反射率和式(4.46)一样是平行和垂直分量的平均值。

至此,本章中已经讨论了由麦克斯韦方程所证明的辐射的波动本质,然后根据折射率 $n$ 和复折射率 $m$ 讨论了波与非吸收及吸收介质的相互作用。在4.5节中,这些结果将具体应用于某些实际的热辐射性质的预测。

# 4.5　应用电磁理论的关系式预测热辐射性质

上述应用于热辐射特性预测的电磁理论在实际计算中有诸多限制,除了在推导中采用了许多假设之外,当所考虑的频率与分子振动频率具有相同的数量级时,该理论本身也不再成立;这将限制这些方程,使其只能用于比可见光谱更长的波长的计算。该理论最大的缺点是忽略了表面状况对辐射性质的影响,因为完全清洁的、光学光滑的界面实际上是不常遇到的。该理论可能具有的最大用处:当只有有限的实验数据可供利用时,它提供了一种灵活的外推手段。在下面各小节中,我们将研究把电磁波理论的诸方程式用于预测热辐射特性以及方程式推导过程中所做的假设。

## 4.5.1　绝缘体($k \to 0$)的热辐射特性

本节研究的方程都包含如下假设:① 介质为各向同性,也就是说它的电学性质和光学性质都与方向无关;② 介质的磁导率等于真空的磁导率;③ 没有静电荷的聚集;④ 没有外部引起的传导电流出现。

被测介质的折射率通常是波长的函数,所以计算得到的辐射性质都将与波长相关。但是,如果折射率计算是根据电容率 $\gamma$ 或介电常数 $K$(此处 $K = \gamma/\gamma_0$),它们通常不是以波长的函数的形式给出,那么就不存在光谱依赖性。根据上述考虑,在之后的方程中都不再用符号来表示光谱的相关性。但是如果已知光学和电学性质是波长的函数,那么应当包含这种相关性。

假设被测介质表面"光学光滑",也就是说,表面与入射辐射的波长相比是光滑的,因此产生的都是镜反射。

(1) 反射率。

在上述限制条件下,与表面成 $\theta$ 角且平行于入射面偏振的入射波,其方向—半球镜反射率可以根据式(4.43)和式(4.45)求得

$$\rho_{/\!/}(\theta,2\pi) = \left[\frac{\tan(\theta - \theta_t)}{\tan(\theta + \theta_t)}\right]^2 \tag{4.66a}$$

类似地,由式(4.44)和式(4.45),对垂直于入射面偏振的入射波,有

$$\rho_{\perp}(\theta, 2\pi) = \left[\frac{\sin(\theta - \theta_t)}{\sin(\theta + \theta_t)}\right]^2 \qquad (4.66b)$$

式中　$\theta_t$——射线射到介质上在介质内形成的折射角。

对于给定的入射角 $\theta$,角 $\theta_t$ 能够由式(4.36)确定(假设 $n$、$\gamma$ 和 $K$ 均与角度无关):

$$\frac{\sin\theta_t}{\sin\theta} = \frac{n_1}{n_2} = \frac{\sqrt{\gamma_1}}{\sqrt{\gamma_2}} = \frac{\sqrt{K_1}}{\sqrt{K_2}} \qquad (4.67)$$

式中　$\gamma$——电容率;

$K$——介电常数;

$n$——折射率。

利用式(4.67)消去式(4.66a)和式(4.66b)中的 $\theta_t$,即可得到只包含 $\theta$ 的另一种形式:

$$\rho_{/\!/}(\theta, 2\pi) = \left\{\frac{(n_2/n_1)^2\cos\theta - [(n_2/n_1)^2 - \sin^2\theta]^{1/2}}{(n_2/n_1)^2\cos\theta + [(n_2/n_1)^2 - \sin^2\theta]^{1/2}}\right\}^2 \qquad (4.68a)$$

$$\rho_{\perp}(\theta, 2\pi) = \left\{\frac{[(n_2/n_1)^2 - \sin^2\theta]^{1/2} - \cos\theta}{[(n_2/n_1)^2 - \sin^2\theta]^{1/2} + \cos\theta}\right\}^2 \qquad (4.68b)$$

当 $\theta = \tan^{-1}(n_2/n_1)$ 时,$\rho_{/\!/}(\theta, 2\pi) = 0$;这个 $\theta$ 角就称之为 Brewster 角。来自这个入射角的反射辐射都是垂直于入射面偏振。

对于非偏振的入射辐射,其反射率已在式(4.46)中给出(Fresnel 方程):

$$\rho(\theta, 2\pi) = \frac{1}{2}\frac{\sin^2(\theta - \theta_t)}{\sin^2(\theta + \theta_t)}\left[1 + \frac{\cos^2(\theta + \theta_t)}{\cos^2(\theta - \theta_t)}\right] \qquad (4.69a)$$

对于法向入射

$$\rho_n = \left(\frac{n_2 - n_1}{n_2 + n_1}\right)^2 \qquad (4.69b)$$

【例 4.1】　一非偏振的辐射射线与法线成 $\theta = 30°$ 角,从空气(介质 1)中入射到一绝缘体的表面上(介质 2)。该表面材料的 $k_2 \approx 0$,折射率 $n_2 = 3.0$。求每个偏振分量和非偏振射线的方向－半球反射率。

解　因为入射射线处在空气中,$n_1 - ik \approx 1$,由式(4.67)可知,有 $n_1/n_2 = 1/3 = \sin\theta_t/\sin 30°$;由此得 $\theta_t = 9.6°$。由式(4.66a)可知,平行分量的反射率为 $\rho_{/\!/}(\theta = 30°) = (\tan 20.4°/\tan 39.6°)^2 = 0.202$;由式(4.66b)可知,垂直分量的反射率为 $\rho_{\perp}(\theta = 30°) = (\sin 20.4°/\sin 39.6°)^2 = 0.301$。非偏振射线的反射率可以由式(4.69a)求得,也可采用更简单的方法求出:$\rho(\theta = 30°) = (0.202 + 0.301)/2 = 0.252$,即等于平行分量和垂直分量的平均值。

【例 4.2】　从空气法向入射到玻璃表面上的光线被反射的份额为多少? 入射到水面上被反射的份额又为多少?

解　对于可见光谱:玻璃的折射率 $n \approx 1.55$;水的折射率 $n \approx 1.33$。于是,由式(4.69b)可得

$$\rho_n(玻璃) = \left(\frac{n - 1}{n + 1}\right)^2 = \left(\frac{0.55}{2.55}\right)^2 = 0.047$$

$$\rho_n(水) = \left(\frac{n-1}{n+1}\right)^2 = \left(\frac{0.33}{2.33}\right)^2 = 0.020$$

对不同的入射角和折射率比进行例 4.1 所示的这一类计算,或者利用式(4.67)和式(4.69)即可将反射率制成表格或用图的形式表示出来。方向－半球反射率给出的是由一个方向来的入射射线所产生的所有反射能量。就折射率是对应于某一特定波长而言,如果已知折射率与波长的关系,则反射率是一个光谱量。

(2)发射率。

在计算出反射率之后,当物体不透明时(如果 $k$ 很小,则物体必须很厚),方向光谱发射率为

$$\varepsilon(\theta) = 1 - \rho(\theta)$$

图 4.7 给出了当 $n_2 \geqslant n_1$ 时,各种不同的 $n_2/n_1$ 情况下的方向发射率的曲线。当 $n_2 < n_1$ 时,存在着这样一个极限角,当入射角大于该极限角时辐射将全部反射,在这个区域内,$\varepsilon(\theta) = 0$。如果 $\rho(\theta)$ 是针对空气($n_1 \approx 1$)中的入射射线,那么比值 $n_2/n_1$ 就简化为射线入射到其上的该材料的折射率。

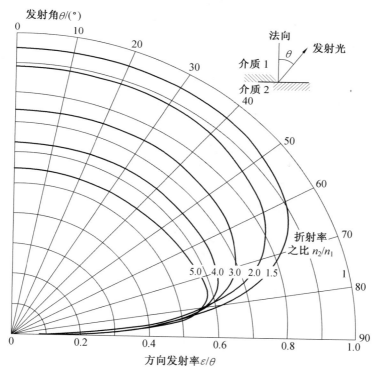

图 4.7　由电磁波理论预测的绝缘材料定向发射率

于是,当令参数值 $n_2/n_1$ 等于绝缘材料的单折射率时,图 4.7 就可看作是给出了该绝缘材料在空气中的发射率。在下面的讨论中,正是基于这种考虑对图 4.7 予以说明。

当 $n = 1$ 时,发射率变成 1(黑体),在图 4.7 上相应于这个值的曲线是一个半径为 1 的圆弧。当 $n$ 增加时,直到 $\theta = 70°$ 附近,该曲线仍保持为圆弧,而后迅速减小,在 $\theta = 90°$ 时

为 0,因此绝缘材料在与法线方向成大角度时发射能力很差;对于小于 $70°$ 的角度,绝缘材料发射率相当高,以致在半球意义上讲,绝缘体是良好的发射体。应当再次强调的是,应用麦克斯韦方程组时所采用的假设将这些发现限制在了比可见光谱更长的波长范围,这一点通过与实验测量结果的比较已经得到证实。

根据方向光谱发射率,就能够由式(3.5)$\varepsilon_\lambda = \dfrac{1}{\pi} \displaystyle\int_{2\pi} \varepsilon_\lambda(\theta, \varphi) \cos\theta \sin\theta \mathrm{d}\theta \mathrm{d}\varphi$ 计算出半球发射率,然后对所有波长积分即得到式(3.6)所示的半球总发射率。由于通常对光学性质的了解还不足以将 $\varepsilon_\lambda$ 对波长进行积分,且没有更好的方法,因此在理论上将光谱 $\varepsilon_\lambda$ 值当作总 $\varepsilon$。

用 $\varepsilon(\theta)$ 的积分来计算 $\varepsilon$ 是很复杂的,就像式(4.64a)和式(4.64b)所表示的一样,进行积分后即得

$$\varepsilon = \frac{1}{2} - \frac{(3n+1)(n-1)}{6(n+1)^2} - \frac{n^2(n^2-1)^2}{(n^2+1)^3} \ln\left(\frac{n-1}{n+1}\right) + \frac{2n^3(n^2+2n-1)}{(n^2+1)(n^4-1)}$$

$$- \frac{8n^4(n^4+1)}{(n^2+1)(n^4-1)^2} \ln n \quad \left(n = \frac{n_2}{n_1} > 1\right) \tag{4.70}$$

法向发射率可为半球发射率提供一个方便的参考值。由式(4.49)可算出一绝缘体对空气的法向发射率为

$$\varepsilon_n = 1 - \left(\frac{n-1}{n+1}\right)^2 = \frac{4n}{(n+1)^2} \quad \left(n = \frac{n_2}{n_1} > 1\right) \tag{4.71}$$

$\varepsilon_n$ 与 $n_2/n_1$ 的函数关系如图 4.8(a) 所示。注意,当 $n > 6$ 时,法向发射率约小于0.5。

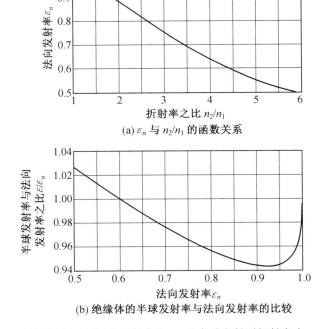

(a) $\varepsilon_n$ 与 $n_2/n_1$ 的函数关系

(b) 绝缘体的半球发射率与法向发射率的比较

图 4.8　绝缘材料发射率,从折射率为 $n_2$ 的介质发射到折射率为 $n_1$ 的介质

这样大的 $n$ 值对绝缘体来说并不普遍,因此该曲线也就没有延伸至较小的 $\varepsilon_n$。绝缘体的半球发射率与法向发射率的比较如图 4.8(b) 所示。对于较大的 $n_2/n_1$,$\varepsilon_n$ 值相对较小,随着 $n_2/n_1$ 的增大,图 4.7 中的曲线更加偏离圆形。图 4.8(b) 显示,图 4.7 中的曲线在法线附近区域的平坦化,导致半球发射率在较大的 $n_2/n_1$ 值(对应图 4.8(b) 中 $\varepsilon_n$ 约为 $0.5 \sim 0.6$ 的区间)时超过法向值。当 $n_2/n_1$ 接近于 $1$($\varepsilon_n$ 也接近于 $1$)时,如图 4.7 所示,由于在较大的 $\theta$ 下发射能力差,半球发射率低于法向发射率。

**【例 4.3】**　有一个折射率为 1.41 的绝缘体,求该绝缘体在测得其折射率的波长下对空气的半球发射率。

**解**　方法一:由式(4.70)可知,对于 $n_2/n_1 = n = 1.41$,$\varepsilon = 0.92$。

方法二:由式(4.71)可知,法向发射率为 $\varepsilon_n = 1-(0.41/2.41)^2 = 0.97$,又由图4.8(b)可得,有 $\varepsilon/\varepsilon_n = 0.95$;所以半球发射率为 $\varepsilon = 0.97 \times 0.95 = 0.92$。

### 4.5.2　金属的热辐射特性

金属通常是高辐射吸收体,其吸收指数 $k$ 不能忽略。目前,4.4.2 节中,用复折射率导出的相关表达式,要比非吸收绝缘体的相关表达式复杂得多,说明了简化的假设将导出比理论得到的一般结论更为方便的方程组。在应用这些理论和结论时的主要困难在于,很难获得用于这些方程组中的光学性质;在利用测量值时,又会由于在测量方法中所涉及的实验问题,使这些光学性质测量值变得不准确。对于金属材料,其热辐射特性可采取以下方式确定。

(1) 利用光学常数的反射率和折射率的关系。对于大多数金属来说,波长大于可见光区域时,单折射率 $n$ 和吸收指数 $k$ 是很大的。在该波长范围内 $k$ 通常都比 $n$ 大得多(表 4.2)。因此在式(4.64a)和式(4.64b)中,与 $n^2 - k^2$ 相比,$\sin^2\theta$ 通常可以忽略不计。将这个简化用于式(4.65a)和式(4.65b),就能得到更为简单的形式:$a^2$ 和 $b^2$ 分别等于 $n^2$ 和 $k^2$。在式(4.63)中忽略 $\sin^2\theta$ 也意味着,对金属来说,$\cos\theta_t \to 1$。如果在式(4.41b)和式(4.42b)中 $\cos\theta_t \to 1$,则对于通过一个绝缘体的入射,用 $m_2$ 代替 $n_2$,这两式就化简为

$$\frac{E_{/\!/,r,M}}{E_{/\!/,i,M}} = \frac{\cos\theta - n_1/m_2}{\cos\theta + n_1/m_2} \tag{4.72a}$$

$$\frac{E_{\perp,r,M}}{E_{\perp,i,M}} = -\frac{1/\cos\theta - n_1/m_2}{1/\cos\theta + n_1/m_2} \tag{4.72b}$$

乘以共轭复数后,就得到反射率分量为

$$\rho_{/\!/}(\theta,2\pi) = \frac{(n_2 - n_1/\cos\theta)^2 + k_2^2}{(n_2 + n_1/\cos\theta)^2 + k_2^2} \tag{4.73a}$$

$$\rho_{\perp}(\theta,2\pi) = \frac{(n_2 - n_1\cos\theta)^2 + k_2^2}{(n_2 + n_1\cos\theta)^2 + k_2^2} \tag{4.73b}$$

对于通过空气入射到复折射率为 $n_2 - ik_2$ 的金属上的射线,这些方程简化为(空气的折射率可取为 $n_1 = 1$):

$$\rho_{/\!/}(\theta,2\pi) = \frac{(n_2\cos\theta - 1)^2 + (k_2\cos\theta)^2}{(n_2\cos\theta + 1)^2 + (k_2\cos\theta)^2} \tag{4.74a}$$

$$\rho_\perp(\theta,2\pi)=\frac{(n_2-\cos\theta)^2+k_2^2}{(n_2+\cos\theta)^2+k_2^2} \tag{4.74b}$$

令 $a^2=n^2$、$b^2=k^2$，这些表达式也可以由式(4.65a)和式(4.65b)得到。对于非偏振的入射辐射，有

$$\rho(\theta,2\pi)=\frac{1}{2}\big[\rho_\parallel(\theta,2\pi)+\rho_\perp(\theta,2\pi)\big] \tag{4.75}$$

对于法线方向$(\theta=0)$，有

$$\rho_n=\frac{(n_2-1)^2+k_2^2}{(n_2+1)^2+k_2^2}$$

此式与精确关系式(4.59)是一样的。

相应的发射率可由 $\varepsilon(\theta)=1-\rho(\theta)$ 求得，简化后有

$$\varepsilon_\parallel(\theta)=\frac{4n_2\cos\theta}{(n_2^2+k_2^2)\cos^2\theta+2n_2\cos\theta+1} \tag{4.76a}$$

$$\varepsilon_\perp(\theta)=\frac{4n_2\cos\theta}{\cos^2\theta+2n_2\cos\theta+n_2^2+k_2^2} \tag{4.76b}$$

对于非偏振的发射有

$$\varepsilon(\theta)=\frac{\varepsilon_\parallel(\theta)+\varepsilon_\perp(\theta)}{2} \tag{4.77}$$

在法线方向$(\theta=0)$，上式变为

$$\varepsilon_n=\frac{4n_2}{(n_2+1)^2+k_2^2} \tag{4.78}$$

纯净光滑的铂表面在波长为 $2~\mu m$ 时的方向光谱发射率曲线如图4.9所示(铂金的 $n$ 和 $k$ 数据取自本章参考文献[2])。对于金属，正如图4.9中铂的发射率所表示的一样，离法线$50°$左右发射率基本上仍为常数，而后逐渐增加直至离表面切线仅有几度处达到最大值。

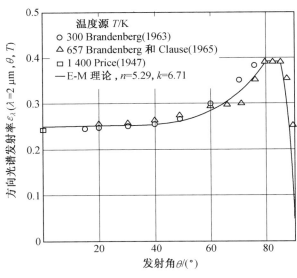

图 4.9　纯净光滑的铂表面在波长为 $2~\mu m$ 时的方向光谱发射率曲线

金属表面发射率的角度依赖性与电介质大不相同。对于电介质,当与法线方向所成的角度大于 $70°$ 时,其发射率随角度的增大而显著降低。通过与实验数据的比较,可以明显看出,将式(4.74)和式(4.75)代入 $\varepsilon(\theta) = 1 - \rho(\theta)$,预测的曲线的一般形状是正确的。

表 4.2 将按式(4.78)计算的法向光谱发射率和测量值进行了比较(表中所有数据均取自本章参考文献[6])。由于有大量的数据可供利用,因此表中常用波长 $\lambda = 0.589\ \mu m$ 进行某些比较,这是因为钠蒸气灯容易获得,它发射的波长为 $\lambda = 0.589\ \mu m$,因此在实验室能够作为一个强的单色光源。由于该波长位于可见光范围,所以它处于短波区的边界线上,而电磁波理论在此波段范围内已变得不准确。

**表 4.2　根据电磁波理论计算的法向光谱发射率与测量值的比较**

| 金属 | 波长 $\lambda/\mu m$ | 折射率 $n$ | 吸收指数 $k$ | 光谱法向发射率 $\varepsilon_{\lambda,n}(\lambda)$ | |
|---|---|---|---|---|---|
| | | | | 实验值 | 式(4.78)计算值 |
| 铜 | 0.650 | 0.44 | 3.26 | 0.20 | 0.140 |
| | 2.25 | 1.03 | 11.7 | 0.041 | 0.029 |
| | 4.00 | 1.87 | 21.3 | 0.027 | 0.014 |
| 金 | 0.589 | 0.47 | 2.83 | 0.176 | 0.184 |
| | 2.00 | 0.47 | 12.5 | 0.032 | 0.012 |
| 铁 | 0.589 | 1.51 | 1.63 | 0.43 | 0.674 |
| 镁 | 0.589 | 0.37 | 4.42 | 0.27 | 0.070 |
| 镍 | 0.589 | 1.79 | 3.33 | 0.355 | 0.381 |
| | 2.25 | 3.95 | 9.20 | 0.152 | 0.145 |
| 银 | 0.589 | 0.18 | 3.64 | 0.074 | 0.049 |
| | 2.25 | 0.77 | 15.4 | 0.021 | 0.013 |
| | 4.50 | 4.49 | 33.3 | 0.015 | 0.014 |
| 钨 | 0.589 | 3.46 | 3.25 | 0.49 | 0.455 |

对表 4.2 中的数据进行比较可知,$\varepsilon_{\lambda,n}$ 的计算值和实验值吻合得很好,例如镍和钨;但是镁的数据却相差近 4 倍。对于吻合得不好的情况,很难确定误差是具体来自于光学常数、测量出的发射率还是理论本身,因为这些因素中的每一个或全部都对误差有影响。对此,最可能的原因是光学常数略微有误差,以及试验样品不满足理论所要求的表面标准。

在近似计算中,相对于 $n^2 + k^2$ 而言,$\sin^2\theta$ 可以忽略不计。将式(4.77)代入式(3.5),即可求得金属(其复折射率为 $n - ik$)在空气或真空中的半球发射率。进行积分运算后得

$$\varepsilon = 4n - 4n^2 \ln \frac{1 + 2n + n^2 + k^2}{n^2 + k^2} + \frac{4n(n^2 - k^2)}{k} \tan^{-1} \frac{k}{n + n^2 + k^2}$$

$$+\frac{4n}{n^2+k^2}-\frac{4n^2}{(n^2+k^2)^2}\ln(1+2n+n^2+k^2)-\frac{4n(k^2-n^2)}{k(n^2+k^2)^2}\tan^{-1}\frac{k}{1+n}$$
$$(4.79)$$

在不忽略 $\sin^2\theta$ 的情况下,利用 $\varepsilon(\theta)=[\varepsilon_{/\!/}(\theta)+\varepsilon_\perp(\theta)]/2=[2-\rho_{/\!/}(\theta)-\rho_\perp(\theta)]/2$,通过对式(3.5)的数值积分即可算出 $\varepsilon$,式中的 $\rho(\theta)$ 由通用表达式(4.68a)和式(4.68b)确定。图 4.10 给出了半球发射率精确解结果,并与由式(4.79)所得的近似解结果进行了比较。比较发现,为了使式(4.79)的精确度在 $1\%,2\%,5\%,10\%$ 之内,$n^2+k^2$ 的值应分别大于 $40,3.25,1.75$ 和 $1.25$。对于绝大部分金属,根据表 4.2 给出的光学常数,式(4.79)的精确度通常应在几个百分点以内。

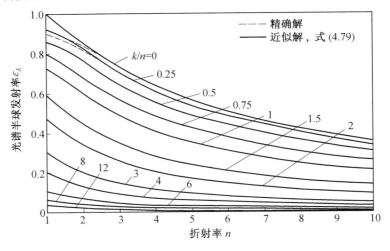

图 4.10　半球发射率精确解与近似解

根据式(4.78),金属对空气的法向发射率亦可作为 $n$ 和 $k$ 的函数计算出来,其结果如图 4.11 所示(更完整的结果在本章参考文献[7]中给出)。式(4.79)确定的半球发射率非常重要,因为它提供了所有方向的辐射发射率。对于抛光金属,当 $\varepsilon_n$ 小于 $0.5$ 时,半球发射率通常大于法向发射率,这是因为图 4.9 指出,在靠近表面的切线方向发射率增加。因此在列举抛光金属发射率的表格中如果只给出抛光金属的 $\varepsilon_n$,那么在计算半球发射率时,将其乘上一个大于 1 的系数即可(如通过比较式(4.79)和式(4.78)获得的系数)。在可见光波段,$\varepsilon/\varepsilon_n$ 接近于 1,但在红外波段,有部分值接近于 1.2。具有粗糙度或可能轻微氧化的真实表面通常具有比抛光试样更接近漫反射的定向发射率。

(2)利用辐射发射与电学性质之间的关系。麦克斯韦方程的波动解提供了根据材料的电学性质和磁学性质来确定 $n$ 和 $k$ 的方法,$n$ 和 $k$ 的表达式已由式(4.23)给出。对于金属其 $r_e$ 较小;对于相对较长的波长,如 $\lambda_0>5\ \mu\mathrm{m}$ 时,则 $\lambda_0/2\pi c_0 r_e\gamma$ 占主导地位,于是式(4.23a)(4.23b)简化为(磁导率取 $\mu_0$)

$$n=k=\sqrt{\frac{\lambda_0\mu_0 c_0}{4\pi r_e}}=\sqrt{\frac{0.003\lambda_0}{r_e}}\tag{4.80}$$

其中,$\lambda_0$ 的单位为 $\mu\mathrm{m}$,$r_e$ 的单位为 $\Omega\cdot\mathrm{cm}$。这就是所谓 Hagen-Rubens 方程。用该方程计算的 $n$ 和 $k$ 产生的误差较大,特别是在短波区域,具体比较见表 4.3。尽管如此,最后还

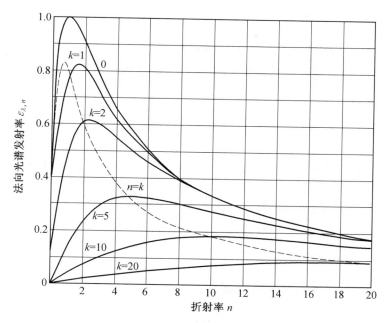

图 4.11　衰减介质在空气中发射时的法向发射率

是可以得到一些有用的结果作为参考。

表 4.3　实验测得的光学常数与电磁波理论计算得到的光学常数的比较

| 金属 | 波长 $\lambda_0/\mu m$ | 测量值 | | | 式(4.80)的计算值 $n=k$ | 光谱法向发射率 | |
| --- | --- | --- | --- | --- | --- | --- | --- |
| | | 电阻率(20 ℃ 下) $r_e/\Omega \cdot cm$ | 折射率 $n$ | 吸收指数 $k$ | | 测量值 | 式(4.82)的计算值 |
| 铝 | 12 | $2.82\times10^{-6}$ | 33.6[b] | 76.4[b] | 113 | 0.02[a] | 0.018 |
| 铜 | 4.20 | $1.72\times10^{-6}$ | 1.92[b] | 22.8[b] | 86 | 0.027[a,c] | 0.023 |
| | | | | | | 0.015[d] | 0.023 |
| | 5.50 | $1.72\times10^{-6}$ | 3.16[a] | 28.4[a] | 98 | 0.012[d] | 0.020 |
| 金 | 5.00 | $2.44\times10^{-6}$ | 1.81[a] | 32.8[a] | 78 | 0.031[a,c] | 0.026 |
| 铂 | 5.00 | $10\times10^{-6}$ | 11.5[a] | 15.7[a] | 39 | 0.050[d] | 0.051 |
| 银 | 4.50 | $1.63\times10^{-6}$ | 4.49[a] | 33.3[a] | 91 | 0.015[a,c] | 0.022 |
| | 4.37 | $1.63\times10^{-6}$ | 4.34[b] | 32.6[b] | 90 | 0.015[a,c] | 0.022 |

注:a 数据取自本章参考文献[6];b 数据取自本章参考文献[9];c 为波长 4 $\mu m$ 下的测量值;d 数据取自本章参考文献[10]。

对于一种折射率为 $n$ 的材料,在法线方向上向空气或真空中辐射,在采用简化条件 $n=k$ 时,式(4.78)可化简成如下形式:

$$\varepsilon_{\lambda,n}(\lambda)=1-\rho_{\lambda,n}(\lambda)=\frac{4n}{2n^2+2n+1} \tag{4.81a}$$

式(4.81a)中的 $n$ 可用式(4.80)代入。虽然计算式(4.81a)并不困难,但常常将该式进一步简化成展开级数的形式,由此得

$$\varepsilon_{\lambda,n}(\lambda) = \frac{2}{n} - \frac{2}{n^2} + \frac{1}{n^3} - \frac{1}{2n^5} + \frac{1}{2n^6} - \cdots \qquad (4.81\text{b})$$

因为由式(4.80)计算出的金属折射率在我们所讨论的 $\lambda_0 > 5~\mu\text{m}$ 的波长下通常是很大的（表 4.3，第 6 栏），所以通常只保留该级数的第一项；将式(4.80)代入后，就得到关于法向光谱发射率的 Hagen-Rubens 关系式（$\lambda_0$ 单位为 $\mu\text{m}$，$r_e$ 单位为 $\Omega \cdot \text{cm}$）：

$$\varepsilon_{\lambda,n}(\lambda) \approx \frac{2}{n} = \frac{2}{\sqrt{\dfrac{0.003\lambda_0}{r_e}}} \qquad (4.82)$$

在表 4.3 中列出的长波长下的法向发射率的计算结果要比另外用光学常数计算的结果好得多。

式(4.82)给出的法向光谱发射率可以对波长积分从而求得法向总发射率。光谱发射率和总发射率的积分关系已由式(3.5)给出（唯一的改变是对法向发射率而言，$\theta = 0$），即

$$\varepsilon_n(T) = \frac{\pi \displaystyle\int_0^\infty \varepsilon_{\lambda,n}(\lambda,T) I_{b\lambda}(\lambda,T)\,\text{d}\lambda}{\sigma T^4}$$

式(4.82)仅对 $\lambda_0 > 5~\mu\text{m}$ 有效，所以在进行以 $\lambda = 0$ 作为起始点的积分时，应假设：在 $\lambda$ 为 $0 \sim 5~\mu\text{m}$ 范围内辐射的能量，与大于 $5~\mu\text{m}$ 波长区的辐射能量相比是很小的。于是，将式(4.82)和关于 $I_{b\lambda}$ 的式(2.25)代入积分，即得

$$\varepsilon_n(T) \approx \frac{\pi \displaystyle\int_0^\infty 2\,(r_e/0.003\lambda_0)^{0.5} 2C_1 / [\lambda_0^5(\text{e}^{c_2/\lambda_0 T} - 1)]\,\text{d}\lambda_0}{\sigma T^4}$$

$$= \frac{4\pi C_1\,(Tr_e)^{0.5}}{0.003^{0.5}\sigma C_2^{4.5}} \int_0^\infty \frac{\zeta^{3.5}}{\text{e}^\zeta - 1}\text{d}\zeta \qquad (4.83)$$

其中，$\zeta = C_2/\lambda_0 T$。算出式(4.83)中的积分值并将各常数代入后得

$$\varepsilon_n(T) \approx \frac{4\pi C_1\,(Tr_e)^{0.5}}{0.003^{0.5}\sigma C_2^{4.5}} \times 12.27 = 0.575\,(Tr_e)^{0.5} \qquad (4.84)$$

如果级数(4.81b)中更多项被保留，则有

$$\varepsilon_n(T) = 0.578\,(r_e T)^{0.5} - 0.178 r_e T + 0.584\,(r_e T)^{1.5} - \cdots \qquad (4.85\text{a})$$

本章参考文献[11]推荐的公式为

$$\varepsilon_n(T) = 0.576\,(r_e T)^{0.5} - 0.124 r_e T \qquad (4.85\text{b})$$

其中，$T$ 的单位为 K，$r_e$ 的单位为 $\Omega \cdot \text{cm}$。

对于纯金属，$r_e$ 与接近室温下的 $r_e$ 有如下近似关系：

$$r_e \approx r_{e,273}\frac{T}{273} \qquad (4.86)$$

式中　　$r_{e,273}$——273 K 下的电阻率，$\Omega \cdot \text{cm}$。

将式(4.86)代入式(4.84)后得

$$\varepsilon_n(T) \approx 0.034\,8\sqrt{r_{e,273}}\,T \qquad (4.87)$$

这表明，在长波长（$\lambda_0 > 5~\mu\text{m}$）的条件下，纯金属的总发射率正比于温度。这个结果最初是由 Aschkinass 在 1905 年推导得到。在某些情况下，该式在高温条件下仍然成立，此时

大量的辐射处于短波区(对于铂,此温度接近 1 800 K),但在一般情况下该式仅用于温度低于 550 K 的场合。图 4.12 给出了铂和钨的相关数据(数据取自本章参考文献[6])。

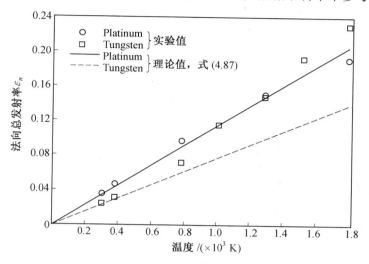

图 4.12　磨光金属的法向总发射率与温度的关系

对于各种各样纯金属的磨光表面,图 4.13 给出了 100 ℃ 时法向总发射率的实验值和由式(4.87)算得的计算值的比较,其吻合程度较高。图中实验值取自 3 本权威著作:本章参考文献[6,13,14] 所提供数据中的最小值。

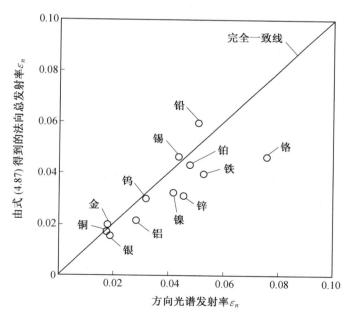

图 4.13　磨光金属在 100 ℃ 时法向总发射率的计算值和实验数据的比较

利用式(4.87)的发射率公式可得到金属在法线方向发射的总强度为

$$I_{n,金属} = \varepsilon_{n,金属} \frac{\sigma T^4}{\pi} \propto T^5 \tag{4.88}$$

式(4.88)说明,法向总强度正比于热力学温度的 5 次方,而不是像黑体那样正比于温度的 4 次方。还必须强调,因为做了许多假设才得到这个简化结果。例如,当在式(4.81)中保留的级数项多于两项时,就会发现,尽管温度的幂数仍大于 4,法向总强度和 $T^5$ 之间精确的比例关系已不再成立。

利用式(4.77)的角度相关性,对所有方向进行积分,即可得出半球总发射率。半球总发射率在两个区域内有如下的近似方程:

$$\varepsilon(T) = 0.751\sqrt{r_e T} - 0.396 r_e T \quad (0 < r_e T < 0.2) \tag{4.89a}$$

和

$$\varepsilon(T) = 0.698\sqrt{r_e T} - 0.266 r_e T \quad (0.2 < r_e T < 0.5) \tag{4.89b}$$

式中,电阻率 $r_e$ 与 $T$ 的一次方呈比例关系,所以上述两方程中每一方程的第一项都证实了前面讨论过的与 $T^5$ 的相关性。

【**例 4.4**】　有一个磨光铂表面,温度维持在 $T = 250$ K。温度为 $T_i = 500$ K 的黑体封闭腔包围了该表面并对该表面辐射能量。求该表面垂直方向上的半球 — 方向总反射率。

**解**　在法向的方向 — 半球总反射率为

$$\rho_n(T = 250 \text{ K}) = 1 - \alpha_n(T = 250 \text{ K})$$

$\alpha_n(T = 250 \text{ K})$ 是 250 K 的表面对 500 K 下的入射黑体辐射的法向总吸收率,也就是说

$$\alpha_n(T = 250 \text{ K}) = \frac{\int_0^\infty \alpha_{\lambda,n}(T = 250 \text{ K}) I_{b\lambda}(T = 500 \text{ K}) \, d\lambda}{\int_0^\infty I_{b\lambda}(T = 500 \text{ K}) \, d\lambda}$$

对于光谱量,有 $\alpha_{\lambda,n}(T = 250 \text{ K}) = \varepsilon_{\lambda,n}(T = 250 \text{ K})$。由式(4.82)可知,$r_e$ 随温度的近线性变化决定了发射率随温度的变化为 $\varepsilon_{\lambda,n}(T) \propto \sqrt{T}$。于是,$\varepsilon_{\lambda,n}(T = 250 \text{ K}) = \varepsilon_{\lambda,n}(T = 500 \text{ K})(250/500)^{0.5}$,由此得

$$\alpha_n(T = 250 \text{ K}) = \frac{\sqrt{\dfrac{1}{2}} \int_0^\infty \varepsilon_{\lambda,n}(T = 500 \text{ K}) I_{b\lambda}(500 \text{ K}) \, d\lambda}{\int_0^\infty I_{b\lambda}(500 \text{ K}) \, d\lambda} = \frac{\varepsilon_n(T = 500 \text{ K})}{\sqrt{2}}$$

最后的等式是通过研究发射率的定义式得到的。铂在 500 K 时的法向总发射率如图 4.12 中曲线所示,可以用式(4.87)确定,即

$$\varepsilon_n(T = 500 \text{ K}) = 0.034\,8\sqrt{r_{e,273}} \times T = 0.034\,8\sqrt{r_{e,293}}\sqrt{\frac{273}{293}} \times T$$

$$= 0.034\,8\sqrt{10 \times 10^{-6}}\sqrt{\frac{273}{293}} \times 500$$

$$= 0.051$$

注意,只有当该温度下绝大部分能量处在大于 5 μm 的波长范围内的情况下才能应用式(4.87)。黑体函数的研究表明,温度为 500 K 时,只有 10% 左右的能量处在小于 5 μm 的波长范围内,因此可能引起的误差很小。

对于均匀的入射强度,根据方向 — 半球反射率与半球 — 方向反射率的互换关系式

（见 3.3.4 节），可得半球 — 方向总反射率为

$$\rho_n(T=250\ \text{K})=1-\alpha_n(T=250\ \text{K})\approx 1-\frac{\varepsilon_n}{\sqrt{2}}(T=500\ \text{K})$$

$$=1-\frac{0.051}{\sqrt{2}}=0.964$$

表 4.4 总结了用于计算绝缘体和金属辐射性质的一些公式。

**表 4.4　用电磁波理论预测热辐射性质的公式汇总**

| 介质 | 性质 | 公式 | 条件 |
|---|---|---|---|
| 绝缘体 $k=0$ | 方向反射率 | (4.68a) | 在平行于入射面的平面上偏振 |
| | 方向反射率 | (4.68b) | 在垂直于入射面的平面上偏振 |
| | 方向反射率 | (4.69a) | 非偏振的 |
| | | (4.69b) | |
| | 法向 — 半球光谱镜反射率 | (4.48) | 偏振或非偏振的 |
| | 半球发射率 | (4.70) | 在 $n>1$ 的介质中发射 |
| | 法向发射率 | (4.71) | 在 $n>1$ 的介质中发射 |
| 金属（与折射率为 1 的透明介质接触） | 方向反射率 | (4.65a)，(4.74a) | 平行的偏振分量 |
| | 方向反射率 | (4.65b)，(4.74b) | 垂直的偏振分量 |
| | 方向反射率 | (4.75) | 非偏振的 |
| | 方向发射率 | (4.77) | 非偏振的 |
| | 半球发射率 | (4.79) | 非偏振的 |
| | 法向光谱发射率 | (4.78) | 非偏振的 |
| | | (4.81a) | 非偏振的，$\lambda>5\ \mu m$ |
| | | (4.82) | |
| | 法向总发射率 | (4.85) | $T<550\ \text{K}$ |
| | | (4.87) | |

# 4.6　热辐射性质理论的推广

一百多年来，基于经典波动理论和量子力学，有关材料热辐射特性的预测理论得到了显著改进。许多作者成功地消除了前面提到的经典推导中的某些限制条件。对此做出显著贡献的有 Foote、Davisson 和 Weeks、Schmidt 和 Eckert、Parker 和 Abbott，他们将金属发射率的关系式推广到更短的波长和更高的温度；Mott 和 Zener 则以量子理论为基础对金属在很短波长下的发射率做出了推导预测。Kunitomo 考虑了束缚电子对光学性质的影响，准确预测了金属与合金的高温及低温热辐射特性。Edwards 与 Kunitomo 回顾了表面性质预测方面的进展，Sievers 与 Kunitomo 还给出了某些附加的理论表达式和结

果。Chen 和 Ge 在自由电子振荡的 Drude 模型中引入了阻尼频率项,从而更精确地预测了复介电常数,这修改了复折射率和复介电常数之间的关系。

　　然而,上述工作都没有考虑表面状况的影响。由于确定表面状况和表面的制备都存在困难,即使是精确的理论,其与实验的比较结果也并不总是让人满意。Makino 和 Kaga 将适用于纯物质的电磁理论与用于表面微观几何和粗糙度以及表面薄膜的模型相结合,模拟了真实表面的热辐射特性,并对理论预测结果与实验数据进行了比较,其一致性令人鼓舞,显示了氧化层生长对金属的影响。这项工作由 Makino 及 Wakabayashi 扩展。Cohn 等使用电磁散射理论预测了具有粗糙单元的微凹坑表面的反射特性,粗糙单元的尺寸范围与传热过程所关注的辐射波长相同。

　　与半导体和光子器件相关的一个非常重要的主题,是预测与传热过程关注的辐射波长相当的厚度的金属、半导体和电介质薄膜的特性。膜材料中入射波和反射波之间复杂的干涉效应取决于相对于波长的薄膜厚度,如 Chen 和 Tien 所述。

　　讨论这些效应需要对波动方法进行更详细的研究,以便考虑远小于辐射波长的薄膜和纹理的干涉、隧穿和偏振效应。近场辐射换热也涉及这些问题,将在后面的章节进行讲解。本章参考文献对偏振现象的分析方法和相关技术进行了综合讨论。

# 本章参考文献

[1] MAXWELL J C. A dynamical theory of the electromagnetic field[M]// MAXWELL J C. The Scientific Papers of James Clerk Maxwell. London: Cambridge University Press, 1890.

[2] LIDE D R. Handbook of Chemistry and Physics[M]. 88th ed. Boca Raon: CRC Press LLC, 2008.

[3] BRANDDENBERG W M. Measurement of thermal radiation properties of solids: NASA-SP-31[R]. Washington, D. C. : NASA, 1963.

[4] BRANDDENBERG W M, CLAUSEN O W. The directional spectral emittance of surfaces between 200 ℃ and 600 ℃: NASA-SP-55[R]. Washington, D. C. : NASA, 1964.

[5] PRICE D J. The emissivity of hot metals in the infra-red[C]. London: Proc. Phys. Soc. , 1947.

[6] WEAST R C. Handbook of chemistry and physics[M]. 44th ed. Cleveland: Chemical Rubber Company, 1962.

[7] HERING R G, SMITH T F. Surface radiation properties from electromagnetic theory[J]. Int. J. Heat and Mass Transfer, 1968, 11(10): 1567-1571.

[8] HAGEN E, RUBENS H. Metallic reflection[J]. Ann. Phys. , 1900, 1(2): 352-375.

[9] GARBUNY M. Optical physics[M]. New York: Academic Press, 1965.

[10] SEBAN R A. Thermal radiation properties of materials[R]. Berkeley: University of California, 1963.

[11] JAKOB M. Heat transfer[M]. New York：Wiley，1949.

[12] ASCHKINASS E. Heat radiation of metals[J]. Ann. Phys. ,1905, 17(5)：960-975.

[13] HOTTEL H C. Radiant heat transmission[M]. New York：McGraw-Hill,1954.

[14] ECKERT E R G,DRAKE R M. Heat and mass transfer[M]. 2nd ed. New York： McGraw-Hill,1959.

[15] FOOTE P D. The emissivity of metals and oxides，Ⅲ. the total emissivity of platinum and the relation between total emissivity and resistivity[J]. NBS Bull, 1915,11(4)：607-612.

[16] DAVISSON C,WEEKS J R. The relation between the total thermal emissive power of a metal and its electrical resistivity[J]. J. Opt. Soc. Am. ,1924, 8(5)：581-605.

[17] SCHMIDT E,ECKERT E R G. Über die Richtungsverteilung der Wärmestrahlung von Oberflächen[J]. Forsch Auf Dem. Gebiet. Des Ingenieurwes A,1935,6(4)：175-183.

[18] PARKER W J,ABBOTT G L. Theoretical and experimental studies of the total emittance of metals：NASA-SP-55[R]. Washington,D. C. ：NASA,1964.

[19] MOTT N F,ZENER C. The optical properties of metals[J]. Cambrige Philos. Soc. Proc. ,1934,30(2)：249-270.

[20] KUNITOMO T. Present status of research on radiative properties of materials[J]. Int. J. Thermophys. ,1984,5(1)：73-90.

[21] EDWARDS D K. Radiative transfer characteristics of materials[J]. ASME J. Heat Transfer,1969,91(1)：1-15.

[22] SIEVERS A J. Thermal radiation from metal surfaces[J]. J. Opt. Soc. Am. , 1978,68(11)：1505-1516.

[23] CHEN J,GE X S. An improvement on the prediction of optical constants and radiative properties by introducing an expression for the damping frequency in drude model[J]. Int. J. Thermophysics, 2000,21(1)：269-280.

[24] MAKINO T,KAGA K,MURATA H. numerical experiment on transient behavior in reflection characteristics of a real surface of a metal[C]//American Society of Mechanical Engineers. Proc. 28th Natl. Symp. Heat Transfer：vol. 2. Paris：Elsevier,1991：568-570.

[25] MAKINO T,SOTOKAWA O,IWATA Y. Transient behaviors in thermal radiation characteristics of heat resisting metals and alloys in oxidation processes[J]. Int. J. Thermophysics,1988,9(6)：1121-1130.

[26] MAKINO T. Radiation thermal spectroscopy for heat transfer science and for engineering surface diagnosis[C]//Assembly for International Heat Transfer Conferences. Proc. 2002 Int. Heat Trans. Conf. ,J. Taine,vol. 1. Paris：

Elsevier,2002:55-56.

[27] MAKINO T,WAKABAYASHI H. Thermal radiation spectroscopy diagnosis for temperature and microstructure of surfaces[J].JSME Int. J.,2003, 46(4):500-509.

[28] COHN D W,TANG K,BUCKIUS R O. Comparison of theory and experiments for reflection from microcontoured surfaces[J]. Int. J. Heat and Mass Transfer, 1997,40(13):3223-3235.

[29] CHEN G. Heat transfer in micro — and nanoscale photonic devices[C]//Begell Digital Library. Annual Review of Heat Transfer,vol. VII,Chap. 1. New York: Begell House,1995:1-57.

[30] CHEN G,TIEN C L. Partial coherence theory of thin film radiative properties[J]. Int. J. Heat Transfer,1992,114(3): 636-643.

[31] SHURCLIFF W A. polarized light,production and use[M]. Cambridge:Harvard University Press,1962.

[32] 叶成炯,董学金,邵红亮,等.表面涂层半球全发射率的非接触测量探索[J].实验力学,2024,39(1):27-33.

[33] 王瑞琴,韩颖,高原.红外材料光谱发射率与半球发射率测量方法研究[J].宇航计测技术,2024,44(4):40-43,81.

[34] 丁经纬,郝小鹏,于坤,等.黑体涂层光谱发射率特性研究[J].红外与激光工程,2023,52(10):226-235.

# 本 章 习 题

1.一种电绝缘体对空气辐射,其折射率为 $n=1.8$。求垂直于表面方向的方向发射率和与法线成 $85°$ 角的方向发射率。

2.温度为 300 K 时 3 种金属的电阻率如下:

银——$1.65 \times 10^{-6}$ $\Omega \cdot cm$;

铂——$11.0 \times 10^{-6}$ $\Omega \cdot cm$;

铅——$20.8 \times 10^{-6}$ $\Omega \cdot cm$。

求这些金属的理论半球总发射率,并将它们与表上所列清洁未氧化的磨光表面的值进行比较。

3.分别计算 $\lambda_0 = 5 \mu m$、$10 \mu m$、$20 \mu m$ 时铝在 367 K 下的法向光谱反射率。

4.300 K 下磨光的金被温度为 810 K 的灰体源垂直地照射,试计算吸收率 $\alpha_n$(采用例 4.4 的方法)。

5.磨光金属表面在某一温度 $T_s$ 下发射的半球总辐射力为 1 900 W/m²;如果温度升高一倍,其半球总辐射力为多少? 答案中包含哪些假设?

6.图 4.14 给出了磨光铝在室温下的半球反射率的某些实验数据。(1)请将数据外推至 $\lambda = 12 \mu m$;无论采用何种方法,都需要列出假设条件。(2)讨论外推的可能的精确度

（提示：温度为 293 K 时，纯铝的电阻率约为 $2.82 \times 10^{-6}$ $\Omega \cdot cm$；$\lambda = 12$ $\mu m$ 时，$m = 33.6 -$ 76.4$i$。答题时可以利用这以上任一数据或所有数据，也可一个都不用）。

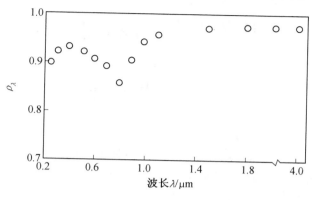

图 4.14

7. 利用 Hagen-Rubens 发射率公式，对于 37.5 K 低温下的磨光铝表面，试绘出其作为波长函数的法向光谱发射率曲线，并求出其法向总发射率（注意：不可采用只有接近室温时才有效的任一关系式）。

8. 有一块高度磨光的铂试样，在 293 K 的温度和 5 $\mu m$ 的波长下的法向光谱发射率为 0.05。试求该试样在下列条件下的法向光谱吸收率。

（1）温度为 293 K，波长为 10 $\mu m$；

（2）温度为 570 K，波长为 10 $\mu m$。

9. 金属被冷却到接近 0 K 时变成了超导体，即 $r_e(T \approx 0) \approx 0$。试根据电磁波理论估算金属在此条件下的折射率 $n$、吸收指数 $k$、法向光谱发射率和总发射率；估算中哪些假设是隐含的？

10. 某种特殊绝缘材料的折射率接近于 2，试估算：

（1）该材料在空气中发射时的半球发射率；

（2）空气中 $\theta = 70°$ 的方向发射率；

（3）偏振反射率的两分量的方向—半球反射率，当 $n = 2$ 时，在类似于图 4.7 的曲线上绘出两分量，令 $\theta$ 为入射角。

11. 一个抛光的不锈钢表面沿着法线方向发射的总强度为 52.6 W/($m^2 \cdot$ sr)。根据 Hagen-Rubens 关系式计算出的表面温度是多少？（对于钢来说，293 K 时，$r_e = 11.9 \times 10^{-6}$ $\Omega \cdot cm$）

# 第5章　漫射角系数与非漫射辐射传递因子

## 5.1　引　言

表面间的辐射换热不仅与表面温度和表面特性参数有关,还与表面的几何形状、大小和表面间的相对位置等有关。这些几何因素与辐射换热的关系常用角系数(view factor)来表征。角系数的概念是于 20 世纪 20 年代随固体表面辐射换热计算的发展而提出的。该系数的英文称谓很多,例如 angle factor、shape factor、interchange factor、exchange factor、configuration factor 等,它也有很多中文名称,如:形状因子、可视因子、交换系数等等。这一概念在不同领域中有不同的称谓,但称"角系数"的最多。

为了使角系数仅与表面的几何因素有关,必须要有一定的限制条件。只有在这些限制条件下,才能将表面几何特性对辐射换热的影响单独分离出来。这些条件是:

(1) 表面为漫辐射体,即漫辐射、漫反射;

(2) 表面热辐射特性均匀;

(3) 表面温度均匀;

(4) 表面投射辐射均匀。

表面有效辐射的定义是表面的本身辐射与反射辐射之和。所以上述 4 条可归纳为 2 条,即:表面为漫辐射体;表面有效辐射均匀。因此严格地讲,应该称角系数为"漫射角系数"。在以下的叙述中,将"漫射角系数"简称为"角系数",但读者应该明确"角系数"应用的限制条件。

一个表面如不能满足(2) ~ (4)3 个条件,则可将它分割成若干个符合该条件的均匀面。极限情况是分成微元面,因为微元面的特性、温度、投射辐射可认为是均匀的。因此,角系数可分为 4 种:微元面对微元面的角系数;微元面对面的角系数;面对微元面的角系数;面对面的角系数。

对于不满足(1)条件的表面,即非漫辐射表面,一般不能用角系数的概念,但可以引入辐射传递因子的概念。辐射传递因子的概念可考虑表面辐射及反射的方向性特性,也考虑了各表面特性的影响,故适用范围更广,本章 5.6 节将介绍辐射传递因子的概念及其计算方法 —— 蒙特卡罗法。

计算角系数的方法有多种,最基本的方法是积分法,在一般工程中用得最多的是代数分析法。由于角系数的概念提出较早,20 世纪五六十年代就有很多研究成果。可以说,对于典型几何系统的角系数,现在都有计算结果,并且很多结果已编入手册,在一般的传热学教材的附录中也有。但是,对于非典型几何形状的角系数,仍然需要通过计算得到。

# 5.2　角系数的解析表达式

假设有符合上一节中提出的 4 个条件的两个表面 1 及 2，且两表面间为透明介质，则表面 1 对表面 2 的角系数 $X_{1-2}$ 定义为：表面 1 直接投射到表面 2 上的能量占表面 1（向半球空间）辐射能量的百分比。表面 1 的辐射能量为表面 1 的有效辐射 $Q_1 = J_1 A_1$，表面 1 直接投射到表面 2 上的能量是表面 1 对表面 2 的投射辐射 $Q_{1-2}$。$J_1$ 表示面 $A_1$ 的有效辐射力。所以角系数的定义式可以写为

$$X_{1-2} = \frac{\text{表面 1 对表面 2 的投射辐射}}{\text{表面 1 的有效辐射}} = \frac{Q_{1-2}}{Q_1} \tag{5.1}$$

许多传热学书中，角系数的定义是从两个等温黑体表面辐射换热中引出的。黑体是漫辐射体，且热辐射特性均匀；黑体的反射辐射等于零；无论投射辐射有与无、均匀与否，只要黑体是等温的，其有效辐射都等于均匀的本身辐射。因此，上一节的 4 个条件已悄然带入角系数的定义中。但由于工程中的物体都不是黑体，所以在列角系数的解析式时必须加上附加条件。

## 5.2.1　微元面对微元面的角系数

如图 5.1 所示，两个彼此看得见的微元面 $dA_1$ 和 $dA_2$，其中心连线长 $r$，连线与两微元面法线间的夹角分别为 $\theta_1$ 和 $\theta_2$，$dA_2$ 在以 $dA_1$ 中心为球心、$r$ 为半径的球面上展开的立体角为 $d\Omega_1$。若用 $I_e$ 表示有效辐射强度，并注意立体角的定义 $d\Omega_1 = \cos\theta_2 dA_2/r^2$，则 $dA_1$ 对 $dA_2$ 的投射辐射 $Q_{d1-d2}$（下角标 "$dA_1$""$dA_2$" 用下角标 "d1""d2" 简化表示）为

$$Q_{d1-d2} = I_{e1} \cos\theta_1 dA_1 d\Omega_1$$
$$= \frac{I_{e1} \cos\theta_1 \cos\theta_2 dA_1 dA_2}{r^2} \tag{5.2a}$$

$dA_1$ 的辐射能量 $Q_{d1}$ 为半球有效辐射，$Q_{d1}$ 等于

$$Q_{d1} = J_1 dA_1 = \pi I_{e1} dA_1 \tag{5.2b}$$

根据角系数定义式（5.1），$dA_1$ 对 $dA_2$ 的角系数 $X_{d1-d2}$ 为

$$X_{d1-d2} = \frac{Q_{d1-d2}}{Q_{d1}} = \frac{Q_{d1-d2}}{J_1 dA_1}$$
$$= \frac{I_{e1} \cos\theta_1 \cos\theta_2 dA_1 dA_2}{r^2 \pi I_{e1} dA_1} = \frac{\cos\theta_1 \cos\theta_2 dA_2}{\pi r^2} \tag{5.3a}$$

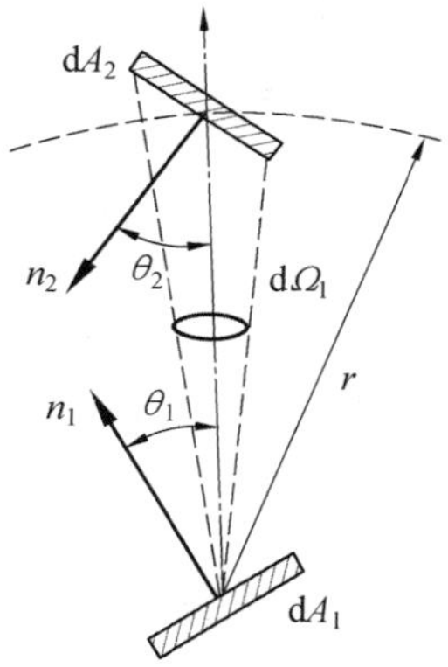

同理，$dA_2$ 对 $dA_1$ 的角系数 $X_{d2-d1}$ 为

$$X_{d2-d1} = \frac{\cos\theta_1 \cos\theta_2 dA_1}{\pi r^2} \tag{5.3b}$$

图 5.1　角系数的推导

可得相对性（互换性）的一般关系：

$$dA_1 X_{d1-d2} = dA_2 X_{d2-d1} = \frac{\cos\theta_1 \cos\theta_2}{\pi r^2} dA_1 dA_2 \tag{5.3c}$$

### 5.2.2　微元面对有限面的角系数

微元面 $dA_1$ 和有限面 $A_2$ 彼此全部可见,则微元面 $dA_1$ 对有限面 $A_2$ 的角系数 $X_{d1-2}$ 为

$$X_{d1-2} = \frac{Q_{d1-2}}{Q_{d1}} = \frac{\int_{A_2} Q_{d1-d2}}{J_1 dA_1} = \int_{A_2} \frac{Q_{d1-d2}}{J_1 dA_1} = \int_{A_2} X_{d1-d2} = \int_{A_2} \frac{\cos\theta_1 \cos\theta_2 dA_2}{\pi r^2} \quad (5.4a)$$

同理,微元面 $dA_2$ 对有限面 $A_1$ 的角系数 $X_{d2-1}$ 为

$$X_{d2-1} = \int_{A_1} X_{d2-d1} = \int_{A_1} \frac{\cos\theta_1 \cos\theta_2 dA_1}{\pi r^2} \quad (5.4b)$$

### 5.2.3　有限面对微元面的角系数

有限面 $A_1$ 和微元面 $dA_2$ 彼此全部可见,面 $A_1$ 上的有效辐射力 $J_1$ 是均匀的,符合兰贝特定律,则根据角系数定义,有限面 $A_1$ 对微元面 $dA_2$ 的角系数 $X_{1-d2}$ 为

$$X_{1-d2} = \frac{Q_{1-d2}}{J_1 A_1} = \frac{1}{\pi I_{e1} A_1} \int_{A_1} Q_{d1-d2} = \frac{1}{\pi I_{e1} A_1} \int_{A_1} \frac{I_{e1} \cos\theta_1 \cos\theta_2 dA_1 dA_2}{r^2}$$

$$= \frac{1}{A_1} \int_{A_1} \frac{\cos\theta_1 \cos\theta_2 dA_2}{\pi r^2} dA_1 = \frac{1}{A_1} \int_{A_1} X_{d1-d2} dA_1 \quad (5.5a)$$

同理,面 $A_2$ 对微元面 $dA_1$ 的角系数 $X_{2-d1}$ 为

$$X_{2-d1} = \frac{1}{A_2} \int_{A_2} X_{d2-d1} dA_2 \quad (5.5b)$$

### 5.2.4　有限面对有限面的角系数

若面 $A_1$ 和 $A_2$ 都符合 5.1 节的前提条件,且彼此全部可见,则面 $A_1$ 对面 $A_2$ 的角系数 $X_{1-2}$ 可写为

$$X_{1-2} = \frac{Q_{1-2}}{J_1 A_1} = \frac{1}{J_1 A_1} \int_{A_1} \int_{A_2} Q_{d1-d2} = \frac{1}{\pi I_{e1} A_1} \int_{A_1} \int_{A_2} \frac{I_{e1} \cos\theta_1 \cos\theta_2 dA_1 dA_2}{r^2}$$

$$= \frac{1}{A_1} \int_{A_1} \int_{A_2} \frac{\cos\theta_1 \cos\theta_2}{\pi r^2} dA_2 dA_1 \quad (5.6a)$$

同理,面 $A_2$ 对面 $A_1$ 的角系数 $X_{2-1}$ 为

$$X_{2-1} = \frac{1}{A_2} \int_{A_2} \int_{A_1} \frac{\cos\theta_1 \cos\theta_2}{\pi r^2} dA_1 dA_2 \quad (5.6b)$$

可得相对性(互换性)的一般关系如下:

$$A_1 X_{1-2} = A_2 X_{2-1} \quad (5.6c)$$

在前面的推导以及后面的应用中,如无特别说明,两个面都是互相可见的。以两个有限面间角系数为例,如果面 $A_1$ 与面 $A_2$ 并非完全可见,例如 $A_2$ 的一部分 $A_1$ 看不到,则无法画出 $r$ 线($r$ 线不能切割 $A_2$ 面),所以不应将看不到的计算在内。令 $A_{2s}$ 为 $A_2$ 被 $A_1$ 所见的面积,$A_{1s}$ 为 $A_1$ 被 $A_2$ 所见的面积,则在公式中将积分范围改为相应的 $A_{1s}$ 或 $A_{2s}$ 即可,其他不变。

在以上推导中,归纳起来用了下列两个条件:表面有效辐射均匀以及表面为漫辐射体(有效辐射符合兰贝特定律)。这就是 5.1 节中提出的规定。在工程中,面对面、面对微元

面的角系数要同时满足上述条件的情况是很少的,尤其是"表面上的投射辐射要均匀"这个条件常常不能满足,所以如果用式(5.5)、(5.6)计算就会带来误差。对于 5.1 节中提出的这些条件,黑体系统自然满足,所以表面系统的性质越接近黑体,应用以上公式求角系数的偏差就越小。

### 5.2.5　各类角系数之间的关系

微元面对微元面的角系数 $X_{d1-d2}$ 是最基础的角系数,其他角系数可以通过积分运算得到。

(1) 微元面对有限面角系数 $X_{d1-2}$。由于微元发射面 $dA_1$ 是固定的,$X_{d1-d2}$ 定义中的有效辐射是不变的,可以将 $X_{d1-d2}$ 直接在有限面 $A_2$ 上积分得到 $X_{d1-2}$:

$$X_{d1-2} = \int_{A_2} X_{d1-d2}$$

(2) 有限面对微元面角系数 $X_{1-d2}$。由于有限发射面 $A_1$ 中的微元面 $dA_1$ 是变化的,$X_{d1-d2}$ 定义中的有效辐射是变化的,因此需将 $X_{d1-d2}$ 在发射面 $A_1$ 上积分平均得到 $X_{1-d2}$:

$$X_{1-d2} = \frac{1}{A_1} \int_{A_1} X_{d1-d2} \, dA_1$$

(3) 有限面对有限面角系数 $X_{1-2}$。从 $X_{d1-2}$ 出发求解 $X_{1-2}$ 得

$$X_{1-2} = \frac{1}{A_1} \int_{A_1} X_{d1-2} \, dA_1 = \frac{1}{A_1} \int_{A_1} \int_{A_2} X_{d1-d2} \, dA_1$$

从 $X_{1-d2}$ 出发求解 $X_{1-2}$ 得

$$X_{1-2} = \int_{A_2} X_{1-d2} = \frac{1}{A_1} \int_{A_1} \int_{A_2} X_{d1-d2} \, dA_1$$

(4) 角系数 $X_{d1-2}$ 与 $X_{1-2}$ 的特殊关系。设有两个表面,若表面 1 上任一微元面对表面 2 的角系数 $X_{d1-2}$ 为常数,则

$$X_{1-2} = \frac{1}{A_1} \int_{A_1} X_{d1-2} \, dA_1 = \frac{1}{A_1} X_{d1-2} \int_{A_1} dA_1 = X_{d1-2} \tag{5.7}$$

### 5.2.6　求解实例

对角系数的解析式(5.3)～(5.6)直接积分,是求角系数的基本方法,称积分法,很多方法都是从此法导出。根据面对面角系数的解析式可知,此积分式为四重积分,所以积分法比较烦琐,面对比较复杂的情况,往往要借助于数值积分,结果只能用图表来表示。本节举 3 个例子,相互印证,说明积分法的应用。

**【例 5.1】**　求母线互相平行的两无限长微元条间的角系数 $X_{s1-s2}$,如图 5.2 所示。在两不等温的无限长平行平板、平行圆管(或异形管)的辐射换热,或者一平板、一管间的辐射换热中都要用到这种角系数。

**解**　在两微元条上各取一微元面 $dA_1$ 及 $dA_2$。根据角系数解析式(5.3)可写出

$$X_{d1-d2} = \frac{\cos \theta_1 \cos \theta_2 \, dA_2}{\pi r^2} = \frac{\cos \theta_1}{\pi} d\Omega_1 \qquad ①$$

式中,$d\Omega_1$ 为 $dA_2$ 对 $dA_1$ 中心展开的微元立体角(图 5.2 未画出 $\theta_2$)。由图可知各量的几何

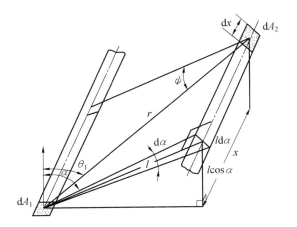

图 5.2　母线互相平行的两无限长微元条间的角系数

关系为

$$r^2 = l^2 + x^2 , \ \cos \theta_1 = \frac{l\cos \alpha}{r} = \frac{l\cos \alpha}{\sqrt{l^2 + x^2}}$$

$$\cos \psi = \frac{1}{r} , \ \mathrm{d}\Omega_1 = \frac{l\mathrm{d}\alpha \cdot \mathrm{d}x\cos \psi}{r^2}$$

将以上诸式代入式 ①,可得

$$X_{\mathrm{d}1-\mathrm{d}2} = \frac{l\cos \alpha}{(l^2 + x^2)^{1/2}} \frac{l^2 \mathrm{d}\alpha \mathrm{d}x}{(l^2 + x^2)^{3/2}} \frac{1}{\pi} = \frac{l^3 \cos \alpha \mathrm{d}\alpha \mathrm{d}x}{\pi (l^2 + x^2)^2} \tag{5.8}$$

将此式对 $x$ 积分,就可得 $\mathrm{d}A_1$ 对无限长微元条 $s2$ 的角系数 $X_{\mathrm{d}1-s2}$,即

$$X_{\mathrm{d}1-s2} = \frac{l^3 \cos \alpha \mathrm{d}\alpha}{\pi} \int_{-\infty}^{\infty} \frac{\mathrm{d}x}{(l^2 + x^2)^2} = \frac{l^3 \cos \alpha \mathrm{d}\alpha}{\pi} \left[ \frac{x}{2l^2 (l^2 + x^2)} + \frac{1}{2l^3} \tan^{-1} \frac{x}{l} \right]_{-\infty}^{\infty}$$

$$= \frac{\cos \alpha \mathrm{d}\alpha}{2} = \frac{\mathrm{d}(\sin \alpha)}{2}$$

因为 $\mathrm{d}A_1$ 在微元条 $s1$ 上的位置是任意的,且其对微元条 $s2$ 的角系数为常数,由式(5.7)可得

$$X_{s1-s2} = X_{\mathrm{d}1-s2} = \frac{\cos \alpha \mathrm{d}\alpha}{2} = \frac{\mathrm{d}(\sin \alpha)}{2} \tag{5.9}$$

【例 5.2】　求无限长微元条 $s_1$ 对母线与之平行的无限长面 2 的角系数 $X_{s1-2}$,如图5.3所示。

解　将式(5.9)对面 2 积分,可得

$$X_{s1-2} = \int_{A_2} X_{s1-s2} = \int_{-\sin \theta_2}^{\sin \theta_1} \frac{\mathrm{d}(\sin \theta)}{2} = \frac{1}{2} (\sin \theta_1 + \sin \theta_2) \tag{5.10}$$

在上述推导中,角度 $\theta$ 从法线算起,顺时针时为正,反之为负。

【例 5.3】　有一无限长楔形腔,夹角为 $\gamma$,如图 5.4 所示。求位于一面上的无限长微元条 $\mathrm{d}A_1$ 对另一面 $l$ 的角系数 $X_{\mathrm{d}1-l}$。

解　由图可知

$$\sin \theta_1 = \frac{b}{c} = \frac{l\cos \gamma - x}{(x^2 + l^2 - 2xl\cos \gamma)^{0.5}}$$

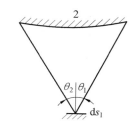

图 5.3　母线相互平行的无限长微元条对无限长面的角系数

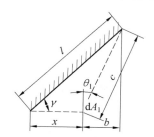

图 5.4　楔形腔中一面上无限长微元条对另一面的角系数

由式(5.10)可知

$$X_{\mathrm{d}1-l} = \frac{1}{2}(\sin 90° + \sin \theta_1) = \frac{1}{2} + \frac{l\cos \gamma - x}{(x^2 + l^2 - 2xl\cos \gamma)^{0.5}} \tag{5.11}$$

# 5.3　角系数的代数性质

根据角系数的定义和解析式,可得出角系数的代数性质。现将其主要性质罗列如下。

(1) 相对性。

两任意表面 $A_i$ 和 $A_k$,存在如下关系

$$X_{i-k}A_i = X_{k-i}A_k \tag{5.12a}$$

微元面也具有此性质,即

$$X_{\mathrm{d}i-k}\mathrm{d}A_i = X_{k-\mathrm{d}i}A_k \tag{5.12b}$$

$$X_{\mathrm{d}i-\mathrm{d}k}\mathrm{d}A_i = X_{\mathrm{d}k-\mathrm{d}i}\mathrm{d}A_k \tag{5.12c}$$

此性质称为角系数的相对性,也称为互换性。

(2) 完整性。

由 $n$ 个表面$(i=1,2,\cdots,k,\cdots,n)$组成一个封闭体,则表面 $A_k$ 辐射的能量全部投射到封闭体内表面上。如表面 $A_k$ 为凹面,自身能看到自身,则自身的辐射也能投射到自身上。所以,表面 $A_k$ 的有效辐射等于表面 $A_k$ 对封闭体内所有表面的投射辐射,即

$$Q_k = \sum_{i=1}^{n} Q_{k-i}$$

式中　　$n$——封闭体内表面的个数。

利用角系数的定义可得

$$X_k = \sum_{i=1}^{n} \frac{Q_{k-i}}{Q_k} = \sum_{i=1}^{n} X_{k-i} = 1 \qquad (5.13)$$

即封闭体内任一表面对所有表面的角系数之和等于1,这个性质称为角系数的完整性。

（3）可加性。

有两个表面——面 1 及面 2,如面 2 可分为 $A$、$B$ 两个面,如图 5.5 所示,则

$$X_{1-2} = X_{1-A} + X_{1-B} \qquad (5.14)$$

式中　　$X_{1-A}$——面 1 对面 $A$ 的角系数;

　　　　$X_{1-B}$——面 1 对面 $B$ 的角系数。

此性质称为角系数的可加性。

（4）等值性。

表面 1 与 2 组成一封闭系统,如图 5.6 所示。作任意面 $2'$ 或 $2''$ 等,使这些面对表面 1 来说,都能完全遮盖住表面 2,即表面 1 投射到表面 2 的能量,能全部投射到面 $2'$ 或面 $2''$ 等面上。由角系数的定义可得

$$X_{1-2} = X_{1-2'} = X_{1-2''} = \cdots \qquad (5.15)$$

此性质称为角系数的等值性。

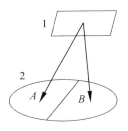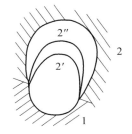

图 5.5　角系数的可加性　　　　　图 5.6　角系数的等值性

（5）若两个面彼此看不见,则其相互的角系数必等于零。

凸面与平面不能看到自身,所以它们对自身的角系数等于零。

（6）采用集合论符号的表示法。

如图 5.7 所示,面积 $A_1$、$A_2$ 的重叠部分在集合论中称为 $A_1$ 和 $A_2$ 的交集,记为 $A_1 \bigcap A_2$;两者所包围的面积称为 $A_1$ 和 $A_2$ 的并集,记为 $A_1 \bigcup A_2$。

如图 5.8 所示,$A_3$ 面对 $A_1 \bigcup A_2$ 的角系数可表示为

$$X_{3-1 \cup 2} = X_{3-1} + X_{3-2} - X_{3-1 \cap 2}$$

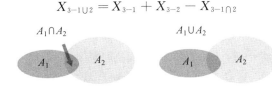

图 5.7　面积 $A_1$ 和 $A_2$ 的交集（$A_1 \bigcap A_2$）和并集（$A_1 \bigcup A_2$）

上式的成立显而易见,因为 $A_3$ 发射到 $A_1 \bigcup A_2$ 的能量可分成两部分:发射到 $A_1$ 上和发射到 $A_2$ 上;但是其中 $A_1 \bigcap A_2$ 多考虑了一次,故须减去。实际上这是角系数可加性的推广。

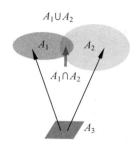

图 5.8　采用集合论符号表示 $A_3$ 面对 $A_1 \bigcup A_2$ 的角系数

（7）角系数 $X_{d1-2}$ 与 $X_{1-2}$ 的特殊性。

设有两个表面,若表面 1 上任一微元面对表面 2 的角系数 $X_{d1-2}$ 为常数,则

$$X_{1-2} = \frac{1}{A_1} \int_{A_1} X_{d1-2} \, \mathrm{d}A_1 = \frac{1}{A_1} X_{d1-2} \int_{A_1} \mathrm{d}A_1 = X_{d1-2}$$

参见式(5.7)。

# 5.4　代数分析法求角系数

求角系数的代数分析法是在 20 世纪 30 年代形成的,苏联学者波略克(Г. Л. Поляк)做出了很多贡献,有的书(尤其是俄文文献)亦把代数分析法称为波略克法。这种方法主要利用角系数的定义及代数性质,采用代数运算的方式求角系数,避免了复杂的积分运算。这种方法比较简单,但有严格的条件,只适用于一些比较简单的情况。工程计算中许多问题对精度要求不高,可以忽略一些严格条件,化成简单情况,所以此法在工程中用得较多。

## 5.4.1　应用代数分析法的严格条件

应用代数分析法的严格条件就是 5.1 节介绍的漫射角系数 4 条件,可归纳成两条:一是各面为漫辐射体,二是各面等温、物性均匀、投射辐射力均匀 —— 等价于有效辐射均匀。因为符合这些条件才有面对面角系数的定义,才可以正确应用角系数的代数性质。

封闭体内各表面有效辐射均匀,可用下面的数学表达式表示:

$$X_{di-k} = X_{i-k} \quad (i, k = 1, 2, 3, \cdots, n) \tag{5.16}$$

式中　　$n$—— 封闭系统中面的个数。

式(5.16)证明如下。封闭体内任取一面 $i$;如要使面 $i$ 有效辐射均匀,除了面 $i$ 应是等温、物性均匀外,其投射辐射必须均匀。任取一面 $k$,面 $k$ 对面 $i$ 投射辐射均匀的条件:面 $k$ 对面 $i$ 上任一微元面的投射辐射能量都应当相同,即 $X_{k-di}$ 在面 $i$ 上到处相同。根据角系数的相对性 $X_{di-k} = A_k X_{k-di} / \mathrm{d}A_i$,如果取各微元面面积 $\mathrm{d}A_i$ 为定值,则 $X_{di-k}$ 在 $i$ 面上也到处相同。由角系数代数性质(7),即可得式(5.16)。

对于一个由两个面组成的封闭体,严格符合式(5.16)的物体只有几种特殊情况,如图 5.9 所示。例如:两无限大平行平板,两同心球或同轴无限长套管,球面上任意两面等。现以球面上的任意两个面 $A_1$ 及 $A_2$ 为例(图 5.10),证明如下。

在面 $A_1$ 及 $A_2$ 上分别任取微元面 $\mathrm{d}A_1$ 及 $\mathrm{d}A_2$，根据角系数的定义式(5.4a)，可写出

$$X_{\mathrm{d}1-2} = \int_{A_2} \frac{\cos\theta_1 \cos\theta_2 \, \mathrm{d}A_2}{\pi r^2}$$

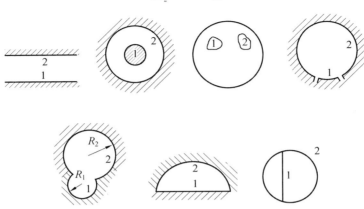

图 5.9　符合 $X_{\mathrm{d}i-k} = X_{i-k}$ 的几何系统

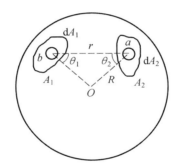

图 5.10　球面上任意两面的角系数

三角形 $abO$ 为等腰三角形，所以 $\theta_1 = \theta_2$，$r = 2R\cos\theta_1$。代入上式可得

$$X_{\mathrm{d}1-2} = \int_{A_2} \frac{(\cos\theta_1)^2}{4\pi R^2 (\cos\theta_1)^2} \mathrm{d}A_2 = \frac{A_2}{4\pi R^2} = \mathrm{const}$$

同理

$$X_{\mathrm{d}2-1} = \frac{A_1}{4\pi R^2}$$

根据角系数性质(7)，可得

$$X_{\mathrm{d}1-2} = X_{1-2} = \frac{A_2}{4\pi R^2}, \quad X_{\mathrm{d}2-1} = X_{2-1} = \frac{A_1}{4\pi R^2} \tag{5.17}$$

对于图 5.9 中的各种图形，可用同样方法证明。

　　能满足严格条件的封闭几何系统很少，大部分工程中遇到的情况通常不能满足此条件，所以用代数分析法常造成计算的近似性。本小节之后所举的例子，绝大部分都不能满足式(5.16)的条件，故计算都有一定的近似性。这种近似性将在 6.5 节中举例说明。

### 5.4.2　计算方法

下面举例说明之。

【例 5.4】　求由 3 个凸面或平面组成的封闭系统的角系数。

**解**　图 5.11 给出了由 3 个无限长凸面组成的系统的横截面。对于此系统,由角系数的完整性得

$$X_{1-2} + X_{1-3} = 1, \quad X_{2-1} + X_{2-3} = 1, \quad X_{3-1} + X_{3-2} = 1$$

将以上 3 式分别乘以 $A_1$、$A_2$、$A_3$,得

$$X_{1-2}A_1 + X_{1-3}A_1 = A_1, \quad X_{2-1}A_2 + X_{2-3}A_2 = A_2, \quad X_{3-1}A_3 + X_{3-2}A_3 = A_3 \qquad ①$$

由角系数的相对性可得

$$X_{1-2}A_1 = X_{2-1}A_2, \quad X_{1-3}A_1 = X_{3-1}A_3, \quad X_{2-3}A_2 = X_{3-2}A_3 \qquad ②$$

联立求解,可得

$$X_{1-2} = \frac{A_1 + A_2 - A_3}{2A_1}, \quad X_{2-3} = \frac{A_2 + A_3 - A_1}{2A_2}, \quad X_{3-1} = \frac{A_3 + A_1 - A_2}{2A_3} \qquad (5.18)$$

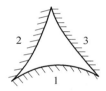

图 5.11　3 个凸面组成的封闭系统

【例 5.5】　求由 4 个凸面或平面组成的封闭系统的角系数。

**解**　图 5.12 给出了由 4 个无限长凸面组成的系统的横截面。作辅助线 $AC$ 及 $BD'D$($D'D$ 为弧线),将此系统分成多个由 3 个面组成的封闭系统。对于 $ABC$ 及 $ABD$ 两封闭系统,由式(5.18)得

$$X_{1-3} = \frac{AB + BC - AC}{2AB}, \quad X_{1-4} = \frac{AB + AD - BD'D}{2AB}$$

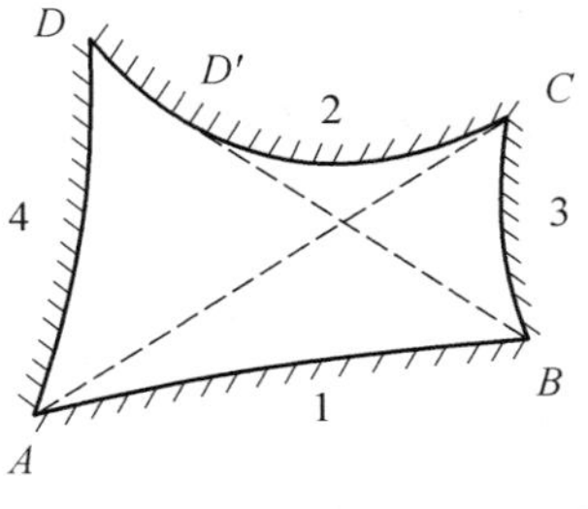

图 5.12　4 个凸面组成的无限长柱状系统

由角系数的完整性可得

$$X_{1-2} = 1 - X_{1-3} - X_{1-4} = \frac{(AC + BD'D) - (BC + AD)}{2AB} \qquad (5.19)$$

上式中的分子是对角连线之和减去两侧边线之和,工程中有不少例子属于这种情况,如图 5.13 所示。在此情况下,可添加一些辅助线,利用式(5.19),就可以求出面 1 对面 2 的角

系数。由于只需要连一些线就可以求出角系数,故常称之为拉线法或冠以发现者之名:霍特尔(Hottel)拉线法。

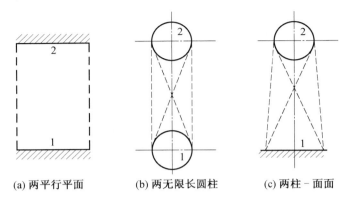

(a) 两平行平面　　　　(b) 两无限长圆柱　　　　(c) 两柱－面面

图 5.13　可用式(5.19)求 $X_{1-2}$ 的例子(虚线为辅助面)

### 5.4.3　代数分析法的局限性

并非所有情况下的角系数都可用代数分析法求解,只有满足一定条件,才能用此法求解。由代数学可知,一联立方程组,若未知数的数目等于独立方程式的数目,则此方程组可解。

一个封闭系统内有 $n$ 个等温、等物性的面,每个面都有 $n$ 个角系数,即 $X_{i-1},X_{i-2},\cdots,$ $X_{i-i},\cdots,X_{i-k},\cdots,X_{i-n}$,故 $n$ 个面共有 $n\times n=n^2$ 个角系数。若能列出 $n^2$ 个方程式,则该封闭系统中所有的角系数可通过代数分析法求解。

从上一节可知,方程式是根据角系数的代数性质列出的,所以方程式的数目可从分析系统角系数的代数性质过程中知道。

(1)根据角系数的完整性,对系统的每一个面都可列出一个方程,即

$$\sum_{k=1}^{n} X_{i-k}=1 \quad (i=1,2,\cdots,n)$$

故 $n$ 个面可列出 $n$ 个方程。

(2)根据角系数的相对性,任意两个面之间只能列出一个相对性方程,$n$ 个面之间有 $C_n^2$ 个方程:

$$C_n^2 = \frac{n(n-1)}{2}$$

(3)若有 $r$ 个面彼此看不见,则有 $r$ 对面的角系数等于零,未知数少了 $2r$ 个,但相对性方程也相应少了 $r$ 个。如图 5.14 所示:1面与5面、4面与6面、1面与6面、5面与4面……彼此看不见。

(4)若系统内有 $p$ 个平面或凸面,则有 $p$ 个自身对自身的角系数等于零,未知数少了 $p$ 个。

综上,若令未知数数目减去方程式数目的差为 $z$,则

$$z = (n^2 - p - 2r) - \left[n + \frac{n(n-1)}{2} - r\right] = \frac{n(n-1)}{2} - p - r \tag{5.20}$$

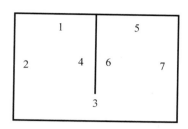

图 5.14　二居室截面图

当 $z=0$ 时,此系统可用代数分析法求出所有的角系数;若 $z=m$,则必须有 $m$ 个角系数为已知时才可以用代数分析法求解。

有的封闭系统中一些面是对称的,由于几何对称,有些角系数彼此相等,这样 $z$ 有可能进一步减少;但同样由于几何对称,角系数彼此相等,使独立方程的数目也减少,结果对 $z$ 无影响。

### 5.4.4　辅助面法及应注意之处

在封闭系统内如果可以作假想的辅助面(此辅助面不但要求是平面,而且不能将原有的面分割成两个面),则每增加一个这样的辅助面就可以增加一个不重复的方程式。因此,如果能作 $d$ 个辅助面,就可以使 $z$ 减小 $d$,即

$$z=\frac{n(n-1)}{2}-p-r-d \tag{5.21}$$

式(5.21)证明如下。

作一个辅助面 $D$,将原由 $n$ 个面组成的封闭系统分为两个封闭系统,如图 5.15 所示。其中一个系统包含 $n$ 个面中的 $s$ 个面。在此分系统中,由 $D$ 面角系数的完整性及相对性可列出:

$$\sum_{i=1}^{s}X_{D-i}=1 \qquad (i=1,2,3,\cdots,s)$$
$$X_{D-i}=X_{i-D}A_i/A_D$$

将以上两式合并,可得

$$\sum_{i=1}^{s}X_{D-i}=\sum_{i=1}^{s}X_{i-D}A_i/A_D=1$$

即

$$\sum_{i=1}^{s}X_{i-D}A_i=A_D \qquad ①$$

根据角系数的可加性与等值性,可得

$$X_{i-D}=\sum_{j=s+1}^{n}X_{i-j} \qquad (i=1,2,3,\cdots,s) \qquad ②$$

将 ② 式代入 ① 式得

$$\sum_{i=1}^{s}\left(A_i \sum_{j=s+1}^{n} X_{i-j}\right) = A_D$$

此式中不出现新的未知数,又与以前的方程式不重复,故每作一辅助面就可以多一个方程。

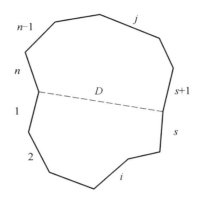

图 5.15　辅助面 $D$ 的作用

求多面封闭体中的角系数时,常用代数分析法加辅助面的办法。在作辅助面时,如前文所述,辅助面必须是平面,并且不能将原有的面分割成多个面。应特别注意,辅助面是假想面,不能由于它的出现,使系统内的辐射能量分布发生变化,不然就会引起误差甚至错误。现举例说明之。

对于图 5.16 所示的由一个筒形面与一个球形面组成的封闭体,求面 1 对面 2 的角系数 $X_{1-2}$。作辅助面 $a$,得

$$X_{1-2} = X_{1-a} X_{a-2} = X_{1-a} \tag{5.22}$$

此式的物理意义为:$X_{1-2}$ 等于面 1 对面 $a$ 投射能量的百分数乘上面 $a$ 对面 2 投射能量的百分数,由于 $X_{a-2} = 1$,所以 $X_{1-2} = X_{1-a}$。如果将面 2 分成面 $2'$、$2''$ 及 $2'''$ 3 个面,如图 5.16 所示,则需要求面 1 对面 $2'$、面 1 对面 $2'''$ 的角系数 $X_{1-2'}$、$X_{1-2''}$。由于面 1 与面 $2'$ 彼此看不见,故 $X_{1-2'}$ 应等于零;同理,$X_{1-2''}$ 也应等于零。但是,如果用式(5.22)的方法来计算,就会导致错误,即:

$$X_{1-2'} = X_{1-a} X_{a-2'} \neq 0$$
$$X_{1-2''} = X_{1-a} X_{a-2''} \neq 0$$

错误的原因在于将辅助面的能量作了重新分布。由图可知,面 1 的能量只能直射到面 $2''$ 上。但在提出 $X_{a-2'}$、$X_{a-2''}$ 后,根据角系数的适用条件,所有面都是漫射面,故在计算中不知不觉引入了面 $a$ 是漫射面的假设,使通过面 $a$ 的能量在方向分布上发生了变化,部分能量可以射向面 $2'$ 及 $2''$ 而引起错误。计算 $X_{1-2}$ 正确的原因是,由于无论通过面 $a$ 的能量方向分布改变与否,$X_{a-2}$ 始终等于 1。

对于例 5.5 中,由于图 5.12 所示的 4 个凸面组成的无限长柱状系统,$n=4$;4 个面都是凸面,$p=4$,可作 2 个辅助面,$d=2$。所以,式(5.21)可写成

$$z = \frac{4(4-1)}{2} - 4 - 0 - 2 = 0$$

故此例也可用代数分析法求解。

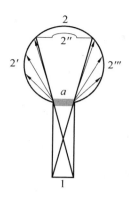

图 5.16    采用辅助面须注意之处

由 4 个平面组成的封闭系统如图 5.17 所示，$n=4$，$p=4$，$r=0$，$d=0$，故

$$z = \frac{4(4-1)}{2} - 4 - 0 - 0 = 2$$

可见，只有 2 个角系数为已知时，此系统才能用代数分析法求解。

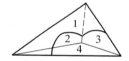

图 5.17    4 个平面组成的封闭系统

# 5.5    求角系数的微分法及其他方法

求角系数的方法还有很多，本节对此作一些简单介绍。

### 5.5.1    求角系数的微分法

当已知微元面对面的角系数，求微元面对微元面的角系数时，或者已知面对面的角系数，求微元面对面的角系数时，可通过对前者直接求导得到。例如：有一半径为 $r$ 的圆形通道，如图 5.18 所示，其表面温度沿轴向分布是不均匀的，$\mathrm{d}A_2$ 为通道横截面 $A_3$ 与 $A_4$ 在圆柱面上割出的微元面，已知 $A_1$ 对 $A_3$ 的角系数为

$$X_{1-3} = \frac{x^2 + 2r^2 - x\sqrt{x^2 + 4r^2}}{2r^2}$$

求 $A_1$ 对 $\mathrm{d}A_2$ 的角系数 $X_{1-d2}$ 的解法如下。

利用角系数的等值性即式(5.15)，可得

$$X_{1-3} = X_{1-d2} + X_{1-4} \qquad\qquad ③$$

由于 $A_4$ 距 $A_3$ 只有 $\mathrm{d}x$，而面对面的角系数随 $x$ 的变化是连续的，所以 $X_{1-4}$ 可用 $X_{1-3}$ 增加一微小增量来表示。这样，可用泰勒级数(忽略高阶无穷小)表示 $X_{1-4}$ 与 $X_{1-3}$ 的关系，即

$$X_{1-4} = X_{1-3} + \frac{\partial X_{1-3}}{\partial x}\mathrm{d}x \qquad\qquad ④$$

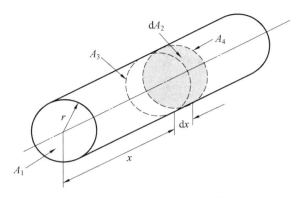

图 5.18　圆形通道的角系数

比较式 ③④，并将已知的 $X_{1-3}$ 代入，可得

$$X_{1-\mathrm{d}2} = -\frac{\partial X_{1-3}}{\partial x}\mathrm{d}x$$

$$= -\frac{1}{2r^2}\left(2x - x\,\frac{x}{\sqrt{x^2+4r^2}} - \sqrt{x^2+4r^2}\right)\mathrm{d}x$$

$$= \frac{1}{r^2}\left(\frac{x^2+2r^2}{\sqrt{x^2+4r^2}} - x\right)\mathrm{d}x$$

### 5.5.2　求角系数的其他方法

求角系数的积分法，可参见 5.2.7 节的例 5.1～5.3。

用积分法求角系数时常遇到多重积分，对于多重积分，可以用斯托克斯公式将面积分（双重积分）转化为对面的边界曲线的线积分，这种求角系数的方法称为周线积分法。

角系数的解析式可转化成投影几何问题，所以可用投影几何的方法来解角系数。基于这一原理求角系数的方法称为图解法，图解法的精度差一些，但可满足某些工程要求。

从定义可知，角系数是两种能量之比，因此，如果用仪表分别测出发射面及投射面相应的能量，则可用实验的方法求角系数；如果参照实物制成模型，则也可利用可见光代替热射线来求角系数。用这种原理求角系数的方法称为光模拟法。这种方法可以避免复杂的数学运算，对求复杂几何系统的角系数有利。

除此之外，还有借助于经纬投影网纸的图网法，以及属于数值计算的多种方法：利用变分原理的有限元法，利用概率原理的蒙特卡罗方法，均匀离散射线法等。

## 5.6　求辐射传递因子的蒙特卡罗法简介

蒙特卡罗方法（Monte Carlo method，MCM）是一种概率模拟方法，它是通过随机变量的统计试验来解数学、物理或工程技术问题的一种数值方法。早期的随机试验是用投针、掷骰子、掷钱币等方法进行，由于受模拟试验工具的限制，能够真正解决的实际问题很少。20 世纪 40 年代中期，由于电子计算机的发明，MCM 首先在核武器的研制中得到应用。1964 年，豪威尔（J. R. Howell）将 MCM 引入辐射换热计算领域。

本节的分析均基于灰体,若材料为非灰体,可采用谱带模型(见 3.5 节),每个谱带的热辐射特性不随光谱变化。

### 5.6.1　辐射传递因子

MCM 模拟计算的基本思想如下。

(1) 将辐射能看成由大量独立的光束(光子)组成。

(2) 将热辐射的传输过程分解为发射、吸收、反射、透射、折射和散射等一系列独立的子过程;每一光束在系统内的传递过程由一系列随机数确定;并建立每个子过程的概率模型。

(3) 令每个单元(面元和体元)发射一定量的光束(能束、光子),跟踪、统计每束光束的归宿(被介质或界面吸收,或者从系统中透射出或逸出),从而得到该单元辐射能量分配的统计结果。

为了表征辐射能量在换热系统中的分配,引入辐射传递因子 $RD_{ij}$ 的概念,其一般定义为:在一个含参与性介质的换热系统中,单元 $i$(面元或体元)的本身辐射能量直接被单元 $j$ 吸收,或者该能量经系统内单元(体元或面元)一次或多次的反射(面元)或散射(体元)后,最终被单元 $j$(面元或体元)吸收的总份额。如果表面之间的空间为透明介质(非参与性介质),只考虑表面间的辐射交换,则面与面之间的辐射传递因子 $RD_{ij}$ 定义为:在一个由多个面元组成的换热系统中,面元 $i$ 的本身辐射能量被面元 $j$ 直接吸收,或者经系统内面元一次或多次反射,最终被面元 $j$ 吸收的总份额。

该定义简写为:面元 $i$ 的本身辐射能量被面元 $j$ 吸收的份额。如果系统内各表面单元皆为黑体时,辐射传递因子即为角系数。

在辐射平衡前提下,一个由 $M_s$ 个面元组成的封闭系统,用辐射传递因子表示面元 $i$ 的能量方程为

$$\varepsilon_i A_i \sigma T_i^4 = \sum_{k=1}^{M_s} \varepsilon_k A_k \sigma T_k^4 RD_{ki} \quad (i,k=1,2,3,\cdots,M_s) \tag{5.23}$$

方程左侧为面元 $i$ 的本身辐射能量,方程右侧为其吸收的能量。

角系数的定义:在一个辐射传输系统中,面元 $i$ 发出的辐射能量(有效辐射),直接投射到面元 $j$ 的份额。对比角系数与辐射传递因子的定义可知,角系数是一个纯几何学的概念,而辐射传递因子包含了表面特性的影响。引入辐射传递因子的思路是:将单元与单元间的空间位置、几何形状、表面热辐射特性(包括吸收率、反射率)等与温度(能量)分离,从而使辐射传递因子在能量方程迭代求解的过程中保持数值不变或仅存在微小的扰动(当表面辐射特性随温度变化时)。其优点是:① 可以取很大的模拟量,提高了计算精度;② 只与本身辐射相联系,避免了有效辐射等概念,简化了物理模型;③ 可以考虑镜反射、非漫发射、非漫反射等情况,只需对不同的表面辐射特性构造相应的概率模型。

### 5.6.2　蒙特卡罗法模拟热辐射传输的流程及关键问题

用蒙特卡罗法模拟热辐射传输的流程如图 5.19 所示。

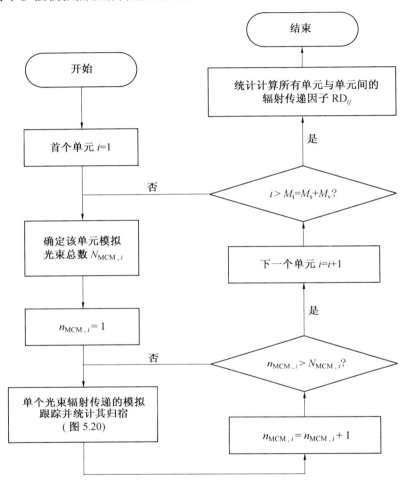

图 5.19　蒙特卡罗法计算流程总框图

蒙特卡罗法模拟热辐射传输有两个关键问题：建立正确的概率模型；选择好的随机数产生方法，以保证抽样的随机性。

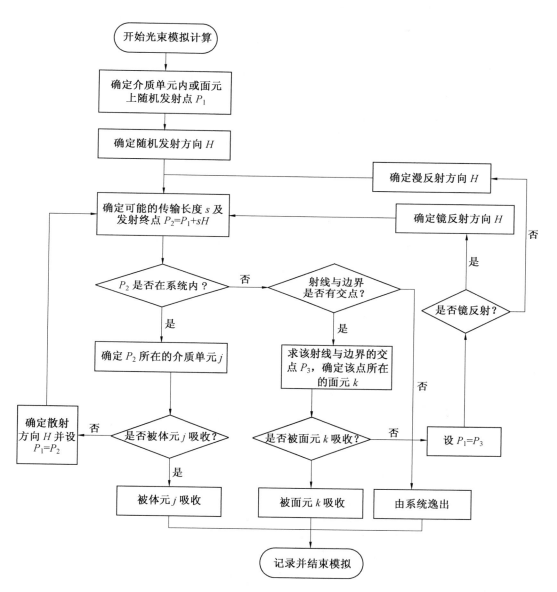

图 5.20　单个光束在介质系内辐射传递的蒙特卡罗模拟流程图

### 5.6.3　蒙特卡罗法模拟

**1. 光束随机发射点的概率模拟**

在一个正交曲面坐标系 $(\xi,\eta,\zeta)$ 内,若面元 $i$ 的方程可以表示为 $\boldsymbol{r}=\boldsymbol{r}(\xi,\eta,\zeta)$,设面元的范围为 $\Omega,\xi\subset[\xi_1,\xi_2],\eta\subset[\eta_1(\xi),\eta_2(\xi)]$,则该面元的面积 $A_i$ 可用下式表示:

$$A_i=\iint_\Omega \mathrm{d}s_\eta\mathrm{d}s_\xi=\int_{\xi_1}^{\xi_2}\int_{\eta_1(\xi)}^{\eta_2(\xi)}h_\xi h_\eta\mathrm{d}\eta\mathrm{d}\xi \tag{5.24}$$

其中,$h_\xi=\sqrt{\left(\dfrac{\partial x}{\partial\xi}\right)^2+\left(\dfrac{\partial y}{\partial\xi}\right)^2+\left(\dfrac{\partial z}{\partial\xi}\right)^2}$;$h_\eta=\sqrt{\left(\dfrac{\partial x}{\partial\eta}\right)^2+\left(\dfrac{\partial y}{\partial\eta}\right)^2+\left(\dfrac{\partial z}{\partial\eta}\right)^2}$。随机发射点 $(\xi,\eta)$ 坐标值 $\xi$ 可由下式求出:

$$R_\xi=\frac{1}{A_i}\int_{\xi_1}^\xi\left(\int_{\eta_1(\xi)}^{\eta_2(\xi)}h_\xi h_\eta\mathrm{d}\eta\right)\mathrm{d}\xi \quad 即 \quad \xi=f(R_\xi) \tag{5.25}$$

其中,$R_\xi$ 为 $[0,1]$ 区间内的均匀随机数。当 $\xi$ 坐标确定后,另一个坐标 $\eta$ 可由下式求出:

$$R_\eta=\int_{\eta_1(\xi)}^\eta h_\xi h_\eta\mathrm{d}\eta\Big/\int_{\eta_1(\xi)}^{\eta_2(\xi)}h_\xi h_\eta\mathrm{d}\eta \quad 即 \quad \eta=f(R_\eta,\xi) \tag{5.26}$$

理想情况下,在发射面的所属范围内,参数 $\xi_1$、$\xi_2$、$\eta_1$、$\eta_2$ 皆为常数,则 $\eta$ 的取值与 $\xi$ 无关,$\eta=f(R_\eta)$。例如直角坐标系下的三维箱形:由于对非均匀系统进行了离散,并已假设每一单元(面元、体元)的热辐射特性和温度分布均匀,因此光束发射点的坐标可用均匀投点的方法产生。令 $[x_{i,\min},x_{i,\max}]$、$[y_{j,\min},y_{j,\max}]$、$[z_{k,\min},z_{k,\max}]$ 分别为 $x$ 方向第 $i$ 个单元、$y$ 方向第 $j$ 个单元、$z$ 方向第 $k$ 个单元的取值范围;$R_x$、$R_y$、$R_z$ 为 $[0,1]$ 内均匀分布的随机数;则发射点的坐标 $x_{\mathrm{rad}},y_{\mathrm{rad}},z_{\mathrm{rad}}$ 分别为

$$x_{\mathrm{rad}}=R_x(x_{i,\max}-x_{i,\min})+x_{i,\min} \tag{5.27a}$$

$$y_{\mathrm{rad}}=R_y(y_{j,\max}-y_{j,\min})+y_{j,\min} \tag{5.27b}$$

$$z_{\mathrm{rad}}=R_z(z_{k,\max}-z_{k,\min})+z_{k,\min} \tag{5.27c}$$

**2. 光束发射方向的概率模拟**

对于漫发射面元(发射不依赖 $\varphi$ 角),在发射坐标系内,光束发射方向的周向角 $\varphi$ 由下式可得(如图 5.21 所示,$R_\varphi=0$ 时,$\varphi=0$;$R_\varphi=1$ 时,$\varphi=2\pi$):

$$\varphi=2\pi R_\varphi \quad (0\leqslant R_\varphi\leqslant 1) \tag{5.28}$$

光束发射方向的天顶角(发射点处面法向与发射方向的夹角)$\theta$ 由下式确定:

$$\theta=\cos^{-1}\left(\sqrt{1-R_\theta}\right) \tag{5.29}$$

其中,$R_\theta$ 和 $R_\varphi$ 分别为天顶角和圆周角在 $[0,1]$ 内均匀分布的随机数。计算中,通常需要将光束发射方向转化为系统坐标系下的方向。

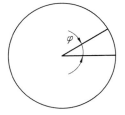

图 5.21　发射方向周向角 $\varphi$ 的确定

**3. 界面的反射、吸收或透射**

对于不透明界面,若界面的光谱吸收率和光谱反射率分别为 $\alpha_\lambda$ 和 $\rho_\lambda$,则 $\alpha_\lambda+\rho_\lambda=1$,或者基于谱带近似法时(见 3.5.2 节),$\alpha_k+\rho_k=1$。光束到达界面后,调用伪随机数程序产生的吸收均匀分布随机数为 $R_\alpha$。

若 $R_\alpha\leqslant\alpha$,则光束被吸收,记录并且停止跟踪;反之,光束被反射,则继续跟踪。

对于半透明界面,若表面光谱透射率为 $\gamma_\lambda$,则 $\alpha_\lambda + \rho_\lambda + \gamma_\lambda = 1$ 或 $\alpha_k + \rho_k + \gamma_k = 1$,光束到达表面后产生的随机数为 $R_{a,\rho}$。

若

$$R_{a,\rho} \leqslant \alpha \tag{5.30a}$$

则光束被吸收。

若

$$\alpha < R_{a,\rho} \leqslant (\alpha + \rho) \tag{5.30b}$$

则光束被反射。

若

$$(\alpha + \rho) < R_{a,\rho} \leqslant 1 \tag{5.30c}$$

则光束被透射或折射,折射方向满足斯涅尔(Snell)折射定律。

**4. 反射方向的模拟**

如果光束被表面反射,需要确定反射方向。对于漫反射界面,反射方向的模拟与漫发射体的发射方向模拟方法相同,可根据式(5.28)、(5.29) 确定其反射方向 $(\theta_r, \varphi_r)$:

$$\theta_r = \cos^{-1}\sqrt{1 - R_{\theta_r}}, \varphi_r = 2\pi R_{\varphi_r} \tag{5.31}$$

对于镜反射界面,反射方向与入射方向满足菲涅耳(Fresnel)反射定律:反射角等于入射角。反射坐标系内,如果入射方向为 $\theta_i$、$\varphi_i$,则反射方向 $\theta_r$、$\varphi_r$ 可以表示为

$$\theta_r = \pi - \theta_i, \begin{cases} \varphi_r = \pi + \varphi_i & (0 < \varphi_i \leqslant \pi) \\ \varphi_r = \varphi_i - \pi & (\pi < \varphi_i \leqslant 2\pi) \end{cases} \tag{5.32}$$

同样,反射方向也需要转化为系统坐标系下的方向。

**5. 辐射传输因子的计算及性质**

通过随机模拟并记录由单元 $i$ 发射的,最终被其他各单元吸收的光束数,即可求出辐射传递因子。例如,根据由单元 $i$ 发射,被单元 $j$ 吸收的光束数,即可求出辐射传递因子 $\mathrm{RD}_{ij}$。

令:$N_e(m_e, n_e)$ 表示面元 $(m_e, n_e)$ 发射的总光束数;$N_a(m_a, n_a)$ 表示面元 $(m_a, n_a)$ 吸收的光束数;则由面元 $(m_e, n_e)$ 发射,面元 $(m_a, n_a)$ 吸收的辐射传输因子为

$$\mathrm{RD}(m_e, n_e, m_a, n_a) = \frac{N_a(m_a, n_a)}{N_e(m_e, n_e)} \tag{5.33}$$

辐射传输因子具有与角系数类似的一些性质,这些性质可用来作为检验 MCM 模型是否合理的判断依据,并对模型的计算精度进行初步估计。

(1) 完整性。

$$\sum_{j=1}^{M_t} \mathrm{RD}_{ij} = 1 \tag{5.34}$$

(2) 守恒性。在热力学平衡态下,由式(5.23)可导出

$$\sum_{k=1}^{M_s} \varepsilon_k A_k \mathrm{RD}_{ki} = \varepsilon_i A_i \quad (面元\ i) \tag{5.35}$$

由于 MCM 本质上属于概率模拟,存在一定的统计误差,因此由 MCM 模拟获得的辐射传输因子不严格满足对称性(相对性);但是,可以利用辐射传输因子的对称程度来检验

产生伪随机数程序的优劣。文献[11,12]提出了一种比较充分的伪随机数检验法——二维介质辐射对称性检验法(the symmetrical test of radiation in two dimensional media,STRTDM)。

### 5.6.4　随机数的产生

**1.什么是随机数**

形式上,随机数是从间隔相同的大数集中无序地选择的数。比如,本书所研究的数字范围在[0,1]区间内,如果将 0,0.01,0.02,0.03,…,0.98,0.99,1.00 这些数一一写在纸条上,共 101 张纸条,弄乱后放在一个容器中;那么完全可以相信,从中随便拣一张纸条,记下它的数(如:0.43),然后放入容器,混合后再取再记:0.27,0.17,0.02,0.96,… 所得到的就是随机数。如果需要挑选很多次,就要用更小的间隔(更多的纸条),如 10 001 张:0,0.000 1,0.000 2,…。对于一个典型的计算机问题,一般需要提供 $10^8 \sim 10^{12}$ 或更多决策的随机数。

**2.怎样产生随机数**

用计算机搭配机械臂和光学扫描装置,从容器中取纸条读数字是不现实的。为了得到真随机数,一种可能实现的方案是在真随机过程中取样,类似电子回路里的噪声或每单位时间放射性衰变粒子的计数等,但若将它们与计算机连接,则会发现这种方法太慢。另一种方法是把真随机过程中取样的结果存入计算机,以便快速存取,但此方法占用内存太大。

现在,在数字计算机上获得随机数的最实用的方法是用一个伪随机数发生器。这是一个子程序,它产生大量的有明显随机性的数字群。程序示例如下(Mon — 26. for Random Subroution Rand1):

```
        SUBROUTINE RAND1(YFL)
        REAL * 8 YFL,Y
        IF(YFL. EQ. 0. D0) YFL = 3.1415926535897932D — 1
        Y = YFL * YFL
    1   Y = Y * 1. D1
        IF(Y — 1. D0)1,2,2
    2   YFL = Y — DBLE(IDINT(Y))
        RETURN
        END
```

**3.随机数的检验**

获取随机数的最实用的方法是由伪随机数程序计算来产生,然而,影响蒙特卡罗法模拟精度的最大误差源也在于伪随机数性能的优劣。就数学角度而言,只要有了一种分布规律的伪随机数,就可以通过各种数学变换或抽样的方法,产生具有任意分布的伪随机数。实际应用中,通常先产生最简单的[0,1]区间内均匀分布的伪随机数,然后再用它产生所需的各种分布的伪随机数。伪随机数的检验方法有很多种,从数学上的各种重要分布及抽样分析到粒子输运问题中的分布及抽样检验,这些方法虽然绝大多数是必要的,但随机性并不充分。怎样使产生的数有充分的随机性?这一问题可具体到以下两方面:

（1）如何证实这样产生的伪随机数对于将要处理的问题来说是充分随机的？

（2）序列重复吗？如果是，那么是在多少个伪随机数以后重复？

这个问题很复杂，目前有各种检验方法，如频率检验、连续检验、搅拌检验，以及区间检验，但没有一个检验是充分随机的。可行的方法是采用标准子程序，因为它的特性已经检验确定，并已用它计算了一些问题，与分析解作过比较。

### 5.6.5　关于蒙特卡罗法的小结

作为一种概率统计方法，MCM 不可避免地存在一定的统计误差，其计算结果总是在精确解周围波动，随着模拟抽样光束数量的增加逐渐接近精确解。近年来，随着计算机的发展和计算方法的改进，目前模拟一个工程实际问题时，单个面元和体元的随机抽样光束数已经可以达到几千万甚至几十亿束。对于那些由于计算过于复杂而难以得到精确解或根本没有精确解的数学物理问题，蒙特卡罗法能够有效求出可靠的数值解。同时，蒙特卡罗法本身的精度可以得到估计。实际上，计算结果的统计性质是客观事物的真实反映，因为没有一个实际问题不带任何统计的因素。

MCM 的优点显著。其一是不存在对空间立体角的离散，避免了由于空间方向离散所带来的误差；其二是适应性强，可以处理各种复杂问题，如多维、复杂几何形状、各向异性散射、各向异性发射等；其三是在处理复杂问题时，MCM 模拟计算的复杂程度大致随问题的复杂性成比例增加，而采用其他方法处理复杂问题时，其复杂程度大致随问题的复杂性成平方增加。

但是，采用 MCM 计算热辐射传输问题的前提是所采用的伪随机数序列重复周期足够长，分布均匀，充分独立，且随机抽出的任意一个子集也分布均匀、充分独立。此外，MCM 不满足辐射传递的对称性，在处理非均匀介质辐射传递时，计算量将大大增加。

# 本章参考文献

[1] 杨贤荣,马庆芳,原庚新,等.辐射换热角系数手册[M].北京:国防工业出版社,1982.

[2] 钱滨江,伍贻文,常家芳,等.简明传热手册[M].北京:高等教育出版社,1983.

[3] 应玉芳,余其铮.画法几何在辐射角系数中的应用[J].哈尔滨工业大学学报,1985,17(1):126-129.

[4] 曹玉璋,邱绪光.实验传热学[M].北京:国防工业出版社,1998.

[5] 孔祥谦.有限单元法在传热学中的应用[M].3 版.北京:科学出版社,1998.

[6] 郭宽良,孔祥谦,陈善年.计算传热学[M].合肥:中国科学技术大学出版社,1988.

[7] 李本文,陈海耿.用均匀离散射线法计算复杂几何系统的角系数[J].东北大学学报,1995,16(3):277-281.

[8] 西格尔,豪威尔.热辐射传热[M].曹玉璋,黄素逸,陆大有,等译.2 版.北京:科学出版社,1990.

[9] 谈和平,崔国民,阮立明,等.地物目标红外热像理论建模中的蒙特卡罗法与并行计算[M].红外与毫米波学报,1998,17 (6):18-24.

［10］RUAN L M，TAN H P，YAN Y Y. A monte carlo (MC) method applied to the medium with nongray absorbing-emitting-anisotropic scattering particles and gray approximation［J］. Numerical Heat Transfer，Part A-Applications，2002，42(3):253-268.

［11］帅永，夏新林，谈和平，等. 蒙特卡洛模拟中伪随机数的 STTDMR 检验［J］. 计算物理，2004，21(2):185-188.

［12］TAN H P，SHUAI Y，XIA X L，et al. Reliability of stray light calculation code by the monte carlo method［J］. SPIE，Optical Engineering，2005，44(2):023001.

［13］谈和平，夏新林，刘林华，等. 红外辐射特性与传输的数值计算:计算热辐射学［M］. 哈尔滨:哈尔滨工业大学出版社，2006.

［14］刘德贵，费景高，于泳江，等. FORTRAN 算法汇编——第二分册［M］. 北京:国防工业出版社，1983.

［15］GONZÁLEZ J A，PINO R. A random number generator based on unpredictable chaotic functions［J］. Computer Physics Communications，1999，120(2/3):109-114.

［16］HELLEKALEK P. Good random number generators are (Not So) easy to find［J］. Mathematics and Computers in Simulation，1998，46(5/6):485-505.

［17］李卫平，张孝泽，许淑艳. 微机上实用蒙特卡罗抽样库［J］. 计算物理，1995，12(2):279-288.

［18］郑海晶，白廷柱，王全喜. 基于蒙特卡洛法的尾焰红外辐射特性仿真与试验［J］. 光子学报，2018，47(8):162-176.

［19］曾昌行，陈军，黄一彬，等. 制冷型红外探测器杜瓦辐射热的角系数计算［J］. 红外与激光工程，2024，53(6):39-49.

［20］刘大龙，赵辉辉. 建筑围合空间内辐射角系数的简化计算［J］. 工程热物理学报，2018，39(5):1118-1124.

# 本 章 习 题

1. 太阳辐射可以近似看成 5 778 K 的黑体辐射。有一黑体微元表面位于地球绕太阳旋转轨道的平均半径处($1.496\ 0 \times 10^8$ km)，且其方位垂直于连接该微元表面中心及太阳中心的连线。如果太阳的半径为 $6.955 \times 10^5$ km，试问入射到该微元面积上的能流密度为多大？

2. 假设中心位在同一轴上的任意尺寸的两平行圆盘间的角系数是已知的。据此，试推导出图 5.22 中的两个圆环 $A_2$、$A_3$ 间的角系数，并用从下盘到上盘的盘对盘角系数来表示其结果。

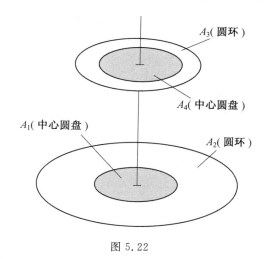

图 5.22

3. 有 2 个同心的、各自等温的黑体球在交换着能量。设内球表面为 $A_1$，外球表面为 $A_2$，试找出这个结构的所有角系数值。

4. 设 2 个具有公共边的互相垂直的矩形之间的角系数为已知（图 5.23(a)），试导出图 5.23(b) 中的角系数 $X_{1-6}$。

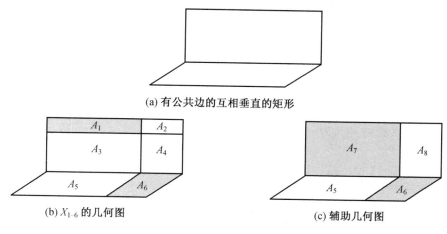

(a) 有公共边的互相垂直的矩形

(b) $X_{1-6}$ 的几何图　　　　　　　(c) 辅助几何图

图 5.23

5. 一个横截面为三角形的封闭腔系统由 3 个平面所组成，每个平面的宽度是有限的，而长度是无限的（因而形成一个无限长的三角形柱体）。试根据每个面的宽度 $L_1$、$L_2$、$L_3$，写出任意 2 个平面间角系数的表达式。

6. 如图 5.24 所示，2 条宽为 $l$ 的无限长平行板间的视线部分被 2 条宽为 $b$ 的板所挡住，试导出角系数 $X_{1-2}$。

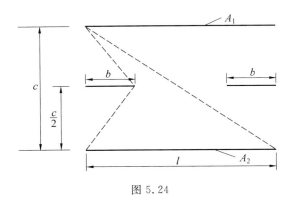

图 5.24

7. 对于横截面如图 5.25 所示的两个无限长平行平板,试分别计算当 $\beta=30°$ 及 $\beta=90°$ 时的角系数 $X_{1-2}$。

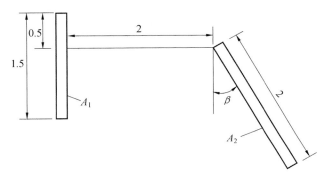

图 5.25

8. 如图 5.26 所示,试导出从一个有限大小矩形 $A_1$ 到一个无限大平面 $A_2$ 之间的角系数 $X_{1-2}$(矩形与平面的夹角为 $\eta$)。

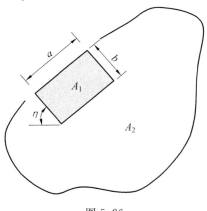

图 5.26

9. 某二维几何图形如图 5.27 所示,$A_1$ 与 $A_2$ 间的视线部分被一个插入结构所挡住,试确定角系数 $X_{1-2}$。

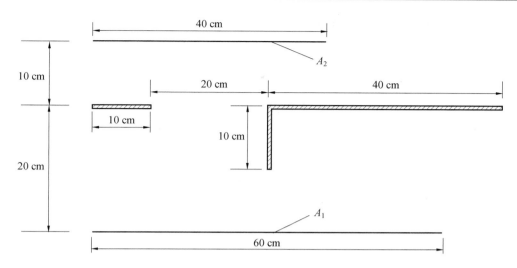

图 5.27

10. 在一簇管束中,围绕每一根长管有 6 根同样的等节距布置的管子(横截面如图 5.28 所示)。试问从中心管到周围每一根管子的角系数是多少?

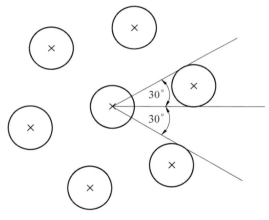

图 5.28

11. 考察一个立方体的黑体封闭腔,试确定:(1) 两相邻壁面之间的角系数;(2) 两相对壁面之间的角系数。 如果一个半径等于 0.5 倍立方体边长的圆球被置于立方体的中心,试确定:(3) 球与封闭腔一个壁面之间的角系数;(4) 封闭腔的一个壁面与球之间的角系数;(5) 封闭腔自身的角系数。

12. 2 个封闭腔的形状与尺寸都相同且表面均为黑体,其中一个封闭腔的各表面温度为 $T_1, T_2, \cdots, T_N$;而另一个封闭腔的各表面温度则为 $(T_1^4 + k)^{1/4}$, $(T_2^4 + k)^{1/4}$, $\cdots$, $(T_N^4 + k)^{1/4}$,其中 $k$ 为常数。求:对 2 个封闭腔而言,任一表面 $A_i$ 的热交换率 $Q_i$ 之间的关系。

13. 一个内表面为黑体的封闭腔有一边是敞开的,通向温度为 $T_e$ 的环境,封闭腔各边分别维持在均匀的温度 $T_1, T_2, T_3, \cdots$。问:加给各边的热量 $Q_1, Q_2, Q_3, \cdots$ 是如何受到 $T_e$

值的影响的？如何利用 $T_e = 0$ 时的结果去获得其他 $T_e$ 值时的解？

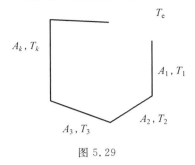

图 5.29

14. 有一长为 15 cm、内径为 15 cm 的空心圆柱形加热元件，其内壁为黑体且保持在 1 100 K。圆柱体外表面绝热，环境是 800 K 的真空，圆柱体的两端开口。试估算应加给该加热元件的热量。

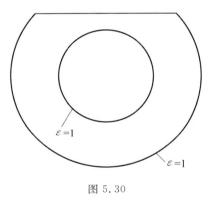

图 5.30

15. 一个直径为 0.025 4 m、温度为 833 K 的黑体球，被置于一个直径为 0.050 8 m 的薄壁球缺体的中心，该球缺体内表面为黑体，外表面的半球总黑度为 0.4。环境温度为 555.6 K。在外球上开了一个直径为 0.038 1 m 的洞。试问外球的温度是多少？加给内球的热量 $Q$ 是多少？（为简便起见，不必把各表面再分成更小的区域）

# 第6章  表面间热辐射传输计算

## 6.1  引  言

表面或微元面间的辐射换热是热能动力、太阳能利用、冶金、化工、建筑采暖等工程领域中经常遇到的问题。近 30 年来,随着航空航天、光学探测、红外遥感等技术的发展,涌现出一些热辐射在其中起关键作用的系统,更促进了表面间热辐射传递研究的深入,如航天器热控系统,空间光学系统杂光分析与抑制系统,太阳电池阵热分析系统,目标与环境红外热辐射特性研究系统等。

表面间热辐射传输分析是介质热辐射传输分析的一个特例,当介质的光谱吸收系数 $\kappa_{a\lambda}$、光谱散射系数 $\kappa_{s\lambda}$ 均为零(即透明介质),则封闭系统内的介质辐射传输就简化为表面间的热辐射传输。

### 6.1.1  限制条件

本章讨论的内容除特殊说明外,均有以下的限制条件(即各表面都要满足以下条件):

(1)漫射灰体。表面既为漫发射、漫反射,又是灰体。

(2)有效辐射均匀,即本身辐射均匀、反射辐射均匀。本身辐射均匀要求该表面温度 $T$ 和发射率 $\varepsilon$ 均匀;反射辐射均匀要求投射辐射均匀、反射率 $\rho$ 均匀。因此,有效辐射均匀意味着:表面热辐射特性均匀;表面温度相等;表面的投射辐射均匀。

(3)非透明表面,即表面透射率 $\gamma=0$,吸收率 $\alpha=1-\rho$。

### 6.1.2  假想面

在辐射换热计算中,常将辐射换热系统转化为一个封闭体,如计算敞开炉口的炉内的辐射换热时,常用一假想面将炉口封闭起来,以此假想面代替外界对炉子辐射换热的影响,并由此决定它的温度及特性。作假想面时要注意的方面与求角系数的辅助面有类似之处,可参考 5.4.4 节。

但是,不一定所有的辐射换热问题都要转化成一个封闭体,如计算太阳与建筑物外墙的辐射换热时,不一定需要画一个代表太阳辐射的假想面,只需用太阳的投射辐射表示太阳的影响即可。计算的关键是列出正确的热平衡方程式,不能丢失任何一项能量。将系统转化为封闭体的方法有助于列出正确的热平衡方程式。

### 6.1.3  重辐射面

在辐射换热系统中,有的表面辐射换热量(净热量)为零,这种表面称为重辐射面或再辐射面、绝热面等。如电炉的炉墙、房屋的内墙等,当忽略墙体导热时,投射到这些面的能量可认为被全部辐射出去,所以可把它们当作重辐射面。

　　重辐射面的净热流量为零。由外部热平衡式(3.33)可知

$$q = J - G \quad 故 \quad J = G \tag{6.1}$$

即重辐射面的有效辐射等于投射辐射。所以,从能量数量的角度,可以把重辐射面看成是一个反射率等于 1 的反射面。而投射辐射是由其他表面的温度、热辐射特性及系统的几何条件决定的,所以重辐射面的有效辐射与它本身的温度和热辐射特性无关。这样,整个系统的辐射换热就与重辐射面的温度和特性无关,而仅仅与重辐射面的几何特性有关;无论重辐射面的表面发射率为多少,对整个系统的辐射换热都没有影响。

　　从能量数量的角度来说,重辐射面对能量没有贡献,它只将投射来的能量全部辐射出去;但这一过程对能量的空间分布有影响,可将空间某一方向投射来的能量转移到空间的另一方向上去,所以重辐射面的几何性质对辐射系统净热流量和温度的分布有影响。如炉子中的辐射反射拱和辐射加热器中的反射屏,如忽略其热损失,就可视为重辐射面,它们对系统净热流量、温度的分布都有影响。

　　重辐射面的温度可以根据有效辐射表达式(3.35)求出,即

$$J = E_b - \left( \frac{1}{\varepsilon} - 1 \right) q$$

因为重辐射面的 $q = 0$,所以

$$\sigma T^4 = E_b = J = G \tag{6.2}$$

由式(6.2)可看出,重辐射面的温度是由投射决定的,与本身的热辐射特性无关。重辐射面从温度及有效辐射的计算角度来看,又可视为黑体。

　　然而,从能量的光谱性质的角度来看,不能将重辐射面视为完全反射体。投射辐射的光谱经过重辐射面的反射、吸收、再发射,其辐射出去的能量虽然与投射进来的相同,但是由于重辐射面的温度与投射辐射源的温度不同,所以其发射能量的光谱与投射的不一致,如图 6.1 所示。故当系统是灰体且仅计算总辐射能时,可将重辐射面看作全反射体。若在计算辐射能量光谱时或在非灰体辐射系统中,重辐射面就不能视为全反射体,因为经它转手的能量光谱会发生变化,它的热辐射特性对非灰体辐射系统的热量交换及温度分布都有影响。

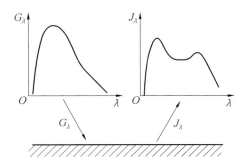

图 6.1　重辐射面的投射光谱与有效辐射光谱的区别

# 6.2　漫射、均匀表面间的辐射换热

## 6.2.1　净热量法

由 $M_s$ 个等温漫射灰体面组成的封闭系统如图 6.2 所示,若已知各面的温度,求各面的净热量;或已知各面的净热量,求各面的温度时,每一个面均可列出 3 个基本方程,取任意面 $k$,用下标"$k$"表示 $k$ 面。令:$Q$ 为辐射换热量(净热流量),单位为 W;$q$ 为辐射热流密度,单位为 W/m$^2$;$A$ 为表面面积,单位为 m$^2$;$J$ 为有效辐射力,单位为 W/m$^2$;$G$ 为投射辐射力,单位为 W/m$^2$。则:

(1) $k$ 表面的外部热平衡式:

$$Q_k = q_k A_k = (J_k - G_k) A_k \qquad (6.3)$$

(2) $k$ 表面的有效辐射力:

$$J_k = \varepsilon_k \sigma T_k^4 + (1 - \varepsilon_k) G_k \qquad (6.4\mathrm{a})$$

注意,$G_k = J_k - q_k$,则

$$J_k = \sigma T_k^4 - \left(\frac{1}{\varepsilon_k} - 1\right) q_k \qquad (6.4\mathrm{b})$$

式中　$\varepsilon$—— 表面发射率;

　　　$T$—— 表面温度。

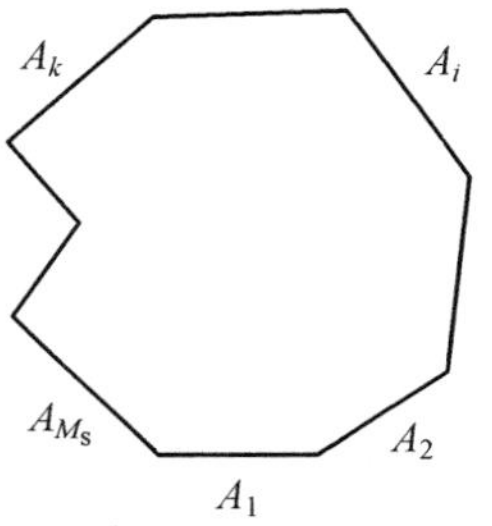

(3) $k$ 表面的投射辐射力:封闭系统内各面的有效辐射对 $k$ 面投射能量之和。

图 6.2　$M_s$ 个等温漫射灰体面组成的封闭系统

$$G_k A_k = \sum_{i=1}^{M_s} J_i A_i X_{i-k} \qquad (6.5\mathrm{a})$$

式中　$X_{i-k}$——$i$ 面对 $k$ 面的漫射角系数。

利用角系数的相对性 $A_i X_{i-k} = A_k X_{k-i}$,代入上式得

$$G_k = \sum_{i=1}^{M_s} J_i X_{k-i} \qquad (6.5\mathrm{b})$$

对每一个面都能列出以上 3 个方程,故共有 $3M_s$ 个方程。若已知各表面面积 $A$、表面发射率 $\varepsilon$ 及系统内所有的角系数 $X_{i-k}$,再知道各表面的温度 $T$,则方程组中剩下的未知数只有 $3M_s$ 个,即 $M_s$ 个净热流率 $Q$,$M_s$ 个有效辐射力 $J$ 和 $M_s$ 个投射辐射力 $G$。未知数的数目与方程式的数目相等,此方程组可解。将式(6.3)及(6.4a)中的 $G_k$ 消去,得

$$Q_k = \frac{\varepsilon_k}{1 - \varepsilon_k} (\sigma T_k^4 - J_k) A_k \quad (k = 1, 2, \cdots, M_s) \qquad (6.6)$$

上式右端只有 $J_k$ 为未知项。将式(6.5b)代入式(6.4a),即可求出 $J_k$:

$$J_k = \varepsilon_k \sigma T_k^4 + (1 - \varepsilon_k) \sum_{i=1}^{M_s} J_i X_{k-i} \quad (k = 1, 2, \cdots, M_s) \qquad (6.7)$$

式(6.7)是包含 $M_s$ 个代数方程式的方程组,共有 $M_s$ 个未知数 $J$,故可解。求出的 $J$ 代入式(6.6)中即可求出 $Q$。

引入克罗内克算符 $\delta_{k,i}$，将式(6.7) 改写为

$$\sigma T_k^4 = \frac{J_k}{\varepsilon_k} - \sum_{i=1}^{M_s} \frac{(1-\varepsilon_k)X_{k-i}}{\varepsilon_k}J_i = \sum_{i=1}^{M_s} \frac{\delta_{k,i} - (1-\varepsilon_k)X_{k-i}}{\varepsilon_k}J_i = \sum_{i=1}^{M_s} a_{k,i}J_i \quad (6.8a)$$

其中

$$a_{k,i} = \frac{\delta_{k,i} - (1-\varepsilon_k)X_{k-i}}{\varepsilon_k}, \quad \delta_{k,i} = \begin{cases} 1 & (i=k) \\ 0 & (i \neq k) \end{cases}$$

式(6.8a) 也可写成下列形式：

$$\begin{aligned} a_{1,1}J_1 + a_{1,2}J_2 + a_{1,3}J_3 + \cdots + a_{1,M_s}J_{M_s} &= \sigma T_1^4 \\ a_{2,1}J_1 + a_{2,2}J_2 + a_{2,3}J_3 + \cdots + a_{2,M_s}J_{M_s} &= \sigma T_2^4 \\ &\vdots \\ a_{M_s,1}J_1 + a_{M_s,2}J_2 + a_{M_s,3}J_3 + \cdots + a_{M_s,M_s}J_{M_s} &= \sigma T_{M_s}^4 \end{aligned} \quad (6.8b)$$

或

$$[A][J] = \sigma[T^4] \quad (6.8c)$$

可用解线性代数方程组的方法求解方程组(6.8)，如高斯消去法、追赶法、逆矩阵法、迭代法等。

已知净热流量求温度，或已知部分表面的温度及净热流量，求其余的温度与净热流量时，也可按以上原理处理。若已知各面的净热流密度 $q$，求温度 $T$，可将式(6.4b) 移项：

$$\sigma T_k^4 = \frac{1-\varepsilon_k}{\varepsilon_k}q_k + J_k \quad (k=1,2,\cdots,M_s) \quad (6.9)$$

将其代入式(6.7)，得

$$J_k = q_k + \sum_{i=1}^{M_s} J_i X_{k-i} \quad (k=1,2,\cdots,M_s) \quad (6.10)$$

式(6.9) 和式(6.10) 也是包含 $M_s$ 个代数方程式的方程组。由式(6.10) 求出有效辐射力 $J$，将 $J$ 代入式(6.9) 即可求出每个面的温度 $T$。

式(6.7) 是从封闭系统得出的，如果是非封闭系统(图 6.3)，有 2 种解决方法。

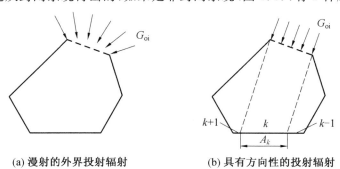

(a) 漫射的外界投射辐射　　　　　(b) 具有方向性的投射辐射

图 6.3　非封闭系统的外界投射辐射

第一种方法是画假想面，将非封闭系统变为封闭系统。如外界投射辐射 $G_{oi}$ 是漫射、均匀的，则此假想面可认为是黑体，其温度为

$$T = (G_{oi}/\sigma)^{\frac{1}{4}} \quad (6.11)$$

所有计算公式与式(6.7)、式(6.8)相同。如果外界投射辐射具有方向性,如太阳投射,则此假想面必须是漫吸收、定向发射的黑体面。

第二种方法不使用假想面,在式(6.5a)中加上外界投射辐射项,即

$$G_k A_k = \sum_{i=1}^{M_s} J_i A_i X_{i-k} + G_{\text{oi},k} A_k \qquad (6.12)$$

其中,$G_{\text{oi},k}$ 为 $k$ 面的外界投射辐射,它必须均布于 $A_k$ 面上,不然就应将 $A_k$ 分成几个均布面。这样,式(6.7)和式(6.8a)分别变成

$$J_k = \varepsilon_k \sigma T_k^4 + (1-\varepsilon_k) \Big[ \sum_{i=1}^{M_s} J_i X_{k-i} + G_{\text{oi},k} \Big] \quad (k=1,2,\cdots,M_s) \qquad (6.13a)$$

$$\sigma T_k^4 = \sum_{i=1}^{M_s} a_{k,i} J_i - \frac{1-\varepsilon_k}{\varepsilon_k} G_{\text{oi},k} \quad (k=1,2,\cdots,M_s) \qquad (6.13b)$$

若想求 $T_k$ 或 $Q_k$,则 $G_{\text{oi},k}$ 必须已知。

### 6.2.2　杰勃哈特法

在净热量法中,若系统的几何结构、物性不变,但是已知条件 —— 温度或净热流密度的数值改变了,线性代数方程组就要重新计算,所以变工况下的计算不太方便。杰勃哈特法(Gebhart)在这方面进行了改进。

杰勃哈特法选用内部热平衡式(3.33),即

$$q = \varepsilon E_b - \alpha G$$

或

$$Q = \varepsilon E_b A - \alpha G A$$

但吸收辐射不用 $\alpha G A$ 表示,而是提出了一个新参数。这个新参数叫吸收因子,用 $B_{i,j}$ 表示。$B_{i,j}$ 的定义:$i$ 面发射出的能量中最终被 $j$ 表面吸收的份额。全名为 $i$ 面对 $j$ 面的吸收因子。

一个由 $n$ 个面组成的封闭辐射系统如图 6.4 所示,$j$ 面吸收 $i$ 面的本身辐射有多种途径:一是 $i$ 面直接投射到 $j$ 面,被 $j$ 面吸收的能量,如图 6.4 中的 $a$ 所示;二是 $i$ 面投射到除 $j$ 面外的其他面上的能量,经其他面一次或多次吸收、反射后投射到 $j$ 面,被 $j$ 面吸收的能量,如图 6.4 中的 $b$ 所示;三是 $j$ 面反射由 $i$ 面直接或间接投射来的能量,经系统内其他面一次或多次吸收、反射,投射回 $j$ 面,而被 $j$ 面吸收的能量,如图 6.4 中的 $c$ 所示。吸收因子 $B_{i,j}$ 应包括 $i$ 面本身辐射经各种渠道到达 $j$ 面,而被 $j$ 面吸收的能量份额,所以 $j$ 面吸收 $i$ 面本身辐射的能量为 $B_{i,j} E_i A_i$。如一封闭系统有 $n$ 个面,$j$ 面总吸收辐射可写为

$$B_{1,j} E_1 A_1 + B_{2,j} E_2 A_2 + \cdots + B_{n,j} E_n A_n = \sum_{i=1}^{n} B_{i,j} E_i A_i$$

$j$ 面的净辐射热流量 $Q_j$ 为

$$Q_j = E_j A_j - \sum_{i=1}^{n} B_{i,j} E_i A_i$$

由上式可看出,求换热量的关键是求吸收因子 $B$。

1 面对 $j$ 面的吸收因子 $B_{1,j}$ 可由下式求出:

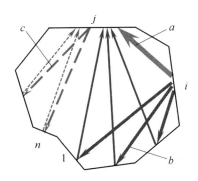

图 6.4  封闭系统中 $j$ 面对 $i$ 面本身辐射的吸收

$$B_{1,j} = \varepsilon_j X_{1-j} + B_{1,j} X_{1-1} \rho_1 + B_{2,j} X_{1-2} \rho_2 + \cdots + B_{n,j} X_{n-1} \rho_n$$

$$= \varepsilon_j X_{1-j} + \sum_{m=1}^{n} B_{m,j} X_{1-m} \rho_m \tag{6.14}$$

上式的推导说明如下:若 1 面的本身辐射等于 1,则等号左端为 $j$ 面吸收 1 面本身辐射的总能量。等号右端第 1 项为 $\varepsilon_j X_{1-j} = \alpha_j X_{1-j}$(由于表面为灰体,故 $\alpha_j = \varepsilon_j$),$1 \cdot X_{1-j}$ 表示 1 面本身辐射直接投射到 $j$ 面上的能量,乘 $\alpha_j$ 后,表示 $j$ 面直接吸收 1 面本身辐射的能量。其余各项 $B_{m,j} X_{1-m} \rho_m$ 可理解为:$1 \cdot X_{1-m}$ 表示 1 面本身辐射直接投射到 $m$ 面上的能量,$1 \cdot X_{1-m} \rho_m$ 表示 $m$ 面对 $1 \cdot X_{1-m}$ 的反射能量,将此能量 $1 \cdot X_{1-m} \rho_m$ 当作 $m$ 面的本身辐射,根据吸收因子的定义,$B_{m,j} X_{1-m} \rho_m$ 为 $1 \cdot X_{1-m} \rho_m$ 最终被 $j$ 面吸收的能量。所以,式(6.14)各项物理意义为:等号右端第 1 项表示 1 面的本身辐射直接投射到 $j$ 面,并被 $j$ 面吸收的份额;第 2 项表示 1 面的本身辐射经 1 面直接反射后,被 $j$ 面吸收的份额;第 3 项表示 1 面的本身辐射经 2 面直接反射后,被 $j$ 面吸收的份额。依此类推,同理:

$$B_{2,j} = \varepsilon_j X_{2-j} + \sum_{m=1}^{n} B_{m,j} X_{2-m} \rho_m$$
$$\vdots$$

方程组可写成

$$B_{i,j} = \varepsilon_j X_{i-j} + \sum_{m=1}^{n} B_{m,j} X_{i-m} \rho_m \quad (i=1,2,3,\cdots,n) \tag{6.15}$$

此为由 $n$ 个未知的各吸收因子组成的 $n$ 个方程式。可用解线性代数方程组的方法求解。

与角系数的完整性、相对性类似,吸收因子有下列关系:

$$\varepsilon_i A_i B_{i,j} = \varepsilon_j A_j B_{j,i} \tag{6.16a}$$

$$\sum_{j=1}^{n} B_{i,j} = 1 \tag{6.16b}$$

如果系统的几何形状不变,发射率不随温度变化,则各吸收因子不变。所以,当各面的温度取另一个值时,用杰勃哈特法计算某个面净热流量的变化是很方便的,这是此方法的优点。

### 6.2.3  网络法

网络法(又称电网络类比法,热网络法)的原理,是将电学中的电流、电位差和电阻比作热学中的热流、热势差与热阻，用电路来比拟辐射热流的传递路径。它是一种比较简明、直观的计算辐射换热的方法。

对于某一个面 $i$，它的净热流量可通过有效辐射表达式(3.35)计算，即

$$J_i = E_{b,i} - \left(\frac{1 - \varepsilon_i}{\varepsilon_i}\right) q_i = E_{b,i} - \left(\frac{1 - \varepsilon_i}{\varepsilon_i}\right) \frac{Q_i}{A_i}$$

可改写成

$$q_i = \frac{E_{b,i} - J_i}{(1 - \varepsilon_i)/\varepsilon_i} \quad \text{或} \quad Q_i = \frac{E_{b,i} - J_i}{(1 - \varepsilon_i)/(\varepsilon_i A_i)} \tag{6.17}$$

利用电、热比拟的概念，可将 $q$ 或 $Q$ 比作电流；$(E_{b,i} - J_i)$ 比作电位差，称为表面热势差；$(1 - \varepsilon_i)/\varepsilon_i$ 或 $(1 - \varepsilon_i)/(\varepsilon_i A_i)$ 比作电阻，称为表面辐射热阻，式(6.17)的等效电路如图6.5所示。由此看出，每一个表面就可列出一个表面辐射热阻。

对两表面 $i$ 及 $k$，本方法定义了一个新的参数，称为"两面的辐射换热量 $Q_{i-k}$"，它是这两个面相互接收到的有效辐射之差，即

$$Q_{i-k} = J_i A_i X_{i-k} - J_k A_k X_{k-i} = A_i X_{i-k}(J_i - J_k) = \frac{J_i - J_k}{1/(A_i X_{i-k})} \tag{6.18}$$

在上式的推导过程中，应用了角系数的相对性。式(6.18)中，$J_i - J_k$ 称为空间热势差，$1/(A_i X_{i-k})$ 称为空间辐射热阻，其网络图如图6.6所示。由此可见，每一对面可列出一个空间辐射热阻。

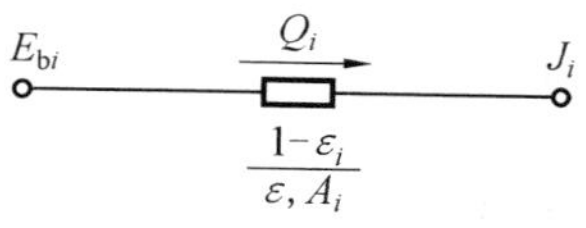

图 6.5　表面辐射热阻 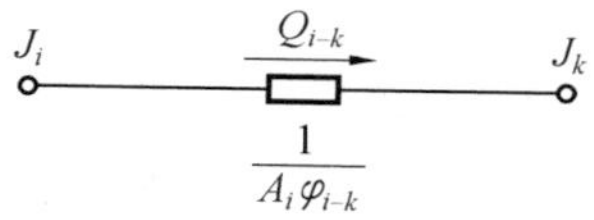　　　　图 6.6　空间辐射热阻

如果已知辐射系统的几何结构及有关参数，根据上述原理，就可以画出整个辐射系统的网络图。现以一例说明之：有4个面，其中一个为绝热面，如图6.7所示。已知各面的面积、温度、发射率，求各面的换热量。因面4为绝热面，无热交换，故不需要表面辐射热阻；其他3个面，每个面都有一个表面辐射热阻；4个面可组成不同的6对面，可得6个空间辐射热阻。这样就可以画出下面的网络图，如图6.8所示。各种能量都交汇于节点处，物性、面积、角系数等组成了热阻。对辐射网络中的4个节点，使用电路中的基尔霍夫定律：流入节点的电流总和等于零，就可以列出各节点有效辐射的联立方程组，即式(6.19)：

$$\frac{E_{b,1} - J_1}{(1 - \varepsilon_1)/(A_1 \varepsilon_1)} + \frac{J_2 - J_1}{1/(A_1 X_{1-2})} + \frac{J_3 - J_1}{1/(A_1 X_{1-3})} + \frac{J_4 - J_1}{1/(A_1 X_{1-4})} = 0$$

$$\frac{E_{b,2} - J_2}{(1 - \varepsilon_2)/(A_2 \varepsilon_2)} + \frac{J_1 - J_2}{1/(A_2 X_{2-1})} + \frac{J_3 - J_2}{1/(A_2 X_{2-3})} + \frac{J_4 - J_2}{1/(A_2 X_{2-4})} = 0$$

$$\frac{E_{b,3} - J_3}{(1 - \varepsilon_3)/(A_3 \varepsilon_3)} + \frac{J_1 - J_3}{1/(A_3 X_{3-1})} + \frac{J_2 - J_3}{1/(A_3 X_{3-2})} + \frac{J_4 - J_3}{1/(A_3 X_{3-4})} = 0$$

$$\frac{J_1 - J_4}{1/(A_4 X_{4-1})} + \frac{J_2 - J_4}{1/(A_4 X_{4-2})} + \frac{J_3 - J_4}{1/(A_4 X_{4-3})} = 0$$

$$\tag{6.19}$$

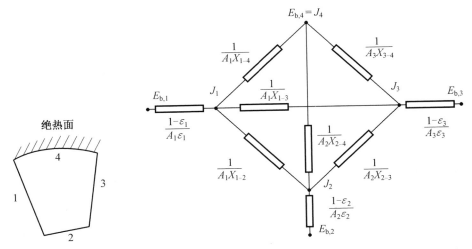

图 6.7　3 个漫灰表面,1
　　　　个漫绝热面组成
　　　　的封闭辐射系统

图 6.8　3 个漫灰表面,1 个漫绝热面问题的辐射换热网络图

解此方程组,即可得出各节点的 $J$。代入各面的求换热量的有效辐射式(6.20),即可得出结果。

$$Q_1 = \frac{E_{b,1} - J_1}{(1 - \varepsilon_1) / (\varepsilon_1 A_1)}$$

$$Q_2 = \frac{E_{b,2} - J_2}{(1 - \varepsilon_2) / (\varepsilon_2 A_2)} \qquad (6.20)$$

$$Q_3 = \frac{E_{b,3} - J_3}{(1 - \varepsilon_3) / (\varepsilon_3 A_3)}$$

由此例可看出,网络法的原理除与电学类比的部分外,基本上与净热量法相同,只定义了 3 个新参数:两面的辐射换热量、空间与表面的辐射热阻。只要正确画出网络图,建立辐射方程组就比较容易,并且不易出错,但解方程组的过程应和净热量法一样。

本方法定义了"两面的辐射换热量 $Q_{i-k}$",见式(6.18)。该量是本方法的中间变量,只能在本方法中应用,不能作为辐射换热的基本参数,而且不等于封闭系统中任意两物体的真实辐射换热量,所以本书在此名词上冠以冒号,以示区别。现以一简单例子说明之。由 3 个面组成的一封闭体如图 6.9 所示。为推导方便起见,令 1 面、2 面为 0 K 的灰体,其反射率为 $\rho_1$、$\rho_2$,3 面为温度 $T_3 \neq 0$ 的黑体,面积分别为 $A_1$、$A_2$、$A_3$。根据传热学的基本概念可知,1 面、2 面由于温度相同不应当有热量交换,可按"两面的辐射换热量"的定义式(6.18)计算 $Q_{1-2} \neq 0$。证明如下:

使用有效辐射及投射辐射的计算式,再考虑 1 及 2 面为 0 K 的灰体,可写出 1 面的有效辐射为

$$J_1 A_1 = E_{b,1} A_1 + \rho_1 G_1 = E_{b,1} A_1 + \rho_1 (E_{b,2} A_2 X_{2-1} + E_{b,3} A_3 X_{3-1}) = \rho_1 E_{b,3} A_3 X_{3-1}$$

利用角系数的相对性,上式可写为

$$J_1 = \rho_1 E_{b,3} X_{1-3}$$

同理

$$J_2=\rho_2 E_{b,3} X_{2-3}$$

所以“两面的辐射换热量 $Q_{1-2}$”，即式(6.18)，可写为

$$Q_{1-2}=A_1 X_{1-2}(J_1-J_2)=A_1 X_{1-2}(\rho_1 X_{1-3}-\rho_2 X_{2-3})E_{b,3}\neq 0 \qquad (6.21)$$

由上述推导可看出，如将 $Q_{1-2}$ 当作真正的两面辐射换热量，就产生了两等温面也会有换热的现象，这违反了热力学第二定律。从式(6.21)可看出，$Q_{1-2}$ 与 3 面的几何特性、物性及温度有关，所以 $Q_{1-2}$ 所表示的热量不仅是 1、2 面的热交换量，第 3 面也参与了。所以 $Q_{i-k}$ 不是真正的两面辐射换热量，它仅是为本方法计算服务而建立的所谓“计算参数”，只能用于本方法，不能用于本方法之外。

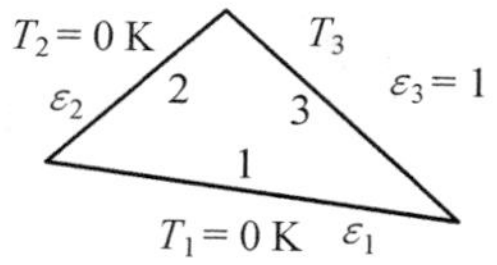

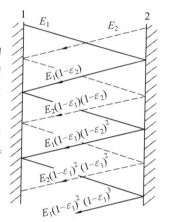

图 6.9　3 个面组成的封闭体

网络法既可用于漫射表面辐射系统，亦可用于非漫射表面辐射系统、介质辐射换热，在卫星热分析、航天器热控制中有广泛的应用。

### 6.2.4　射线踪迹法

射线踪迹法又称为反射法、射线跟踪法等。这种方法的基本原理与前面介绍的方法不同，特点是跟踪物体辐射出的辐射能束，观察从发生到消失过程中它的一切行为。下面通过两个例子予以说明。

**【例 6.1】**　两相互平行的无限大等温灰体平板如图6.10所示，温度分别为 $T_1$ 及 $T_2$，发射率分别为 $\varepsilon_1$ 及 $\varepsilon_2$，吸收率 $\alpha=\varepsilon$，求它们间的辐射换热量。(空气夹墙，热水瓶胆的内、外层间的辐射换热等都属于这种情况)

图 6.10　两无限大灰体平板间的辐射换热

**解**　根据热平衡方程式(3.34)，得到换热量为

$$q=q_1=-q_2=\varepsilon_1 E_{b1}-\alpha_1 G_1 \qquad (6.22)$$

1 面的投射辐射 $G_1$ 可分为两部分：一部分是 1 面的本身辐射引起的，在图 6.10 中用实线表示；另一部分由 2 面的本身辐射引起，在图 6.10 中用虚线表示。第一部分为

$$\begin{aligned}&E_1(1-\varepsilon_2)+E_1(1-\varepsilon_1)(1-\varepsilon_2)^2+E_1(1-\varepsilon_1)^2(1-\varepsilon_2)^3+\cdots\\&=E_1(1-\varepsilon_2)[1+(1-\varepsilon_1)(1-\varepsilon_2)+(1-\varepsilon_1)^2(1-\varepsilon_2)^2+\cdots]\\&=\frac{E_1(1-\varepsilon_2)}{1-(1-\varepsilon_1)(1-\varepsilon_2)}\end{aligned}$$

第二部分为

$$\begin{aligned}&E_2+E_2(1-\varepsilon_1)(1-\varepsilon_2)+E_2(1-\varepsilon_1)^2(1-\varepsilon_2)^2+\cdots\\&=E_2[1+(1-\varepsilon_1)(1-\varepsilon_2)+(1-\varepsilon_1)^2(1-\varepsilon_2)^2+\cdots]\\&=\frac{E_2}{1-(1-\varepsilon_1)(1-\varepsilon_2)}\end{aligned}$$

$G_1$ 为上面两部分之和，所以

$$G_1=\frac{E_1(1-\varepsilon_2)+E_2}{1-(1-\varepsilon_1)(1-\varepsilon_2)}$$

将上式代入式(6.22),考虑到 $\alpha_1 = \varepsilon_1$、$E_1 = \varepsilon_1 E_{b1}$、$E_2 = \varepsilon_2 E_{b2}$,得

$$q = \frac{E_{b1} - E_{b2}}{\dfrac{1}{\varepsilon_1} + \dfrac{1}{\varepsilon_2} - 1} = \varepsilon_s \sigma(T_1^4 - T_2^4) \tag{6.23}$$

式中　$\varepsilon_s$——系统发射率(有的文献称之为相当发射率、系统黑度等)。

**【例 6.2】** 假设腔外环境温度为 0 K,腔室面积为 $A_1$,腔口面积为 $A_2$,腔壁发射率为 $\varepsilon$,如图 6.11 所示。求等温空腔与腔口的辐射换热。

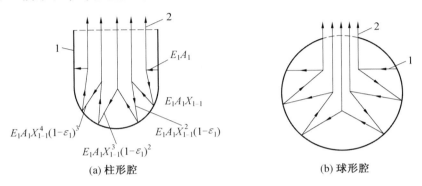

(a) 柱形腔　　　　　　　　　(b) 球形腔

图 6.11　等温空腔与腔口的辐射换热

**解**　由于从腔口射入的能量为 0,所以腔壁 1 的投射辐射 $G_1$ 都是自身投射。腔壁的投射辐射为

$$\begin{aligned}
A_1 G_1 &= E_1 A_1 X_{1-1} + E_1 A_1 X_{1-1}^2 (1-\varepsilon) + E_1 A_1 X_{1-1}^3 (1-\varepsilon)^2 + \cdots \\
&= E_1 A_1 X_{1-1} [1 + X_{1-1}(1-\varepsilon) + X_{1-1}^2 (1-\varepsilon)^2 + \cdots] \\
&= \frac{E_1 A_1 X_{1-1}}{1 - X_{1-1}(1-\varepsilon)}
\end{aligned} \tag{6.24a}$$

按内部热平衡式(3.34),空腔与腔口的辐射换热量 $Q$ 为

$$Q = E_1 A_1 - \varepsilon G_1 A_1 = E_1 A_1 \left[1 - \frac{\varepsilon X_{1-1}}{1 - X_{1-1}(1-\varepsilon)}\right] = A_1 \varepsilon \sigma T_1^4 \left[1 - \frac{\varepsilon X_{1-1}}{1 - X_{1-1}(1-\varepsilon)}\right] \tag{6.24b}$$

在上述推导中,假定 $X_{1-1}$ 在 $A_1$ 面上到处相同,即 $X_{1-1} = X_{d1-1}$,即满足 6.1.1 节中的限制条件。但图 6.11(a)所示的几何形状与此条件并不符合,因为靠近腔口处腔壁向腔口发射的能量份额显然要比腔底的多。严格来说,此条件仅符合图 6.11(b)所示的几何形状(球形腔)。

从以上两个例子中可以看出,射线踪迹法比较烦琐,对于稍微复杂一些的问题,计算起来就相当麻烦。此种方法仅对于分析吸收率较大物体的近似计算有优点,所以这种方法虽然在 19 世纪末已出现,但在一般工程中应用很少。然而,这种方法的物理概念清晰,基本方程比较简单,并且目前应用电子计算机进行计算的话,可克服计算烦琐的缺点。因此,在耦合换热、多维介质辐射的计算过程中,它的基本原理在近期又得到了应用。

# 6.3　漫射、非均匀表面间的辐射换热

上节讨论的封闭系统中,各表面的温度、物性及有效辐射都是均匀的。若有的表面不均匀,则应将该面再细分,极限情况是将每个表面都分成无数个微元面。

一个由 $M_s$ 个表面组成的封闭系统,每个面均为漫灰面,发射率为常数,但温度或有效辐射分布不均匀。通常,表面可按几何特性和发射率划分。例如:圆柱体表面可分为上、下两个基面及一个侧面;由两不同发射率组成的一个平面,则可按发射率分为两个面。

推导过程中用向量标出微元面的位置。在图 6.12 所示的封闭系统中任选一点 $O$ 为原点,$A_k$ 面上的微元面 $\mathrm{d}A_k$ 的位置用向量 $\boldsymbol{r}_k$ 表示,$J(\boldsymbol{r}_k)$ 表示 $A_k$ 面 $\boldsymbol{r}_k$ 位置上的有效辐射力。

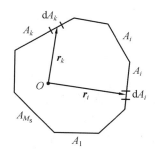

图 6.12　$M_s$ 个非均匀表面组成的封闭系统

(1) 微元面 $\mathrm{d}A_k$ 的外部热平衡:

$$\mathrm{d}Q(\boldsymbol{r}_k) = q(\boldsymbol{r}_k)\,\mathrm{d}A_k = \big[J(\boldsymbol{r}_k) - G(\boldsymbol{r}_k)\big]\mathrm{d}A_k \tag{6.25}$$

(2) 微元面 $\mathrm{d}A_k$ 的有效辐射:

$$J(\boldsymbol{r}_k) = \varepsilon_k \sigma T^4(\boldsymbol{r}_k) + (1 - \varepsilon_k)G(\boldsymbol{r}_k) \tag{6.26}$$

(3) 微元面 $\mathrm{d}A_k$ 的投射辐射力 $G(\boldsymbol{r}_k)$ 为系统内所有微元面上的有效辐射力对它的投射,参照式(6.5b)写出:

$$G(\boldsymbol{r}_k) = \sum_{i=1}^{M_s} \int_{A_i} J(\boldsymbol{r}_i)\,\mathrm{d}X_{\mathrm{d}k-\mathrm{d}i}(\boldsymbol{r}_k, \boldsymbol{r}_i) \tag{6.27}$$

其中,$\mathrm{d}X_{\mathrm{d}k-\mathrm{d}i}$ 表示 $\mathrm{d}A_k$ 对 $\mathrm{d}A_i$ 的漫射角系数(下角标"$\mathrm{d}A_k$""$\mathrm{d}A_i$"用下标"$\mathrm{d}k$""$\mathrm{d}i$"简化表示),其中隐含了微元面 $\mathrm{d}A_i$;$\int_{A_i} J(\boldsymbol{r}_i)\,\mathrm{d}X_{\mathrm{d}k-\mathrm{d}i}$ 表示 $A_i$ 面上的有效辐射对单位 $\mathrm{d}A_k$ 面的投射能量。

式(6.25)~(6.27)为微元面 $\mathrm{d}A_k$ 辐射换热的基本公式。将式(6.25)、式(6.26)中的 $G(\boldsymbol{r}_k)$ 消去,得

$$q(\boldsymbol{r}_k) = \big[\sigma T^4(\boldsymbol{r}_k) - J(\boldsymbol{r}_k)\big]\frac{\varepsilon_k}{1 - \varepsilon_k} \quad (k = 1, 2, \cdots, M_s) \tag{6.28}$$

将式(6.27)代入式(6.26),得

$$J(\boldsymbol{r}_k) = \varepsilon_k \sigma T^4(\boldsymbol{r}_k) + (1 - \varepsilon_k) \sum_{i=1}^{M_s} \int_{A_i} J(\boldsymbol{r}_i) \, \mathrm{d}X_{dk-di}(\boldsymbol{r}_k, \boldsymbol{r}_i) \quad (k = 1, 2, \cdots, M_s)$$

$$(6.29)$$

若已知温度分布、各面的发射率及角系数,则可通过式(6.29)求出各微元面的有效辐射 $J(\boldsymbol{r}_k)$;将 $J(\boldsymbol{r}_k)$ 代入式(6.28)即可求出每个微元面的净热流密度 $q(\boldsymbol{r}_k)$。

从以上推导可看出,各式的物理概念与6.2.1节均匀表面的净热量法中的相同,只是由于引入了微元面,出现了积分方程。

若已知各微元面的净热流密度分布,要求温度分布,可将式(6.28)移项,得

$$\sigma T^4(\boldsymbol{r}_k) = \frac{1 - \varepsilon_k}{\varepsilon_k} q(\boldsymbol{r}_k) + J(\boldsymbol{r}_k) \quad (k = 1, 2, \cdots, M_s) \quad (6.30)$$

将其代入式(6.29),得

$$J(\boldsymbol{r}_k) = q(\boldsymbol{r}_k) + \sum_{i=1}^{M_s} \int_{A_i} J(\boldsymbol{r}_i) \, \mathrm{d}X_{dk-di}(\boldsymbol{r}_k, \boldsymbol{r}_i) \quad (k = 1, 2, \cdots, M_s) \quad (6.31)$$

由式(6.31)求出有效辐射力 $J(\boldsymbol{r}_k)$,代入式(6.30)即可求出每个微元面的温度 $T(\boldsymbol{r}_k)$。

若已知 $1, 2, \cdots, m$ 面的温度分布和 $m+1, \cdots, M_s$ 面的净热流密度分布,求 $m+1, \cdots, M_s$ 面的温度分布与 $1, 2, \cdots, m$ 面的净热流密度分布。则当 $1 \leqslant k \leqslant m$ 时,用式(6.28)及式(6.29);$m < k \leqslant M_s$ 时,用式(6.30)及式(6.31)。

对于非封闭系统,若用假想面,则公式不变,假想面温度与特性的确定方法同6.2节。若不用假想面,则令 $G_o(\boldsymbol{r}_k)$ 为 $\boldsymbol{r}_k$ 位置的外界投射辐射,式(6.29)、式(6.31)变为

$$J(\boldsymbol{r}_k) = \varepsilon_k \sigma T^4(\boldsymbol{r}_k) + (1 - \varepsilon_k) \left[ \sum_{i=1}^{M_s} \int_{A_i} J(\boldsymbol{r}_i) \, \mathrm{d}X_{dk-di}(\boldsymbol{r}_k, \boldsymbol{r}_i) + G_o(\boldsymbol{r}_k) \right] \quad (k = 1, 2, \cdots, M_s)$$

$$(6.32a)$$

$$J(\boldsymbol{r}_k) = q(\boldsymbol{r}_k) + \sum_{i=1}^{M_s} \int_{A_i} J(\boldsymbol{r}_i) \, \mathrm{d}X_{dk-di}(\boldsymbol{r}_k, \boldsymbol{r}_i) + G_o(\boldsymbol{r}_k) \quad (k = 1, 2, \cdots, M_s) \quad (6.32b)$$

# 6.4　辐射换热线性积分方程求解方法

在工程辐射换热系统中,满足有效辐射均匀的面很少,要使计算比较准确,需要用到微元面。这样,控制方程就呈现线性积分方程的形式,即:待求的值 $J(\boldsymbol{r}_k)$ 不仅出现在等式左端,也出现在积分号内;且 $J(\boldsymbol{r}_k)$ 或 $T^4$ 都是以一次方的形式出现(注意:这里把 $T^4$ 看作一个变量,而不是以 $T$ 为变量)。线性积分方程的一些解法在数学手册或教材中有阐述,固体表面辐射换热积分方程的求解,可见本章参考文献[42]。本节以式(6.29)为例:

$$J(\boldsymbol{r}_k) = \varepsilon_k \sigma T^4(\boldsymbol{r}_k) + (1 - \varepsilon_k) \sum_{i=1}^{M_s} \int_{A_i} J(\boldsymbol{r}_i) \, \mathrm{d}X_{dk-di}(\boldsymbol{r}_k, \boldsymbol{r}_i) \quad (k = 1, 2, \cdots, M_s)$$

$$(6.33)$$

引入一个纯粹的几何参量

$$K(\boldsymbol{r}_k,\boldsymbol{r}_i) \equiv \frac{\mathrm{d}X_{\mathrm{d}k-\mathrm{d}i}(\boldsymbol{r}_k,\boldsymbol{r}_i)}{\mathrm{d}A_i} \tag{6.34}$$

则式(6.33)变成

$$J(\boldsymbol{r}_k) = \varepsilon_k\sigma T^4(\boldsymbol{r}_k) + (1-\varepsilon_k)\sum_{i=1}^{M_s}\int_{A_i} J(\boldsymbol{r}_i)K(\boldsymbol{r}_k,\boldsymbol{r}_i)\,\mathrm{d}A_i \quad (k=1,2,\cdots,M_s) \tag{6.35a}$$

同理,式(6.31)可改写为

$$J(\boldsymbol{r}_k) = q(\boldsymbol{r}_k) + \sum_{i=1}^{M_s}\int_{A_i} J(\boldsymbol{r}_i)K(\boldsymbol{r}_k,\boldsymbol{r}_i)\,\mathrm{d}A_i \quad (k=1,2,\cdots,M_s) \tag{6.35b}$$

线性积分方程式(6.35)可写成以下通式

$$y(x) = F(x) + \lambda\int_a^b K(x,t)y(t)\,\mathrm{d}t \tag{6.36}$$

数学上称此方程为第二类弗雷德霍姆(Fredholm)线性积分方程。$K(x,t)$ 和 $F(x)$ 为已知函数,$a,b,\lambda$ 为已知实常数,变量 $x,t$ 可取区间 $(a,b)$ 内的一切值;$y(x)$ 为待求函数。$K(x,t)$ 称为积分方程的核;$F(x)$ 称为自由项,$\lambda$ 称为方程的参数。若 $K(x,t)$ 关于 $x,t$ 是对称函数,就称此积分方程是具有对称核的积分方程。若 $F(x) \equiv 0$,则为齐次线性积分方程;否则为非齐次线性积分方程。

此方程一般有 3 种解法:解析法、近似分析法、数值法。下面简单介绍过去辐射换热计算中曾经用过的解此方程的几种主要的近似分析法及数值法。

### 6.4.1　线性代数方程组逼近法(数值法)

文献[32]称线性代数方程组逼近法为线性积分方程数值解的差分法。用数值求积公式,将式(6.36)中的积分项化成代数式,即

$$\int_a^b K(x,t)y(t)\,\mathrm{d}t \approx \sum_{i=0}^{M_s} C_iK(x,t_i)y(t_i) \tag{6.37}$$

式中　　$t_i$——积分区间的求积节点;

　　　　$C_i$——求积系数(或称权系数)。

求积公式可根据角系数的特性选取矩形、梯形、辛浦生、高斯型等。这样,积分方程式(6.36)就可表示为

$$y(x) = F(x) + \lambda\sum_{i=0}^{M_s} C_iK(x,t_i)y(t_i)$$

上式中变量 $t$ 离散成 $M_s+1$ 个节点,出现了 $M_s+1$ 个离散的 $y$。显然,变量 $x$ 也应在上述节点上离散,故

$$y(x_k) = F(x_k) + \lambda\sum_{i=0}^{M_s} C_iK(x_k,t_i)y(t_i) \quad (k=1,2,\cdots,M_s) \tag{6.38}$$

这样就出现 $M_s+1$ 个代数方程式、$M_s+1$ 个未知数,故方程组可解。算例见文献[32]的例题 4.11 和 4.12。

必须注意:在某些情况下,$J(\boldsymbol{r}_i)\mathrm{d}X_{\mathrm{d}k-\mathrm{d}i}$ 可能由于角系数所包含的几何因素而使其数

值发生急剧变化。例如:当 $dA_k$ 与 $dA_i$ 间的距离增加,$dX_{dk-di}$ 会急剧减少。此时采用辛浦生(Simpson)规则进行这一类近似积分可能不太精确,因为不能用一根局部穿过该函数的抛物线来很好地逼近 $J(r_i) dX_{dk-di}$ 的曲线形状。因此,应小心选择积分方法。

### 6.4.2　逐次迭代法(数值法)

线性积分方程的迭代解法步骤大致如下。首先设一个初始近似值 $y^{(0)}(t)$ 代替式(6.36)积分项内的 $y(t)$,得到方程等号左端的第一次近似解 $y^{(1)}(x)$,即

$$y^{(1)}(x) = F(x) + \lambda \int_a^b K(x,t) y^{(0)}(t) dt \qquad ①$$

将 ① 式中的 $x$ 易为 $t$,并且为了不与原有的 $t$ 混淆,将原有的 $t$ 易为 $t_1$。然后用

$$y^{(1)}(t) = F(t) + \lambda \int_a^b K(t,t_1) y^{(0)}(t_1) dt_1 \qquad ②$$

作为第 2 次近似值,代替式(6.36)积分项内的 $y(t)$,得到第 2 次近似解 $y^{(2)}(x)$:

$$y^{(2)}(x) = F(x) + \lambda \int_a^b K(x,t) \left[ F(t) + \lambda \int_a^b K(t,t_1) y^{(0)}(t_1) dt_1 \right] dt$$

$$= F(x) + \lambda \int_a^b K(x,t) F(t) dt + \lambda^2 \int_a^b K(x,t) \int_a^b K(t,t_1) y^{(0)}(t_1) dt_1 dt \qquad ③$$

将 ③ 式内的 $x$ 易为 $t$、$t$ 易为 $t_1$、$t_1$ 易为 $t_2$,再用

$$y^{(2)}(t) = F(t) + \lambda \int_a^b K(t,t_1) F(t_1) dt_1 + \lambda^2 \int_a^b K(t,t_1) \int_a^b K(t_1,t_2) y^{(0)}(t_2) dt_2 dt_1 \qquad ④$$

作为第 3 次近似值,代替式(6.36)积分项内的 $y(t)$,得第 3 次近似解 $y^{(3)}(x)$:

$$y^{(3)}(x) = F(x) + \lambda \int_a^b K(x,t) y^{(2)}(t) dt$$

$$= F(x) + \lambda \int_a^b K(x,t) F(t) dt + \lambda^2 \int_a^b K(x,t) \int_a^b K(t,t_1) F(t_1) dt_1 dt$$

$$+ \lambda^3 \int_a^b K(x,t) \int_a^b K(t,t_1) \int_a^b K(t_1,t_2) y^{(0)}(t_2) dt_2 dt_1 dt \qquad ⑤$$

依此类推,经过 $n$ 次迭代后,得到第 $n$ 次的近似解为

$$y^{(n)}(x) = F(x) + \lambda \Gamma F(x) + \lambda^2 \Gamma^2 F(x) + \cdots + \lambda^{n-1} \Gamma^{n-1} F(x) + R_n(x) \qquad (6.39a)$$

$$R_n(x) = \lambda^n \Gamma^n y^{(0)}(x) \qquad (6.39b)$$

其中

$$\Gamma F(x) = \int_a^b K(x,t) F(t) dt$$

$$\Gamma^2 F(x) = \int_a^b K(x,t) \int_a^b K(t,t_1) F(t_1) dt_1 dt$$

$$\Gamma^3 F(x) = \int_a^b K(x,t) \int_a^b K(t,t_1) \int_a^b K(t_1,t_2) F(t_2) dt_2 dt_1 dt$$

$$\vdots$$

当 $n \to \infty$ 时,若 $R_n(x) \to 0$,则式(6.36)的解可以表示为无穷级数的形式:

$$y(x) = F(x) + \sum_{n=1}^{\infty} \lambda^n \Gamma^n F(x) \qquad (6.40)$$

接下来的问题是在什么条件下 $R_n(x) \to 0$（这时级数（6.40）才真正收敛且代表式（6.36）的解）。

假设在 $[a,b]$ 区间内：对于所有 $x$ 和 $t$ 值，核 $K(x,t)$ 的绝对值都小于某一固定常数 $M$；已知函数 $F(x)$ 小于某一个 $m$ 值；初始近似值 $y^{(0)}(t)$ 小于某一常数 $c$ 值，即

$$|K(x,t)| < M, \quad |F(x)| < m, \quad |y_0(t)| < c$$

如果 $K(x,t)$，$F(x)$ 和 $y^{(0)}(t)$ 在区间 $[a,b]$ 内是连续的，以上条件一定存在。若 $b > a$，则有

$$|\Gamma y^{(0)}(x)| = \left| \int_a^b K(x,t) y^{(0)}(t) \mathrm{d}t \right| < \int_a^b Mc \,\mathrm{d}t = M(b-a)c$$

因而有

$$|\Gamma^n y^{(0)}(x)| < M^n (b-a)^n c$$

以及

$$|\Gamma^n F(x)| < M^n (b-a)^n m$$

由式（6.39b），得

$$|R_n(x)| < |\lambda|^n M^n (b-a)^n c$$

若 $|\lambda| < \dfrac{1}{M(b-a)}$ 或 $|\lambda| M(b-a) < 1$，则当 $n \to \infty$ 时，$R_n(x) \to 0$。

由此可知，级数 $|F(x)| + \sum\limits_{n=1}^{\infty} |\lambda|^n |\Gamma^n F(x)|$ 受控于常数级数：

$$m \left[ 1 + \sum_{n=1}^{\infty} |\lambda|^n M^n (b-a)^n \right]$$

当一个自变量为 $x$ 的函数的级数受控于在整个自变量 $[a,b]$ 区间内与 $x$ 无关的正的常数收敛级数时，这个 $x$ 函数的级数在 $[a,b]$ 区间中一定是均匀收敛的。因此，当下列不等式成立：

$$|\lambda| < \frac{1}{M(b-a)} \tag{6.41}$$

则级数式（6.40）收敛并且就是式（6.36）的解：

$$\lim_{n \to \infty} = y^{(n)}(x) = y(x) \tag{6.42}$$

当 $\lambda \ll 1$ 时，此迭代很快收敛，且由式（6.40）可知，方程式的解与 $y^{(0)}(t)$ 的选择无关。此方法对所有表面辐射问题都收敛。

### 6.4.3　变分法（近似分析法）

变分法的限制条件是 $K(x,t)$ 必须是对称的，即：当 $x$ 与 $t$ 互换位置时，$K$ 值保持不变。由变分原理可知，第二类 $Fr$ 积分方程式（6.36）的泛函或称变分式为

$$I[y(x)] = \int_a^b \int_a^b K(x,t) y(x) y(t) \mathrm{d}x \mathrm{d}t + 2 \int_a^b y(x) F(x) \mathrm{d}x - \int_a^b [y(x)]^2 \mathrm{d}x \tag{6.43}$$

此泛函的极值就是第二类 $Fr$ 积分方程的解。求泛函的极值称为变分计算，所以对积分方程进行求解时，可以用泛函的变分计算来代替。

变分计算可以用近似方法求解,即用变分的近似计算求积分方程的近似解,这方法也称为"里兹法"。变分的近似方法如下:先假设解的试探函数,一般用多项式表示,即

$$y(x) = \sum_{k=0}^{n} C_k u_k(x) \tag{6.44}$$

其中,$C_k$ 为未知常数;$u_k(x)$ 是给定的任意函数,但应有良好的微分性能,并且须符合要解问题的物理内涵。将此近似式代入泛函 $I[y(x)]$,此泛函 $I[y(x)]$ 就变成多元函数 $J(C_0, C_1, C_2, \cdots, C_n)$,求 $I[y(x)]$ 的极值就变成求多元函数的极值,即

$$\frac{\partial J(C_0, C_1, C_2, \cdots, C_n)}{\partial C_k} = 0 \quad (k = 0, 1, 2, \cdots, n) \tag{6.45}$$

上式是由 $n+1$ 个代数方程式组成的联立方程组,具有 $n+1$ 个未知常数 $C_k$,所以可解。在计算开始时 $n$ 值可取得较小,之后再逐步增大,随着 $n$ 的增大,解收敛到预先指定的精度,即可结束。用此方法求解表面辐射问题的例子可见文献[44,45]。

### 6.4.4　可分离核的近似方法

可分离核的近似方法的中心思想是将积分方程经过近似处理,转化成微分方程,再解微分方程(因为微分方程的解法多)。从数学上讲,只有当积分核 $K(x, t)$ 可表示成分离的形式,即 $K(x, t)$ 可表示成两个函数——$x$ 的一元函数与 $t$ 的一元函数——的乘积或乘积之和,才可采用近似的可分离核方法。对辐射换热问题,由式(6.33)和式(6.34)可知,积分核的本质是角系数,而角系数往往不能分成两个一元函数的乘积,但也有可能找到一个能较好逼近积分核的可分离的函数。将此近似函数代入积分方程,可使积分方程变成微分方程,然后解此微分方程。

对于圆或矩形内腔及通道的角系数,常用指数函数或指数级数逼近之,因为指数函数的积分、微分还是指数函数;且指数函数可将两个变量分离,也便于运算。令

$$K(x, t) \approx c e^{-a|x-t|} \tag{6.46}$$

将式(6.46)代入积分方程,得

$$y(x) = F(x) + \lambda c \left[ \int_a^x e^{-a(x-t)} y(t) dt + \int_x^b e^{-a(t-x)} y(t) dt \right]$$

将此方程对 $x$ 微分两次,把式中的积分去掉,转换成微分方程。

因为 $x$ 及 $t$ 都在 $(a, b)$ 区间变化,且由式(6.34)可知,$x-t$ 是两个微元面积间的相对距离,所以只能取正值。令

$$I(x) = \int_a^b K(x, t) y(t) dt \tag{6.47}$$

$t$ 是积分变量,注意积分上下限,则

$$I(x) = \int_a^b y(t) c e^{-a|x-t|} dt = c \left[ \int_a^x y(t) e^{-a(x-t)} dt + \int_x^b y(t) e^{-a(t-x)} dt \right]$$

$$= c \left[ e^{-ax} \int_a^x y(t) e^{at} dt + e^{ax} \int_x^b y(t) e^{-at} dt \right] \tag{6.48}$$

(1) 对 $I(x)$ 求一阶导数:

$$\frac{dI(x)}{dx} = c\alpha \left[ -e^{-ax} \int_a^x y(t) e^{at} dt + e^{ax} \int_x^b y(t) e^{-at} dt \right] \tag{6.49}$$

（2）对 $I(x)$ 求二阶导数：

$$\frac{\mathrm{d}^2 I(x)}{\mathrm{d}x^2} = c\alpha^2 \left[ \mathrm{e}^{-\alpha x} \int_a^x y(t)\mathrm{e}^{\alpha t} \mathrm{d}t + \mathrm{e}^{\alpha x} \int_x^b y(t)\mathrm{e}^{-\alpha t} \mathrm{d}t \right] - 2c\alpha y(x) \tag{6.50}$$

将式（6.48）代入式（6.50），则

$$\frac{\mathrm{d}^2 I(x)}{\mathrm{d}x^2} = \alpha^2 I(x) - 2\alpha c y(x) \tag{6.51}$$

由式（6.36），并注意到式（6.47），有

$$y(x) = F(x) + \lambda I(x) \quad 或 \quad I(x) = \frac{y(x) - F(x)}{\lambda}$$

所以

$$\frac{\mathrm{d}^2 I(x)}{\mathrm{d}x^2} = \alpha^2 \frac{y(x) - F(x)}{\lambda} - 2\alpha c y(x) = \left( \frac{\alpha^2}{\lambda} - 2\alpha c \right) y(x) - \frac{\alpha^2}{\lambda} F(x) \tag{6.52}$$

（3）对 $\lambda I(x) = y(x) - F(x)$ 求一阶、二阶导数，转换成微分方程。

因为 $y(x) - F(x) = \lambda I(x)$，求一阶导数：

$$\frac{\mathrm{d}y(x)}{\mathrm{d}x} - \frac{\mathrm{d}F(x)}{\mathrm{d}x} = \lambda \frac{\mathrm{d}I(x)}{\mathrm{d}x}$$

求二阶导数：

$$\frac{\mathrm{d}^2 y(x)}{\mathrm{d}x^2} - \frac{\mathrm{d}^2 F(x)}{\mathrm{d}x^2} = \lambda \frac{\mathrm{d}^2 I(x)}{\mathrm{d}x^2} = (\alpha^2 - 2\alpha c\lambda) y(x) - \alpha^2 F(x) \tag{6.53}$$

最终得

$$\frac{\mathrm{d}^2 y(x)}{\mathrm{d}x^2} - (\alpha^2 - 2\alpha c\lambda) y(x) = \frac{\mathrm{d}^2 F(x)}{\mathrm{d}x^2} - \alpha^2 F(x) \tag{6.54}$$

此式为二阶微分方程。其中，$F(x)$ 为已知函数，$\alpha$，$\lambda$，$c$ 均为实数。故 $y(x)$ 可以用解析解或数值解求出。

如果近似函数取两项，即

$$K(x,t) \approx c_1 \mathrm{e}^{-\alpha_1 |x-t|} + c_2 \mathrm{e}^{-\alpha_2 |x-t|}$$

则积分方程最终化为四阶微分方程。注意：在近似替代时，虽然指数函数或其级数很接近 $K(x,t)$ 函数，但是两者的导数可能相差较多，并且越是高阶导数相差越大，这就会引起误差，这在替代时应加以注意。

### 6.4.5　算例

**1. 例 6.3**

图 6.13 所示的两块无限长平行平板宽度为 $W$，相距 $D$，在垂直纸面方向上的平板长度远大于 $D$ 和 $W$。下平板坐标位置用 $x_1$ 表示，上平板坐标位置用 $x_2$ 表示。若两块平板表面均为漫射灰体，发射率均为 $\varepsilon$；平板外表面绝热，温度均为 $T$，忽略周围环境对平板的辐射换热。求平板上有效辐射分布、净辐射热流密度分布及总热流量。

**解**　（1）建立辐射能量方程。

在图 6.13 的下表面上任取一微元面 $\mathrm{d}x_1$。单位时间、单位面积上离开该微元面的有效辐射是本身辐射和反射辐射之和，令 $G(x_1)$ 表示来自于上表面的入射辐射，则

$$J(x_1) = \varepsilon\sigma T^4 + \rho G(x_1) \tag{6.55}$$

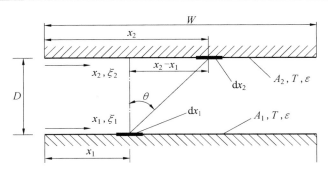

图 6.13　两块长绝热平行平板的几何示意图

在上表面任意位置 $x_2$ 处取微元面 $\mathrm{d}x_2$，$\mathrm{d}x_2$ 辐射的能量为 $J(x_2)\mathrm{d}x_2$。令 $\mathrm{d}X_{\mathrm{d2-d1}}$ 表示 $\mathrm{d}x_2$ 对 $\mathrm{d}x_1$ 的漫射角系数（下角标"$\mathrm{d}x_2$""$\mathrm{d}x_1$"用下角标"d2""d1"简化表示），则其中到达 $\mathrm{d}x_1$ 的能量为 $J(x_2)\mathrm{d}x_2\mathrm{d}X_{\mathrm{d2-d1}}$。故

$$G(x_1)\mathrm{d}x_1 = \int_{A_2} J(x_2)\mathrm{d}x_2\mathrm{d}X_{\mathrm{d2-d1}} \tag{6.56a}$$

根据角系数的互换性：$\mathrm{d}x_2\mathrm{d}X_{\mathrm{d2-d1}} = \mathrm{d}x_1\mathrm{d}X_{\mathrm{d1-d2}}$，式（6.56a）可以写为

$$G(x_1) = \int_{x_2=0}^{x_2=W} J(x_2)\mathrm{d}X_{\mathrm{d1-d2}} \tag{6.56b}$$

将式（6.56b）代入式（6.55），得

$$J(x_1) = \varepsilon\sigma T^4 + \rho \int_{x_2=0}^{x_2=W} J(x_2)\mathrm{d}X_{\mathrm{d1-d2}} \tag{6.57a}$$

同理：

$$J(x_2) = \varepsilon\sigma T^4 + \rho \int_{x_1=0}^{x_1=W} J(x_1)\mathrm{d}X_{\mathrm{d2-d1}} \tag{6.57b}$$

两无限长平行窄条微元面之间的角系数关系

$$\mathrm{d}X_{\mathrm{d1-d2}} = 0.5\mathrm{d}\sin\theta \tag{6.58}$$

式中　　$\theta$——$\mathrm{d}x_1$ 与 $\mathrm{d}x_2$ 连线与表面法线间的夹角。

由图 6.13 可知

$$\sin\theta = \frac{x_2 - x_1}{\left[(x_2 - x_1)^2 + D^2\right]^{0.5}} \tag{6.59}$$

将式（6.59）代入式（6.58），微分后可得

$$\mathrm{d}X_{\mathrm{d1-d2}} = \frac{0.5D^2}{\left[(x_2 - x_1)^2 + D^2\right]^{1.5}}\mathrm{d}x_2 \tag{6.60}$$

由此得

$$J(x_1) = \varepsilon\sigma T^4 + \frac{\rho}{2} \int_{x_2=0}^{x_2=W} \frac{D^2 J(x_2)}{\left[(x_2 - x_1)^2 + D^2\right]^{1.5}}\mathrm{d}x_2 \tag{6.61a}$$

$$J(x_2) = \varepsilon\sigma T^4 + \frac{\rho}{2} \int_{x_1=0}^{x_1=W} \frac{D^2 J(x_1)}{\left[(x_1 - x_2)^2 + D^2\right]^{1.5}}\mathrm{d}x_1 \tag{6.61b}$$

式（6.61）是一线性积分方程组；积分方程的核仅为几何参数的函数且对称，$x_1$、$x_2$ 互换位置不会影响核的数值。由于上下表面几何对称而且热对称（两表面具有相同的热辐射特性与温度），因此沿表面的有效辐射及热流密度分布必定相等。因此，只需求出式

(6.61a) 的解。引入无因次参数,并将式(6.61a) 改写成无因次形式:

$$\xi_1 = \frac{x_1}{W}, \ \xi_2 = \frac{x_2}{W}, \ \zeta = \frac{D}{W}, \ J^*(\xi_1) = \frac{J(\xi_1)}{\varepsilon\sigma T^4}, \ G^*(\xi_1) = \frac{G(\xi_1)}{\varepsilon\sigma T^4} \tag{6.62}$$

$$J^*(\xi_1) = 1 + \frac{\rho\zeta^2}{2}\int_0^1 \frac{J^*(\xi_2)\,\mathrm{d}\xi_2}{[(\xi_2-\xi_1)^2+\zeta^2]^{1.5}} \tag{6.63}$$

则由式(6.55) 和式(6.63) 有

$$J^*(\xi_1) = 1 + \rho G^*(\xi_1) \quad 或 \quad G^*(\xi_1) = \frac{1}{\rho}[J^*(\xi_1)-1] \tag{6.64a}$$

$$G^*(\xi_1) = \frac{\zeta^2}{2}\int_0^1 \frac{J^*(\xi_2)\,\mathrm{d}\xi_2}{[(\xi_2-\xi_1)^2+\zeta^2]^{1.5}} \tag{6.64b}$$

在求得有效辐射或入射辐射的无因次参数后,利用式(6.64a) 即可求得另一个无因次参数。平板表面的辐射热流密度是本身辐射与吸收的入射辐射之差,根据基尔霍夫定律,并引入无因次辐射热流密度 $q^*$,则有

$$q^*(x_1) = \frac{q(x_1)}{\varepsilon\sigma T^4} = 1 - \varepsilon G^*(\xi_1) = \frac{1}{\rho}[1 - \varepsilon J^*(\xi_1)] \tag{6.65}$$

利用式(6.65),用无因次形式表示表面总热流量为

$$Q^* = \frac{Q}{W\varepsilon\sigma T^4} = \frac{\int_0^w q(x_1)\,\mathrm{d}x_1}{W\varepsilon\sigma T^4} = \int_0^1 q^*(\xi_1)\,\mathrm{d}\xi_1 = \frac{1}{\rho}\left[1 - \varepsilon\int_0^1 J^*(\xi_1)\,\mathrm{d}\xi_1\right] \tag{6.66}$$

(2) 采用线性代数方程组逼近法。

在此例题中,积分方程式(6.63) 的核是一个较为复杂的函数形式,本章参考文献[32] 采用线性代数方程组逼近法求解有效辐射在表面上的分布,计算步骤如下。

第一步:利用复化梯形求积公式将积分式写成代数多项式。将积分区间 $[0,1]$ 按 $N$ 等分,取步长 $h=1/N$,节点数为 $j=0,1,2,\cdots,N$。积分式改写为

$$\int_0^1 \frac{J^*(\xi_2)\,\mathrm{d}\xi_2}{[(\xi_2-\xi_1)^2+\zeta^2]^{1.5}}$$

$$\approx \frac{0.5hJ^*(\xi_{2,0})}{[(\xi_{2,0}-\xi_1)^2+\zeta^2]^{1.5}} + \sum_{j=1}^{N-1}\frac{hJ^*(\xi_{2,j})}{[(\xi_{2,j}-\xi_1)^2+\zeta^2]^{1.5}} + \frac{0.5hJ^*(\xi_{2,N})}{[(\xi_{2,N}-\xi_1)^2+\zeta^2]^{1.5}}$$

$$\tag{6.67}$$

式(6.67) 同样应当满足在 $[0,1]$ 区间上的各点 $\xi_{1,i}(i=0,1,2,\cdots,N)$。由此,可将式(6.63) 改写成如下代数方程组:

$$J_0^* = 1 + \frac{0.25h\rho\zeta^2 J_0^*}{[(\xi_{2,0}-\xi_{1,0})^2+\zeta^2]^{1.5}} + \frac{0.5h\rho\zeta^2 J_1^*}{[(\xi_{2,1}-\xi_{1,0})^2+\zeta^2]^{1.5}} + \cdots + \frac{0.25h\rho\zeta^2 J_N^*}{[(\xi_{2,N}-\xi_{1,0})^2+\zeta^2]^{1.5}}$$

$$J_1^* = 1 + \frac{0.25h\rho\zeta^2 J_0^*}{[(\xi_{2,0}-\xi_{1,1})^2+\zeta^2]^{1.5}} + \frac{0.5h\rho\zeta^2 J_1^*}{[(\xi_{2,1}-\xi_{1,1})^2+\zeta^2]^{1.5}} + \cdots + \frac{0.25h\rho\zeta^2 J_N^*}{[(\xi_{2,N}-\xi_{1,1})^2+\zeta^2]^{1.5}}$$

$$\vdots$$

$$J_N^* = 1 + \frac{0.25h\rho\zeta^2 J_0^*}{[(\xi_{2,0}-\xi_{1,N})^2+\zeta^2]^{1.5}} + \frac{0.5h\rho\zeta^2 J_1^*}{[(\xi_{2,1}-\xi_{1,N})^2+\zeta^2]^{1.5}} + \cdots + \frac{0.25h\rho\zeta^2 J_N^*}{[(\xi_{2,N}-\xi_{1,N})^2+\zeta^2]^{1.5}}$$

$$\tag{6.68a}$$

注意上式中,$J^*(\xi_1)$ 与 $J^*(\xi_2)$ 为同一函数,为书写方便,用 $J^*(\xi_{1,i})=J^*(\xi_{2,i})=J_i^*$ 表示。若令 $f_i=1$ $(i=0,1,2,\cdots,N)$,式(6.68a) 也可以归纳为如下形式:

$$J_i^* = \sum_{j=0}^N a_{i,j}J_j^* + f_i \quad (i=0,1,2,\cdots,N) \tag{6.68b}$$

当 $j=0,j=N$ 时

$$a_{i,j} = \frac{0.25h\rho\zeta^2}{[(\xi_{2,j}-\xi_{1,i})^2+\zeta^2]^{1.5}}$$

当 $j=1,\cdots,N-1$ 时

$$a_{i,j} = \frac{0.5h\rho\zeta^2}{[(\xi_{2,j}-\xi_{1,i})^2+\zeta^2]^{1.5}}$$

第二步:求解线性代数方程组(6.68),可以选用 Jacobi 迭代、Gauss-Seidel(高斯－赛德尔)迭代、逐次超松弛／逐次亚松弛(SOR/SUR)迭代。若选用逐次超松弛／逐次亚松弛迭代,则第 $n$ 次迭代中节点 $i$ 的值可以表示为

$$J_i^{*(n)} = \bar{\omega}\bar{J}_i^{*(n)} + (1-\bar{\omega})J_i^{*(n-1)} \tag{6.69}$$

其中,$\bar{J}_i^{*(n)}$ 表示第 $n$ 次迭代中用 Gauss-Seidel 迭代所得之值。$\bar{\omega}$ 为松弛因子,$\bar{\omega}>1$ 为逐次超松弛迭代(SOR);$\bar{\omega}<1$ 为逐次亚松弛迭代(SUR);$\bar{\omega}=1,J_i^{*(n)}$ 就是 Gauss-Seidel 迭代的解。

第三步:在解方程组(6.68)的基础上,将所得有效辐射无因次参数分布 $J_0^*,J_1^*,\cdots,$ $J_N^*$ 代入式(6.64a)求无因次入射辐射沿表面的分布。再利用式(6.65)和式(6.66),计算沿表面的辐射热流密度分布和总热流量的值。

由式(6.63)可知,影响有效辐射及辐射热流密度分布的两个独立参量为反射率 $\rho$ 和几何参量 $\zeta=D/W$,故表 6.1 列出了在计算中选取了不同的 $\rho$ 与 $\zeta$ 的结果。由于有效辐射与热流密度相对平板中心完全对称分布,故表中所列为板的边沿($x_1/W=0$)到板中心($x_1/W=0.5$)的数据。

表 6.1　等温平行平板的无量纲有效辐射与热流密度分布

| $\zeta=D/W$ | $\rho$ | $x_1/W$ | 0 | 0.1 | 0.2 | 0.3 | 0.4 | 0.5 |
|---|---|---|---|---|---|---|---|---|
| 0.1 | 0.9 | $J^*$ | 2.924 4 | 4.835 1 | 6.028 0 | 6.716 9 | 7.081 4 | 7.195 8 |
| | | $q^*$ | 0.786 2 | 0.573 9 | 0.441 3 | 0.364 8 | 0.324 3 | 0.311 6 |
| | 0.5 | $J^*$ | 1.405 9 | 1.737 0 | 1.871 1 | 1.923 0 | 1.944 1 | 1.950 0 |
| | | $q^*$ | 0.594 1 | 0.263 0 | 0.128 9 | 0.077 0 | 0.055 9 | 0.050 0 |
| | 0.1 | $J^*$ | 1.053 7 | 1.092 2 | 1.103 8 | 1.107 1 | 1.108 3 | 1.108 6 |
| | | $q^*$ | 0.516 6 | 0.169 8 | 0.066 1 | 0.035 8 | 0.025 2 | 0.022 4 |

续表 6.1

| $\zeta = D/W$ | $\rho$ | $x_1/W$ | 0 | 0.1 | 0.2 | 0.3 | 0.4 | 0.5 |
|---|---|---|---|---|---|---|---|---|
| 0.5 | 0.9 | $J^*$ | 1.906 3 | 2.092 8 | 2.256 6 | 2.380 7 | 2.457 0 | 2.482 6 |
| | | $q^*$ | 0.899 3 | 0.878 6 | 0.860 4 | 0.846 6 | 0.838 1 | 0.835 3 |
| | 0.5 | $J^*$ | 1.322 1 | 1.387 0 | 1.443 0 | 1.484 8 | 1.510 2 | 1.518 6 |
| | | $q^*$ | 0.677 9 | 0.613 0 | 0.557 0 | 0.515 2 | 0.489 8 | 0.481 4 |
| | 0.1 | $J^*$ | 1.046 7 | 1.057 0 | 1.065 0 | 1.070 8 | 1.074 3 | 1.075 5 |
| | | $q^*$ | 0.571 6 | 0.487 1 | 0.415 2 | 0.362 4 | 0.330 9 | 0.320 5 |
| 1.0 | 0.9 | $J^*$ | 1.507 8 | 1.552 2 | 1.590 1 | 1.619 1 | 1.637 4 | 1.643 6 |
| | | $q^*$ | 0.943 6 | 0.938 6 | 0.934 4 | 0.931 2 | 0.929 2 | 0.928 5 |
| | 0.5 | $J^*$ | 1.223 0 | 1.242 4 | 1.259 0 | 1.271 7 | 1.279 6 | 1.282 3 |
| | | $q^*$ | 0.777 0 | 0.757 6 | 0.741 0 | 0.728 3 | 0.720 4 | 0.717 7 |
| | 0.1 | $J^*$ | 1.036 9 | 1.040 1 | 1.042 8 | 1.044 9 | 1.046 2 | 1.046 6 |
| | | $q^*$ | 0.668 1 | 0.639 3 | 0.614 7 | 0.596 0 | 0.584 2 | 0.580 2 |

（3）采用逐次迭代法。

由式（6.61）、式（6.65）可知，$J(x_1) = J(x_2), q(x_1) = q(x_2)$。引入无因次量 $\zeta = W/D, \chi = x/D, \unicode{x2129}(\chi) = J(\chi)/\sigma T^4$，可以化简控制积分（6.61）为

$$\unicode{x2129}(\chi) = \varepsilon + \frac{1-\varepsilon}{2} \int_0^\zeta \unicode{x2129}(\chi') \frac{\mathrm{d}\chi'}{[1+(\chi'-\chi)^2]^{1.5}}$$

设第一次估计初值 $\unicode{x2129}^{(1)} = \varepsilon$，通过代换得到第二次估计值

$$\unicode{x2129}^{(2)}(\chi) = \varepsilon \left\{ 1 + \frac{1-\varepsilon}{2} \int_0^\zeta \frac{\mathrm{d}\chi'}{[1+(\chi'-\chi)^2]^{1.5}} \right\}$$

$$= \varepsilon \left\{ 1 + \frac{1-\varepsilon}{2} \left[ \frac{\zeta-\chi}{\sqrt{1+(\zeta-\chi)^2}} + \frac{\chi}{\sqrt{1+\chi^2}} \right] \right\}$$

重复此过程，可以得到

$$\unicode{x2129}^{(3)}(\chi) = \varepsilon \left\{ 1 + \frac{1-\varepsilon}{2} \left[ \frac{\zeta-\chi}{\sqrt{1+(\zeta-\chi)^2}} + \frac{\chi}{\sqrt{1+\chi^2}} \right] \right.$$
$$\left. + \frac{(1-\varepsilon)^2}{4} \int_0^\zeta \left[ \frac{\zeta-\chi'}{\sqrt{1+(\zeta-\chi')^2}} + \sqrt{1+\chi'^2} \right] \frac{\mathrm{d}\chi'}{[1+(\chi'-\chi)^2]^{1.5}} \right\}$$

如此，最后的积分变得非常复杂。此时应停止，因为继续进行逐次积分必须采取数值方法。从上面的表达式可以清楚看到，序列中的项将以 $\varepsilon[(1-\varepsilon)\zeta]^n$ 衰减，也就是说，对于反射率很小和 $W/D$ 值很小的表面，没有必要进行连续迭代。一旦有效辐射确定下来，即可求得局部热流。下面的讨论仅限于 $\unicode{x2129}^{(2)}$（单逐次近似）：

$$\frac{q(\chi)}{\sigma T^4} = \frac{\varepsilon}{1-\varepsilon} [1 - \unicode{x2129}(\chi)] = \varepsilon - \frac{\varepsilon^2}{2} \left[ \frac{\zeta-\chi}{\sqrt{1+(\zeta-\chi)^2}} + \frac{\chi}{\sqrt{1+\chi^2}} \right] - \delta[\varepsilon^2(1-\varepsilon)\zeta^2]$$

其中，$\delta(z)$ 是"$z$ 的数量级"的简写。对于很小或者很大的 $\varepsilon$，正如被忽略项的数量级所预

测的,一次逐步近似的结果非常优秀。

**2. 例 6.4**

一两端开口,长为 $L$,半径为 $R$ 的圆管,取 $r$ 为圆管径向坐标,$X$ 为沿管长的轴向坐标,用 $x$ 或 $x'$ 表示圆管上任取一圆环到端部的距离,如图 6.14 所示。管壁温度为 $T_\mathrm{w}$,管外表面上加载均匀分布的热流 $q(x)$,管内是真空。假定管壁面为黑体,管两端的温度等于外部环境温度 $T_1$、$T_2$,并忽略管的导热,求壁面上的温度分布。

**解** (1)建立辐射能量方程。

引入无因次参数:$\xi = \dfrac{L}{2R}$,$\zeta = \dfrac{x}{2R}$,$\zeta' = \dfrac{x'}{2R}$。在圆管内表面 $x$ 处的单位圆环微元面积 $\mathrm{d}A_1$ 的辐射热流为 $\Phi_\mathrm{w}(\zeta) = \sigma T_\mathrm{w}^4(\zeta)$。传输给该圆环微元面积的能量包括以下 3 项。

① 外表面加载的均布热流 $q(\zeta)$。

② 圆管左、右两端的环境辐射热流 $q_1$ 和 $q_2$。圆管左、右两端的环境辐射可视为温度为 $T_1$ 和 $T_2$ 的黑体辐射,其辐射角系数就是端部圆面积到垂直于此圆面积的一个环形微元面积间的角系数。令 $\Phi_1 = \sigma T_1^4$,$\Phi_2 = \sigma T_2^4$;$X_{\mathrm{d}1\text{-}0}(x,\zeta)$ 表示 $x$ 处圆环 $\mathrm{d}A_1$ 对 $x=0$ 处端部圆面积的角系数,相对距离为 $x$;$X_{\mathrm{d}1\text{-}L}(L-x,\xi,\zeta)$ 表示 $x$ 处的圆环 $\mathrm{d}A_1$ 对 $x=L$ 处端部圆面积的角系数,相对距离为 $L-x$。则

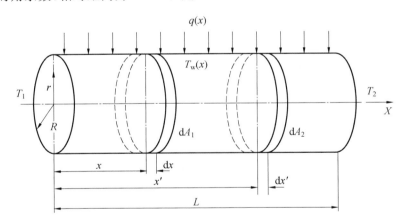

图 6.14　圆管内表面的辐射换热

$$X_{\mathrm{d}1\text{-}0}(x,\zeta) = \frac{0.5 + (x/2R)\,\zeta^2}{\sqrt{1 + (x/2R)^2}} - \frac{x}{2R} = \frac{0.5 + \zeta^2}{\sqrt{1 + \zeta^2}} - \zeta \tag{6.70}$$

$$X_{\mathrm{d}1\text{-}L}(L-x,\xi,\zeta) = \frac{0.5 + \left[(L-x)/2R\right]^2}{\sqrt{1 + \left[(L-x)/2R\right]^2}} - \frac{L-x}{2R} = \frac{0.5 + (\xi-\zeta)^2}{\sqrt{1 + (\xi-\zeta)^2}} - (\xi-\zeta) \tag{6.71}$$

$$q_1 = \sigma T_1^4 X_{\mathrm{d}1\text{-}0}(x,\zeta) = \Phi_1 X_{\mathrm{d}1\text{-}0}(x,\zeta) \tag{6.72}$$

$$q_2 = \sigma T_2^4 X_{\mathrm{d}1\text{-}L}(L-x,\xi,\zeta) = \Phi_2 X_{\mathrm{d}1\text{-}L}(L-x,\xi,\zeta) \tag{6.73}$$

③ 圆管内表面上除 $\mathrm{d}A_1$ 外,其他各圆环微元面积对 $\mathrm{d}A_1$ 的辐射热流。用 $\mathrm{d}A_2$ 代表其他圆环微元面积,且令 $z = |\zeta'-\zeta|$,则这部分热量应是所有圆环微元面积辐射的积分和,即

$$q_3 = \int_0^\zeta \Phi_\mathrm{w}(\zeta') K(\zeta - \zeta')\,\mathrm{d}\zeta' + \int_\zeta^\xi \Phi_\mathrm{w}(\zeta') K(\zeta' - \zeta)\,\mathrm{d}\zeta' \tag{6.74}$$

其中，　积分方程的核 $K(z) = K(|\zeta' - \zeta|) \equiv \dfrac{\mathrm{d}X_{\mathrm{d1-d2}}(x' - x, \zeta', \zeta)}{\mathrm{d}\zeta'}$；$\mathrm{d}X_{\mathrm{d1-d2}}(x' - x, \zeta', \zeta)$ 表示 $x$ 处圆环 $\mathrm{d}A_1$ 对 $x'$ 处圆环 $\mathrm{d}A_2$ 的角系数，相对距离为 $|x' - x|$，其表达式为

$$\begin{aligned}
\mathrm{d}X_{\mathrm{d1-d2}}(x' - x, \zeta', \zeta) &= \frac{1}{2R}\left\{1 - |x' - x|\frac{(x' - x)^2 + 6R^2}{[(x' - x)^2 + 4R^2]^{1.5}}\right\}\mathrm{d}x' \\
&= \left\{1 - \frac{|\zeta' - \zeta|^3 + 1.5|\zeta' - \zeta|}{[(\zeta' - \zeta)^2 + 1]^{1.5}}\right\}\mathrm{d}\zeta'
\end{aligned} \tag{6.75a}$$

或

$$K(z) = 1 - \frac{z^3 + 1.5z}{(z^2 + 1)^{1.5}} \quad (z \geqslant 0) \tag{6.75b}$$

因此，辐射能量平衡式为

$$\begin{aligned}
\Phi_\mathrm{w}(\zeta) = q(\zeta) &+ \Phi_1 X_{\mathrm{d1-0}}(x, \zeta) + \Phi_2 X_{\mathrm{d1-L}}(L - x, \xi, \zeta) \\
&+ \int_0^\zeta \Phi_\mathrm{w}(\zeta') K(\zeta - \zeta')\,\mathrm{d}\zeta' + \int_\zeta^\xi \Phi_\mathrm{w}(\zeta') K(\zeta' - \zeta)\,\mathrm{d}\zeta'
\end{aligned} \tag{6.76}$$

（2）解的叠加。

由于能量方程式（6.76）对 $\Phi$ 为线性，故可将积分方程的解看成 3 个基本解的叠加，如图 6.15 所示。

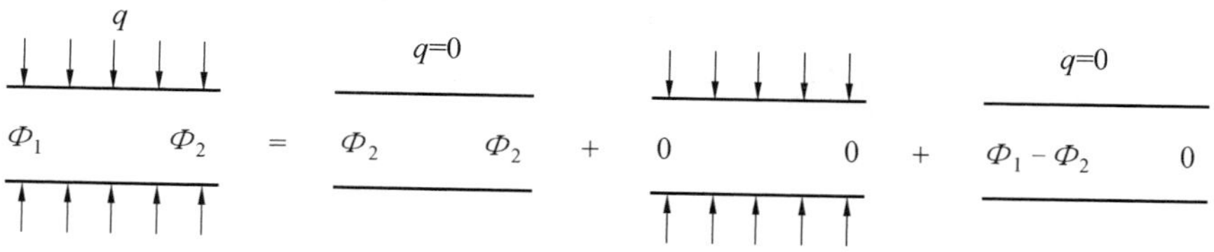

图 6.15　解的叠加示意图

第一种情况：周围环境温度全处于 $T_2$，且无外加热量，$q(\zeta) = 0$；此时，表面必然处于平衡态，$\Phi = \Phi_2$。

第二种情况：周围环境温度为 0 K，管壁上加载均布热流 $q(\zeta)$；假定这种情况下的解是 $\Phi_q(\zeta)$。

第三种情况：管一端的环境辐射力为 $\Phi_1 - \Phi_2$，且无外加热量，$q(\zeta) = 0$；假定当 $\Phi_1 - \Phi_2 = 1$ 时所得到的解用 $\Phi(\zeta)$ 表示。

设式（6.76）的解是上述 3 种情况的解的叠加：

$$\Phi_\mathrm{w}(\zeta) = \Phi_2 + \Phi_q(\zeta) + (\Phi_1 - \Phi_2)\Phi(\zeta) \tag{6.77}$$

本章参考文献[32]采用可分离核的近似法，分别求 $\Phi_q(\zeta)$ 与 $\Phi(\zeta)$ 的解。

将式（6.76）中的核 $K(z) = K(|\zeta' - \zeta|)$ 和角系数 $2X(z)$ 画出曲线，用曲线 1 表示指数函数 $G(z) = \mathrm{e}^{-2z}$，曲线 2 表示 $K(z) = 1 - \dfrac{z^3 + 1.5z}{(z^2 + 1)^{1.5}}$，曲线 3 表示 $2X(z) = 2\left(\dfrac{z^2 + 0.5}{\sqrt{z^2 + 1}} - z\right)$，如图 6.16 所示。可以发现它们具有指数函数的形状，曲线 2 与曲线 1、

曲线 3 与曲线 1 的细微差别如图 6.17 所示。因此,可以近似用一指数函数来表示 $K(z)$ 和 $2X(z)$。

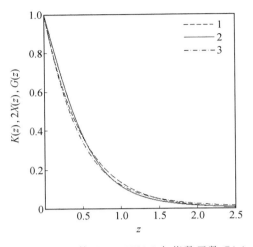

图 6.16　函数 $K(z),2X(z)$ 与指数函数 $G(z)$ 的比较　　　图 6.17　函数 $K(z),2X(z)$ 与指数函数 $G(z)$ 的差

（3）周围环境为 0 K,外加均布热流已知。

设管外表面加载的热流沿管长为均匀分布的常数（均布定常）,$q(\zeta)=q=\mathrm{const}$,环境温度 $T_1=T_2=0$,因此 $\Phi_1=\Phi_2=0$。令 $\Phi_q^*(\zeta)=\Phi_q(\zeta)/q$,则式(6.76)可写成

$$\Phi_q^*(\zeta)=1+\int_0^\zeta \Phi_q^*(\zeta')K(\zeta-\zeta')\,\mathrm{d}\zeta'+\int_\zeta^\xi \Phi_q^*(\zeta')K(\zeta'-\zeta)\,\mathrm{d}\zeta' \qquad (6.78)$$

令

$$K(z)\approx \mathrm{e}^{-\alpha z}$$

为了选择常数 $\alpha$,考察一无限长等温黑体圆柱形空腔,其内表面上任一微元面积辐射热平衡的条件为

$$\sigma T^4=\int_{-\infty}^{+\infty}\sigma T^4 K(|\zeta'-\zeta|)\,\mathrm{d}\zeta'=2\sigma T^4\int_0^\infty K(|\zeta'-\zeta|)\,\mathrm{d}\zeta'$$

或

$$\int_0^\infty K(|\zeta'-\zeta|)\,\mathrm{d}\zeta'=\int_0^\infty K(z)\,\mathrm{d}z=0.5$$

由图 6.16,$K(z)$ 与指数曲线以下的面积应近似相等,即

$$\int_0^\infty \mathrm{e}^{-\alpha z}\,\mathrm{d}z=\int_0^\infty K(z)\,\mathrm{d}z=0.5$$

得 $\alpha=2$。将 $K(z)\approx \mathrm{e}^{-2z}$ 代入式(6.78),得

$$\Phi_q^*(\zeta)=1+\frac{1}{\mathrm{e}^{2\zeta}}\int_0^\zeta \Phi_q^*(\zeta')\,\mathrm{e}^{2\zeta'}\,\mathrm{d}\zeta'+\mathrm{e}^{2\zeta}\int_\zeta^\xi \Phi_q^*(\zeta')\,\mathrm{e}^{-2\zeta'}\,\mathrm{d}\zeta' \qquad (6.79)$$

可分离核的近似法的优点明显,由于利用了指数近似核,并将核分离为两部分,包含 $\zeta$ 的量都提到积分号外,则方程的求解就变得容易了。将式(6.79)微分两次,并与式(6.79)的 4 倍相减,得一微分方程式

$$\frac{\mathrm{d}^2 \Phi_q(\zeta)}{\mathrm{d}\zeta^2} = -4 \tag{6.80}$$

式(6.80)的一般解为

$$\Phi_q^*(\zeta) = -2\zeta^2 + c_1\zeta + c_2 \tag{6.81}$$

由对称性条件,$\zeta = \dfrac{\xi}{2}, \dfrac{\mathrm{d}\Phi_q^*}{\mathrm{d}\zeta} = 0$,得 $c_1 = 2\xi$。

为了求得 $c_2$,根据 $\zeta = 0$ 及 $\zeta = \xi$ 计算积分方程式(6.79),并利用 $T_w(0) = T_w(\xi)$,得到边界条件:

$$\int_0^\xi \Phi_q^*(\zeta')\, \mathrm{e}^{-2\zeta'}\, \mathrm{d}\zeta' = \mathrm{e}^{-2\xi} \int_0^\xi \Phi_q^*(\zeta')\, \mathrm{e}^{2\zeta'}\, \mathrm{d}\zeta'$$

将 $\Phi_q^*(\zeta) = -2\zeta^2 + 2\xi\zeta + c_2$ 代入此边界条件,得 $c_2 = \xi + 1$。因此最后得

$$\Phi_q^*(\zeta) = \xi + 1 + 2(\zeta\xi - \zeta^2) \tag{6.82}$$

式(6.82)即为由可分离核近似法得到的积分方程式(6.78)的解。

(4) 外加热流量 $q = 0$,一端加热的情况。

现在考虑无外加热流量,且管子一端为 0 K,另一端辐射力为 1 的情况。此时,$q = 0$,$\Phi_2 = 0, \Phi_1 = 1$,式(6.76)简化为

$$\Phi(\zeta) = X_{d1-0}(x, \zeta) + \int_0^\zeta \Phi(\zeta') K(\zeta - \zeta')\, \mathrm{d}\zeta' + \int_\zeta^\xi \Phi(\zeta') K(\zeta' - \zeta)\, \mathrm{d}\zeta' \tag{6.83}$$

仍令 $K(z) \approx \mathrm{e}^{-2z}$。由式(6.70)可知,上式中角系数 $X_{d1-0}(x, \zeta) = \dfrac{0.5 + \zeta^2}{\sqrt{1 + \zeta^2}} - \zeta$;从图6.16和图 6.17 可知,$2X_{d1-0}(x, \zeta)$ 也可用指数函数表示。故令 $2X_{d1-0}(x, \zeta) \approx \mathrm{e}^{-\beta\zeta}$,根据曲线以下面积相等:

$$2\int_0^\infty X_{d1-0}(x, \zeta)\, \mathrm{d}\zeta = \int_0^\infty \mathrm{e}^{-\beta\zeta}\, \mathrm{d}\zeta$$

得到 $\beta = 2$。由此得到 $X_{d1-0}(x, \zeta) \approx 0.5\mathrm{e}^{-2\zeta}$,代入式(6.83),得

$$\Phi(\zeta) = \frac{1}{2}\mathrm{e}^{-2\zeta} + \mathrm{e}^{-2\zeta} \int_0^\zeta \Phi(\zeta')\, \mathrm{e}^{2\zeta'}\, \mathrm{d}\zeta' + \mathrm{e}^{2\zeta} \int_\zeta^\xi \Phi(\zeta')\, \mathrm{e}^{-2\zeta'}\, \mathrm{d}\zeta' \tag{6.84}$$

将此积分方程微分两次并减去 4 倍的 (6.84) 式,得一微分方程式

$$\frac{\mathrm{d}\Phi(\zeta)}{\mathrm{d}\zeta} = 0 \tag{6.85}$$

此微分方程的一般解为

$$\Phi(\zeta) = c_3\zeta + c_4 \tag{6.86}$$

将 $\zeta = 0$ 及 $\zeta = \xi$ 代入式(6.84),得到两个边界条件

$$\Phi(0) = 0.5 + \int_0^\xi \Phi(\zeta')\, \mathrm{e}^{-2\zeta'}\, \mathrm{d}\zeta', \quad \Phi(\xi) = 0.5\mathrm{e}^{-2\xi} + \mathrm{e}^{-2\xi} \int_0^\xi \Phi(\zeta')\, \mathrm{e}^{2\zeta'}\, \mathrm{d}\zeta'$$

利用这两个条件代入式(6.86)确定常数 $c_3$ 和 $c_4$,最后得到式(6.83)的解是

$$\Phi(\zeta) = \frac{1}{\xi + 1}(0.5 + \xi - \zeta) \tag{6.87}$$

(5) 综合起来,最终解的形式为 3 种解的叠加:

$$\Phi_w(\zeta) = \Phi_2 + q\Phi_q^*(\zeta) + (\Phi_1 - \Phi_2)\Phi(\zeta)$$

# 6.5　计算方法的近似性分析

实际工程中，由有限面组成的辐射换热系统内，各表面有效辐射均匀的情况很少见。所以如果用以表面有效辐射均匀假设为基础的各种计算方法，来求解这类系统的辐射换热，就会引起误差。这一误差是由计算原理的近似性产生的，并且在有些情况中误差还很大。本节以传热学教材内常出现的一经典问题为例，来说明此问题。

大球内腔壁与腔内小球间的辐射换热如图 6.18 所示。属于这种情况的实例有同心长套管中，内、外管壁间的辐射换热；置于房屋内的热物体受到屋内四壁的辐射冷却；电炉加热工件等。

设两球均为等温灰体，已知两面的温度、面积、发射率，求换热量。由传热学教材可知，其换热量为

$$Q = \frac{A_1(E_{b1} - E_{b2})}{\dfrac{1}{\varepsilon_1} + \left(\dfrac{1}{\varepsilon_2} - 1\right)\dfrac{A_1}{A_2}} \qquad ⑥$$

如将上例改为：一大球内套一同心球冠，如图 6.19 所示。两物体都是等温漫射灰体。球冠半径比大球的半径 $r$ 小一个无穷小量 $dr$。整个大球的内表面与球冠外表面之间的辐射换热不满足 $X_{1-2} = X_{d1-2}$，即不满足有效辐射均匀的限定。但是，如果以球冠底圆圆周 $a - a$ 为界，把它分成两个系统：一是 $A'_1$ 对 $A'_2$，一是 $A''_1$ 对 $A''_2$（图 6.19），则这两对面都符合上述限定条件。因为 $A'_1$ 与 $A'_2$ 间的间隙很小，可按无限大平板来计算；而 $A''_1$ 与 $A''_2$ 可按割圆与部分内球面来计算，故精确解为

$$Q = \frac{E_{b1} - E_{b2}}{\dfrac{1}{\varepsilon_1} + \dfrac{1}{\varepsilon_2} - 1}A'_1 + \frac{E_{b1} - E_{b2}}{\dfrac{1}{\varepsilon_1} + \left(\dfrac{1}{\varepsilon_2} - 1\right)\dfrac{A''_1}{A''_2}}A''_2 \qquad ⑦$$

如将两系统按一个系统计算，用式 ⑥ 得近似解为

$$Q' = \frac{A_1(E_{b1} - E_{b2})}{\dfrac{1}{\varepsilon_1} + \left(\dfrac{1}{\varepsilon_2} - 1\right)\dfrac{A_1}{A_2}} \qquad ⑧$$

其中，$A_1 = A'_1 + A''_1$，$A_2 = A'_2 + A''_2$。用 $\Delta = Q'/Q$ 来估计近似解的误差，由式 ⑦⑧ 可得

$$\Delta = \frac{1}{\left(\dfrac{A_2}{A_1\varepsilon_1} + \dfrac{1}{\varepsilon_2} - 1\right)\dfrac{1}{\left[\dfrac{A_2}{A'_1}\left(\dfrac{1}{\varepsilon_1} + \dfrac{1}{\varepsilon_2} - 1\right)\right] + \dfrac{1}{\left[\dfrac{A_2}{A''_1\varepsilon_1} + \left(\dfrac{1}{\varepsilon_2} - 1\right)\dfrac{A_2}{A''_2}\right]}}}$$

其中，$A'_2 \approx A'_1 = 2\pi rh$；$A''_1 = \pi(2rh - h^2)$；$A''_2 = 2\pi r(2r - h)$。令

$$a = \frac{r}{h}, \quad b = \varepsilon_1\left(\frac{1}{\varepsilon_2} - 1\right)$$

则

$$\Delta = \frac{1}{\dfrac{4a^2}{(4a - 1) + b}\left[\dfrac{1}{2a(1 + b)} + \dfrac{1}{\dfrac{2a^2}{a - 1} + \dfrac{2ab}{2a - 1}}\right]} \qquad ⑨$$

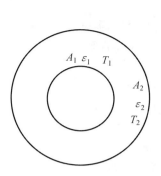
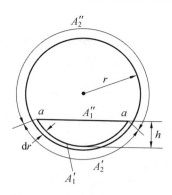

图 6.18　同心圆间的辐射　　　　图 6.19　大球与同心内球冠
　　　　　换热　　　　　　　　　　　　间的辐射换热

图 6.20 是式 ⑨ 的图示。由图可看出：当 $\varepsilon_1$ 及 $\varepsilon_2$ 都大于 0.8 时，$\Delta \leqslant 1.05$；当 $1 \leqslant b \geqslant 10$，且 $a \geqslant 5$ 时，则 $\Delta > 1.2$；有些情况下 $\Delta > 1.7$；由于本章所列的限制条件和角系数的条件一致，完全适合式（6.22）的两个面辐射换热几何系统如图 5.9 所示。

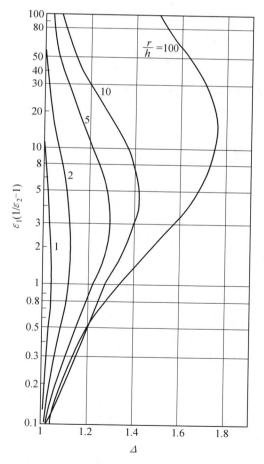

图 6.20　误差与几何尺寸、发射率的关系，$\Delta = f(r/h, \varepsilon_1[1/\varepsilon_2 - 1])$

# 6.6　非灰体、非漫射、特性随温度变化时的表面辐射换热

在前几节中,我们讨论的是灰体(热辐射特性与波长无关)、热辐射特性与温度无关、漫射体(漫发射、漫反射,热辐射特性与方向无关)的表面辐射换热情况。在许多实际问题中,上述的假设显然过于理想化,一是为了简化工程计算过程;二是由于缺乏各种材料表面热辐射特性随波长和方向变化的资料。如果具备这些资料及数据,同时计算本身又要求相当高的精度时,就需要考虑物体的热辐射特性随波长、温度、方向的变化。

## 6.6.1　热辐射特性随波长变化(非灰体)

对于漫发射、漫反射非灰体表面,角系数的概念还是有效的,因为角系数仅包含几何效应,并按照离开表面的漫辐射计算。

对于某一波长,入射能量 $Q_{\lambda,i}$ 与出射能量 $Q_{\lambda,o}$ 不一定相等,$Q_{\lambda,o}-Q_{\lambda,i}=Q_\lambda\neq 0$(见3.5节)。确切地说,一个绝热表面仅意味着辐射总能量的增益或损失为零:

$$Q=\int_0^\infty \left[Q_{\lambda,o}-Q_{\lambda,i}\right]\mathrm{d}\lambda=0$$

所以要用光谱物性与光谱能量来建立热平衡方程。以净热量法为例:某个由 $M_s$ 个面组成的封闭系统,写出 $j$ 面的辐射热平衡式、有效辐射式,即式(6.6)、式(6.7)应写成

$$Q_{\lambda,j}=\frac{\varepsilon_{\lambda,j}}{1-\varepsilon_{\lambda,j}}(E_{b\lambda,j}-J_{\lambda,j})A_j \quad (j=1,2,\cdots,M_s) \tag{6.88a}$$

$$J_{\lambda,j}=\varepsilon_{\lambda,j}\sigma T_j^4+(1-\varepsilon_{\lambda,j})\sum_{i=1}^{M_s}J_{\lambda,i}X_{j-i} \quad (j=1,2,\cdots,M_s) \tag{6.88b}$$

$j$ 面总热量为

$$Q=\int_0^\infty Q_{\lambda,j}\mathrm{d}\lambda \quad (j=1,2,\cdots,M_s) \tag{6.89}$$

物体表面、介质和粒子的热辐射特性随波长的变化,通常采用3种处理方法。

(1)假定物体表面、介质、粒子为灰体、灰介质、灰粒子,这是最简单的方法,但是计算误差大。

(2)采用平均当量参数代替对波长有选择性的热辐射特性参数,参见3.5.1节。

(3)采用谱带近似法,参见3.5.2节。在要求计算精度较高的情况下,常采用谱带近似法。当谱带数目 $M_b$ 取得足够多,则每一谱带的间隔 $\Delta\lambda_k$ 足够小;极限时 $M_b\to\infty$,$\Delta\lambda_k\to 0$,即为单色分析。概括起来,划分 $M_b$ 个谱带的计算,将比全波长灰体的近似分析计算量大 $M_b-1$ 倍。

两块相互平行的无限大钨板组成的辐射系统,一块为4 000 K,另一块为2 000 K;钨的半球发射率如图6.21所示。根据其光谱发射率变化的情况划分谱带,即两个面的光谱发射率变化较小区,可将谱带划分得宽一些,反之则窄一些。根据此原则,可将其分为7个谱带,图中 $\lambda>20~\mu\mathrm{m}$ 也是一个谱带,只是其 $\varepsilon\approx 0$。由普朗克定律可知,黑体的光谱辐射力随波长的变化很剧烈,所以当系统温差较大,各表面选择性较强时,若按灰体计算,会

引起较大误差。本章参考文献[51]对该钨板组成的辐射换热系统(2 000 ～ 4 000 K)进行了计算,其精确解为 3 000 kW/m²;7 个谱带近似解为 3 030 kW/m²,误差为 1%;如不考虑钨板的选择性,按全波长灰体近似计算,误差为 10%。

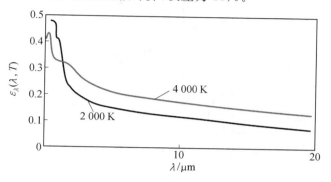

图 6.21　钨的半球发射率

650 ～ 700 K 下 KNO₃ 的光谱吸收系数如图 6.22 所示,其用 15 个谱带近似后如图 6.23 所示。

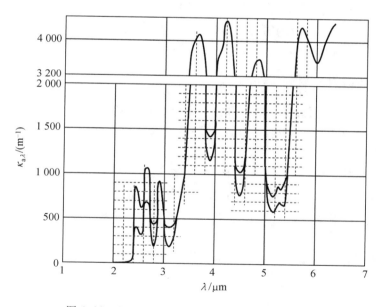

图 6.22　650 ～ 700 K 下 KNO₃ 的光谱吸收系数

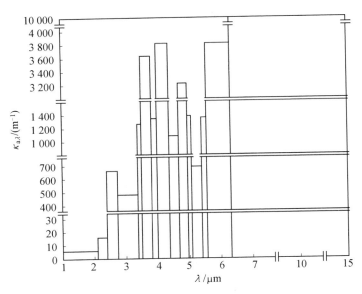

图 6.23　650～700 K 下 KNO₃ 的光谱吸收系数用 15 个谱带近似

对于一些特殊情况,如太阳能利用方面的一些热辐射计算,计算方式可以进一步简化,见 7.5.1 节的半灰体近似法。

### 6.6.2　热辐射特性随温度变化

如果封闭腔内各表面温度已知,此时尽管热辐射特性随温度变化,但只要用各表面温度下的热辐射特性发射率 $\varepsilon$、吸收率 $\alpha$、发射率 $\rho$ 代入方程式,则热辐射特性随温度变化的矛盾并不存在。

如果各表面温度未知,给出的是热流密度,即已知 $\varepsilon_{\lambda,j}(\lambda,T)$,$A_j$,$Q_j$,求 $T_j$,$\mathrm{d}G_{\lambda,j}(\lambda,T)$,$\mathrm{d}J_{\lambda,j}(\lambda,T)$,则热辐射特性随温度变化的矛盾突显。因为,表面热辐射特性取决于温度,于是辐射率也是未知的,所知的仅是 $\varepsilon_{\lambda,j}(\lambda,T)$。此时通常可采用迭代法求解:

(1) 首先对每个表面假设一个温度值;

(2) 计算各表面的 $\mathrm{d}G_{\lambda,j}(\lambda,T)$,$\mathrm{d}J_{\lambda,j}(\lambda,T)$;

(3) 积分求 $q_j(j=1,2,\cdots,n)$;

(4) 将所得结果与给定的热流值比较,如果精度满足要求则停止计算,否则选择新的温度值,回到步骤(2)。

### 6.6.3　热辐射特性随方向变化

非漫射面包括:镜反射面或部分漫反射加部分镜反射的情况;表面发射率与方向有关的情况;表面的吸收率和反射率与投射辐射的方向有关的情况。为了方便起见,此处暂不考虑光谱和温度的因素。

被透明介质隔开、有效辐射均匀的非漫射面间的辐射传热,由于热辐射特性与方向有关,需对立体角细分,然后积分。

两个宽为 $L$、无限长的平行非漫射灰表面间的热辐射传递如图 6.24 所示。在方向 $\theta_1,\varphi_1$ 上,离开微元面 $\mathrm{d}A_1$ 的辐射强度是由发射强度 $I_{1,\mathrm{e}}(\theta_1,\varphi_1)$ 和反射强度 $I_{1,\mathrm{r}}(\theta_1,\varphi_1)$ 所组成:

$$I_1(\theta_1,\varphi_1)=I_{1,\mathrm{e}}(\theta_1,\varphi_1)+I_{1,\mathrm{r}}(\theta_1,\varphi_1) \tag{6.90}$$

其中,发射强度可表示为

$$I_{1,\mathrm{e}}(\theta_1,\varphi_1)=\varepsilon_1(\theta_1,\varphi_1)I_{\mathrm{b1}}(T_1) \tag{6.91}$$

微元面 $\mathrm{d}A_1$ 在方向 $\theta_1,\varphi_1$ 上的反射强度,等于来自每个微元面 $\mathrm{d}A_2$ 入射在 $\mathrm{d}A_1$ 上的能量乘以光谱双向反射分布函数 BRDF(式(3.15)),然后再对来自 $A_2$ 入射在 $\mathrm{d}A_1$ 上的全部能量积分。即

$$I_{1,\mathrm{r}}(\theta_1,\varphi_1)=\int_{A_2}\mathrm{BRDF}(\theta_1,\varphi_1,\theta_2,\varphi_2)I_2(\theta_2,\varphi_2)\frac{\cos\theta_2\cos\theta_2}{s^2}\mathrm{d}A_2 \tag{6.92}$$

因此,离开微元面 $\mathrm{d}A_1$ 的辐射强度为

$$I_1(\theta_1,\varphi_1)=\varepsilon_1(\theta_1,\varphi_1)I_{\mathrm{b1}}(T_1)+\int_{A_2}\mathrm{BRDF}(\theta_1,\varphi_1,\theta_2,\varphi_2)I_2(\theta_2,\varphi_2)\frac{\cos^2\theta_2}{s^2}\mathrm{d}A_2 \tag{6.93}$$

对表面 2 上的任意微元面 $\mathrm{d}A_2$ 均可写出类似的方程,其结果是一对很复杂的耦合的积分方程组,该方程组必须对两个表面上的每一点、每个方向求解 $I(\theta,\varphi)$。

若同时考虑热辐射特性随波长、温度和方向的变化,则需要将 6.6.1 节、6.6.2 节和本节所述内容耦合,但实际计算起来较困难。

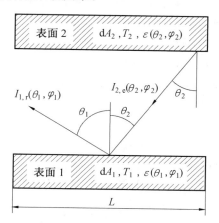

图 6.24　具有有限宽度 $L$、无限长、平行的、有方向特性表面间的辐射交换

### 6.6.4　热辐射特性与入射光的偏振性

在有激光参与的辐射换热系统中,表面的热辐射特性常与入射光的偏振性有关,但是热辐射特性与射线偏振性的关系的相关研究较少。本章参考文献[54,55]对镜反射率进行了研究。具体如下。

**1. 镜反射率的两种确定方法**

镜反射率由 Fresnel 反射定律和 Snell 折射定律确定，对于非偏振的辐射入射，镜反射率目前有如下两种确定方法。

(1) 本章参考文献[54] 将非偏振的辐射入射分解成两个彼此相等、平行于入射面偏振和垂直于入射面偏振的分量，分别跟踪该两分量在介质层中的传递。设 $n_i < n_j$（$n_i$ 和 $n_j$ 分别为介质 $i$ 和介质 $j$ 的折射率），当射线从介质 $i$ 向介质 $j$ 入射时，交界面的反射率的表达式如下。对于平行于入射面偏振的入射波：

$$\rho_{/\!/}(\theta)_{ij} = [\tan(\theta - \theta_t)/\tan(\theta + \theta_t)]^2 \tag{6.94a}$$

对于垂直于入射面偏振的入射波（下标"$ij$"的书写顺序表示射线的入射方向）：

$$\rho_\perp(\theta)_{ij} = [\sin(\theta - \theta_t)/\sin(\theta + \theta_t)]^2 \tag{6.94b}$$

式中　　$\theta$—— 介质 $i$ 中的入射角；

　　　　$\theta_t$—— 介质 $j$ 中的折射角。

且

$$\theta_t = \arcsin(n_i \sin\theta/n_j) \tag{6.95}$$

当射线反方向以 $\theta_t$ 角入射时，若 $\theta_t < \arcsin(n_i/n_j)$，则

$$\rho_{/\!/}(\theta_t)_{ji} = \rho_{/\!/}(\theta)_{ij} \tag{6.96a}$$

$$\rho_\perp(\theta_t)_{ji} = \rho_\perp(\theta)_{ij} \tag{6.96b}$$

若 $\theta_t \geqslant \arcsin(n_i/n_j)$，则全反射发生：

$$\rho_{/\!/}(\theta_t)_{ji} = \rho_\perp(\theta_t)_{ji} = 1 \tag{6.96c}$$

(2) 文献[56-61] 没有把非偏振的辐射入射分解成两个偏振分量，而是将两个偏振分量的反射率相加求平均值，即镜反射率采用下式计算：

$$\rho(\theta)_{ij} = 0.5[\rho_{/\!/}(\theta)_{ij} + \rho_\perp(\theta)_{ij}]$$
$$= 0.5\{[\tan(\theta - \theta_t)/\tan(\theta + \theta_t)]^2 + [\sin(\theta - \theta_t)/\sin(\theta + \theta_t)]^2\} \tag{6.97}$$

当射线反方向以 $\theta_t$ 角入射时，若 $\theta_t < \arcsin(n_i/n_j)$，则

$$\rho(\theta_t)_{ji} = \rho(\theta)_{ij} \tag{6.98a}$$

否则

$$\rho(\theta_t)_{ji} = 1 \tag{6.98b}$$

**2. 两种处理方法的比较**

图 6.25 和图 6.26 给出了 $n_j/n_i = 2$ 和 4 时，反射率随入射方向的变化。

当 $n_j/n_i = 2$ 时，由图 6.25 可以看出：

(1) $\rho_\perp(\theta)_{ij}$ 随入射角 $\theta$ 的增大单调递增；$\rho_{/\!/}(\theta)_{ij}$ 随入射角 $\theta$ 的增大先递减直至与横坐标轴相交，然后再增大，且有 $\rho_\perp(\theta)_{ij} > \rho_{/\!/}(\theta)_{ij}$；$0.5[\rho_{/\!/}(\theta)_{ij} + \rho_\perp(\theta)_{ij}]$ 的值则位于前两者之间。

(2) $\rho_\perp(\theta)_{ji}$ 开始时随入射角 $\theta$ 的增大而增大，但当入射角大于临界角时其值突然变为 1；$\rho_{/\!/}(\theta)_{ji}$ 随入射角 $\theta$ 的增大先递减，在与横坐标轴相交后突然增大至 1；当入射角 $\theta$ 小于临界角时，$\rho_{/\!/}(\theta)_{ji} < 0.5[\rho_{/\!/}(\theta)_{ji} + \rho_\perp(\theta)_{ji}] < \rho_\perp(\theta)_{ji}$；当 $\theta$ 大于临界角时各反射率值均为 1。

(3) $\rho_{/\!/}(\theta)_{ij}$ 和 $\rho_{/\!/}(\theta)_{ji}$ 与横坐标轴的交点所指示的角为 Brewster 角（Brewster 角在

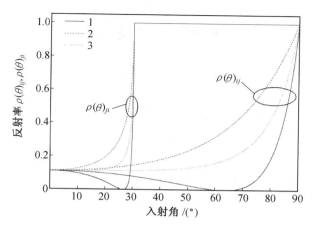

图 6.25　入射角对镜反射率的影响 $n_j/n_i = 2$

曲线 1—$\rho_{ij}(\theta)$；曲线 2—$\rho_\perp(\theta)$；曲线 3—$0.5[\rho_{//}(\theta) + \rho_\perp(\theta)]$

激光技术上有运用），来自这个入射角的反射辐射都是垂直偏振的。

如图 6.26 所示，当 $n_j/n_i = 4$ 时，垂直入射的反射率（即 $\theta = 0$）相比图 6.25 增大，交界面的反射和全反射亦更加剧烈。

由图 6.25 和图 6.26 可以看出，垂直入射（$\theta = 0$）时各反射率均相等，交界面的反射随 $n_j/n_i$ 的增大而增强，且交界面对该两偏振分量的反射存在很大差别。

由上述分析可以看出，当入射角及 $n_j/n_i$ 值变化时，该两偏振分量的镜反射率的变化十分复杂，特别是平行分量的反射率变化尤其复杂。第一种方法充分考虑到了该两偏振分量在辐射传递过程中的差别，因此跟第二种方法相比，第一种方法能更准确地反映镜反射的辐射传递规律。

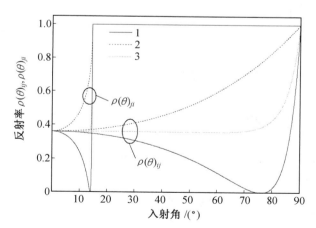

图 6.26　入射角对镜反射率的影响 $n_j/n_i = 4$

曲线 1—$\rho_{ij}(\theta)$；曲线 2—$\rho_\perp(\theta)$；曲线 3—$0.5[\rho_{//}(\theta) + \rho_\perp(\theta)]$

# 本章参考文献

[1] 葛新石,龚堡,俞善庆.太阳能利用中的光谱选择性涂层[M].北京:科学出版社,1980.

[2] 杨贤荣,马庆芳,原庚新,等.辐射换热角系数手册[M].北京:国防工业出版社,1982.

[3] 余其铮,葛蔚,谈和平,等.连续红外加热炉的加热均匀性[J].工业加热,1993,22(4):7-11.

[4] 唐明,张东辉,余其铮,等.具有二维反射罩的红外加热系统均匀性分析[J].应用红外与光电子学,1994,(2):1-5.

[5] 范宏武,李炳熙,杨励丹,等.二维真空系中壁面辐射热负荷反问题[J].热能动力工程,2000,15(2):104-106,194.

[6] 王志峰.抛物跟踪式太阳高温集热器的研究[J].太阳能学报,2000,21(1):69-76.

[7] 侯宏娟,王志峰,王如竹,等.平板型太阳集热器热性能的快速测试方法研究[J].太阳能学报,2004,25(3):310-314.

[8] 王志峰,杨军.带有平面反射板的全玻璃真空集热管表面能流分析[J].太阳能学报,2005,26(2):281-287.

[9] 隋军,金红光,林汝谋,等.太阳能甲醇分解能量转换机理实验研究[J].工程热物理学报,2005,26(3):361-364.

[10] 闵桂荣.卫星热控制技术[M].北京:宇航出版社,1991.

[11] 闵桂荣,郭舜.航天器热控制[M].2版.北京:科学出版社,1998.

[12] 李万林,张桂兰.航天器在上升段的空间辐射外热流计算[J].中国空间科学技术,1984,4(2):17-21.

[13] 胡金刚,潘增富,闵桂荣.具有周期热源变化的卫星不稳定热平衡试验方法的研究[J].宇航学报,1984,5(3):8-13.

[14] 潘增富,马式明.卫星瞬态温度场的计算分析[J].中国空间科学技术,1988,8(5):22-29.

[15] 翁建华,潘增富,闵桂荣.空间任意形状凸面的轨道空间外热流计算方法[J].中国空间科学技术,1994,14(2):11-18.

[16] 赵立新.空间光学遥感器外遮光罩的地球红外反照辐射的随机模拟计算[J].光学精密工程,1996,4(4):16-22.

[17] 贾阳.航天器瞬态温度场仿真研究[D].北京:中国空间技术研究院,2003.

[18] 余其铮,唐明,谈和平.星载扫描仪遮阳罩的杂光计算[J].运载火箭与返回技术,1991,12(2):56-62.

[19] 肖淑琴,夏新林,唐明,等.太阳光进入星载多光谱扫描仪引起的杂散光计算[J].航天返回与遥感,1995,16(4):20-32.

[20] 夏新林,谈和平,肖淑琴,等.空间光学系统中内部构件热辐射引起的谱段杂散辐射[J].航天返回与遥感,1996,17(1):22-31.

[21] 卢卫,李展,张建荣,等.星敏感器中遮光罩设计及结果模拟[J].光电工程,2001, 28(3):12-15,20.

[22] 程惠尔,杨卫华,施金苗,等.折叠状航天器太阳电池阵在轨热分析(Ⅱ):计算结果和分析[J].宇航学报,2002,23(2):6-10.

[23] 杨卫华,程惠尔,李瑞祥,等.抛罩—展开期间航天器太阳电池阵温度场的数值模拟[J].太阳能学报,2002,23(6):763-769.

[24] 阮立明,崔国民,王平阳,等.利用蒙特卡罗法求解坦克表面的太阳入射辐射[J].目标与环境特性研究,1997,(4):43-49.

[25] 谈和平,崔国民,阮立明,等.用区域分解算法结合蒙特卡罗法求坦克温度场和红外辐射出射度[J].工程热物理学报,1998,19(3):340-344.

[26] 谈和平,崔国民,阮立明,等.地物目标红外热像理论建模中的蒙特卡罗法与并行计算[J].红外与毫米波学报,1998,17(6):417-423.

[27] 魏玺章,黎湘,庄钊文,等.红外目标温度场及辐射通量的计算[J].系统工程与电子技术,1999,21(9):13-14,77.

[28] 沈国土,杨宝成,蔡继光,等.具有厚壳结构的海面目标红外热像模拟[J].红外与毫米波学报,2003,22(2):91-95.

[29] 谈和平,夏新林,刘林华,等.红外辐射特性与传输的数值计算:计算热辐射学[M].哈尔滨:哈尔滨工业大学出版社,2006.

[30] 余其铮.辐射换热原理[M].哈尔滨:哈尔滨工业大学出版社,2000.

[31] 杰姆斯·苏塞克.传热学(上册)[M].俞佐平,裘烈钧,李承欧,等译.北京:人民教育出版社,1980.

[32] 卞伯绘.辐射换热的分析与计算[M].北京:清华大学出版社,1988.

[33] OPPENHEIM A K. Radiation analysis by the network method[J]. ASME J. Fluids Engineering,1956,78(4):725-735.

[34] TAO W Q,SPARROW E M. Ambiguities related to the calculation of radiant heat exchange between a pair of surfaces[J]. Int. J. Heat and Mass Transfer,1985, 28(9):1786-1787.

[35] MODEST M F. Radiative heat transfer. 3th ed[M]. New York:Academic Press, 2013.

[36] BREWSTER M Q. Thermal radiative transfer and properties[M]. New York:John Wiley & Sons,1992.

[37] 潘增富.整星稳态温度的热网络分析方法[J].中国空间科学技术,1987,7(6): 37-44.

[38] TAN H P,LALLEMAND M. Transient radiative-conductive heat transfer in flat glasses submitted to temperature, flux and mixed boundary conditions[J]. Int. J. Heat and Mass Transfer,1989,32 (5):795-810.

[39] 夏新林,余其铮,谈和平.用改进的射线踪迹法分析含漫射表面的半透明体表观光谱发射特性[J].计算物理,1997,14(4-5):622-623.

［40］数学手册编写组.数学手册［M］.北京:高等教育出版社,1979.

［41］恰贝斯.积分方程简明教程［M］.刘家琦,译.哈尔滨:哈尔滨工业大学出版社,1985.

［42］SPARROW E M. Radiation Heat Transfer between Surfaces［M］//EDS H J P,
IRVINE J T F. Advances In Heat Transfer:Vol. 2. New York:Acadamic Press,
1965.

［43］郭大钧,孙经先.非线性积分方程［M］.济南:山东科学技术出版社,1987.

［44］SPARROW E M. Application of variational methods to radiation heat-transfer
calculations［J］. ASME J. Heat Transfer,1960,82(4):375-380.

［45］SPARROW E M,HAJI-SHEIKH A. A generalized variational method for
calculatin gradiant interchange between surfaces［J］. ASME J. Heat Transfer,
1965,87(1):103-109.

［46］ÖZISIK M N. Radiative transfer and interactions with conduction and
convection［M］. New York: John Wiley & Sons,Inc. ,1973.

［47］MODEST M F. Radiative heat transfer［M］. 2nd. New York: Academic Press,
2003.

［48］陶文铨.数值传热学［M］. 2 版.西安:西安交通大学出版社,2001.

［49］杨世铭,陶文铨.传热学［M］.3 版.北京:高等教育出版社,1998.

［50］JAKOB M. Heat transfer: Vol 2［M］. New York:John Wiley & Sons,1949.

［51］西格尔,豪威尔.热辐射传热［M］. 2 版.曹玉璋,黄素逸,陆大有,等译.北京:科学出
版社,1990.

［52］TAN H P,FERRE M,LALLEMAND M. Transfert radiatif dans $NO_3K$ fondu et
la fonte vitreuse de $B_2O_3$［J］. Rev. Phys. Appl. ,1987,22(2):125-138.

［53］TAN H P,LALLEMAND M. Radiative heat transfer in molten potassium nitrate
and glassy melts of boric oxide［J］. High Temperature-High Pressure,1987,19:
417-424.

［54］SIEGEL R,SPUCKLER C M. Effects of refractive index and diffuse or specular
boundaries on a radiating isothermal layer［J］. ASME J. Heat Transfer,1994,
116(3):787-790.

［55］罗剑峰.镜漫反射下多层吸收散射性介质内的瞬态耦合换热［D］.哈尔滨:哈尔滨工
业大学,2002.

［56］DOUGHERTY R L. Radiative transfer in a semi-infinite absorbing/scattering
medium with reflective boundary［J］. J. Quant. Spectrosc. Radia. Transfer,
1989,41(1):55-67.

［57］SCHWANDER D,FLAMANT G,OLALDE G. Effects of boundary properties on
transient temperature distributions in condensed semitransparent media［J］. Int.
J. Heat and Mass Transfer. 1990,33(8):1685-1695.

［58］SU M H,SUTTON W H. Transient conductive and radiative heat transfer in a
silica window［J］. J. Thermophysics and Heat Transfer,1995,9(2):370-373.

[59] GANAPOL B D. Radiative transfer in a semiinfinite medium with a specular reflecting boundary[J]. J. Quant. Spectrosc. Radiat. Transfer,1995,53(3): 257-267.

[60] LIU C C,DOUGHERTY R L. Anisotropically scattering media having a reflective upper boundary[J]. J. Thermophysics and Heat Transfer. 1999,13(2):177-184.

[61] ABULWAFA E M. Conductive-radiative heat transfer in an inhomogeneous slab with directional reflecting boundaries[J]. J. Phys. D:Applied Physics. 1999, 32(14):1626-1632.

[62] 茆磊,叶宏. 采用辐射热阻网络法对热光伏系统热分析[J]. 太阳能学报,2010, 31(1):50-55.

# 本 章 习 题

1. 有一无限长的、由 3 个面组成的空腔,截面为三角形。已知各面的面积分别为 $A_1$、$A_2$、$A_3$;面 1 的温度与发射率为 $T_1$、$\varepsilon_1$;面 2 的热流密度与发射率为 $q_2$、$\varepsilon_2$;面 3 是绝热面。试求 $q_1$、$T_2$ 及 $T_3$。

2. 一立方灰体空腔边长为 $a$,面 1 与面 2 相邻(有一共同边),已知它们的温度及发射率,其他面为绝热面。求面 1 与 2 的辐射换热量。

3. 一长度为 $L$ 的圆管,直径为 $D$,两端开口,环境温度为 0 K,外表面绝热,沿管内壁均匀受热 $q = \mathrm{const}$,如图 6.27 所示。求该管的温度分布。

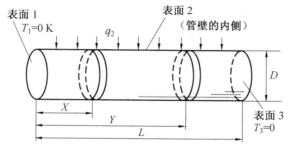

表面 1
$T_1 = 0\,\mathrm{K}$
$q_2$
表面 2
(管壁的内侧)
$D$
$X$
$Y$
$L$
表面 3
$T_3 = 0$

图 6.27

4. 两同心球间有一层薄遮热板,如图 6.28 所示。已知:半径 $R_1$、$R_2$;表面温度 $T_1$、$T_2$ 及发射率 $\varepsilon_1$、$\varepsilon_2$、$\varepsilon_s$。试证明(式中下标"$a$""$b$"表示 1 或 2 或 $s$): $\dfrac{Q_{有遮热板}}{Q_{无遮热板}} =$

$\dfrac{G_{12}}{(R_1/R_2)^2 G_{s,2} + G_{1,s}}$ 其中,$G_{a,b} = \dfrac{1}{\varepsilon_a} + \left(\dfrac{R_a}{R_b}\right)^2 \left(\dfrac{1}{\varepsilon_b} - 1\right)$。

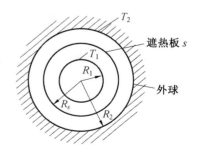

$T_2$
遮热板 $s$
$T_1$
$R_1$
外球
$R_s$
$R_2$

图 6.28

5. 两无限大平行平板,1 面的温度为 1 500 K,2 面的温度为 1 000 K,两面的发射率如图 6.29 所示,求两板的辐射换热。

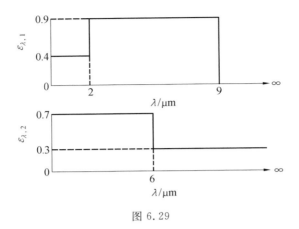

图 6.29

6. 一个面积为 $A_1$，温度为 $T_1$ 的等温灰体被完全包围在一个比它大得多的面积为 $A_2$ 的等温封闭腔中。问：从 $A_1$ 到 $A_2$ 由辐射传递的能量为多少？（$A_1$ 不能见到自身，即 $X_{1-1}=0$，且 $A_1$ 也不靠近 $A_2$ 的边界）

7. 如图 6.30 所示，一个圆台底部受热，顶部温度维持在 550 K 而侧面则完全绝热。假定表面 1 和 2 是漫射灰体，表面 3 为黑体。问：表面 1 的温度为多少？$\varepsilon_2$ 的重要性如何？

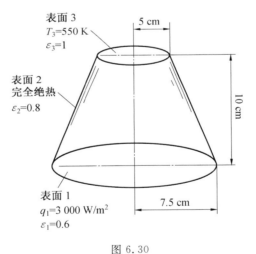

图 6.30

8. 试推导出用温度 $T_1$ 及 $T_2$（$T_1 > T_2$）来表示的两无限大平行平板（图 6.31）之间净辐射交换的表达式。

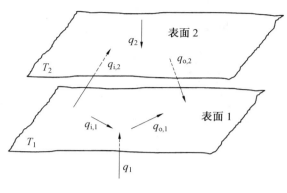

图 6.31

9. 对上题中平行平板的几何结构,若 $T_2$ 维持在给定的值,已知表面 1 的输入热量 $q_1$,问该表面将达到什么温度?

10. 试推导出图 6.32 所示两个同心漫射灰体圆球表面之间的净辐射交换计算式。(该两圆球各自具有均匀的温度)

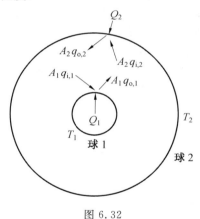

图 6.32

11. 假设有由 3 个表面组成的一个长封闭腔,如图 6.33 所示。由于封闭腔已足够长,所以在辐射热平衡中可以略去端部的影响。试确定:为维持 3 个表面温度在 $T_1$、$T_2$ 和 $T_3$,所需供给每个表面的热量(等于封闭腔中每个表面的净辐射交换损失)。

12. 图 6.33 所示的这种一般形式的封闭腔由 3 个平表面所组成,为简便起见,设封闭腔为无限长,因而热交换量不随长度而变化。表面 1 均匀受热,表面 2 处于均匀的温度,表面 3 为零度下的黑体。试问:为确定沿表面 1 的周界的温度分布,所需要的控制方程式有哪些?

13. 两个无限长的漫射灰体同心圆柱面被两层薄的同心漫射灰体遮热板所隔开,遮热板每一个表面的黑度均相同。

(1) 试推导出内外圆柱表面之间所传递热量的计算式,用表面温度及所需的辐射与几何特性来表示。(从内向外给表面命名,即内表面为 1,外表面为 4)

(2) 请用以下方式验证所导得的计算式:在合适的极限情况时,此式化为具有相同黑

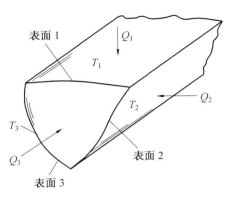

图 6.33

度的 4 块平行平板之间所传递热量的正确计算式。

（3）设内外圆柱表面的半径比为 1 : 3 : 5 : 7，且 $\varepsilon_1 = \varepsilon_4 = 0.5$，遮热板的 $\varepsilon_2 = \varepsilon_3 = 0.1$，试计算加入遮热板后传热量减少的百分数。

14. 有一个薄的灰体圆盘位于地球的轨道中，其两个表面的黑度均为 0.8。该圆盘正处于太阳辐射为垂直投射的情形下，（1）试确定圆盘的平衡温度（来自地球的辐射略去不计）。（2）假设有一块薄的遮热板，其两表面的黑度均为 0.1，按图 6.34 所示放置，试确定圆盘温度。（3）在以上两个计算中，若把圆盘黑度降低到 0.5，试确定其影响如何？（假设环境温度为 0 K，为了简化起见，不必将表面积再作细分）

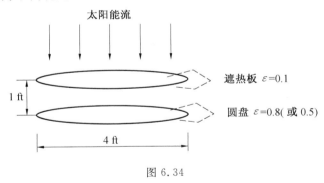

图 6.34

15. 有一个直径为 5 cm 的洞穿过炉膛的墙壁，炉内温度为 1 400 K。炉墙厚 15 cm，由耐火砖砌成。将炉墙的厚度均分为两个区域，试计算穿过该洞进入温度为 295 K 的房间内的辐射能。（墙壁的导热略去不计）

# 第7章  工程中的表面辐射换热分析

电炉、烤箱、烘道、人工黑体、某些工业炉等,若不考虑气体辐射,其中的辐射传热均属于固体表面辐射换热,可以用第6章介绍的方法来计算,但这些方法计算比较烦琐。当工程中对计算准确度要求不太高或工程在方案论证及设计阶段时,为了使计算简化,会引入一些新的参数。这些新参数并不是描述辐射换热普遍规律的基本参数,主要针对工程计算、工程应用,故本书称之为"工程计算参数"或"工程参数",第6章介绍的杰勃哈特法中的吸收因子、网络法中的辐射热阻等都具有这种性质。本章介绍工程中的表面辐射换热的分析与计算,所以又会提出一些新的工程参数,应当注意这些工程参数与基本参数的区别,不可混淆。这些特定的工程参数往往与这种计算方法的特点关系密切,方法巧妙之处及计算近似程度也可从分析这些参数的特点的过程中看出。

此外,从表面辐射换热计算的发展历史来看,由于生产发展的需要,在一个阶段对某一类产品的辐射换热集中进行研究,得出满足这一类产品设计或运行要求的辐射换热计算方法,可称为一个专题;同时或过一段时间又对另一类产品提出了另一个专题,并集中研究一段时间 …… 这样通过一个接一个专题的研究,表面辐射换热计算就逐渐地成熟了。这些专题有:不考虑气体辐射的工业炉内的辐射换热;通道的辐射传递特性;空腔的热辐射特性;肋片的热辐射;辐射节能技术;天空辐射能的应用;强化传热的辐射技术等。本章选择了一些专题,简明扼要地介绍它们工程计算的原理及特点,作为实例来说明固体表面辐射换热的工程应用。

## 7.1  工业炉辐射换热计算特点

工业炉的辐射换热计算已有专门书籍介绍,因此本节不考虑气体辐射,只从传热学角度阐述工业炉辐射换热计算的特点及原理。下面先介绍一个例题,再据此介绍其计算特点。

### 7.1.1  钢板在炉中的加热

钢板在炉中的加热最简单的情况如图7.1所示。钢板布满炉底,炉底绝热,炉墙是辐射热源,炉墙温度 $T_2$ 均匀,并且不随时间变化。钢板很薄,导热系数较大,故可简化为板内外温度一致,都等于 $T_1$。

若忽略炉墙散热损失,利用热平衡原理,则在 $dt$ 时间内,炉墙与钢板的辐射换热量等于钢板热容量的增加,即

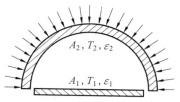

图7.1  钢板在炉中的加热

$$\varepsilon_s\sigma(T_2^4 - T_1^4)A_1 dt = Mc\,dT_1 \qquad (7.1)$$

式中    $M$—— 钢板质量;

$c$—— 钢板的比热容；

$A_1$—— 钢板的辐射面积；

$\varepsilon_s$—— 系统发射率。

令 $\varepsilon_1$、$\varepsilon_2$ 分别表示钢板与炉墙的发射率；$A_2$ 为炉墙的辐射面积。根据本例条件，由传热学教材（本章参考文献[5]）可知：

$$Q = \frac{A_1(E_{b1} - E_{b2})}{1/\varepsilon_1 + (1/\varepsilon_2 - 1)A_1/A_2}, \quad \varepsilon_s = \frac{1}{1/\varepsilon_1 + (1/\varepsilon_2 - 1)A_1/A_2} \tag{7.2}$$

对式（7.1）分离变量，得

$$\mathrm{d}t = \frac{Mc\,\mathrm{d}T_1}{\varepsilon_s \sigma A_1(T_2^4 - T_1^4)}$$

设：钢板的初温为 $T_1(0)$，$t$ 时刻的温度为 $T_1(t)$，对上式积分得

$$t = \int_0^t \mathrm{d}t = \frac{Mc}{\varepsilon_s \sigma A_1} \int_{T_1(0)}^{T_1(t)} \frac{\mathrm{d}T_1}{T_2^4 - T_1^4}$$

$$= \frac{0.25Mc}{\varepsilon_s \sigma A_1 T_2^3} \left[ \ln\frac{1 + T_1(t)/T_2}{1 - T_1(t)/T_2} + 2\tan^{-1}\frac{T_1(t)}{T_2} - \ln\frac{1 + T_1(0)/T_2}{1 - T_1(0)/T_2} - 2\tan^{-1}\frac{T_1(0)}{T_2} \right]$$

①

令 $P$ 为无量纲时间：$P = \dfrac{\varepsilon_s \sigma A_1 T_2^3}{100Mc}t$；利用 $P$，式 ① 可改写为无因次式。若 $T_1(0) \ll T_2$，则 $T_1(0)/T_2 \to 0$。此时，$T_1(t)/T_2$ 与 $P$ 的关系如图 7.2 所示。从图 7.2 及式 ① 可以看出：板的比热容减小，板的单位质量辐射面积 $A_1/M$ 的加大，$T_2$ 及 $\varepsilon_s$ 的增大（即辐射换热增强）都会使加热时间缩短，而壁温 $T_2$ 的影响尤其显著。在初始阶段 $P < 70$，$T_1(t)/T_2$ 与 $P$ 近似呈直线关系。

在一些加热炉内，对流传热的影响不能忽略，则在热平衡方程中必须加入对流项，这种情况下，有时也可用解析法求解（见本章参考文献[6]）。

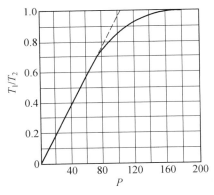

图 7.2　板的无量纲温度 $T_1(t)/T_2$ 与无量纲时间 $P$ 的关系

### 7.1.2　视在发射率及其在加热炉中的应用

如果在上述加热炉内加热的不是平板，而是方钢，如图 7.3 所示。方钢的长、高、宽分别为 $l$、$s_1$、$s_2$，$(l \gg s_1, l \gg s_2)$，并等距离地置于炉底，间距为 $a$，表面发射率为 $\varepsilon_1$。假设炉底

绝热,方钢表面等温,则该辐射换热封闭系统由 3 个面 —— 炉墙的热面、工件的冷面及炉底的重辐射面组成,并且后两种面是不连续的,其计算比两个面的系统复杂。为了简化计算过程,引入工程参数 —— 视在发射率(或称表观发射率、有效发射率),并将重辐射面并入冷面中,当成一个连续面考虑。这样就可以把 3 个面系统化成两个面系统。

方法如下:作假想面 $A_0$(图 7.3 中的虚线),并设假想面的温度等于工件表面的温度 $T_1$,发射率为视在发射率 $\varepsilon_0$,则炉墙与假想面的辐射换热流量 $Q$ 可按式(7.2)很容易地计算出来,即

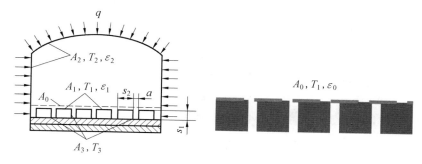

图 7.3　加热炉与工件间的辐射换热

$$Q = \varepsilon_s \sigma (T_2^4 - T_1^4) A_0, \quad \varepsilon_s = \frac{1}{1/\varepsilon_0 + (1/\varepsilon_2 - 1) A_0/A_2} \tag{7.3}$$

其中,下标"2"表示炉墙。由上式可知,求加热炉中工件辐射换热的关键是确定 $\varepsilon_0$。

假想面由两部分组成:一是方钢表面,其发射率为 $\varepsilon_1$;一是工件之间或工件与炉墙间的间隙空腔口,如图 7.4 所示。令空腔口面的视在发射率为 $\varepsilon_a$,则假想面的视在发射率 $\varepsilon_0$ 可近似按这两部分所占面积比例平均求得,即

$$\varepsilon_0 = \frac{\varepsilon_1 s_2}{s_2 + a} + \frac{\varepsilon_a a}{s_2 + a} \tag{7.4}$$

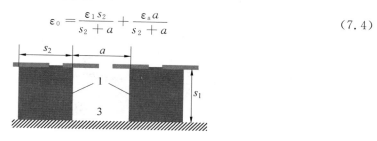

图 7.4　方钢侧面与绝热面组成的空腔

空腔口视在发射率 $\varepsilon_a$ 可根据腔口假想面吸收的辐射热量得出。腔口面积 $al$ 吸收的净热量 $Q_a$ 等于空腔的净吸热量 $Q_1$。腔口面净吸热量 $Q_a$ 可用腔口假想面内部热平衡式求出,即

$$Q_a = (\varepsilon_a G_a - \varepsilon_a E_{ba}) al = \varepsilon_a (G_a - E_{ba}) al$$

式中　$G_a$ —— 腔口假想面的投射辐射力;

　　　　$E_{ba}$ —— 腔口假想面的黑体辐射力(假想面为灰体,发射率等于吸收率)。

因为炉底是绝热面,空腔吸热量等于腔内方钢表面(即图 7.4 中的 1 面)的净吸热量,故

$$Q_1 = \varepsilon_1 (G_1 - E_{b1}) 2s_1 l$$

式中　　$G_1$——1 面的投射辐射力；

　　　　$E_{b1}$——1 面的黑体辐射力。

　　1 面与假想面温度相同，故 $E_{b1} = E_{ba}$。因为 $Q_a = Q_1$，代入上两式得

$$\varepsilon_a = \varepsilon_1 \frac{G_1 - E_{b1}}{G_a - E_{b1}} \cdot \frac{2s_1}{a} \tag{7.5}$$

接下来计算 $(G_1 - E_{b1})/(G_a - E_{b1})$。如图 7.4 所示，3 面为重辐射面，投射到 1 面的投射辐射可写成

$$G_1 \cdot 2s_1 l = G_a \cdot al \cdot X_{a-1} + G_a \cdot al \cdot X_{a-3} X_{3-1} + J_1 \cdot 2s_1 l \cdot X_{1-3} X_{3-1} + J_1 \cdot 2s_1 l \cdot X_{1-1}$$

| 投射到 | 腔口投射 | 腔口投射到 3 | 1 面投射到 3 | 1 面投射到 |
| 1 面的 | 到 1 面的 | 面，3 面全反射 | 面，3 面全反射 | 1 面本身的 |
| 能量 | 能量 | 到 1 面的能量 | 到 1 面的能量 | 能量 |

式中　　$X_{a-1}$——腔口面 a 对 1 面的角系数（其他角系数下标类同）；

　　　　$J_1$——1 面的有效辐射力。

　　$J_1$ 为

$$J_1 = \varepsilon_1 E_{b1} + (1 - \varepsilon_1) G_1$$

代入上式，经运算得

$$G_1 = \frac{G_a (X_{a-1} + X_{a-3} X_{3-1}) a/(2s_1) + \varepsilon_1 E_{b1} (X_{1-3} X_{3-1} + X_{1-1})}{1 - (1 - \varepsilon_1)(X_{1-3} X_{3-1} + X_{1-1})}$$

根据上式可得

$$G_1 - E_{b1} = \frac{G_a (X_{a-1} + X_{a-3} X_{3-1}) a/(2s_1) - E_{b1} [1 - (X_{1-3} X_{3-1} + X_{1-1})]}{1 - (1 - \varepsilon_1)(X_{1-3} X_{3-1} + X_{1-1})} \tag{7.6}$$

利用角系数的代数性质，可将上式化简。由角系数的相对性，可得

$$X_{1-3} = \frac{X_{3-1} a}{2s_1}$$

由角系数的完整性，且 $X_{1-3} = X_{1-a}$，可得

$$X_{1-1} = 1 - X_{1-3} - X_{1-a} = 1 - 2X_{1-3}, \quad X_{3-1} = 1 - X_{3-a}$$

因此

$$X_{1-3} X_{3-1} + X_{1-1} = \frac{X_{3-1}^2 a}{2s_1} + 1 - \frac{X_{3-1} a}{s_1} = 1 - \frac{(1 - X_{3-1}^2) a}{2s_1} \tag{①}$$

同理

$$X_{a-3} = X_{3-a}, \quad X_{a-1} = X_{3-1} = 1 - X_{3-a}$$

得

$$X_{a-1} + X_{a-3} X_{3-1} = 1 - X_{3-a} + X_{3-a}(1 - X_{3-a}) = 1 - X_{3-a}^2 \tag{②}$$

将式 ①② 代入式（7.6）可得

$$G_1 - E_{b1} = \frac{(G_a - E_{b1})(1 - X_{3-a}^2) a/(2s_1)}{1 - (1 - \varepsilon_1)[1 - (1 - X_{3-a}^2) a/2s_1]}$$

将上式代入式（7.5），即得腔口面的视在发射率为

$$\varepsilon_a = \frac{\varepsilon_1 (1 - X_{3-a}^2)}{1 - (1 - \varepsilon_1) [1 - (1 - X_{3-a}^2) a/(2s_1)]} = \frac{1}{1/(1 - X_{3-a}^2) + (1/\varepsilon_1 - 1) a/(2s_1)}$$

$$(7.7)$$

$X_{3-a}$ 可由代数分析法或查手册求得，为

$$X_{3-a} = \sqrt{1 + (s_1/a)^2} - s_1/a$$

将式(7.7)代入式(7.4)，即可得假想面 $A_0$ 的视在发射率 $\varepsilon_0$。为简化计算，在上述推导中假定：工件与炉墙间隙空腔口的视在发射率等于工件与工件间隙空腔口的视在发射率。

当 $a = 0$，即工件为钢板时，其与图 7.1 的情况类同。如果此时令工件与炉子的辐射换热量为 $Q^0$，则 $Q^0$ 可按式(7.2)计算。由式(7.4)可知，当 $a = 0$ 时：$\varepsilon_0 = \varepsilon_1$，即

$$Q^0 = \varepsilon_s^0 \sigma (T_2^4 - T_1^4) A_0, \quad \varepsilon_s^0 = \frac{1}{1/\varepsilon_1 + (1/\varepsilon_2 - 1) A_0/A_2}$$

$$(7.8)$$

利用式(7.3)、式(7.8)及式(7.4)、式(7.7)，可得工件间有间隙与无间隙时辐射换热量之比 $Q/Q^0$：

$$\frac{Q}{Q^0} = \frac{\varepsilon_s}{\varepsilon_s^0} = \frac{1/\varepsilon_1 + (1/\varepsilon_2 - 1) A_0/A_2}{1/\varepsilon_0 + (1/\varepsilon_2 - 1) A_0/A_2}$$

$$(7.9)$$

当 $\varepsilon_2 > 0.80, A_0/A_2 < 0.4$ 时：

$$\left( \frac{1}{\varepsilon_2} - 1 \right) \frac{A_0}{A_2} \ll 1$$

此时式(7.9)可简化为

$$\frac{Q}{Q^0} \approx \frac{\varepsilon_0}{\varepsilon_1}$$

$$(7.10)$$

如方钢截面为正方形，即 $s_1 = s_2 = s$，从式(7.4)、式(7.7)及式(7.10)可看出，$Q/Q^0$ 仅与 $\varepsilon_1$ 及 $a/s$ 有关，如图 7.5 所示。由该图可见，在炉底布满工件，并不一定能够提高炉子的加热效率。少放一些工件，使工件间有一定间隙，让热辐射投射到工件的侧面，有时反而能提高炉子的加热效率。对于正方形截面的方钢，当 $0.8 < \varepsilon_1 < 1$ 时，合理的间隙为 $a/s = 0.5$ 左右。工件表面发射率小时，间隙对换热的影响显著。

在计算假想面视在发射率时，假设间隙空腔是等温的。实际上，由于工件的遮蔽作用，间隙处的炉底部分，其中心温度较高，靠近工件处温度较低；且工件表面等温这一假设对于热扩散率很大的材料才正确，如果材料的热扩散率不大，则靠近炉底的工件表面温度要比正对炉膛的那面低。当考虑到这些因素时，间隙对换热的影响要比假设工件、炉底等温时更显著。

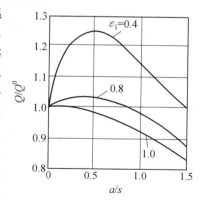

图 7.5　截面为正方形的工件的 $Q/Q^0 = f(a/s, \varepsilon_1)$

通过以上分析可以看出，从计算方法上讲，这个方法实质是将一个较复杂几何结构的辐射换热计算通过一定的简化，将难点分散，分解为 2 部分比较简单的计算：一部分为视在发射率的计算，另一部分为两个简单面的辐射换热计算，从而满足了工程计算的要求。

### 7.1.3　有效角系数及其在炉膛热力计算中的应用

除了用视在发射率使工程计算简化外,还有用有效角系数的方法。本节以苏联锅炉热力计算标准(我国基本上也应用此标准:《锅炉机组热力计算标准方法》(1973 年版))中的水冷壁角系数为例说明之。

炉膛的横截面如图 7.6(a) 所示,水冷管沿炉墙均匀布置。热源为炉膛中的火焰,冷源为水冷管排。如炉墙向外的散热忽略不计,则炉墙为重辐射面。这是一个具有介质辐射的辐射换热问题,它在 20 世纪 50 年代已奠定了基础,并在工程中获得应用。那时对介质热辐射的研究还不多,所以此方法具有很深的固体辐射换热计算的痕迹,它的原始公式类似两个表面辐射换热计算的公式,即

$$Q = \varepsilon_s \sigma (\overline{T}^4 - T_w^4) A_f \tag{7.11}$$

式中　　$\varepsilon_s$——炉膛的系统发射率,在计算标准中称为炉膛黑度,它考虑了火焰及受热面热辐射特性的影响;

$\overline{T}$——炉膛平均温度;

$T_w$——受热面平均壁温;

$A_f$——计算辐射受热面面积。

$\varepsilon_s$、$\overline{T}$、$T_w$ 主要通过实验得到,在计算标准中用一些综合参数表示,详见本章参考文献[3]。本节主要介绍计算辐射受热面面积 $A_f$,在式(7.11)中,主要考虑了水冷管与炉墙相对几何尺寸对辐射换热的影响。为了计算 $A_f$,计算标准中使用了有效角系数的概念,称之为水冷壁角系数 $\chi$,推导如下。

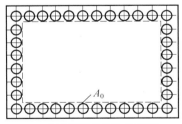

(a) 水冷管沿炉墙均匀布置

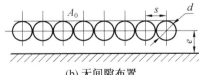

(b) 无间隙布置

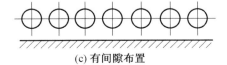

(c) 有间隙布置

图 7.6　炉膛内水冷壁管的布置

　　由于受热面的热辐射特性已在 $\varepsilon_s$ 中考虑了，所以可将水冷管面视为黑体。令 $A_0$ 为与水冷管排相切的假想面面积，如图 7.6 所示，并假定投射到 $A_0$ 与 $A_f$ 面上的投射辐射力是相同和均匀的。这样水冷壁角系数 $\chi$ 的定义为

$$\chi = \frac{投射到计算受热面 A_f 上的辐射能}{投射到假想面 A_0 上的辐射能} = \frac{A_f}{A_0} \tag{7.12}$$

　　从炉膛投射到水冷管面的能量可分为两部分：一部分直接投射到水冷管面；另一部分是穿过管间间隙投射到炉墙上，经过炉墙反射到水冷管面，如图 7.7 所示。所以水冷壁角系数分为两部分：

$$\chi = X + X_{fwt} \tag{7.13}$$

其中，$X$ 表示炉膛直接投射到水冷管上的能量占投射到面 $A_0$ 上的能量的百分数，由于炉膛对水冷管排投射的能量都通过 $A_0$ 面，所以 $X$ 就是 $s$ 面对相邻两管的角系数；$X_{fwt}$ 表示炉膛穿过管间间隙投射到墙上的辐射，经墙面反射到水冷管上的能量占投射到 $A_0$ 面上能量的百分数，是通过炉墙反射，炉膛对水冷管排的"角系数"。由此可看出，水冷壁角系数 $\chi$ 不是本书第 5 章所定义的传热学中的角系数，而是一个便于工程计算的工程参数 —— 有效角系数。

　　如图 7.8(a) 所示，$e$ 为管中心与炉墙的距离。当 $s/d$、$e/d$ 比较大时，穿过管间间隙的能量会比较均匀地投射到炉墙上，其份额为 $(1-X)$。此时，炉墙反射到水冷管排上的能量也比较均匀地通过 $a-a$ 面，这样 $a-a$ 面对管排的角系数等于 $A_0$ 面对管排的角系数 $X$，所以

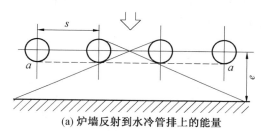

(a) 炉墙反射到水冷管排上的能量

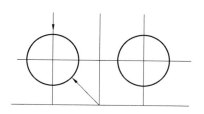

图 7.7　炉膛投射到水冷管上的两部分能量

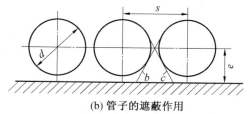

(b) 管子的遮蔽作用

图 7.8　水冷壁角系数

$$X_{fwt} = (1-X)X$$

代入式(7.13)，得

$$\chi = X(2-X) \tag{7.14}$$

　　当 $s/d$、$e/d$ 比较小时，由于管子的遮蔽作用，炉墙上只有 $b$、$c$ 面受到投射，如图 7.8(b) 所示，$b$、$c$ 与炉墙形成的区称为曝光区。此时炉墙反射到水冷管排的角系数不等于 $X$，它

与 $s/d$ 及 $e/d$ 有关。目前,锅炉热力计算标准方法中的水冷壁角系数就是考虑了曝光区,用代数分析法或作图法求出来的,推导时假定曝光区是等效辐射面。实际上,曝光区内的投射辐射、温度都是不均匀的,中间部分受到炉腔的投射辐射最强,温度也最高,越靠近曝光区边缘,投射辐射越弱,温度也越低。所以,在求角系数时,不能将曝光面当作一个等温面或等效辐射面来计算,应按非均温面来考虑。考虑此因素下水冷壁角系数的推导,要用积分方程,可参考本章文献[7]。但按非均温计算与按均温计算的最大偏差不超过±4%,对结果的影响不大。对于不同的工程问题,有效角系数及视在发射率有不同的定义式,并且在不同问题中还使用不同的名称。例如:有效角系数在锅炉炉腔问题中就用了水冷壁角系数的名称;视在发射率在人工黑体问题中就称为黑体腔发射率(或称黑体腔黑度、黑体腔黑度系数等)的名称。

# 7.2　空腔热辐射特性

外部的辐射能通过腔口进入空腔时,由于腔内部的多次反射与吸收,使空腔吸收的能量比面积等于腔口、吸收率等于腔内壁的平面吸收得多;对辐射能的发射也是如此,有的文献称这种现象为空腔效应。利用空腔效应可以制作人工黑体(或称黑体空腔)。人工黑体的发射率接近于 1,可作为发射的标准源,也可作为接收器,广泛用于温度、辐射热量、热辐射特性等的测量或定标中。20 世纪初就有人对此进行研究,现已形成一门自成系统的黑体空腔理论,它的发展也推动了表面辐射计算的发展。本节主要应用第 6 章的方法来计算几个简单的例题。

## 7.2.1　空腔视在发射率

空腔效应的强弱可用空腔的视在发射率(也称黑体空腔发射率或黑度)$\varepsilon_a$ 或空腔视在吸收率 $\alpha_a$ 表示。空腔的视在发射率可定义为:腔口发射出的能量与同温度、同形状、腔壁为黑体的空腔腔口发射出的能量之比。例如,用一个与空腔等温,与腔口等面积、同形状的黑体面,盖在腔壁为黑体的空腔腔口上,则两者组成了一个发射率到处等于 1 的黑体腔。由于盖与腔温度相同,无能量交换,所以黑体盖发射的能量等于黑体腔腔口发射的能量。这样,空腔视在发射率也可以定义为"空腔腔口发射出的能量与同温且与腔口等面积、同形状的黑体平面的辐射能量之比"。很多情况下腔口辐射出的能量是不均匀的,会随着方向角、腔口各点位置而变化,这是射向腔口的腔壁有效辐射不均匀所致。例如图 7.9 所示的圆柱形空腔,其底面的有效辐射与侧面不同,并且有效辐射沿表面的分布也不均匀,所以各处射向腔口的投射辐射也不相同。接收腔口射出的辐射能量的接受体的形状、大小、位置不同,接收到的辐射能量也不一样。从图 7.9 可看出,接受体 $A$ 只能接收到腔底 1 的辐射,而 $B$ 可接收到 2 范围内的辐射。由于 1 面及 2 面的有效辐射强度不同,所以位置 $A$、$B$ 处的空腔视在发射率也不一样。工程中需要的往往不仅是腔口的平均视在发射率,还要知道距腔口一定距离处的平均视在发射率,这种视在发射率是接受体可以看得见的腔壁视在发射率的平均。这就提出了微元腔壁视在发射率的概念,并定义它为微元腔壁的有效辐射力与此微元腔壁的黑体辐射力之比。

　　在计算空腔视在发射率时,不考虑外界辐射的影响,默认外界通过腔口投射到空腔内部的辐射能量为零。空腔视在吸收率 $\alpha_a$ 的定义为:空腔吸收的辐射能量与投射入空腔的辐射能量之比。在工程计算时,一般都假定腔壁是漫射灰体,此时 $\varepsilon_a = \alpha_a$。证明如下:令腔口射出的有效辐射为 $Q$,并在腔口盖上一块与空腔同温、本身辐射为 $Q_b$ 的黑体,两者组成一等温封闭

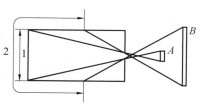

图 7.9　圆柱形空腔及接受体 $A$、$B$

腔。空腔吸收腔盖射来的能量为 $\alpha_a Q_b$,腔盖吸收空腔射来的能量为 $Q$。由于空腔与腔盖的辐射换热为零,故 $\alpha_a Q_b = Q$,$\alpha_a = Q/Q_b = \varepsilon_a$。

　　计算空腔视在发射率的方法有多种,如在 6.2.4 节中介绍的射线踪迹法;本节再介绍一种方法 —— 微元面的净热量法,作为第 6 章理论方法的应用。

### 7.2.2　等温圆筒形空腔

　　如图 7.10 所示,筒长为 $l$,直径为 $D$,一端开口,腔壁发射率为 $\varepsilon$,求腔壁微元面的视在发射率。由圆筒几何特性可知,微元壁面角系数及其有效辐射力相对中心轴是对称的,所以在 $x$ 相同处筒壁各点及底面上等半径各点上的有效辐射彼此相同。令距腔口 $x$ 处微元环 $\delta x = \pi D \mathrm{d}x$ 上的有效辐射力为 $J(x)$,筒底距圆心 $r$ 处的微元环 $\delta r = 2\pi r \mathrm{d}r$ 上的有效辐射力为 $J(r)$,利用式(6.29)可写出

$$J(x) = \varepsilon \sigma T^4(x) + (1-\varepsilon) \left[ \int_0^l J(x') \mathrm{d}X_{\delta x - \delta x'} + \int_0^{\frac{D}{2}} J(r) \mathrm{d}X_{\delta x - \delta r} \right] \qquad (7.15)$$

其中,下标“$\delta x$”“$\delta x'$”表示距腔口 $x$ 及 $x'$ 处的微元环;$X_{\delta x - \delta x'}$ 表示微元环 $\delta x$ 对微元环 $\delta x'$ 的角系数,其他类同。上式右端第一项表示腔壁的本身辐射;方括号中第一项,当不考虑积分号时为 $x'$ 处对 $x$ 处的投射引起的反射,当加上由 0 到 $l$ 的积分后,表示筒形壁面对 $x$ 处的投射引起的反射;方括号中,第二项类似于第一项,为筒底面对 $x$ 处的投射引起的反射。同理,对 $J(r)$ 可写出

$$J(r) = \varepsilon \sigma T^4(r) + (1-\varepsilon) \int_0^l J(x) \mathrm{d}X_{\delta r - \delta x} \qquad (7.16)$$

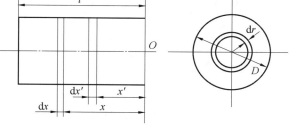

图 7.10　圆筒形空腔

将式(7.15)、式(7.16)分别除以同温黑体的辐射力,同时引入无量纲尺寸

$$L = \frac{x}{D}, \quad R = \frac{2r}{D}$$

根据定义式

$$\varepsilon_a(x) = \frac{J(x)}{\sigma T^4(x)}, \quad \varepsilon_a(r) = \frac{J(r)}{\sigma T^4(r)}$$

得下列无量纲式:

$$\varepsilon_a(L) = \varepsilon + (1-\varepsilon)\left[\int_0^{\frac{L}{D}} \varepsilon_a(L') \, dX_{\delta L - \delta L'} + \int_0^1 \varepsilon_a(R) \, dX_{\delta L - \delta R}\right] \tag{7.17a}$$

$$\varepsilon_a(R) = \varepsilon + (1-\varepsilon)\int_0^{\frac{L}{D}} \varepsilon_a(L) \, dX_{\delta R - \delta L} \tag{7.17b}$$

由角系数手册得

$$dX_{\delta L - \delta L'} = \frac{1 - \left[2\,(L-L')^3 + 3\right]\left|L - L'\right|}{2\left[(L-L')^2 + 1\right]^{3/2}} \, dL'$$

$$dX_{\delta R - \delta L} = \frac{8\,(l/D - L)\left[4\,(l/D - L)^2 + 1 - R^2\right]}{\left\{\left[4\,(l/D - L)^2 + 1 + R^2\right]^2 + 4R^2\right\}^{3/2}} \, dL$$

$$dX_{\delta L - \delta R} = \frac{dX_{\delta R - \delta L} R \, dR}{2 \, dL}$$

将角系数式代入式(7.17),解此联立积分方程组,即可得出 $\varepsilon_a(L)$ 及 $\varepsilon_a(R)$,数值计算得到的结果如图 7.11 所示。

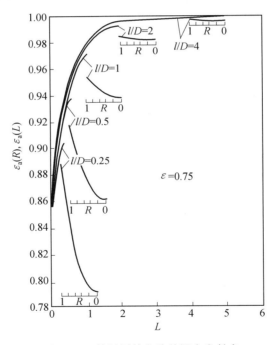

图 7.11　等温圆筒空腔的视在发射率

从该图可看出:$\varepsilon_a(L)$ 在 $L=0$ 处最小,沿腔深加大,但 $l/D$ 对 $\varepsilon_a(L)$ 的影响不灵敏,$l/D = 0.25$ 时的 $\varepsilon_a(L)$ 与 $l/D = \infty$ 时的相比,两者相差 5% ~ 8%。$\varepsilon_a(R)$ 在 $R=0$ 处(中心)最小,在 $R=1$ 处(边缘)最大,腔越长 $\varepsilon_a(R)$ 分布越均匀,数值也大,当 $l/D \geqslant 4$ 时可认为 $\varepsilon_a(R)$ 是均布的。

从此例可看出,当角系数沿表面变化时,其计算方法与非等温表面相同,通常会出现积分方程,这是这类计算的特点。

# 7.3　通道的辐射传递

当有一个通道连接两个空间,一个空间为高温,一个空间为低温,高温空间有辐射能通过通道向低温空间传递时,通道的形状、几何尺寸、壁面热辐射特性都对能量的传递有影响。在实际工程中,通过炉门、炉孔的辐射热损失是这类问题的典型体现。本节用第 6 章介绍的净热量法来计算这类问题。

在分析通过开启的炉门、炉孔的辐射热损失时,工程中一般有以下几个假定:门、孔的两端为等温大空间,故通道两端面可视为黑体平面;对于高温端,此黑体平面的温度为 $T_1 = \sqrt[4]{G/\sigma}$ , $G$ 为通道高温端面的投射辐射;另一端面的温度被认为是环境温度 $T_2$ 。下面分别介绍 3 种不同的圆形通道的计算特点。

## 7.3.1　具有水冷通道的炉门与炉孔

对于具有水冷通道的圆形炉孔,其结构如图 7.12 所示,1 面为炉内侧假想黑体面,2 面为炉外侧假想黑体面, $D$ 为通道直径, $l$ 为通道长,通道截面 $F = \pi (D/2)^2$ 。水冷通道壁温 $T_3$ 接近环境温度 $T_2$ 。通常情况下,通道壁发射率较大,可近似认为是黑体, $T_1 \gg T_2$ , $T_2 \approx T_3$ ,所以对炉侧辐射 $E_{b1}$ 而言,通道壁与炉外辐射 $E_{b2}$ ($E_{b2} \approx E_{b3}$)可忽略不计。这样,炉孔通道可以看成是由 3 个黑体面组成的封闭系统,且 $T_2 = T_3 = 0$ K。1 面的辐射能量一部分投射到通道壁 3 上,并全部被壁面吸收,余下部分通过 2 面射出炉外。所以,炉孔的辐射热损失 $Q$ 为

$$Q = E_{b1} F X_{1-2} \quad 或 \quad \frac{Q}{E_{b1} F} = X_{1-2} \tag{7.18}$$

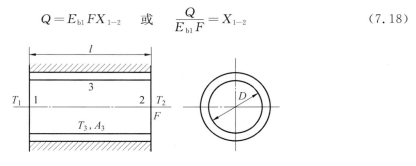

图 7.12　具有水冷通道的圆形炉孔

1 面对 2 面的角系数 $X_{1-2}$ 可由相关手册查得,为

$$X_{1-2} = \frac{2\left[1 + (D/l)^2/2 - \sqrt{1 + (D/l)^2}\right]}{(D/l)^2}$$

通道水冷面的吸热量 $Q_3$ 与炉孔内侧射入的热量之比为

$$\frac{Q_3}{E_{b1} F} = 1 - \frac{Q}{E_{b1} F} = 1 - X_{1-2} \tag{7.19}$$

式(7.18)、式(7.19)的计算结果由图 7.13 给出。由图可看出,当 $l/D > 1.5$ 时,

$Q/(E_{b1}F) < 0.1$，即散到炉外的热量很少，大部分被水冷通道吸收。

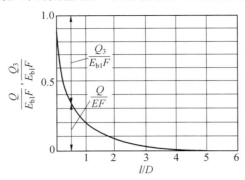

图 7.13　$Q/(E_{b1}F)$、$Q_3/(E_{b1}F)$

### 7.3.2　金属通道的炉门与墙孔

用铁板作衬的通道属于金属通道，结构与图 7.12 类似，只是没有水冷环。金属有良好的导热性能，所以可认为通道壁面 $A_3$（面 3）是等温的，其吸热量很小可忽略不计，且为漫反射体。所以，壁面 3 是等温绝热漫射体，是重辐射面。这类通道的门、孔的辐射热损失可分为两部分：一部分和上一节的相同，是炉子直接射到炉外的辐射热损失；另一部分为炉内辐射能经壁面 3 的重辐射以及反射到炉外的辐射热损失。应用净热量法，1 面的净热量为

$$Q_1 = Q = J_1 F - G_1 F = E_{b1}F - (J_3 A_3 X_{3-1}/F + E_{b2}X_{2-1})F$$

括号内第一项及第二项分别表示 3 面及 2 面对 1 面的投射辐射。考虑到 $E_{b2} \ll E_{b1}$，$E_{b2}$ 可忽略不计，故上式为

$$Q \approx E_{b1}F - J_3 X_{3-1} A_3 = E_{b1}F - J_3 X_{1-3}F$$

或

$$\frac{Q}{E_{b1}F} = 1 - \frac{X_{1-3}J_3}{E_{b1}} \tag{7.20}$$

由于通道壁为重辐射面，故其有效辐射等于投射辐射，忽略 $E_{b2}$，得

$$J_3 A_3 = E_{b1}F X_{1-3} + J_3 A_3 X_{3-3} = E_{b1}A_3 X_{3-1} + J_3 A_3 X_{3-3}$$

或

$$\frac{J_3}{E_{b1}} = \frac{X_{3-1}}{1 - X_{3-3}} \tag{7.21}$$

根据角系数的代数性质，可得

$$X_{3-1} + X_{3-2} + X_{3-3} = 1$$
$$X_{3-1} = X_{3-2}$$
$$X_{1-3} = 1 - X_{1-2}$$

将式（7.21）及角系数关系式代入式（7.20），得

$$\frac{Q}{E_{b1}F} = 1 - \frac{X_{3-1}(1 - X_{1-2})}{1 - (1 - 2X_{3-1})} = \frac{1}{2}(1 + X_{1-2})$$

或写成

$$\frac{Q}{E_{\text{b1}}F} = X_{1-2} + \frac{1 - X_{1-2}}{2} \tag{7.22}$$

其中,等号右端第一项表示炉膛直接对炉外的辐射损失占 $E_{\text{b1}}F$ 的份额;第二项表示通过通道壁重辐射引起的辐射损失份额。将式(7.22)绘制于图 7.14,由图看出,$l/D$ 越大,辐射的直接损失越小,由通道壁"转手"的损失越多。$Q/(E_{\text{b1}}F)$ 的极限值为 0.5。由此可见,这类炉门或墙孔的辐射损失较大。

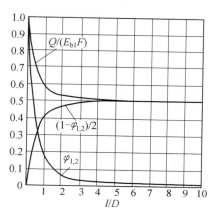

图 7.14　金属通道炉门的辐射热损失

### 7.3.3　砖砌通道的炉门和墙孔

砖砌通道与金属通道的区别是:由于砖的导热系数很小,而通道壁面的投射辐射沿长度 $x$ 方向是不均匀的,如图 7.15 所示,所以通道壁面非等温。除这点外,其他假设条件都与上一节相同。

由于通道壁面是非等温的,所以要用微元面来计算。在距端面 1 的 $x$ 处取一微元环形面 $\delta x$(图 7.15),面积 $\delta x = \pi D \mathrm{d}x$;在距端面 $x'$ 处另取一微元面,$\delta x' = \pi D \mathrm{d}x'$。类似于式(7.20),炉门的辐射热损失 $Q$ 可写成

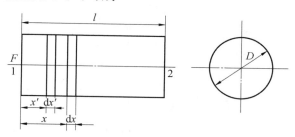

图 7.15　砖砌通道的炉门

$$Q = E_{\text{b1}}F - \int_0^l J(x)\delta x \cdot X_{\delta x-1} = E_{\text{b1}}F - F \int_0^l J(x) \mathrm{d}X_{1-\delta x}$$

由上式可得

$$\frac{Q}{E_{\text{b1}}F} = 1 - \frac{\displaystyle\int_0^l J(x) \mathrm{d}X_{1-\delta x}}{E_{\text{b1}}} \tag{7.23a}$$

其中，$J(x)$ 表示距端面 $x$ 处通道壁的有效辐射力；等号右端第二项表示整个通道壁面对 1 面的投射辐射力与 1 面辐射力之比。与式（7.21）同样道理，$\delta x$ 环上的有效辐射 $J(x)\delta x$ 为

$$J(x)\delta x = E_{b1} F \mathrm{d}X_{1-\delta x} + \int_0^l J(x')\delta x' \mathrm{d}X_{\delta x'-\delta x}$$

其中，等号右端第一项表示端面 1 对 $\delta x$ 环的投射辐射；第二项表示有效辐射不均布的通道壁面对 $\delta x$ 环的投射辐射。考虑到 $\delta x' \mathrm{d}X_{\delta x'-\delta x} = \delta x \mathrm{d}X_{\delta x-x'}$，代入上式，经变换可得

$$\frac{J(x)}{E_{b1}} = X_{\delta x-1} + \int_0^l \frac{J(x')}{E_{b1}} \mathrm{d}X_{\delta x-\delta x'} \tag{7.23b}$$

将式（7.23a）及式（7.23b）与式（6.36）比较，可看出此两式均为弗雷德霍姆方程。解此两式，即可求出 $Q/(E_{b1}F)$。角系数 $X_{1-\delta x}$、$X_{\delta x-\delta x'}$ 的表达式很复杂，若将它们代入公式（7.23），则得不到解析解，只能得到数值解。本节采用 6.4.4 节介绍的可分离核的指数函数近似法求解。

由相关手册可查到，角系数 $X_{1-\delta x}$、$X_{\delta x-\delta x'}$ 的表达式为

$$X_{1-\delta x} = 2\left\{\frac{2\left(\frac{x}{D}\right)^2+1}{\sqrt{\left(\frac{x}{D}\right)^2+1}} - 2\left(\frac{x}{D}\right)\right\} \mathrm{d}\left(\frac{x}{D}\right) = K_1\left(\frac{x}{D}\right)\mathrm{d}\left(\frac{x}{D}\right) \tag{7.24a}$$

$$X_{\delta x-\delta x'} = \left\{1 - \frac{\left|\frac{(x'-x)}{D}\right|^3 + \frac{3}{2}\left|\frac{(x'-x)}{D}\right|}{\left[\left|\frac{(x'-x)}{D}\right|^2+1\right]^{3/2}}\right\} \mathrm{d}\left(\frac{x'}{D}\right) = K_2\left(\frac{|x'-x|}{D}\right)\mathrm{d}\left(\frac{x'}{D}\right) \tag{7.24b}$$

其中，$K_1$ 及 $K_2$ 为积分核，是一个复杂的函数。指数函数近似法是把它们近似地等于一个容易积分的指数函数，即

$$K_1\left(\frac{x}{D}\right) \approx \exp\left(-2\frac{x}{D}\right)$$

$$K_2(|x'-x|/D) \approx \exp(-2|x'-x|/D) \tag{7.25}$$

$K_1$ 及 $K_2$ 的近似式与精确式的比较如图 7.16 所示。图中，实线为近似解，虚线及点画线为精确解。由图可看出，近似解与精确解相差不大。将近似式（7.25）代入式（7.24）及式（7.23），求解得

$$\frac{Q}{E_{b1}F} = 1 + \frac{1}{1+l/D} - 2\frac{l}{D}\sqrt{1+\left(\frac{l}{D}\right)^2} + 2\left(\frac{l}{D}\right)^2 - \exp\left(-\frac{2l}{D}\right) \tag{7.26}$$

砖砌通道 $Q/(E_{b1}F)$ 与 $l/D$ 的关系如图 7.17 所示。靠近炉内的通道壁温比靠近外界环境的高，所以由通道壁返回炉腔的能量就比散入环境的多。因此这种开启的炉门比金属壁的辐射散热损失少。

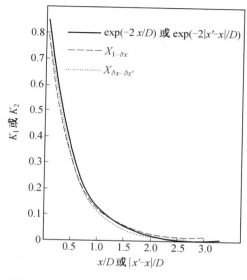

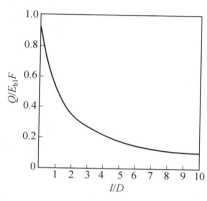

图 7.16　$K_1$ 及 $K_2$ 的近似式与精确式的比较　　　图 7.17　砖砌通道 $Q/(E_{b1}F)$ 与 $l/D$ 的关系

# 7.4　热辐射肋片

航天器在空间飞行时,废热的排放主要靠辐射。和对流换热相似,有时也用扩张表面的方法来增强辐射,即在表面上加肋片来增加辐射冷却面。这种肋片称为热辐射肋片,在 20 世纪 50 年代末 60 年代初,随航天器的发展就开始研究了。

热辐射肋片与增强对流换热的肋片(或称对流肋片)有区别,后者希望尽量增加肋片表面与流体的合理接触,所以常呈密集型的短薄肋片,但这种肋片对辐射换热来说,每对相邻肋片就类似一个空腔(图 7.18),无论空腔数目多少、肋片长短,辐射有效面积不变,仅有效表面的表观发射率有所变化而已。所以对热辐射肋片而言,应尽量减少肋片间的相互辐射,如在一平面中只布置 2 个肋片就可以使两者相互完全看不见,如图 7.19(a) 所示,但综合考虑到航天器要求的尺寸及重量因素,应采用更多的肋片。图 7.19 中列出了航天器应用的一些肋片:图 7.19(b) 为 6 个肋片,图 7.19(c) 的肋片呈多面体,图 7.19(d) 的呈短圆锥体。辐射肋片截面形状有矩形、梯形、三角形等多种,选择时需根据其热辐射特性、制造工艺、强度、重量等因素综合考虑。本节仅介绍单个梯形肋片在均匀辐射环境下的辐射换热分析。

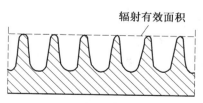

图 7.18　对流肋片的热辐射

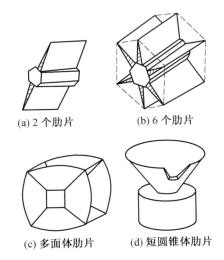

(a) 2 个肋片　　　　　　(b) 6 个肋片

(c) 多面体肋片　　　　　(d) 短圆锥体肋片

图 7.19　不同形状热源上的肋片布置

为计算的简化起见,假设如下。(1)热辐射特性:肋片材料的导热系数、表面发射率为常数。(2)温度:任一截面上各点温度和截面中心温度相同,肋片温度仅随 $x$ 方向变化;肋根温度 $T_b$ 为常数。(3)换热:肋片与环境只有辐射换热;肋片端面的辐射换热忽略不计。

设肋根厚度为 $\delta_b$,肋端厚度为 $\delta_l$,肋高为 $l$。在肋片中取一宽度为 1 的微元体,如图 7.20 所示,根据热平衡原理,可得

$$Q_x - Q_{x+\mathrm{d}x} = -\frac{\mathrm{d}Q_x}{\mathrm{d}x}\mathrm{d}x = \mathrm{d}Q^{\mathrm{r}}$$

式中　　$\mathrm{d}Q^{\mathrm{r}}$—— 微元体与环境的辐射换热;

　　　　$Q_x$——$x$ 截面处的导热。

根据傅里叶定律及辐射换热的内部热平衡式(3.34),可得(忽略肋面为斜面的影响)

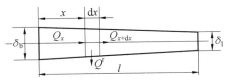

图 7.20　梯形肋片的热平衡

$$Q_x = -k\frac{\mathrm{d}T}{\mathrm{d}x}\delta_x, \quad \frac{\mathrm{d}Q_x}{\mathrm{d}x} = -k\frac{\mathrm{d}}{\mathrm{d}x}\left(\delta_x\frac{\mathrm{d}T}{\mathrm{d}x}\right), \quad \mathrm{d}Q^{\mathrm{r}} = (\varepsilon\sigma T^4 - q_{\mathrm{a}})2\mathrm{d}x$$

式中　　$q_{\mathrm{a}}$—— 肋面的吸收辐射力,取为常数。

将以上诸式代入热平衡式,可得

$$\varepsilon\sigma T^4 - q_{\mathrm{a}} = \frac{k}{2}\frac{\mathrm{d}}{\mathrm{d}x}\left(\delta_x\frac{\mathrm{d}T}{\mathrm{d}x}\right) \tag{7.27}$$

将此式化为无因次量,令 $\Theta = T/T_b$,$X = x/l$,肋片参数 $\zeta = 2\varepsilon\sigma T_b^3 l^2/(k\delta_b)$,形状系数 $B = \delta_x/\delta_b$,环境参数 $M = q_{\mathrm{a}}/(\varepsilon\sigma T_b^4)$,得

$$\frac{\mathrm{d}}{\mathrm{d}X}\left(B\frac{\mathrm{d}\Theta}{\mathrm{d}X}\right)=\zeta(\Theta^4-M) \tag{7.28a}$$

对于矩形肋片,$B=1$,上式为

$$\frac{\mathrm{d}^2\Theta}{\mathrm{d}X^2}=\zeta(\Theta^4-M) \tag{7.28b}$$

式(7.28)是描述肋片温度场的主控方程,其边界条件为 $X=0,\Theta=1;X=1,\mathrm{d}\Theta/\mathrm{d}X=0$。它是个非线性方程,要用数值方法求解。

肋片单位宽度的辐射散热量 $Q_{\mathrm{f}}^{\mathrm{r}}$ 可通过肋根的温度梯度求出,即

$$Q_{\mathrm{f}}^{\mathrm{r}}=-k\delta_{\mathrm{b}}\left(\frac{\mathrm{d}T}{\mathrm{d}x}\right)_{x=0} \tag{7.29}$$

肋片实际的辐射换热量 $Q_{\mathrm{f}}^{\mathrm{r}}$ 与最大可能的辐射换热量 $Q_{\mathrm{max}}^{\mathrm{r}}$ 之比称为肋效率 $\eta_{\mathrm{f}}$。它常作为衡量肋片热性能的主要参数之一,在工程计算时,也常作为设计参数之一。$Q_{\mathrm{max}}^{\mathrm{r}}$ 的定义为:肋片投射辐射为零,也就是吸收辐射 $q_{\mathrm{a}}=0$,并且整个肋表面温度等于肋根温度 $T_{\mathrm{b}}$ 时的辐射换热量,即 $Q_{\mathrm{max}}^{\mathrm{r}}=2l\varepsilon\sigma T_{\mathrm{b}}^4$,故

$$\eta_{\mathrm{f}}=\frac{Q_{\mathrm{f}}^{\mathrm{r}}}{Q_{\mathrm{max}}^{\mathrm{r}}}=-k\frac{\delta_{\mathrm{b}}}{2l\varepsilon\sigma T_{\mathrm{b}}^4}\left(\frac{\mathrm{d}T}{\mathrm{d}x}\right)_{x=0}=-\frac{1}{\zeta}\left(\frac{\mathrm{d}\Theta}{\mathrm{d}X}\right)_{X=0} \tag{7.30}$$

图 7.21 给出了由数值计算得到的肋效率曲线,由图可看出肋片形状、材料热辐射特性、环境辐射对肋效率的影响。实际工程中并不是肋效率越大越好,在满足排热量的要求下,航天器往往将减轻重量放在第一位,所以需要综合比较。而如果肋片朝向太阳,肋片的作用就是增强辐射加热,应用于太阳能利用上,其分析的原理基本与以上方法相同。

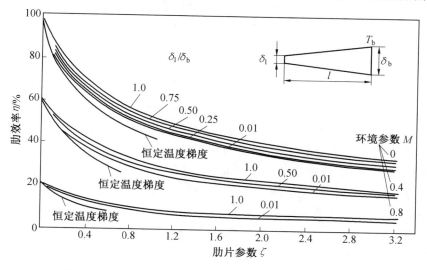

图 7.21　肋效率与肋片参数、环境参数、肋片形状的关系

作为加大对流受热面的肋片,即对流肋片,在高温时,其辐射换热不应忽略不计。本章参考文献[13]用数值计算表明:辐射换热量占总换热量的百分比随肋根温度的升高、肋高 $l$ 与肋间距 $S$ 之比($L=l/S$)的增大、肋片对流换热强度与导热性能之比(用毕渥准则 $Bi=hS/k$ 表示,$h$ 为对流换热系数,$k$ 为肋片材料的导热系数)的增大而加大。对矩形肋

片，当 $Bi=hS/k<0.04$，$L>2.0$，$E_b^*=\sigma T_b^4/[h(T_b-T_f)]>3.0$，肋片的辐射换热量占总换热量的 15% 以上。

# 7.5　天空辐射能的利用

太阳是地球的巨大热源，夜晚无阳光时天空对地球来说是个冷源。地球与太阳热源及天空冷源间的热交换都依赖于辐射。虽然地球一直主要通过这种途径获得和散失能量，但人类自觉地有效利用这种换热的历史并不长。本节仅从辐射能利用的角度，对一些辐射换热问题进行简单介绍。

## 7.5.1　太阳能利用中的一些辐射换热问题

### 1. 太阳辐射

太阳表面温度约为 5 700 K（详见后述），其中心温度超过 $1.5\times10^7$ K，压强高达 $3\times10^{10}$ MPa。在这样的高温高压下进行着剧烈的热核反应，其总的效果就是由 4 个氢核聚变成为 1 个氦核。实验测定，每 1 g 氢聚变成氦时，所发生质量亏损为 0.007 2 g，所释放出来的能量约为 $6.5\times10^5$ MJ。太阳直径约为 $1.4\times10^6$ km，质量约为 $2.0\times10^{30}$ kg，其组成成分中，氢约占 80%，氦约占 19%。由此可以推算，假定太阳一直以目前的功率发射能量，还可以继续维持 $10^{11}$ 年左右。假定太阳为一近似黑体，则可以根据普朗克的黑体辐射定律和维恩位移定律计算太阳的表面温度，再由斯蒂芬－玻尔兹曼定律，得出太阳辐射的总功率约为 $3.8\times10^{20}$ MW。最后，根据日－地平均距离 $1.5\times10^8$ km 与地球的平均半径 $6.4\times10^3$ km，可以计算出到达地球大气上界的太阳辐射功率约为 $1.7\times10^{11}$ MW。该值约为目前地球上人类所用能源功率的 5 万 ～ 6 万倍。

一方面，由于大气密度受地球重力场作用从上至下逐渐增大，太阳辐射进入大气层后被多次反射；另一方面被大气分子和尘埃进行散射和吸收，二者总共损失 57%。所以，最后只有约 43% 的太阳能（其中 27% 为直射辐射，16% 为散射辐射）能够到达地球表面，并成为气流、水波（包括海浪）的原动力，形成气候并造成地球上水的循环。由于太阳辐射的 70% ～ 80% 散布在海洋和水面上，另有相当一部分分布在高山峻岭或荒无人烟的沙漠和森林中，所以目前人类真正能利用的太阳辐射约为 5% ～ 10%。

然而，即使是这些能量，也相当于目前所知地球矿物及铀燃料储藏量所含热量的十多倍。而一旦将其分配到广大地球照射面上，就显得不多了。所以太阳能既是无污染、几乎取之不尽的巨量能源，又属于稀薄、低品位而又不稳定的能量，目前利用起来还有一定的困难。当太阳与地球处于平均距离时，在大气层外缘，垂直于太阳光线的单位面积上所接受到的太阳辐射能称为太阳常数，公认的标准值为 1 353 W/m$^2$。由于日地距离的变化及其他原因，一年内太阳常数可能变化 ±3.4%。

与太阳相关的光谱分布曲线如图 7.22 所示，辐射能量约有 97% 集中在 $0.2\sim3$ μm 的波长范围内，光谱辐射力的峰值波长在 0.48 μm 左右，其中紫外线（小于 0.38 μm 部分）约占总辐射能量的 7%，可见光（$0.38\sim0.78$ μm）约占 47%，红外线（大于 0.78 μm 部分）约占 46%。大气层中有多种气体与固态、液态的微粒，它们对太阳辐射有吸收、散射等衰减作用,并且这种衰减作用与波长有关。波长小于 0.2 μm 的 X 射线和紫外线被氮和氧吸收,波长在 0.2 ～ 3 μm 的紫外线绝大部分为臭氧所吸收,二氧化碳、水蒸气、水滴在红外区有强烈的吸收带。波长大于 2.5 μm 的辐射能本来所占比例就较少,经过大气层的吸收,只有很少一部分能到达地面。所以到达地面的太阳能几乎集中在 0.3 ～ 3 μm 波长范围内(图 7.22)。天空晴朗时,在中纬度地区,如粗略估计,可认为每平方米地面接收到的太阳能约为 1 kW。

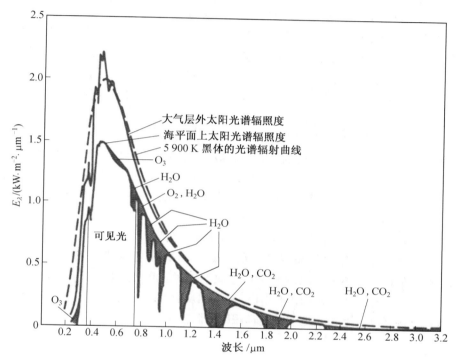

图 7.22　与太阳相关的光谱分布曲线(阴影区域表示由于所示的大气成分在海平面上的吸收)

　　太阳的真实温度分布很复杂,沿径向变化很大,表面温度也不均匀。在一般工程中,往往是从能量的角度来定义太阳表面温度,这仅是一种等效温度。首先将太阳当作黑体,如按光谱分布的特点来确定太阳的等效温度,则太阳的光谱分布与 5 762 K 的黑体相当;如按总能量的数值来确定太阳的等效温度,则黑体辐射力等于太阳常数时,黑体的温度为 5 630.7 K;如按维恩位移定律,根据峰值波长来确定黑体温度,则太阳温度为 2 897.6/0.48 ≈ 6 037 K,即在 6 000 K 左右。

**2. 太阳能集热器**

　　太阳能转换为热能时,可用于热水生产、湿物料干燥、制冷、建筑供暖、海水淡化等。对于不同用途,其转换系统和结构也不一样,但都有一个共同的将太阳能收集起来转化为热能的设备,这种设备称为太阳能集热器,是一种特殊的换热器。

　　太阳能集热器与一般换热器的不同之处:① 热源来自遥远的太阳;② 投射到集热器上的能流密度较低,并且是变化的;③ 以辐射换热为主。太阳能集热器一般分为平板型与聚焦型两种。典型的平板型太阳能集热器的示意图如图 7.23 所示,它可分为 4 个主要部分：

(1)吸热板,太阳辐射经其吸收变为热能。通常为了增强对太阳光的吸收,其表面呈黑色。为减少热辐射损失,其表面可涂选择性涂层。

(2)集热管,其内部通过工质将热量带走,有的也可起吸收太阳能的作用。

(3)透明盖板,其作用是形成空气层,以减少吸热板、集热管相对环境的对流损失,同时也保护吸热板等

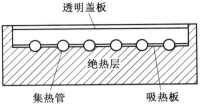

图 7.23　平板型太阳能热水器

部件不受自然风、雨、灰尘的侵袭。透明盖板一般为玻璃或塑料薄膜;玻璃与塑料薄膜为选择性半透明体,对可见光穿透率大,对红外线尤其是远红外线穿透率很低。它可以让大部分太阳辐射从热水器外部射入内部,但却阻止内部的远红外辐射逸出,从而可减少集热器的辐射热损失。

(4)绝热层,可减少集热器的散热损失。

平板型集热器收集太阳辐射的面积与吸收太阳辐射的面积基本相等,所以吸收的热流密度较低,工质温度也不高。它可以接受太阳的直接辐射与散射辐射,一般情况下吸热部件是固定的,不能跟踪太阳辐射;最多过一段时间调整一下角度,使吸热部件更好地朝向太阳。

平板型集热器的结构比较简单,维护也比较方便。而聚焦型集热器有如下特点:通过光学系统(反射镜或折射镜)把大面积的太阳辐射聚集到小面积的吸热器上,其收集太阳能的面积比吸收太阳能的面积大得多,可以使吸热面接收的辐射强度相比平板型的增加几倍甚至上万倍,所以可以形成高温。图 7.24 中列出了几种聚焦反射系统的截面示意图。聚焦型集热器只能利用太阳直接辐射的能量,并且必须定向跟踪太阳辐射,设备比较复杂。

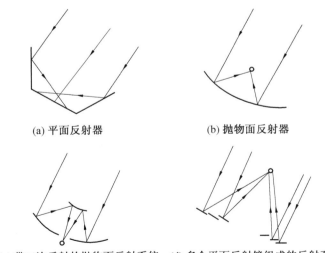

(a) 平面反射器　　　　　　　　(b) 抛物面反射器

(c) 带二次反射的抛物面反射系统　　(d) 多个平面反射镜组成的反射系统

图 7.24　几种聚焦反射系统的截面示意图

### 3. 太阳选择性涂层及截止波长

太阳的辐射光谱主要分布在短波区,为了更多地吸收太阳辐射,吸收面的短波吸收率应尽可能地大。吸收面的温度较低时,其发射能量主要分布在长波区,为了减少辐射热损失,吸收面的长波发射率应尽可能小。为了使吸收面具有这样的性质,往往在吸收面涂上具有这样性质的涂层。这种涂料称为太阳能选择性涂料,其特点是 $\alpha_s/\varepsilon$ 比较大($\alpha_s$ 是太阳吸收率,$\varepsilon$ 是常温发射率)。目前,已经出现了很多种这种涂料,并开发了多种涂层工艺,表 7.1 列举了一些太阳能涂料及其辐射性质(要详细了解可见本章参考文献[14,15],本节仅介绍涉及太阳能选择性涂料的一些辐射换热问题)。

表 7.1　一些太阳能涂料及其辐射性质

| 名　　　称 | 基　　　底 | 工　　艺 | $\alpha_s/\varepsilon_n$ |
|---|---|---|---|
| 铝—铬选择性涂层 | 硬质玻璃 | 真空冲氧沉淀 | 0.81/0.058 |
| 黑铬—铝复合薄膜 | 硬质玻璃 | 真空蒸镀 | 0.86/0.06 |
| 金—氧化镁涂层 | 钼 | 蒸镀 | 0.93/0.21 |
| 铁—氧化镁涂层 | 钼 | 溅射 | 0.90/0.04 |
| 铂—三氧化二铝涂层 | 铜 | 溅射 | 0.94/0.07 |

对于理想的太阳能涂料,在短波区其光谱吸收率应等于 1,在长波区其光谱发射率(等于光谱吸收率)应等于零,如图 7.25 所示。光谱吸收(或发射)率由 1 降到 0 处对应的波长 $\lambda_c$ 称为截止波长。$\lambda_c$ 加大,吸收面对太阳的总吸收率加大,吸收的太阳能增加。与此同时,吸收面的总发射率也加大,辐射散热损失增加。但吸收太阳能的增量与辐射散热损失增量并不相等,两者之差与截止波长有关。如果集热器其他部分的换热与辐射的选择性无关,则吸收太阳能的增量与辐射散热损失的增量之间差值最大时,集热器的热效率最高,此时的截止波长即为最佳值。求最佳截止波长的方法可见本章参考文献[14]和[16]。

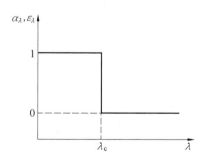

图 7.25　理想选择性涂料的发射率光谱

### 4. 半灰体近似法

在太阳能的利用中,由于牵涉的光谱范围很宽,辐射换热计算必须要考虑热辐射特性的选择性,但在本系统中只有两种性质的热源,一是太阳,其光谱集中于短波;二是处于一般常温下的各种表面,其光谱集中于长波。这样,整个系统可先按两种热源分开计算,然后再相加。以太阳为热源计算时,各表面的吸收率、反射率都是由太阳光谱来确定;按常温热源计算时,各表面的发射率、反射率都是由常温黑体来确定。两种计算本身都与光谱无关,所以这种计算方法称为半灰体近似法,也可用于具有激光加热的辐射换热系统。此方法类似于6.6.1节中的谱带近似法,只取两个谱带,一长波、一短波。但两者也有区别,双谱带近似中,各热辐射特性是按光谱来区分的。例如,太阳光谱中有长波谱带也有短波谱带,所以对太阳辐射的吸收率要分成两个,一个对长波、一个对短波,故计算长波谱带时,会受太阳的影响。同理,计算短波谱带时,会受常温热源的影响。而在半灰体近似法中,热辐射特性按热源来区分。例如,在以太阳为热源计算时,所有与太阳有关的量,全部按太阳全光谱计算。两者的计算结果区别不大,但半灰体近似法需要的参数少,计算更简单。

### 7.5.2　天空辐射致冷

在天空清澈无云、无风的秋夜,即便空气温度高于0 ℃,次日清晨有时仍会发现积水的地表有一层薄冰。这是水面向夜空辐射散热的结果。对于这种自然现象,可以将其原理有意识地用于建筑物的冷却、食品保鲜等,可不消耗或少消耗能源。

#### 1. 大气窗口

大气层外宇宙空间的温度接近0 K,高层大气的当量黑体温度也远低于地面温度。它们都是理想的冷源,但是大气层阻碍了地面物体向太空辐射散热。然而,在 $8 \sim 13 \, \mu m$ 波段内,大气层中所含二氧化碳、水蒸气对辐射的吸收率很小,穿透率较大,并且这一波段正处于地面物体常温辐射的远红外区内,地面能量可通过这一波段辐射到外层空间,所以这一波段通常被称为大气远红外窗口,简称大气窗口。大气的这种性质可用大气层的光谱定向发射率来描述。大气层光谱定向发射率 $\varepsilon_{a t \lambda}$ 的定义是

$$\varepsilon_{a t \lambda} = \frac{\text{大气层的光谱辐射强度}}{\text{地面环境温度下的黑体光谱辐射强度}} \tag{7.31}$$

图7.26是大气层光谱方向发射率曲线。图中 $\theta$ 是天顶角, $\theta$ 越大表示偏离垂直地面方向越大。由图可知,在大气窗口之外,大气层相当于黑体。大气层的热辐射特性与气象条件有很大关系,所以图7.26只能定性地说明大气层辐射的光谱与方向特性。

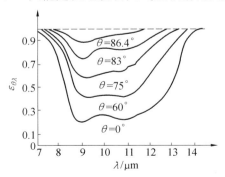

图7.26　大气层光谱方向发射率曲线

#### 2. 天空辐射致冷的物理过程

如果地面上有一块黑体平板,它仅与天空之间有辐射换热,与周围没有换热。初始时

它的温度为 $T_0$,对应的辐射力光谱如图 7.27(a) 中的曲线 1 所示,曲线下的面积是黑体平板向天空发射的散热量。

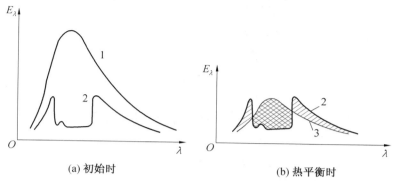

(a) 初始时　　　　　　　　　　　　(b) 热平衡时

图 7.27　　黑体平板向天空的辐射散热过程
1— 初始时黑体平板的辐射力光谱;2— 大气对黑体平板的投射力光谱;
3— 热平衡时,黑体平板的辐射力光谱

图 7.27 中的曲线 2 为大气对黑体平板的投射辐射力光谱,即黑体平板的吸收辐射力光谱。由于 $8 \sim 13\ \mu m$ 波段内大气层的光谱发射率小,所以在此波段内投射的能量少,曲线呈马鞍形。此两曲线包络面积之差,就是黑体平板的净辐射散热量。因为黑体平板与周围没有换热,对天空的辐射散热使它的温度逐渐降低,直到它从大气吸收的能量等于发射的能量时,温度才保持恒定,此时的能量光谱如图 7.27(b) 的曲线 3 所示,图中网格线所示的面积等于斜线所示的面积。从图可看出,黑体平板的温度显然要比周围大气的温度低。

**3. 地面辐射冷却装置**

从以上分析可以看出,要加强物体向天空的散热,关键是降低物体的吸热能力,加强物体在 $8 \sim 13\ \mu m$ 波段向天空发射能量的能力。降低吸热的措施:减少环境对物体的对流加热,可把物体放在无风处(如凹坑内),或在其上部覆盖一层称为风屏的透明膜,如图 7.28 所示;减少环境对物体的导热,可在其周围加绝热层等。增加物体通过大气窗口向天空辐射能量的措施:在冷却表面上涂上选择性涂料,使其在 $8 \sim 13\ \mu m$ 波段有高发射率,同时降低其余波段的发射率。此措施一方面可让物体的能量尽可能多地转化为 $8 \sim 13\ \mu m$ 的辐射能量,穿过大气窗口散失到宇宙空间中去;另一方面可降低物体吸收其余波段的投射辐射能量的能力。如果物体上覆盖风屏,则要求风屏在 $8 \sim 13\ \mu m$ 波段有高穿透率,在其他波段有高反射率,以减少外界对冷却物体的辐射加热。采用以上措施,可使物体比周围大气温度低十几度。图 7.28 介绍了一种比较简单的地面辐射冷却装置。

本章参考文献[17] 介绍了一种组合:以聚乙烯薄膜为风屏,$TiO_2$ 为基,白漆或镀有铝膜的聚氟乙烯为冷却表面。聚乙烯薄膜在可见、红外、远红外波段都有很高的穿透率。白漆对太阳辐射的吸收率很低,但在远红外波段的热辐射特性接近黑体。聚氟乙烯在 $8 \sim 13\ \mu m$ 波段有很高的发射率,在 $8 \sim 13\ \mu m$ 波段外有很高的穿透率,而蒸铝薄膜对可见、红外、远红外波段辐射有很高的反射能力,使镀有铝膜的聚氟乙烯具有类似于理想选择性冷却表面的热辐射特性。

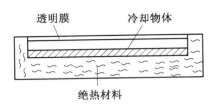

图 7.28　地面辐射冷却装置

# 7.6　红外辐射加热技术

与导热和对流加热方式比,辐射加热具有加热快,方向性可选,排气损失少,容易满足清洁加热的要求等特点。1938 年,美国福特汽车公司首次采用红外辐射烘烤汽车外壳的油漆,当时用的热源是一种特制的钨丝灯泡,辐射能量主要集中在波长为 $1\sim3~\mu m$ 的近红外区。20 世纪 70 年代,人们对物体辐射的选择性有了比较深入的了解,发现很多被加热物体在波长为 $3\sim15~\mu m$ 的远红外区内有较高的光谱吸收率。这样就可以用温度较低的辐射热源来加热,使整个系统的温度水平降低,降低了散热损失,降低了能耗。这种加热原理逐渐发展成一种节能技术,称为红外辐射加热技术,也称为红外加热技术或远红外加热技术。我国在 20 世纪 70 年代中期开始接触这技术,到 80 年代下半叶有了一定规模,在红外加热节能原理、加热元件、涂料、加热装置等方面都有所探讨与建树,并在烘烤、干燥、加热等行业中得到推广。本节主要从热辐射的角度介绍此技术的原理,而应用方面可参考相关专著。

红外辐射加热技术的主要原理是红外加热的匹配原理。目前有多种见解,以下介绍 3 种常见的说法。

第一种:由于被加热物体的热辐射特性有选择性,所以如果要有效增强辐射换热,被加热物体的投射辐射能量应尽量集中在物体吸收率光谱的峰值区。满足这一要求就称为投射辐射光谱与物体吸收率光谱匹配。极限情况是:投射辐射是单色的,它的波长等于被加热物体最大光谱吸收率处的波长,即投射辐射的能量全集中在光谱吸收率的峰值波长上。这样,在同温条件下,与其他辐射热源比,被加热物体吸收的热量最多。但工程中遇到的物体吸收、发射光谱常是连续的,并且吸收率光谱常有多个峰值区。有时最大光谱吸收率波长附近的吸收率并不大,而较大光谱吸收率波长附近却有相当宽区域具有较大的吸收率。这样,按匹配原理的第一种说法,就得不出最佳的节能工况。

第二种:根据物体全波长的总吸收率与物体本身的光谱吸收率有关,还与投射辐射光谱有关的道理,参见式(3.7),本章参考文献[21]中提出用最大总吸收率来定义最佳匹配,即:当被加热物体的光谱吸收率与投射辐射光谱形成的总吸收率为最大时,称投射辐射光谱与物体吸收率光谱为最佳匹配。

第三种:用整个红外加热装置的热效率来定义匹配。红外加热装置的热效率 $\eta$ 定义为

$$\eta = \frac{Q}{Q_0} \tag{7.32}$$

式中　　$Q$—— 被加热物体吸收的能量；

　　　　$Q_0$—— 热源消耗的能量。

由此定义可知：当被加热物体的投射辐射光谱与吸收率光谱，调整到红外加热装置热效率 $\eta$ 为最大值时，这两种光谱才称为最佳匹配。因为 $Q_0$ 中有部分能量作为设备的各种散热、蓄热等其他热量被消耗，所以此定义与设备的导热、对流换热、蓄热性能也有关。

由于第一种说法应用起来最简单，目前在工程中用得最多，同时还假定被加热物体的投射辐射光谱等于热源的光谱。在确立最佳匹配时，需要注意以下两点：

（1）被加热物体的投射光谱不一定等于热源的发射光谱。在加热设备中，被加热物体的投射辐射包含热源的直接辐射；经过周围其他物体表面的反射辐射；周围其他物体的本身辐射。前两者的光谱是相同的，而后者不同。当后者在投射辐射中所占的比例不能忽略不计时，应加以考虑。所以光谱匹配实际上是一种"系统的光谱匹配"。

（2）被加热物体为半透明体时，如：颗粒、纤维、面包等多孔性材料，又如人体的皮肤、肌肉等，对红外线来说是复合型半透明体。投射辐射会穿过这些物体的表面，为物体内部所吸收。这是半透明介质导热与辐射，有时还包含对流的复合换热问题（见第 14 章）。导热与辐射复合换热时，介质内部温度要比非透明体内纯导热情况下高，在某些条件下内部还会出现温度峰值。对半透明体的匹配有两种情况：一是需要物体整体加热（如烤面包），在这种情况下，要求投射辐射的波长不同程度地偏离被加热物体的吸收峰带，使射线的穿透深度达到工艺的要求。投射辐射偏离吸收峰带越远，透射就越深。二是有些情况要求在里层一定深度处加热，如对人体关节炎的红外理疗，应尽可能避免加热皮肤、肌肉、血液等处，应更多地加热骨节。在这种情况下，要求投射辐射的波长与表层的物质不匹配，而与内部某层的物质匹配。本章参考文献[23]将前者称为"偏匹配"，后者称为"内匹配"。多孔介质红外干燥为多相复合换热与传质过程，影响因素较多，在寻找最佳光谱匹配时应考虑上述因素。

要达到光谱匹配，一般可采用下列 5 种方法：

（1）正确选择热源的材料，使其热辐射特性满足匹配要求；

（2）控制热源的温度；

（3）在热源表面涂以相应的红外涂料 —— 常为中、高温远红外涂料；

（4）正确选择周围物体的材料或涂以相应的红外涂料，如为了增加反射，可将表面进行特殊处理或涂以反射率高的涂料；

（5）在被加热物体表面涂以相应的红外涂料 —— 常为中、低温远红外涂料。

（1）～（4）项为调整投射辐射光谱，第（5）项为调整被加热物体表面吸收光谱。红外加热涂料可参考本章文献[21]。求最佳光谱匹配时，用到的辐射换热计算方法：当被加热物体为不透明体，可用 6.6.1 节的谱带近似法；对于半透明体，参见第 14 章（对于半透明体的干燥问题，还应耦合传质及蒸发过程的计算）。

在工程中应用红外加热技术时，还需考虑辐射的方向性、均匀性及保温等一般辐射加热应有的节能措施，这样才能得到较好的节能效果。

# 7.7　用对流与辐射能量转化来增强换热的技术

一个对流－辐射换热系统,有可能通过换热方式的转变来增强或减弱换热,本章参考文献[26]列举了一些实例。20 世纪 70 年代末,这种技术在加热炉中得到了成功的应用。本节主要介绍某些用对流与辐射能量转化来增强换热的方法与原理。

## 7.7.1　对流辐射板

在高温对流换热器中,顺着热气体流动方向插入一块发射率很大的薄板,如图 7.29 所示,高温气体通过对流换热加热了薄板,形成薄板与换热器管壁间的辐射换热,从而增强了整个换热器的传热。这块板称之为对流辐射板。由于这种板很薄,对流动阻力的增加较少。这种问题可用表面辐射结合对流换热的方法来计算,具体计算实例参考本章参考文献[16]。如增加隔板(例如呈十字形),能使换热效果加强,但增加过多后,增强效果减弱,并且流动阻力会明显上升。

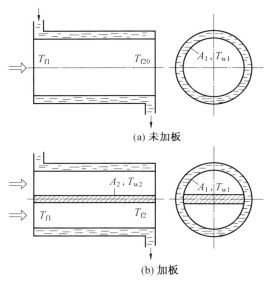

(a) 未加板

(b) 加板

图 7.29　对流辐射板

## 7.7.2　多孔对流辐射元件

一高温气流通道如图 7.30(a) 所示,由于受到周围空气的冷却,气流温度沿流动方向逐渐降低,温度分布如图 7.30(b) 中的虚线所示。如在通道中放置一块由多孔材料做成的元件(图 7.30(a)),气流流经元件时,加热了元件,元件向四周发出热辐射。射向多孔元件上游的辐射加热了上游的壁面,减少了气流与壁面的温差,使气流与壁面的对流换热降低,故上游的温度升高。流过多孔元件的气体,由于对流－辐射效应,丧失了部分热焓,致使气温在多孔元件处降落较大,其温度分布如图 7.30(b) 实线所示。

20 世纪 80 年代初,此原理开始用到工业炉节能上并提出了一套理论计算方法,称此

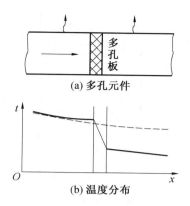

(a) 多孔元件

(b) 温度分布

图 7.30　多孔元件的节能作用

节能方法为气体焓与热辐射间的有效能量转化法。由以上分析可看出,气流中有一部分能量回到了上游,这部分能量相当于被多孔元件截住,气流在多孔元件位置处出现较大的温差,与导热类比,本章参考文献[30] 将这种结构称为对流系统中的热绝缘,并改进了前人的计算方法。

这种节能方法最突出的特点是能将截获的能量返回高温区,回收的部分能量品位高。另外,多孔元件结构比较简单,制造成本低,安装方便,并且流动阻力不大,不常需要提高风机压力,但需防止烧坏及堵灰。我国 20 世纪 70 年代曾在小型手烧锅炉炉膛出口处砌了一层花格砖(带空格的砖墙),截获的能量返回炉膛,提高了炉膛温度,改善了燃烧质量,就属于这类节能技术。

做多孔元件的材料有很多种,如钢丝网,带孔的耐火材料制品,泡沫金属,耐火纤维等。图 7.31 中举了两个应用的例子:图 7.31(a) 是烟气余热利用的例子,多孔元件向上游的辐射用于预热工件,向下游的辐射加热了空气加热器;图 7.31(b) 是改善燃烧条件的例子,截获的能量提高了燃烧温度,可用于低发热值煤气的燃烧。需要计算时,如属于通常尺寸的元件,可用表面辐射换热的计算方法;如属于小或微尺寸的元件,如颗粒、纤维等,要用介质辐射的计算方法。

多孔元件截获的能量正比于气流的温降,根据理论计算与实验,气流温降主要与下列因素有关:

（1）气流速度。流速越高,温降越小。因为流速越高,单位时间流过的气体越多,相应每千克气体截获的能量越少,故温降越小。对丝网而言,一般流速大于 7 m/s 时,温降不明显。对带孔耐火板,此临界值还要更小。

（2）多孔元件前的气温。多孔元件前的气温越高,温降越大。因为气温越高,多孔元件的温度也越高,多孔元件的热辐射与温度的 4 次方成正比,故转化为辐射能的气体焓急剧增加,温降加大。

（3）多孔元件的热辐射特性。多孔元件的表面发射率或衰减系数增大,多孔元件适当加厚,都会使温降加大。

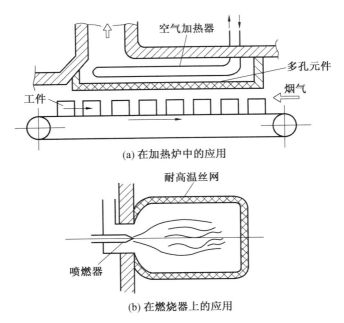

(a) 在加热炉中的应用

(b) 在燃烧器上的应用

图 7.31　多孔板应用的例子

# 本章参考文献

［1］ КЛЮЧНИКОВ А Д,ИВАНЦОВ Г П.Теплопередача излучением в огнетехнических установках［M］. Москва:Энергия,1970.

［2］ 钱家麟,于遵宏,王兰田,等.管式加热炉［M］.北京:烃加工出版社,1987.

［3］ 秦裕琨.炉内传热［M］.2 版.北京:机械工业出版社,1992,pp:40-45.

［4］ 捷列金.冶金炉热工计算［M］.戎宗义,彭克伟,姚正,等译.北京:冶金工业出版社, 1986.

［5］ 杨世铭,陶文铨.传热学［M］.3 版.北京:高等教育出版社,1998.

［6］ 刘淑静,余其铮.管状远红外硫化炉温度场分析［J］.哈尔滨电工学院学报,1984(2): 49-57.

［7］ 应玉芳,李青,余其铮.水冷壁角系数［J］.哈尔滨工业大学学报,1983,15(4):49-59.

［8］ 陈守仁,陈宏磐,诸载祥.黑体空腔辐射理论的发展［J］.仪器仪表学报,1982,3(3): 290-298.

［9］ SPARROW E M,ALBERS L U,ECKERT E R G. Thermal radiation characteristics of cylindrical enclosures［J］.J. Heat Transfer,1962,84(1):73-79.

［10］ SPARROW E M.Radiation heat transfer between surfaces［M］.New York: Acadamic Press,1965.

［11］ 闵桂荣.卫星热控制技术［M］.北京:宇航出版社,1991.

［12］ 杨翔翔,苏亚欣.延伸表面传热研究［M］.广州:暨南大学出版社,1997.

［13］夏新林,余其铮,谈和平,等.矩形肋壁通道壁面间复合换热的数值模拟［C］// 中国工程热物理学会.中国工程热物理学会传热传质学术会议论文集.大连:中国工程热物理学会,1994.

［14］葛新石,龚堡,俞善庆.太阳能利用中的光谱选择性涂层［M］.北京:科学出版社,1980.

［15］葛绍岩,那鸿悦.热辐射性质及其测量［M］.北京:科学出版社,1989.

［16］余其铮.辐射换热基础［M］.北京:高等教育出版社,1990.

［17］葛新石,孙孝兰.辐射致冷及辐射体的光谱选择性对致冷效果的影响［J］.太阳能学报,1982,3(2):128-136.

［18］王补宣.工程传热传质学(上册)［M］.北京:科学出版社,1982.

［19］葛新石.大气"窗户"和辐射致冷［J］.自然杂志,1981,3(8):593-596.

［20］汤定元.红外辐射加热技术［M］.上海:复旦大学出版社,1992.

［21］卢为开,李铁津,张泽清.远红外辐射加热技术［M］.上海:上海科学技术出版社,1983.

［22］范茁翁,金忠灿,余其铮,等.红外辐射加热的几个设计问题［J］.节能技术,1994,12(5):20-22.

［23］顾学岐,王仲莲,武立云,等.工业锅炉与炉窑节能技术［M］.北京:宇航出版社,1990.

［24］余其铮,葛蔚,谈和平,等.连续红外加热炉的加热均匀性［J］.工业加热,1993,22(4):7-11.

［25］唐明,张东辉,余其铮,等.具有二维反射罩的红外加热系统均匀性分析［J］.应用红外与光电子学,1994(2):1-5.

［26］徐永铭.传热变换装置在节能中的应用［J］.节能,1988(1):35-38.

［27］卿定彬.工业炉用热交换装置［M］.北京:冶金工业出版社,1986.

［28］余其铮,张辑州,刑玉明,等.对流 —— 辐射板强化换热的研究［M］.西安:西安交通大学出版社,1990.

［29］ECHIGO R. Effective energy conversion method between gas enthalpy and thermal radiation and application to industrial furnaces［C］// Proc. 7th Int. Heat Transfer Conf. Münche:[s. n],1982.

［30］WANG K Y,TIEN C L. Thermal insulation in flow systems:combined radiation and convection through a porous segment［J］. ASME J. Heat Transfer,1984,106(2):453-459.

［31］YU Q Z,DENG Z H. A theoretical and exprimental analysis on energy consevation with convection—radiation on wives meshes［C］// 国际传热传质中心.国际节能与传热会议(HTBC)论文集.沈阳:沈阳出版社,1988.

［32］徐斌,余其铮,谈和平.多孔平板复合换热的理论与实验研究［J］.哈尔滨工业大学学报,1992,24(3):78-83.

［33］ZHAI Y,MA Y G,DAVID S N,et al. Scalable-manufactured randomized glass-polymer hybrid metamaterial for daytime radiative cooling[J].Science, 2017,355(6329):1062-1066.

[34] ZHAO D L,AILI A,ZHAI Y,et al.Subambient cooling of water: toward real-world applications of daytime radiative cooling[J].Joule,2019,3(1): 111-123.

[35] WANG S C,JIANG T Y,MENG Y,et al.Scalable thermochromic smart windows with passive radiative cooling regulation[J].Science,2021,374(6574):1501-1504.

# 本 章 习 题

1. 在漫射灰体材料上钻一孔,直径为 12.5 mm,深为 100 mm, 假设壁面温度均匀,材料表面发射率为 0.57。求孔的视在发射率。

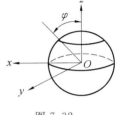

图 7.32

2. 一球形空腔如图 7.32 所示,球半径为 $r$,腔口对球心的张角为 $\varphi$,内壁发射率为 $\varepsilon$。求证腔口的视在发射率为 $\varepsilon_a = \dfrac{\varepsilon}{1-0.5(1-\varepsilon)(1+\cos\varphi)}$。

3. 一无限长的 V 形槽如图 7.33 所示,其张角为 $2\phi$,槽口宽度为 $L$,壁面均温,为漫射灰体,发射率为 $\varepsilon$。如忽略外部的透射辐射,求证槽口向外的辐射能量为 $Q = \dfrac{L\varepsilon\sigma T^4}{\varepsilon+(1-\varepsilon)\sin\phi}$。

4. 一管状远红外金属棒加热炉示意图如图 7.34 所示。炉长 $l$,内径 $d_2$,内壁是温度为 $T_2$ 的红外源,炉内平均空气温度为 $T_R$,并保持不变。金属棒外径为 $d_1$,以速度 $V$ 通过炉的中心,金属的导热系数为 $k$,比热容为 $c$,密度为 $\rho$,金属棒表面与空气对流换热的对流换热系数为 $h$。试列出描写金属棒温度的微分方程式(忽略金属棒横截面的温差)。

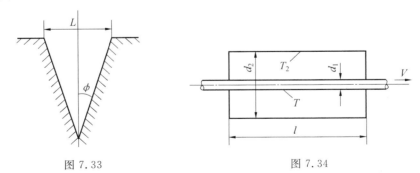

图 7.33　　　　　　　　　　图 7.34

5. 一套筒式换热器同图 7.29(a)所示,高温气体在内套中流动,水在套筒夹层内流动。为增强换热,在烟道内置一隔板(图 7.29(b))。已知:烟道截面为 $F$,受热面面积为 $A_1$,隔板单面面积为 $A_2$,烟气与受热面的对流换热系数为 $h$,烟气入口温度为 $T_{f1}$,烟气平均速度为 $V$,烟气的比定压热容为 $c_p$,密度为 $\rho$,受热面平均壁温为 $T_{w1}$。假设:受热面表面温度均匀;烟气辐射可忽略不计;隔板很薄,加隔板对流速的影响可忽略不计;烟气与隔板的对流换热系数仍为 $h$,各面都为黑体,流体平均温度可用代数平均。加隔板后,换热的增强可用 $(Q-Q_0)/Q_0$ 表示,$Q_0$ 表示没加隔板时的换热量,$Q$ 表示加隔板后的换热量。试列出求 $(Q-Q_0)/Q_0$ 的方程组。

# 第三篇　半透明介质内的热辐射传输

# 第8章    半透明介质热辐射的
# 基本概念与控制方程

介质分为半透明(参与性)和透明(非参与性)两类,所谓参与性是指介质参与到辐射能量在介质内的传递过程,参与的方式包括发射、吸收和散射。本书若无特殊说明,介质皆指半透明介质。半透明介质内辐射传递的一些重要例子包括:燃烧室的热气体;火箭喷焰;高超声速激波层;烧蚀热保护系统;玻璃制造;高温半透明陶瓷;纤维绝缘层;多孔材料传热;生物系统的辐照等。

本章首先介绍介质辐射的基本特性参数,掌握介质辐射的沿程性(容积性)和散射特性,有助于理解介质辐射的特殊性;接着导出介质辐射问题的控制方程 —— 辐射传输方程和能量方程,两类方程联立并配以必要的定解条件,可以得到介质内辐射强度和温度的分布;然后结合介质辐射界面的光学特性,介绍辐射边界条件;最后,简要地介绍了半透明梯度折射率介质内的辐射传输方程。

## 8.1    半透明介质热辐射的特点

从工程应用角度来看,介质热辐射与表面热辐射的主要区别有下列 3 点。

(1)一般情况下,介质热辐射的光谱选择性要比固体表面显著,如:绝大多数气体的热辐射光谱是不连续的,而绝大多数不透明固体表面的热辐射光谱都是连续的。由于介质热辐射的选择性强,所以其特性、能量大都需用光谱参数表示。为了简化表述,本章中如无特殊说明,均假设介质为灰体,不考虑其光谱特性。

(2)在介质热辐射中,除发射、吸收外,常需要考虑散射。散射是指热射线通过介质时,传递方向改变的现象。从能量变化的角度,散射可分为 4 种类型:① 弹性散射,散射光保持与入射光相同的频率,只是方向发生了改变,光子能量不发生变化,即在散射时辐射场与介质之间无能量交换;② 非弹性散射,不仅射线方向改变,光子能量也有变化(本书不考虑非弹性散射);③ 各向同性散射,即任何方向上的散射能量都相同;④ 各向异性散射,即散射能量随方向变化。根据此散射定义,表面反射就属于散射,界面处的折射,粒子与物体边缘的衍射也属于散射。但在物理光学内,对散射的定义有更细致的规定,将散射与反射、衍射、折射区别开来。辐射传热学中着重从能量分布上分析此问题,将反射、衍射、折射的能量都归为散射能量。介质的散射是由于介质的局部不均匀所引起的,介质中含有各种粒子(气体分子、尘埃、气溶胶)就会引起散射。其物理机理可用电磁场理论的二次辐射来解释,本书着重于应用,其机理就不介绍了,想了解的读者可参阅本章参考文献[2]。

(3)介质中的发射、吸收、散射是在整个容积中进行的,也可以说是沿整个射线行程进行的,这就叫介质辐射的容积性或延程性。因此要得到辐射能量交换问题的一个完整解,需要了解介质内任意一点的热辐射特性、辐射能量的行程传输特性和温度分布。

由于介质辐射具有容积性,需要研究辐射能量的空间分布。用辐射强度 $I$ 来描述辐射能量的空间分布要优于辐射力。如图 8.1(a) 所示,有一半径为 $r_0$ 的球形漫射源,向四周均匀发射能量 $Q_0$。如介质为透明体,能量通过它时无损耗,在半径为 $r_1,r_2$ 的球面处 $(r_1 < r_2)$,投射辐射力 $G_1,G_2$ 分别为

$$G_1 = \frac{Q_0}{4\pi r_1^2}, \ G_2 = \frac{Q_0}{4\pi r_2^2}, \ \frac{G_1}{G_2} = \frac{r_2^2}{r_1^2} \tag{8.1}$$

显然,$G_1 > G_2$。如在相同地点用辐射强度 $I_1,I_2$ 表示,则 $I_1 = I_2$。所以此时用辐射强度表示要比用辐射力好。$I_1 = I_2$ 的证明如下:

在半径分别为 $r_1,r_2$ 的球面上各取面积相等的微元面 $dA$,如图 8.1(a)(b) 所示。

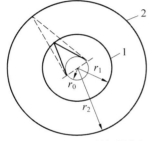 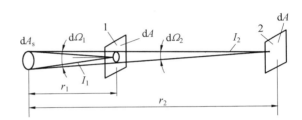

(a) 球形漫射源投射辐射空间　　　　(b) 单位面积能流量及立体角随发射源距离的变化

图 8.1　辐射强度不变的证明

在球面 1 上,$dA$ 接收到的能量 $dQ_1$ 为

$$dQ_1 = G_1 dA = I_1 dA d\Omega_1 = I_1 dA dA_s / r_1^2 \tag{8.2}$$

式中　　$I_1$ —— 位于球面 1 上的辐射强度;

　　　　$dA_s$ —— 立体角 $d\Omega_1$ 在球面 0 上割出的微元面。

在球面 2 上,$dA$ 接收到的能量 $dQ_2$ 为

$$dQ_2 = G_2 dA = I_2 dA d\Omega_1 = I_2 dA dA_s / r_2^2 \tag{8.3}$$

其中,下标"2"表示球面 2 上的参数。此两能量之比为

$$\frac{dQ_1}{dQ_2} = \frac{G_1}{G_2} = \frac{I_1}{I_2} \frac{r_2^2}{r_1^2}$$

将式(8.1)代入上式,即得 $I_1 = I_2$。进而可得:图 8.1(a) 中,空间各点的辐射强度都相同。但辐射力并非到处相同。从中可看出其物理原因:同样的投射面积,离发射源越远,立体角越小;但因为单位面积的热流量也越小,所以辐射强度不变。

# 8.2　半透明介质热辐射特性及布格尔定律

### 8.2.1　半透明介质内辐射强度的衰减 —— 布格尔定律

描述射线穿过吸收、散射性介质时,能量衰减遵循布格尔(Bouguer)定律。

介质内 $x$ 处光谱辐射强度为 $I_\lambda(x)$ 的射线，垂直通过厚度为 $\mathrm{d}x$ 的微元介质层，在原方向上光谱辐射强度的衰减量为 $\mathrm{d}I_\lambda(x)$，如图 8.2 所示。布格尔定律认为该衰减量与 $I_\lambda(x)$ 及 $\mathrm{d}x$ 成正比，即

$$\mathrm{d}I_\lambda(x) = -\kappa_{e\lambda} I_\lambda(x)\mathrm{d}x \tag{8.4}$$

其中，负号表示减少；比例系数 $\kappa_{e\lambda}$ 称为光谱衰减（减弱、消光）系数（extinction coefficent），单位为 $\mathrm{m}^{-1}$，它与介质的成分、状态、密度及射线波长等有关，即与波长和位置有关，$\kappa_{e\lambda} = \kappa_{e\lambda}(\lambda, x)$。令 $x = 0$ 处，$I_\lambda = I_\lambda(0)$；$x = L$ 处，$I_\lambda = I_\lambda(L)$，则

$$\int_{I_\lambda(0)}^{I_\lambda(L)} \frac{\mathrm{d}I_\lambda}{I_\lambda} = -\int_0^L \kappa_{e\lambda} \mathrm{d}x$$

得

$$I_\lambda(L) = I_\lambda(0)\exp\left(-\int_0^L \kappa_{e\lambda}\mathrm{d}x\right) \tag{8.5a}$$

此式即为布格尔定律，又称贝尔（Beer）定律，光学中也称为朗伯（Lambert）定律。此式表明：光谱辐射强度沿传递行程按指数规律衰减。若 $\kappa_{e\lambda} \neq f(x)$，即光谱衰减系数均匀，则式（8.5a）可写为

$$I_\lambda(L) = I_\lambda(0)\exp(-\kappa_{e\lambda}L) \tag{8.5b}$$

若 $\kappa_{e\lambda} = 0$，即介质为光谱透明的，则 $I_\lambda(L) = I_\lambda(0)$，说明光谱辐射强度在非参与性介质内是不变量，因此研究辐射能量在介质内的传输过程时通常用辐射强度来表示。

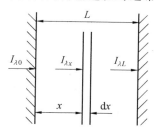

图 8.2　参与性介质内辐射能量衰减规律

## 8.2.2　衰减系数、吸收系数与散射系数

衰减系数由两部分组成：

$$\kappa_{e\lambda} = \kappa_{a\lambda} + \kappa_{s\lambda} \tag{8.6}$$

式中　　$\kappa_{a\lambda}$ —— 光谱吸收系数（absorption coefficent），$\mathrm{m}^{-1}$。

　　　　$\kappa_{s\lambda}$ —— 光谱散射系数（scattering coefficent），$\mathrm{m}^{-1}$。

不少介质的 $\kappa_{e\lambda}$ 与密度 $\rho$ 有线性或近似线性的关系，所以有时将密度从 $\kappa_{e\lambda}$ 中单独分离出来，在工程中也有将压力 $p$ 或浓度 $\mu$ 分离出来的表示方法，即

$$\kappa_{e\lambda} = \kappa_{e\lambda,\rho}\rho = \kappa_{e\lambda,p}p = \kappa_{e\lambda,\mu}\mu \tag{8.7}$$

其中，$\kappa_{e\lambda,\rho}$、$\kappa_{e\lambda,p}$、$\kappa_{e\lambda,\mu}$ 称为光谱密度、光谱压力、光谱浓度衰减系数，但在不少文献或应用领域中均不分区别地称其为光谱衰减系数。因其物理内涵不同，它们的单位也不一样，分别为 $\mathrm{m}^2/\mathrm{kg}$、$\mathrm{Pa} \cdot \mathrm{m}^{-1}$、$\mathrm{m}^2/\mathrm{kg}$。吸收系数与散射系数也有类同式（8.7）的表示方法。

若介质的衰减系数 $\kappa_{e\lambda}$ 很大，即 $1/\kappa_{e\lambda}$ 很小，由布格尔定律可知，投射到此介质上的辐

射能传播很短一段距离后就很弱了。相反,若 $\kappa_{e\lambda}$ 很小,即 $1/\kappa_{e\lambda}$ 很大,则传播距离(穿透的距离)较长。衰减系数的倒数 $1/\kappa_{e\lambda}$ 具有长度的量纲,所以可称其为光学穿透距离。当光学穿透距离 $1/\kappa_{e\lambda}$ 等于几何穿透距离 $L$ 时,$\kappa_{e\lambda}L=1$,$I_\lambda(L)/I_\lambda(0)=\exp(-1)$,辐射强度衰减为入射强度的 $1/e$ 倍。光学穿透距离也可以看成以衰减份额为权重的全行程的平均穿透距离 $l_m$,条件是 $\kappa_{e\lambda}$ 等于常数,即

$$l_m = \kappa_{e\lambda} \int_0^\infty x \, \frac{I_\lambda(x) - I_\lambda(x+\mathrm{d}x)}{I_\lambda(0)} = \frac{1}{\kappa_{e\lambda}} \tag{8.8}$$

证明如下:

$$\frac{I_\lambda(x) - I_\lambda(x+\mathrm{d}x)}{I_\lambda(0)} = -\frac{\mathrm{d}I_\lambda(x)}{I_\lambda(0)}\frac{\mathrm{d}x}{\mathrm{d}x} = -\frac{\mathrm{d}\left[I_\lambda(x)/I_\lambda(0)\right]}{\mathrm{d}x}\mathrm{d}x$$

$$= -\frac{\mathrm{d}\left[\exp(-\kappa_{e\lambda}x)\right]}{\mathrm{d}x}\mathrm{d}x = \kappa_{e\lambda}\exp(-\kappa_{e\lambda}x)\,\mathrm{d}x$$

根据数学关系式 $\displaystyle\int_0^\infty x \cdot \exp(-ax)\,\mathrm{d}x = 1/a^2$,即可得

$$l_m = \kappa_{e\lambda} \int_0^\infty x \cdot \exp(-\kappa_{e\lambda}x)\,\mathrm{d}x = \frac{1}{\kappa_{e\lambda}}$$

布格尔定律式(8.5)中 e 的指数项称为光谱光学厚度(光学长度,光学行程长度等),无量纲,用 $\tau_\lambda$ 表示

$$\tau_\lambda = \int_0^L \kappa_{e\lambda}\,\mathrm{d}x \tag{8.9}$$

如果介质物性均匀,$\kappa_{e\lambda}$ 为常数,则 $\tau_\lambda = \kappa_{e\lambda}L$。介质中射线的衰减程度取决于光学厚度。若介质的光学厚度 $\tau_\lambda \gg 1$,称为光学厚,即平均穿透距离远小于该介质的特性尺度。在这种情况下,物质内部一个微元体积仅受周围邻近微元的影响,介质辐射的远程参与性可以忽略。若介质的光学厚度 $\tau_\lambda \ll 1$,称为光学薄,即平均穿透距离远大于该介质的特性尺度。在这种情况下,辐射可以通过该介质而没有被明显吸收。介质内每一个微元体积都直接与介质的边界相互作用。介质内部的发射不会被该介质再吸收,这种情况称为可忽略的再吸收。

### 8.2.3　吸收截面、散射截面及衰减截面

对于含粒子介质,衰减特性常用光谱衰减截面 $C_{e\lambda}$、吸收截面 $C_{a\lambda}$ 及散射截面 $C_{s\lambda}$ 表示,它们原出于电磁场理论,之后才逐步应用到辐射换热中来。下面先介绍光谱散射截面。

光谱散射截面的定义为

$$C_{s\lambda} = \frac{\kappa_{s\lambda}}{N} \tag{8.10}$$

其中,$N$ 为粒子的数密度,单位为 $\mathrm{m}^{-3}$,所以 $C_{s\lambda}$ 具有面积的单位 $\mathrm{m}^2$。从式(8.10)可看出:散射截面是单位体积内单个粒子的散射系数。它的物理意义可以从下面的推导中看出。对于只有散射性质的介质,如入射辐射 $I_\lambda$ 垂直投射到介质的截面 $A$ 上,经过 $\mathrm{d}x$ 距离,散射的能量为 $\mathrm{d}I_{s\lambda}$,则

$$\frac{\mathrm{d}I_{s\lambda}}{I_\lambda} = -\frac{\mathrm{d}I_\lambda}{I_\lambda} = \kappa_{s\lambda}\mathrm{d}x = NC_{s\lambda}\mathrm{d}x = \frac{NC_{s\lambda}A\,\mathrm{d}x}{A} = \frac{NC_{s\lambda}\mathrm{d}V}{A}$$

其中，$dV = A\,dx$。此式的物理意义可写为

$$\frac{dx\text{ 距离内的散射强度}}{\text{入射强度}} = \frac{dV\text{ 体积内的总散射面积}}{\text{入射面积}}$$

由此看出，散射截面是散射体散射能力的一种等效截面。对于非均匀粒径的粒子群，有下列关系：

$$\kappa_{s\lambda} = \int_0^\infty C_{s\lambda}(r)N(r)\,dr \tag{8.11}$$

式中　　$C_{s\lambda}(r)$——半径为 $r$ 的粒子的散射截面；

　　　　$N(r)$——半径为 $r$ 的粒子数密度。

对于含粒子介质的吸收特性，衰减特性可用吸收截面及衰减截面表示，它们的定义为

$$C_{a\lambda} = \frac{\kappa_{a\lambda}}{N}, \quad C_{e\lambda} = \frac{\kappa_{e\lambda}}{N} \tag{8.12}$$

其物理意义与散射截面类同。对于非均匀粒径的粒子群，它们也有类同式（8.11）的关系。

由式（8.6）可得，诸截面有下列关系：

$$C_{e\lambda} = C_{a\lambda} + C_{s\lambda} \tag{8.13}$$

### 8.2.4　吸收因子、散射因子及衰减因子

粒子的辐射热特性还可以用吸收因子 $Q_{a\lambda}$、散射因子 $Q_{s\lambda}$ 及衰减因子 $Q_{e\lambda}$ 来描述，有的文献将"因子"代替为"效率因子"。下面先介绍散射因子。

散射因子的定义是散射截面与入射方向上散射体的几何投影面积 $A$ 之比，定义式为

$$Q_{s\lambda} = \frac{C_{s\lambda}}{A} \tag{8.14a}$$

如散射体为球形粒子，则 $Q_{s\lambda} = C_{s\lambda}/(\pi r^2)$，$r$ 为粒子半径。上式中分子、分母均与投射辐射强度相乘：

$$Q_{s\lambda} = \frac{C_{s\lambda}I_\lambda}{\pi r^2 I_\lambda} = \frac{\kappa_{s\lambda}I_\lambda}{N\pi r^2 I_\lambda} = \frac{dI_{s\lambda}/dx}{N\pi r^2 I_\lambda}$$

由此式可看出：散射因子是单位体积中，散射体的散射能量与投射能量之比。它表示了散射体的散射特性。对于吸收因子和衰减因子，其与散射因子类同，可写成

$$Q_{a\lambda} = \frac{C_{a\lambda}}{A}, \quad Q_{e\lambda} = \frac{C_{e\lambda}}{A} \tag{8.14b}$$

与式（8.6）或式（8.13）类同，诸因子有下面的关系：

$$Q_{e\lambda} = Q_{a\lambda} + Q_{s\lambda} \tag{8.15}$$

### 8.2.5　半透明介质散射的方向特性 —— 散射相函数

描述散射方向的主要参数有两个，一是散射方向强度，一是相函数。为了说清楚这两个参数，先介绍散射强度的概念。如果入射方向用 $\boldsymbol{\Omega}_i$ 表示，投射到微元散射体 $dV$ 上的光谱入射辐射强度为 $I_\lambda(\boldsymbol{\Omega}_i)$，其中一部分被散射体散射，被散射的光谱辐射强度称为光谱散射辐射强度 $I_{s\lambda}(\boldsymbol{\Omega}_i)$，简称光谱散射强度。散射强度代表的能量是空间各可能方向散射

能量之和,它是光谱入射辐射强度 $I_\lambda(\boldsymbol{\Omega}_i)$ 的一部分,所以它与 $I_\lambda(\boldsymbol{\Omega}_i)$ 有相同的单位 $\mathrm{W/(m^2 \cdot sr)}$。

为了描述散射能量在方向上的分布,引入光谱方向散射强度 $I_{s\lambda}(\boldsymbol{\Omega}_i,\boldsymbol{\Omega})$ 的概念,其定义式为

$$I_{s\lambda}(\boldsymbol{\Omega}_i,\boldsymbol{\Omega}) = \frac{\mathrm{d}I_{s\lambda}(\boldsymbol{\Omega}_i)}{\mathrm{d}\Omega_s} \tag{8.16}$$

式中　　$\boldsymbol{\Omega}_i$——入射方向;

　　　　$\boldsymbol{\Omega}$——散射方向(图 8.3);

　　　　$\Omega_s$——散射方向的立体角。

故:$I_{s\lambda}(\boldsymbol{\Omega}_i,\boldsymbol{\Omega})$ 表示入射方向为 $\boldsymbol{\Omega}_i$、散射方向为 $\boldsymbol{\Omega}$,在散射方向单位立体角内的散射强度,它的单位为 $\mathrm{W/(m^2 \cdot sr^2)}$,分母中有两个立体角,一个是入射立体角,一个是散射立体角。显然,方向散射强度对整个空间的积分等于散射强度,即

$$I_{s\lambda}(\boldsymbol{\Omega}_i) = \int_{\Omega_s=4\pi} I_{s\lambda}(\boldsymbol{\Omega}_i,\boldsymbol{\Omega}) \,\mathrm{d}\Omega_s \tag{8.17}$$

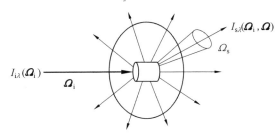

图 8.3　散射方向强度 $I_{s\lambda}(\boldsymbol{\Omega}_i,\boldsymbol{\Omega})$

光谱方向散射强度 $I_{s\lambda}(\boldsymbol{\Omega}_i,\boldsymbol{\Omega})$ 与整个球空间平均的光谱方向散射强度之比称为光谱散射相函数,简称相函数,符号为 $\Phi_\lambda(\boldsymbol{\Omega}_i,\boldsymbol{\Omega})$,其定义式为

$$\Phi_\lambda(\boldsymbol{\Omega}_i,\boldsymbol{\Omega}) = \frac{I_{s\lambda}(\boldsymbol{\Omega}_i,\boldsymbol{\Omega})}{\dfrac{1}{4\pi}\displaystyle\int_{\Omega_s=4\pi} I_{s\lambda}(\boldsymbol{\Omega}_i,\boldsymbol{\Omega}) \,\mathrm{d}\Omega_s} = \frac{I_{s\lambda}(\boldsymbol{\Omega}_i,\boldsymbol{\Omega})}{\dfrac{1}{4\pi}I_{s\lambda}(\boldsymbol{\Omega}_i)} \tag{8.18}$$

相函数描述了散射能量的空间方向分布。由式(8.18)可看出:相函数对整个空间的积分等于 $4\pi$,即

$$\frac{1}{4\pi}\int_{\Omega_s=4\pi} \Phi_\lambda(\boldsymbol{\Omega}_i,\boldsymbol{\Omega}) \,\mathrm{d}\Omega_s = 1 \tag{8.19}$$

此式称为相函数的规一化条件。相函数一般与散射体的尺寸、形状、热辐射特性等有关,是一个比较复杂的函数。

### 8.2.6　半透明介质的吸收率、发射率与透射率

介质热辐射特性早期沿用固体热辐射特性的概念,有时也用吸收率、发射率与透射率表示,它们的定义与固体表面的相同。

介质的吸收率为介质吸收的能量与投射能量之比。对于一维等温均质介质,如果投射辐射强度为 $I_\lambda(0)$,介质中射线的行程长度为 $L$,介质光谱吸收系数为 $\kappa_{a\lambda}$,则其吸收的

光谱能量为 $I_\lambda(0)[1-\exp(-\kappa_{a\lambda}L)]$。根据定义,其光谱吸收率 $\alpha_\lambda$ 及总吸收率 $\alpha$ 为

$$\alpha_\lambda=\frac{I_\lambda(0)-I_\lambda(L)}{I_\lambda(0)}=1-\exp(-\kappa_{a\lambda}L) \tag{8.20}$$

$$\alpha=\frac{\int_0^\infty \alpha_\lambda I_\lambda(0)\mathrm{d}\lambda}{\int_0^\infty I_\lambda(0)\mathrm{d}\lambda} \tag{8.21}$$

即:介质的吸收率与入射辐射有关。由基尔霍夫定律,可知介质层的光谱发射率 $\varepsilon_\lambda$ 及总发射率 $\varepsilon$ 为

$$\varepsilon_\lambda=\alpha_\lambda=1-\exp(-\kappa_{a\lambda}L) \tag{8.22}$$

$$\varepsilon=\frac{\int_0^\infty \varepsilon_\lambda I_{b\lambda}\mathrm{d}\lambda}{\int_0^\infty I_{b\lambda}\mathrm{d}\lambda}=\frac{\pi\int_0^\infty I_{b\lambda}[1-\exp(-\kappa_{a\lambda}L)]\mathrm{d}\lambda}{\sigma T^4} \tag{8.23}$$

穿透介质层的能量与投射能量之比称为此介质层的透射率。等温均质介质的光谱透射率 $\gamma_\lambda$ 及总透射率 $\gamma$ 为

$$\gamma_\lambda=\frac{I_\lambda(L)}{I_\lambda(0)}=\exp(-\kappa_{e\lambda}L) \tag{8.24}$$

$$\gamma=\frac{\int_0^\infty \tau_\lambda I_\lambda(0)\mathrm{d}\lambda}{\int_0^\infty I_\lambda(0)\mathrm{d}\lambda} \tag{8.25}$$

若忽略介质散射,由式(8.20)、式(8.22)、式(8.24)可得

$$\gamma_\lambda=1-\alpha_\lambda=1-\varepsilon_\lambda \tag{8.26}$$

对于灰介质

$$\gamma=1-\alpha=1-\varepsilon \tag{8.27}$$

如果介质散射不能忽略,式(8.26)、式(8.27)不成立。吸收率、发射率不能表示散射,这是用吸收率、发射率和透射率表示介质辐射性质的缺陷,因为此时吸收率的计算需要考虑散射后的多次吸收,已不能简单表示。

混合气体的光谱吸收率比组成它的各气体在同波长下的光谱吸收率之和要小。这是因为单一气体时,它吸收的辐射是没有被其他气体吸收过的,而混合气体中,每一种气体吸收的辐射都被其他气体吸收过了,所以混合气体中任一种气体,它所吸收的能量要比单独存在时吸收得少。这一结论可用布格尔定律予以定量描述。为方便起见,下面以两种气体组成的等温、均质混合气体为例。设混合气体中射线的行程长度为 $L$,取微元长度 $\mathrm{d}x$,射线通过 $\mathrm{d}x$ 气体时被吸收了 $\mathrm{d}I_\lambda$ 的能量,其中 $\mathrm{d}I_{\lambda_1}$ 被气体 1 吸收,$\mathrm{d}I_{\lambda_2}$ 被气体 2 吸收。根据布格尔定律可得

$$\mathrm{d}I_\lambda=\mathrm{d}I_{\lambda_1}+\mathrm{d}I_{\lambda_2}=-(\kappa_{a\lambda_1}+\kappa_{a\lambda_2})I_\lambda(x)\mathrm{d}x$$

分离变量,对 $L$ 求积,得

$$\int_{I_\lambda(0)}^{I_\lambda(L)}\frac{\mathrm{d}I_\lambda}{I_\lambda}=-\int_0^L(\kappa_{a\lambda_1}+\kappa_{a\lambda_2})\mathrm{d}x=-(\kappa_{a\lambda_1}+\kappa_{a\lambda_2})L$$

由式(8.20)可得

$$\kappa_{a\lambda_1}L = -\ln(1-\alpha_{\lambda_1}), \quad \kappa_{a\lambda_2}L = -\ln(1-\alpha_{\lambda_2})$$

混合气体的光谱吸收率为

$$\begin{aligned}
\alpha_\lambda &= 1 - \exp\left[-(\kappa_{a\lambda_1} + \kappa_{a\lambda_2})L\right] \\
&= 1 - \exp\left[\ln(1-\alpha_{\lambda_1}) + \ln(1-\alpha_{\lambda_2})\right] \\
&= 1 - (1-\alpha_{\lambda_1})(1-\alpha_{\lambda_2})
\end{aligned}$$

整理上式后可得

$$\alpha_\lambda = \alpha_{\lambda_1} + \alpha_{\lambda_2} - \alpha_{\lambda_1}\alpha_{\lambda_2} \tag{8.28}$$

等号右端第三项表示在波长 $\lambda$ 处,1、2 的气体吸收互相影响,造成总吸收的减少。

混合气体的总吸收率为

$$\alpha = \frac{\int_0^\infty \alpha_\lambda I_\lambda(0)\,\mathrm{d}\lambda}{\int_0^\infty I_\lambda(0)\,\mathrm{d}\lambda} = \frac{\int_0^\infty (\alpha_{\lambda_1} + \alpha_{\lambda_2} - \alpha_{\lambda_1}\alpha_{\lambda_2}) I_\lambda(0)\,\mathrm{d}\lambda}{\int_0^\infty I_\lambda(0)\,\mathrm{d}\lambda} \tag{8.29}$$

混合气体的吸收率可分为两种极限情况。

第一种:两种气体是灰体。此时,两种气体的光谱重叠在一起,并且 $\alpha_{\lambda_1} = \alpha_1$,$\alpha_{\lambda_2} = \alpha_2$。由式(8.28)可知

$$\alpha = \alpha_1 + \alpha_2 - \alpha_1\alpha_2 \tag{8.30}$$

第二种:这两种气体的谱带没有重叠之处。此时,两种气体的吸收互不干扰,即在 $\alpha_{\lambda_1} \neq 0$ 处 $\alpha_{\lambda_2} = 0$;在 $\alpha_{\lambda_2} \neq 0$ 处 $\alpha_{\lambda_1} = 0$。显然

$$\alpha_\lambda = \alpha_{\lambda_1} + \alpha_{\lambda_2}, \quad \alpha = \alpha_1 + \alpha_2 \tag{8.31}$$

实际大多数的混合气体只有部分谱带重叠,所以它的总吸收率在上述两极限情况之间,即

$$\alpha = \alpha_1 + \alpha_2 - \Delta\alpha \tag{8.32}$$

$\Delta\alpha$ 在 $0 \sim \alpha_1\alpha_2$ 之间,与两种气体的吸收谱带有关。

混合气体的发射率和吸收率类同,即有

$$\varepsilon_\lambda = \varepsilon_{\lambda_1} + \varepsilon_{\lambda_2} - \varepsilon_{\lambda_1}\varepsilon_{\lambda_2} \tag{8.33}$$

$$\varepsilon = \varepsilon_1 + \varepsilon_2 - \Delta\varepsilon \tag{8.34}$$

注意:$\Delta\varepsilon$ 与 $\Delta\alpha$ 不等。

# 8.3　半透明介质能量的发射

有一任意形状、均质、均温,体积为 $\mathrm{d}V$ 的微元介质,温度为 $T$,光谱吸收系数为 $\kappa_{a\lambda}$,求它向全球空间发射的光谱辐射热流量 $\mathrm{d}Q_{em,\lambda}$(单位为 $\mathrm{W} \cdot \mu\mathrm{m}^{-1}$)。则以该微元体中心为球心,作半径为 $R$ 的黑体空心球,如图 8.4 所示。黑体球腔内壁与微元体之间为透明介质;球腔壁面温度 $T$ 到处相同;壁面光谱辐射强度为 $I_{b\lambda}$。

先求微元体吸收的光谱辐射热流量 $\mathrm{d}Q_{a,\lambda}$。以球心为原点作微元立体角 $\mathrm{d}\Omega$,在黑体球壁上割出微元面 $\mathrm{d}A$,$\mathrm{d}\Omega = \mathrm{d}A/R^2$,在微元介质 $\mathrm{d}V$ 上割出垂直于球半径的微元面 $\mathrm{d}A_n$。$\mathrm{d}A$ 投射到 $\mathrm{d}A_n$ 上的光谱能量为 $I_{b\lambda} \cdot \mathrm{d}\Omega_n \cdot \mathrm{d}A(\mathrm{d}\Omega_n = \mathrm{d}A_n/R^2)$,可证明:

$$I_{b\lambda} \cdot \mathrm{d}\Omega_n \cdot \mathrm{d}A = I_{b\lambda} \cdot \mathrm{d}\Omega \cdot \mathrm{d}A_n$$

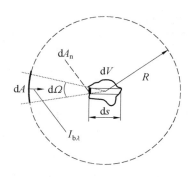

图 8.4　微元介质的辐射

此投射辐射在 $dV$ 内的行程长度为 $ds$，被 $ds$ 吸收的光谱热流量为 $dQ_{a,\lambda,d\Omega}$，其单位为 $W \cdot \mu m^{-1}$。

$$dQ_{a,\lambda,d\Omega} = I_{b\lambda}\left[1 - \exp(-\kappa_{a\lambda}ds)\right]dA_n d\Omega \approx I_{b\lambda}\kappa_{a\lambda}ds dA_n d\Omega = \kappa_{a\lambda}I_{b\lambda}dV d\Omega$$

上式的推导中应用了 $dV = ds \cdot dA_n$，因为 $dV$ 是微元，故 $ds$ 很小，则 $\exp(-\kappa_{a\lambda}ds) \approx 1 - \kappa_{a\lambda}ds$。微元体 $dV$ 对整个球腔内壁面发射的光谱能量的吸收为 $dQ_{a,\lambda}$，等于 $dQ_{a,\lambda,d\Omega}$ 对整个空间（立体角）积分：

$$dQ_{a,\lambda} = \int_{\Omega=4\pi} dQ_{a,\lambda,d\Omega} = \kappa_{a\lambda}I_{b\lambda}dV\int_{\Omega=4\pi}d\Omega = 4\pi\kappa_{a\lambda}I_{b\lambda}dV = 4\kappa_{a\lambda}E_{b\lambda}dV$$

由于系统为热力学平衡态，所以微元体吸收的光谱热流量 $dQ_{a,\lambda}$ 等于其发射的光谱热流量 $dQ_{em,\lambda}$：

$$dQ_{em,\lambda} = dQ_{a,\lambda} = 4\pi\kappa_{a\lambda}I_{b\lambda}dV = 4\kappa_{a\lambda}E_{b\lambda}dV \tag{8.35a}$$

单位时间、单位体积发射的光谱热流量 $q_{em,\lambda}$ 为

$$q_{em,\lambda} = dQ_{em,\lambda}/dV = 4\kappa_{a\lambda}E_{b\lambda} \tag{8.35b}$$

当发射强度各向相同时，光谱发射强度 $I_{em,\lambda}$ 为

$$I_{em,\lambda} = \frac{dQ_{em,\lambda}}{4\pi dA_n} = \kappa_{a\lambda}I_{b\lambda}ds \tag{8.36}$$

其中，$dA_n$ 为 $dV$ 表面上发射方向的法向投影面积，由于是微元，该微元体在任意方向都可表述为投影面；行程 $ds$ 为平行发射方向上 $dV$ 的平均厚度，$ds = dV/dA_n$。从热平衡角度来看，该辐射强度数值上等于由于介质微元吸收而减少的投入辐射强度。

在上述推导中没有考虑介质微元对本身辐射的吸收，以上各式表示的仅是介质的本身发射。

## 8.4　半透明介质辐射传输方程

辐射传输（传递）方程（radiative transfer equation）描述了辐射强度由于介质的发射、吸收和散射等作用引起的变化，是一个在射线方向上的能量平衡方程。它和电磁波输运理论中的中子传输方程、光子输运理论中的光子传输方程、中子输运理论中的中子传输方程等有相似或相同的形式。它们的解法往往可用相同的方法，在发展过程中可以相互借鉴。

热辐射本质上属于电磁波的一种,因此辐射传输过程是有速度的,其速度为光速。完整的辐射传输过程是与时间相关的,即考虑辐射强度随时间的变化:

$$\frac{\mathrm{d}I(s,t)}{\mathrm{d}s} = \frac{\partial I(s,t)}{\partial t}\frac{\mathrm{d}t}{\mathrm{d}s} + \frac{\partial I(s,t)}{\partial s} = \frac{\partial I(s,t)}{\partial t}\frac{1}{c} + \frac{\partial I(s,t)}{\partial s} \tag{8.37}$$

式中　　$t$—— 时间;

　　　　$c$—— 单位时间辐射能量传递的距离,等于光速。

由于 $\partial I(s,t)/\partial t \ll c$,所以辐射传输方程中可忽略非稳态项。从这个意义上而言,根据是否考虑辐射强度随时间的变化,辐射传输方程可以分为两大类:稳态辐射传输方程和瞬态辐射传输方程。本节着重讲解稳态辐射传输方程,简单介绍瞬态辐射传输方程。

### 8.4.1　稳态辐射传输方程的微分形式

当辐射强度随时间的变化远小于光速时,辐射传输方程可视为稳态方程,即与时间无关。在发射、吸收、散射介质内 $s$ 处,沿辐射能量传递方向 $\boldsymbol{\Omega}$(即 $s$ 方向),得到唯一的一条射线,沿该射线取一微元体,其截面为 $\mathrm{d}A$,长度为 $\mathrm{d}s$,如图 8.5 所示。图中微元只是示意性的表示,从任意方向该微元 $\mathrm{d}V$ 都可表述为截面 $\mathrm{d}A$,长度 $\mathrm{d}s$。该射线方向入射的介质微元体的光谱辐射强度为 $I_\lambda(s,\boldsymbol{\Omega})$,出射强度为 $I_\lambda(s,\boldsymbol{\Omega}) + \mathrm{d}I_\lambda(s,\boldsymbol{\Omega})$。用 $\mathrm{d}\Omega$ 表示 $\boldsymbol{\Omega}$ 方向的微元立体角,则 $\boldsymbol{\Omega}$ 方向 $\mathrm{d}\Omega$ 微元立体角内光谱能量的变化为 $\mathrm{d}I_\lambda(s,\boldsymbol{\Omega})\,\mathrm{d}A\mathrm{d}\Omega$;稳态时,它应当等于该微元体在 $\boldsymbol{\Omega}$ 方向上 $\mathrm{d}\Omega$ 立体角内获得与失去光谱能量之和 $W_\lambda(s,\boldsymbol{\Omega})\,\mathrm{d}V\mathrm{d}\Omega$,即

$$\mathrm{d}I_\lambda(s,\boldsymbol{\Omega})\,\mathrm{d}A\mathrm{d}\Omega = W_\lambda(s,\boldsymbol{\Omega})\,\mathrm{d}V\mathrm{d}\Omega \quad 或 \quad \mathrm{d}I_\lambda(s,\boldsymbol{\Omega}) = W_\lambda(s,\boldsymbol{\Omega})\,\mathrm{d}s$$

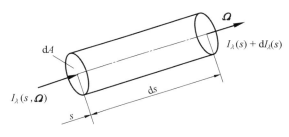

图 8.5　辐射传输方程的推导

式中　　$W_\lambda(s,\boldsymbol{\Omega})$—— 位置 $s$ 处沿 $\boldsymbol{\Omega}$ 方向,单位时间、单位立体角、单位体积介质获得与失去光谱能量之和,$\mathrm{W}/(\mathrm{m}^3 \cdot \mathrm{sr} \cdot \mu\mathrm{m})$。

$W_\lambda(s,\boldsymbol{\Omega})$ 由 4 部分组成:

$$W_\lambda(s,\boldsymbol{\Omega}) = \frac{\mathrm{d}I_\lambda(s,\boldsymbol{\Omega})}{\mathrm{d}s} = W_{\mathrm{a},\lambda}(s,\boldsymbol{\Omega}) + W_{\mathrm{s},\lambda}(s,\boldsymbol{\Omega}) + W_{\mathrm{em},\lambda}(s,\boldsymbol{\Omega}) + W_{\mathrm{is},\lambda}(s,\boldsymbol{\Omega})$$

$$\tag{8.38}$$

其中,$W_{\mathrm{a},\lambda}(s,\boldsymbol{\Omega})$、$W_{\mathrm{s},\lambda}(s,\boldsymbol{\Omega})$、$W_{\mathrm{em},\lambda}(s,\boldsymbol{\Omega})$、$W_{\mathrm{is},\lambda}(s,\boldsymbol{\Omega})$ 分别表示位置 $s$ 处沿 $\boldsymbol{\Omega}$ 方向,单位时间、单位立体角、单位体积介质吸收衰减、散射衰减、发射增加、散射增加的光谱能量,衰减为负,增强为正。可分别用下列式子表示。

(1)单位时间、单位体积、单位立体角内介质吸收衰减的光谱能量,根据式(8.4)、式(8.6)可得:

$$W_{\mathrm{a},\lambda}(s,\boldsymbol{\Omega}) = -\kappa_{\mathrm{a}\lambda}I_\lambda(s,\boldsymbol{\Omega}) \tag{8.39a}$$

（2）单位时间、单位体积、单位立体角内介质散射衰减的光谱能量，根据式（8.4）、式（8.6）可得：

$$W_{s,\lambda}(s,\boldsymbol{\Omega}) = -\kappa_{s\lambda} I_\lambda(s,\boldsymbol{\Omega}) \tag{8.39b}$$

（3）单位时间、单位体积、单位立体角内介质发射增加的光谱能量，根据式（8.36）可得：

$$W_{em,\lambda}(s,\boldsymbol{\Omega}) = \kappa_{a\lambda} I_{b\lambda}(s) \tag{8.39c}$$

（4）单位时间、单位体积、单位立体角内介质散射增加的光谱能量 $W_{is,\lambda}(s,\boldsymbol{\Omega})$，即：全球空间各方向入射辐射引起 $\boldsymbol{\Omega}$ 方向光谱散射能量的累积增量，可以写成

$$W_{is,\lambda}(s,\boldsymbol{\Omega})\,\mathrm{d}s = \int_{\Omega_i=4\pi} \frac{1}{4\pi}\kappa_{s\lambda} I_\lambda(s,\boldsymbol{\Omega}_i)\,\mathrm{d}s \cdot \Phi_\lambda(\boldsymbol{\Omega}_i,\boldsymbol{\Omega})\,\mathrm{d}\Omega_i \tag{8.39d}$$

式中　　$\Phi_\lambda(\boldsymbol{\Omega}_i,\boldsymbol{\Omega})$ —— 散射相函数；

　　　　$\boldsymbol{\Omega}_i$ —— 入射方向。

如图 8.6 所示，上式的物理意义可理解如下：$I_\lambda(s,\boldsymbol{\Omega}_i)$ 为在 $s$ 位置沿 $\boldsymbol{\Omega}$ 方向入射的投射光谱辐射强度；$\kappa_{s\lambda} I_\lambda(s,\boldsymbol{\Omega}_i)\,\mathrm{d}s$ 为微元体中由 $I_\lambda(s,\boldsymbol{\Omega}_i)$ 引起，向 $4\pi$ 空间散射的光谱散射强度；$\kappa_{s\lambda} I_\lambda(s,\boldsymbol{\Omega}_i)\,\mathrm{d}s/4\pi$ 为上述光谱散射强度在 $4\pi$ 空间的平均，即平均的光谱方向散射强度；$\kappa_{s\lambda} I_\lambda(s,\boldsymbol{\Omega}_i)\,\mathrm{d}s \cdot \Phi_\lambda(\boldsymbol{\Omega}_i,\boldsymbol{\Omega})/4\pi$ 为由 $I_\lambda(s,\boldsymbol{\Omega}_i)$ 引起，在 $\boldsymbol{\Omega}$ 方向的光谱方向散射强度，将其对 $4\pi$ 空间积分，即式（8.39d）所示由 $4\pi$ 空间的入射辐射引起的，在 $\boldsymbol{\Omega}$ 方向的光谱散射强度。

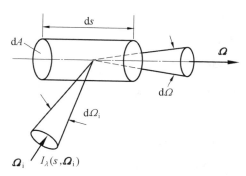

图 8.6　$I_\lambda(s,\boldsymbol{\Omega}_i)$ 散射的示意图

将式（8.39a）～（8.39d）代入式（8.38），可得

$$\frac{\mathrm{d}I_\lambda(s,\boldsymbol{\Omega})}{\mathrm{d}s} = -\kappa_{a\lambda} I_\lambda(s,\boldsymbol{\Omega}) - \kappa_{s\lambda} I_\lambda(s,\boldsymbol{\Omega})$$

$$+ \kappa_{a\lambda} I_{b\lambda}(s) + \frac{1}{4\pi}\int_{\Omega_i=4\pi}\kappa_{s\lambda} I_\lambda(s,\boldsymbol{\Omega}_i)\Phi_\lambda(\boldsymbol{\Omega}_i,\boldsymbol{\Omega})\,\mathrm{d}\Omega_i \tag{8.40a}$$

将吸收项与散射项合并，得

$$\frac{\mathrm{d}I_\lambda(s,\boldsymbol{\Omega})}{\mathrm{d}s} = -\kappa_{e\lambda} I_\lambda(s,\boldsymbol{\Omega}) + \kappa_{a\lambda} I_{b\lambda}(s) + \frac{1}{4\pi}\int_{\Omega_i=4\pi}\kappa_{s\lambda} I_\lambda(s,\boldsymbol{\Omega}_i)\Phi_\lambda(\boldsymbol{\Omega}_i,\boldsymbol{\Omega})\,\mathrm{d}\Omega_i$$

$$\tag{8.40b}$$

设介质热辐射特性为常数，将此式除以 $\kappa_{e\lambda}$，用光谱光学厚度 $\tau_\lambda = \kappa_{e\lambda}s$ 表示介质内沿射线的位置，$s$ 为射线上距离，得

$$\frac{\mathrm{d}I_\lambda(\tau_\lambda,\boldsymbol{\Omega})}{\mathrm{d}\tau_\lambda} = -I_\lambda(\tau_\lambda,\boldsymbol{\Omega}) + (1-\omega_\lambda)I_{b\lambda}(\tau_\lambda) + \frac{\omega_\lambda}{4\pi}\int_{\Omega_i=4\pi}I_\lambda(\tau_\lambda,\boldsymbol{\Omega}_i)\Phi_\lambda(\boldsymbol{\Omega}_i,\boldsymbol{\Omega})\,\mathrm{d}\Omega_i$$

$$(8.41)$$

其中，$\omega=\kappa_{s\lambda}/\kappa_{e\lambda}$ 为散射系数与衰减系数之比，称为光谱反照率（也称消光系数、漫射系数、散射度等），$\omega=0$ 代表无散射，$\omega=1$ 代表无吸收。

相函数、反照率两名词均来自天文学，虽词意与辐射换热中的含义不太符合，但在没有公认的命名前，本书仍取天文学的原名。

辐射传输方程的推导是沿一条特定的射线进行的，式中 $I_\lambda(\tau_\lambda,\boldsymbol{\Omega})$ 只代表该特定射线上的辐射强度。但 $I_\lambda(s,\boldsymbol{\Omega})$ 代表一个特定位置点 $s$ 在 $\boldsymbol{\Omega}$ 方向的辐射强度，是唯一的。如果这条特定的射线经过 $s$，则式(8.40)与式(8.41)等价。

令

$$S_\lambda(\tau_\lambda,\omega_\lambda,\boldsymbol{\Omega}) = (1-\omega_\lambda)I_{b\lambda}(\tau_\lambda) + \frac{\omega_\lambda}{4\pi}\int_{\Omega_i=4\pi}I_\lambda(\tau_\lambda,\boldsymbol{\Omega}_i)\Phi_\lambda(\boldsymbol{\Omega}_i,\boldsymbol{\Omega})\,\mathrm{d}\Omega_i \qquad (8.42)$$

$S_\lambda(\tau_\lambda,\omega_\lambda,\boldsymbol{\Omega})$ 称为源函数，它包含了发射源及空间各方向入射引起的散射源。这样，式(8.41)可写为

$$\frac{\mathrm{d}I_\lambda(\tau_\lambda,\boldsymbol{\Omega})}{\mathrm{d}\tau_\lambda} + I_\lambda(\tau_\lambda,\boldsymbol{\Omega}) = S_\lambda(\tau_\lambda,\omega_\lambda,\boldsymbol{\Omega}) \qquad (8.43)$$

（1）纯吸收性介质的 $\omega=0$，辐射源函数与散射、方向无关，式(8.42)可写为

$$S_\lambda(\tau_\lambda) = I_{b\lambda}(\tau_\lambda)，\quad S_\lambda(s) = \kappa_{a\lambda}I_{b\lambda}(s) \qquad (8.44)$$

（2）纯散射性介质的 $\omega=1$，式(8.42)中等号右端第一项等于零，表示为

$$S_\lambda(\tau_\lambda,\boldsymbol{\Omega}) = \frac{1}{4\pi}\int_{\Omega_i=4\pi}I_\lambda(\tau_\lambda,\boldsymbol{\Omega}_i)\Phi_\lambda(\boldsymbol{\Omega}_i,\boldsymbol{\Omega})\,\mathrm{d}\Omega_i \qquad (8.45)$$

（3）在各向同性散射介质中，散射相函数 $\Phi_\lambda(\boldsymbol{\Omega}_i,\boldsymbol{\Omega})=1$，即散射能量（散射强度）在球空间均匀分布，此时辐射源函数与方向无关，式(8.42)可表示为

$$S_\lambda(\tau_\lambda,\omega_\lambda) = (1-\omega)I_{b\lambda}(\tau_\lambda) + \frac{\omega_\lambda}{4\pi}\int_{\Omega_i=4\pi}I_\lambda(\tau_\lambda,\boldsymbol{\Omega}_i)\,\mathrm{d}\Omega_i \qquad (8.46)$$

式中　　$G_\lambda(\tau_\lambda)$ —— 光谱投射辐射函数，$\mathrm{W}/(\mathrm{m}^2\cdot\mu\mathrm{m})$；

$\overline{I}_\lambda(\tau_\lambda)$ —— 平均光谱投射辐射强度，$\mathrm{W}/(\mathrm{m}^2\cdot\mathrm{sr}\cdot\mu\mathrm{m})$。

$$G_\lambda(\tau_\lambda) = \int_{\Omega_i=4\pi}I_\lambda(\tau_\lambda,\boldsymbol{\Omega}_i)\,\mathrm{d}\Omega_i \qquad (8.47)$$

$$\overline{I}_\lambda(\tau_\lambda) = \frac{1}{4\pi}\int_{\Omega_i=4\pi}I_\lambda(\tau_\lambda,\boldsymbol{\Omega}_i)\,\mathrm{d}\Omega_i = \frac{G_\lambda(\tau_\lambda)}{4\pi} \qquad (8.48)$$

则

$$S_\lambda(\tau_\lambda,\omega_\lambda) = (1-\omega_\lambda)I_{b\lambda}(\tau_\lambda) + \frac{\omega_\lambda}{4\pi}G_\lambda(\tau_\lambda) = (1-\omega_\lambda)I_{b\lambda}(\tau_\lambda) + \omega_\lambda\overline{I}_\lambda(\tau_\lambda) \qquad (8.49)$$

注意：介质内光谱投射辐射函数是在全球空间积分，而表面光谱投射辐射力式(2.22)则是在半球空间积分。

（4）源项等于零。忽略本身辐射及散射的增强作用，源项为零，辐射传输方程就简化成布格尔定律。

辐射传输方程为一阶线性微分积分方程式,其特殊性表现如下。

方程并不是对同一变量进行微积分运算,而是对光学厚度(空间位置)的微分,对投射空间(空间方向)的积分,如果介质为非散射性介质或可忽略散射的增强作用,则辐射传输方程简化为微分方程(只对空间位置微分)。

辐射传输方程为辐射强度的控制方程,由于辐射强度的方向性,且各方向的辐射强度值之间不存在类似作用力的矢量关系,因此在任意方向都独立存在类似的微分积分方程,式(8.40)、式(8.41)实际代表由无数方程构成的一个微分积分方程组(对于数值计算而言,方程组的方程个数取决于离散角度个数与网格划分个数之积),为了与后面的积分型辐射传输方程相区分,该式称为微积分型辐射传输方程。

### 8.4.2　稳态辐射传输方程的积分形式

式(8.40)、式(8.41)、式(8.43)都是含有微分、积分项的辐射传输方程。辐射传输方程还有另外一种形式,即积分型辐射传输方程,其基本思想是采用数值积分方法直接求解辐射传输方程,将辐射传输方程对球空间进行积分计算,可完全消除立体角离散对求解辐射传输方程的影响,因而理论上计算结果比其他数值方法更加准确。数值计算方法有积分方程法、积分有限元法等。将式(8.43)中等号左、右端乘以积分因子 $\exp(\tau_\lambda)$, $\tau_\lambda = \kappa_{e\lambda}s$,可得

$$\exp(\tau_\lambda)\frac{\mathrm{d}I_\lambda(\tau_\lambda,\boldsymbol{\Omega})}{\mathrm{d}\tau_\lambda} + I_\lambda(\tau_\lambda,\boldsymbol{\Omega})\exp(\tau_\lambda) = S_\lambda(\tau_\lambda,\omega_\lambda,\boldsymbol{\Omega})\exp(\tau_\lambda)$$

则

$$\frac{\mathrm{d}}{\mathrm{d}\tau_\lambda}\left[I_\lambda(\tau_\lambda,\boldsymbol{\Omega})\exp(\tau_\lambda)\right] = S_\lambda(\tau_\lambda,\omega_\lambda,\boldsymbol{\Omega})\exp(\tau_\lambda)$$

将上式对 $\tau_\lambda$ 从 0 到 $\kappa_{e\lambda}s$ 积分,$s$ 为介质内行程长度($0 \leqslant s \leqslant L$),得

$$\int_0^{\tau_\lambda}\mathrm{d}\left[I_\lambda(\tau_\lambda^*,\boldsymbol{\Omega})\exp(\tau_\lambda^*)\right] = \int_0^{\tau_\lambda}S_\lambda(\tau_\lambda^*,\omega_\lambda,\boldsymbol{\Omega})\exp(\tau_\lambda^*)\,\mathrm{d}\tau_\lambda^*$$

$$I_\lambda(\tau_\lambda,\boldsymbol{\Omega})\exp(\tau_\lambda) - I_\lambda(0,\boldsymbol{\Omega}) = \int_0^{\tau_\lambda}S_\lambda(\tau_\lambda^*,\omega_\lambda,\boldsymbol{\Omega})\exp(\tau_\lambda^*)\,\mathrm{d}\tau_\lambda^*$$

最后得辐射传输方程的积分形式为

$$I_\lambda(\tau_\lambda,\boldsymbol{\Omega}) = I_\lambda(0,\boldsymbol{\Omega})\exp(-\tau_\lambda) + \int_0^{\tau_\lambda}S_\lambda(\tau_\lambda^*,\omega_\lambda,\boldsymbol{\Omega})\exp\left[-(\tau_\lambda - \tau_\lambda^*)\right]\mathrm{d}\tau_\lambda^* \quad (8.50)$$

此式的物理意义明确指出,在 $\tau_\lambda$ 处 $\boldsymbol{\Omega}$ 方向的光谱辐射强度 $I_\lambda(\tau_\lambda,\boldsymbol{\Omega})$ 由两部分组成,如图 8.7 所示。

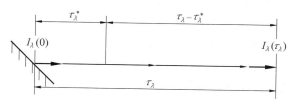

图 8.7　辐射传递积分方程物理意义示意图

(1) 式(8.50)等号右端第一项——入射透过项:在 $\tau_\lambda = 0$ 处、$\boldsymbol{\Omega}$ 方向的入射光谱辐射

强度 $I_\lambda(0,\boldsymbol{\Omega})$ 经过光学厚度 $\tau_\lambda$ 的衰减,抵达 $\tau_\lambda$ 处剩下的辐射强度。

（2）式（8.50）等号右端第二项 ——— 介质出射项:它是 $\tau_\lambda^*$ 处的本身辐射光谱强度,加上整个球空间的入射辐射引起 $\tau_\lambda^*$ 处在 $\boldsymbol{\Omega}$（射线）方向的光谱散射强度,经过光学厚度 $(\tau_\lambda-\tau_\lambda^*)$ 的衰减到达 $\tau_\lambda$ 处剩下的辐射强度(可先不看积分符号)。将 $\tau_\lambda^*$ 从 0 到 $\tau_\lambda$ 积分,得到整个光学厚度中,介质每一点在射线方向 $\boldsymbol{\Omega}$ 上的发射及散射(考虑了此点后面介质对它的衰减,抵达 $\tau_\lambda$ 处剩下的辐射强度)。

由于式（8.50）等号右端第二项的积分式中存在强度项,因此该式为辐射强度的隐式表达式。同样由于辐射强度的方向性,式（8.50）代表一个方程组。对于各向同性散射介质:

$$I_\lambda(\tau_\lambda,\boldsymbol{\Omega})=I_\lambda(0,\boldsymbol{\Omega})\exp(-\tau_\lambda)+\int_0^{\tau_\lambda}\left[(1-\omega_\lambda)I_{b\lambda}(\tau_\lambda^*)+\omega_\lambda\overline{I}_\lambda(\tau_\lambda^*)\right]\exp\left[-(\tau_\lambda-\tau_\lambda^*)\right]\mathrm{d}\tau_\lambda^*$$

$$(8.51\mathrm{a})$$

对于非散射介质:

$$I_\lambda(\tau_\lambda,\boldsymbol{\Omega})=I_\lambda(0,\boldsymbol{\Omega})\exp(-\tau_\lambda)+\int_0^{\tau_\lambda}I_{b\lambda}(\tau_\lambda^*)\exp\left[-(\tau_\lambda-\tau_\lambda^*)\right]\mathrm{d}\tau_\lambda^*\quad(8.51\mathrm{b})$$

辐射传输微分方程与积分方程的本质是一样的,但在应用时有些区别。

（1）数学解法有些区别。一种是微分解法,一种是积分解法。

（2）介质的特性参数表示可以有区别。微分方程中热辐射特性用吸收、散射、衰减等系数表示。积分方程中热辐射特性有时可用吸收率、发射率、透射率来表示,式（8.50）中的指数项就是透射率。由于吸收率、发射率、透射率不能单独地表示散射特性,所以这种方法只能用于忽略散射的气体辐射传递中。工程中一些早期出现,现在还在用的辐射传递方法(如某些炉膛辐射换热计算),没有考虑散射,就是用了这种方法(见第 11 章)。

辐射传输方程针对光谱量(后面为了简化表达有时不再用光谱量表示),由于在辐射传输方程内含有介质本身辐射项,而该项为介质温度的函数,因此如果介质温度分布已知,则辐射传输方程成为求解辐射强度分布的唯一控制方程;而如果介质温度分布未知,则还需补充关于介质温度分布的控制方程 ——— 辐射能量方程。与辐射传输方程所针对的对象不同,辐射能量方程中通常针对全光谱量,这一方程将在 8.5 节中详细介绍。

### 8.4.3　瞬态辐射传输方程

众所周知,辐射是一种电磁波,它的传播速度是光速,在通常的时间尺度下,都是假设辐射传输在瞬间达到稳态,即忽略非稳态项,将辐射传输近似处理为稳态问题。但随着超短脉冲激光技术的迅速发展(最小脉冲宽度已达到飞秒量级 $10^{-15}$ s),极小时空尺度内的辐射传输问题逐渐成为研究前沿和重点。随着飞秒激光系统的迅猛发展,飞秒技术相关领域如超快光电子设备、光电通信设备、超短脉冲激光器及相应测量系统等都将取得重大进展,使得产生及探测皮秒和飞秒时间尺度内的脉冲信号成为可能,未来必将开拓一个基础瞬态脉冲激光信号的光学探测领域。

对于与超短脉冲激光相关的瞬态辐射传输问题而言,辐射强度随时间的变化率与辐射传输速度(光速)相当,必须考虑辐射强度随时间的变化,此时辐射传输方程为瞬态辐

射传输方程,即

$$\frac{1}{c}\frac{\partial I(s,\boldsymbol{\Omega},t)}{\partial t}+\frac{\partial I(s,\boldsymbol{\Omega},t)}{\partial s}=-\kappa_{\mathrm{a}}I(s,\boldsymbol{\Omega},t)-\kappa_{\mathrm{s}}I(s,\boldsymbol{\Omega},t)+\kappa_{\mathrm{a}}I_{\mathrm{b}}(s,t)$$

$$+\frac{\kappa_{\mathrm{s}}}{4\pi}\int_{\Omega_{\mathrm{i}}=4\pi}I(s,\boldsymbol{\Omega}_{\mathrm{i}},t)\Phi(\boldsymbol{\Omega}_{\mathrm{i}},\boldsymbol{\Omega})\,\mathrm{d}\Omega_{\mathrm{i}} \tag{8.52}$$

式中　　$c$——电磁波在介质中传输的速度;

　　　　$t$——时间。

　　式(8.52)中的其他变量的含义均与稳态辐射传输方程相同。瞬态辐射传输问题与稳态问题的最大区别在于瞬态辐射传输方程等号左端的时间项不可忽略,因此在进行数值计算时,除时间差分格式之外,稳态传输方程的所有求解方法均可以用于瞬态辐射传输方程的求解。对于涉及生物光学成像、光电探测等领域的瞬态辐射传输问题,通常将激光考虑为低能脉冲激光,忽略式(8.52)等号右端项中的介质的本身辐射,将光子传输作为信息载体而非能量载体,介质本身只对脉冲激光信号产生衰减作用而不传输能量,通过测量时变透反射信号来重构介质内部特性参数,其瞬态辐射传输方程表示为

$$\frac{1}{c}\frac{\partial I(s,\boldsymbol{\Omega},t)}{\partial t}+\frac{\partial I(s,\boldsymbol{\Omega},t)}{\partial s}=-\kappa_{\mathrm{a}}I(s,\boldsymbol{\Omega},t)-\kappa_{\mathrm{s}}I(s,\boldsymbol{\Omega},t)$$

$$+\frac{\kappa_{\mathrm{s}}}{4\pi}\int_{\Omega_{\mathrm{i}}=4\pi}I(s,\boldsymbol{\Omega}_{\mathrm{i}},t)\Phi(\boldsymbol{\Omega}_{\mathrm{i}},\boldsymbol{\Omega})\,\mathrm{d}\Omega_{\mathrm{i}} \tag{8.53}$$

　　为研究脉冲激光在参与性介质内传输过程中产生的瞬态辐射效应,可将辐射强度分为两部分:一部分是沿着入射方向由于介质吸收和散射而导致衰减的平行光部分 $I_{\mathrm{c}}$;另一部分是由于介质或者壁面本身发射和平行光散射导致的扩散光部分 $I_{\mathrm{d}}$。此时,介质内的辐射强度可表示为

$$I(s,\boldsymbol{\Omega},t)=I_{\mathrm{c}}(s,\boldsymbol{\Omega},t)+I_{\mathrm{d}}(s,\boldsymbol{\Omega},t) \tag{①}$$

根据定义,平行光强度只受到该方向上的衰减作用,因此它满足 Lambert-Beer 定律。

$$\frac{\partial I_{\mathrm{c}}(s,\boldsymbol{\Omega},t)}{c\partial t}+\frac{\partial I_{\mathrm{c}}(s,\boldsymbol{\Omega},t)}{\partial s}=-\kappa_{\mathrm{e}}I_{\mathrm{c}}(s,\boldsymbol{\Omega},t) \tag{②}$$

将式 ①② 代入式(8.53)可得

$$\frac{\partial I_{\mathrm{d}}(s,\boldsymbol{\Omega},t)}{c\partial t}+\frac{\partial I_{\mathrm{d}}(s,\boldsymbol{\Omega},t)}{\partial s}=-\kappa_{\mathrm{e}}I_{\mathrm{d}}(s,\boldsymbol{\Omega},t)$$

$$+\frac{\kappa_{\mathrm{s}}}{4\pi}\int_{\Omega_{\mathrm{i}}=4\pi}\big[I_{\mathrm{d}}(s,\boldsymbol{\Omega}_{\mathrm{i}},t)+I_{\mathrm{c}}(s,\boldsymbol{\Omega}_{\mathrm{i}},t)\big]\Phi(\boldsymbol{\Omega}_{\mathrm{i}},\boldsymbol{\Omega})\,\mathrm{d}\Omega_{\mathrm{i}}$$

$$\tag{8.54}$$

　　关于瞬态辐射传输的数值处理方法见本章参考文献[6,7]。

# 8.5　半透明介质辐射能量方程

　　辐射传输方程是 $\boldsymbol{\Omega}$ 方向微元段 ds 的辐射能量守恒方程,而辐射能量守恒方程描写的是辐射场中某一微元体的辐射能量平衡,所以只要将辐射传输方程中的各项对全空间 $4\pi$ 积分,即可得到空间微元体中的辐射能量守恒方程。$xyz$ 直角坐标系下,对式(8.40a)全

空间积分,得

$$\int_{\Omega=4\pi}\frac{\mathrm{d}I_\lambda(s,\boldsymbol{\Omega})}{\mathrm{d}s}\mathrm{d}\Omega=-\int_{\Omega=4\pi}\kappa_{\mathrm{a}\lambda}I_\lambda(s,\boldsymbol{\Omega})\,\mathrm{d}\Omega-\int_{\Omega=4\pi}\kappa_{\mathrm{s}\lambda}I_\lambda(s,\boldsymbol{\Omega})\,\mathrm{d}\Omega+\int_{\Omega=4\pi}\kappa_{\mathrm{a}\lambda}I_{\mathrm{b}\lambda}(s)\mathrm{d}\Omega$$

$$+\frac{1}{4\pi}\int_{\Omega=4\pi}\kappa_{\mathrm{s}\lambda}\int_{\Omega_{\mathrm{i}}=4\pi}I_\lambda(s,\boldsymbol{\Omega}_{\mathrm{i}})\,\Phi_\lambda(\boldsymbol{\Omega}_{\mathrm{i}},\boldsymbol{\Omega})\,\mathrm{d}\Omega_{\mathrm{i}}\mathrm{d}\Omega \tag{8.55}$$

令 $\alpha$、$\beta$、$\gamma$ 分别为辐射强度 $I(s,\boldsymbol{\Omega})$ 的方向 $\boldsymbol{\Omega}$ 与 $x$ 轴、$y$ 轴、$z$ 轴的夹角。辐射热流密度的一般定义式为

$$\boldsymbol{q}(s)=\int_{\Omega=4\pi}I(s,\boldsymbol{\Omega})\boldsymbol{\Omega}\mathrm{d}\Omega$$

其中,$\boldsymbol{q}$ 为辐射热流密度矢量,其可在直角坐标系分解为 $x$、$y$、$z$ 3 个分量,则

$$q_{\lambda,x}=\int_{\Omega=4\pi}I_\lambda(s,\boldsymbol{\Omega})\cos\alpha\,\mathrm{d}\Omega$$

$$q_{\lambda,y}=\int_{\Omega=4\pi}I_\lambda(s,\boldsymbol{\Omega})\cos\beta\,\mathrm{d}\Omega \tag{8.56}$$

$$q_{\lambda,z}=\int_{\Omega=4\pi}I_\lambda(s,\boldsymbol{\Omega})\cos\gamma\,\mathrm{d}\Omega$$

其中,$q_{\lambda,x}$、$q_{\lambda,y}$、$q_{\lambda,z}$ 分别为光谱辐射热流密度矢量 $\boldsymbol{q}_\lambda$ 在在 $x$、$y$、$z$ 方向上的分量。 则式(8.55)的等号左端可写为

$$\int_{\Omega=4\pi}\frac{\mathrm{d}I_\lambda(s,\boldsymbol{\Omega})}{\mathrm{d}s}\mathrm{d}\Omega=\int_{\Omega=4\pi}\left[\frac{\partial I_\lambda(s,\boldsymbol{\Omega})}{\partial x}\frac{\mathrm{d}x}{\mathrm{d}s}+\frac{\partial I_\lambda(s,\boldsymbol{\Omega})}{\partial y}\frac{\mathrm{d}y}{\mathrm{d}s}+\frac{\partial I_\lambda(s,\boldsymbol{\Omega})}{\partial z}\frac{\mathrm{d}z}{\mathrm{d}s}\right]\mathrm{d}\Omega$$

$$=\int_{\Omega=4\pi}\left[\frac{\partial I_\lambda(s,\boldsymbol{\Omega})}{\partial x}\cos\alpha+\frac{\partial I_\lambda(s,\boldsymbol{\Omega})}{\partial y}\cos\beta+\frac{\partial I_\lambda(s,\boldsymbol{\Omega})}{\partial z}\cos\gamma\right]\mathrm{d}\Omega$$

$$=\frac{\partial q_{\lambda,x}}{\partial x}+\frac{\partial q_{\lambda,y}}{\partial y}+\frac{\partial q_{\lambda,z}}{\partial z}=\nabla\cdot\boldsymbol{q}_\lambda=\mathrm{div}\,\boldsymbol{q}_\lambda \tag{8.57}$$

其中,$\boldsymbol{q}_\lambda$ 的散度表示射入、射出微元体光谱辐射热流密度的增量,如图 8.8 所示。

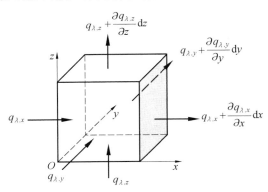

图 8.8　$\boldsymbol{q}_\lambda$ 散度的物理意义

式(8.57)也可以从矢量计算中得到,即

$$\int_{\Omega=4\pi}\frac{\mathrm{d}I_\lambda(s,\boldsymbol{\Omega})}{\mathrm{d}s}\mathrm{d}\Omega=-\int_{4\pi}\left[\boldsymbol{\Omega}\cdot\mathrm{div}\,I_\lambda\right]\mathrm{d}\Omega=\mathrm{div}\int_{4\pi}\boldsymbol{\Omega}\cdot I_\lambda\mathrm{d}\Omega=\mathrm{div}\,\boldsymbol{q}_\lambda$$

注意式(8.47),光谱投射辐射函数 $G_\lambda(s)$ 为

$$G_\lambda(s) = \int_{\Omega=4\pi} I_\lambda(s,\boldsymbol{\Omega}) \, \mathrm{d}\Omega \tag{8.58}$$

式(8.55)等号右端第一项可写为

$$-\kappa_{\mathrm{a}\lambda} \int_{\Omega=4\pi} I_\lambda(s,\boldsymbol{\Omega}) \, \mathrm{d}\Omega = -\kappa_{\mathrm{a}\lambda} G_\lambda(s) \tag{8.59a}$$

式(8.55)等号右端第二项可写为

$$-\kappa_{\mathrm{s}\lambda} \int_{\Omega=4\pi} I_\lambda(s,\boldsymbol{\Omega}) \, \mathrm{d}\Omega = -\kappa_{\mathrm{s}\lambda} G_\lambda(s) \tag{8.59b}$$

式(8.55)等号右端第三项,因为 $I_{\mathrm{b}\lambda}(s) \neq f(\boldsymbol{\Omega})$,所以可写为

$$\kappa_{\mathrm{a}\lambda} \int_{\Omega=4\pi} I_\lambda(s) \, \mathrm{d}\Omega = 4\pi \kappa_{\mathrm{a}\lambda} I_{\mathrm{b}\lambda}(s) \tag{8.59c}$$

利用相函数规一化条件式(8.19),式(8.55)等号右端第四项可写为

$$\frac{\kappa_{\mathrm{s}\lambda}}{4\pi} \int_{\Omega=4\pi} \int_{\Omega_{\mathrm{i}}=4\pi} I_\lambda(s,\boldsymbol{\Omega}_{\mathrm{i}}) \Phi_\lambda(\boldsymbol{\Omega}_{\mathrm{i}},\boldsymbol{\Omega}) \, \mathrm{d}\Omega_{\mathrm{i}} \mathrm{d}\Omega = \kappa_{\mathrm{s}\lambda} \int_{\Omega_{\mathrm{i}}=4\pi} I_\lambda(s,\boldsymbol{\Omega}_{\mathrm{i}}) \left[ \frac{1}{4\pi} \int_{\Omega=4\pi} \Phi_\lambda(\boldsymbol{\Omega}_{\mathrm{i}},\boldsymbol{\Omega}) \, \mathrm{d}\Omega \right] \mathrm{d}\Omega_{\mathrm{i}}$$

$$= \kappa_{\mathrm{s}\lambda} \int_{\Omega_{\mathrm{i}}=4\pi} I_\lambda(s,\boldsymbol{\Omega}_{\mathrm{i}}) \, \mathrm{d}\Omega_{\mathrm{i}} = \kappa_{\mathrm{s}\lambda} G_\lambda(s) \tag{8.59d}$$

此项与式(8.59b)数值相同,符号相反,故两者可以消去。这表示:空间各方向投射辐射引起的散射能量增加,全部散射回四周空间,这是因为散射仅引起辐射方向变化,能量并没有变化,所以两者对全空间积分的结果应当相等。

将式(8.57)、式(8.59a) ～ (8.59d) 代入式(8.55),可得

$$\operatorname{div} \boldsymbol{q}_\lambda = 4\pi \kappa_{\mathrm{a}\lambda} I_{\mathrm{b}\lambda}(s) - \kappa_{\mathrm{a}\lambda} G_\lambda(s) = \kappa_{\mathrm{a}\lambda} \left[ 4\pi I_{\mathrm{b}\lambda}(s) - G_\lambda(s) \right] \tag{8.60a}$$

对于一维问题,上式可写为

$$\frac{\mathrm{d}q_{\lambda,x}}{\mathrm{d}x} = \kappa_{\mathrm{a}\lambda} \left[ 4\pi I_{\mathrm{b}\lambda}(x) - G_\lambda(x) \right] \tag{8.60b}$$

将式(8.60a)对所有波长积分,可得全波长的辐射能量方程,即

$$\operatorname{div} \boldsymbol{q} = 4\pi \int_0^\infty \kappa_{\mathrm{a}\lambda} I_{\mathrm{b}\lambda}(s) \mathrm{d}\lambda - \int_0^\infty \kappa_{\mathrm{a}\lambda} G_\lambda(s) \mathrm{d}\lambda \tag{8.61}$$

此式表示辐射能量的净得或净失等于本身发射与吸收辐射能量之差,称为辐射热流密度方程或辐射热流散度方程。此方程可以直接应用热平衡原理推导出来,这种推导方法比较简单、易懂,但本推导方法能比较清楚地揭示出辐射传输方程与能量方程的异同,对深入了解有好处。

辐射换热过程中,如伴有其他换热方式时,能量方程应为

$$\rho c_p \frac{\mathrm{d}T}{\mathrm{d}t} = \operatorname{div} (k\operatorname{grad} T - \boldsymbol{q}^{\mathrm{r}}) + \varphi + \Psi_{\mathrm{d}} + BT \frac{\mathrm{d}p}{\mathrm{d}t} \tag{8.62}$$

注意:$\operatorname{div}(\operatorname{grad} T) = \dfrac{\partial^2 T}{\partial x^2} + \dfrac{\partial^2 T}{\partial y^2} + \dfrac{\partial^2 T}{\partial z^2} = \nabla \cdot \nabla T = \nabla^2 T = \Delta T$。式(8.62)中等号左端为瞬态能量的储存,即非稳态项,$c_p$ 为比定压热容;等号右端第一项为导热与热辐射的贡献;等号右端第二项是内热源 $\varphi$,如化学能、电能等转化的热能;等号右端第三项为黏性耗散函数 $\Psi_{\mathrm{d}}$,表示黏性耗散生成的热量;第四项表示膨胀或压缩时压力做的功,$p$ 为压力,$B$ 为膨胀系数。推导过程可见本章参考文献[8]。

# 8.6　半透明介质的辐射边界条件

## 8.6.1　介质辐射传输问题的求解

辐射能量的空间分布特性是辐射研究的重要内容之一,通常用辐射强度来描述,而辐射强度在介质内的传输规律由辐射传输方程描述。

辐射能在介质中的传输沿程衰减,局部区域的辐射能不仅取决于该处的热辐射特性与温度,还与远处的热辐射特性、温度有关,分析求解时需要考虑一定的容积(计算域),这就是介质辐射的延程性或容积性。介质温度也是影响辐射能分布的重要参量,反映温度分布的控制方程为能量方程,如果是含辐射的耦合换热过程,则能量方程应包含辐射热源项,该辐射热源项描述的是辐射场中某一微元体辐射能量的得失总和。

如果介质处于稳态,无内热源,导热与对流传热忽略不计,仅存在热辐射,则射进、射出微元体的辐射能应当相等,即微元体吸收的辐射能量应等于本身发射的辐射能量,此时辐射热源项等于零,称为"辐射平衡"状态:

$$\text{div } \boldsymbol{q}_\lambda = 0 \tag{8.63}$$

对全波长,有

$$\int_0^\infty \kappa_{a\lambda} \left[ 4\pi I_{b\lambda}(s) - G_\lambda(s) \right] \mathrm{d}\lambda = 0 \tag{8.64}$$

如果介质为灰体,$\kappa_{a\lambda}$ 与波长无关,注意式(8.58),则

$$4\sigma T(s)^4 - \int_{\Omega = 4\pi} I(s, \boldsymbol{\Omega}) \mathrm{d}\Omega = 0 \tag{8.65}$$

综上所述,辐射传输方程体现介质辐射的方向分布特性及散射特性,介质辐射的远程参与性及介质内温度分布则在辐射能量方程中表述,两方程构成了求解参与性介质内辐射传输问题的控制方程。注意:辐射传输方程通常是针对某特定光谱,而辐射能量方程是针对全光谱范围,故介质辐射的光谱性是由辐射传输方程所体现。辐射传输方程中含有本身辐射项,因此需要已知温度,而辐射能量方程中的投射辐射函数项需要已知辐射强度分布。如果介质的热辐射特性已知,则两方程联立求解,理论上可以求得介质内辐射强度分布和温度分布,然后得到辐射热流密度分布。但由于辐射传输的复杂性,仅有少部分简单情况有解析解,更多的情况需要依靠数值方法求解。如果介质温度较低,其本身辐射可以忽略不计,此时辐射传输方程简化为

$$\frac{\mathrm{d}I_\lambda(s, \boldsymbol{\Omega})}{\mathrm{d}s} = -\kappa_{e\lambda} I_\lambda(s, \boldsymbol{\Omega}) + \frac{\kappa_{s\lambda}}{4\pi} \int_{\Omega_i = 4\pi} I_\lambda(s, \boldsymbol{\Omega}_i) \Phi_\lambda(\boldsymbol{\Omega}_i, \boldsymbol{\Omega}) \mathrm{d}\Omega_i$$

如果热辐射特性与温度无关,则该方程与介质温度无关,辐射传输方程成为求解该类问题的唯一的控制方程。在辐射信号测量研究中通常存在这种情况。

辐射问题的求解除了要明确控制方程之外还要有定解条件,稳态问题的定解条件即为边界条件。与控制方程相对应,辐射问题包含辐射强度边界条件和温度边界条件。温度边界条件与其他换热(导热、对流换热)形式一样,包括 3 类边界条件,辐射问题通常给出第一类边界条件。

辐射强度边界条件是辐射问题独有的,它与界面的热辐射特性密切相关,由于吸收、发射、散射的延程性,辐射强度边界条件中常含有远程项。本节讨论辐射强度边界条件。

## 8.6.2　介质折射率的影响

根据热辐射特性,边界(界面)可分为 3 类:不透明界面;透明界面;半透明界面。每一类中还由于界面发射、反射、投射性质的不同,又分为多种。下面分别阐述之。

(1) 折射角。

界面为半透明镜面时,由于界面两侧介质的折射率不同,当射线穿过界面会产生折射,穿过界面的射线束会略有发散或收敛。令 $\theta_i$ 为入射角;$\theta_t$ 为折射角;$n_{\lambda,o}$、$n_{\lambda,m}$ 分别为环境、介质的光谱折射率。折射角由菲涅耳公式确定:

从介质内向环境辐射:

$$\frac{\sin\theta_i}{\sin\theta_t} = \frac{n_{\lambda,t}}{n_{\lambda,i}} = \frac{n_{\lambda,o}}{n_{\lambda,m}} \tag{8.66a}$$

从环境向介质内辐射:

$$\frac{\sin\theta_i}{\sin\theta_t} = \frac{n_{\lambda,t}}{n_{\lambda,i}} = \frac{n_{\lambda,m}}{n_{\lambda,o}} \tag{8.66b}$$

(2) 界面两侧能量守恒。

设在折射率为 $n_1$ 的电介质 1 内,有一强度为 $I_{\lambda,1}$ 的辐射,令此辐射在立体角 $d\Omega_1$ 内,进入折射率为 $n_2$ 的电介质 2。由于折射率不同,则当射线进入电介质 2 时将改变方向。在入射角 $\theta_1$ 处立体角 $d\Omega_1$ 内的辐射将在折射角 $\theta_2$ 处进入立体角 $d\Omega_2$,如图 8.9 所示。

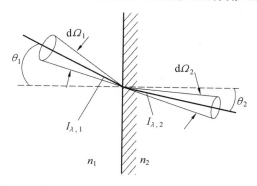

图 8.9　入射角 $\theta_1$ 处立体角 $d\Omega_1$ 内的辐射在折射角 $\theta_2$ 处进入立体角 $d\Omega_2$

若忽略界面处的散射,则辐射通过界面的能量守恒。由于两侧介质的折射率不同,故在界面处存在反射。注意:透射率 $\gamma = 1 - \rho$,根据强度定义,能量守恒关系为

$$I_{\nu,1}(1 - \rho_{1-2})(\cos\theta_1 dA)\,d\Omega_1 d\nu = I_{\nu,2}(\cos\theta_2 dA)\,d\Omega_2 d\nu$$

式中　　$\rho_{1-2}$——电介质 1 到电介质 2 的反射率;

　　　　$dA$——在界面平面内的一个面积元。

由微元立体角关系:

$$d\Omega = \sin\theta d\theta d\varphi$$

注意,在通过交界面处圆周角增量 $d\varphi$ 不变,则

$$I_{\nu,1}\left(1-\rho_{1-2}\right)\sin\theta_1\cos\theta_1\mathrm{d}\theta_1 = I_{\nu,2}\sin\theta_2\cos\theta_2\mathrm{d}\theta_2 \tag{8.67}$$

（3）对菲涅耳公式（8.66）微分：

$$n_1\cos\theta_1\mathrm{d}\theta_1 = n_2\cos\theta_2\mathrm{d}\theta_2 \tag{8.68}$$

将式（8.66b）、式（8.68）代入式（8.67），得

$$\frac{I_{\nu,1}\left(1-\rho_{1-2}\right)}{n_1^2} = \frac{I_{\nu,2}}{n_2^2} \tag{8.69}$$

（4）说明。

尽管式（8.69）是辐射通过两种介质的交界面时推导得出的，但只要介质的局部性质与方向无关，即为各向同性，则对于变折射率的透射介质中的任何点的强度，该式同样成立；除了在某些特殊情况下，各向同性的条件一般都能满足，因此一般说来，在透明的各向同性介质中，不管是对光谱强度，还是对总强度，有以下关系：

$$\frac{I_\nu\mathrm{d}\nu}{n^2} = \mathrm{const} \quad\text{或}\quad \frac{I_\nu}{n^2} = \mathrm{const} \tag{8.70a}$$

如果采用随 $n$ 变化的波长 $\lambda$，也可写成

$$\frac{I_\lambda\mathrm{d}\lambda}{n^2} = \mathrm{const} \quad\text{或}\quad \frac{I_\lambda}{n^2} = \mathrm{const} \tag{8.70b}$$

对于带变量 $n$ 的光谱计算，使用频率比用波长更方便。

### 8.6.3 角度对全反射的影响

设一体积元 $\mathrm{d}V$ 置于折射率为 $n_2$ 的半无限大介质 2 内。强度为 $I$ 的漫辐射从折射率为 $n_1$ 的介质 1 入射到介质 1、2 的交界面上，且 $n_1 < n_2$。以掠入射角入射到此界面（$\theta_1 \approx 90°$）的辐射将以下式给出的最大 $\theta_2$ 角折射到介质 2 中，如图 8.10 所示。

$$\sin\theta_{2,\max} = \frac{n_1}{n_2}\sin 90° = \frac{n_1}{n_2} \tag{8.71}$$

因此，在介质 2 中的体积元仅在下式所表示的角度范围内才能直接从介质 1 接收到辐射：

$$0 \leqslant \theta_2 \leqslant \theta_{2,\max} \quad \left(\theta_{2,\max} = \sin^{-1}\frac{n_1}{n_2}\right) \tag{8.72}$$

从 $\mathrm{d}V$ 发出的辐射将沿图 8.10 中实线所示的路径传输进入介质 1。因为 $n_{\lambda,1} < n_{\lambda,2}$，则存在一个临界角 $\theta_c$

$$\theta_{\lambda,c} = \arcsin\frac{n_{\lambda,1}}{n_{\lambda,2}} \tag{8.73}$$

入射角大于临界角的投射射线将全部被反射，即

$$\rho_\lambda = 1 \quad (\theta \geqslant \theta_c) \tag{8.74}$$

在第 2 章中进行了质疑：当电介质的折射率为常数，但 $n_m > 1$ 时，电介质辐射强度是否有可能大于同温但折射率 $n_b = 1$ 的黑体辐射强度 $I_b$？即下式是否可能成立：

$$\varepsilon_m n_m^2 I_m > I_b \quad (n_m > 1; \varepsilon_b = 1, n_b = 1) \tag{③}$$

由于对吸收系数为 $\kappa_a$ 的吸收、发射性灰介质，由一体元辐射出去的总能量为

$$\mathrm{d}Q_{em} = 4n^2\kappa_a\sigma T^4\mathrm{d}V \tag{④}$$

因此由式 ③④ 可以看到，由于 $n_m > 1$，所以从电介质介质辐射到空气中的强度可能大于

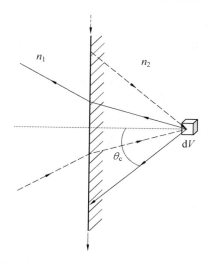

图 8.10　介质 2 侧界面上全反射示意图

$n_b = 1$ 的黑体辐射强度 $I_b$。但事实并非如此,因为在介质内发射出去的某些能量,在介质与空气的交界面上又会被反射回介质中。

### 8.6.4　介质辐射界面(光学)辐射特性

介质界面的热辐射特性可分为 3 类:不透明界面(opaque);透明界面(transparent);半透明界面(semitransparent)。下面分别阐述之。

首先介绍共同的假设及符号的表示。设介质辐射强度与圆周角 $\varphi$ 无关,可表示为 $I(x,\theta)$。相关符号说明如下,如图 8.11 所示。

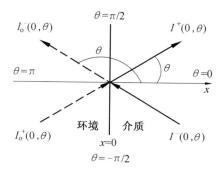

图 8.11　界面的坐标与有关的符号

界面外侧暴露在环境中,其参数用下标"o"表示,即 $I_o(x=0,\theta)$。

界面内侧与介质密切接触,通常就是介质的一部分,其参数除折射率 $n_m$ 用下标"m"表示外,其他变量无任何下标,即 $I(x=0,\theta) = I(0,\theta)$。

界面辐射强度:与 $x$ 轴同向用上标"+"表示;与 $x$ 轴反向用上标"−"表示;令方向余弦 $\mu = \cos\theta$。

$I^+(0,\theta)$ 或 $I^+(0,\mu)$ 表示:$0 \leqslant \theta < \pi/2, \mu > 0$,在介质内,离开界面。

$I_o^+(0,\theta)$ 或 $I_o^+(0,\mu)$ 表示:$0 \leqslant \theta < \pi/2, \mu > 0$,在环境中,朝向界面。

$I^-(0,\theta)$ 或 $I^-(0,\mu)$ 表示：$\pi/2 < \theta \leqslant \pi$，$\mu < 0$，在介质内，朝向界面。

$I_o^-(0,\theta)$ 或 $I_o^-(0,\mu)$ 表示：$\pi/2 < \theta \leqslant \pi$，$\mu < 0$，在环境中，离开界面。

**1. 不透明界面**

辐射参与性介质与不透明固体表面或吸收系数极大的介质紧密接触，此界面可认为是不透明界面，即 $\varepsilon_\lambda + \rho_\lambda = 1$。

若界面为漫射面（漫发射、漫反射），界面温度为 $T_1$，界面内侧（半球）光谱发射率为 $\varepsilon_\lambda$、光谱（半球）漫反射率为 $\rho_\lambda^d$（上标"d"表示漫反射），用下标"i"表示入射，则界面内侧光谱反射强度为

$$\frac{\rho_\lambda^d}{\pi} \int_{\Omega_i = 2\pi} I_\lambda^-(0,\theta_i) \cos\theta_i \mathrm{d}\Omega_i = \frac{\rho_\lambda^d}{\pi} \int_{\theta_i = \pi}^{\frac{\pi}{2}} \int_{\varphi_i = 0}^{2\pi} I_\lambda^-(0,\theta_i) \cos\theta_i \sin\theta_i \mathrm{d}\theta_i \mathrm{d}\varphi_i$$
$$= 2\rho_\lambda^d \int_0^{\mu_i = -1} I_\lambda^-(0,\mu_i) \mu_i \mathrm{d}\mu_i$$
$$= 2\rho_\lambda^d \int_0^1 I_\lambda^-(0,-\mu_i) \mu_i \mathrm{d}\mu_i$$

界面有效辐射是本身辐射与反射辐射之和，所以

$$I_\lambda^+(0) = J_\lambda(0) = \frac{1}{\pi} n_m^2 \varepsilon_\lambda \sigma T_1^4 + 2\rho_\lambda^d \int_0^1 I_\lambda^-(0,-\mu_i) \mu_i \mathrm{d}\mu_i \tag{8.75}$$

当界面为镜面（漫发射、镜反射）时，由于入射角与反射角的关系为 $\theta = \pi - \theta_i$，即 $\mu = -\mu_i$，故界面内侧（介质侧）表面的光谱镜反射率 $\rho_\lambda^s$ 为

$$I_\lambda^+(0,\mu) = J_\lambda(0,\mu) = \frac{1}{\pi} n_m^2 \varepsilon_\lambda \sigma T_1^4 + \rho_\lambda^s I_\lambda^-(0,\mu_i) = \frac{1}{\pi} n_m^2 \varepsilon_\lambda \sigma T_1^4 + \rho_\lambda^s I_\lambda^-(0,-\mu) \tag{8.76}$$

**2. 透明界面**

透明界面是指在某一波段范围内，光谱透射率 $\gamma_\lambda = 1$ 的界面。对于镜反射，反射率与折射率有关，因此镜反射率 $\rho_\lambda^s = 0$，意味着介质两侧的折射率相等。故界面内、外两侧的辐射强度方向不变、数值相等。

**3. 半透明界面**

半透明界面的厚度可认为等于零，所以根据布格尔定律，此界面无能量吸收，吸收率与发射率都等于零，即 $\gamma + \rho = 1$。半透明界面可分为如下两类。

（1）界面为灰体，其透射率 $0 < \gamma < 1$。介质侧界面的辐射为两部分之和：环境投射辐射的穿透部分；介质侧界面的反射辐射。对于漫射情况，有

$$I^+(0) = \left(\frac{n_m}{n_o}\right)^2 (1 - \rho_o^d) I_o(0) + 2\rho^d \int_0^1 I^-(0,-\mu) \mu \mathrm{d}\mu \tag{8.77}$$

式中　　$\rho_o^d$ —— 环境侧界面的漫反射率。

如界面为镜面，则

$$I^+(0,\mu) = \left(\frac{n_m}{n_o}\right)^2 (1 - \rho_o^s) I_o(0,\mu') + 2\rho^s I^-(0,-\mu) \tag{8.78}$$

其中，$\rho_o^s$ 表示环境侧界面的镜反射率；$\mu' = \cos\theta'$，$\theta$ 为环境投射辐射的入射角。

（2）界面为选择性面。界面相对部分谱带呈透明性质，对另一部分谱带呈不透明或半透明性质，这种界面的辐射强度的计算方法可参照本节中诸式选取。

## 8.7　半透明梯度折射率介质内的辐射传输

由于材料结构、物性，或者介质组分、温度、密度、浓度等的不均匀，折射率可能是空间位置的函数。梯度折射率介质内，光线方程是一组由费马原理确定的偏微分方程。在半透明梯度折射率介质内，沿辐射传播路径，不仅介质的吸收、反射和散射会导致辐射强度的变化，折射率的变化也将引起辐射强度的改变。梯度折射率介质内的辐射传输方程的一般形式为

$$\frac{n^2}{c}\frac{D}{Dt}\left[\frac{I(s,\boldsymbol{\Omega},t)}{n^2}\right] = -\left(\kappa_a + \kappa_s\right)I(s,\boldsymbol{\Omega},t) + n^2\kappa_a I_b(s,t)$$
$$+\frac{\kappa_s}{4\pi}\int_{\Omega_i=4\pi}I(s,\boldsymbol{\Omega}_i,t)\Phi(\boldsymbol{\Omega}_i,\boldsymbol{\Omega})\,\mathrm{d}\Omega_i \tag{8.79}$$

亦可表示为

$$\frac{n}{c_0}\frac{\partial I(s,\boldsymbol{\Omega},t)}{\partial t} + n^2\frac{\mathrm{d}}{\mathrm{d}s}\left[\frac{I(s,\boldsymbol{\Omega},t)}{n^2}\right] = -\left(\kappa_a + \kappa_s\right)I(s,\boldsymbol{\Omega},t) + n^2\kappa_a I_b(s,t)$$
$$+\frac{\kappa_s}{4\pi}\int_{\Omega_i=4\pi}I(s,\boldsymbol{\Omega}_i,t)\Phi(\boldsymbol{\Omega}_i,\boldsymbol{\Omega})\,\mathrm{d}\Omega_i \tag{8.80}$$

方程(8.80)在形式上与均匀折射率介质内的辐射传输方程相似。然而，由于光线在梯度折射率介质内沿曲线传播，因此梯度折射率介质内辐射传输问题的求解将比普通介质内的困难得多。下面简要给出直角坐标系下梯度折射率介质内辐射传输方程的推导，其他坐标系下的推导过程见相关专著，如本章参考文献[9]。

如图 8.12 所示的直角坐标系中，光线方程可写为

$$\frac{\mathrm{d}}{\mathrm{d}s}(n\mu) = \frac{\partial n}{\partial x} \tag{8.81a}$$

$$\frac{\mathrm{d}}{\mathrm{d}s}(n\eta) = \frac{\partial n}{\partial y} \tag{8.81b}$$

$$\frac{\mathrm{d}}{\mathrm{d}s}(n\xi) = \frac{\partial n}{\partial z} \tag{8.81c}$$

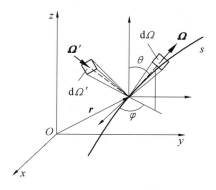

图 8.12　直角坐标系中弯曲光线轨迹

利用光线方程，式(8.80)中的微分算子可以写为

$$\frac{\partial}{\partial s} = \mu \frac{\partial}{\partial x} + \eta \frac{\partial}{\partial y} + \xi \frac{\partial}{\partial z}$$
$$+ \frac{1}{\sin \theta} \left\{ [\xi(\mu\alpha + \eta\beta + \xi\gamma) - \gamma] \frac{\partial}{\partial \theta} + [\beta\cos \varphi - \alpha\sin \varphi] \frac{\partial}{\partial \varphi} \right\}$$

$$(8.82)$$

其中折射率的导数 $\alpha$、$\beta$ 和 $\gamma$ 定义如下:

$$\alpha = \frac{1}{n} \frac{\partial n}{\partial x} = \frac{1}{2n^2} \frac{\partial n^2}{\partial x} \tag{8.83a}$$

$$\beta = \frac{1}{n} \frac{\partial n}{\partial y} = \frac{1}{2n^2} \frac{\partial n^2}{\partial y} \tag{8.83b}$$

$$\gamma = \frac{1}{n} \frac{\partial n}{\partial z} = \frac{1}{2n^2} \frac{\partial n^2}{\partial z} \tag{8.83c}$$

将式(8.82)代入式(8.80),可得直角坐标系中梯度折射率介质内辐射传输方程的非守恒形式,即

$$\frac{n}{c_0} \frac{\partial I(r,\Omega,t)}{\partial t} + \mu \frac{\partial I(r,\Omega,t)}{\partial x} + \eta \frac{\partial I(r,\Omega,t)}{\partial y} + \xi \frac{\partial I(r,\Omega,t)}{\partial z}$$
$$+ \frac{1}{\sin \theta} \left\{ [\xi(\mu\alpha + \eta\beta + \xi\gamma) - \gamma] \frac{\partial I(r,\Omega,t)}{\partial \theta} + (\beta\cos \varphi - \alpha\sin \varphi) \frac{\partial I(r,\Omega,t)}{\partial \varphi} \right\}$$
$$+ [\kappa_a + \kappa_s - 2(\mu\alpha + \eta\beta + \xi\gamma)] I(r,\Omega,t)$$
$$= n^2 \kappa_a I_b(r,t) + \frac{\kappa_s}{4\pi} \int_{\Omega_i = 4\pi} I(r,\Omega_i,t) \Phi(\Omega_i,\Omega) \, d\Omega_i \tag{8.84}$$

并可写成以下守恒形式,即

$$\frac{n}{c_0} \frac{\partial I(r,\Omega,t)}{\partial t} + \mu \frac{\partial I(r,\Omega,t)}{\partial x} + \eta \frac{\partial I(r,\Omega,t)}{\partial y} + \xi \frac{\partial I(r,\Omega,t)}{\partial z}$$
$$+ \frac{1}{\sin \theta} \frac{\partial}{\partial \theta} \left\{ [\xi(\mu\alpha + \eta\beta + \xi\gamma) - \gamma] I(r,\Omega,t) \right\}$$
$$+ \frac{1}{\sin \theta} \frac{\partial}{\partial \varphi} \left\{ (\beta\cos \varphi - \alpha\sin \varphi) I(r,\Omega,t) \right\} + (\kappa_a + \kappa_s) I(r,\Omega,t)$$
$$= n^2 \kappa_a I_b(r,t) + \frac{\kappa_s}{4\pi} \int_{\Omega_i = 4\pi} I(r,\Omega_i,t) \Phi(\Omega_i,\Omega) \, d\Omega_i \tag{8.85}$$

式(8.85)可简洁表示为散度形式,即

$$\frac{n}{c_0} \frac{\partial I(r,\boldsymbol{\Omega},t)}{\partial t} + \boldsymbol{\Omega} \cdot \nabla I(r,\Omega,t) + \frac{1}{2n^2 \sin \theta} \frac{\partial}{\partial \theta} [I(r,\Omega,t)(\xi\boldsymbol{\Omega} - k) \cdot \nabla n^2]$$
$$+ \frac{1}{2n^2 \sin \theta} \frac{\partial}{\partial \varphi} [I(r,\Omega,t)(s_1 \cdot \nabla n^2)] + (\kappa_a + \kappa_s) I(r,\Omega,t)$$
$$= n^2 \kappa_a I_b(r,t) + \frac{\kappa_s}{4\pi} \int_{\Omega_i = 4\pi} I(r,\Omega_i,t) \Phi(\Omega_i,\Omega) \, d\Omega_i \tag{8.86}$$

其中

$$\boldsymbol{\Omega} = i\mu + j\eta + k\xi = i\sin \theta\cos \varphi + j\sin \theta\sin \varphi + k\cos \theta \tag{8.87a}$$

$$s_1 = -i\sin \varphi + j\cos \varphi \tag{8.87b}$$

其中,$i$、$j$ 和 $k$ 分别为 $x$、$y$ 与 $z$ 坐标方向的单位矢量。式(8.85)和式(8.87)中包含角度导

数项,即角向再分配项,这是由梯度折射率介质内的光线弯曲引起的。

# 本章参考文献

[1] BOHREN C F,HUFFMAN D R.Absorption and scattering of light by small particles[M].New York:John Wiley & Sons,1983.

[2] 姚启钧.光学教程[M].5 版.北京:高等教育出版社,2014.

[3] 石丸.随机介质中波的传播和散射[M].黄润恒,周诗健,译.北京:科学出版社,1986.

[4] 章冠人.光子流体动力学理论基础[M].北京:国防工业出版社,1996.

[5] 过增元.国际传热研究前沿:微细尺度传热[J].力学进展,2000,30(1):1-6.

[6] MODEST M F.Radiative heat transfer[M].3th ed.New York:Academic Press, 2013.

[7] OZISIK M N.Radiative transfer and interactions with conduction and convection[M].New York:John Wiley & Sons,1973.

[8] 王启杰.对流传热传质分析[M].西安:西安交通大学出版社,1991.

[9] 刘林华,谈和平.梯度折射率介质内热辐射传递的数值模拟[M].北京:科学出版社, 2006.

[10] 乔亚天.梯度折射率光学[M].北京:科学出版社,1991.

[11] LIU L H.Finite volume method for radiation heat transfer in graded index medium[J]. J. Thermophysics and Heat Transfer,2006,20(1):59-66.

[12] RIPOLL J.Derivation of the scalar radiative transfer equation from energy conservation of Maxwell's equations in the far field[J].Journal of the Optical Society of America A-Optics Image Science and Vision,2011,28(8):1765-1775.

[13] BORCEA L,GARNIER J.Derivation of a one-way radiative transfer equation in random media[J].Physical Review E,2016,93(2):022115.

[14] DOICU A,MISHCHENKO M I,TRAUTMANN T.Electromagnetic scattering by discrete random media illuminated by a Gaussian beam I:Derivation of the radiative transfer equation[J].J. Quant. Spectrosc. Radiat. Transfer,2020(256): 107301.

# 本 章 习 题

1.单色辐射线的波长 $\lambda = 2.5\ \mu m$,其强度为 $9.465\ kW \cdot m^{-2} \cdot \mu m^{-1}$,进入厚度为 203 mm 的气层,气体温度为 1 111 K,吸收系数 $\kappa_a = 6.56\ m^{-1}$。试求从气体层射出的射线强度。(忽略散射但应包括发射)

2.来自 3 000 K 黑体辐射源的辐射,通过 12 000 K 和 1 atm(1.013 25×10⁵ Pa)的空气层。只考虑透射辐射(即不考虑空气的辐射),试求在黑体辐射的峰值波长上衰减 25% 的能量所需要的路程长度。

3. 一个细的气体柱,内含散射粒子的均匀悬浮物,其散射系数为 $\kappa_s$。相函数与圆周角 $\varphi$ 无关,仅与入射辐射离去方向的夹角 $\theta$ 有关,即 $\Phi = \frac{3}{4}(1 + \cos^2\theta)$。具有光谱强度为 $I$ 的辐射线以垂直于柱端面的方向入射。试求在前进方向($0 \leqslant \theta \leqslant \pi/2$)上,离去能量的份额与 $L$ 的函数关系以及返回的散射能量份额与 $L$ 的函数关系($\pi/2 \leqslant \theta \leqslant \pi$)。(不存在吸收或发射)

4. 假设漫射灰体壁面之间的介质只有散射,介质导热并且导热系数为常数。试求从板 1 到板 2 由导热和纯散射共同传递的热量。

5. 一个等温封闭腔被非散射气体所充满,试证明在这种情况下 $\nabla \cdot \boldsymbol{q}$ 必须为 0。

6. 一个半无限的、散射、吸收 — 发射气体在均匀温度 $T_g$ 下与一温度为 $T_w$、发射率为 $\varepsilon_w$ 的漫射灰体壁相接触。介质为灰体,其散射系数和吸收系数为常数。介质是不运动的,并忽略导热,试证明传到壁面上的热流为 $\varepsilon_w \sigma (T_g^4 - T_w^4)$。

# 第9章 二阶形式辐射传输方程

## 9.1 引 言

传统的辐射传输方程求解方法(如离散坐标法(DOM)、有限体积法(FVM)及有限元法(FEM))一般是基于标准形式的辐射传输方程,即关于辐射强度的一阶偏微分方程,它可以看作一种特殊的对流扩散方程且具有强对流特性。这类方程的求解一般需要施加特别的稳定格式或人工黏性来保证传输过程的正确模拟,如经常用于辐射传输方程有限体积法离散的阶梯迎风格式;而对于没有施加稳定格式的有限元法,其求解结果往往会出现非物理振荡。另一种解决稳定性问题的方法是将标准形式辐射传输方程转化为一个关于辐射强度的二阶方程,二阶导数项具有的扩散特性可以起到类似人工黏性的作用来保证稳定性。通过对辐射强度角度坐标采用偶宇称分解,可得到辐射传输方程的偶宇称公式(even-parity formulation,EPF),这是一个二阶偏微分方程。Fiveland 和 Jessee 发展并研究了基于 EPF 的有限元法。Cheong 和 Song 比较了基于 EPF 离散坐标法的空间离散格式并把 EPF 推广用于各向异性散射问题的求解。Liu 和 Chen 研究了一般适体坐标下基于 EPF 的离散坐标法。虽然 EPF 显示了更好的数值特性,但也有许多不足之处,如其求解变量并不是辐射强度,同时有研究表明,当光学厚度及壁面发射率增加时,基于 EPF 求解方法的求解结果精度变差。

考虑到因偶宇称公式的控制变量并非辐射强度而带来的求解不便,赵军明和刘林华提出了基于原始变量的二阶辐射传输方程,从理论上对二阶辐射传输方程的数值特性进行了论证,发展了基于二阶辐射传输方程的有限元法及无网格法并进行了数值检验。基于二阶辐射传输方程的伽辽金有限元离散可以获得正定对称刚度矩阵,具有良好的数值特性。研究表明,基于二阶辐射传输方程的有限元求解比基于经典辐射传输方程的最小二乘法求解更具优势。二阶辐射传输方程具有 EPF 主要优点的同时克服了其缺点,可以方便地用于求解吸收、发射、各向异性散射介质内的辐射传输。基于二阶辐射传输方程的有限元法已被英、美等国学者用于燃烧过程中的辐射传输分析。最近,二阶辐射传输方程被加拿大学者用于开源软件 SIMUDO 中相关光子传输过程算法的开发。

本章首先介绍二阶辐射传输方程的导出过程,然后给出二阶辐射传输方程稳定性的分析理论,最后介绍基于二阶辐射传输方程的数值离散方法。

# 9.2　半透明介质内二阶形式辐射传输方程及其性质

### 9.2.1　经典辐射传输方程的数值特性

经典辐射传输方程从数学形式上看,是一个一阶微分 — 积分耦合型方程;若单从微分算子角度考虑,其可以看作一个对流型控制方程。考虑一般吸收、散射性介质,经典辐射传输方程在三维直角坐标系下可以写为

$$\boldsymbol{\Omega} \cdot \nabla I(\boldsymbol{r},\boldsymbol{\Omega}) + \kappa_e I(\boldsymbol{r},\boldsymbol{\Omega}) = \kappa_a I_b T(\boldsymbol{r}) + \frac{\kappa_s}{4\pi} \int_{4\pi} I(\boldsymbol{r},\boldsymbol{\Omega}') \Phi(\boldsymbol{\Omega}',\boldsymbol{\Omega}) \, \mathrm{d}\Omega' \tag{9.1}$$

该式可以简写为

$$\boldsymbol{\Omega} \cdot \nabla I(\boldsymbol{r},\boldsymbol{\Omega}) = S(\boldsymbol{r},\boldsymbol{\Omega})$$
$$= \kappa_a I_b T(\boldsymbol{r}) + \frac{\kappa_s}{4\pi} \int_{4\pi} I(\boldsymbol{r},\boldsymbol{\Omega}') \Phi(\boldsymbol{\Omega}',\boldsymbol{\Omega}) \, \mathrm{d}\Omega' - \kappa_e I(\boldsymbol{r},\boldsymbol{\Omega}) \tag{9.2}$$

若将辐射方向矢量 $\boldsymbol{\Omega} = (\mu,\eta,\xi)$ 视为"速度矢量",则该方程可以看作对流扩散方程的一种特殊形式,即缺少扩散项的对流扩散方程,因而成为一种强对流型或对流主导型方程。强对流型方程具有较复杂的数值特性,会引起数值求解的不稳定性,如引起求解结果的非物理振荡。

文献[13]中对经典辐射传输方程的数值误差特性在频域进行了详细分析。图9.1给出了采用有限元法求解经典辐射传输方程的数值稳定性问题的示例。可以看出,对于高斯型源项问题,其辐射强度场存在较大梯度,当采用伽辽金有限元法进行求解时,在不同的光学厚度条件下,结果出现了"非物理"数值振荡。观察发现(图9.1(a)),数值振荡随着光学厚度的增加有所减弱。频域理论分析较好地解释了该误差的形成机制(图9.1(b)),即有限元离散经典辐射传输方程时(等价于中心差分离散),其相对误差频谱幅

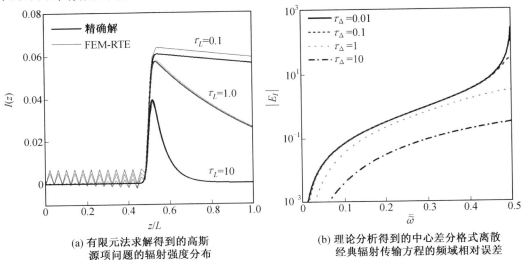

(a) 有限元法求解得到的高斯　　　　　　(b) 理论分析得到的中心差分格式离散
　　源项问题的辐射强度分布　　　　　　　经典辐射传输方程的频域相对误差

图 9.1　采用有限元法求解经典辐射传输方程数值稳定性问题的示例

值在高频部分($\bar{\omega} = 0.5$)很大,达到 $3 \times 10^2$ 以上。需要说明的是,对于给定网格离散步长 $\Delta s$,最高无量纲误差频率为 $\bar{\omega} = \Delta s \bar{\omega} / 2\pi = 0.5$。因此,数值结果将会在最高频率存在显著的数值振荡。此外,该高频误差随光学厚度显著降低,这很好地解释了有限元法求解经典辐射传输时结果的误差特性。本章将在第 9.2.4 节对辐射传输方程数值特性的频域分析方法进行详细介绍。

### 9.2.2　二阶偶宇称辐射传输方程

如前文所述,经典辐射传输方程具有强对流特性,采用伽辽金有限元法或有限差分法离散时会出现非物理振荡。考虑到数值不稳定性来源于对流项,一种处理方法是将对流型方程通过数学变换转换为扩散型方程。二阶偶宇称辐射传输方程(even-parity formulation of RTE, EPRTE)可以看作是将经典辐射传输方程转化为二阶扩散型方程的一种尝试。该方程起初在中子输运领域提出,之后被引入辐射换热问题的求解。

在该方法中,被求解变量并不是辐射强度,而是引入辐射强度的偶宇称函数 $\psi_{\mathrm{E}}(\boldsymbol{\Omega}, \boldsymbol{r})$ 和奇宇称函数 $\psi_{\mathrm{O}}(\boldsymbol{\Omega}, \boldsymbol{r})$,其表达为正向和反向辐射强度的函数如下:

$$\psi_{\mathrm{E}}(\boldsymbol{\Omega}, \boldsymbol{r}) = \frac{1}{2} \left[ I(\boldsymbol{\Omega}, \boldsymbol{r}) + I(-\boldsymbol{\Omega}, \boldsymbol{r}) \right] \tag{9.3}$$

$$\psi_{\mathrm{O}}(\boldsymbol{\Omega}, \boldsymbol{r}) = \frac{1}{2} \left[ I(\boldsymbol{\Omega}, \boldsymbol{r}) - I(-\boldsymbol{\Omega}, \boldsymbol{r}) \right] \tag{9.4}$$

通过经典辐射传输方程可以获得正向辐射强度 $I(\boldsymbol{\Omega}, \boldsymbol{r})$ 和反向辐射强度 $I(-\boldsymbol{\Omega}, \boldsymbol{r})$ 的控制方程,对其进行加减运算,可获得针对各向同性散射条件下偶宇称函数 $\psi_{\mathrm{E}}(\boldsymbol{\Omega}, \boldsymbol{r})$ 和奇宇称函数 $\psi_{\mathrm{O}}(\boldsymbol{\Omega}, \boldsymbol{r})$ 的控制方程如下:

$$\boldsymbol{\Omega} \cdot \nabla \psi_{\mathrm{O}} + \kappa_{\mathrm{e}} \psi_{\mathrm{E}} = \kappa_{\mathrm{a}} I_{\mathrm{b}} + \frac{\kappa_{\mathrm{s}}}{2\pi} \int_{2\pi} \psi_{\mathrm{E}}(\boldsymbol{\Omega}', \boldsymbol{r}) \, \mathrm{d}\Omega' \tag{9.5}$$

$$\boldsymbol{\Omega} \cdot \nabla \psi_{\mathrm{E}} + \kappa_{\mathrm{e}} \psi_{\mathrm{O}} = 0 \tag{9.6}$$

这两个方程是耦合在一起的,也可以进一步解耦。由式(9.6)可得 $\psi_{\mathrm{O}} = -\kappa_{\mathrm{e}}^{-1} \boldsymbol{\Omega} \cdot \nabla \psi_{\mathrm{E}}$,将其代入式(9.5)中的第一项可以获得关于偶宇称函数 $\psi_{\mathrm{E}}$ 的控制方程,即二阶偶宇称辐射传输方程:

$$-\boldsymbol{\Omega} \cdot \nabla (\kappa_{\mathrm{e}}^{-1} \boldsymbol{\Omega} \cdot \nabla \psi_{\mathrm{E}}) + \kappa_{\mathrm{e}} \psi_{\mathrm{E}} = \kappa_{\mathrm{a}} I_{\mathrm{b}} + \frac{\kappa_{\mathrm{s}}}{2\pi} \int_{2\pi} \psi_{\mathrm{E}}(\boldsymbol{\Omega}', \boldsymbol{r}) \, \mathrm{d}\Omega' \tag{9.7}$$

需要说明的是,该方程中散射项的积分仅对 $2\pi$ 空间进行积分。由于该方程为一个二阶微分方程,故须在入射和出射边界均给定边界条件。其入射和出射边界的边界条件可以通过偶宇称函数 $\psi_{\mathrm{E}}(\boldsymbol{\Omega}, \boldsymbol{r})$ 和奇宇称函数 $\psi_{\mathrm{O}}(\boldsymbol{\Omega}, \boldsymbol{r})$ 与辐射强度的关系代入经典辐射传输方程的边界条件而获得。对入射边界($\boldsymbol{n}_{\mathrm{w}} \cdot \boldsymbol{\Omega} < 0$)有

$$\psi_{\mathrm{E}}(\boldsymbol{\Omega}, \boldsymbol{r}_{\mathrm{w}}) - \kappa_{\mathrm{e}}^{-1} \boldsymbol{\Omega} \cdot \nabla \psi_{\mathrm{E}}$$

$$= \varepsilon_{\mathrm{w}} I_{\mathrm{b}}(\boldsymbol{r}_{\mathrm{w}}) + \frac{1 - \varepsilon_{\mathrm{w}}}{\pi} \int_{\boldsymbol{n}_{\mathrm{w}} \cdot \boldsymbol{\Omega}' > 0} \left[ \psi_{\mathrm{E}}(\boldsymbol{\Omega}, \boldsymbol{r}_{\mathrm{w}}) + \kappa_{\mathrm{e}}^{-1} \boldsymbol{\Omega} \cdot \nabla \psi_{\mathrm{E}} \right] |\boldsymbol{n}_{\mathrm{w}} \cdot \boldsymbol{\Omega}'| \, \mathrm{d}\Omega' \tag{9.8}$$

对出射边界($\boldsymbol{n}_{\mathrm{w}} \cdot \boldsymbol{\Omega} > 0$)有

$$\psi_{\mathrm{E}}(\boldsymbol{\Omega}, \boldsymbol{r}_{\mathrm{w}}) + \kappa_{\mathrm{e}}^{-1} \boldsymbol{\Omega} \cdot \nabla \psi_{\mathrm{E}}$$

$$= \varepsilon_{\mathrm{w}} I_{\mathrm{b}}(\boldsymbol{r}_{\mathrm{w}}) + \frac{1-\varepsilon_{\mathrm{w}}}{\pi} \int_{n_{\mathrm{w}} \cdot \boldsymbol{\Omega}' > 0} \left[ \psi_{\mathrm{E}}(\boldsymbol{\Omega}, \boldsymbol{r}_{\mathrm{w}}) - \kappa_{\mathrm{e}}^{-1} \boldsymbol{\Omega} \cdot \nabla \psi_{\mathrm{E}} \right] |\boldsymbol{n}_{\mathrm{w}} \cdot \boldsymbol{\Omega}'| \,\mathrm{d}\Omega' \tag{9.9}$$

二阶偶宇称辐射传输方程虽然消除了对流项,解决了经典辐射传输方程的固有数值稳定性问题,但由于其控制变量并不是辐射强度,对辐射传输问题的求解和应用并不方便。此外,将二阶偶宇称辐射传输方程应用于一般各向异性问题的应用也存在较大困难。

### 9.2.3　基于原始变量的二阶辐射传输方程

注意到经典辐射传输方程数值稳定性问题的根本原因在于其强对流特性,同时为克服二阶偶宇称辐射传输方程控制变量不是辐射强度以及不便于处理各向异性散射问题的缺点,赵军明和刘林华提出了基于原始变量的二阶辐射传输方程,很好地解决了上述问题。下面对基于原始变量的二阶辐射传输方程理论进行介绍。

一般吸收、发射、各向异性散射介质内的辐射传输方程沿传输方向位置坐标可以写为

$$\frac{\mathrm{d}I}{\mathrm{d}s} + \kappa_{\mathrm{e}} I = \kappa_{\mathrm{a}} I_{\mathrm{b}} + \frac{\kappa_{\mathrm{s}}}{4\pi} \int_{4\pi} I(s, \boldsymbol{\Omega}') \Phi(\boldsymbol{\Omega}', \boldsymbol{\Omega}) \,\mathrm{d}\Omega', \quad s \in [0, L] \tag{9.10}$$

入射边界条件给定如下:

$$I = I_0, \quad s = 0 \tag{9.11}$$

其中,$L$ 为光线轨迹的长度。如果 $\kappa_{\mathrm{e}} \neq 0$,式(9.10)可以写为

$$I = -\kappa_{\mathrm{e}}^{-1} \frac{\mathrm{d}I}{\mathrm{d}s} + (1-\omega) I_{\mathrm{b}} + \frac{\omega}{4\pi} \int_{4\pi} I(s, \boldsymbol{\Omega}') \Phi(\boldsymbol{\Omega}', \boldsymbol{\Omega}) \,\mathrm{d}\Omega' \tag{9.12}$$

把式(9.12)代入式(9.10)的导数项即可得到基于原始变量的二阶形式辐射传输方程,简称二阶辐射传输方程(second-order radiative transfer equation, SORTE):

$$-\kappa_{\mathrm{e}}^{-1} \frac{\mathrm{d}}{\mathrm{d}s} \left( \kappa_{\mathrm{e}}^{-1} \frac{\mathrm{d}I}{\mathrm{d}s} \right) + I = S - \kappa_{\mathrm{e}}^{-1} \frac{\mathrm{d}S}{\mathrm{d}s} \tag{9.13}$$

其中,源项函数 $S$ 定义如下:

$$S = (1-\omega) I_{\mathrm{b}} + \frac{\omega}{4\pi} \int_{4\pi} I(s, \boldsymbol{\Omega}') \Phi(\boldsymbol{\Omega}', \boldsymbol{\Omega}) \,\mathrm{d}\Omega' \tag{9.14}$$

当 $\kappa_{\mathrm{e}} = 0$ 时,二阶辐射传输方程可以简写为

$$\frac{\mathrm{d}^2 I}{\mathrm{d}s^2} = 0 \tag{9.15}$$

在光学坐标下,二阶辐射传输方程可以写为

$$-\frac{\mathrm{d}^2 I}{\mathrm{d}\tau^2} + I = S - \frac{\mathrm{d}S}{\mathrm{d}\tau}, \quad \tau \in [0, \tau_L] \tag{9.16}$$

其中光学坐标 $\tau$ 以及光学厚度 $\tau_L$ 分别定义如下

$$\tau = \int_0^s \kappa_{\mathrm{e}}(s) \,\mathrm{d}s, \quad \tau_L = \int_0^L \kappa_{\mathrm{e}}(s) \,\mathrm{d}s \tag{9.17}$$

在三维直角坐标系下,二阶辐射传输方程中的二阶导数项可以展开为

$$\frac{\mathrm{d}^2 I}{\mathrm{d}\tau^2} = \mu^2 \frac{\partial^2 I}{\partial \tau_x^2} + \eta^2 \frac{\partial^2 I}{\partial \tau_y^2} + \xi^2 \frac{\partial^2 I}{\partial \tau_z^2} + (\mu\eta + \eta\mu) \frac{\partial^2 I}{\partial \tau_x \partial \tau_y} +$$

$$(\mu\xi + \xi\mu) \frac{\partial^2 I}{\partial \tau_x \partial \tau_z} + (\eta\xi + \xi\eta) \frac{\partial^2 I}{\partial \tau_y \partial \tau_z} \tag{9.18}$$

把式(9.18)代入式(9.16)中,可以看出二阶辐射传输方程具有与各向异性介质内热传导方程类似的扩散型方程的形式。

根据式(9.16),二阶辐射传输方程可以看作一个关于辐射强度对光学坐标 $\tau$ 的二阶微分方程。如大家所知,为了得到唯一的解,二阶方程需要两个边界条件。因此,除了已经给定的入射边界条件方程式(9.11)外,还需要另外一个适当的边界条件,例如,可以在辐射出射边界上定义一个边界条件。由于原始的辐射传输方程描述了辐射传输过程的能量守恒并且在射线轨迹上的任何位置均是正确的,因此我们可以使用式(9.10)作为二阶辐射传输方程的出射边界条件。

$$\kappa_e^{-1} \frac{\mathrm{d}I}{\mathrm{d}s} + I = S, \quad s = L \tag{9.19}$$

由式(9.13)所描述的二阶辐射传输方程以及由式(9.11)、式(9.19)所组成的边界条件可以表示为如下散度形式:

$$-\kappa_e^{-1} \boldsymbol{\Omega} \cdot \nabla(\kappa_e^{-1} \boldsymbol{\Omega} \cdot \nabla I) + I = S - \kappa_e^{-1} \boldsymbol{\Omega} \cdot \nabla S \tag{9.20}$$

$$I(\boldsymbol{r}_w, \boldsymbol{\Omega}) = I_0(\boldsymbol{r}_w, \boldsymbol{\Omega}) \quad (\boldsymbol{n}_w \cdot \boldsymbol{\Omega} < 0) \tag{9.21a}$$

$$\kappa_e^{-1} \boldsymbol{\Omega} \cdot \nabla I + I = S \quad (\boldsymbol{n}_w \cdot \boldsymbol{\Omega} \geqslant 0) \tag{9.21b}$$

通常情况下:式(9.21a)被称为狄利克雷(Dirichlet)边界条件或本质边界条件;式(9.21b)被称为纽曼(Neumann)边界条件或自然边界条件。二阶辐射传输方程边界条件示意图如图9.2所示,其中 $\Gamma$ 表示所有的边界条件即 $\Gamma = \Gamma_D \bigcup \Gamma_N$,$\Gamma_D$ 与 $\Gamma_N$ 分别表示入射和出射边界条件。

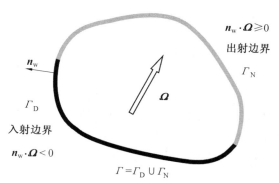

图9.2  二阶辐射传输方程边界条件示意图

由散度形式的二阶辐射传输式(9.20)可以看出,与散度形式的经典辐射传输方程(9.2)相比,原来的对流项(一阶偏导数项)已不存在,变换为具有扩散性质的二阶偏导数项,因此新方程不具有强对流特性,可以预想其有更好的数值特性。为了更好地了解二阶辐射传输方程的性质,下一小节将二阶辐射传输方程与原始辐射传输方程的性质进行分析和对比。

基于上述通过数学变换消去对流项的基本思想,除了可以导出二阶辐射传输方程SORTE以外,还可以获得其他形式的原始变量形式的二阶辐射传输方程。文献[13]给出了一种改进型二阶辐射传输方程(modified SORTE, MSORTE),并采用无网格法进行求解;对其性能进行分析,发现具有较好的数值特性,可方便应用于辐射传输问题中存

在 $\kappa_e = 0$ 区域时的求解。改进型二阶辐射传输方程 MSORTE 的推导过程为：将流算子 $\mathrm{d}/\mathrm{d}s$ 直接作用于经典辐射传输方程式（9.10）的两端，即

$$\frac{\mathrm{d}^2 I}{\mathrm{d}s^2} + \frac{\mathrm{d}}{\mathrm{d}s}(\kappa_e I) = \frac{\mathrm{d}}{\mathrm{d}s}(\kappa_e S) \tag{9.22}$$

其在直角坐标系下写成散度形式为

$$\boldsymbol{\Omega} \cdot \nabla[\boldsymbol{\Omega} \cdot \nabla I] + \boldsymbol{\Omega} \cdot \nabla(\kappa_e I) = \boldsymbol{\Omega} \cdot \nabla(\kappa_e S) \tag{9.23}$$

其边界条件与二阶辐射传输方程 SORTE 相同。

### 9.2.4　二阶辐射传输方程的数值特性

为了分析、讨论的方便，此处将光学坐标 $\tau$ 以光学厚度 $\tau_L$ 进行标准化，原始的辐射传输方程变为

$$\frac{1}{\tau_L} \frac{\mathrm{d}I}{\mathrm{d}\bar{\tau}} + I = S, \quad \bar{\tau} \in [0,1] \tag{9.24}$$

类似地，由式（9.16）描述的二阶辐射传输方程可以写为

$$-\frac{1}{\tau_L{}^2} \frac{\mathrm{d}^2 I}{\mathrm{d}\bar{\tau}^2} + I = S - \frac{1}{\tau_L} \frac{\mathrm{d}S}{\mathrm{d}\bar{\tau}}, \quad \bar{\tau} \in [0,1] \tag{9.25}$$

其中标准化光学坐标 $\bar{\tau}$ 定义为

$$\bar{\tau} = \frac{\tau}{\tau_L} \tag{9.26}$$

入射和出射边界条件同样变为

$$I = I_0, \quad \bar{\tau} = 0 \tag{9.27a}$$

$$\frac{1}{\tau_L} \frac{\mathrm{d}I}{\mathrm{d}\bar{\tau}} + I = S, \quad \bar{\tau} = 1 \tag{9.27b}$$

**1. 一致性**

为了验证二阶辐射传输方程与原始的辐射传输方程之间的一致性，此处考虑无发射、无散射介质内的辐射传输问题。对于无发射、无散射介质，二阶辐射传输方程写为

$$-\frac{\mathrm{d}^2 I}{\mathrm{d}\bar{\tau}^2} + \tau_L{}^2 I = 0 \tag{9.27}$$

其入射和出射边界条件分别为

$$I = I_0, \quad \bar{\tau} = 0 \tag{9.28a}$$

$$\frac{\mathrm{d}I}{\mathrm{d}\bar{\tau}} + \tau_L I = 0, \bar{\tau} = 1 \tag{9.28b}$$

式（9.27）的一般解可以写为如下形式：

$$I(\bar{\tau}) = C_1 \mathrm{e}^{-\tau_L \bar{\tau}} + C_2 \mathrm{e}^{\tau_L \bar{\tau}} \tag{9.29}$$

系数 $C_1$ 和 $C_2$ 由边界条件给定，$C_1 = I_0$，$C_2 = 0$。因此式（9.27）的解可以写为

$$I(\bar{\tau}) = I_0 \mathrm{e}^{-\tau_L \bar{\tau}}, \quad \bar{\tau} \in [0,1] \tag{9.30}$$

这与原始辐射传输方程在边界条件（9.28a）下所得到的结果是相同的，即证明了二阶辐射传输方程与原始的辐射传输方程具有一致性。

**2. 扰动误差分析**

由于物理模型的参数以及边界条件的误差经常使模型的结果产生扰动,分析误差传播的特点对于评估二阶辐射传输方程的数值特性非常重要。首先,考虑由入射边界条件带来的扰动误差。入射边界的扰动误差采用在式(9.28a)添加一小的定常扰动来模拟:

$$I = I_0 + \varepsilon, \quad \bar{\tau} = 0 \tag{9.31}$$

在式(9.31)和(9.28b)给定的边界条件下,由式(9.27)给定的二阶辐射传输方程有如下的扰动解:

$$I_\varepsilon(\bar{\tau}) = (I_0 + \varepsilon)\, e^{-\tau_L \bar{\tau}} \tag{9.32}$$

因此,解的相对扰动误差函数为

$$E_{\text{in}}^{\text{rel}}(\bar{\tau}) = \frac{I_\varepsilon - I_E}{I_E} = \frac{\varepsilon\, e^{-\tau_L \bar{\tau}}}{I_0\, e^{-\tau_L \bar{\tau}}} = \frac{\varepsilon}{I_0} \tag{9.33}$$

其中,$I_E$ 是在模型参数和边界条件无误差时的精确解。从式(9.33)可以看出,相对扰动误差在入射边界上与误差呈线性关系,同时与光学坐标无关。对于式(9.31)给定的入射边界条件的扰动,原始辐射传输方程求解的相对扰动误差函数与式(9.33)相同。

其次,考虑出射边界条件带来的扰动误差。在出射边界条件式(9.28b)上施加一个小定常扰动 $\varepsilon$,即

$$\frac{\mathrm{d}I}{\mathrm{d}\bar{\tau}} + \tau_L I = \varepsilon, \quad \bar{\tau} = 1 \tag{9.34}$$

在式(9.28a)和式(9.34)给定的边界条件下,二阶辐射传输方程式(9.27)有如下扰动解:

$$I_\varepsilon(\bar{\tau}) = I_0\, e^{-\tau_L \bar{\tau}} + \frac{\varepsilon}{2\tau_L}\left[ e^{-\tau_L(1-\bar{\tau})} - e^{-\tau_L(1+\bar{\tau})} \right], \quad \bar{\tau} \in [0,1] \tag{9.35}$$

为了研究二阶辐射传输方程求解过程中扰动误差的整体特性,这里定义解的积分平均相对误差为

$$E^{\text{int}} = \frac{\int_0^1 |I_\varepsilon - I_E|\, \mathrm{d}\bar{\tau}}{\int_0^1 |I_E|\, \mathrm{d}\bar{\tau}} \tag{9.36}$$

把扰动解(9.35)以及精确解代入式(9.36),可以得到由出射边界条件引起的二阶辐射传输方程解的积分平均相对误差为

$$E_{\text{out}}^{\text{int}} = \frac{|\varepsilon|}{I_0} A_{\text{out}}(\tau_L) \tag{9.37}$$

其中误差放大因子 $A_{\text{out}}(\tau_L)$ 定义如下:

$$A_{\text{out}}(\tau_L) = \frac{1}{2\tau_L}(1 - e^{-\tau_L}) \tag{9.38}$$

如图 9.3 所示,误差放大因子 $A_{\text{out}}(\tau_L)$ 随着光学厚度的增加迅速减小,同时其数值始终小于 1.0。

最后,考虑在源项函数 $S=0$ 时由辐射源项带来的误差扰动。添加扰动的二阶辐射传输方程可写为

$$-\frac{\mathrm{d}^2 I}{\mathrm{d}\bar{\tau}^2} + \tau_L{}^2 I = \varepsilon \tag{9.39}$$

通过前述相同的分析步骤，可以得到积分平均相对误差如下：

$$E_{S,2nd}^{int} = \frac{|\varepsilon|}{I_0} A_{S,2nd}(\tau_L) \qquad (9.40)$$

其中误差放大因子 $A_{S,2nd}(\tau_L)$ 为

$$A_{S,2nd}(\tau_L) = \frac{1}{\tau_L}\left(\frac{1}{1-e^{-\tau_L}} - \frac{3-e^{-\tau_L}}{2\tau_L}\right) \qquad (9.41)$$

当 $S=0$ 时，由原始辐射传输方程源项函数引起的扰动误差可以通过类似的分析得到。添加扰动的原始辐射传输方程可以写为

$$\frac{1}{\tau_L}\frac{dI}{d\bar{\tau}} + I = \varepsilon, \quad \bar{\tau} \in [0,1] \qquad (9.42)$$

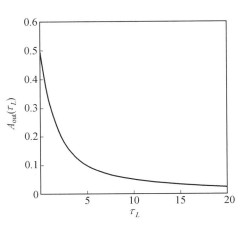

图 9.3　出射边界条件的误差放大因子

可得其扰动解的积分平均相对误差为

$$E_{S,1st}^{int} = \frac{|\varepsilon|}{I_0} A_{S,1st}(\tau_L) \qquad (9.43)$$

其中误差放大因子 $A_{S,1st}(\tau_L)$ 为

$$A_{S,1st}(\tau_L) = \frac{1}{1-e^{-\tau_L}} - \frac{1}{\tau_L} \qquad (9.44)$$

如图 9.4 所示，误差放大因子 $A_{S,1st}(\tau_L)$ 以及 $A_{S,2nd}(\tau_L)$ 均小于 1.0。然而，原始辐射传输方程的放大因子 $A_{S,1st}(\tau_L)$ 随着光学厚度的增加而增加，而二阶辐射传输方程的放大因子 $A_{S,2nd}(\tau_L)$ 随着光学厚度的增加迅速减小。由上述分析可以看出，二阶辐射传输方程具有很好的数值特性。

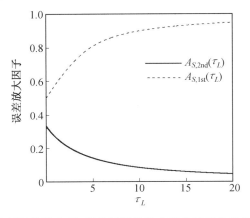

图 9.4　二阶辐射传输方程、原始辐射传输方程的源项扰动误差放大因子

### 3. 误差特性的频域分析

基于频域分析的方法可以更好地揭示数值离散方法的稳定性，下面从频域分析角度揭示二阶辐射传输方程与经典一阶辐射传输方程的数值特性。分析中假设介质热辐射特性为常数，且介质无散射，这可以简化理论分析，并能抓住不同控制方程在一般条件下的

主要数值特性。对于给定的微分方程,若其具有良好的数值特性,则采用中心差分进行离散可获得数值稳定的结果。下面基于中心差分格式进行数值离散,对不同形式的辐射传输方程的数值特性进行分析,本节给出的频域分析方法可参考本章文献[13]。首先,考虑经典辐射传输方程(RTE),该方程在光线坐标系(或沿特征线)下针对节点 $n$ 的中心差分离散可以写为

$$\frac{I_{n+1} - I_{n-1}}{2\Delta s} + \kappa_e I_n = S_n \tag{9.45}$$

其中,$\Delta s$ 为离散步长;下角标"$n$"表示节点索引。为便于对该离散方程进行理论分析,通过泰勒级数进行展开,将 $I_{n+1}$ 及 $I_{n-1}$ 表示为节点 $n$ 的辐射强度值,从而可以导出与该离散方程等价的微分方程。基于该方法,上式中的差分项可以写成如下等价的微分形式:

$$\frac{I_{n+1} - I_{n-1}}{2\Delta s} = \frac{dI_n}{ds} + \frac{1}{2\Delta s}\sum_{k=2}^{\infty}\left[1 - (-1)^k\right](\Delta s)^k \frac{1}{k!}\frac{d^k I_n}{ds^k} \tag{9.46}$$

用上式替换方程(9.45)中的差分项,从而可获得其在节点 $n$ 处展开的等价微分形式:

$$\frac{dI}{ds} + \kappa_e I = S + \frac{1}{2\Delta s}\sum_{k=2}^{\infty}\left[(-1)^k - 1\right](\Delta s)^k \frac{1}{k!}\frac{d^k I}{ds^k} \tag{9.47}$$

其中,为简便描述,忽略下角标"$n$"。可以看出,与辐射传输方程相比,该微分形式存在大量附加项。为了分析这些附加项带来的数值误差及稳定性问题,可通过将式(9.47)的求解结果与基于准确辐射传递法方程的求解结果进行比较。下面在频域角度对这一问题进行分析。

对式(9.47)两端进行傅里叶变换可以得到

$$\left[j\bar\omega \mathrm{sinc}(\Delta s\bar\omega) + \kappa_e\right]\hat I = \hat S \tag{9.48}$$

其中,"^"表示傅里叶变换算子;$\bar\omega$ 为傅里叶变换的频域变量;$j = \sqrt{-1}$。上式变换中使用了如下关系:

$$\widehat{I_{n+1}} = \overline{I_n + \sum_{k=1}^{\infty}(\Delta s)^k \frac{1}{k!}\frac{d^k I_n}{ds^k}} = \sum_{k=0}^{\infty}\frac{1}{k!}(j\bar\omega\Delta s)^k \widehat{I_n} = e^{j\bar\omega\Delta s}\widehat{I_n} \tag{9.49}$$

$$\widehat{I_{n-1}} = \overline{I_n + \sum_{k=1}^{\infty}(-\Delta s)^k \frac{1}{k!}\frac{\partial^k I_n}{\partial s^k}} = \sum_{k=0}^{\infty}\frac{1}{k!}(-j\bar\omega\Delta s)^k \widehat{I_n} = e^{-j\bar\omega\Delta s}\widehat{I_n} \tag{9.50}$$

可以看出,当 $\Delta s \to 0$ 时,式(9.48)趋于经典一阶辐射传输方程 RTE,即离散格式满足一致性。式(9.48)的形式解可以写为

$$\hat I = \frac{\hat S}{j\bar\omega \mathrm{sinc}(\Delta s\bar\omega) + \kappa_e} \tag{9.51}$$

然而,经典一阶辐射传输方程 RTE 的精确解为

$$\hat I_E = \frac{\hat S}{j\bar\omega + \kappa_e} \tag{9.52}$$

因此,可以定义频域的相对误差为

$$E_{I,\mathrm{RTE}} = \frac{\hat I - \widehat{I_E}}{\widehat{I_E}} = \frac{j\bar\omega + \kappa_e}{j\bar\omega \mathrm{sinc}(\Delta s\bar\omega) + \kappa_e} - 1 = \frac{j2\pi\bar\omega\tau_\Delta^{-1} + 1}{j2\pi\bar\omega\tau_\Delta^{-1}\mathrm{sinc}(2\pi\bar\omega) + 1} - 1 \tag{9.53}$$

其中，$\bar{\omega}$ 为一个约化频率变量，定义为 $\bar{\omega} = \dfrac{\Delta s \bar{\omega}}{2\pi}$，网格光学厚度 $\tau_\Delta = \kappa_e \Delta s$。

类似地，采用中心差分格式，二阶辐射传输方程 SORTE 可以离散为

$$-\frac{I^{n+1} - 2I^n + I^{n-1}}{(\Delta s)^2} + \kappa_e^2 I^n = \kappa_e S^n - \frac{S^{n+1} - S^{n-1}}{2\Delta s} \tag{9.54}$$

同时，可以对方程两端进行傅里叶变换，可导出其频域形式为

$$\left[\kappa_e^2 + \bar{\omega}^2 \operatorname{sinc}^2(\Delta z \bar{\omega}/2)\right] \hat{I} = \kappa_e \hat{S} - j\bar{\omega} \operatorname{sinc}(\bar{\omega}\Delta z) \hat{S} \tag{9.55}$$

上式推导过程中，使用如下傅里叶变换关系：

$$\widehat{\frac{I^{n+1} - 2I^n + I^{n-1}}{(\Delta s)^2}} = \frac{e^{j\bar{\omega}\Delta s}\widehat{I_n} - 2\widehat{I_n} + e^{-j\bar{\omega}\Delta s}\widehat{I_n}}{(\Delta s)^2} = -\bar{\omega}^2 \operatorname{sinc}^2\left(\frac{\bar{\omega}\Delta s}{2}\right)\widehat{I_n} \tag{9.56}$$

因此可以定义，基于二阶辐射传输方程 SORTE 求解结果的频域相对误差具有如下形式：

$$E_{I,\text{SORTE}} = \frac{\hat{I} - \widehat{I_E}}{\widehat{I_E}} = \frac{\left[\kappa_e - j\bar{\omega}\operatorname{sinc}(\bar{\omega}\Delta z)\right](\kappa_e + j\bar{\omega})}{\left[\kappa_e^2 + \bar{\omega}^2 \operatorname{sinc}^2(\Delta z \bar{\omega}/2)\right]} - 1$$

$$= \frac{\left[1 - j2\pi\bar{\omega}\tau_\Delta^{-1}\operatorname{sinc}(2\pi\bar{\omega})\right](1 + j2\pi\bar{\omega}\tau_\Delta^{-1})}{1 + (2\pi\bar{\omega}\tau_\Delta^{-1})^2 \operatorname{sinc}^2(\pi\bar{\omega})} - 1 \tag{9.57}$$

同理，采用中心差分格式，可以将改进型二阶辐射传输方程 MSORTE 离散为

$$\frac{I^{n+1} - 2I^n + I^{n-1}}{(\Delta s)^2} + \kappa_e \frac{I^{n+1} - I^{n-1}}{2\Delta s} = \frac{S^{n+1} - S^{n-1}}{2\Delta s} \tag{9.58}$$

对其进行傅里叶变换，可以得到其频域等价形式为

$$\left[-\bar{\omega}^2 \operatorname{sinc}^2(\Delta s\bar{\omega}/2) + \kappa_e j\bar{\omega}\operatorname{sinc}(\Delta s\bar{\omega})\right] \hat{I} = j\bar{\omega}\operatorname{sinc}(\Delta s\bar{\omega}) \hat{S} \tag{9.59}$$

上式推导中使用了如下傅里叶变换关系：

$$\widehat{\frac{I_{n+1} - I_{n-1}}{2\Delta s}} = \frac{e^{j\bar{\omega}\Delta s}\widehat{I_n} - e^{-j\bar{\omega}\Delta s}\widehat{I_n}}{2\Delta s} = j\bar{\omega}\operatorname{sinc}(\bar{\omega}\Delta s)\widehat{I_n} \tag{9.60}$$

因此可以得到（9.59）的解为

$$\hat{I} = \frac{j\bar{\omega}\operatorname{sinc}(\Delta s\bar{\omega})}{-\bar{\omega}^2 \operatorname{sinc}^2(\Delta s\bar{\omega}/2) + \kappa_e j\bar{\omega}\operatorname{sinc}(\Delta s\bar{\omega})}\hat{S} \tag{9.61}$$

从而，可得基于改进二阶辐射传输方程 MSORTE 的解的频域相对误差为

$$E_{I,\text{MSORTE}} = \frac{\hat{I} - \widehat{I_E}}{\widehat{I_E}} = \frac{j\bar{\omega}\operatorname{sinc}(\Delta s\bar{\omega})(j\bar{\omega} + \kappa_e)}{-\bar{\omega}^2 \operatorname{sinc}^2(\Delta s\bar{\omega}/2) + \kappa_e j\bar{\omega}\operatorname{sinc}(\Delta s\bar{\omega})} - 1$$

$$= \frac{j2\pi\bar{\omega}\tau_\Delta^{-1} + 1}{j2\pi\bar{\omega}\tau_\Delta^{-1}\operatorname{sinc}^2(\pi\bar{\omega})\operatorname{sinc}^{-1}(2\pi\bar{\omega}) + 1} - 1 \tag{9.62}$$

图 9.5 给出了上面推导所得的一阶及两种二阶辐射传输方程采用中心差分离散时的频域相对误差，图中横轴为约化频率变量 $\bar{\omega}$，其绘制范围取 $[0, 0.5]$，这是由于在给定均匀离散步长 $\Delta s$ 的网格上可传播的误差的最高频率（或最短波长）为 $\pi/\Delta s$（或波长为 $2\Delta s$），即最大频率为 $\bar{\omega} = 0.5$。可以看出，对于经典一阶辐射传输方程（RTE）或二阶辐射传输方

程(SORTE)及改进二阶辐射传输方程(MSORTE),在不同网格光学厚度下,其相对误差均随误差频率的升高而升高,并且最大相对误差均出现在最高频率误差处($\bar{\omega}=0.5$)。

对于经典一阶辐射传输方程,在误差最高频率处 $\bar{\omega}=0.5$ 具有非常大的相对误差,在 $\tau_\Delta=0.01$ 时其值大于 300,这几乎比二阶辐射传输方程的相对误差大两个数量级。

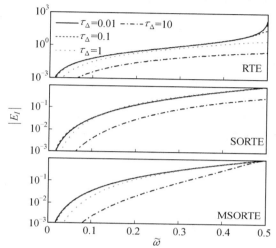

图 9.5　不同网格光学厚度下采用中心差分离散经典一阶辐射传输方程(RTE)及二阶辐射传输方程(SORTE 和 MSORTE)时的频域误差分布

　　因此,对于经典一阶辐射传输方程,即使源项存在很小的高频误差,也会引起数值解的很大的高频误差,比二阶辐射传输方程的相对误差大两个数量级。这很好地解释了当源项存在大梯度时,经典辐射传输方程采用中心差分离散求解时存在数值不稳定性的成因。同时可以看到,高频误差随着网格光学厚度的增大而减小,这些预测结果与实际数值计算均相吻合。只有在网格光学厚度较大(光学厚)的情形,如 $\tau_\Delta \sim 10$ 时,经典一阶辐射传输方程与二阶辐射传输方程才具有相当的高频误差。

# 9.3　二阶辐射传输方程的有限元／谱元法求解

　　本节给出采用基于标准伽辽金离散方案的谱元法用来求解二阶辐射传输方程。首先给出基于离散坐标形式的二阶辐射传输方程,然后推导基于离散坐标方程的通用的伽辽金法离散公式,最后给出了边界条件的施加方式以及求解步骤。

## 9.3.1　离散坐标形式的二阶辐射传输方程

　　角度离散使用离散坐标法,则式(9.20)由一系列离散方向的方程取代。基于离散坐标形式的二阶辐射传输方程及其边界条件可以写为

$$-\kappa_{\mathrm{e}}^{-1}\boldsymbol{\Omega}^m\boldsymbol{\cdot}\nabla\big[\kappa_{\mathrm{e}}^{-1}\boldsymbol{\Omega}^m\boldsymbol{\cdot}\nabla I(\boldsymbol{r},\boldsymbol{\Omega}^m)\big]+I(\boldsymbol{r},\boldsymbol{\Omega}^m)=S(\boldsymbol{r},\boldsymbol{\Omega}^m)-\kappa_{\mathrm{e}}^{-1}\boldsymbol{\Omega}^m\boldsymbol{\cdot}\nabla S(\boldsymbol{r},\boldsymbol{\Omega}^m)$$

$$(9.63)$$

$$I(\boldsymbol{r}_{\mathrm{w}},\boldsymbol{\Omega}^m)=I_0(\boldsymbol{r}_{\mathrm{w}},\boldsymbol{\Omega}^m)\quad(\boldsymbol{n}_{\mathrm{w}}\boldsymbol{\cdot}\boldsymbol{\Omega}<0) \tag{9.64a}$$

$$\kappa_{\mathrm{e}}^{-1}\boldsymbol{\Omega}^m\boldsymbol{\cdot}\nabla I(\boldsymbol{r}_{\mathrm{w}},\boldsymbol{\Omega}^m)+I(\boldsymbol{r}_{\mathrm{w}},\boldsymbol{\Omega}^m)=S(\boldsymbol{r}_{\mathrm{w}},\boldsymbol{\Omega}^m)\quad(\boldsymbol{n}_{\mathrm{w}}\boldsymbol{\cdot}\boldsymbol{\Omega}\geqslant 0) \tag{9.64b}$$

对于不透明的漫发射、反射壁面,入射边界条件为

$$I_0(\boldsymbol{r}_{\mathrm{w}},\boldsymbol{\Omega}^m)=\varepsilon_{\mathrm{w}}I_{\mathrm{b}}(\boldsymbol{r}_{\mathrm{w}})+\frac{1-\varepsilon_{\mathrm{w}}}{\pi}\sum_{\boldsymbol{n}_{\mathrm{w}}\boldsymbol{\cdot}\boldsymbol{\Omega}^{m'}>0}I(\boldsymbol{r}_{\mathrm{w}},\boldsymbol{\Omega}^{m'})\,|\boldsymbol{n}_{\mathrm{w}}\boldsymbol{\cdot}\boldsymbol{\Omega}^{m'}|\,w^{m'} \tag{9.65}$$

式中　　$\boldsymbol{\Omega}^m$ —— 离散角度的方向;

$\qquad w^{m'}$ —— 与方向 $m'$ 相应的权;

$\qquad \boldsymbol{n}_{\mathrm{w}}$ —— 边界外法向量。

### 9.3.2　二阶辐射传输方程的伽辽金谱元离散

将方程(9.63)两端同时乘以 $\kappa_{\mathrm{e}}$ 得到

$$-\boldsymbol{\Omega}^m\boldsymbol{\cdot}\nabla\big[\kappa_{\mathrm{e}}^{-1}\boldsymbol{\Omega}^m\boldsymbol{\cdot}\nabla I(\boldsymbol{r},\boldsymbol{\Omega}^m)\big]+\kappa_{\mathrm{e}}I(\boldsymbol{r},\boldsymbol{\Omega}^m)=\kappa_{\mathrm{e}}S(\boldsymbol{r},\boldsymbol{\Omega}^m)-\boldsymbol{\Omega}^m\boldsymbol{\cdot}\nabla S(\boldsymbol{r},\boldsymbol{\Omega}^m)$$

$$(9.66)$$

由式(9.66)代替式(9.63)的优点在于:即使 $\kappa_{\mathrm{e}}$ 是空间坐标的函数,其伽辽金法离散得到的刚度矩阵也始终是对称的。式(9.66)在求解域上以节点基函数 $\phi_j$ 进行加权积分,结果为

$$\langle\kappa_{\mathrm{e}}^{-1}\boldsymbol{\Omega}^m\boldsymbol{\cdot}\nabla I^m,\boldsymbol{\Omega}^m\boldsymbol{\cdot}\nabla\phi_j\rangle-\int_{\Gamma}\kappa_{\mathrm{e}}^{-1}\boldsymbol{\Omega}^m\boldsymbol{\cdot}\nabla I^m\phi_j(\boldsymbol{\Omega}^m\boldsymbol{\cdot}\boldsymbol{n}_{\mathrm{w}})\,\mathrm{d}A+\langle\kappa_{\mathrm{e}}I^m,\phi_j\rangle$$

$$=\langle\kappa_{\mathrm{e}}S^m,\phi_j\rangle-\langle\boldsymbol{\Omega}^m\boldsymbol{\cdot}\nabla S^m,\phi_j\rangle \tag{9.67}$$

其中,$\Gamma$ 表示求解域的边界,即 $\Gamma=\Gamma_{\mathrm{D}}\bigcup\Gamma_{\mathrm{N}}$,$\Gamma_{\mathrm{D}}$ 与 $\Gamma_{\mathrm{N}}$ 分别表示入射和出射边界条件,如图 9.2 所示。内积 $\langle,\rangle$ 定义如下:

$$\langle f,g\rangle=\int_V fg\,\mathrm{d}V \tag{9.68}$$

假定 $\phi_j\in U_{\mathrm{D}}$,$U_{\mathrm{D}}=\{u(\boldsymbol{r})\,|\,u(\boldsymbol{r})=0,\boldsymbol{r}\in\Gamma_{\mathrm{D}}\}$,则式(9.67)可表示为

$$\langle\kappa_{\mathrm{e}}^{-1}\boldsymbol{\Omega}^m\boldsymbol{\cdot}\nabla I^m,\boldsymbol{\Omega}^m\boldsymbol{\cdot}\nabla\phi_j\rangle-\int_{\Gamma_{\mathrm{N}}}\kappa_{\mathrm{e}}^{-1}\boldsymbol{\Omega}^m\boldsymbol{\cdot}\nabla I^m\phi_j(\boldsymbol{\Omega}^m\boldsymbol{\cdot}\boldsymbol{n}_{\mathrm{w}})\,\mathrm{d}A+\langle\kappa_{\mathrm{e}}I^m,\phi_j\rangle$$

$$=\langle\kappa_{\mathrm{e}}S^m,\phi_j\rangle-\langle\boldsymbol{\Omega}^m\boldsymbol{\cdot}\nabla S^m,\phi_j\rangle \tag{9.69}$$

由式(9.64b)给出的出射边界条件可得

$$\int_{\Gamma_{\mathrm{N}}}\kappa_{\mathrm{e}}^{-1}\boldsymbol{\Omega}^m\boldsymbol{\cdot}\nabla I^m\phi_j(\boldsymbol{\Omega}^m\boldsymbol{\cdot}\boldsymbol{n}_{\mathrm{w}})\,\mathrm{d}A=\int_{\Gamma_{\mathrm{N}}}(S^m-I^m)\phi_j(\boldsymbol{\Omega}^m\boldsymbol{\cdot}\boldsymbol{n}_{\mathrm{w}})\,\mathrm{d}A \tag{9.70}$$

把式(9.70)代入式(9.69),得

$$\langle\kappa_{\mathrm{e}}^{-1}\boldsymbol{\Omega}^m\boldsymbol{\cdot}\nabla I^m,\boldsymbol{\Omega}^m\boldsymbol{\cdot}\nabla\phi_j\rangle+\int_{\Gamma_{\mathrm{N}}}I^m\phi_j(\boldsymbol{\Omega}^m\boldsymbol{\cdot}\boldsymbol{n}_{\mathrm{w}})\,\mathrm{d}A+\langle\kappa_{\mathrm{e}}I^m,\phi_j\rangle$$

$$=\langle\kappa_{\mathrm{e}}S^m,\phi_j\rangle-\langle\boldsymbol{\Omega}^m\boldsymbol{\cdot}\nabla S^m,\phi_j\rangle+\int_{\Gamma_{\mathrm{N}}}S^m\phi_j(\boldsymbol{\Omega}^m\boldsymbol{\cdot}\boldsymbol{n}_{\mathrm{w}})\,\mathrm{d}A$$

$$(9.71)$$

辐射强度通过有限元(或谱元)近似可表示为

$$I^m(\boldsymbol{r}) \cdot \sum_{i=1}^{N_{\text{sol}}} I_i^m \phi_i(\boldsymbol{r}) \tag{9.72}$$

在各个离散角度方向 $\boldsymbol{\Omega}^m$ 上的式(9.71)可表示成如下矩阵形式:

$$\boldsymbol{K}^m \boldsymbol{I}^m = \boldsymbol{H}^m \tag{9.73}$$

其中刚度矩阵 $\boldsymbol{K}^m$ 和右侧向量 $\boldsymbol{H}^m$ 分别定义为

$$K_{ji}^m = \langle \kappa_e^{-1} \boldsymbol{\Omega}^m \cdot \nabla \phi_i, \boldsymbol{\Omega}^m \cdot \nabla \phi_j \rangle + \int_{\Gamma_N} \phi_i \phi_j (\boldsymbol{\Omega}^m \cdot \boldsymbol{n}_w)\, \mathrm{d}A + \langle \kappa_e \phi_i, \phi_j \rangle \tag{9.74}$$

$$H_j^m = \langle \kappa_e S^m, \phi_j \rangle - \langle \boldsymbol{\Omega}^m \cdot \nabla S^m, \phi_j \rangle + \int_{\Gamma_N} S^m \phi_j (\boldsymbol{\Omega}^m \cdot \boldsymbol{n}_w)\, \mathrm{d}A \tag{9.75}$$

由式(9.74)可以看出,二阶辐射传输方程的伽辽金法离散可以确保每个角度方向上均得到对称的刚度矩阵,这是一个很好的数值特性。

### 9.3.3　实现及求解步骤

上节得到的线性代数方程组在进行数值求解之前还必须施加边界条件。如前文所述,二阶辐射传输方程的求解需要在入射边界和出射边界给定不同的边界条件。对于出射边界,边界条件类型为第二类或自然边界,可以在伽辽金法离散公式中利用高斯散度定理进行隐式施加。对于入射边界条件,不能采用类似的方式进行处理,可以采用配点法施加,即将刚度矩阵中入射边界节点对应的行采用单位矩阵进行替换。对式(9.64a)描述的入射边界方向 $\boldsymbol{\Omega}^m$ 上的每个节点 $j$,将矩阵 $\boldsymbol{K}^m$ 以及向量 $\boldsymbol{H}^m$ 做如下具体修正:

$$K_{ji}^m = \begin{cases} 1, & j = i \\ 0, & j \neq i \end{cases} \tag{9.76a}$$

$$H_j^m = I_j^m \tag{9.76b}$$

基于二阶辐射传输方程伽辽金法离散有限元或谱元法进行求解,具体计算过程如下:

(1)用非重叠单元离散求解域,对于一维问题为线段区间,对于二维问题可使用三角形或四边形单元,对于三维问题可以选择四面体或六面体单元。

(2)根据循环角度方向 $m = 1, \cdots, M$,计算单元刚度矩阵,将单元刚度矩阵组装为全局刚度矩阵 $\boldsymbol{K}^m$,并组装右侧向量 $\boldsymbol{H}^m$。

(3)依照式(9.76a)、式(9.76b)修正 $\boldsymbol{K}^m$ 和 $\boldsymbol{H}^m$ 以施加入射边界条件。

(4)求解式(9.73)给出的线性方程组,得到离散坐标方向 $\boldsymbol{\Omega}^m$ 上各个节点的辐射强度。

(5)收敛条件满足时迭代终止,否则返回第(2)步,取辐射强度最大相对误差 $\| I_{\text{new}} - I_{\text{old}} \| / \| I_{\text{new}} \|$ 为 $10^{-4}$ 作为迭代终止条件。

## 9.4　数值验证及特性分析

本节给出基于二阶辐射传输方程有限元求解算法的数值验证,为了验证所推导的公式,选用了 4 个不同类型的问题作为算例来检验二阶辐射传输方程的数值性能。

### 9.4.1　高斯形分布源项函数的一维平板

本小节考虑一维无限大平行黑体平板间无散射介质内的辐射传输。介质内的辐射源项具有类似高斯函数的形状。该问题具体由如下辐射传输方程描述：

$$\mu\frac{\mathrm{d}I}{\mathrm{d}x} + \kappa_a I = \mathrm{e}^{-(x-c)^2/a^2}, \quad x, c \in [0,1] \tag{9.77}$$

给定边界条件如下：

$$I(0,\mu) = \kappa_a^{-1}\mathrm{e}^{-c^2/a^2} \quad (\mu > 0) \tag{9.78a}$$

$$I(1,\mu) = \kappa_a^{-1}\mathrm{e}^{-(1-c)^2/a^2} \quad (\mu < 0) \tag{9.78b}$$

当 $\mu > 0$ 时，上述问题具有如下的解析解：

$$I(x,\mu) = I(0,\mu)\exp\left(-\frac{\kappa_a x}{\mu}\right)$$
$$-\frac{\alpha\sqrt{\pi}}{2\mu}\exp\left\{-\frac{\kappa_a}{\mu}\left[x - \left(\frac{\alpha^2\kappa_a}{4\mu} + c\right)\right]\right\}\left[\mathrm{erf}\left(\frac{\alpha\kappa_a}{2\mu} + \frac{c-x}{\alpha}\right) - \mathrm{erf}\left(\frac{\alpha\kappa_a}{2\mu} + \frac{c}{\alpha}\right)\right]$$
$$\tag{9.79}$$

使用基于二阶辐射传输方程的谱元法（SORTE）计算了当 $c=0.5$、$\alpha=0.02$ 时的情形，空间离散使用 50 个线性单元，具体如下。

图 9.6 给出了方向 $\mu = 0.5773503$ 时 3 种光学厚度（$\tau_L$ 为 0.1、0 及 10）下的辐射强度分布，并与解析解（analytical）进行了比较。同时，图 9.6 也给出了基于原始辐射传输方程的伽辽金谱元法（original RTE）在相同空间网格数下得到的计算结果。可以看出，二阶辐射传输方程在 3 种光学厚度情况下得到的结果均是精确且稳定的，而原始的辐射传输方程得到的计算结果均存在明显的非物理振荡，且这种非物理振荡随着光学厚度的增加有逐渐减弱的趋势。

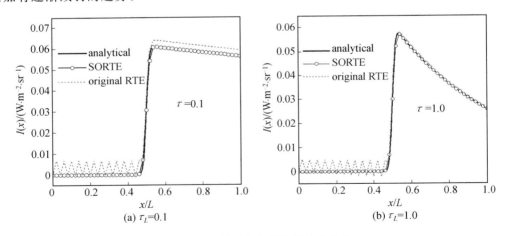

图 9.6　一维平板间的辐射强度分布

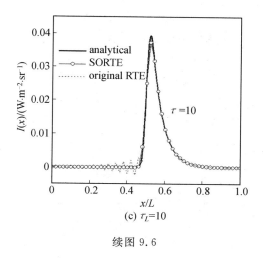

(c) $\tau_L=10$

续图 9.6

## 9.4.2　灰壁面方腔内各向同性散射介质

本小节考虑充满各向同性散射介质的方形区域内的辐射传输。介质散射反照率为 $\omega=1.0$，下壁面是热壁面，其温度为 $T_{w1}$，其他壁面以及介质均为冷，即温度为 0 K。使用基于二阶辐射传输方程的谱元法来进行计算，其中空间均匀离散成 400 个线性四边形单元，角度离散使用 $S_8$ 近似。

图 9.7 给出了 3 种不同壁面发射率 $\varepsilon_w=0.1$、0.5 及 1.0 条件下热壁面处的无量纲净辐射热流分布 $q_w/\sigma T_{w1}^4$，并与区域法（zone）得到的结果进行了比较。从图中可以看出本书计算得到的结果与区域法的结果吻合得很好。当 $\varepsilon_w=1.0$ 时，得到的计算结果与区域法之间的积分平均相对误差小于 1%。

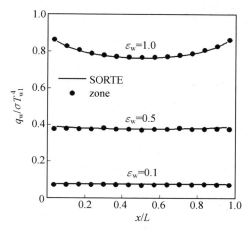

图 9.7　灰壁面方腔下壁面无量纲净辐射热流分布

图 9.8 给出了当 $\varepsilon_w=0.5$ 时，SORTE 与原始辐射传输方程在相同角度及空间离散下计算结果之间的比较，可以看出基于原始辐射传输方程的伽辽金谱元法计算结果存在明显的非物理振荡。

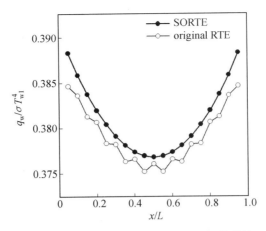

图 9.8　当 $\varepsilon_w = 0.5$ 时,SORTE 及原始辐射传输
方程得到的灰壁面方腔下壁面无量纲净
辐射热流分布的比较

### 9.4.3　黑体壁面方腔内各向异性散射介质

本小节考虑一充满各向异性散射介质的黑体壁面方腔内的辐射换热问题。基于壁面边长 $L$ 的光学厚度为 $\tau_L = \kappa_e L = 1.0$,介质是温度为 $T_g$ 的热介质,所有壁面均为冷壁面;介质温度、吸收系数和散射系数均匀分布。不对称系数为 0.669 72 的散射相函数由下式定义:

$$\Phi = \sum_{j=0}^{8} C_j P_j(\mu) \tag{9.80}$$

其中,$P_j$ 为 $j$ 阶勒让德多项式(Legendre polynomials);$C_j$ 是各展开项系数,分别定义为 $C_0 = 1.0$,$C_1 = 2.009\ 17$,$C_2 = 1.563\ 39$,$C_3 = 0.674\ 07$,$C_4 = 0.222\ 15$,$C_5 = 0.047\ 25$,$C_6 = 0.006\ 71$,$C_7 = 0.000\ 67$,$C_8 = 0.000\ 05$。

这里采用基于二阶辐射传输方程的谱元法求解此问题,其中空间离散成 400 个线性四边形单元,角度离散使用 $S_8$ 近似的离散坐标法。图 9.9 给出了 3 种不同散射反照率 $\omega = 0.0$、0.5 以及 0.9 条件下下壁面处的无量纲净辐射热流分布 $q_w/\sigma T_g^4$,并与离散坐标法得到的结果进行了比较。当 $\omega = 0.5$ 时,本文计算的结果与文献中离散坐标法得到的结果之间的积分平均相对误差小于 0.9%,因此可以认为对于求解各向异性散射介质内的辐射换热问题,基于二阶辐射传输方程的谱元法具有很高的精度。

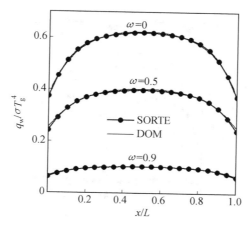

图 9.9　充满各向异性散射介质方形域下壁面的无量纲净辐射热流分布

### 9.4.4　含圆孔半圆形区域的无散射问题

如图 9.10(a) 所示，本算例研究的是一个带有圆孔的半圆形介质内的辐射换热。假定介质为无散射的热介质，所有的壁面均为黑体冷壁面，热介质温度 $T_g$ 以及介质的吸收系数为均匀分布。使用基于二阶辐射传输方程的谱元法来进行计算，其中空间离散成450 个线性等参四边形单元，空间离散时单元的分布情况如图 9.10(b) 所示，角度离散使用 $S_8$ 近似。

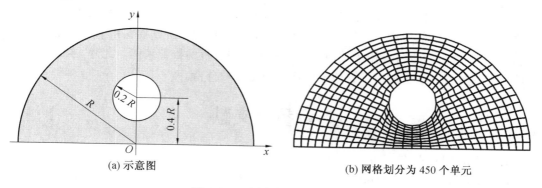

(a) 示意图　　　　　　　　　　　　　　(b) 网格划分为 450 个单元

图 9.10　含圆孔的半圆形区域

图 9.11 给出了 3 种不同光学厚度即 $\tau_L = \kappa_e R$ 分别为 0.1、1.0 及 10 条件下下壁面处的无量纲净辐射热流分布 $q_w/\sigma T_g^4$，并与有限体积法得到的结果进行了比较。可以看出，基于二阶辐射传输方程的谱元法得到的结果与文献有限体积法得到的结果吻合得很好。当 $\tau_L = 1.0$ 时，本文计算得到的下壁面无量纲热流与有限体积法得到的结果之间的积分平均相对误差小于 3%。这表明，在求解复杂几何形状的辐射换热问题时，基于二阶辐射传输方程的谱元法具有很好的精度。

本章系统介绍了二阶辐射传输方程理论以及其有限元／谱元求解方法；给出了二阶辐射传输方程推导方法及其数值稳定性的分析理论；讨论了二阶辐射传输方程的边界条件以及在给定边界条件下二阶辐射传输方程和原始方程的一致性；对误差扰动特性进行

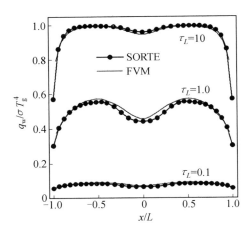

图 9.11　半圆形区域下壁面无量纲净辐射热流分布

了理论分析,并对原始的一阶辐射传输方程和二阶辐射传输方程进行了比对。同时,本章对基于频域分析方法对一阶及二阶辐射传输方程的数值稳定性进行了对比分析。对于经典一阶辐射传输方程,即使源项存在很小的高频误差,也会引起数值解的很大的高频误差,比二阶辐射传输的相对误差大两个数量级,解释了当源项存在大梯度时经典辐射传输方程采用中心差分离散求解时存在数值不稳定性的原因。

　　理论分析及数值实验结果表明,二阶辐射传输方程具有比经典一阶辐射传输方程更好的数值特性。基于二阶辐射传输方程的伽辽金有限元离散可以获得每个离散坐标方向上的正定对称刚度矩阵,具有良好的数值特性,并可方便地用于求解吸收、发射及各向异性散射介质内的辐射传输。本章给出的将一阶方程变换为二阶方程获得数值稳定性的基本思想具有一般性,也可应用于其他领域的相关控制方程的数值求解。此外,本章给出的频域稳定性分析方法也适用于其他数值格式稳定性的分析。

# 本章参考文献

[1] FIVELAND W A. Three-dimensional radiative heat-transfer solutions by the discrete-ordinates method[J]. J. Thermophys. Heat Transfer, 1988, 2(4): 309-316.

[2] RAITHBY G D, CHUI E H. A finite-volume method for predicting a radiant heat transfer in enclosures with participating media[J]. J. Heat Transfer, 1990, 112(2): 415-423.

[3] CHAI J C, LEE H S, PATANKAR S V. Finitevolume method for radiation heat transfer[J]. J. Thermophys. Heat Transfer, 1994, 8(3): 419-425.

[4] MURTHY J Y, MATHUR S R. Finite volume method for radiative heat transfer using unstructured meshes[J]. J. Thermophys. Heat Transfer, 1998, 12(3): 313-321.

[5] KISSELEV V B, ROBERTI L, PERONA G. An application of the finiteelement

method to the solution of the radiative transfer equation[J]. J. Quant. Spectrosc. Radiat. Transfer,1994,51: 603-614.

[6] LIU L H. Finite element simulation of radiative heat transfer in absorbing and scattering media[J]. J. Thermophys. Heat Transfer,2004,18(4): 555-557.

[7] LEWIS E E,MILLER W F. Computational methods of neutron transport[M]. New York: John Wiley & Sons,Inc. ,1984.

[8] FIVELAND W A,JESSEE J P. Finite element formulation of the discrete-ordinates method for multidimensional geometries[J]. J. Thermophys. Heat Transfer, 1994,8(3): 426-433.

[9] FIVELAND W A,JESSEE J P. Comparison of discrete ordinates formulations for radiative heat transfer in multidimensional geometries[J]. J. Thermophys. Heat Transfer,1995,9(1): 47-54.

[10] CHEONG K B,SONG T H. Examination of solution methods for the second-order discrete ordinate formulation[J]. Numer. Heat Transfer B,1995, 27(2): 155-173.

[11] LIU J,CHEN Y S. Examination of conventional and even-parity formulations of discrete ordinates method in a body-fitted coordinate system[J]. J. Quant. Spectrosc. Radiat. Transfer,1999,61(4): 417-431.

[12] ZHAO J M,LIU L H. Second-order radiative transfer equation and its properties of numerical solution using the finite-element method[J]. Numer. Heat Transfer B,2007,51(4): 391-409.

[13] ZHAO J M,TAN J Y,LIU L H. A second order radiative transfer equation and its solution by meshless method with application to strongly inhomogeneous media[J]. J. Comput. Phys. ,2013,232(1): 431-455.

[14] 赵军明. 求解辐射传递方程的谱元法[D]. 哈尔滨:哈尔滨工业大学,2007.

[15] ZHAO J M,TAN J Y,LIU L H. A deficiency problem of the least squares finite element method for solving radiative transfer in strongly inhomogeneous media[J]. J. Quant. Spectrosc. Radiat. Transfer,2012,113(12): 1488-1502.

[16] ZHANG L,ZHAO J M,LIU L H. A new stabilized finite element formulation for solving radiative transfer equation[J]. ASME J. Heat Transfer,2016,138(6): 064502-064502.

[17] JIANG Y Q,REIN G,WELCH S,et al. Modeling fire-induced radiative heat transfer in smoke-filled structural cavities[J]. Int. J. Therm. Sci. ,2013,66: 24-33.

[18] ENDO M. Numerical modeling of flame spread over spherical solid fuel under low speed flow in microgravity: Model development and comparison to space flight experiments[D]. Cleveland: Case Western Reserve University,2016.

[19] JIANG Y Q. Development and application of a thermal analysis framework in

OpenSees for structures in fire[D]. Edinburgh：The University of Edinburgh，2013.

[20] DUMITRESCU E C，WILKINS M M，KRICH J J. Simudo：a device model for intermediate band materials[J]. Journal of Computational Electronics，2020，19(1)：111-127.

[21] Simudo[CP/OL]. (2022-01-30)[2024-03-14]https://github. com/simudo/simudo.

[22] RATZEL A C Ⅲ，HOWELL J R. Two-dimensional radiation in absorbing-emitting media using the P-N approximation [J]. J. Heat Transfer，1983，105(2)：333-340.

[23] KIM T K，LEE H. Effect of anisotropic scattering on radiative heat transfer in two-dimensional rectangular enclosures[J]. Int. J. Heat and Mass Transfer，1988，31(8)：1711-1721.

[24] KIM M Y，BAEK S W，PARK J H. Unstructured finite-volume method for radiative heat transfer in a complex two-dimensional geometry with obstacles[J]. Numer. Heat Transfer，Part B，2001，39(6)：617-635.

[25] GLASGOW L A. Applied mathematics for science and engineering[M]. Hoboken：John Wiley & Sons，Inc. ，2014.

# 本 章 习 题

1. 请推导基于原始变量二阶辐射传输方程 SORTE 和改进二阶辐射传输方程 MSORTE。

2. 请给出二阶辐射传输方程 SORTE 及 MSORTE 在直角坐标系下的完整数学模型（包括边界条件）。

3. 依据 9.2 节给出的频域分析方法，推导出对流项采用中心差分及向前/向后差分离散后的频域形式。

4. 证明对于给定的离散网格步长 $\Delta s$，数值误差的最高无量纲频率为 $\bar{\omega} = \Delta s \bar{\omega}/2\pi = 0.5$。

5. 导出经典辐射传输方程及二阶辐射传输方程 SORTE 或 MSORTE 采用中心差分离散后的频域误差特性，据此分析二阶辐射传输方程的优势。

6. 导出经典辐射传输方程及二阶辐射传输方程 SORTE/MSORTE 采用伽辽金有限元法进行离散时刚度矩阵的表达式，并给出边界条件的施加方法。

7. 给出经典辐射传输方程及二阶辐射传输方程伽辽金法离散有限元法进行求解时的主要求解步骤。

8. 证明二阶辐射传输方程 SORTE 采用伽辽金有限元法进行离散后得到的刚度矩阵为对称阵。

# 第 10 章　　介质热辐射传输的分析计算

吸收、发射、散射性介质的辐射传输方程是积分－微分方程,如果考虑非灰体,则三维问题有 6 个自变量:3 个空间坐标、2 个角度坐标和 1 个波长变量。通常积分－微分方程为非线性方程,仅在某些简单或极限情况时,才可能得到精确解或近似解析解,目前热辐射传输计算主要依赖数值解。但是,介质内热辐射传输的精确解或近似解法依然很重要,原因如下。

（1）工程或自然界中确实存在该种状况或可简化为该种状况的现象。

（2）这类解法可以用函数形式将辐射传递的解与各个参数之间的关系明显地表示出来,有助于弄清现象的物理本质、揭示参数间的物理关系,也有益于对复杂现象进行定性分析、加深对介质辐射的理解。

（3）可用于复杂情况数值计算程序的检验。只需要将精确解或近似解的条件代入程序中,得出的数值解就可以与精确解或近似解作比较,从而判断数值程序的正确性或精度。

本章主要介绍精确解,简单介绍近似解。虽然数值方法是目前辐射问题的主要求解手段,但由于内容较多,本书仅介绍几种经典数值方法(第 15 章),更详细的内容参见本章文献[1]。

## 10.1　一维灰介质的精确解

某一厚度为 $\delta$ 的无限大平板形（一维）均匀灰介质,热辐射特性为常数,呈辐射热平衡,如图 10.1 所示,辐射强度随空间位置 $x$ 与角度 $\theta$ 变化,$\theta$ 为辐射强度方向 $s$ 与 $x$ 轴的夹角,即 $I(x,\theta)$。通常,用 $I(\tau,\mu)$ 表示位置为 $\tau$ 时,$s$ 方向的辐射强度;$s$ 为 $s$ 方向的距离,$s=x/\mu$,$\tau=\kappa_e x$,$\mu=\cos\theta$。$s$ 方向上的辐射传递积分方程可写为

$$I(\tau_s,\mu)=I(0,\mu)\exp(-\tau_s)+\int_0^{\tau_s}S(\tau_s^*,\mu)\exp[-(\tau_s-\tau_s^*)]\mathrm{d}\tau_s^* \qquad (10.1)$$

其中,$\tau_s=\kappa_e s=\kappa_e x/\cos\theta=\tau/\mu$。

一般情况下,要求解的是介质内温度场与热流密度场,但必须知道辐射强度、投射辐射函数,所以需列出下列 4 式。

（1）辐射强度 $I(\tau,\mu)$。为方便起见,在一维计算中常将辐射强度用正向辐射强度 $I^+(\tau,\mu)$ 和逆向辐射强度 $I^-(\tau,\mu)$ 来表示。$I^+(\tau,\mu)$ 对应 $0\leqslant\mu\leqslant1(0\leqslant\theta\leqslant\pi/2)$,$I^-(\tau,\mu)$ 对应 $-1\leqslant\mu\leqslant0(\pi/2<\theta\leqslant\pi)$。这样,式(10.1) 可以写成下面两个关系式:

$$I^+(\tau,\mu)=I^+(0,\mu)\exp\left(-\frac{\tau}{\mu}\right)+\int_0^{\tau}S(\tau^*,\mu)\exp\left(-\frac{\tau-\tau^*}{\mu}\right)\frac{\mathrm{d}\tau^*}{\mu} \quad (0\leqslant\mu\leqslant1)$$

$$(10.2a)$$

$$I^- (\tau, \mu) = I^- (\tau_\delta, \mu) \exp\left(\frac{\tau_\delta - \tau}{\mu}\right) - \int_\tau^{\tau_\delta} S(\tau^*, \mu) \exp\left(\frac{\tau^* - \tau}{\mu}\right) \frac{\mathrm{d}\tau^*}{\mu} \quad (-1 \leqslant \mu \leqslant 0)$$

$$\text{(10.2b)}$$

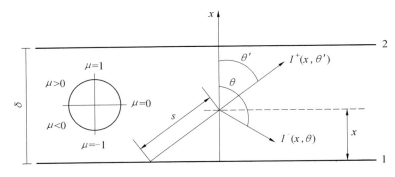

图 10.1　　无限大平板形介质层

（2）投射辐射函数 $G(\tau)$。 光谱投射辐射函数的定义见式（8.58）：$G_\lambda(s) = \int_{4\pi} I_\lambda(s, \boldsymbol{\Omega}) \mathrm{d}\Omega$，可进一步表示为

$$
\begin{aligned}
G(x) &= \int_{\Omega = 4\pi} I(x, \theta) \mathrm{d}\Omega = \int_{\varphi=0}^{2\pi} \mathrm{d}\varphi \int_{\theta=0}^{\pi} I(x, \theta) \sin\theta \mathrm{d}\theta \\
&= 2\pi \left[ \int_{\theta=0}^{\frac{\pi}{2}} I^+(x, \theta) \sin\theta \mathrm{d}\theta + \int_{\theta=\frac{\pi}{2}}^{\pi} I^-(x, \theta) \sin\theta \mathrm{d}\theta \right] \\
&= 2\pi \left[ \int_{\mu=0}^{1} I^+(x, \mu) \mathrm{d}\mu + \int_{\mu=-1}^{0} I^-(x, \mu) \mathrm{d}\mu \right]
\end{aligned}
$$

$$\text{(10.3a)}$$

或

$$G(\tau) = 2\pi \int_{\mu=0}^{1} \left[ I^+(\tau, \mu) + I^-(\tau, -\mu) \right] \mathrm{d}\mu \tag{10.3b}$$

（3）温度 $T(\tau)$。根据式（8.63）、式（8.64），辐射平衡时的能量方程可写为

$$4\pi I_\mathrm{b}(\tau) - G(\tau) = 0 \tag{10.4a}$$

即：

$$G(\tau) = 4\pi I_\mathrm{b}(\tau) = 4n^2 \sigma T^4(\tau) \tag{10.4b}$$

$$\int_0^1 I^+(\tau, \mu) \mathrm{d}\mu + \int_0^1 I^-(\tau, -\mu) \mathrm{d}\mu = \frac{2}{\pi} n^2 \sigma T^4(\tau) \tag{10.4c}$$

式中　　$n$ —— 介质的折射率。

根据此式和式（10.2a）、式（10.2b），可求温度场。

（4）热流密度 $q(\tau)$。由辐射热流密度矢量定义式（8.56）可知，对一维情况，有

$$q_\lambda(\tau) = \int_{4\pi} I_\lambda \cos\theta \mathrm{d}\Omega \quad \text{或} \quad q(\tau) = \int_{4\pi} I \cos\theta \mathrm{d}\Omega$$

进一步有

$$
\begin{aligned}
q(\tau) &= \int_{\Omega=4\pi} I \cos\theta \mathrm{d}\Omega = \int_{\varphi=0}^{2\pi} \mathrm{d}\varphi \int_{\theta=0}^{\pi} I \cos\theta \sin\theta \mathrm{d}\theta \\
&= 2\pi \left[ \int_{\mu=0}^{1} I^+(\tau, \mu) \mu \mathrm{d}\mu - \int_{\mu=0}^{-1} I^-(\tau, \mu) \mu \mathrm{d}\mu \right]
\end{aligned}
$$

$$\text{(10.5a)}$$

或

$$q(\tau) = 2\pi \int_0^1 \left[ I^+(\tau, \mu) - I^-(\tau, -\mu) \right] \mu \, d\mu \qquad (10.5b)$$

### 10.1.1　黑界面、非散射、灰介质

当介质两侧为黑体边界面,温度分别为 $T_1$ 和 $T_2$,则界面辐射强度分别为 $I^+(0, \mu) = I_{b1} = n^2 \sigma T_1^4 / \pi$、$I^-(\tau_\delta, \mu) = I_{b2} = n^2 \sigma T_2^4 / \pi$。根据式(8.44),非散射灰介质的源函数为

$$S(\tau) = I_b(\tau) \qquad (10.6)$$

辐射传递积分方程式(10.2a)、式(10.2b) 可写为

$$I^+(\tau, \mu) = I_{b1} \exp\left(-\frac{\tau}{\mu}\right) + \frac{1}{\mu} \int_0^\tau I_b(\tau^*) \exp\left(-\frac{\tau - \tau^*}{\mu}\right) d\tau^* \quad (0 < \mu < 1)$$

$$(10.7a)$$

$$I^-(\tau, \mu) = I_{b2} \exp\left(\frac{\tau_\delta - \tau}{\mu}\right) - \frac{1}{\mu} \int_\tau^{\tau_\delta} I_b(\tau^*) \exp\left(\frac{\tau^* - \tau}{\mu}\right) d\tau^* \quad (-1 < \mu < 0)$$

$$(10.7b)$$

投射辐射函数方程式(10.3b) 可写为

$$G(\tau) = 2\pi \left\{ I_{b1} \int_0^1 \exp\left(-\frac{\tau}{\mu}\right) d\mu + I_{b2} \int_0^1 \exp\left(-\frac{\tau_\delta - \tau}{\mu}\right) d\mu \right.$$
$$\left. + \int_0^\tau I_b(\tau^*) \int_0^1 \exp\left(-\frac{\tau - \tau^*}{\mu}\right) \frac{d\mu}{\mu} d\tau^* + \int_\tau^{\tau_\delta} I_b(\tau^*) \int_0^1 \exp\left(-\frac{\tau^* - \tau}{\mu}\right) \frac{d\mu}{\mu} d\tau^* \right\}$$

$$(10.8)$$

将上式用指数积分函数表示,则 $n$ 阶指数积分函数定义为

$$E_n(x) = \int_0^1 \mu^{n-2} \exp\left(-\frac{x}{\mu}\right) d\mu \qquad (10.9)$$

并有下列递推关系式:

$$\frac{d}{dx} E_n(x) = -E_{n-1}(x) \qquad (10.10)$$

详见附录 C。式(10.8) 可写为

$$G(\tau) = 2\pi \left\{ I_{b1} E_2(\tau) + I_{b2} E_2(\tau_\delta - \tau) + \int_0^\tau I_b(\tau^*) E_1(\tau - \tau^*) d\tau^* + \right.$$
$$\left. \int_\tau^{\tau_\delta} I_b(\tau^*) E_1(\tau^* - \tau) d\tau^* \right\}$$

$$(10.11)$$

此式的物理意义如下。$\tau$ 处的投射辐射函数等于等号右边的 4 项:第一项为板 1 的辐射经 $\tau$ 光程衰减,抵达 $\tau$ 处的投射辐射;第二项为板 2 的辐射经 $\tau_\delta - \tau$ 光程衰减,抵达 $\tau$ 处的投射辐射;第三项为 0 到 $\tau$ 之间的介质辐射,经衰减后到达 $\tau$ 处的投射辐射;第四项为 $\tau_\delta$ 到 $\tau$ 之间的介质辐射,经衰减后到达 $\tau$ 处的投射辐射。

将式(10.11) 代入式(10.5a),并考虑 $n = 1$,可得温度分布式:

$$T^4(\tau) = \frac{1}{2} \left\{ T_1^4 E_2(\tau) + T_2^4 E_2(\tau_\delta - \tau) + \int_0^{\tau_\delta} T_b^4(\tau^*) E_1(|\tau^* - \tau|) d\tau^* \right\} \quad (10.12)$$

将式(10.7a)、式(10.7b) 代入式(10.4),并用指数积分函数,热流密度分布式为

$$q(\tau) = 2\pi \left\{ I_{b1} \int_0^1 \exp\left(-\frac{\tau}{\mu}\right) \mu \, d\mu - I_{b2} \int_0^1 \exp\left(-\frac{\tau_\delta - \tau}{\mu}\right) \mu \, d\mu \right\} +$$

$$2\pi \left\{ \int_0^\tau I_b(\tau^*) \int_0^1 \exp\left(-\frac{\tau - \tau^*}{\mu}\right) d\mu \, d\tau^* - \int_\tau^{\tau_\delta} I_b(\tau^*) \int_0^1 \exp\left(-\frac{\tau^* - \tau}{\mu}\right) d\mu \, d\tau^* \right\}$$

$$q(\tau) = 2\pi \left\{ I_{b1} E_3(\tau) - I_{b2} E_3(\tau_\delta - \tau) + \int_0^\tau I_b(\tau^*) E_2(\tau - \tau^*) \, d\tau^* - \right.$$

$$\left. \int_\tau^{\tau_\delta} I_b(\tau^*) E_2(\tau^* - \tau) \, d\tau^* \right\} \tag{10.13a}$$

此式的物理意义如下。$\tau$ 处正方向辐射热流密度包括等号右侧第一项，为板 1 的辐射经 $\tau$ 光程衰减后的贡献；以及等号右侧第三项，为 0 到 $\tau$ 间介质辐射经衰减后的贡献。$\tau$ 处负方向辐射热流密度的贡献包括等号右侧第二项，为板 2 的辐射经 $\tau_\delta - \tau$ 光程衰减后的贡献；以及等号右侧第四项，为 $\tau$ 到 $\tau_\delta$ 间的介质辐射经衰减后的贡献。$\tau$ 处正、负方向辐射热流密度之差即为 $\tau$ 处的辐射热流密度。

由于辐射平衡，$dq(\tau)/d\tau = 0$，$q \neq f(\tau)$，介质中辐射热流密度到处相同，所以可用 $\tau = 0$ 处的辐射热流密度来计算，即

$$q(\tau) = q(0) = 2\pi \left\{ I_{b1} E_3(0) - I_{b2} E_3(\tau_\delta) - \int_0^{\tau_\delta} I_b(\tau^*) E_2(\tau^*) \, d\tau^* \right\}$$

注意，$E_3(0) = 0.5$，则

$$q = q(\tau) = n^2 \sigma T_1^4 - 2n^2 \sigma T_2^4 E_3(\tau_\delta) - 2 \int_0^{\tau_\delta} n^2 \sigma T^4(\tau^*) E_2(\tau^*) \, d\tau^* \tag{10.13b}$$

由式（10.12）及式（10.13b）可求出温度与热流密度，但此高次方程得不到解析解，只能得数值解或近似解。为了求解温度与热流密度，将式（10.12）及式（10.13b）作如下的整理。引入两个无因次量：无因次温度 $\Theta$、无因次辐射热流密度 $\Psi$。

无因次温度：

$$\Theta_b(\tau) = \frac{T^4(\tau) - T_2^4}{T_1^4 - T_2^4} = \frac{I_b(\tau) - I_{b2}}{I_{b1} - I_{b2}} \tag{10.14}$$

无因次辐射热流密度：

$$\Psi_b(\tau) = \frac{q(\tau)}{n^2 \sigma(T_1^4 - T_2^4)} = \frac{q(\tau)}{E_{b1} - E_{b2}} = \frac{q(\tau)/\pi}{I_{b1} - I_{b2}} \tag{10.15}$$

其中，$\Theta$、$\Psi$ 的下标"b"表示黑界面。利用指数积分函数的递推公式（10.10），且 $E_2(0) = 1$，则

$$\int_0^\tau E_1(\tau - \tau^*) \, d\tau^* = 1 - E_2(\tau), \qquad \int_\tau^{\tau_\delta} E_1(\tau^* - \tau) \, d\tau^* = 1 - E_2(\tau_\delta - \tau)$$

故

$$E_2(\tau) = 1 - \int_0^\tau E_1(\tau - \tau^*) \, d\tau^*, \qquad E_2(\tau_\delta - \tau) = 1 - \int_\tau^{\tau_\delta} E_1(\tau^* - \tau) \, d\tau^*$$

将式（10.12）整理成无因次式，得

$$\Theta_b(\tau) = \frac{T^4(\tau)}{T_1^4 - T_2^4} - \frac{T_2^4}{T_1^4 - T_2^4} = \frac{T_1^4 E_2(\tau) + T_2^4 E_2(\tau_\delta - \tau)}{2(T_1^4 - T_2^4)} +$$

$$\frac{\int_0^{\tau_\delta} T_b^4(\tau^*) E_1(|\tau^* - \tau|) \, d\tau^*}{2(T_1^4 - T_2^4)} - \frac{T_2^4}{(T_1^4 - T_2^4)}$$

$$\Theta_b(\tau) = \frac{1}{2}\left\{E_2(\tau) + \int_0^{\tau}\Theta_b(\tau^*)E_1(\tau - \tau^*)\,\mathrm{d}\tau^* + \int_{\tau}^{\tau_\delta}\Theta_b(\tau^*)E_1(\tau^* - \tau)\,\mathrm{d}\tau^*\right\}$$

$$= \frac{1}{2}\left\{E_2(\tau) + \int_0^{\tau_\delta}\Theta_b(\tau^*)E_1(|\tau^* - \tau|)\,\mathrm{d}\tau^*\right\} \tag{10.16}$$

再利用指数积分函数的递推公式(10.10)：$\dfrac{\mathrm{d}}{\mathrm{d}x}E_n(x) = -E_{n-1}(x)$

$$E_3(\tau_\delta) = 0.5 - \int_0^{\tau_\delta}E_2(\tau^*)\,\mathrm{d}\tau^*$$

将式(10.13b)整理成无因次式：

$$\Psi_b(\tau) = \frac{q(\tau)}{E_{b1} - E_{b2}} = 1 - 2\int_0^{\tau_\delta}n^2\sigma\,\frac{T^4(\tau^*) - T_2^4}{E_{b1} - E_{b2}}E_2(\tau^*)\,\mathrm{d}\tau^*$$

$$= 1 - 2\int_0^{\tau_\delta}\Theta_b(\tau^*)E_2(\tau^*)\,\mathrm{d}\tau^* \tag{10.17}$$

无因次温度方程式(10.16)是弗雷特霍姆积分方程，可用第 6.4 节的方法求解。$\Theta_b(\tau)$ 求出后，代入式(10.17)，即可求出 $\Psi_b$。在 20 世纪 60 年代已有精确到小数点后 4 位的数值解，由于指数积分函数可以达到很精确的数值，所以这种解通常称为精确解。除此之外，还有逐次迭代法，待定系数法，指数核法等可得到近似解。图 10.2 及表 10.1 分别给出了 $\Theta_b(\tau)$，$\Psi_b$ 与光学厚度关系的计算结果。

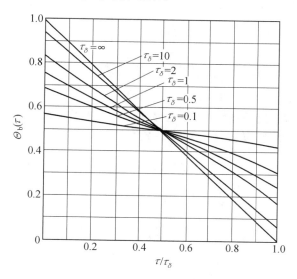

图 10.2　无因次温度 $\Theta_b(\tau)$ 与无因次光学厚度 $\tau/\tau_\delta$ 的关系

从图 10.2 可以看出，除光学厚度 $\tau_\delta = \infty$ 时外，边界 $\tau = 0$ 及 $\tau = \tau_\delta$ 处壁面与介质的温度不等，发生跳跃，温度场是不连续的(但介质内温度场连续)；且光学厚度越小，这种温度跳跃越大。有的文献称之为边界温度的滑移或滑动。这就是 1.1 节中所述的热辐射与导热、对流换热的不同点之一。

表 10.1　无因次辐射热流密度 $\Psi_b$ 与光学厚度 $\tau_\delta$ 的关系

| $\tau_\delta$ | $\Psi_b$ | $\tau_\delta$ | $\Psi_b$ |
|---|---|---|---|
| 0.0 | 1.000 0 | 0.8 | 0.604 6 |
| 0.1 | 0.915 7 | 1.0 | 0.553 2 |
| 0.2 | 0.849 1 | 1.5 | 0.457 2 |
| 0.3 | 0.793 4 | 2.0 | 0.390 0 |
| 0.4 | 0.745 8 | 2.5 | 0.340 1 |
| 0.5 | 0.704 0 | 3.0 | 0.301 6 |
| 0.6 | 0.667 2 | 5.0 | 0.207 7 |

注：当 $\tau_\delta \gg 1$ 时，$\Psi_b = 4/[3(1.420\ 89 + \tau_\delta)]$。

### 10.1.2　漫灰界面、非散射、灰介质

在辐射换热中，漫射灰体边界面与黑体边界面的区别仅在边界条件上，前者边界的辐射是有效辐射 $J$，而后者只是本身的黑体辐射 $\pi I_b$。所以只要用 $J_1/\pi$ 代替 $I_{b1}$，$J_2/\pi$ 代替 $I_{b2}$，即可将描述黑体界面一维灰介质的方程式（10.11）、式（10.13）用于描写漫射灰体界面的方程。同理，如果

$$\Theta'(\tau) = \frac{\pi I_b(\tau) - J_2}{J_1 - J_2} \tag{10.18}$$

$$\Psi'(\tau) = \frac{q(\tau)}{J_1 - J_2} \tag{10.19}$$

用 $\Theta'(\tau)$、$\Psi'(\tau)$ 来代替 $\Theta_b(\tau)$、$\Psi_b(\tau)$，即在数值上 $\Theta'(\tau) = \Theta_b(\tau)$、$\Psi'(\tau) = \Psi_b(\tau)$，则式（10.18）、式（10.19）就可描写漫射灰体边界面时介质中的无因次温度场及辐射热流密度场。但由于 $J_1$、$J_2$ 未知，所以从 $\Theta'(\tau)$、$\Psi'(\tau)$ 还不能求出 $T(\tau)$ 及 $q$。由式（3.35）有效辐射力表达式可知 $J = E_b - \left(\dfrac{1}{\varepsilon} - 1\right) q$，则边界处：

$$\tau = 0, \quad J_1 = E_{b1} - \left(\frac{1}{\varepsilon_1} - 1\right) q$$

$$\tau = \tau_\delta, \quad J_2 = E_{b2} - \left(\frac{1}{\varepsilon_2} - 1\right) q$$

所以：

$$J_1 - J_2 = n^2 \sigma (T_1^4 - T_2^4) - \left(\frac{1}{\varepsilon_1} + \frac{1}{\varepsilon_2} - 2\right) q$$

由式（10.19）可知：

$$q(\tau) = \Psi'(\tau)(J_1 - J_2) = \Psi_b(\tau)(J_1 - J_2) = \Psi_b(\tau)\left[n^2 \sigma (T_1^4 - T_2^4) - \left(\frac{1}{\varepsilon_1} + \frac{1}{\varepsilon_2} - 2\right) q\right] \tag{10.20}$$

令漫灰边界面介质无因次热流密度 $\Psi$ 的定义与黑体边界面的相同，即

$$\Psi(\tau) = \frac{q(\tau)}{n^2 \sigma (T_1^4 - T_2^4)}$$

其中, $q$ 是漫灰界面下介质中的热流密度,为了与黑体界面区别, $\Psi(\tau)$ 无下标。将式 (10.20) 代入 $\Psi(\tau)$ 的定义式,得

$$\Psi(\tau) = \frac{\Psi_b(\tau)}{1 + \Psi_b(\tau)(1/\varepsilon_1 + 1/\varepsilon_2 - 2)} \tag{10.21}$$

同理,漫灰边界面下介质中的无因次温度为

$$\Theta(\tau) = \frac{T^4(\tau) - T_2^4}{T_1^4 - T_2^4} = \frac{\Theta_b(\tau) - (1/\varepsilon_2 - 1)\Psi_b(\tau)}{1 + \Psi_b(\tau)(1/\varepsilon_1 + 1/\varepsilon_2 - 2)} \tag{10.22}$$

### 10.1.3　一维吸收、散射、发射性灰介质

**1. 各向同性散射灰介质**

有一吸收、发射、各向同性散射的等温灰介质平面层如图 10.3 所示,厚度为 $\delta$ ,温度为 $T_g$ ,周围为温度 $T_e$ 的黑体环境,辐射强度为 $\sigma T_e^4/\pi$ ,因为是各向同性散射,相函数为 1,平面层的界面为透面边界面,整个系统处于稳态,并仅有辐射换热。此层的辐射热流密度 $q$ 计算如下。

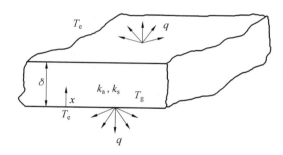

图 10.3　等温灰介质无限大平面层

由于介质是透明界面,界面处介质侧的辐射强度等于环境侧的辐射强度,即

$$I^+(0,\mu) = I^-(\tau_\delta,\mu) = \sigma T_e^4/\pi \tag{10.23}$$

根据式(10.2),并考虑到本例中源函数 $S(\tau)$ 与 $\mu$ 无关,即 $S(\tau,\mu) = S(\tau)$ ,辐射传输方程可写为

$$I^+(\tau,\mu) = \frac{\sigma T_e^4}{\pi}\exp\left(-\frac{\tau}{\mu}\right) + \int_0^\tau S(\tau^*)\exp\left(-\frac{\tau - \tau^*}{\mu}\right)\frac{d\tau^*}{\mu} \quad (0 < \mu < 1) \tag{10.24a}$$

$$I^-(\tau,\mu) = \frac{\sigma T_e^4}{\pi}\exp\left(\frac{\tau_\delta - \tau}{\mu}\right) - \int_\tau^{\tau_\delta} S(\tau^*)\exp\left(\frac{\tau^* - \tau}{\mu}\right)\frac{d\tau^*}{\mu} \quad (-1 < \mu < 0) \tag{10.24b}$$

将式(10.24a)、式(10.24b)代入投射辐射函数方程式(10.3),得

$$
\begin{aligned}
G(\tau) &= 2\pi\left[\int_{\mu=0}^1 \frac{\sigma T_e^4}{\pi}\exp\left(-\frac{\tau}{\mu}\right)d\mu + \int_0^\tau S(\tau^*)\int_{\mu=0}^1\exp\left(-\frac{\tau - \tau^*}{\mu}\right)\frac{d\mu}{\mu}d\tau^*\right] \\
&\quad + 2\pi\left[\int_{\mu=0}^1 \frac{\sigma T_e^4}{\pi}\exp\left(-\frac{\tau_\delta - \tau}{\mu}\right)d\mu + \int_\tau^{\tau_\delta} S(\tau^*)\int_{\mu=0}^1\exp\left(-\frac{\tau^* - \tau}{\mu}\right)\frac{d\mu}{\mu}d\tau^*\right] \\
&= 2\pi\left[\frac{\sigma T_e^4}{\pi}E_2(\tau) + \frac{\sigma T_e^4}{\pi}E_2(\tau_\delta - \tau)\right]
\end{aligned}
$$

$$+ 2\pi \left[ \int_0^\tau S(\tau^*) E_1(\tau - \tau^*) \, d\tau^* + \int_\tau^{\tau_\delta} S(\tau^*) E_1(\tau^* - \tau) \, d\tau^* \right]$$

$$G(\tau) = 2\sigma T_e^4 \left[ E_2(\tau) + E_2(\tau_\delta - \tau) \right] + 2\pi \int_0^{\tau_\delta} S(\tau^*) E_1(|\tau - \tau^*|) \, d\tau^* \quad (10.25)$$

将式(10.24)代入辐射热流密度方程式(10.4)：

$$q(\tau) = 2\pi \left[ \int_{\mu=0}^1 \frac{\sigma T_e^4}{\pi} \exp\left(-\frac{\tau}{\mu}\right) \mu \, d\mu + \int_0^\tau S(\tau^*) \int_{\mu=0}^1 \exp\left(-\frac{\tau - \tau^*}{\mu}\right) d\mu \, d\tau^* \right]$$

$$- 2\pi \left[ \int_{\mu=0}^1 \frac{\sigma T_e^4}{\pi} \exp\left(-\frac{\tau_\delta - \tau}{\mu}\right) \mu \, d\mu - \int_\tau^{\tau_\delta} S(\tau^*) \int_{\mu=0}^1 \exp\left(-\frac{\tau^* - \tau}{\mu}\right) d\mu \, d\tau^* \right]$$

$$= 2\sigma T_e^4 \left[ E_3(\tau) - E_3(\tau_\delta - \tau) \right]$$

$$+ 2\pi \left[ \int_0^\tau S(\tau^*) E_2(\tau - \tau^*) \, d\tau^* - \int_\tau^{\tau_\delta} S(\tau^*) E_2(\tau^* - \tau) \, d\tau^* \right] \quad (10.26a)$$

本例处于辐射平衡，$q(\tau) \neq f(x)$，故可取 $\tau = \tau_\delta$ 处的辐射热流密度进行计算：

$$q = 2\sigma T_e^4 \left[ E_3(\tau_\delta) - E_3(0) \right] + 2\pi \int_0^{\tau_\delta} S(\tau^*) E_2(\tau_\delta - \tau^*) \, d\tau^*$$

$$= 2\sigma T_e^4 \left[ -\int_0^{\tau_\delta} E_2(\tau_\delta - \tau^*) \, d\tau^* \right] + 2\pi \int_0^{\tau_\delta} S(\tau^*) E_2(\tau_\delta - \tau^*) \, d\tau^*$$

$$\quad (10.26b)$$

上式推导中，采用的关系式 $-\int_0^{\tau_\delta} E_2(\tau_\delta - \tau^*) \, d\tau^* = E_3(\tau_\delta) - E_3(0)$，证明如下：

$$-\int_0^{\tau_\delta} E_2(\tau_\delta - \tau^*) \, d\tau^* = -\int_0^{\tau_\delta} E_2(\tau') \, d\tau' = \int_0^{\tau_\delta} dE_3(\tau') = E_3(\tau_\delta) - E_3(0)$$

令无因次辐射流密度 $\Psi$ 的定义为

$$\Psi = \frac{q}{\pi(I_{bg} - I_{be})} = \frac{q}{\sigma(n^2 T_g^4 - T_e^4)} \quad (10.27)$$

将式(10.26b)化为无因次式，即

$$\Psi = 2 \int_0^{\tau_\delta} \frac{\pi S(\tau^*) - \sigma T_e^4}{\pi(I_{bg} - I_{be})} E_2(\tau_\delta - \tau^*) \, d\tau^* \quad (10.28)$$

各向同性散射时，介质的相函数等于1，根据式(8.42)，源函数方程为

$$S(\tau, \omega) = (1 - \omega) I_b(\tau) + \frac{\omega}{4\pi} \int_{\Omega_i = 4\pi} I(\tau, \boldsymbol{\Omega}_i) \, d\Omega_i = (1 - \omega) I_b(\tau) + \frac{\omega}{4\pi} G(\tau)$$

$$\quad (10.29)$$

将投射辐射函数方程式(10.25)代入上式，得

$$S(\tau, \omega) = (1 - \omega) I_b(\tau) + \frac{\sigma T_e^4 \omega}{2\pi} \left[ E_2(\tau) + E_2(\tau_\delta - \tau) \right] + \frac{\omega}{2} \int_0^{\tau_\delta} S(\tau^*) E_1(|\tau - \tau^*|) \, d\tau^*$$

上式方括号中的指数函数，经过运算可化为

$$E_2(\tau) + E_2(\tau_\delta - \tau) = 1 - \int_0^\tau dE_2(\tau - \tau^*) + 1 + \int_\tau^{\tau_\delta} dE_2(\tau^* - \tau)$$

$$= 2 - \left[ \int_0^\tau E_1(\tau - \tau^*) \, d\tau^* - \int_\tau^{\tau_\delta} E_1(\tau^* - \tau) \, d\tau^* \right]$$

$$= 2 - \int_0^{\tau_\delta} E_1(|\tau - \tau^*|) \, d\tau^*$$

将此式代入源函数式,得

$$S(\tau,\omega)=(1-\omega)I_b(\tau)+\frac{\sigma T_e^4\omega}{2\pi}\left[2-\int_0^{\tau_\delta}E_1(|\tau-\tau^*|)\,\mathrm{d}\tau^*\right]+$$

$$\frac{\omega}{2}\int_0^{\tau_\delta}S(\tau^*)E_1(|\tau-\tau^*|)\,\mathrm{d}\tau^*$$

进一步整理可得

$$\pi S(\tau,\omega)-\sigma T_e^4=(1-\omega)\left[\pi I_b(\tau)-\sigma T_e^4\right]+\frac{\omega}{2}\int_0^{\tau_\delta}\left[\pi S(\tau^*)-\sigma T_e^4\right]E_1(|\tau-\tau^*|)\,\mathrm{d}\tau^*$$

$$\frac{\pi S(\tau,\omega)-\sigma T_e^4}{\pi I_b(\tau)-\sigma T_e^4}=1-\omega+\frac{\omega}{2}\int_0^{\tau_\delta}\frac{\pi S(\tau^*)-\sigma T_e^4}{\pi I_b(\tau)-\sigma T_e^4}E_1(|\tau-\tau^*|)\,\mathrm{d}\tau^* \qquad (10.30)$$

用迭代法可从上式求出无因次量 $\left[\pi S(\tau^*)-\sigma T_e^4\right]/\left[\pi I_b(\tau)-\sigma T_e^4\right]$ 的数值解,将此解代入式(10.28),即可求出无因次辐射热流密度 $\Psi$,其结果见表 10.2。

表 10.2　等温平面介质层的无因次辐射热流密度 $\Psi$

| $\tau_\delta$ | $\omega$ | | | | | |
|---|---|---|---|---|---|---|
| | 0 | 0.30 | 0.60 | 0.80 | 0.90 | 0.95 |
| 0.2 | 0.296 | 0.225 | 0.140 | 0.0748 | 0.0386 | 0.0197 |
| 0.5 | 0.557 | 0.449 | 0.303 | 0.172 | 0.0926 | 0.0481 |
| 1.0 | 0.781 | 0.667 | 0.490 | 0.304 | 0.173 | 0.0926 |
| 2.0 | 0.940 | 0.846 | 0.681 | 0.475 | 0.297 | 0.170 |
| 3.0 | 0.982 | 0.900 | 0.757 | 0.566 | 0.382 | 0.233 |
| 4.0 | 0.994 | 0.918 | 0.786 | 0.612 | 0.436 | 0.281 |
| 5.0 | 0.998 | 0.924 | 0.798 | 0.637 | 0.470 | 0.317 |
| 10.0 | 1.000 | 0.933 | 0.808 | 0.659 | 0.518 | 0.389 |

当无散射时 $\omega=0$,式(10.29)为 $S(\tau)=I_{bg}$,式(10.28)为

$$\Psi=2\int_0^{\tau_\delta}E_2(\tau_\delta-\tau^*)\,\mathrm{d}\tau^*=1-2E_3(\tau_\delta) \qquad (10.31)$$

上面的解法是将散射项单独列出来。在辐射平衡条件下,也可将各向同性介质等价为非散射性介质,将散射项合并到发射项中去,解法与无散射介质相同。证明如下。

各向同性散射时,相函数等于1,源函数为式(10.29)。辐射平衡时,辐射能量方程为式(8.64),即 $4\pi I_b(\tau)-G(\tau)=0$。将此式代入式(10.29),得

$$S(\tau,\omega)=(1-\omega)I_b(\tau)+\frac{\omega}{4\pi}4\pi I_b(\tau)=I_b(\tau)$$

此式与无散射介质的源函数式(10.6)完全相同,所以只要将吸收系数换成衰减系数后,各向同性散射与无散射的辐射基本方程就完全相同。物理原理:在辐射平衡时,介质吸收的能量各向同性地发射出去,各向同性散射介质的能量也是各向同性散射出去。因此,散射能量相当于再发射。

**2. 线性散射灰介质**

线性散射是指相函数与角度 $\theta$ 呈一次方的关系,如

$$\Phi(\theta) = 1 + c_1 \cos \theta \qquad (10.32)$$

角度 $\theta$ 是射线方向与 $x$ 方向的夹角。根据式(8.42),此时的源函数为

$$S(\tau, \omega) = (1 - \omega) I_b(\tau) + \frac{\omega}{4\pi} \int_{\Omega_i = 4\pi} I(\tau, \boldsymbol{\Omega}_i) (1 + c_1 \cos \theta) \, \mathrm{d}\Omega_i$$

$$= I_b(\tau) - \omega I_b(\tau) + \frac{\omega}{4\pi} \int_{4\pi} I(\tau, \boldsymbol{\Omega}_i) \, \mathrm{d}\Omega_i + c_1 \frac{\omega}{4\pi} \int_{4\pi} I(\tau, \boldsymbol{\Omega}_i) \cos \theta \mathrm{d}\Omega_i$$

$$= I_b(\tau) + c_1 \frac{\omega}{4\pi} q \cos \theta \qquad (10.33)$$

推导过程中,利用了式(8.58)及式(8.64),还利用了式(8.56)得出射线方向上的热流密度 $q$。式(10.33)中,$q\cos\theta$ 为 $x$ 方向的热流密度。

当边界面为漫射灰体时,利用式(10.2)~(10.4)等式。可得

$$\frac{G(\tau)}{4\pi} = I_b(\tau) = \frac{J_1}{2\pi} E_2(\tau) + \frac{J_2}{2\pi} E_2(\tau_\delta - \tau) + \frac{1}{2} \int_0^\tau I_b(\tau^*) E_1(\tau - \tau^*) \, \mathrm{d}\tau^*$$

$$+ \frac{1}{2} \int_0^{\tau_\delta} I_b(\tau^*) E_1(\tau^* - \tau) \, \mathrm{d}\tau^* + \frac{c_1 \omega}{8\pi} q [E_3(\tau_\delta - \tau) - E_3(\tau)] \qquad (10.34)$$

$$q(\tau) = q = 2 J_1 E_3(\tau) - 2 J_2 E_3(\tau_\delta - \tau) + 2\pi \int_0^\tau I_b(\tau^*) E_2(\tau - \tau^*) \, \mathrm{d}\tau^*$$

$$- 2\pi \int_\tau^{\tau_\delta} I_b(\tau^*) E_1(\tau^* - \tau) \, \mathrm{d}\tau^* + \frac{c_1 \omega}{2} q \left[ \frac{2}{3} - E_4(\tau) - E_4(\tau_\delta - \tau) \right] \qquad (10.35)$$

将上两式化为无因次量,得

$$\Theta'(\tau) = \frac{\pi I_b(\tau) - J_2}{J_1 - J_2} = \frac{1}{2} \left\{ E_2(\tau) + \int_0^{\tau_\delta} \Theta_b(\tau^*) E_1(|\tau - \tau^*|) \, \mathrm{d}\tau^* \right.$$

$$\left. + \frac{c_1 \omega}{4} \Psi_b [E_3(\tau_\delta - \tau) - E_3(\tau)] \right\} \qquad (10.36)$$

$$\Psi'(\tau) = \frac{q(\tau)}{J_1 - J_2} = 2 \left\{ E_3(\tau) + \int_0^\tau \Theta_b(\tau^*) E_2(\tau - \tau^*) \, \mathrm{d}\tau^* - \int_\tau^{\tau_\delta} \Theta_b(\tau^*) E_1(\tau^* - \tau) \, \mathrm{d}\tau^* \right.$$

$$\left. + \frac{c_1 \omega}{4} \Psi_b \left[ \frac{2}{3} - E_4(\tau) - E_4(\tau_\delta - \tau) \right] \right\} \qquad (10.37)$$

此两方程可得数值解,本章参考文献[7]有实例,用曲线表示其解。

圆柱与球坐标的一维灰介质精确解可分别见文献[8-11]。

含有大量各向异性散射体的介质辐射计算中,若散射体按各向同性计算,由于多次散射,各向异性与各向同性散射差别不大,光学厚度越大,误差越小。

# 10.2　　解辐射传输方程的近似方法

近似法有很多种,粗略地可分为两大类。一类是物理近似,如忽略某些物理行为,忽略吸收、散射或发射等;又如取某些极限情况,光学薄、光学厚极限等。这些近似能使辐射传输方程简化。另一类是利用数学近似的方法,如不同的离散方法,在方向分布或位置分布上作一定的近似;又如用不同近似函数的逼近方法等。当然这两类方法也可以同时使用。

本节主要介绍物理近似方法,也介绍一些函数逼近方法,但更多的数学近似法是数值计算,将在第 15 章中介绍。

### 10.2.1　忽略某些辐射行为的近似

辐射传输方程的微－积分形式与积分形式见式(8.40a)、式(8.50):

$$\frac{\mathrm{d}I_\lambda(s,\boldsymbol{\Omega})}{\mathrm{d}s} = -\kappa_{\mathrm{a}\lambda}I_\lambda(s,\boldsymbol{\Omega}) - \kappa_{\mathrm{s}\lambda}I_\lambda(s,\boldsymbol{\Omega}) + \kappa_{\mathrm{a}\lambda}I_{\mathrm{b}\lambda}(s) + \frac{\kappa_{\mathrm{s}\lambda}}{4\pi}\int_{\Omega_{\mathrm{i}}=4\pi} I_\lambda(s,\boldsymbol{\Omega}_{\mathrm{i}})\Phi_\lambda(\boldsymbol{\Omega}_{\mathrm{i}},\boldsymbol{\Omega})\,\mathrm{d}\Omega_{\mathrm{i}}$$

$$(10.38)$$

$$I_\lambda(s,\boldsymbol{\Omega}) = I_\lambda(0,\boldsymbol{\Omega})\exp(-\kappa_{\mathrm{e}\lambda}s) + \int_0^{\kappa_{\mathrm{e}\lambda}s} S_\lambda(\kappa_{\mathrm{e}\lambda}s^*,\boldsymbol{\Omega})\exp[-\kappa_{\mathrm{e}\lambda}(s-s^*)]\,\mathrm{d}\kappa_{\mathrm{e}\lambda}s^*$$

$$(10.39\mathrm{a})$$

令上式等号右端第二项中 $\kappa_{\mathrm{e}\lambda}s = s$,则

$$I_\lambda(s,\boldsymbol{\Omega}) = I_\lambda(0,\boldsymbol{\Omega})\exp(-\kappa_{\mathrm{e}\lambda}s) + \int_0^s S_\lambda(s^*,\boldsymbol{\Omega})\exp[-(s-s^*)]\,\mathrm{d}s^* \qquad (10.39\mathrm{b})$$

(1) 忽略散射。从辐射传输方程的微－积分形式可以看出,方程中有两项与散射有关:一是等号右侧第二项,由于散射使前进方向的能量衰减;另一项是最后一项,由于散射使前进方向的能量增加。有时这两项相差不多,一增一减相互抵消,例如:具有大粒子的吸收、发射、散射性介质,由于大粒子的散射侧重于前向(见第 13.3 节),有可能出现这种情况。这样,辐射传输方程的微－积分形式(10.38)就可简化为

$$\frac{\mathrm{d}I_\lambda(s,\boldsymbol{\Omega})}{\mathrm{d}s} = -\kappa_{\mathrm{a}\lambda}I_\lambda(s,\boldsymbol{\Omega}) + \kappa_{\mathrm{a}\lambda}I_{\mathrm{b}\lambda}(s) \qquad (10.40)$$

(2) 忽略衰减。当介质本身辐射远大于介质的吸收与散射,此时介质的衰减可以忽略不计,如高温稀薄介质(或称之为透明介质近似)。此时,辐射传输方程的积分形式(10.39)可简化为

$$I_\lambda(s,\boldsymbol{\Omega}) = I_\lambda(0,\boldsymbol{\Omega}) + \int_0^s \kappa_{\mathrm{a}\lambda}I_{\mathrm{b}\lambda}(s^*)\,\mathrm{d}s^* \qquad (10.41)$$

(3) 忽略本身辐射。当介质的衰减能量远大于介质的发射,这时介质的本身辐射可忽略不计,如冷介质。若除了前进方向以外的投射辐射强度也很小,可忽略其他方向投射辐射的散射作用,则辐射传输方程的积分形式(10.39)可简化为布格尔定律的形式:

$$I_\lambda(s,\boldsymbol{\Omega}) = I_\lambda(0,\boldsymbol{\Omega})\exp(-\kappa_{\mathrm{e}\lambda}s) \qquad (10.42)$$

### 10.2.2　光学薄近似

光学薄近似是指当光学厚度很小,即 $\tau \ll 1$,近似计算时可只保留一阶光学厚度 $O(\tau)$ 项,二阶光学厚度 $O(\tau^2)$ 及以上的项可忽略不计。现以具有漫射灰体边界面的无限大平板形吸收、发射、散射性介质为例说明之。

根据式(10.7),将黑体边界面、无散射的平板形介质投射辐射函数方程式(10.11)改为漫射灰体边界面、有散射的方程,即将式(10.11)中的 $I_{\mathrm{b}1}$,$I_{\mathrm{b}2}$ 易为 $J_1/\pi$ 及 $J_2/\pi$, $I_{\mathrm{b}}(\tau^*)$ 易为 $S_{\mathrm{b}}(\tau^*,\omega)$,得

$$I^+(\tau,\mu) = \frac{J_1}{\pi}\exp\left(-\frac{\tau}{\mu}\right) + \frac{1}{\mu}\int_0^\tau S(\tau^*)\exp\left(-\frac{\tau-\tau^*}{\mu}\right)\mathrm{d}\tau^* \qquad (0 < \mu < 1)$$

$$I^-(\tau,\mu) = \frac{J_2}{\pi}\exp\left(\frac{\tau_\delta - \tau}{\mu}\right) - \frac{1}{\mu}\int_\tau^{\tau_\delta} S(\tau^*)\exp\left(\frac{\tau^* - \tau}{\mu}\right)\mathrm{d}\tau^* \quad (-1 < \mu < 0)$$

$$G(\tau) = 2\left[J_1 E_2(\tau) + J_2 E_2(\tau_\delta - \tau)\right] + 2\pi\int_0^\tau S(\tau^*) E_1(\tau - \tau^*)\mathrm{d}\tau^*$$

$$+ 2\pi\int_\tau^{\tau_\delta} S(\tau^*) E_1(\tau^* - \tau)\mathrm{d}\tau^* \tag{10.43}$$

同理，由黑体边界面的热流密度方程式(10.13a)，改为漫射灰体边界面的方程，得

$$q(\tau) = 2\left[J_1 E_3(\tau) - J_2 E_3(\tau_\delta - \tau)\right] + 2\pi\int_0^\tau S(\tau^*) E_2(\tau - \tau^*)\mathrm{d}\tau^*$$

$$- 2\pi\int_\tau^{\tau_\delta} S(\tau^*) E_2(\tau^* - \tau)\mathrm{d}\tau^* \tag{10.44}$$

当介质为光学薄时，将指数积分函数展开成 $\tau$ 的级数，只保留一阶项。$E_2(\tau)$ 在积分项内，故只需取常数项即可，即

$$E_2(\tau) = 1 + O(\tau) \approx 1, \quad E_2(\tau_\delta - \tau) = 1 + O(\tau_\delta - \tau) \approx 1,$$

$$E_3(\tau) = \frac{1}{2} - \tau + O(\tau^2) \approx \frac{1}{2} - \tau$$

考虑到 $\lim\limits_{\tau \to 0}\tau E_1(\tau) \to 0$，则式(10.43)、式(10.44) 可近似为

$$G(\tau) \approx 2(J_1 + J_2) \tag{10.45}$$

$$q(\tau) \approx J_1(1 - 2\tau) - J_2(1 - 2\tau_\delta + 2\tau) + 2\pi\left[\int_0^\tau S(\tau^*)\mathrm{d}\tau^* - \int_\tau^{\tau_\delta} S(\tau^*)\mathrm{d}\tau^*\right] \tag{10.46}$$

对于各向同性散射介质，根据式(10.29) 源函数可近似为

$$S(\tau,\omega) = (1 - \omega) I_b(\tau) + \frac{\omega}{2\pi}(J_1 + J_2) \tag{10.47}$$

代入式(10.46)，得

$$q(\tau) \approx J_1\left[1 - 2(1 - \omega)\tau - \omega\tau_\delta\right] - J_2\left[1 + 2(1 - \omega)\tau - (2 - \omega)\tau_\delta\right]$$

$$+ 2\pi(1 - \omega)\left[\int_0^\tau I_b(\tau^*)\mathrm{d}\tau^* - \int_\tau^{\tau_\delta} I_b(\tau^*)\mathrm{d}\tau^*\right] \tag{10.48}$$

由于介质处于辐射热平衡，由式(10.5) 可得

$$I_b = G(\tau)/(4\pi) = \frac{(J_1 + J_2)}{2\pi} \tag{10.49}$$

将此式代入式(10.47)，因 $q \neq f(\tau)$，取 $\tau = 0$，得

$$q = (J_1 - J_2)(1 - \tau_\delta) \tag{10.50}$$

辐射传递积分方程描述的 $\tau$ 处的能量一般包含两部分：一部分是边界有效辐射经过介质衰减到达 $\tau$ 处的能量；另一部分是介质本身辐射经衰减到达 $\tau$ 处的能量。式(10.48) 中，等号右侧前两项表示的是前一部分能量，后两项表示的是后一部分能量。由前两项可看出，在光学薄近似时，边界有效辐射不是按指数衰减，而是按线性衰减。由后两项可看出，在光学薄近似时，本身辐射的衰减忽略不计。

### 10.2.3　光学厚近似

在光学厚介质中，辐射能传递的路程很短，所以介质热辐射延程性的特点就比较弱。

它的传递特性趋同于固体导热,其热量的传递只取决于邻近区域的状态。利用这一特性的简化,即称为光学厚近似,也称为扩散近似或罗斯兰德近似。

光学厚近似的适用条件:① $\tau_\lambda > 6$。当 $\tau_\lambda > 6$ 时,辐射能穿透较短的距离就衰减完了,介质中局部的温度与热辐射特性仅与介质的局部性质有关,与远处的性质状态无关。② 介质中的辐射强度接近于各向同性。③ 无因次光学穿透距离 $l_m/\delta \ll 1$。

在一维平面层问题中,辐射扩散的简化推导可以体现出扩散近似法的精髓。在辐射平衡中,具有各向同性散射的一维吸收、发射性灰介质,其热辐射特性为常数,厚度为 $\delta$,如图 10.1 所示。由传递方程式(8.40)或式(8.41)可得

$$\frac{1}{\kappa_e}\frac{\mathrm{d}I(s,\boldsymbol{\Omega})}{\mathrm{d}s} = -I(s,\boldsymbol{\Omega}) + (1-\omega)I_b(s) + \frac{\omega}{4\pi}\int_{\Omega_i=4\pi}I(s,\boldsymbol{\Omega}_i)\,\mathrm{d}\Omega_i$$

利用关系式 $s = x/\cos\theta = x/\mu$,$\theta$ 为传输方向 $\boldsymbol{\Omega}$ 与 $x$ 轴夹角(图 10.1)。将上式换成 $x$ 坐标,得

$$\frac{\mu}{\kappa_e}\frac{\partial I(x,\mu,\boldsymbol{\Omega})}{\partial x} = -I(x,\mu,\boldsymbol{\Omega}) + (1-\omega)I_b(x) + \frac{\omega}{4\pi}\int_{\Omega_i=4\pi}I(x,\mu,\boldsymbol{\Omega}_i)\,\mathrm{d}\Omega_i$$

$$(10.51)$$

注意:光学穿透距离 $l_m = 1/\kappa_e$。选 $\delta$ 为特征尺寸,无因次坐标为 $x/\delta$,无因次光学穿透距离为 $l_m/\delta = 1/(\kappa_e\delta)$,上式变为

$$\frac{l_m}{\delta}\mu\,\frac{\partial I(x/\delta,\mu,\boldsymbol{\Omega})}{\partial(x/\delta)} = -I\left(\frac{x}{\delta},\mu,\boldsymbol{\Omega}\right) + (1-\omega)I_b\left(\frac{x}{\delta}\right) + \frac{\omega}{4\pi}\int_{\Omega_i=4\pi}I\left(\frac{x}{\delta},\mu,\boldsymbol{\Omega}_i\right)\mathrm{d}\Omega_i$$

$$(10.52)$$

此为一阶偏微分方程。将此方程的解展开成以 $l_m/\delta$ 的方次表示的级数函数:

$$I\left(\frac{x}{\delta},\mu\right) = f_0 + \frac{l_m}{\delta}f_1 + \left(\frac{l_m}{\delta}\right)^2 f_2 + \cdots + \left(\frac{l_m}{\delta}\right)^n f_n$$

其中,$f_0,f_1,\cdots,f_n$ 为 $\mu$ 及 $x/\delta$ 的函数。因为 $l_m/\delta \ll 1$,故级数可近似地取两项,即

$$I\left(\frac{x}{\delta},\mu\right) = f_0 + \frac{l_m}{\delta}f_1 \tag{10.53}$$

令 $l_{m,s} = \dfrac{1}{\kappa_s}$ 为散射光学穿透距离,则 $\omega = \dfrac{\kappa_s}{\kappa_e} = \dfrac{l_m}{l_{m,s}}$。将式(10.53)表示的近似解代入式(10.52)得

$$\frac{l_m}{\delta}\mu\left[\frac{\partial f_0}{\partial(x/\delta)} + \frac{l_m}{\delta}\frac{\partial f_1}{\partial(x/\delta)}\right]$$

$$= -f_0 - \frac{l_m}{\delta}f_1 + \left(1 - \frac{l_m}{l_{m,s}}\right)I_b + \frac{l_m}{l_{m,s}}\left[\frac{1}{4\pi}\int_{\Omega_i=4\pi}\left(f_0 + \frac{l_m}{\delta}f_1\right)\mathrm{d}\Omega_i\right] \tag{10.54}$$

上式中,$l_m/\delta$ 方次相同项的乘数应相等。

(1) 从 $(l_m/\delta)^0$ 项得

$$f_0 = \left(1 - \frac{l_m}{l_{m,s}}\right)I_b + \frac{l_m}{l_{m,s}}\frac{1}{4\pi}\int_{4\pi}f_0\,\mathrm{d}\Omega_i$$

上式等号右侧第一、二项都与入射立体角 $\Omega_i$ 无关(第一项为黑体辐射;第二项由于介质中的辐射强度接近于各向同性)。所以 $f_0$ 与 $\Omega_i$ 无关,上式可化为

$$f_0 = \left(1 - \frac{l_{\mathrm{m}}}{l_{\mathrm{m,s}}}\right) I_{\mathrm{b}} + \frac{l_{\mathrm{m}}}{l_{\mathrm{m,s}}} \frac{1}{4\pi} f_0 \cdot 4\pi$$

由此得

$$f_0 = I_{\mathrm{b}} \tag{10.55}$$

（2）由式（10.54）的 $(l_{\mathrm{m}}/\delta)^1$ 项，得

$$\mu \frac{\partial f_0}{\partial (x/\delta)} = -f_1 + \frac{l_{\mathrm{m}}}{l_{\mathrm{m,s}}} \cdot \frac{1}{4\pi} \int_{4\pi} f_1 \mathrm{d}\Omega_{\mathrm{i}} \tag{10.56}$$

用 $\mathrm{d}\Omega_{\mathrm{i}} = 2\pi \sin\theta \mathrm{d}\theta = -2\pi \mathrm{d}\mu$ 乘上式各项，然后对整个空间积分，得

$$-\pi \frac{\partial f_0}{\partial (x/\delta)} \int_{-1}^{1} 2\mu \mathrm{d}\mu = -\int_{4\pi} f_1 \mathrm{d}\Omega_{\mathrm{i}} + \frac{l_{\mathrm{m}}}{l_{\mathrm{m,s}}} \cdot \frac{1}{4\pi} \int_{4\pi} f_1 \mathrm{d}\Omega_{\mathrm{i}} \int_{4\pi} \mathrm{d}\Omega_{\mathrm{i}}$$

积分后得

$$0 = -\int_{4\pi} f_1 \mathrm{d}\Omega_{\mathrm{i}} + \frac{l_{\mathrm{m}}}{l_{\mathrm{m,s}}} \int_{4\pi} f_1 \mathrm{d}\Omega_{\mathrm{i}}$$

由于 $\dfrac{l_{\mathrm{m}}}{l_{\mathrm{m,s}}} \neq 1$，所以 $\displaystyle\int_{4\pi} f_1 \mathrm{d}\Omega_{\mathrm{i}} = 0$。根据式（10.55），式（10.56）可化为

$$f_1 = -\mu \frac{\partial f_0}{\partial (x/\delta)} = -\mu \frac{\mathrm{d}I_{\mathrm{b}}}{\mathrm{d}(x/\delta)} \tag{10.57}$$

由于黑体辐射强度与方向无关，故可用常微分代替偏微分。

将式（10.55）、式（10.57）代入式（10.53），可得

$$I(x,\mu) = I_{\mathrm{b}}(x) - \frac{\mu}{\kappa_{\mathrm{e}}} \frac{\mathrm{d}I_{\mathrm{b}}(x)}{\mathrm{d}x} \tag{10.58}$$

由辐射热流密度定义式（8.57）得

$$q(x) = \int_{4\pi} I(x,\theta)\cos\theta \mathrm{d}\Omega = 2\pi \int_{-1}^{1} I(x,\mu)\mu \mathrm{d}\mu$$

$$= 2\pi I_{\mathrm{b}}(x) \int_{-1}^{1} \mu \mathrm{d}\mu - \frac{2\pi}{\kappa_{\mathrm{e}}} \cdot \frac{\mathrm{d}I_{\mathrm{b}}(x)}{\mathrm{d}x} \int_{-1}^{1} \mu^2 \mathrm{d}\mu = -\frac{4}{3} \frac{\pi}{\kappa_{\mathrm{e}}} \frac{\mathrm{d}I_{\mathrm{b}}(x)}{\mathrm{d}x}$$

即

$$q(x) = -\frac{4\pi}{3\kappa_{\mathrm{e}}} \frac{\mathrm{d}I_{\mathrm{b}}(x)}{\mathrm{d}x} = -\frac{4}{3\kappa_{\mathrm{e}}} \frac{\mathrm{d}E_{\mathrm{b}}(x)}{\mathrm{d}x} \tag{10.59}$$

此式称为罗斯兰德扩散方程。前面的推导中，假设介质为灰介质，折射率 $n=1$，对于选择性介质，折射率 $n \neq 1$，罗斯兰德扩散方程可写为

$$q_\lambda(x) = -\frac{4n_\lambda^2}{3\kappa_{\mathrm{e}\lambda}} \frac{\mathrm{d}E_{\mathrm{b}\lambda}(x)}{\mathrm{d}x} \tag{10.60}$$

对于灰介质，罗斯兰德扩散方程可写为

$$q(x) = -\frac{16n^2 \sigma T^3}{3\kappa_{\mathrm{e}}} \frac{\mathrm{d}T}{\mathrm{d}x} \tag{10.61}$$

若将上式写成类似导热的傅里叶公式的形式，则

$$q(x) = -k^{\mathrm{r}} \frac{\mathrm{d}T}{\mathrm{d}x}, \quad k^{\mathrm{r}} = \frac{16n^2 \sigma T^3}{3\kappa_{\mathrm{e}}} \tag{10.62}$$

$k^{\mathrm{r}}$ 称为"辐射导热系数"。对三维情况，罗斯兰德扩散方程可写为

$$\boldsymbol{q}_\lambda = -\frac{4\pi n_\lambda^2}{3\kappa_{\mathrm{e}\lambda}} \mathrm{grad} I_{\mathrm{b}\lambda} \tag{10.63}$$

对于灰介质：

$$q = -k^r \text{grad} \ T \tag{10.64}$$

推导过程可见本章参考文献[13]。

### 10.2.4　指数核近似

解辐射传输方程的数学近似方法有多种，但能得出函数形式解的方法不多，指数核近似是其中主要的一种。

本方法的主要原理：将积分方程中的核用指数函数近似，利用指数函数反复求导的便利性，将积分方程变为微分方程，利用求解微分方程的方法来求解原积分方程。

本节以一维漫灰界面常物性灰介质为例进行说明。描述此情况的积分方程可见式(10.44)，即

$$q(\tau) = 2J_1 E_3(\tau) - 2J_2 E_3(\tau_\delta - \tau) + 2\pi \int_0^\tau S(\tau^*) E_2(\tau - \tau^*) \, d\tau^*$$
$$- 2\pi \int_\tau^{\tau_\delta} S(\tau^*) E_2(\tau^* - \tau) \, d\tau^*$$

上式中有两个指数积分函数，即 $E_2(x)$ 和 $E_3(x)$。$E_2(x)$ 为积分核，用指数函数逼近之，即令

$$E_2(\tau) \approx a \cdot \exp(-b\tau) \tag{10.65}$$

求 $a, b$ 有多种方法，此处用零阶矩与一阶矩分别相等的方法，即

$$\int_0^\infty E_2(\tau) \, d\tau \approx \int_0^\infty a \cdot \exp(-b\tau) \, d\tau, \quad \int_0^\infty \tau E_2(\tau) \, d\tau \approx \int_0^\infty \tau a \cdot \exp(-b\tau) \, d\tau$$

由以上两式可得

$$\int_0^\infty E_2(\tau) \, d\tau = -E_3(\tau) \Big|_0^\infty = \frac{1}{2}, \quad \int_0^\infty a \cdot \exp(-b\tau) \, d\tau = a/b, \quad b = 2a$$

$$\int_0^\infty \tau E_2(\tau) \, d\tau = \frac{1}{3}, \quad \int_0^\infty \tau \cdot a \cdot \exp(-b\tau) \, d\tau = a/b^2, \quad b^2 = 3a$$

由以上两代数式得 $a = 3/4, b = 3/2$。所以

$$E_2(\tau) \approx \frac{3}{4} \exp\left(-\frac{3}{2}\tau\right), \quad E_3(\tau) = -\int_\tau^\infty E_2(\tau) \, d\tau \approx \frac{1}{2} \exp\left(-\frac{3\tau}{2}\right)$$

即用指数函数近似地表示指数积分，图 10.4 给出了 $E_2(\tau)$ 与 $E_3(\tau)$ 的近似值与精确值的差别，可以看出两者比较接近。将 $E_2(\tau)$ 与 $E_3(\tau)$ 的近似式代入式(10.44)，得

$$q(\tau) = J_1 \exp\left(\frac{-3\tau}{2}\right) - J_2 \exp\left[-3\frac{(\tau_\delta - \tau)}{2}\right]$$
$$+ \frac{3\pi}{2}\left\{\int_0^\tau S(\tau^*) \exp\left[-\frac{3(\tau - \tau^*)}{2}\right] d\tau^* - \int_\tau^{\tau_\delta} S(\tau^*) \exp\left[-\frac{3(\tau^* - \tau)}{2}\right] d\tau^*\right\}$$

$$\tag{10.66}$$

将此式对 $\tau$ 求导两次，得

$$\frac{d^2 q(\tau)}{d\tau^2} = \frac{9}{4} J_1 \exp\left(-\frac{3\tau}{2}\right) - \frac{9}{4} J_2 \exp\left[-\frac{3(\tau_\delta - \tau)}{2}\right] + 3\pi \frac{dS(\tau)}{d\tau}$$
$$+ \frac{27\pi}{8}\left\{\int_0^\tau S(\tau^*) \exp\left[-\frac{3(\tau - \tau^*)}{2}\right] d\tau^* - \int_\tau^{\tau_\delta} S(\tau^*) \exp\left[-\frac{3(\tau^* - \tau)}{2}\right] d\tau^*\right\}$$

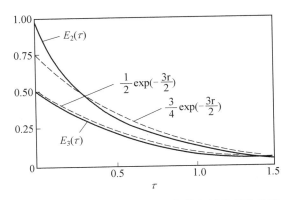

图 10.4　$E_2(\tau)$ 与 $E_3(\tau)$ 的近似值与精确值的比较

利用式(10.66)，可将上式中的积分项去除，得到如下微分方程：

$$\frac{\mathrm{d}^2 q(\tau)}{\mathrm{d}\tau^2} - \frac{9}{4} q(\tau) = 3\pi \frac{\mathrm{d}S(\tau)}{\mathrm{d}\tau} = 3\pi \frac{\mathrm{d}}{\mathrm{d}\tau}\left[(1-\omega)I_\mathrm{b} + \frac{\omega}{2\pi}G\right] \tag{10.67}$$

此方程可以用微分方程解法求解。

### 10.2.5　平均吸收系数法

具有选择性物体的辐射换热可用 3.5.2 节的谱带近似法来计算，介质辐射也可用此法计算，但是此方法计算量较大。也可以采用平均当量参数法（见 3.5.1 节），计算量较小。它的原理是将光谱吸收系数用某种方法按全光谱平均，得出一种与光谱无关的平均吸收系数。这样解辐射传输方程时就可以避免光谱计算了。

不考虑散射的辐射传输方程为

$$\frac{\mathrm{d}I_\lambda(s,\boldsymbol{\Omega})}{\mathrm{d}s} = -\kappa_{\mathrm{a}\lambda} I_\lambda(s,\boldsymbol{\Omega}) + \kappa_{\mathrm{a}\lambda} I_{\mathrm{b}\lambda}(s) \tag{10.68a}$$

将此式对全光谱积分

$$\int_0^\infty \frac{\mathrm{d}I_\lambda(s,\boldsymbol{\Omega})}{\mathrm{d}s}\mathrm{d}\lambda = -\int_0^\infty \kappa_{\mathrm{a}\lambda} I_\lambda(s,\boldsymbol{\Omega})\,\mathrm{d}\lambda + \int_0^\infty \kappa_{\mathrm{a}\lambda} I_{\mathrm{b}\lambda}(s)\mathrm{d}\lambda \tag{10.68b}$$

介质的吸收系数按入射能量光谱平均，称之为入射平均吸收系数 $\overline{\kappa_{\mathrm{ai}}}$

$$\overline{\kappa_{\mathrm{ai}}} = \frac{\int_0^\infty \kappa_{\mathrm{a}\lambda} I_\lambda(s)\mathrm{d}\lambda}{\int_0^\infty I_\lambda(s)\mathrm{d}\lambda} = \frac{\int_0^\infty \kappa_{\mathrm{a}\lambda} I_\lambda(s)\mathrm{d}\lambda}{I(s)} \tag{10.69a}$$

介质的吸收系数按黑体发射光谱平均，称之为普朗克平均吸收系数 $\overline{\kappa_{\mathrm{aP}}}$。

$$\overline{\kappa_{\mathrm{aP}}} = \frac{\int_0^\infty \kappa_{\mathrm{a}\lambda} I_{\mathrm{b}\lambda}(s)\mathrm{d}\lambda}{\int_0^\infty I_{\mathrm{b}\lambda}(s)\mathrm{d}\lambda} = \frac{\int_0^\infty \kappa_{\mathrm{a}\lambda} E_{\mathrm{b}\lambda}(T)\mathrm{d}\lambda}{E_\mathrm{b}(T)} = \frac{\int_0^\infty \kappa_{\mathrm{a}\lambda} E_{\mathrm{b}\lambda}(s)\mathrm{d}\lambda}{\sigma T^4} \tag{10.69b}$$

则式(10.68)可写成全光谱的形式，即

$$\frac{\mathrm{d}I(s,\boldsymbol{\Omega})}{\mathrm{d}s} = -\overline{\kappa_{\mathrm{ai}}} I(s,\boldsymbol{\Omega}) + \overline{\kappa_{\mathrm{aP}}} I_\mathrm{b}(s) \tag{10.70}$$

光学厚极限近似计算时，也可用类似的方法将罗斯兰扩散方程转化成全光谱的形

式。将罗斯兰德扩散方程对全光谱积分：

$$\int_0^\infty q_\lambda \, \mathrm{d}\lambda = -\frac{4}{3} \int_0^\infty \frac{1}{\kappa_{a\lambda}} \frac{\mathrm{d}E_{b\lambda}}{\mathrm{d}x} \, \mathrm{d}\lambda$$

得

$$q(x) = -\frac{4}{3} \int_0^\infty \frac{1}{\kappa_{a\lambda}} \frac{\mathrm{d}E_{b\lambda}}{\mathrm{d}E_b} \frac{\mathrm{d}E_b}{\mathrm{d}x} \, \mathrm{d}\lambda = -\frac{4}{3} \frac{\mathrm{d}E_b}{\mathrm{d}x} \int_0^\infty \frac{1}{\kappa_{a\lambda}} \frac{\mathrm{d}E_{b\lambda}}{\mathrm{d}E_b} \, \mathrm{d}\lambda = -\frac{4}{3} \frac{1}{\overline{\kappa_{aR}}} \frac{\mathrm{d}E_b}{\mathrm{d}x}$$

$$(10.71)$$

其中，$\overline{\kappa_{aR}}$ 为罗斯兰德平均吸收系数，$\overline{\kappa_{aR}}$ 的定义式为

$$\frac{1}{\overline{\kappa_{aR}}} = \int_0^\infty \frac{1}{\kappa_{a\lambda}} \frac{\mathrm{d}E_{b\lambda}}{\mathrm{d}E_b} \, \mathrm{d}\lambda \quad \text{或} \quad \overline{\kappa_{aR}} = \int_0^\infty \kappa_{a\lambda} \frac{\mathrm{d}E_b}{\mathrm{d}E_{b\lambda}} \, \mathrm{d}\lambda \qquad (10.72)$$

　　积分形式的辐射传输方程，也可转化成全光谱的形式，但在同一项内会出现两个热辐射特性系数，往往需要两个系数一起平均，才能将光谱项消去。

　　以上平均系数与温度、压力、密度或入射光谱的分布有关。通常这些分布沿着射线的传递路程是变化的，如要考虑这些变化因素，计算就比较复杂，所以这种方法只适合比较简单或简化的情况，如果用于较复杂的情况，就会出现误差，本章参考文献[14]举了多种例子说明此问题。

# 本章参考文献

[1] 谈和平,夏新林,刘林华,等. 红外辐射特性与传输的数值计算:计算热辐射学[M]. 哈尔滨:哈尔滨工业大学出版社,2006.

[2] HEASLET M A,WARMING R F. Radiative transport and wall temperature slip in absorbing planar medium[J]. Int. J. Heat and Mass Transfer,1965,8(7): 979-994.

[3] USISKIN C M,SPARROW E M. Thermal radiation between parallel plates separated by an absorbing—emitting nonisothermal gas[J]. Int. J. Heat and Mass Transfer,1960,1(1): 28-36.

[4] VISKANTA R,GROSH R J. Heat transfer in a thermal radiation absorbing and scattering medium[C]//ASME. International developments in heat transfer,Part Ⅳ. New York: ASME,1961:820-828.

[5] 卞伯绘. 辐射换热的分析与计算[M]. 北京:清华大学出版社,1988.

[6] 斯帕罗 E M,塞斯 R D. 辐射传热[M]. 顾传保,张学学,译. 北京:高等教育出版社, 1982.

[7] MODEST M F,AZAD F H. The influence and treatment of Mie-anisotropic scattering in radiative heat transfer[J]. ASME J. Heat Transfer,1980,102(1): 92-98.

[8] HEASLET M A,WARMING R F. Theoretical predictions of radiative transfer in a homogenous cylindrical medium[J]. J. Quant. Spectrosc. Radiat. Transfer,1966,

6(6)：751-774.

[9] AZAD F H,MODEST M F.Evaluation of radiative heat flux in absorbing, emitting and linear-anisotropically scattering cylindrical media[J].ASME J. Heat Transfer,1981,103(2)：350-356.

[10] VISKANTA R,CROSBIE A L.Radiative transfer through a spherical shell of an absorbing-emitting gray medium[J].J. Quant. Spectrosc. Radiat. Transfer, 1967,7(6)：871-889.

[11] WU C Y,WANG C J.Emittance of a finite spherical scattering medium with Fresnel boundary[J].J. Thermophysics Heat Transfer,1990,4(2)：250-252.

[12] LOVE T L.Radiative heat transfer[M].Columbus：Charles E. Merrill Pub-lishing Company,1968.

[13] 西格尔,豪威尔.热辐射传热[M].2版.曹玉璋,黄素逸,陆大有,等译.北京:科学出版社,1990.

[14] PATCH R W.Effective absorption coefficients for radiant energy transport in nongrey, nonscattering gases[J].J. of Quantitative Spectroscopy and Radiative Transfer,1967,7(4):611-637.

[15] ALTAÇ Z,TEKKALMAZ M.Exact solution of radiative transfer equation for three-dimensional rectangular, linearly scattering medium[J].J. Thermophysics and Heat Transfer, 2011,25(2):228-238.

[16] ALLAKHVERDIAN V,NAUMOV D V.Exact analytical solution of the one-dimensional time-dependent radiative transfer equation with linear scattering[J].J. Quant. Spectrosc. Radiat. Transfer,2023,310:108726.

[17] BLUM C,HANK P,LIEMERT A,et al.Analytical solution for the single scattered radiance of two-layered turbid media in the spatial frequency domain, Part 1：Scalar radiative transfer equation[J].Optics Communications,2024(552)： 130015.

# 本 章 习 题

1. 两漫射灰体壁面间的灰介质只有散射,即 $\kappa_a = 0,\kappa_s > 0$。已知介质的导热系数 $\lambda = $ const,两壁面温度分别为 $T_1$ 和 $T_2$,表面发射率分别为 $\varepsilon_1,\varepsilon_2$,求壁面的辐射换热热流密度。

2. 一半无限大的吸收、发射、散射性灰气体与一漫灰表面相接触,表面发射率为 $\varepsilon_w$。设:气体温度均匀,为 $T_g$;表面温度均匀,为 $T_w$。试证明:气体与壁面的辐射换热热流密度为 $\varepsilon_w \sigma (T_g^4 - T_w^4)$。

3. 两无限大灰体平行平板相距为 5 cm,平板间充满吸收、发射、散射性灰介质,两板温度与发射率分别为 $T_1 = 800$ K,$T_2 = 600$ K,$\varepsilon_1 = 0.2,\varepsilon_2 = 0.6$;散射为各向同性,忽略导热。散射系数和吸收系数分别为 $\kappa_s = 0.1$ cm$^{-1}$,$\kappa_a = 0.2$ cm$^{-1}$。试求两板间的辐射换热。

4. 两无限大黑体平行平板温度分别为 $T_1$ 和 $T_2$,两板间充满非散射的选择性气体,其吸收系数为 $\kappa_{a\lambda}$。若气体的光学厚度很小,其指数衰减项可忽略不计。令 $\overline{\kappa_{aP}}$ 为普朗克平均吸收系数,试证明气体的温度 $T(x)$ 为 $T^4(x) = \dfrac{\overline{\kappa_{aP}}(T_1)\,T_1^4 + \overline{\kappa_{aP}}(T_2)\,T_2^4}{2\,\overline{\kappa_{aP}}(T)}$。

5. 两无限大黑体平行平板间距为 $L$,温度分别为 $T_1$ 和 $T_2$,两板间充满光学厚灰介质(可应用罗斯兰德方程),其吸收系数 $\kappa_a = \text{const}$。试证明:两板的辐射换热热流密度为 $q = \dfrac{\sigma(T_1^4 - T_2^4)}{1 + 3\kappa_a L/4}$;如两板为灰体,发射率分别为 $\varepsilon_1, \varepsilon_2$,则 $q = \dfrac{\sigma(T_1^4 - T_2^4)}{1/\varepsilon_1 + 1/\varepsilon_2 - 1 + 3\kappa_a L/4}$。

6. 一个半径为 $R$ 的充气气球在近地轨道上,进入到地球的阴影区。该气球的壁面是理想透明体,充满了吸收系数 $\kappa_a$ 为常数的灰气体,并且 $\kappa_a R \ll 1$。假设忽略与地球的辐射交换,试推导出气体初始温度为 $T_0$ 时气球初始的热流损失率关系式。

7. 一大块半透明玻璃平板放在抛光的铝箔上,铝箔温度保持为 500 K,其发射率为 0.03,玻璃厚度为 10 cm,平均吸收系数 $\kappa_a = 4\ \text{cm}^{-1}$。一种透明液体覆盖了暴露的玻璃表面,并保持该表面的温度为 250 K,试求:

(1) 通过玻璃表面的热流;

(2) 玻璃平板中的温度分布。

在计算中可忽略玻璃中的热传导。为了化简起见,假设玻璃和液体的折射率为 1。

8. 一个直径为 10 cm 的长圆筒被套在另一直径为 20 cm 的圆筒之中,其表面为灰体,内圆筒 $T_1 = 850\ \text{K}, \varepsilon_1 = 0.4$,而外圆筒 $T_2 = 1\ 025\ \text{K}, \varepsilon_1 = 0.7$。试求圆筒之间为真空时单位长度上向内圆筒的传热热流。如圆筒之间充满吸收系数 $\kappa_a = 0.8\ \text{cm}^{-1}$ 的灰体介质,试用 $P_1$ 微分近似法和扩散近似法计算热流。

9. 有两块无限大黑体平行平板,其温度分别为 $T_1$ 和 $T_2$,距离为 $D$,两平板间充满了非散射性气体,其吸收系数为 $\kappa_a$。假设强透明体近似是成立的,试推导出气体温度作为平板间距离的函数关系式。(这里仍假设气体局部热力学平衡,尽管这一假设在光学薄介质中有时可能不成立)

10. 一个球形灯泡发射 100 W 的辐射能,灯泡被玻璃平板封闭在一个固定的装置中,如图 10.5 所示。如果玻璃厚度为 2 cm,其灰体衰减系数为 $0.05\ \text{cm}^{-1}$,试求在与灯泡轴线成 $60°$ 的方向上灯泡离开该固定装置的强度(假设灯泡直径为 10 cm)。(忽略由于玻璃和周围气体折射率的不同所引起的界面作用影响)

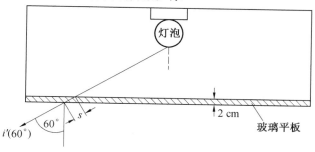

图 10.5

11. 吸收系数为 $\kappa_a$、各向同性散射系数为 $\kappa_s$ 的光学薄介质置于相距为 $D$ 的两个漫射平行平板之间。平板温度为 $T_1$ 和 $T_2$，试求无导热和对流时通过平板传递的总热流和介质温度分布。

12. 两平行灰体平板相距 5 cm，其温度和发射率分别为 $T_1 = 700$ K、$\varepsilon_1 = 0.8$，$T_2 = 500$ K、$\varepsilon_2 = 0.3$。试计算间隙为真空时和充满吸收系数 $\kappa_a = 0.6$ cm$^{-1}$ 的灰介质时通过平板间间隙辐射传递的热流。

# 第11章　工业炉中介质辐射的工程计算

典型的具有介质辐射的工程换热设备包括各种燃烧炉、燃烧室、高温换热器等。这些换热设备早期都是采用经验法计算,目前还有一些定型产品仍然采用这种方法。后期的计算方法中,逐渐出现了辐射换热理论中的一些定律与概念,但主要还是靠实验与经验,有些文献称之为半经验法。目前炼制、化工、动力、冶金等领域中的管式加热炉、锅炉炉膛、冶金炉等的辐射换热计算都属于这类方法,主要原因是工程中同时有很多物理、化学过程,除传热过程外,还有流动过程、燃烧过程、扩散过程等。而传热过程中除辐射外,还可能有对流、导热、相变等,相当复杂。其中有些过程当时尚不能用严格的数学公式定量描述出来,或者缺乏过程中某些特性参数的数据,所以难以列出方程或即使列出也无法求解。

在半经验法中常存在不少系数,确定这些系数的公式、图表或数据来自大量的实验或长期运行的经验,有很高的实用价值,但它们的物理概念往往不一定清晰。从理论角度分析,它们通常包含很多因素。例如,由于计算模型的简化,模型中一些没有考虑到的影响因素就会进入这些经验系数中;又如,特性参数不确切,实验误差等也会包含进去。所以从这个角度,可将它们称之为"糊涂系数"。但是,这些系数依然非常重要,不能任意改动,如工程计算方法的公式中通常不用散射系数这一参数,这并不意味着该计算方法没有考虑散射,因为很多参数是由大量实验或经验中得出的,散射的影响可能有一部分已在吸收系数中考虑,有一部分已在某些经验系数中考虑。所以,如果将散射系数加入计算公式中,则计算方法中一些公式、系数都应进行相应的变化。工程计算方法,尤其是标准方法,各种公式与系数往往是一个整体,要从整体角度上修订,只从局部角度考虑往往容易出错。

本章主要内容:工程中应用的一些工程参数、方程与前几章介绍的辐射换热理论的基本参数、公式的关系;工程计算方法的特点;一些理论公式在工程应用中遇到的问题及解决办法。其中涉及的特性参数的内容中,气体辐射特性见第12章,粒子辐射特性见第13章。

由于电子计算机的出现和实验手段的发展,很多特性参数都能被测出,于是辐射换热计算中出现了很多数值模拟计算,并且逐渐进入工程设计领域。这部分内容属于数值热辐射学的内容,本章不进行介绍,具体内容可见第15章及本章参考文献[3]。

## 11.1　腔内介质与腔壁的辐射换热

6.2、6.3节介绍了空腔内各表面间辐射换热的净热量法。本节与前者的区别是腔内充满了等温半透明(参与性)介质。所以只要在6.2、6.3节的推导中加入介质的影响,就可变成介质与腔壁辐射换热的净热量法。

一腔壁由 $M_s$ 个面组成,如图 11.1 所示。假设各面等温、等有效辐射且为漫射灰体;介质均质、等温、无散射;介质与壁面有稳定的热、冷源,介质与壁面保持温度不变。

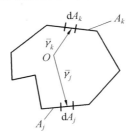

图 11.1　腔内介质与腔壁的辐射换热

描述此腔内的辐射换热有 3 组基本方程。观察任一表面 $A_k$,可列出:

(1)$A_k$ 面上的外部热平衡式,见式(6.3):

$$Q_{\lambda,k} = q_{\lambda,k} A_k = (G_{\lambda,k} - J_{\lambda,k}) A_k \tag{11.1}$$

(2)$A_k$ 面上的有效辐射表达式,见式(6.4a):

$$J_{\lambda,k} = \varepsilon_{\lambda,k} E_{b\lambda,k} + (1 - \varepsilon_{\lambda,k}) G_{\lambda,k} \tag{11.2}$$

(3)$A_k$ 面上的投射辐射表达式。$A_k$ 面上的投射辐射:腔内各面的有效辐射穿过介质后到达 $A_k$ 面上的能量;各面的有效辐射穿过介质时,部分能量被吸收,又添加了介质的本身辐射。先取任意两个面 $A_j$ 与 $A_k$,求 $A_j$ 经过介质到达 $A_k$ 面上投射辐射力 $G_{\lambda,j-k}$。这两个面,一面上任一点与另一面上每一点的距离通常都不等,有时还相差较大,而此距离与介质能量的发射及吸收有密切关系,所以虽然每个面温度均匀,但列基本方程时还是要用微元面。在 $A_j$ 面上取微元面 $\mathrm{d}A_j$,在 $A_k$ 面上取微元面 $\mathrm{d}A_k$,则 $\mathrm{d}A_j$ 对 $\mathrm{d}A_k$ 的投射辐射为

$$\mathrm{d}A_k G_{\lambda,\mathrm{d}j-\mathrm{d}k} = [J_{\lambda,j}\gamma_\lambda(s) + E_{b\lambda,g}\alpha_\lambda(s)] X_{\mathrm{d}j-\mathrm{d}k} \mathrm{d}A_j \tag{11.3}$$

式中　　$E_{b\lambda,g}$ —— 介质的光谱黑体辐射力;

　　　　$X_{\mathrm{d}j-\mathrm{d}k}$ —— $\mathrm{d}A_j$ 对 $\mathrm{d}A_k$ 的角系数;

　　　　$s$ —— $\mathrm{d}A_j$ 与 $\mathrm{d}A_k$ 的距离;

　　　　$\gamma_\lambda(s)$ —— 光程长度为 $s$ 的介质光谱透射率;

　　　　$\alpha_\lambda(s)$ —— 光程长度为 $s$ 的介质光谱吸收率。

式(11.3)中的方括号内是无散射的辐射传输方程,考虑到介质均温,其黑体辐射到处相同,参考式(8.50),得

$$I_{\lambda,k}\exp(-\kappa_{a\lambda}s) + \int_0^s \kappa_{a\lambda}I_{b\lambda,g}\exp[-\kappa_{a\lambda}(s-s^*)]\mathrm{d}s^*$$

$$= I_{\lambda,k}\exp(-\kappa_{a\lambda}s) + I_{b\lambda,g}[1 - \exp(-\kappa_{a\lambda}s)]$$

与式(11.3)对照,可得

$$\gamma_\lambda(s) = \exp(-\kappa_{a\lambda}s)$$

$$\alpha_\lambda(s) = 1 - \exp(-\kappa_{a\lambda}s) = 1 - \gamma_\lambda(s) \tag{11.4}$$

将角系数式(5.3a)代入式(11.3),并对 $\mathrm{d}A_j$,$\mathrm{d}A_k$ 积分,即可得 $\mathrm{d}A_j$ 面投射到 $\mathrm{d}A_k$ 面上的能量为

$$A_k G_{\lambda,j-k} = \int_{A_j}\int_{A_k} [J_{\lambda,j}\gamma_\lambda(s) + E_{b\lambda,g}\alpha_\lambda(s)] \frac{\cos\theta_j \cos\theta_k}{\pi s^2} \mathrm{d}A_j \mathrm{d}A_k \tag{11.5}$$

其中，$\theta_j$，$\theta_k$ 为 $\mathrm{d}A_j$，$\mathrm{d}A_k$ 面中心连线与两微元面法线间的夹角。令

$$X_{j-k}\gamma_{\lambda,j-k} = \frac{1}{A_j}\int_{A_j}\int_{A_k}\gamma_\lambda(s)\frac{\cos\theta_j\cos\theta_k}{\pi s^2}\mathrm{d}A_j\mathrm{d}A_k \tag{11.6a}$$

$$X_{j-k}\alpha_{\lambda,j-k} = \frac{1}{A_j}\int_{A_j}\int_{A_k}\alpha_\lambda(s)\frac{\cos\theta_j\cos\theta_k}{\pi s^2}\mathrm{d}A_j\mathrm{d}A_k \tag{11.6b}$$

式中　$\gamma_{\lambda,j-k}$——$j$ 面到 $k$ 面的几何平均光谱透射率（也称透射度）；

$\alpha_{\lambda,j-k}$——$j$ 面到 $k$ 面的几何平均光谱吸收率（也称吸收度）。

利用角系数的相对性，从式(11.5)、式(11.6a)、式(11.6b)可看出：

$$\gamma_{\lambda,j-k} = \gamma_{\lambda,k-j}, \quad \alpha_{\lambda,j-k} = \alpha_{\lambda,k-j} = 1 - \gamma_{\lambda,j-k} = \varepsilon_{\lambda,j-k} \tag{11.7}$$

式中　$\varepsilon_{\lambda,j-k}$——$j$ 面到 $k$ 面的几何平均光谱发射率（也称发射度）。

利用式(11.6)可将式(11.5)写成

$$A_kG_{\lambda,j-k} = (J_{\lambda,j}\gamma_{\lambda,j-k} + E_{b\lambda,g}\alpha_{\lambda,j-k})A_jX_{j-k} \tag{11.8}$$

$k$ 面的光谱投射辐射力 $G_{\lambda,k}$ 为各面对 $k$ 面投射辐射力之和，则

$$G_{\lambda,k} = \frac{1}{A_k}\sum_{j=1}^{M_s}G_{\lambda,j-k}A_k = \frac{1}{A_k}\sum_{j=1}^{M_s}(\gamma_{\lambda,j-k}J_{\lambda,j} + \alpha_{\lambda,j-k}E_{b\lambda,g})A_kX_{k-j}$$

$$= \sum_{j=1}^{M_s}(\gamma_{\lambda,j-k}J_{\lambda,j} + \alpha_{\lambda,j-k}E_{b\lambda,g})X_{k-j} \tag{11.9}$$

将式(11.1)、式(11.2)、式(11.9) 3 式合并，消去 $G_{\lambda,k}$ 及 $J_{\lambda,k}$，得

$$q_{\lambda,k} = \sum_{j=1}^{M_s}\left[\gamma_{\lambda,j-k}\left(E_{b\lambda,j} + \frac{1-\varepsilon_{\lambda,j}}{\varepsilon_{\lambda,j}}q_{\lambda,j}\right) + \alpha_{\lambda,j-k}E_{b\lambda,g}\right]X_{k-j} - E_{b\lambda,k} - \frac{1-\varepsilon_{\lambda,k}}{\varepsilon_{\lambda,k}}q_{\lambda,k}$$

整理后得

$$\sum_{j=1}^{M_s}\left(\frac{\delta_{k,j}}{\varepsilon_{\lambda,k}} - \frac{1-\varepsilon_{\lambda,j}}{\varepsilon_{\lambda,j}}X_{k-j}\gamma_{\lambda,j-k}\right)q_{\lambda,j}$$

$$= \sum_{j=1}^{M_s}\left[X_{k-j}\alpha_{\lambda,k-j}E_{b\lambda,g} - (\delta_{k,j} - X_{k-j}\gamma_{\lambda,k-j})E_{b\lambda,j}\right] \quad (k = 1,2,\cdots,M_s) \tag{11.10}$$

式中　$\delta_{k,j}$——克罗内克算符，当 $k=j$ 时，$\delta_{k,j}=1$；$k\neq j$ 时，$\delta_{k,j}=0$。

此封闭体的热平衡方程为

$$Q_g = \sum_{k=1}^{M_s}A_k\int_0^\infty q_{\lambda,k}\mathrm{d}\lambda \tag{11.11}$$

式中　$Q_g$——介质的热源。

式(11.10)、式(11.11) 共有 $M_s+1$ 个方程，变量为 $M_s$ 个 $q_\lambda$ 及 $M_s$ 个 $T$，一个 $Q_g$ 及一个 $T_g$。只要在这些变量中，已知 $M_s+1$ 个，其他变量即可通过方程组求出。

如腔壁只有一个面，式(11.10)为

$$q_\lambda = \frac{E_{b\lambda,g} - E_{b,w}}{1/\varepsilon_{\lambda,w} + 1/\alpha_{\lambda,g} - 1} = \frac{\sigma(T_g^4 - T_w^4)}{1/\varepsilon_{\lambda,w} + 1/\alpha_{\lambda,g} - 1} \tag{11.12}$$

其中，下标"w""g"分别表示壁面及介质（气体）。

由以上推导可看出，此方法用了辐射传递的积分方程，但未考虑散射，如 8.2.6 节所述，其热辐射特性用介质的吸收率或发射率表示。

# 11.2　工程计算中炉膛辐射换热的基本公式

各类炉子虽然样式不同,但结构有其共性。炉子的几何模型可取为由两部分组成的封闭体:一为换热面,常模拟成介质的包络面;二为提供流动、燃烧、混合等过程的介质空间,如图 11.2 所示。炉子的其他部分,如炉墙,炉膛出、入口等,可放到这两部分中去考虑。假设介质、壁面都是灰体,炉膛辐射换热基本公式可参照式(11.12)得出:

$$Q = \sigma \varepsilon_s (T_g^4 - T_w^4) A_f, \quad \varepsilon_s = 1 / \left( \frac{1}{\varepsilon_w} + \frac{1}{\varepsilon_g} - 1 \right) \qquad (11.13)$$

式中　$T_g$—— 炉膛介质的平均温度;

　　　　$\varepsilon_s$—— 炉膛系统发射率(发射度,炉膛黑度);

　　　　$A_f$—— 计算辐射受热面;

　　　　$\varepsilon_w$—— 受热面发射率;

　　　　$\varepsilon_g$—— 介质发射率(发射度)。

此式中的温度、热量与坐标无关,故称其为炉膛辐射换热的零维模型。此式与两无限大平板辐射换热公式(6.23)相同。因为只要将介质界面看作固体界面(如图 11.2 中的虚线),介质的发射率与透射率就相当于介质界面的发射率与反射率。则此模型即可视为两无限大平板的辐射换热。

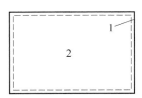

图 11.2　炉膛计算的零维模型
1— 换热面;2— 介质空间

根据推导过程,炉膛辐射换热基本公式有下列假设与条件:

(1)换热面为等温、均匀分布、封闭的灰体。非封闭和非均布的影响在计算辐射受热面中考虑,其中非均布的影响可见 7.1.3 节。如有多个温度差别不能忽略的表面,则需要用 11.1 节内多个面的净热量法计算。

(2)介质等温、特性参数均匀分布且为灰介质时,一般不考虑散射。但如 10.1.3 节所述,如介质为各向同性散射,仅需将 $\kappa_a$ 换成 $\kappa_e$,描写各向同性散射的辐射传输方程与无散射的相同,所以只需要令 $\gamma_g = 1 - \varepsilon_g = 1 - \exp(-\kappa_e s)$,11.1 节的结果也可用于具有各向同性散射的炉膛计算。

(3)各面的有效辐射均匀。

引进的主要工程参数:炉膛平均温度,计算辐射受热面,几何平均吸收率、发射率等。炉膛平均温度一般由经验或实验确定;计算辐射受热面的确定可见 7.1.3 节;几何平均吸收率、发射率等与行程及热辐射特性有关的参数,在本章接下来的内容及第 12 章、第 13 章中介绍。

## 11.3　几何平均吸收率及透射率

几何平均光谱吸收率、透射率的定义见式(11.6)，它们间的关系见式(11.7)。下面介绍几种简单情况下的计算。

### 11.3.1　半球对其底圆中心微元面的几何平均吸收率

如图 11.3 所示，$A_j$ 为半球面积，$R$ 为球半径，$dA_k$ 为底圆中心微元面，$dA_j$ 为环面积，则

$$dA_j = 2\pi R^2 \sin\theta_k d\theta_k \tag{11.14}$$

根据式(11.4)及式(11.6a)可得

$$A_j X_{j-dk} \gamma_{\lambda,j-dk} = dA_k \int_0^{\frac{\pi}{2}} \frac{1}{\pi R^2} 2\pi R^2 \exp(-\kappa_{a\lambda}R) \cos\theta_k \sin\theta_k d\theta_k = dA_k \exp(-\kappa_{a\lambda}R)$$

根据角系数的相对性，$A_j X_{j-dk} = dA_k X_{dk-j}$，并且 $X_{dk-j} = 1$，代入上式得

$$\gamma_{\lambda,j-dk} = \exp(-\kappa_{a\lambda}R)$$

此式与面积无关，故 $k$ 可以是微元面，也可以是底面，所以

$$\gamma_{\lambda,j-dk} = \gamma_{\lambda,j-k} = \exp(-\kappa_{a\lambda}R) \tag{11.15}$$

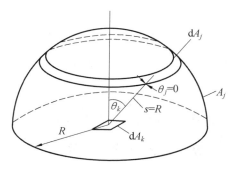

图 11.3　充满半透明等温介质的半球

### 11.3.2　整个球对球面上的微元面或整个球面的几何平均透射率

如图 11.4 所示，球半径为 $R$，球面积为 $A_j$，球底微元面为 $dA_k$，微元环面 $dA_j$ 中心位于过 $dA_k$ 中心的垂线上，$A_j$ 到 $dA_k$ 及 $A_j$ 到 $A_k$ 的几何平均穿透率 $\gamma_{\lambda,j-dk}$，$\gamma_{\lambda,j-k}$ 的求解过程如下。

$dA_j$ 的切圆半径为 $r$，$dA_j$ 与 $dA_k$ 的距离为 $s$，$dA_k$ 中心对 $dA_j$ 的立体角为 $d\Omega$。这些面积、长度、角度之间有下列关系。

立体角 $d\Omega$ 有两种表示方法：一是将 $dA_j$ 投影到 $s$ 方向的垂面上，则 $d\Omega = dA_j \cos\theta/s^2$；二是以 $s$ 为半径作球，将 $dA_j$ 投影到此球面上，用式(11.14)计算位于此球面上的投影面积，得其为 $2\pi s^2 \sin\theta d\theta$，则

$$d\Omega = 2\pi s^2 \sin\theta d\theta/s^2 = 2\pi \sin\theta d\theta$$

令以上两式相等，即可得 $dA_j = 2\pi s^2 \sin\theta d\theta/\cos\theta$。

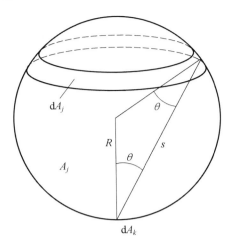

图 11.4　充满半透明等温介质的整球

注意下列几何关系：$s = 2R\cos\theta$，$\mathrm{d}s = -2R\sin\theta\mathrm{d}\theta$，所以 $\cos\theta = s/(2R)$，$\mathrm{d}\theta = -\mathrm{d}s/(2R\sin\theta)$。

将以上几何关系式代入 $\gamma_{\lambda,j-\mathrm{d}k}$ 的定义式，得

$$\gamma_{\lambda,j-\mathrm{d}k} = \frac{\mathrm{d}A_k}{A_j X_{j-\mathrm{d}k}} \int_{A_j} \exp(-\kappa_{a\lambda}s) \frac{\cos\theta\cos\theta}{\pi s^2} \mathrm{d}A_j = \int_{2R}^0 \exp(-\kappa_{a\lambda}s) \frac{s}{2R} \frac{-\mathrm{d}s}{R}$$

$$= \frac{2}{(2\kappa_{a\lambda}R)^2} [1 - (1 + 2\kappa_{a\lambda}R)\exp(-2\kappa_{a\lambda}R)]$$

推导中应用了 $X_{\mathrm{d}k-j} = 1$，由此式可看出，$\gamma_{\lambda,j-\mathrm{d}k}$ 与面积无关，故

$$\gamma_{\lambda,j-\mathrm{d}k} = \gamma_{\lambda,j-k} = \frac{2}{(2\kappa_{a\lambda}R)^2} [1 - (1 + 2\kappa_{a\lambda}R)\exp(-2\kappa_{a\lambda}R)] \tag{11.16}$$

$A_k$ 可以是部分球面，也可以是整个球面，$\gamma_{\lambda,j-k}$ 仅与 $2\kappa_{a\lambda}R$（也称光学直径）有关。

### 11.3.3　两无限大平板的几何平均透射率

如图 11.5 所示，两无限大平板 $j$ 与 $k$ 间距为 $D$，在 $k$ 面上取一微元面 $\mathrm{d}A_k$，求无限大平板 $j$ 到 $\mathrm{d}A_k$ 及 $k$ 面的几何平均透射率 $\gamma_{\lambda,j-\mathrm{d}k}$，$\gamma_{\lambda,j-k}$。

在 $j$ 面上作微元环 $\mathrm{d}A_j$，环中心位于 $\mathrm{d}A_k$ 的法线上，$\mathrm{d}A_k$ 与 $\mathrm{d}A_j$ 的距离为 $s$。根据式 (11.16) 的推导可得到

$$\gamma_{\lambda,j-\mathrm{d}k} = \frac{\mathrm{d}A_k}{A_j X_{j-\mathrm{d}k}} \int_{A_j} \exp(-\kappa_{a\lambda}s) 2\sin\theta\cos\theta\mathrm{d}\theta$$

令 $\mu = \cos\theta$，所以 $\sin\theta\mathrm{d}\theta = -\mathrm{d}\mu$；又知 $\mu = \cos\theta = D/s$。将这些关系式代入上式，可得

$$\gamma_{\lambda,j-\mathrm{d}k} = 2\int_0^1 \mu\exp\left(-\frac{\kappa_{a\lambda}D}{\mu}\right)\mathrm{d}\mu = 2E_3(\kappa_{a\lambda}D)$$

式中　$E_3(\kappa_{a\lambda}D)$——$n = 3$ 的指数积分函数。

由上式看出，$\gamma_{\lambda,j-\mathrm{d}k}$ 与面积无关，所以

$$\gamma_{\lambda,j-\mathrm{d}k} = \gamma_{\lambda,j-k} = 2E_3(\kappa_{a\lambda}D) \tag{11.17}$$

其他示例可见本章参考文献[4]。

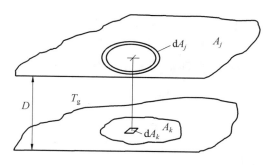

图 11.5　两无限大平板间的半透明等温介质

# 11.4　射线平均行程长度

从 11.3 节可以看出,含半透明介质的腔体辐射换热计算中,用几何平均吸收率(或称几何平均发射率)来处理热辐射特性对结果的影响。从 11.3 节可看出,几何平均发射率除与介质吸收率有关外,还与所研究的壁面($j$ 及 $k$ 面)、介质的几何形状、相对位置和尺寸有关。同时,几何平均发射率与几何因素的关系比较复杂,不同几何因素、不同发射率的计算式均不相同。工程计算时为了方便,将几何因素简化成一个综合参数来表示,使几何平均发射率的计算式统一化。

令所有具有不同几何因素的几何平均光谱发射率计算式统一为

$$\varepsilon_{\lambda,j-k}=\alpha_{\lambda,j-k}=1-\gamma_{\lambda,j-k}=1-\exp(-\kappa_{a\lambda}L_e) \tag{11.18}$$

其中,$L_e$ 为考虑几何因素的综合参数,称为射线平均行程长度,也可称为平均有效行程长度、有效辐射层厚度等。

以 11.3 节半球 $A_j$ 对其底圆 $A_k$ 的辐射为例说明如下。根据式(11.8),令 $J_{\lambda,j}=0$,并且考虑到 $X_{j-k}=A_k/A_j$,得

$$G_{\lambda,j-k}=\alpha_{\lambda,j-k}E_{b\lambda,g}=\left[1-\exp(-\kappa_{a\lambda}R)\right]E_{b\lambda,g}$$

由于 $J_{\lambda,j}=0$ 且介质无散射,所以 $A_k$ 面的投射辐射 $G_{\lambda,j-k}$ 就是介质的辐射能量,故 $\alpha_{\lambda,j-k}$ 就是整个半球介质对 $A_k$ 面的发射率 $\varepsilon_{\lambda,g}$,与固体辐射一样,$\varepsilon_{\lambda,g}E_{b\lambda,g}$ 可认为是半球介质对 $A_k$ 面的本身辐射。将此例与式(11.18)相比,$L_e$ 的物理意义可解释为:任何形状的等温介质对某个面的辐射,等于半径为 $L_e$ 的半球对其底面的辐射。本节主要介绍封闭体(零维模型)及任意两个界面间介质的射线平均行程长度的计算。

## 11.4.1　球形介质对界面的射线平均行程长度

球形介质几何平均透射率见式(11.16),即

$$\gamma_{\lambda,j-k}=\frac{2}{(2\kappa_{a\lambda}R)^2}\left[1-(1+2\kappa_{a\lambda}R)\exp(-2\kappa_{a\lambda}R)\right]$$

根据平均行程长度的定义式(11.18),$\gamma_{\lambda,j-k}$ 可写为

$$\gamma_{\lambda,j-k}=\exp(-\kappa_{a\lambda}L_e) \tag{11.19}$$

两式相等,得

$$\frac{L_e}{2R} = -\frac{1}{2\kappa_{a\lambda}R}\ln\left\{\frac{2}{(2\kappa_{a\lambda}R)^2}\left[1-(1+2\kappa_{a\lambda}R)\exp(-2\kappa_{a\lambda}R)\right]\right\} \tag{11.20}$$

## 11.4.2　平板形介质对界面的射线平均行程长度

平板形介质几何平均透射率见式(11.17),平均行程长度的定义见式(11.18),由两式可得

$$\exp(-\kappa_{a\lambda}L_e) = 2E_3(\kappa_{a\lambda}D)$$

若取一阶泰勒展开近似,则

$$\frac{L_e}{D} = \frac{1-2E_3(\kappa_{a\lambda}D)}{\kappa_{a\lambda}D} \tag{11.21}$$

## 11.4.3　光学薄介质的射线平均行程长度

有一等温介质,体积为 $V$,包络的界面为 $A$。当介质处于如10.2.2节所示的光学薄极限时,本身辐射的衰减可忽略不计,所以介质的本身光谱辐射能流量 $Q_\lambda$ 可按式(8.35)计算,为

$$Q_\lambda = 4\kappa_{a\lambda}E_{b\lambda}V$$

界面 $A$ 上的平均投射辐射力为 $G_\lambda = \dfrac{Q_\lambda}{A} = \dfrac{4\kappa_{a\lambda}E_{b\lambda}V}{A}$。平均投射辐射力等于其本身辐射力,所以介质发射率可写为

$$\varepsilon_{\lambda,g} = \frac{4\kappa_{a\lambda}V}{A} \tag{11.22}$$

介质处于光学薄极限时,二阶以上的光学厚度可忽略不计,即

$$\varepsilon_{\lambda,g} = 1-\exp(-\kappa_{a\lambda}L_{e,o}) = 1-\left\{1-\kappa_{a\lambda}L_{e,o}+\frac{1}{2!}(\kappa_{a\lambda}L_{e,o})^2+\cdots\right\}$$
$$\approx \kappa_{a\lambda}L_{e,o} \tag{11.23}$$

式中　　$L_{e,o}$ —— 光学薄时的射线平均行程长度。

比较式(11.22)与式(11.23),可得

$$L_{e,o} = 4\frac{V}{A} \tag{11.24}$$

用此式可计算各种形状光学薄等温介质的射线平均行程长度,如:

直径为 $D$ 的球形介质:

$$L_{e,o} = 4\frac{\pi D^3/6}{\pi D^2} = \frac{2}{3}D \tag{11.25}$$

直径为 $D$ 的无限长圆柱形介质:

$$L_{e,o} = 4\frac{\pi D^2/4}{\pi D} = D \tag{11.26}$$

厚度为 $D$ 的无限长平板形介质:

$$L_{e,o} = \frac{4D}{2} = 2D \tag{11.27}$$

### 11.4.4　非光学薄极限时射线平均行程长度的修正

当介质并非处于光学薄极限时,是否也能利用射线平均行程长度经过简单地修正,就可得到非光学薄极限时的射线平均行程长度? 令非光学薄时的射线平均行程长度 $L_e$ 与光学薄时的射线平均行程长度 $L_{e,o}$ 有以下关系:

$$L_e = C \cdot L_{e,o} \tag{11.28}$$

式中　$C$—— 修正系数。

以无限大平板形介质为例,探究与 $C$ 有关的因素。由式(11.27)可知,$L_{e,o}=2D$,故介质的发射率 $\varepsilon_{\lambda,g} = 1 - \exp(-\kappa_{a\lambda}C \cdot 2D)$。由式(11.17)可得,$\varepsilon_{\lambda,g} = 1 - 2E_3(\kappa_{a\lambda}D)$。由前两式可知,下式应当成立:

$$\frac{1 - 2E_3(\kappa_{a\lambda}D)}{1 - \exp(-\kappa_{a\lambda}C \cdot 2D)} = 1$$

显然,按此式求出的 $C$ 是光学厚度 $\kappa_{a\lambda}D$ 的函数。为简化起见,取 $C=0.9$,画出上述比值与 $\kappa_{a\lambda}D$ 的关系曲线,如图 11.6 所示。由此图可看出:$\kappa_{a\lambda}D$ 在 $0.04 \sim 8$ 范围内,上述比值在 $1 \pm 0.05$ 范围波动,所以近似计算时 $C$ 可取为 0.9。其他形状的介质也可以用这种方法找出 $C$ 及 $L_e$。表 11.1 给出了多种不同几何形状的 $L_{e,o}$、$L_e$ 及 $C$ 的值。从表可看出,多数情况,在一定范围内,$C$ 接近 0.9。所以对还没有 $L_e$ 计算公式的几何形状介质,其介质的射线平均行程长度可用如下近似式计算:

$$L_e = 0.9 L_{e,o} = \frac{3.6V}{A} \tag{11.29}$$

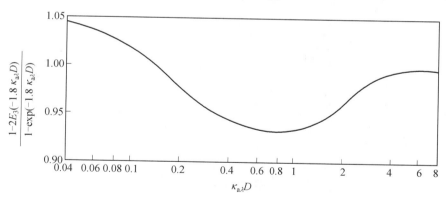

图 11.6　当 $C = 0.9$ 时,$\dfrac{1 - 2E_3(\kappa_{a\lambda}D)}{1 - \exp(-\kappa_{a\lambda} \cdot 0.9 \cdot 2D)} = f(\kappa_{a\lambda}D)$ 的曲线

式(11.29)是由封闭体内介质辐射换热计算中一步步简化得出,涉及本章内以上诸节的内容,现集中推导过程中的简化条件如下:

(1) 介质均质、等温,包容在封闭体内;

(2) 介质无散射;

(3) 假定包络面的有效辐射是均匀的;

(4) 介质的光学厚度不能太大。

表 11.1　介质的射线平均行程长度 $L_{e,o}$

| 介质的几何形状 | | 特征尺度 | 光学薄 $L_{e,o}$ | 非光学薄 $L_e$ | $C = L_e/L_{e,o}$ |
|---|---|---|---|---|---|
| 半球形介质 | 对底面中心微元面的辐射 | 半径 $R$ | $R$ | $R$ | 1 |
| 球形介质 | 对表面的辐射 | 直径 $D$ | $2/3D$ | $0.65D$ | 0.97 |
| 无限高圆柱形介质 | 对侧面的辐射 | 直径 $D$ | $D$ | $0.95D$ | 0.95 |
| 半无限高圆柱形介质 | 对底面中心微元面的辐射 | 直径 $D$ | $D$ | $0.90D$ | 0.90 |
| | 对整个底面的辐射 | 直径 $D$ | $0.81D$ | $0.65D$ | 0.80 |
| 高等于直径的圆柱形介质 | 对底面中心微元面的辐射 | 直径 $D$ | $0.77D$ | $0.71D$ | 0.92 |
| | 对全部表面的辐射 | 直径 $D$ | $2/3D$ | $0.60D$ | 0.90 |
| 高等于直径两倍的圆柱形介质 | 对底面的辐射 | 直径 $D$ | $0.73D$ | $0.60D$ | 0.82 |
| | 对侧面的辐射 | 直径 $D$ | $0.82D$ | $0.76D$ | 0.93 |
| | 对全部表面的辐射 | 直径 $D$ | $0.80D$ | $0.73D$ | 0.91 |
| 无限大介质层 | 对一个表面上微元面的辐射 | 介质层厚度 $D$ | $2D$ | $1.8D$ | 0.90 |
| | 对两个边界面的辐射 | | $2D$ | $1.8D$ | 0.90 |
| 立方形介质 | 对一个表面的辐射 | 边长 $X$ | $2/3X$ | $0.6X$ | 0.90 |
| 长方形介质 $1 \times 1 \times 4$ | 对 $1 \times 4$ 表面的辐射 | 最短边长 $X$ | $0.9X$ | $0.82X$ | 0.91 |
| | 对 $1 \times 1$ 表面的辐射 | | $0.86X$ | $0.71X$ | 0.83 |
| | 对所有表面的辐射 | | $0.89X$ | $0.81X$ | 0.91 |

### 11.4.5　多个面辐射换热时中间介质的射线平均行程长度

如有封闭体由 4 个面组成,中间充满半透明等温介质,它们间的辐射换热应按式 (11.10)、式(11.11)计算。显然各面之间的几何平均吸收率各不相同,几何平均吸收率的几何因素往往不能用统一的平均行程长度 $L_e = 3.6V/A$ 来近似表示。各对应面的几何平均吸收率应按式(11.6a)计算,同时根据式(11.4),几何平均吸收率可写成

$$\alpha_{\lambda,j-k} = \frac{1}{A_j X_{j-k}} \int_{A_j} \int_{A_k} \left[1 - \exp(-\kappa_{a\lambda}s)\right] \frac{\cos\theta_j \cos\theta_k}{\pi s^2} dA_j dA_k \tag{11.30}$$

# 本章参考文献

[1] 秦裕琨.炉内传热[M].2 版.北京:机械工业出版社,1992.

[2] 钱家麟,于遵宏,王兰田,等.管式加热炉[M].北京:烃加工出版社,1987.

[3] 谈和平,夏新林,刘林华,等.红外辐射特性与传输的数值计算:计算热辐射学[M].哈尔滨:哈尔滨工业大学出版社,2006.

[4] 西格尔,豪威尔.热辐射传热[M].2 版.曹玉璋,黄素逸,陆大有,等译.北京:科学出版社,1990.

[5] HOTTEL H C,SAROFIM A F. Radiative transfer[M]. New York:McGraw-Hill,1967.

[6] 伦宝军,张彦鹏,冯向飞.热轧板材加热炉增设传热辐射体的节能改造实践[J].工业炉,2018,40(1):36-38.

[7] 赵梅玉,彭思,李欣怡,等.钢坯加热炉定向辐射换热行为研究[J].热科学与技术,2024,23(2):136-141.

[8] 樊金成,伊智,李国军.富氧燃烧条件下加热炉内辐射传热分析[J].材料与冶金学报,2024,23(3):301-306.

# 第 12 章　气体辐射

气体辐射与流动、化学反应及其他的传热方式(导热、对流)耦合,进行定量分析与模拟时,这些过程离不开高温气体辐射特性参数。

若以温度划分,气体辐射可以分为中高温(3 000 K 以下)、高温(3 000 K 及以上)和极高温(几万 K 以上)。若按照气体所处的热力学状态,气体辐射可分为热力学平衡态气体辐射和热力学非平衡态气体辐射。

大多数情况下,中高温气体辐射处于热力学平衡态,研究对象主要是 $CO_2$、$H_2O$、$CO$、$NH_3$、$CH_4$、$SO_2$、$NO$、$NO_2$ 等燃烧产物,其辐射光谱大多集中在红外区。高温或者极高温气体辐射是和一些极端过程联系在一起的,如高超声速飞行、等离子体加热、激光与物质相互作用、核爆炸等,高温下气体内部自由度被激发,会发生离解甚至电离,变成多组元化学反应气体流;由于各种过程的松弛时间不同,气体将经历热力学非平衡态。高温或极高温气体辐射研究对象主要是空气中的氮、氧两种元素形成的组分及一些惰性气体如 He、Ne、Ar 等。

本章主要介绍中高温气体的辐射特性,主要内容包括气体辐射的应用背景和研究概况;气体辐射中涉及的原子、分子辐射理论的结论;求气体辐射特性的光谱法、直测法和工程应用中的一些简化公式;简要介绍一些可能在工程气体辐射中有用的大气辐射计算成果。

## 12.1　应用背景和研究概况

一百多年前,天文学家就开始关注气体辐射了,因为当他们观察来自太阳、星球的光线时,地球大气层对光线的吸收会给观测带来麻烦。为了消除大气层的影响,天文学家不得不研究大气的辐射特性;而大气的热状态影响气候,气象学家也关心大气辐射,由此形成了大气辐射学。天文学家观察太阳、星球光线的主要目的是想通过这些光线携带的信息,研究恒星大气的物理状态、过程和化学组成,到 20 世纪 60 年代已形成较为完整的系统理论,成为一门学问 —— 恒星大气物理(气体辐射是其主要内容之一);近期,该学科又有很大的发展,已成为天体物理学中一个重要分支。天文、气象界研究气体辐射,一开始就采用光谱方法,到目前已形成比较系统、完整的实验与计算方法,并积累了大量实验数据。

传热学界对气体辐射的研究始于 20 世纪二三十年代,源于对气体辐射在锅炉炉膛、工业加热炉、化学反应炉内热量传递重要作用的认识,因为 $H_2O$、$CO_2$、$CO$、$NH_3$、$CH_4$、$SO_2$ 等多原子分子气体是工程中常见的吸收、发射性气体。

### 12.1.1　中高温气体辐射特性研究概况

中高温气体辐射大多集中在红外区,其辐射特性的研究方法主要有两种:直测法和光谱法。

**1. 直测法发展历程**

碳氢燃料燃烧产生 $H_2O$、$CO_2$、$CO$ 等气体,人们发现它们是燃烧过程中辐射能的主要吸收体和发射体。工程实际的需要促使大批学者致力于 $H_2O$,$CO_2$,$CO$ 等吸收、发射性气体的辐射特性研究。当时采用的研究方法为直接测量的纯实验法,测量气体的吸收率、发射率和穿透率,本书称之为"直测法"。

从 20 世纪 30 年代开始,各国学者用了十几年的时间测出了大量的实验数据,一定程度上满足了工程需要。在此基础上,1942 年霍太尔(H. C. Hottel) 首次发表了 $H_2O$、$CO_2$ 的发射率线算图,也称为霍太尔线算图,在 1954 年又进行了修改。这张图应用广泛,相当多的工程气体辐射计算标准或传统方法都采用或源于这张图,目前大多数传热学教材中气体辐射部分也只介绍此图。线算图使用方便,故其后又相继发表了 $CO$、$NH_3$、$CH_4$、$SO_2$、$NO$、$NO_2$ 等气体的发射率线算图。但是由于直测法是依据斯蒂芬－玻尔兹曼定律直接测量总发射率,故不能得出气体辐射的光谱特性,无法表示其辐射的光谱选择性;且由于实验设备和测量仪表的限制,只能得到较低温度、较小行程的数据,实验范围以外的总发射率数值是根据经验外推得到,缺乏理论依据。20 世纪 40 年代以后,就很少有学者采用"直测法"来研究气体发射率了;70 年代初,苏联有学者采用过此方法,但得出的数据和前人相差无几。采用直测法／线算图得到的实验数据有以下几种误差:大气吸收、测温误差、干扰辐射、行程长度误差和边界冷却效应等等,但可认为其实验误差大致在 ±20% 以内;由于直接测量气体发射率过程非常复杂,所以这些数据直到目前还常作为采用其他方法时得出结果的参考依据。

总发射率线算图在工程中应用很广泛,如在能源、化工行业计算炉膛内辐射换热的气体衰减系数的公式就是在其基础上拟合而来,因此线算图的研究也引起了科学家的兴趣。田长霖等在低分辨率光谱吸收率实验数据的基础上,采用窄谱带模型获得了 $NO$、$SO_2$ 的总发射率线算图;Leckner 采用纯代数方法,在谱带模型法的基础上得到了 $H_2O$、$CO_2$ 气体总发射率公式,并制成了相应的总发射率线算图;本章参考文献[13]采用宽谱带模型重新建立了 $H_2O$、$CO_2$ 线算图;Farag 发展了灰气体加权和模型,给出了 $H_2O$、$CO_2$ 标准发射率的计算方法和发射率线算图。

线算图使用方便且有一定的准确度,特别是在一些需要简单估算、无须考虑散射及光谱细节的场合,而且工程技术人员对线算图也比较熟悉,因此气体发射率线算图目前仍然有实用价值。

**2. 光谱法发展历程**

20 世纪五六十年代,随着航天领域的崛起,需要计算火箭尾喷焰辐射,飞行器再入大气层时的高温辐射与烧蚀等问题,需要比较精准地计算高温气体辐射特性,这种情况下霍太尔线算图的准确性就不够了。传热界开始引入以原子、分子辐射理论为基础的光谱法,由于可借鉴大气辐射的研究方法,很快就出现多种有一定准确度,并适合于工程应用的"谱带模型法"。如 1.2 节所述,用光谱法求气体发射率表明了近代辐射基础理论直接应用于辐射换热,是辐射换热理论成熟的重要标志之一,促使了辐射换热成为传热学中的一个独立分支。

光谱法可分为两类。一类是纯理论计算,即从气体分子或原子的微观物理、化学结构出发,根据量子力学、光谱学、原子分子结构、统计热力学等理论得到单个气体分子或原子的辐射特性参数,如跃迁概率、谱线位置、谱线半宽、跃迁能级能量、吸收截面、能级占有数等等,再由这些辐射特性参数结合逐线计算方法得到不同压力、温度下的吸收系数。吸收系数是联系微观辐射特性参数和宏观辐射特性参数的重要参数,如辐射力、辐射强度等宏观辐射量的计算都需要吸收系数数据。但对于稍微复杂一点的原子或分子,其内部的各种相互作用按照目前的理论还无法准确描述,所以也无法用纯理论计算复杂原子分子的辐射特性参数。

另一类是结合不同光谱试验得到的各种理论计算模型,如结合高分辨率的光谱试验得出的“逐线计算法”;结合低分辨率的光谱试验得到的“谱带模型法”,又分为“窄谱带模型法”“宽谱带模型法”等。本质上,各种不同的光谱法是在不同分辨率水平对一定光谱间隔内气体特性的近似。逐线计算法的光谱分辨率最高,其光谱间隔尺度(波数 $\eta$)一般在 $0.000\,2 \sim 0.02\ \mathrm{cm^{-1}}$ 之间;窄谱带模型法的光谱间隔一般为 $5 \sim 50\ \mathrm{cm^{-1}}$;宽谱带模型法的光谱间隔为 $100 \sim 1\,000\ \mathrm{cm^{-1}}$。若将整个光谱作为一个间隔,认为其辐射特性是常数,即为灰气体近似。

## 12.1.2　高温部分电离空气平衡、非平衡辐射研究概况

对高温非平衡态气体辐射特性的研究始于 20 世纪 60 年代,虽然此前研究恒星大气物理的科学家就已经注意到了非平衡辐射传输,但真正引起传热学界对此问题关注的主要原因是航天技术发展的需求,特别是高速飞行器的再入段与发射段。

飞行器(宇宙飞船、航天飞机、返回式卫星、战略导弹弹头等)以高超声速再入地球大气层时,再入体前方绕流流场,特别是激波层内气体温度极高。例如,Apollo 再入马赫数为 36 时,再入体头部驻点区的温度可达 11 000 K。激波层内的气体组元($N_2$、$N_2^+$、$N$、$N^+$、$O_2$、$O_2^+$、$O$、$O^+$、$NO$、$NO^+$、$e^-$ 等)、边界层内的烧蚀物,以及尾流会产生很强的光辐射,再入体表面的辐射加热热流能达到和气动加热相同的量级甚至更高。这些辐射主要来自 3 方面:再入体头部激波、再入体本体表面及尾流。这些辐射一方面会影响飞行器的飞行和隔热性能,另一方面也为地面探测系统、大气层内拦截武器对其进行目标捕捉、跟踪提供了依据。

进入 20 世纪 90 年代,由于红外隐身与反隐身、弹道导弹突防和反突防等的需求,各国学者开展了对辐射光谱特性的研究,包括再入弹头的特征光谱分析、飞机发动机喷流红外光谱特征、火箭发动机尾流特征光谱分析等等。在弹道导弹发射段,发动机尾喷焰($CO_2$、$H_2O$、$CO$、$HCL$、$H_2$ 等分子和 $Al_2O_3$ 等粒子)是一个强辐射源,其产生的紫外、可见、红外辐射特征信号是天基红外预警卫星进行探测、识别的主要依据。

气体处于“热力学平衡态(局域热力学平衡)”的情况下,计算其光学吸收和发射相对简单,因为此时气体中每一点的原子、分子和离子的平动、转动、振动、电子和化学自由度分布符合平衡统计机理。这种情况下,气体的辐射特性可以直接通过热动力学和气体化学组分的光学特性直接求得。在某些情况下,除了化学自由度外,其他所有自由度都处于平衡状态,获得普通的化学反应速率就可以计算热辐射特性。但是在许多实际情况中,如

发动机尾焰、电弧放电、激波前端面、超音速流等,尤其在密度较低时,粒子的电子和振动自由度也处于非平衡状态,这就要求研究气体的非平衡辐射物理特性。

因为不同的化学、热力学过程有不同的特征松弛时间,所以当高超声速飞行器在稀薄大气层(70 km 以上)飞行时,较小的碰撞频率和较短的运行时间导致气体分子的各种热力学内能(平动能、转动能、振动能、电子势能)产生滞后于平衡状态的效应,因此必须经历化学、热力学非平衡的过程。所谓热力学非平衡,就是各种形式的能量分布不能用单一的温度来描述,需要采用一个与各种内能模式相关的多温度物理模型来描述气流中流体微元的热力学特性的非平衡过程。通常根据气体分子的不同内能模式,定义与热力学状态有关的 4 个不同的特征温度:平动温度 $T$、转动温度 $T_R$、振动温度 $T_V$、电子温度 $T_E$。在热力学非平衡状态下,各种特征温度的大小不同,且伴随着非平衡松弛过程不断变化。

为了准确地探测和识别再入段与发射目标,必须详细了解目标光谱辐射特征分布,这些工作都需要大量系统的空气原子分子吸收系数、发射系数数据。对高温气体光辐射特性的研究可分为实验研究和理论研究两个方面,鉴于实验研究难度大,目前仍以理论研究为主。

**1. 高温气体辐射特性试验研究**

美国早在 20 世纪 50 年代研制战略武器的时候就开始了高温气体辐射特性的研究,并从 60 年代开始先后开展了地基数据和飞行数据的测量。AVCO -everrett 研究实验室进行了系列地面激波管试验,得到了一批平衡态和非平衡态的高温气流光谱辐射数据,但这些数据属于黑色文献,无法查到原文。AVCO -everrett 实验室试验的激波速度在 6 ～ 10 km/s,非平衡态的数据较少,只在测量的速度区间较高情况下才出现。此外,本章参考文献[52，53]也报道了地基激波管试验。20 世纪 90 年代后,研究人员采用功率更大的激波管获得了一些实验结果,其中一个重要发现是在紧贴激波后的空气不发光,随后气体辐射立刻升高到一个峰值,然后再衰减到一个稳定的水平。

由于激波管本身的限制,即实验测量时间短和边界层增长的原因,激波管实验激波速度达到 10 km/s 时,气体的密度存在一个最低限度(即可模拟的最高高度有限,大致相当于 65 km)。当激波速度达到 7 km/s 时,最高高度可模拟到 70 km。

激波管人为产生的环境并不能等同于飞行器实际经历的热环境,为了获得实际飞行中的辐射热流数据,必须进行飞行实验。20 世纪 60 年代美国共进行了两次 FIRE 飞行测量实验,飞行器采用仿"阿波罗"飞船的几何外形,返回地球大气层的速度为 11.4 km/s;FIRE Ⅰ 测得的数据由于遥测技术和返回控制问题而未达到标准;FIRE Ⅱ 修改了这些问题,获得了 40 s 返回期间驻点区总的光谱辐射数据。近几年来,这些数据一直是人们检验新方法、新理论的依据,是飞行器设计的数据基础。20 世纪 80 年代开始,美国航空航天局(NASA)努力推进空间辅助飞行试验(aeroassist flight experiment, AFE),其目的是为空间辅助轨道间输运计划(aeroassist orbital transfer vehicle, AOTV)提供飞行数据;而 AFE 表面辐射加热的测量则是这一实验项目的主要工作之一。

**2. 高温气体辐射特性理论研究概况**

早期的高温气体辐射特性理论研究主要是在热力学平衡态的假设下计算空气吸收系

数,比较著名的有分步模型(step models)法、RAD/EQUIL 模型。分步模型的思想是将全光谱区划分为几个子光谱区,并认为每一子光谱区内的吸收系数为常量。基于这一思想,Olstad 发展了一种 8 步模型(eight step model),而 Zoby 采用 58 步模型研究外层行星再入问题。分步模型均假设热力学平衡态,认为辐射吸收主要由基态完成,大多通过曲线拟合得到辐射截面,从而简化计算。分步模型的特点是简单,计算速度快,但精度不高,而且无法用于非平衡态,因为非平衡态时吸收截面不仅仅是温度和压力的函数,而且与组分的组成有关。不过分步模型可以作为一种粗估辐射热负荷的工程方法。

RAD/EQUIL 模型是由 Nicolet 发展的一种平衡辐射计算程序,目前仍被两个平衡无黏流计算程序 ——RIFSP(钝头体滞止线平衡无黏流计算程序)和 RAIF(钝头体头身部平衡无黏流计算程序)所使用。这一模型介于分步模型和精细计算模型之间,相比连续谱辐射采用曲线拟合的方法得到吸收截面,谱线辐射则计算得更详细,通常每一条谱线计算 15 个点,但最终给出的仍然是一个小波长区域内的积分结果。为了考虑非平衡效应,一些学者又发展出了 RADMC 方法,即非平衡修正因子法。在这种方法中,描述辐射光谱时仍然用 Olstad 发展的 8 步吸收模型,并采用一个修正因子来考虑非平衡能级分布。所以此方法计算速度快且非常近似于非平衡辐射计算模型。

20 世纪 80 年代,AOTV 计划提出了对高能低密度区辐射加热热流数据的需求。在高焓、高压、高热流密度的加热环境下,辐射与对流、导热和化学反应同时存在,强烈耦合。辐射特性理论建模必须探究流场内气体物理化学性质(输运特性、化学反应特性、烧蚀特性等)和流场当地的流动状态(化学、振动的非平衡程度)以及辐射性质(平衡或非平衡)的处理等。因此,相关研究者围绕 AOTV 计划所遇到的流动、热、化学问题,开展了对高温非平衡辐射特性、气体输运特性、流动的化学状态和烧蚀特性、粒子内部自由度能量分配方式等一系列研究。

Park 细致地研究了 AOTV 飞行状态下的热化学非平衡辐射,搜集了较为完整的氮、氧两种元素的激发速率数据和辐射特性数据,开发了 NEQAIR 程序。NEQAIR 是从最基本的分子原子理论进行求解,是基本的解法,故多次为其他方法所引用,并以此发展出了两个一维非平衡辐射流计算程序:STRAP(计算正激波后激波管内流的辐射)和 SPRAP(计算钝体激波层驻点线上的辐射)。Park 用这些程序与激波管、探空气球及飞行试验等激波速度在 $6 \sim 10 \ \text{km/s}$ 的试验数据进行了验证,结果表明能够再现大多数的试验数据,如转动温度,电子激发温度,辐射强度的变化,特征松弛时间,非平衡辐射加热热流与平衡辐射加热热流的比值等。

1990 年,Whiting 改进了这些程序并合为一体,计算了 AFE 飞行器驻点区的辐射加热。Whiting 主要做了如下改进:改进化学反应计算模块,使之更通用;提高了配分函数和辐射计算模块的精度;增加了 C、CO、CN、$C_2$ 等组分的激发计算。所有这些程序均假设:在流动计算中,自由电子温度、电子态激发温度和振动激发温度相等($T_E = T_{elec} = T_V$),转动温度和平动温度相等($T_R = T$);而在激发速率方程中则采用了一个平均温度 $T_a = \sqrt{TT_V}$。Hartung 利用 LAURA 流动计算程序,得到了非平衡多维流场辐射传热计算程序 LORAN。

国内开展的高超声速再入过程中的气体辐射特性研究主要针对尾流辐射、再入体前沿激波层和附着层内的辐射、目标光辐射特性等。例如：赵国英、周学华等在热力学平衡、化学非平衡条件下，对高超声速小钝锥尾流光电特性进行了研究；瞿章华等对高超声速化学非平衡辐射流场进行了数值模拟；黄华等将平衡态的单温度辐射模型加以修正，用于头身部激波层内非平衡辐射加热的预估。由于激波层内极高的温度以及激波层后沿、附着层内较大的温度梯度，造成该区域内复杂的辐射方式：既有多波段的 3 种激发辐射（束缚－束缚跃迁、束缚－自由跃迁和自由－自由跃迁），又存在着化学发光辐射。2001 年，哈尔滨工业大学董士奎等借鉴已有的非平衡热化学流动双温度模型、多温度模型和双态模型等，结合 Park 的 NEQAIR 算法，发展了求解非平衡态下能级数密度的三温度模型。王逸斌等耦合了辐射和化学反应，对非平衡流场进行了模拟。

由于再入过程的较长时期内，再入体周围的气体处于热、化学的非平衡态，此时气体组分的能级数密度分布不能用平衡态下单一动力学温度表征的玻尔兹曼分布规律和 Saha 方程得到，高温气体吸收、发射系数的计算必须先解决热非平衡态下的能级统计分布问题。

目前研究热化学非平衡流动较为流行的方法是直接模拟蒙特卡罗（DSMC）方法，此算法最先由 Bird 引入计算非平衡流场辐射加热问题的研究中；吴其芬等采用 DSMC 对高超声速低密度热化学非平衡流动问题进行了研究。DSMC 方法能够给出较为准确的能级非平衡分布，是解决非平衡辐射及流动化学耦合问题最有潜力的方法，但是计算量太大，其效率依赖于其所模拟过程的物理模型的准确性及参数的准确性。DSMC 方法需要大量计算的时间，且计算时间随气体密度的增加而急速增加，所以低海拔区大气密度较大的地方不能用 DSMC 方法。但是，由于这种方法是从微观上直接模拟非平衡态分子的运动激发过程，揭示了非平衡态各种运动过程的机理，因此是一种最有发展潜力的方法。

目前非平衡态气体分子能级数密度分布多采用 Park 发展的准稳态近似（QSS）方法，且对于非平衡辐射现象各种因素的影响机制，目前尚未完全清晰，甚至地面试验与飞行实验的结果也不尽相同：由于理论计算吸收、发射特性涉及的因素非常多，不同模型计算的偏差最高可达一个数量级。

### 12.1.3　气体辐射特性参数

气体辐射具有强烈的光谱选择性和容积性（或延程性），常用光谱的或单色的辐射特性参数考虑选择性；而研究气体辐射的容积性需要研究辐射能量的空间分布，故在研究气体辐射问题时多用辐射强度来描述辐射能量的空间分布，见 8.1 节。

描述气体辐射特性的参数有两类。一类是采用光谱发射系数 $j_\lambda$（或称体积光谱发射源强度，单位为 $W \cdot m^{-3} \cdot sr^{-1} \cdot \mu m^{-1}$）、光谱吸收系数 $\kappa_{a\lambda}$ 描述，这两个参数只与气体种类、温度、压力有关，是特性参数，表征了气体本身发射、吸收光子能力的大小。由于平衡态时 $j_\lambda = \kappa_{a\lambda} I_{b\lambda}(T)$，$I_{b\lambda}(T)$ 为黑体光谱辐射强度，故平衡态时气体辐射可用辐射特性参数 $\kappa_{a\lambda}$ 来描述。

另一类是沿用表面辐射特性的概念，即以发射率、吸收率、透射率（透过率）3 个参数来描述气体辐射特性。等温均质气体的光谱吸收率 $\alpha_\lambda$ 和总吸收率 $\alpha$，光谱发射率 $\varepsilon_\lambda$ 和总发射率 $\varepsilon$，光谱透射率 $\gamma_\lambda$ 和总透射率 $\gamma$ 的表达式，以及它们之间的关系见 8.2.6 节。吸收率、发射率、透射率不能描述散射,这是用其表示气体辐射性质的缺点。严格来说发射率、吸收率、透射率因其都与路程长度相关,所以不能算作气体辐射特性参数。

# 12.2　气体辐射的微观理论简介

在工程应用范围内,气体辐射的光谱是不连续的,由多个分立的谱带组成,如图12.1所示。从高分辨率的某些气体谱带,可看出谱带是由许多谱线组成,如图12.2所示。这些试验结果都可从原子分子辐射量子理论得到解释,本节简要介绍与求气体辐射特性的光谱法有关的一些结论。

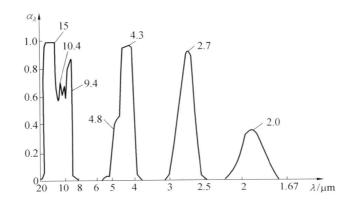

图 12.1　$CO_2$ 的吸收率光谱($T = 830$ K,$P = 1$ MPa,$L = 38.8$ cm)

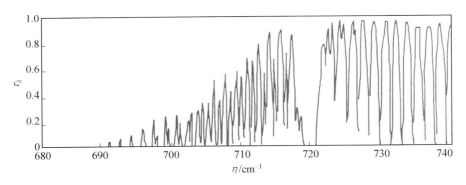

图 12.2　高分辨率 $CO_2$ 15 $\mu$m 谱带的透射率光谱(横坐标为波数 $\eta$)

## 12.2.1　原子能级与辐射跃迁过程

原子的束缚态能级能量不是任意的,而只能是一些称为定态的分立能级。在具有正能量的自由状态中(电离),电子可以具有任意能量,其能级是连续的。当电子从低能级能量状态跃迁到高能级能量状态时会吸收光量子,反之则会发射光量子。如图12.3所示,图中 $E_I$ 为电离能。

按照原子系统的初态和终态能谱的特点将所有电子跃迁分为 3 类:

(1) 束缚态－束缚态跃迁辐射吸收过程。束缚态－束缚态跃迁给出的是单条分立的

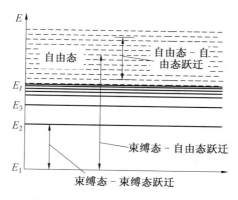

图 12.3　原子能级跃迁示意图

谱线,即线状谱,如图 12.4 所示。每一条谱线的位置波数 $\eta_0$ 由上能级能量 $E_j$ 和下能级能量 $E_i$ 的差值决定:

$$\eta_0 = (E_j - E_i)/(hc) \tag{12.1}$$

式中　　$h$——普朗克常数,J·s;

　　　　$c$——光速,m/s 或 cm/s;

　　　　$\eta_0$——位置波数,cm$^{-1}$;

　　　　$E_j$、$E_i$——上、下能级能量,J。

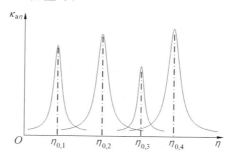

图 12.4　原子束缚态－束缚态跃迁线状谱

　　(2)束缚态－自由态跃迁辐射吸收过程。该过程为束缚态原子吸收 $hc\eta$ 光子的能量,其电子由束缚态跃迁到具有正能量的连续态,并产生新的离子,即光电吸收过程;或者原子由自由态发射 $hc\eta$ 光子的能量,其电子跃迁到束缚态,即复合辐射过程。束缚态－自由态跃迁过程的光谱具有"栅栏式"的特点,如图 12.5 所示。

　　(3)自由态－自由态辐射吸收过程。该过程为当自由电子与中性原子或离子组成的系统受到辐射作用时,其自由电子辐射能量为 $hc\eta$ 的光子将消耗部分动能,由一个自由态降到另一个自由态,即韧致辐射过程;或该系统的自由电子吸收能量为 $hc\eta$ 的光子并转变为动能,由一个自由态进到另一个自由态。由于电子的动能是任意的,则波数 $\eta$ 也任意变化,反映到光谱上,则自由态－自由态跃迁过程的光谱分布于整个光谱区,如图 12.6 所示。

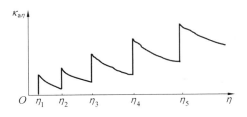

图 12.5 　原子束缚态－自由态跃迁栅栏式光谱

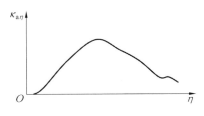

图 12.6 　自由态－自由态连续谱

## 12.2.2 　分子能级与辐射跃迁过程

分子由若干个原子组成。原子的能量仅取决于它的电子态,而分子的能量除了电子运动的能量外,还有整个分子绕着自己的重心作转动的能量及组成分子的各个原子核相对于本身平衡位置振动的能量。因此,分子的能级数和这些能级间可能的跃迁数都要比原子多得多,分子光谱比原子光谱更复杂。分子中的谱线是转动能级跃迁的结果,由于分子谱线数是如此巨大,且彼此非常接近以致重叠,所以在某些谱段几乎无法将它们区分开,形成了准连续谱。以最简单的双原子分子为例,在一级近似下,分子的能级由电子能级、振动能级、转动能级组成。 通常电子能级 $E_E \gg$ 振动能级 $E_V \gg$ 转动能级 $E_R$(图 12.7)。

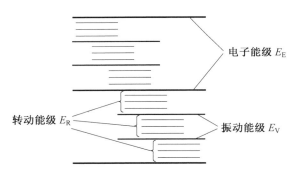

图 12.7 　分子能级示意图

电子能级能量很高,其跃迁具有很高的频率,因此这种跃迁在紫外线区($0.01 \sim 0.4 \ \mu m$) 和可见光区($0.4 \sim 0.7 \ \mu m$)产生吸收辐射光谱线。而振动、转动能级由于能量较低,所以其产生的谱线在红外区($1.0 \sim 100 \ \mu m$)。由电子能级跃迁形成的电子光谱,一般都含有若干个带系,不同的带系对应不同的电子能级跃迁。一个谱带系中含有若干个谱带,不同的谱带对应不同振动能级的跃迁,在同一谱带内包含有若干条谱线,每一条谱线与相应转动能级的跃迁对应(图 12.8)。

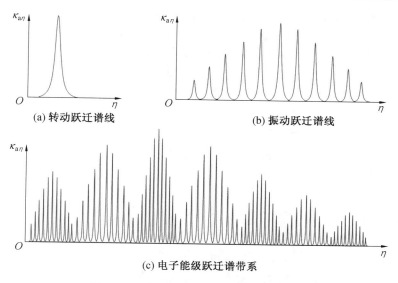

图 12.8　　分子能级跃迁与对应光谱示意图

### 12.2.3　谱线轮廓与谱线增宽

采用高分辨率的光学仪器观察分子的红外光谱,将会发现分子光谱的每一个谱带都是由许多挤在一起的谱线组成的,在谱线中心强度最大,两翼则强度逐渐减弱。谱线宽度用谱线半宽 $b$ 来表示,定义为:在最大光谱强度一半处谱线宽度的一半。将谱线按波数作图就会得到图 12.9 中两种形状的谱线:一种称为洛伦兹线型,一种称为多普勒线型。

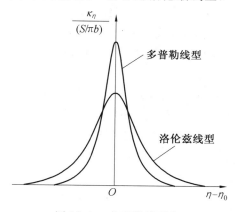

图 12.9　　典型谱线形状

#### 1. 洛伦兹线型

洛伦兹线型主要考虑压力增宽(碰撞增宽)效应。一定压力下,组成气体的分子、原子或离子处于不断无规则运动状态之中,互相会发生碰撞。试验表明,每一次碰撞都立刻使正在自发发射的粒子不再按原来的规律发射,结果导致发射辐射的位相发生无规则变化,使得电磁辐射偏离单色辐射,即这种碰撞具有增宽效应,所以有时压力增宽又叫碰撞增宽。这种碰撞增宽的谱线线型可以由洛伦兹函数表示,一般在中等温度、较高压力下要

考虑其影响,其线型函数 $F_L(\eta - \eta_0)$(单位为 cm)及碰撞增宽半宽 $b_C$ 分别为

$$F_L(\eta - \eta_0) = \frac{1}{\pi} \frac{b_C}{(\eta - \eta_0)^2 + b_C^2} \tag{12.2}$$

$$b_C = b_{C0} \frac{P}{P_0} \sqrt{\frac{T_0}{T}} \tag{12.3}$$

式中　　$P$——气体总压力,Pa;

$b_C$——气体碰撞增宽半宽,$cm^{-1}$;

$b_{C0}$——参考态(一般取标准态:$P_0 = 1.013\,25 \times 10^5\,Pa$,$T_0 = 296\,K$)气体碰撞增宽半宽;

$T$——热力学温度。

**2. 多普勒线型**

多普勒线型考虑了多普勒增宽效应,这种增宽效应是由于气体处于高温状态时,其热运动的速度大到应考虑相对论效应的程度。当辐射源与观测接收装置之间有相对运动时,则观测接收到的辐射频率将随相对运动速度而变化,此称为多普勒效应。气体中分子以不同的速度向各个方向做无规则运动,而观测接收到来自具有不同运动速度的分子的辐射之间有一定的频率差异,从而引起辐射谱线一定程度的增宽。由此产生的谱线线型可以由多普勒线型函数 $F_D(\eta - \eta_0)$ 及气体多普勒增宽半宽 $b_D$ 来描述:

$$F_D(\eta - \eta_0) = \frac{1}{b_D} \left(\frac{\ln 2}{\pi}\right)^{0.5} \exp\left[-\ln 2 \frac{(\eta - \eta_0)^2}{b_D^2}\right] \tag{12.4}$$

$$b_D = \frac{\eta_0}{c_0} \left(\frac{2kT\ln 2}{m}\right)^{0.5} \tag{12.5}$$

其中,$m = M/N_A$,$m$ 是气体分子质量,$M$ 是气体分子量,$N_A$ 是阿伏伽德罗常数。

多普勒增宽谱线细而窄,发射和吸收主要集中于谱线中心区,谱线两翼成指数形式迅速衰减,而碰撞增宽谱线较为平缓,在距谱线中心相当远的两翼仍有较强的发射和吸收。

**3. 佛奥特线型**

在以上两种增宽机理都起作用,且两种机理引起的谱线半宽相差不大时,需要用佛奥特(Voigt)线型来考虑压力(碰撞)增宽和多普勒增宽的混合效应。佛奥特线型函数是洛伦兹线型函数和多普勒线型函数进行卷积得到的,精确的佛奥特线型函数的计算涉及复杂的无穷积分运算。Arnold 等提出了以下近似的佛奥特线型函数 $F_V(\eta - \eta_0)$ 计算式,其误差不超过 2%:

$$\begin{aligned}
\frac{F_V(\eta - \eta_0)}{I_{V,max}} &= \left(1 - \frac{W_L}{W_V}\right) \exp\left[-2.772 \left(\frac{\eta - \eta_0}{W_V}\right)^2\right] + \frac{W_L}{W_V} \left[1 + 4\left(\frac{\eta - \eta_0}{W_V}\right)^2\right]^{-1} \\
&\quad + 0.016\left(1 - \frac{W_L}{W_V}\right)\frac{W_L}{W_V}\left\{\exp\left[-0.4\left(\frac{\eta - \eta_0}{W_V}\right)^{2.25}\right]\right. \\
&\quad \left. - 10\left[10 + \left(\frac{\eta - \eta_0}{W_V}\right)^{2.25}\right]^{-1}\right\}
\end{aligned} \tag{12.6}$$

$$W_V = 0.534\,6W_L + (0.216\,6W_L^2 + W_D^2)^{0.5} \tag{12.7}$$

式中　　$F_V(\eta - \eta_0)$——佛奥特线型函数;

$W_L$——洛伦兹线型谱线,$cm^{-1}$;

$W_D$——多普勒线型谱线，$cm^{-1}$；

$W_V$——佛奥特线型谱线的全线宽，$cm^{-1}$；

$I_{V,max}$——谱线中心处佛奥特线型函数的值。

$$I_{V,max} = \left\{ W_V \left[ 1.065 + 0.447 \left( \frac{W_L}{W_V} \right) + 0.058 \left( \frac{W_L}{W_V} \right)^2 \right] \right\}^{-1} \qquad (12.8)$$

## 12.3　中高温气体红外辐射特性计算 Ⅰ —— 逐线计算法

20 世纪 40 年代以来，量子力学及光谱学获得了较完善的发展，出现了计算气体辐射特性的光谱法。光谱法的基本原理是利用原子、分子的量子力学原理与公式，建立起光谱参数与吸收系数、发射率、透过率等的关系，以及光谱参数与温度、压力的关系。所以，原则上只要从光谱试验中测出气体某一温度、压力范围内的光谱参数，即可由光谱法得到不同温度、压力下的气体吸收系数、发射率或透过率等辐射特性数据。由此原理可以看出光谱法的一大优点：通过常温、常压下的试验数据，有可能推导得到高温、高压下的结果。当然，这种"常温推高温"也是有条件的，最重要的条件是高温时所有的谱线在常温时也存在。一般情况下，气体温度从低到高时，会出现只有高温时才有的谱线与谱带，所以"常温推高温"是有限度的。同理，所谓"常压推高压"也有一定限度。

理论上来说逐线计算法（Line-by-Line）是目前最准确的气体辐射特性计算方法，可以作为其他方法的基准。但采用此方法时需要提供气体分子每条谱线的详细光谱特性参数，包括谱线位置、谱线强度、谱线半宽、谱线跃迁能级能量、谱线跃迁能级统计权重等一系列参数。通常气体分子光谱中包括成千上万条谱线，所以逐线计算法非常费时。

如图 12.10 所示，在气体的吸收带内，吸收谱线之间会发生部分重叠。对于同一气体，其在波数 $\eta$ 处，光谱吸收系数 $\kappa_{a\eta,Line}$ 等于各个相互重叠谱线在波数 $\eta$ 处的谱线吸收系数 $\kappa_{a\eta,Line}^i$ 之和，即

$$\kappa_{a\eta,Line} = \sum_i \kappa_{a\eta,Line}^i = \sum_i S_{i,Line} F(\eta - \eta_{0i}) \qquad (12.9)$$

式中　　$\kappa_{a\eta,Line}^i$——第 $i$ 条谱线在波数 $\eta$ 处的谱线吸收系数；

$F(\eta - \eta_{0i})$——第 $i$ 条谱线的线型函数，$cm$；

$\eta_{0i}$——计算域内第 $i$ 条谱线中心处的波数；

$S_{i,Line}$——第 $i$ 条谱线的谱线积分强度（简称为谱线强度），$cm^{-2}$。

$S_{i,Line}$ 的定义式为

$$S_{i,Line} = \int_{-\infty}^{+\infty} \kappa_{a\eta,Line}^i \, d\eta \qquad (12.10a)$$

则有

$$\kappa_{a\eta,Line}^i = S_{i,Line} F(\eta - \eta_{0i}) = F(\eta - \eta_{0i}) \int_{-\infty}^{+\infty} \kappa_{a\eta,Line}^i \, d\eta \qquad (12.10b)$$

式（12.10a）和式（12.10b）既是谱线线型函数的定义式，也是谱线积分强度定义式。由上式也可得到线型函数的归一化性质：

$$\int_{-\infty}^{+\infty} F(\eta - \eta_{0i}) \, d(\eta - \eta_{0i}) = 1 \qquad (12.11)$$

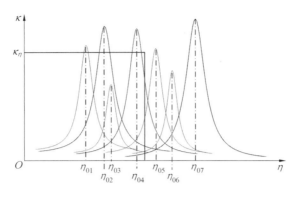

图 12.10　逐线计算

实际计算中,若谱线线翼伸展较远时,必须考虑计算点两侧数十个波数范围内吸收线的影响。

逐线计算法的难点是必须知道计算域内每条谱线的参数,包括谱线位置、谱线积分强度、谱线半宽等参数,这需要一个很大的数据库。由于谱线强度、谱线半宽等参数随温度、压力及混合气体的组分不同而变化,所以准确知道这些参数很困难。

为了能用逐线计算法直接计算出高精度、高分辨率的气体吸收系数、透过率、发射率等数据,对气体分子单根谱线光谱参数的研究一直受到重视。1973 年,美国空军剑桥研究所(AFCRL)首次汇编了大气分子吸收线参数"AFCRL 大气吸收参数汇编",它包括了红外、微波区中 $H_2O$、$CO_2$、$O_3$、$N_2O$、$CO$、$CH_4$、$O_2$ 等 7 种主要吸收气体及其同位素的 100 800 根吸收线参数,之后又进行了多次修改补充。1986 年起,AFCRL(或 AFGL)参数汇编名称改为高分辨率透过率分子吸收数据库 HITRAN。HITRAN 数据库是一个被广泛利用的基础数据库,是许多大气背景红外辐射传输模拟的基础,它包含了大气中含有的 37 种分子大约 99.6 万条谱线的光谱参数。HITRAN 数据库一般 4 年更新一次,目前最新的版本更新于 2020 年,它包含大气中的 55 种分子。

HITRAN 数据库主要用于大气常温水平的场合,不能用于 800 K 以上的较高温度。HITEMP 是一个高温燃气光谱参数数据库,于 20 世纪末才发展起来,其中包括了许多只有在高温时才出现的"热线"的光谱参数,故可用于 1 500 K 以下的场合,极限推广后可近似用于 3 000 K 以下场合,如飞机、导弹尾喷焰高分辨率红外辐射特性的计算。2020 年,HITEMP 数据库经过扩充,目前包含 $H_2O$、$CO_2$、$CO$、$NO$、$NO_2$、$N_2O$、$CH_4$ 7 种气体。

此外法国、俄罗斯等也做了类似工作,如法国编辑的 GEISA 数据库、俄罗斯汇编的 CDSD 数据库。这些数据库对于导弹喷焰和地球大气背景红外传输模拟以及光谱成像、卫星遥感应用、高分辨率大气透过率计算、高温燃烧系统热过程分析等有广泛实用价值。因此,以 HITRAN 和 HITEMP 数据库为基础进行二次开发与利用有着重要意义。国外已经出现了一些关于导弹喷焰和大气背景辐射传输问题的算法程序,如 LOWTRAN、MODTRAN、FASCODE、SIRRM、GASRAD 等等。

# 12.4　中高温气体红外辐射特性计算 Ⅱ —— 谱带模型法

谱带模型法的基本原理：在低分辨率光谱试验结果的基础上，根据光谱学理论，选择实验波数范围内该气体的谱线线型函数，建立谱线辐射强度与谱线参数的关系式，然后假设谱线在此波数范围内的分布规律。这样就可以从理论上推导出气体在此波数范围内的总辐射强度或发射率与谱线参数、谱线分布参数的关联式。将此谱带模型或者说关联式与实验数据拟合，就可得到关联式中的谱线参数和谱线分布参数，通常会采用各种简化的方法，使得出的关联式易于拟合。谱带模型法不能计算气体的光谱辐射特性，只能计算气体某一波段（谱带）或全波长的辐射特性。谱带模型法分为两类：一为窄谱带模型法（narrow band model），二为宽谱带模型法（wide band model）。

## 12.4.1　窄谱带模型法

所谓窄谱带模型是将某一波数间隔 $\Delta\eta$ 内（一般是 $5 \sim 50$ cm$^{-1}$）的光谱线的排列、重叠性质与单个谱线的性质联系起来，但是不需要详细了解谱带中每一根谱线的形状、强度和位置，而是假定谱线的强度和位置分布符合一定的规律，且可以用数学函数形式表示出来，公式中的光谱参数如平均吸收系数、谱线平均半宽和谱线平均间隔，由实验数据拟合确定。用这种简化模式可以表示某一个小光谱间隔 $\Delta\eta$ 内的平均透过率与光谱参数的关系。要得到吸收系数，只有用"逐线计算法"，但对于某些分子的光谱带，谱线参数不能精确得知，窄谱带模型法反而可以得到比"逐线计算法"更精确的结果。到目前为止，已经有多个窄谱带模型被提出，比较著名的有"正规谱带模型"和"统计谱带模型"。

### 1. 正规谱带模型（爱尔沙色窄谱带模型）

爱尔沙色窄谱带模型假设吸收带是由一系列等谱线强度 $\overline{S}$、等谱线半宽 $\overline{b}_L$、等谱线间隔 $\overline{d}$ 排列的洛伦兹谱线组成（符号顶上带一杠的，表示平均参数），如图 12.11 所示。由以上假设可得在波数 $\eta_0$ 处的吸收系数为

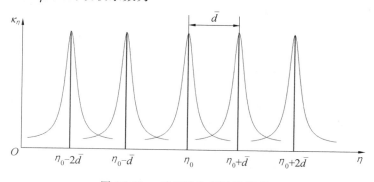

图 12.11　爱尔沙色窄谱带模型

$$\kappa_{a\eta,NB} = \sum_{i=-\infty}^{\infty} \frac{\overline{S}\,\overline{b}_L}{\pi\,(\eta-\eta_0-i\overline{d})^2 + \pi\overline{b}_L^2} \tag{12.12}$$

其中,下标"NB"表示窄谱带模型;下标"L"表示洛伦兹谱线。上式封闭形式的解为

$$\kappa_{a\eta,\mathrm{NB}} = \overline{\kappa}_{a\eta,\mathrm{NB}} \frac{\sin h2\beta}{\cos h2\beta - \cos(z - z_0)} \tag{12.13a}$$

式中

$$\overline{\kappa}_{a\eta,\mathrm{NB}} = \overline{S}/\overline{d}, \quad \beta = \pi\overline{b}_{\mathrm{L}}/\overline{d}, \quad z = 2\pi\eta/\overline{d} \tag{12.13b}$$

一般将 $\overline{\kappa}_{a\eta,\mathrm{NB}}$、$\overline{b}_{\mathrm{L}}$、$1/\overline{d}$ 做成标准压力下的光谱和温度的二维数据表,使用时通过插值得到。

爱尔沙色窄谱带模型适用于谱线分布规则的气体分子谱带辐射特性计算,如双原子分子 CO、NO,线性三原子分子 $CO_2$ 的某些谱带等。但通常气体分子谱带中在分布规则的较强谱线之间还有许多弱线,而且实际的谱线强度还会随波数变化。在传输路径较长时,这些弱线的吸收作用增大,因而必须进行弱线修正。

**2. 统计谱带模型**

对于像 $H_2O$(水蒸气)这样的非线性多原子分子而言,观察其光谱可发现谱线的位置及强度分布均具有随机的特性,如图 12.12 所示。因此统计谱带模型假定在波数间隔 $\Delta\eta$ 内分布着 $N$ 条谱线,这些谱线的位置、强度分布均是随机的。令 $\overline{S} = \int_0^\infty SP(S)\mathrm{d}S$ 表示平均谱线强度,且 $\overline{b}_{\mathrm{L}}$、$\overline{d}$ 都是计算谱带内的平均值,则按照谱线强度分布规律的假设的不同,统计谱带模型可以分为以下几类。其中,应用最广的是指数 — 尾倒数线强度分布的统计模型。

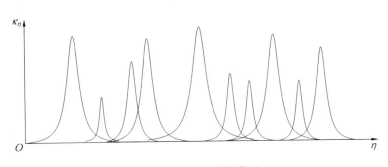

图 12.12　统计谱带模型

(1)等线强度分布(间距随机)。

$$P(S) = \delta(S - \overline{S}) \tag{12.14}$$

$$\overline{\gamma}_\eta = \exp(-W/\overline{d}) \tag{12.15}$$

$$W = SY = \overline{\kappa}_{a\eta,\mathrm{NB}}\overline{d}Y \quad (y \ll 1) \tag{12.16}$$

$$W = 2\overline{d}\sqrt{\overline{\kappa}_{a\eta,\mathrm{NB}}Y\beta/\pi} \quad (y \gg 1) \tag{12.17}$$

$$y = \overline{S}Y/(2\pi\overline{b}_{\mathrm{L}}) = \overline{\kappa}_{a\eta,\mathrm{NB}}Y/(2\beta) \tag{12.18}$$

其中,$Y = PL$,为压力行程长度,使用时要外推到标准态下,即 $Y = PL(296/T)$ ;$W$ 为有效

谱线宽度,单位为cm$^{-1}$,其定义式为 $W = \int_{\Delta\eta} [1 - \exp(-\kappa_{a\eta}^l Y)] d\eta$,其中 $\kappa_{a\eta}^l$ 是单根谱线在 $\eta$ 处的光谱吸收系数;$\bar{\gamma}_\eta$ 为光谱透射率。

(2) 指数线强度分布(Goody)。

此模型的条件:窄谱带中谱线的位置按等概率随机分布;谱线强度按指数规律分布;谱线采用洛伦兹型。

$$P(S) = \frac{1}{\bar{S}} \exp\left(-\frac{S}{\bar{S}}\right) \tag{12.19}$$

$$\bar{\gamma}_\eta = \exp\left(-\frac{\bar{\kappa}_{a\eta,NB} Y}{\sqrt{1 + \bar{\kappa}_{a\eta,NB} Y/\beta}}\right) \tag{12.20}$$

(3) 指数－尾倒数线强度分布(Malkmus)。

$$P(S) \propto \frac{1}{S} \exp\left(-\frac{S}{S_M}\right) \tag{12.21}$$

$$\bar{\gamma}_\eta = \exp\left[-\frac{2\beta}{\pi}\left(\sqrt{1 + \pi\bar{\kappa}_{a\eta,NB} Y/\beta} - 1\right)\right] \tag{12.22}$$

式中　　$S_M$——统计平均强度。

式(12.15)～(12.18)、式(12.20)、式(12.22)中用到的 $\bar{\kappa}_{a\eta,NB}$、$\bar{b}_L$、$1/\bar{d}$ 同样可做成标准压力下的光谱和温度的二维数据表,使用时通过插值得到,然后计算得到 $\bar{\gamma}_\eta$。

**3. 小结**

除了上述正规谱带模型和统计谱带模型两类窄谱带模型外,还有随机爱尔沙色模型、准随机模型等窄谱带模型法。此外,以上窄谱带模型公式均是针对洛伦兹增宽的谱线而言,对于多普勒增宽谱线的窄谱带模型方法可参考本章文献[112]。

由窄谱带模型公式可以看出,准确地描述一个气体的计算谱带需要 3 个参数,即计算谱带内的平均吸收系数 $\bar{\kappa}_{a\eta,NB} = \bar{S}/\bar{d}$,计算谱带内平均谱线密度(谱线平均间距的倒数)$1/\bar{d}$,计算谱带内谱线平均半宽 $\bar{b}_L$。在未详细了解谱带内各谱线参数(谱线位置、谱线强度、谱线半宽等)的情况下,这 3 个参数需要由实验数据拟合确定,此时这 3 个参数已经不是真正意义上的光谱参数,而是经验参数。

但是,在已有谱带内谱线光谱参数的基础上,也可由理论确定上述 3 个参数。Young 给出了数值平均方法计算谱带模型参数:

$$\bar{\kappa}_{a\eta_i,NB} = \frac{1}{\Delta\eta_i} \sum_{m=1}^{M} S_i^m \tag{12.23}$$

$$\bar{b}_{L,i} = \frac{1}{M} \sum_{m=1}^{M} b_{L,i}^m \tag{12.24}$$

$$\bar{d}_i = \frac{\bar{\kappa}_{a\eta_i,NB} \bar{b}_{L,i}}{\left(\frac{1}{\Delta\eta_i} \sum_{m=1}^{M} \sqrt{S_i^m b_{L,i}^m}\right)^2} \tag{12.25}$$

式中　　$S_i^m$—— 第 $i$ 光谱区内第 $m$ 条谱线强度;

$b_{\mathrm{L},i}^m$—— 第 $i$ 光谱区内第 $m$ 条谱线半宽;

$M$—— 第 $i$ 光谱内谱线总数;

$\Delta\eta$—— 波数区间;

$\Delta\eta_i$—— 第 $i$ 光谱区的波数区间。

在 HITRAN、HITEMP、GEISA、CDSD 等数据库中均给出标准态($P_0 = 1.013\ 25 \times 10^5\ \mathrm{Pa}$、$T_0 = 296\ \mathrm{K}$)下谱线的 $S$、$b_{\mathrm{L}}$ 参数,故利用这几个数据库结合式(12.23)~(12.25),并经过温度修正后可以从理论上构造窄谱带模型参数表 $S/d$、$d$、$b_{\mathrm{L}}$,具体计算方法及应用参考本章文献[114-120]。

### 12.4.2　宽谱带模型法

工程传热计算中通常关心的是整个光谱范围内的总热流分布或总能量,此时采用逐线计算法或窄谱带模型则过于烦琐。例如:计算 $CO_2$ 在 12 $\mu\mathrm{m}$ 谱带的辐射特性,采用逐线计算法需要计算 18 566 根谱线;采用窄谱带模型法要计算 16 个窄谱带。这就引出了直接计算单个谱带的想法,即宽谱带模型法。其具体思路是基于气体辐射在整个光谱范围内并非连续,而是集中在某些谱带(每一个谱带有数百个波数的宽度)上的事实,把每个谱带分成许多小间隔 $\Delta\eta$,然后按每个间隔内平均吸收系数(此吸收系数可由窄谱带模型计算)大小重新排列。这样整个谱带外廓形成一个光滑、有规律的曲线,然后积分得到整个谱带的吸收能力。

20 世纪 60 年代,多个直接计算单个谱带的宽谱带模型法被先后提出,其中最著名的是 Edwards 指数宽谱带模型法,这一模型经历了实验的检验,是应用最为广泛的宽谱带模型,在 30 多年后,1998 年出版的传热学手册中仍推荐它。本节仅作结论性的介绍,要想了解更多可参考本章文献[18];详细的推导可见文献[122],该文发表后,又经不断地修正与补充,这方面的文献可见[112]。

谱带的辐射特性可用谱带发射率 $\varepsilon_{\mathrm{WB}}$ 来表示,下标"WB"表示宽谱带模型,它的定义为谱带的辐射强度与同温黑体辐射强度之比:

$$\varepsilon_{\mathrm{WB}} = \frac{\displaystyle\int_{\Delta\eta} I_{\mathrm{b}\eta}\left[1 - \exp(-\kappa_{\mathrm{a}\eta}\textstyle\sum^l Y)\right]\mathrm{d}\eta}{\displaystyle\int_0^\infty I_{\mathrm{b}\eta}\,\mathrm{d}\eta} \tag{12.26}$$

式中　　$\Delta\eta$—— 谱带所占的波数范围。

在 3 000 K 以下的热辐射中,绝大多数气体谱带位于红外区,在此区内 $I_{\mathrm{b}\eta}$ 随波数的变化不大,且谱带又不宽,故可取 $I_{\mathrm{b}\eta}$ 作为常数,通常取它等于特征波数(如谱带中心或其他最大光谱辐射强度处)的黑体光谱辐射强度 $I_{\mathrm{b}\eta_0}$,所以上式可写为

$$\varepsilon_{\mathrm{WB}} = \frac{\pi I_{\mathrm{b}\eta_0}}{\sigma T^4} A \tag{12.27}$$

$$A = \int_{\Delta\eta}\left[1 - \exp(-\kappa_{\mathrm{a}\eta}\textstyle\sum^l Y)\right]\mathrm{d}(\eta - \eta_0) \tag{12.28}$$

其中,$A$ 为有效(谱)带宽,单位为 $\mathrm{cm}^{-1}$,与式(12.15)~(12.17)中的有效(谱)线宽 $W$ 类

似,只是式(12.15)～(12.17)中的 $\kappa_{a\eta}^l$ 是单根谱线在 $\eta$ 处的光谱吸收系数,而式(12.28)中的 $\kappa_{a\eta}^{\sum l}$ 是多根谱线在 $\eta$ 处重又叠而成的光谱吸收系数。只要知道温度 $T$ 与特征波数 $\eta_0$。即可求出式(12.27)中 $\pi I_{b\eta_0}/(\sigma T^4)$ 的数值,所以求谱带发射率的关键是求有效带宽 $A$。

式(12.28)中的 $\kappa_{a\eta}^{\sum l}$ 由窄谱带模型计算,Edwards 指数宽谱带模型选用 Goody 统计模型,此时 $\kappa_{a\eta}^{\sum l}$ 为

$$\kappa_{a\eta}^{\sum l} = \frac{\bar{S}/\bar{d}}{\left(1 + \dfrac{\bar{S}}{\bar{d}} \cdot \dfrac{Y}{\beta}\right)^{0.5}} \tag{12.29}$$

其中,$\bar{d}$ 为谱线的平均间距;$\bar{S} = \int_{\bar{d}} \kappa_{a\eta} \mathrm{d}\eta$ 为窄谱带中按线间距范围积分的积分吸收系数(或称窄谱带线强),故 $\bar{S}/\bar{d}$ 是在间距 $\bar{d}$ 内的(谱)线平均吸收系数,$(\bar{S}/\bar{d})Y$ 为光学厚度;$\beta = \pi \bar{b}_L/\bar{d}$,$\bar{b}_L$ 为窄谱带中谱线的平均半宽,$\bar{b}_L$ 与 $\bar{d}$ 之比与谱线的重叠程度有关,所以 $\beta$ 称为谱线重叠参数(无量纲)。式(12.29)的推导过程可见本章参考文献[3];实际上,式(12.29)也可由式(12.20)和式(12.28)推导出。

指数宽谱带模型的主要贡献:根据量子力学及一些光谱试验的分析,假设 $\bar{S}/\bar{d}$ 按指数规律分布,谱带的形状可简化为图 12.13 所示的 3 类情况,用公式表示如下:

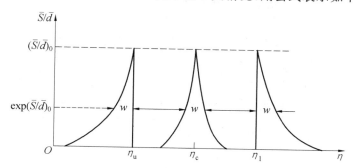

图 12.13　指数宽谱带模型的谱带形状

(1)峰值在上限:

$$\frac{\bar{S}}{\bar{d}} = \frac{\alpha}{w} \exp\left[-\frac{\eta_u - \eta}{w}\right] \tag{12.30a}$$

(2)对称谱带:

$$\frac{\bar{S}}{\bar{d}} = \frac{\alpha}{w} \exp\left[-\frac{2|\eta_c - \eta|}{w}\right] \tag{12.30b}$$

(3)峰值在下限:

$$\frac{\bar{S}}{\bar{d}} = \frac{\alpha}{w} \exp\left[-\frac{\eta - \eta_l}{w}\right] \tag{12.30c}$$

$$\alpha = \int_0^\infty \overline{\kappa_{a\eta,\mathrm{NB}}} \mathrm{d}\eta = \int_0^\infty \left(\overline{\frac{S}{d}}\right) \mathrm{d}\eta \tag{12.31}$$

其中,特征波数 $\eta_0$ 视不同情况可为 $\eta_u$、$\eta_l$、$\eta_c$;$\eta_u$ 为谱带上限波数;$\eta_l$ 为谱带下限波数;$\eta_c$ 为谱带中心波数;$w$ 为谱带宽度参数,单位为 $\mathrm{cm}^{-1}$;$\alpha$ 为谱带积分吸收系数或谱带强度,单位为 $\mathrm{cm}^{-2}$;$\alpha/w$ 可理解为谱带的平均吸收系数。

式(12.30) 可以这样来理解:窄谱带模型的(谱) 线平均吸收系数 $\overline{S/d}$ 在宽谱带中的分布虽然是很复杂的,但可以打乱它,重新按大、小排列,最大的在 $\eta_0$ 处,然后向两侧或一侧减小,形成一条如式(12.30) 所示的光滑指数曲线。重新排列后,曲线下的面积应和排列前的曲线下面积相等。

将式(12.30) 代入式(12.29),再代入式(12.28),经整理后可得

$$A^* = \frac{A}{w} = \int_0^\infty \left\{ 1 - \exp\left[ -\frac{\tau \cdot \exp(-2\,|\,\eta - \eta_0\,|\,/w)}{[1 + \tau \cdot \exp(-2\,|\,\eta - \eta_0\,|\,/w)\,/\beta]^{0.5}} \right] \right\} \mathrm{d}\left(\frac{\eta - \eta_0}{w}\right) \tag{12.32}$$

其中,$\tau = (\alpha/w)Y$ 为谱带的平均吸收系数与行程长度的乘积,即谱带的光学厚度(无量纲)。$Y = \rho_e L$,为质量行程长度,单位为 $\mathrm{g \cdot cm^{-2}}$;$\rho_e$ 是发射气体的密度,单位为 $\mathrm{g \cdot cm^{-3}}$;故这里谱带积分吸收系数 $\alpha$ 的单位为 $\mathrm{cm^2 \cdot g^{-1} \cdot cm^{-1}}$。

上式是按式(12.30b) 代入的,也可用式(12.30a) 或式(12.30c) 代入。式(12.32) 很复杂,难以积分,为了简化,对几种极限情况进行了分析,推导过程可见本章参考文献[18]。用极限情况积分得出的 3 种关系式 ———— 线性、平方根、对数关系式,来代替式(12.32) 的积分,结果见表 12.1,表中 $\tau_0$ 表示特征波数时的 $\tau$。

表 12.1　等温气体指数宽谱带模型的关联式

| 谱线重叠参数 | 特征波数时的谱带光学厚度 | 无量纲有效带宽 | 关联式性质 |
| --- | --- | --- | --- |
| $\beta \leqslant 1$ | $0 \leqslant \tau_0 \leqslant \beta$ | $A^* = \tau_0$ | 线性区 |
| | $\beta \leqslant \tau_0 \leqslant 1/\beta$ | $A^* = 2\sqrt{\tau_0 \beta} - \beta$ | 平方根区 |
| | $1/\beta \leqslant \tau_0 < \infty$ | $A^* = \ln(\tau_0 \beta) + 2 - \beta$ | 对数区 |
| $\beta \geqslant 1$ | $0 \leqslant \tau_0 \leqslant 1$ | $A^* = \tau_0$ | 线性区 |
| | $1 \leqslant \tau_0 < \infty$ | $A^* = \ln \tau_0 + 1$ | 对数区 |

注:表中 $\tau_0 = \alpha Y/w$。

由表 12.1 可以看出:

$$A^* = A/w = f(\alpha, \beta, \tau_0) \tag{12.33}$$

即 $A$ 与 $w$、$\alpha$、$\beta$、$\tau_0$ 有关,这 4 个参数需要用由量子力学推导出来的公式及从光谱试验中拟合出来的数据求出。

$w$、$\alpha$、$\beta$ 与温度的关系,采用振动 — 旋转谱带中量子力学推导出来的关系式,即

$$\alpha(T) = \alpha_0 \frac{\Psi^*(T)}{\Psi^*(T_0)} = \alpha_0 \frac{\left[1 - \exp\left(-\sum_{k=1}^{m} u_k \delta_k\right)\right] \Psi(T)}{\left[1 - \exp\left(-\sum_{k=1}^{m} u_{0,k} \delta_k\right)\right] \Psi(T_0)} \tag{12.34}$$

$$\beta(T) = \beta^* P_e = \beta_0^* \sqrt{\frac{T_0}{T}} \frac{\Phi(T)}{\Phi(T_0)} P_e \tag{12.35}$$

$$w(T) = w_0 \sqrt{T/T_0} \tag{12.36}$$

其中：

$$\Psi(T) = \frac{\prod_{k=1}^{m} \sum_{v_k=v_{0,k}}^{\infty} \frac{(v_k + g_k + \delta_k - 1)!}{(g_k - 1)! \, v_k!} \exp(-u_k v_k)}{\prod_{k=1}^{m} \sum_{v_k=0}^{\infty} \frac{(v_k + g_k - 1)!}{(g_k - 1)! \, v_k!} \exp(-u_k v_k)} \tag{12.37}$$

$$\Phi(T) = \frac{\left\{\prod_{k=1}^{m} \sum_{v_k=v_{0,k}}^{\infty} \left[\frac{(v_k + g_k + \delta_k - 1)!}{(g_k - 1)! \, v_k!} \exp(-u_k v_k)\right]^{0.5}\right\}^2}{\prod_{k=1}^{m} \sum_{v_k=v_{0,k}}^{\infty} \frac{(v_k + g_k + \delta_k - 1)!}{(g_k - 1)! \, v_k!} \exp(-u_k v_k)} \tag{12.38}$$

$$u_k = hc\eta_k/(k_B T), \quad u_{k,0} = hc\eta_k/(k_B T_0) \quad (T_0 = 100 \text{ K}) \tag{12.39}$$

$$v_{0,k} = \begin{cases} 0 & (\delta_k \geqslant 0) \\ |\delta_k| & (\delta_k \leqslant 0) \end{cases} \tag{12.40}$$

$$P_e = \left\{\frac{p}{p_0}\left[1 + (b-1)\frac{p_a}{p}\right]\right\}^n \quad (p_0 = 1 \text{ atm}) \tag{12.41}$$

上述各式中，$v_k$ 为振动量子数；$\delta_k$ 为跃迁时振动量子数的变化；$g_k$ 为跃迁的统计权重；$\tau_0$ 为谱带的光学厚度，$\tau_0 = \alpha Y/w$；$h$ 为普朗克常数；$k_B$ 为玻尔兹曼常数；$c$ 为光速；$p$ 为总压，$p_a$ 为气体分压；$\eta_k$ 见表 12.2 ~ 12.7。$\beta(T)$ 为谱线重叠参数，表征了由于谱线增宽导致的谱线重叠对气体分子辐射的影响，与温度和有效压力相关；$\beta^*$ 为单位有效压力 $P_e$ 条件下谱线重叠参数，与温度相关；$\beta_0^*$ 为单位有效压力 $P_e$、标准温度 $T_0$ 条件下谱线重叠参数，不同分子、不同波段有不同值。

以上诸式中的常数，其有关水蒸气、CO、$CO_2$、$CH_4$、NO、$SO_2$ 的数据列于表 12.2 ~ 12.7。

从表 12.2 可以看到，$H_2O$（水蒸气）的 2.7 $\mu$m 谱带有 3 个带重叠在一起，重叠带的 $\alpha$、$\beta$ 参数按下式计算：

$$\alpha = \sum_{j=1}^{J} \alpha_j, \quad \beta = \frac{1}{\alpha} \left(\sum_{j=1}^{J} \sqrt{\alpha_j \beta_j}\right)^2 \tag{12.42}$$

式中　$J$—— 重叠带的数目。

上式也可用于计算其他气体的重叠带。

气体的总发射率为各谱带发射率之和，即

$$\varepsilon = \sum_{i=1}^{n} \varepsilon_i = \sum_{i=1}^{n} \left(\frac{\pi I_{b\eta_0}}{\sigma T^4}\right)_i A_i \tag{12.43}$$

式中　$n$—— 该气体具有的谱带数目。

**表 12.2　水蒸气指数宽带谱模型的参数**

$(H_2O, m=3, \eta_1 = 3\ 652\ \text{cm}^{-1}, \eta_2 = 1\ 595\ \text{cm}^{-1}, \eta_3 = 3\ 756\ \text{cm}^{-1}, g_k = (1,1,1))$

| 谱带位置 | | | 压力参数 $T_0 = 100\ \text{K}, P_0 = 1\ \text{atm}$ | | 拟合参数 | | |
| --- | --- | --- | --- | --- | --- | --- | --- |
| $\lambda/\mu\text{m}$ | $\eta_l/(\text{cm}^{-1})$ | $\delta_k$ | $n$ | $b$ | $\alpha_0/(\text{m}^2 \cdot \text{cm}^{-1} \cdot \text{g}^{-1})$ | $\beta_0^*$ | $w_0/(\text{cm}^{-1})$ |
| $71^a$ | 140 | $(0,0,0)$ | 1 | $8.6\sqrt{T_0/T}+0.5$ | $5.455^a / 44\ 205^b / 420\exp(-3\sqrt{100/T})^d$ | $0.143^a / 0.143\ 11^{bc} / 0.114\ 0^d$ | $69.3^{ab} / 28.4^c / 37.0^d$ |
| 6.3 | 1 600 | $(0,1,0)$ | 1 | $8.6\sqrt{T_0/T}+0.5$ | $41.2^{abc} / 39.6^d$ | $0.094^a / 0.094\ 27^{bc} / 0.056\ 6^d$ | $56.4^{abc} / 72.8^d$ |
| 2.7 | 3 760 | $(0,2,0)$ | 1 | $8.6\sqrt{T_0/T}+0.5$ | $0.2^a / 0.19^{bcd}$ | $0.132^a / 0.132\ 19^{bc} / 0.036\ 0^{de}$ | $60.0^{abc} / 83.0^{de}$ |
| | | $(1,0,0)$ | | | 2.30 | | |
| | | $(0,0,1)$ | | | $23.4^a / 22.40^{bc} / 23.3$ | | |
| 1.87 | 5 350 | $(0,1,1)$ | 1 | $8.6\sqrt{T_0/T}+0.5$ | $3.0^{abc} / 2.64^d$ | $0.082^a / 0.081\ 69^{bc} / 0.085\ 0^d$ | $43.1^{abc} / 70.6^d$ |
| 1.38 | 7 250 | $(1,0,1)$ | 1 | $8.6\sqrt{T_0/T}+0.5$ | $2.5^{abc} / 2.17^d$ | $0.116^a / 0.116\ 28^{bc} / 0.118\ 0^d$ | $32.0^{abc} / 78.0^d$ |

注：a 参数来自文献[127]；b 参数来自文献[128]；c 参数来自文献[18]；d 参数来自文献[129]。对于转动带 $\alpha = \alpha_0 \exp(-9\sqrt{T_0/T-1})$，$\beta^* = \beta_0^* \sqrt{T_0/T}$；e 代表 3 个谱带合并到一起，$\alpha_0 = 25.9\ \text{m}^2 \cdot \text{cm}^{-1} \cdot \text{g}^{-1}$。

**表 12.3　一氧化碳指数宽带谱模型的参数**

$(CO, m=1, \eta_1=2\ 143\ \mathrm{cm}^{-1}, g_1=1)$

| 谱带位置 | | 压力参数 $T_0=100\ \mathrm{K}, P_0=1\ \mathrm{atm}$ | | | 拟合参数 | | |
| --- | --- | --- | --- | --- | --- | --- | --- |
| $\lambda/\mu\mathrm{m}$ | $\eta_l/(\mathrm{cm}^{-1})$ | $\delta_k$ | $n$ | $b$ | $\alpha_0/(\mathrm{m}^2\cdot\mathrm{cm}^{-1}\cdot\mathrm{g}^{-1})$ | $\beta_0^*$ | $\tau_0/(\mathrm{cm}^{-1})$ |
| 4.7 | 2 143 | (1) | 0.8 | 1.1 | 20.9 | 0.075[a] / 0.075 06[bc] | 25.5 |
| 2.35 | 4 260 | (2) | 0.8 | 1.0 | 0.14 | 0.168[a] / 0.167 58[bc] | 20.0 |

注:a 参数来自文献[127];b 参数来自文献[128];c 参数来自文献[18]。

**表 12.4　二氧化碳指数宽带谱模型的参数**

$(CO_2, m=3, \eta_1=1\ 351\ \mathrm{cm}^{-1}, \eta_2=666\ \mathrm{cm}^{-1}/667\ \mathrm{cm}^{-1\,\mathrm{ac}}, \eta_3=2\ 396\ \mathrm{cm}^{-1}, g_k=(1,2,1))$

| 谱带位置 | | 压力参数 $T_0=100\ \mathrm{K}, P_0=1\ \mathrm{atm}$ | | | 拟合参数 | | |
| --- | --- | --- | --- | --- | --- | --- | --- |
| $\lambda/\mu\mathrm{m}$ | $\eta_l/(\mathrm{cm}^{-1})$ | $\delta_k$ | $n$ | $b$ | $\alpha_0/(\mathrm{m}^2\cdot\mathrm{cm}^{-1}\cdot\mathrm{g}^{-1})$ | $\beta_0^*$ | $w_0/(\mathrm{cm}^{-1})$ |
| 15.0 | 667 | (0,1,0) | 0.7 | 1.3 | 19.0[abc] / 12.3[d] | 0.062[a] / 0.061 57[bc] / 0.042[d] | 12.7[abc] / 15.2[d] |
| 10.4 | 960 | (-1,0,1) | 0.8 | 1.3 | $2.47\times10^{-9}$[abc] / $2.58\times10^{-9}$[d] | 0.040[a] / 0.040 17[bc] / 0.021[d] | 13.4[abc] / 30.0[d] |
| 9.4 | 1 060 | (0,-2,1) | 0.8 | 1.3 | $2.48\times10^{-9}$[abc] / $3.4\times10^{-9}$[d] | 0.119[a] / 0.118 88[bc] / 0.025[d] | 10.1[abc] / 20.0[d] |
| 4.3 | 2 410 | (0,0,1) | 0.8 | 1.3 | 110.0[abc] / 117.0[d] | 0.247[a] / 0.247 23[bc] / 0.102[d] | 11.2[abc] / 11.7[d] |
| 2.7 | 3 660 | (1,0,1) | 0.65 | 1.3 | 4.0[abc] / 4.3[d] | 0.133[a] / 0.133 41[bc] / 0.040[d] | 23.5[abc] / 22.1[d] |
| 2.0 | 5 200 | (2,0,1) | 0.65 | 1.3 | 0.060[a] / 0.066[bc] / 0.084[d] | 0.393[a] / 0.393 05[bc] / 0.017[d] | 34.5[abc] / 61.0[d] |

注:a 参数来自文献[127];b 参数来自文献[128];c 参数来自文献[18];d 参数来自文献[129]。

**表 12.5　甲烷指数宽谱带模型的参数**

（$CH_4$，$m=4$，$\eta_1=2\,914$ $cm^{-1}$，$\eta_2=1\,526$ $cm^{-1}$，$\eta_3=3\,020$ $cm^{-1}$，$\eta_4=1\,306$ $cm^{-1bc}$，$g_k=(1,2,3,3)$）

| 谱带位置 | | | 压力参数 $T_0=100$ K，$P_0=1$ atm | | 拟合参数 | | |
|---|---|---|---|---|---|---|---|
| $\lambda/\mu m$ | $\eta_k/(cm^{-1})$ | $\delta_k$ | $n$ | $b$ | $\alpha_0/(m^2 \cdot cm^{-1} \cdot g^{-1})$ | $\beta_0^*$ | $w_0/(cm^{-1})$ |
| $7.7^a/7.66^{bc}$ | 1 310 | (0，0，0，1) | 0.8 | 1.3 | 28.0 | $0.087^a/0.086\,98^{bc}$ | 21.0 |
| $3.3^a/3.31^{bc}$ | 3 020 | (0，0，1，0) | 0.8 | 1.3 | 46.0 | $0.070^a/0.069\,73^{bc}$ | 56.0 |
| $2.4^a/2.37^{bc}$ | 4 220 | (1，0，0，1) | 0.8 | 1.3 | 2.9 | $0.354^a/0.354\,29^{bc}$ | 60.0 |
| $1.7^a/1.71^{bc}$ | 5 861 | (1，1，0，1) | 0.8 | 1.3 | 0.42 | $0.686^a/0.685\,98^{bc}$ | 45.0 |

注：a 参数来自文献[127]；b 参数来自文献[128]；c 参数来自文献[18]。

**表 12.6　一氧化氮指数宽谱带模型的参数**

（NO，$m=1$，$\eta_1=1\,876$ $cm^{-1}$，$g_1=1$）

| 谱带位置 | | | 压力参数 $T_0=100$ K，$P_0=1$ atm | | 拟合参数 | | |
|---|---|---|---|---|---|---|---|
| $\lambda/\mu m$ | $\eta_k/(cm^{-1})$ | $\delta_k$ | $n$ | $b$ | $\alpha_0/(m^2 \cdot cm^{-1} \cdot g^{-1})$ | $\beta_0^*$ | $w_0/(cm^{-1})$ |
| 5.3 | 1 876 | (1) | 0.65 | 1.0 | 9.0 | $0.181^a/0.180\,50^c$ | 20.0 |

注：a 参数来自文献[127]；c 参数来自文献[18]。

表 12.7　二氧化硫指数宽谱带模型的参数

$(SO_2, m=3, \eta_1=1\,151\ \mathrm{cm^{-1}}, \eta_2=519\ \mathrm{cm^{-1}}, \eta_3=1\,361\ \mathrm{cm^{-1}}, g_k=(1,1,1))$

| 谱带位置 | | | 压力参数 $T_0=100\ \mathrm{K}, P_0=1\ \mathrm{atm}$ | | 拟合参数 | | |
| --- | --- | --- | --- | --- | --- | --- | --- |
| $\lambda/\mu m$ | $\eta_k/(\mathrm{cm^{-1}})$ | $\delta_k$ | $n$ | $b$ | $\alpha_0/(\mathrm{m^2 \cdot cm^{-1} \cdot g^{-1}})$ | $\beta_0^*$ | $w_0/(\mathrm{cm^{-1}})$ |
| 19.3[a]/19.27[c] | 519 | (0,1,0) | 0.7 | 1.28 | 4.22 | 0.053[a]/0.052 91[c] | 33.1[a]/33.08[c] |
| 8.7[a]/8.68[c] | 1 151 | (1,0,0) | 0.7 | 1.28 | 3.67[a]/3.674[c] | 0.060[a]/0.059 52[c] | 24.8[a]/24.83[c] |
| 7.3[a]/7.35[c] | 1 361 | (0,0,1) | 0.65 | 1.28 | 29.97 | 0.493[a]/0.492 99[c] | 8.8[a]/8.78[c] |
| 4.3[a]/4.34[c] | 2 350 | (2,0,0) | 0.6 | 1.28 | 0.423 | 0.475[a]/0.475 13[c] | 16.5[a]/16.45[c] |
| 4.0 | 2 512 | (1,0,1) | 0.6 | 1.28 | 0.346 | 0.589[a]/0.589 37[c] | 10.9[a]/10.91[c] |

注：a 参数来自文献[127]；c 参数来自文献[18]。

混合气体的发射率可按式(8.33)、式(8.34)计算。如谱带只有部分重叠,$\Delta\varepsilon$ 的近似计算可参照相关文献,也可参照大气辐射中的计算方法。

对于非等温气体,由于 $\alpha$、$w$、$\beta$ 都与温度有关,并且是非线性关系,所以不能用简单的平均方法,应按以下的方法平均,推导过程见本章参考文献[18]:

$$\bar{\alpha} = \frac{1}{Y}\int_0^Y \alpha\,\mathrm{d}Y$$

$$\bar{w} = \frac{1}{\bar{\alpha}Y}\int_0^Y w\alpha\,\mathrm{d}Y$$

$$\bar{\beta} = \frac{1}{\bar{\alpha}\bar{w}Y}\int_0^Y \beta w\alpha\,\mathrm{d}Y \qquad (12.44)$$

其中,符号顶上带一横杠的表示平均参数。

指数宽谱带模型的计算结果与拟合的实验数据相比,平均误差约为 $\pm 20\%$,误差大时为 $50\%$ 到 $80\%$,是目前工程中应用的几个宽谱带模型中较好的一个。

20 世纪 80 年代以来,以下模型被先后提出:合并谱带模型,合并宽 — 窄谱带模型,修正宽谱带模型等,其工程应用见本章参考文献[132]。

### 12.4.3　其他谱带模型

由于宽谱带模型多为一个公式组,计算起来不方便,一些研究者考察了谱带有效吸收能力的数学特性后提出了一系列谱带有效吸收能力的单一连续式。这些公式大都通过数学拟合得来,因此物理概念不清晰,但计算简洁。主要的公式:Tien 和 Lowder 关联式;Goody 关联式;Tien 和 Ling 关联式;Cess 和 Tiwari 关联式;Edwards 关联式等等。

近 20 年来,关于气体辐射特性计算方法的研究多以 $\kappa$— 分布方法为基础。$\kappa$— 分布法最先由 Domoto 提出,用于大气辐射传输计算。1981 年,石广玉首先采用吸收系数重排的思想研究有关 $\kappa$— 分布的大气辐射传输模式。石广玉在固定的压强和温度下,在不同波段内计算了不同波数处的吸收系数值,并在此波段内将其从大到小重新排列,使吸收系数成为单调下降的函数,再按高斯数值积分法分段,以吸收系数的梯度变化来代表吸收系数的真实变化。由于谱线在谱带中按波数大小分布的次序只在积分过程中出现,所以可以将与光谱有关的参数按假定的规律重新安排,只要这样的安排不影响积分结果就可以。

本章参考文献[141]用关联式拟合了高温气体数据库 HITEMP 中 $CO_2$ 主要谱带的吸收系数,考虑普朗克函数在宽谱带范围内变化大,直接应用误差较大,故引入了普朗克加权函数,建立了一种新的宽谱带 $\kappa$— 分布;文献[142]以富氧燃烧下烟气中高浓度 $H_2O$ 和 $CO_2$ 混合气体的辐射换热为背景,针对单一气体谱带交叠情况,建立了不同的累积 $\kappa$— 分布函数。

$\kappa$— 分布法能够很好地与辐射传输方程的解法相适应;而窄谱带模型实际上是一种透过率模型,在计算透过率时需要先给出行程长度,这使得窄谱带模型在辐射传输方程的解法上很挑剔,且无法同时考虑具有散射的辐射传输问题。但并不是 $\kappa$— 分布法的计算精度就一定比窄谱带模型的高,因为采用 $\kappa$ — 分布法的时候首先要应用逐线计算法或窄谱带模型,甚至宽谱带模型得到吸收系数数据,然后执行吸收系数重排过程,即 $\kappa$ — 分布法依赖于其获得吸收系数的方法。$\kappa$ — 分布法在大气辐射传输的研究中应用较多,近 20 年在传热学领域也得到了很多应用,特别是用于求解非灰、非均匀、吸收、散射性介质的辐射传递问题。

# 12.5　水蒸气、$CO_2$ 辐射特性的工程计算方法

由于光谱法得出的结果比较复杂,不常直接应用于工程中,一般工程计算多采用由实验得出的霍太尔发射率线算图,或者将光谱法得出的结果简化为比较简单的公式。近 40 年来,由于计算机的普遍应用以及工程技术的发展,如前所述,光谱法目前已有应用。工程气体辐射中,遇到最多的是 $CO_2$、水蒸气辐射特性的计算,其他气体辐射特性的研究也不少,但方法基本相同,所以本章只介绍 $CO_2$、水蒸气的计算。如第 8 章和第 11 章所述,介质的辐射特性有两种表示,一种用吸收系数表示(当气体中的散射可忽略不计时),一种用发射率表示。表示的形式有图、公式、数据库等。下面分别介绍它们的由来、特点及用途。

## 12.5.1　霍太尔线算图

霍太尔线算图表示了气体发射率与气体分压、总压、行程长度以及温度的关系,$CO_2$、水蒸气各用两张图表示,具体可参考本章参考文献[159]。其他一些气体如 $SO_2$、$CO$、$NH_3$、$NO$、$NO_2$、$N_2O_4$、空气等也有线算图,它们有的是采用直测法得到,有的是用谱带模型法得出。直测法由于实验设备的限制,不能测较高温度、较大压力行程长度的气体辐射,线算图中高温及大行程的发射率是由实验曲线外延所得,正规的图中,外延部分用虚线表示。由于外延没有多少依据,所以这部分正确与否有一定的偶然性。后经过与光谱法的结果对照,$CO_2$ 的外延部分比较准确,而水蒸气的误差较大。图 12.14 显示了霍太尔线算图的水蒸气基准发射率(总压为 1 bar,分压为 0 时的发射率)与基于窄谱带模型的莱克纳公式(见下文的式(12.45))的区别。

如 12.1.1 节所述,目前霍太尔线算图在工程中仍有广泛的应用,并且以此图为基础,得出了一些在不同领域、不同参数范围的计算公式。

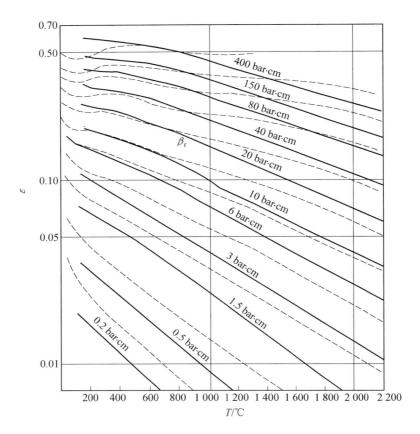

图 12.14　水蒸气基准发射率的比较

（实线为霍太尔线算图，虚线为莱克纳公式）

## 12.5.2　发射率的代数计算公式

第 11 章介绍的介质辐射工程计算方法中，气体辐射性质采用吸收率（等于发射率）表示，所以早期气体辐射特性的研究集中在发射率上。本节介绍一些便于工程应用的计算公式。

**1. 莱克纳(Leckner) 公式**

莱克纳采用窄谱带模型算出的数据，经拟合形成下式：

$$\frac{\varepsilon}{\varepsilon^*} = \exp\left[-\xi\left(\zeta_{\max} - \zeta\right)^2\right]\left(\frac{Ap_e + B}{p_e + A + B - 1} - 1\right) + 1 \tag{12.45}$$

其中，$\zeta = \log(p_a L)$，$p_a$ 是气体的分压力；$\varepsilon^*$ 为 $p_e = 1$ 时的发射率，按下式计算：

$$\ln \varepsilon^* = a_0 + \sum_{i=1}^{M} a_i \zeta^i$$

$$a_i = c_{0i} + \sum_{j=1}^{N} c_{ji} T_{rf}^j \tag{12.46}$$

其中，$c_{ji}$、$\xi$、$\zeta_{\max}$、$A$、$B$ 和 $p_e$ 见表 12.8 ～ 12.10；$T_{rf} = T/1\,000$。

**表 12.8　水蒸气的 $c_{ji}$（$T > 400$ K，$M = 2$，$N = 2$）**

| $i$ | $c_{0i}$ | $c_{1i}$ | $c_{2i}$ |
|---|---|---|---|
| 0 | $-2.211\ 8$ | $-1.198\ 7$ | $0.035\ 596$ |
| 1 | $0.856\ 67$ | $0.930\ 48$ | $-0.143\ 91$ |
| 2 | $-0.108\ 38$ | $-0.171\ 56$ | $0.045\ 915$ |

注：最大拟合误差为 $\pm 5\%$。

**表 12.9　$CO_2$ 的 $c_{ji}$（$T > 400$ K，$pL > 0.03$ bar・m，$M = 2$，$N = 3$）**

| $i$ | $c_{0i}$ | $c_{1i}$ | $c_{2i}$ | $c_{3i}$ |
|---|---|---|---|---|
| 0 | $-3.989\ 3$ | $2.766\ 9$ | $-2.108\ 1$ | $0.391\ 63$ |
| 1 | $1.271$ | $-1.109$ | $1.019\ 5$ | $-0.218\ 97$ |
| 2 | $-0.236\ 78$ | $0.197\ 31$ | $-0.195\ 44$ | $0.044\ 644$ |

注：最大拟合误差为 $\pm 10\%$。

**表 12.10　水蒸气、$CO_2$ 式中的参数**

| 气体 | $\xi$ | $\zeta_{\max}$ | $A$ | $B$ | $p_e$ |
|---|---|---|---|---|---|
| 水蒸气 | 0.5 | $\log(13.2 T_{rf}^2)$ | $1.888 - 2.053\log(T_{rf})$ $T < 700\text{K}, T_{rf} = 0.75$ | $1.10 T_{rf}^{-1.4}$ | $p\left(1 + 4.89\dfrac{p_{H_2O}}{p}\sqrt{\dfrac{273}{T}}\right)$ |
| $CO_2$ | 1.47 | $T > 700$ K，$\log(0.225 T_{rf}^2)$ $T < 700$ K，$\log(0.054 T_{rf}^{-2})$ | $0.10 T_{rf}^{-1.45} + 1.0$ | 0.23 | $p\left(1 + 0.28\dfrac{p_{CO_2}}{p}\right)$ |

注：表中 $T_{rf} = T/1\ 000$；$p$ 为总压，单位为 bar（1 bar $= 10^5$ Pa）。

**2. 合并谱带模型公式**

用指数宽谱带模型公式得出的数据进行拟合，$CO_2$ 的最高温度为 2 200 K，水蒸气的最高温度为 2 400 K，拟合误差在 $\pm 20\%$ 以内。

$$\varepsilon = \left(\frac{\pi I_{b\eta_0}}{\sigma T^4}\right) A \tag{12.47}$$

其中，$A = w\ln\left[\tau f(\beta P_e^n)\dfrac{\tau + 2}{\tau + 2f(\beta P_e^n)} + 1\right]$，$f(\beta P_e^n) = 2.94\left[1 - \exp(2.60\beta P_e^n)\right]$，$\beta = C_2^2/(4\alpha w)$，$P_e = \left[1 + (B - 1)p_a/p\right]p/p_0$，$p_0 = 1$ atm，$\tau = \alpha Y/w$，$Y = p_a L$。

对 $CO_2$，$w$ 及 $C_2$ 均按下式计算，但是式中参数 $b$、$d_i$ 的数值按表 12.12 选取。

$$w, C_2 = \left(\frac{T}{T_0}\right)^b \sum_{i=0}^{j} d_i\left(\frac{T}{T_0}\right)^i$$

对 $H_2O$，$w$ 及 $C_2$ 按下式计算：

$$w, C_2 = \left(\frac{T}{T_0}\right)^b \exp\sum_{i=0}^{j} d_i\left(\frac{T_0}{T}\right)^i$$

式中　$\eta_0$——谱带特征波数；

　　　$A$——有效带宽；

　　　$\alpha$——谱带强度；

$w$—— 谱带宽参数；

$\beta$—— 谱带重叠参数；

$P_e$—— 有效压强；

$p_a$—— 气体分压；

$p$—— 总压；

$Y$—— 压力行程长度。

可以看出，除 $Y$ 外（指数宽谱带模型中 $Y$ 为质量行程长度），上述参数名称和物理意义与指数宽谱带模型中的相同；然而它们是代表合并谱带的，所以它们的数值、计算公式与指数宽谱带的不同。对 $CO_2$、水蒸气的 $\eta_0$、$\alpha$ 的计算式以及 $B$、$n$ 数值见表 12.11；$C_2$、$w$ 多项式中的常数数值见表 12.12。

表 12.11 合并谱带模型的谱带中心、积分强度、有效压强参数

| 气体 | $\eta_0 / cm^{-1}$ | $\alpha/(atm^{-1} \cdot cm^{-2})$ | $B$ | $n$ |
|---|---|---|---|---|
| $CO_2$ | $2\,102\left(\dfrac{T}{300}\right)\exp\left[-0.286\left(\dfrac{T}{300}\right)\right]$ | $2\,358\left(\dfrac{300}{T}\right)^{0.98}$ | 1.3 | 0.65 |
| 水蒸气 | $56.84+80.25\left(\dfrac{T}{300}\right)^{0.5}$ | $83\,290\left(\dfrac{100}{T}\right)^{1.04}$ $\exp\left[-2.89\left(\dfrac{300}{T}\right)^{0.5}\right]$ | $8.6\left(\dfrac{100}{T}\right)^{0.5}+0.5$ | 1 |

表 12.12 $C_2$、$w$ 多项式中的常数数值

| 气体 | $C_2$、$w$ | $b$ | $d_0$ | $d_1$ | $d_2$ | $d_3$ | $d_4$ |
|---|---|---|---|---|---|---|---|
| $CO_2$ | $C_2$ | $-\dfrac{1}{2}$ | 31.34 | 290.6 | $-83.84$ | 7.515 | — |
| | $w$ | $-\dfrac{1}{2}$ | 189.5 | $-46.82$ | 10.586 | 1.492 9 | — |
| 水蒸气 | $C_2$ | $-\dfrac{1}{2}$ | 4.426 | 1.652 | $-0.223\,1$ | 0.017 70 | $-0.000\,612$ |
| | $w$ | 3 | 4.882 | 0.288 8 | $-0.058\,21$ | 0.002 22 | — |

### 3. 灰气体加权和模型法

假设某气体的发射率等于一种混合气体的发射率。这种混合气体是由透明气体与几种吸收系数为常数的灰气体组成的，混合气体的发射率与各灰气体的吸收系数及各灰气体所占的份额有关，用数学拟合的方法可将各灰气体的吸收系数与份额求出，故气体的发射率可以模拟为多个不同吸收系数的灰气体发射率的加权和。用这种方法可将霍太尔图

整理成代数公式。该方法首先用于区域法,文献[162]将其推广到其他方法。

### 12.5.3 吸收系数的代数计算公式

如果用辐射传递微分方程和辐射能量方程来求解气体或气体与粒子混合介质辐射换热时,气体的辐射特性须用吸收系数表示。逐线计算法可以求气体的光谱吸收系数,但由于计算量很大,目前在工程领域中应用较少。应用较多的方法是用布格尔定律从气体发射率中求吸收系数,即

$$\kappa_a = [-\ln(1-\varepsilon)]/Y \tag{12.48}$$

另一种应用较多的方法是谱带模型法。下面通过两个例子,简要地介绍这两种方法的原理。

**1. 谱带模型法求光学薄情况下的普朗克平均吸收系数**

在光学薄情况下,即 $\kappa_a Y \ll 1$,由式(12.29)可知 $\overline{\kappa_{a\eta}} \approx \overline{S/d}$。根据普朗克平均吸收系数定义式(10.69),谱带的普朗克平均吸收系数 $\overline{\kappa_{aP,band}}$ 可写为

$$\overline{\kappa_{aP,band}} = \frac{\sum_{i=1}^{n} \int_{\Delta\eta_i} \kappa_{a\eta} I_{b\eta} d\eta}{\int_0^\infty I_{b\eta} d\eta} = \sum_{i=1}^{n} \frac{\pi I_{b\eta_0,i}}{\sigma T^4} \int_{\Delta\eta_i} \kappa_{a\eta} d\eta = \sum_{i=1}^{n} \frac{\pi I_{b\eta_0,i}}{\sigma T^4} \alpha_i \tag{12.49}$$

式中　　$Y$ —— 压力行程长度,$Y = p_a L$,atm · cm;

$\quad\quad p_a$ —— 气体的分压力;

$\quad\quad \alpha_i$ —— 第 $i$ 光谱区内的谱带积分吸收系数或谱带强度,cm$^{-2}$。

若用合并谱带模型假设,则气体总普朗克平均吸收系数 $\overline{\kappa_{aP}}$ 可参照上式写为

$$\overline{\kappa_{aP}} = \frac{\pi I_{b\eta_0}}{\sigma T^4} \alpha \tag{12.50}$$

$$\alpha = \sum_{i=0}^{m} \alpha_i$$

式中的 $\eta_0$ 与 $\alpha$ 的计算可见表 12.11。

**2. 纯拟合法**

本章参考文献[164]以指数宽谱带模型计算出的发射率为拟合数据,得出 $CO_2$ 各谱带的吸收系数,如 4.3 $\mu$m 谱带的谱带吸收系数 $\kappa_{a\Delta\lambda=4.3}$ 为

$$\ln(\kappa_{a\Delta\lambda=4.3}) = 0.839 - 0.000\ 103T - 0.904\ln(p_a L)$$

$$\lambda_{1,4.3} = 4.15, \quad \lambda_{u,4.3} = 4.62 + 0.000\ 212T + 0.095\ 4\ln(p_a L)$$

式中　　$\lambda_1$ —— 该谱带内最小的波长;

$\quad\quad \lambda_u$ —— 该谱带内最大的波长。

上式取值范围:$p_a L$ 为 $0.01 \sim 10$ atm · m,$T$ 为 $600 \sim 2\ 400$ K。

吸收系数是介质辐射的基本特性,由此概念出发,似乎介质的吸收系数在等温情况下,不应当与行程长度有关,光学厚度应与行程长度呈线性关系。但从以上吸收系数公式中可以看出,除光学薄情况以外,吸收系数与行程长度 $Y$ 有关,即光学厚度与行程长度呈非线性关系。这是因为上述吸收系数是某波段或整个光谱的吸收系数,实质上是将它们

看成灰波段或灰气体,没有考虑它们的选择性,这就会出现此现象,如果吸收系数是光谱吸收系数,此现象则不会出现。解释如下:一束全光谱或某一谱带范围的射线通过选择性气体层时,首先遇到的是气体层的前部,由于存在选择性,透过这部分气体的能量光谱分布会发生变化,光谱吸收系数大的那部分光谱能量就衰减得多,相反就少,光谱吸收系数等于零的,那部分光谱能量就会全部透过。这样,进入下一层气体的投射辐射光谱就会变成:能被气体强吸收的光谱能量占比变小,被气体弱吸收的光谱能量比例变大。依此类推可以得出:当考虑了气体的选择性时,透过气体层的能量将与不考虑选择性的不同,此区别显然与行程长度有关,这就是光学厚度与行程长度呈非线性关系的原因。另外,对于辐射光谱不连续的气体来说,有些波段中光谱吸收系数等于零,这就形成了无论行程长度多长,都会有能量透过的情况,即:$\kappa_a = 0$,但 $L = \infty$ 时,透过的辐射能量 $I(L=\infty) \neq 0$,此结果与布格尔定律不符,所以有许多文献将这种光学厚度与行程长度呈非线性关系的现象称之为非布格尔效应。

对于具有非布格尔效应的介质,由于吸收系数、衰减系数与行程长度有关,在解传递方程时会引起附加的困难,20 世纪 90 年代有很多有关计算气体辐射传递的文章涉及此问题。

有关高温(3 000 K 及以上)气体的辐射特性及计算方法见本章参考文献[165]。

# 本章参考文献

[1] 廖国男. 大气辐射导论[M]. 2 版. 郭彩丽,周诗建,等译. 北京:气象出版社,2004.

[2] 刘长盛,刘文保. 大气辐射学[M]. 南京:南京大学出版社,1990.

[3] 尹宏. 大气辐射学基础[M]. 北京:气象出版社,1993.

[4] 黄润乾. 恒星物理[M]. 北京:科学出版社,1998.

[5] 汪珍如,曲钦岳. 恒星大气物理[M]. 北京:高等教育出版社,1993.

[6] 董士奎. 高温气体热辐射特性研究及其在航天技术中的应用[D]. 哈尔滨:哈尔滨工业大学,2001.

[7] HOTTEL H C,MCADAM W H. Heat transmission[M]. 3th ed. New York:McGraw-Hill,1954.

[8] 余其铮. 气体黑度[J]. 哈尔滨工业大学学报,1983, 15(S1):73-84.

[9] GREEN R M,TIEN C L. Infrared radiation properties of nitric oxide at elevated temperatures[J]. J. Quant. Spectrosc. Radiat. Transfer,1970,10(7):805-817.

[10] CHAN S H,TIEN C L. Infrared radiation properties of sulfur dioxide[J]. J. Heat Transfer,1971,93(2):172-177.

[11] LECKNER B. The spectral and total emissivity of carbon dioxide[J]. Combustion and Flame,1971,17(1):37-44.

[12] LECKNER B. Spectral and total emissivity of water vapor and carbon dioxide[J]. Combustion and Flame,1972,19(1):33-48.

[13] EDWARDS D K. Radiation heat transfer notes[M]. [S. l.]:Hemisphere,1981.

[14] FARAG H,ALLAM T A. A mixed gray-gas model to calculate water vapor standard emissivities[C]//International Conference on Heat Transfer,Fluid Mechanics and Thermodynamics. 20th National Heat Transfer Conference, Milwaukee:International Conference on Heat Transfer,Fluid Mechanics and Thermodynamics,1981.

[15] FARAG H. Radiative Heat Transmission from Non-Luminous gases computational study of the emissivities of water vapor and carbon dioxide[D]. Cambridge:Massachusetts Institute of Technology,1976.

[16] PLASS G N. Models for spectral band absorption[J]. J. Opt. Soc. Am. ,1958, 48(10):690-703.

[17] TIEN C L. Thermal radiation properties of gas[M]//EDS H J P,IRVINE J T F. Advances In Heat Transfer. New York:Academic Press,1968.

[18] EDWARDS D K. Molecular Gas Band Radiation[M]//EDS H J P,IRVINE J T F. Advances in Heat Transfer. Amsterdam:Elsevier,1976:115-193.

[19] ARNOLD J O,WHITING E E,LYLE G C. Line by line calculation of spectra from diatomic molecules and atoms assuming a voigt line profile[J]. J. Quant. Spectrosc. Radiat. Transfer,1969,9(6):775-798.

[20] 泽尔道维奇 Я Б,莱依捷尔 П Ю. 激波和高温流体动力学现象物理学[M]. 北京:科学出版社,1985.

[21] 钱炜祺,蔡金狮. 再入航天飞机表面热流密度辨识[J]. 宇航学报,2000,21(4):1-6.

[22] TAYLOR J C,CARLSON A B,HASSAN H A. Monte carlo simulation of radiating re-entry flows[J]. J. Thermophysics and Heat Transfer,1994,8(3): 478-485.

[23] BERGHAUSEN A K,TAYLOR J C,HASSAN H A. Direct simulation of shock front radiation in air[J]. J. Thermophysics and Heat Transfer,1996,10(3): 413-418.

[24] MATSUYAMA S,SAKAI T,SASOH A,et al. Parallel Computation of Fully Coupled Hypersonic Radiating Flowfield using Multiband Model[J]. J. of Thermophysics and Heat Transfer,2003,17(1):21-28.

[25] 赵国英. 小钝锥高超声速尾流及其光电特性的计算[J]. 力学学报,1985,17(2): 114-121.

[26] 白葵,瞿章华,沈建伟. 考虑辐射的化学平衡流驻点线解[J]. 空气动力学学报,1992, 10(2):277-282.

[27] 瞿章华,沈建伟,杨宏. 高超声速化学平衡流辐射流场数值解[J]. 宇航学报,1994, 15(1):87-92.

[28] 周学华,竺乃宜. 高超声速小钝锥尾流化学非平衡辐射研究[J]. 空气动力学学报, 1996,14(3):274-279.

[29] 谈和平,崔国民,阮立明. 再入飞行器驻点流光辐射特性的理论建模[J]. 工程热物理

学报,1999,20(6):720-724.

[30] 黄华,瞿章华. 热化学非平衡流辐射流场工程计算方法研究[J]. 航空学报,2000,
21(5):434-436.

[31] 李仲初,王福恒. 尾焰中固体粒子光散射的理论计算[J]. 原子与分子物理学报,
1987,4(3):507-517.

[32] CROW D R,COKER C F. High-fidelity phenomenology modeling of infrared
emissions from missile and aircraft exhaust plumes[C]//Aerospace/Defense
Sensing and Controls. Proc SPIE, Technologies for Synthetic Enivonments:
Hardware-in-the-Loop Testing, Orlando:SPIE. 1996,2741:242-250.

[33] 杨华,凌永顺,陈昌明,等. 美国反导系统红外探测、跟踪和识别技术分析[J]. 红外技
术,2001,23(4):1-3,11.

[34] IBGUI L,HARTMANN J M. An optimized line by line code for plume signature
calculations—I:model and date[J]. J. Quant. Spectrosc. Radiat. Transfer,2002,
75(3):273-295.

[35] GIMELSHEIN S F,LEVIN D A,DRAKES J A,et al. Modeling of ultraviolet
radiation in steady and transient high-altitude plume flows[J]. J. Thermophysics
and Heat Transfer,2002,16(1):58-67.

[36] 郝金波,董士奎,谈和平. 固体火箭发动机尾喷焰红外特性数值模拟[J]. 红外与毫米
波学报,2003,22(4):246-250.

[37] TAN H P,SHUAI Y,DONG S K. Analysis of rocket plume base heating by
using backward monte-carlo method[J]. J. Thermophysics and Heat Transfer,
2005,19(1):125-127.

[38] SHUAI Y,DONG S K,TAN H P. Simulation of the infrared radiation
characteristics of high-temperature exhaust plume including particles using the
backward monte carlo method[J]. J. Quant. Spectrosc. Radiat. Transfer,2005,
95(2):231-240.

[39] 帅永,董士奎,谈和平. 数值模拟喷焰 2.7 微米红外辐射特性[J]. 航空学报,2005,
26(4):402-405.

[40] 董士奎,贺志宏,帅永,等. 多普勒漂移对超音速燃气流光辐射特性计算的影响[J].
工程热物理学报,2005,26(6):1001-1003.

[41] 马宇. 高温非平衡气体振动－离解理论建模及光谱辐射特性研究[D]. 哈尔滨:哈尔
滨工业大学,2008.

[42] GILMORE F R,BAUER E,MCGOWAN J W. A review of atomic and molecular
excitation mechanisms in nonequilibrium gases up to 20 000 K[J]. J. Quant.
Spectrosc. Radiat. Transfer,1969,9(2):157-183.

[43] BORKOWSKA-BURNECKA J,ŻYRNICKI W,SETZER K D,et al. Rotational
and 64 Vibrational Temperatures Measured in a Chemiluminescent Fame from

FTIR Bi$_2$ Emission Spectra[J]. J. Quant. Spectrosc. Radiat. Transfer,2004, 86(1):87-95.

[44] ALIAT A,KUSTOVA E V,CHIKHAOUI A. State-to-state dissociation rate coefficients in electronically excited diatomic gases[J]. Chemical Physics Letters, 2004,390(4-6):370-375.

[45] KUSTOVA E V,NAGNIBEDA E A. On a correct description of a multi-temperature dissociating CO$_2$ Flow[J]. Chemical Physics,2006,321(3): 293-310.

[46] CAMM J C,TAYLOR R L,TEARE J D. Absolute intensity of non-equilibrium radiation in air and stagnation heating at high altitudes:Research Report 93[R]. Everett: AVCO Everett Reaearch Laboratory,1959.

[47] TEARE J D,GEORGIEV S,ALLEN R A. Radiation from the non-equilibrium shock front:Research Report 112[R]. Everett:AVCO Everett Research Laboratory, 1961.

[48] ALLEN R A,KECK J C,CAMM J C. Non-equilibrium radiation from shock heated nitrogen and a deternination of the recombination rate:Research Report 110[R]. Everett:AVCO Everett Research Laboratory,1961.

[49] ALLEN R A,ROSE P H,CAMM J C. Nonequilibrium and equilibrium radiation at super-satellite re-entry velocityies:Research Report 156,BSD-TDR-62-349[R]. Everett:AVCO Everett Research Laboratory,1962.

[50] ALLEN R A. Nonequilibrium shock front rotational, vibrational and electronic temperature measurements[J]. J. Quant. Spectrosc. Ractiat. Transfer,1965, 5(3):511-523.

[51] ALLEN R A,TEXTORIS A,WILSON J. Measurements of the free-bound and free-free continua of nitrogen oxygen and air: Research Report 195[R]. Everett: AVCO Everett Research Laboratory,September 1964.

[52] PAGE W A,CANNING T N,CRAIG R A,et al. Measurements of Thermal radiation of air from the stagnation region of blunt bodies traveling at velocities up to 31,000 feet per second:NASA-TM-X-508[R]. Washington, D. C. :NASA, 1961.

[53] 崔季平,范秉诚,何宇中. 激波管中强激波的前驱真空紫外辐射[J]. 力学学报,1986, 18(1):11-21.

[54] LAUX C,OWANO T,GORDON M,et al. Measurements of the volumetric radiative source strength of air for temperatures between 5 000 and 7 500 K[C]//Aerospace Research Central. 5th Joint Thermophysics and Heat Transfer Conference. Reston:AIAA Publishing,1990: 1780.

[55] SHARMA S P,GILLESPIE W D. Nonequilibrium and equilibrium shock front radiation measurements[J]. J. Thermophysics and Heat Transfer,1991,5(3):

257-265.

[56] LEVIN D A,FINKE R G,CANDLER G V,et al. Measurements of transitional and continuum flow UV radiation from small satellite platforms[C]//Defense Technical Information Center. 32nd Aerospace Science Meeting. Reston：AIAA Publishing,1994：0248.

[57] GORELOV V A,GLADYSHEV M K,KIREEV A Y,et al. Nonequilibrium shock-layer radiation in the systems of molecular bands and：experimental study and numerical simulation[C]//Aerospace Research Central. 31st Thermophysics Conference. Reston：AIAA Publishing,1996：1900.

[58] CORNETTE E S. Forebody temperatures and calorimeter heating rates measured during project fire Ⅱ reentry at 11.35 kilometers per second：NASA-TM-X-1305[R]. Washington, D. C.：NASA,1966.

[59] CAUCHON D L,MCKEE C W,CORNETTE E S. Spectral measurements of gas-cap radiation during project fire flight experiments at reentry velocities near 11.4 kilometers per second：NASA-TM-X-1389[R]. Washington, D. C.：NASA, 1967.

[60] CAUCHON D L. Radiative heating results from the fire Ⅱ flight experiment at a reentry velocity of 11.4 kilometers per second：NASA-TM-X-1402[R]. Washington, D. C.：NASA,1967.

[61] JONES J J. The rationale for an aeroassist flight experiment[C]//Aerospace Research Central. 22nd Thermophysics Conference. Reston：AIAA Publishing, 1987：1508.

[62] CARLSON L A,BOBSKILL G J,GREENDYKE R B. Comparison of vibration dissociation coupling and radiative heat transfer models for AOTV/AFE flowfields[C]//Aerospace Research Central. 23rd Thermophysics, Plasmadynamics and Lasers Conference. Reston：AIAA Publishing,1988：2673.

[63] PARK C. Calculation of nonequilibrium radiation in the flight regimes of aeroassisted orbital transfer vehicles[J]. Progress in Astronautics and Aeronautics,1984,96(1)：395-418.

[64] NICOLET W E. User's manual for the generalized radiation transfer code (RAD/EQUIL or RADICAL)：NASA-CR-116353[R]. Washingtion,D. C.： NASA,1969.

[65] OLSTAD W B. Nongray radiating flow about smooth symmetric bodies[J]. AIAA Journal,1971,9(1)：122-130.

[66] ZOBY E V,SUTTON K,OLSTAD W B,et al. Approximate inviscid radiating flowfield analysis for outer planet entry probes[J]. Progress in Astronautics and Aeronautics,1979,(64)：42-64.

[67] NICOLET W E. Advanced methods for calculating radiation transport in

ablation-product　　contaminated　　boundary　　layers:NASA-CR-1656[R]. Washington, D. C. :NASA,1970.

[68] GREENDYKE R B,HARTUNG L C. An approximate method for the calculation of non-equilibrium radiative heat transfer[J]. Journal of Spacecraft and Rockets, 1991,28(2): 165-171.

[69] CARLSON L A,GALLY T A. Nonequilibrium chemical and radiation coupling phenomena　in　AOTV　flowfields[C]//Aerospace　Research　Central. 29th Aerospace Sciences Meeting. Reston: AIAA Publishing,1991:0569.

[70] HARTUNG L C. Development of a nonequilibrium radiative heating prediction method for coupled flowfield solutions[J]. Journal of Thermophysics and Heat Transfer,1992,6(4): 618-625.

[71] CARLSON A B,HASSAN H A. Radiation modeling with direct simulation Monte Carlo[J]. J. Thermophsics and Heat Transfer,1992,6(4):631-636.

[72] BRAUNS F J,HASSAN H A. Novel approach for calculating equilibrium radiating flows[J]. J. Thermophsics and Heat Transfer,1997,11(1):52-58.

[73] ADAMOVICH I V,RICH J W. Energy transfer processes in high enthalpy nonequilbrium　fluids[C]//Aerospace　Research　Central. Fluid　Dynamics Conference. Reston: AIAA Publishing,1996:1982.

[74] BORYSOW A,JØRGENSEN U G,FU Y. High-temperature(1 000-7 000 K) collision-induced absorption of $H_2$ pairs computed from the first principles, with application to cool and dense stellar atmospheres[J]. J. Quant. Spectrosc. Radiat. Transfer,2001,68(3):235-255.

[75] GNOFFO P A. Application of program LAURA to three-dimensional AOTV flowfields[C]//Aerospace Research Central. 24th Aerospace Sciences Meeting. Reston: AIAA Publishing,1986:0565.

[76] CARLSON L A,GALLY T A. Nonequilibrium chemical and radiation coupling, Part I : theory and models[J]. J. Thermophsics and Heat Transfer,1992,6(3): 385-391.

[77] GALLY T A,CARLSON L A. Nonequilibrium chemical and radiation coupling, Part II: results for AOTV flowfields[J]. J. Thermophsics and Heat Transfer, 1992,6(3):392-399.

[78] CHAMBERS L, HARTUN G LIN C. Hypersonic, nonequilibrium flow over the fire II forebody at 1634 sec:NASA-TM-109141[R]. Washington,D. C. :NASA, 1994.

[79] HANSEN C F. High temperature electronic excitation and ionization rates in gases: final report on NASA grant-1-1211: semi-classical theory of electronic excitation rates:NASA-CR-189496[R]. Washington,D. C. :NASA,1992.

[80] MORAN K,BERAN P. A comparison of molecular vibration modeling for

thermal nonequilbirium airflow[C]//American Institute of Aeronautics and Astronautics. 22nd Fluid Dynamics, Plasma Dynamics and Lasers Conference. Reston: AIAA Publishing, 1991: 1701.

[81] PARK C. Nonequilibrium air radiation (NEQAIR) program: user's manual: NASA TM-86707[R]. Washington, D. C. : NASA, 1985.

[82] PARK C. Assessment of a two-temperature kinetic model for dissociating and weakly ionizing nitrogen[J]. J. Thermophysics and Heat Transfer, 1988, 2(1): 8-16.

[83] PARK C. Assessment of two-temperature kinetic model for ionizing air[J]. J. Thermophysics and Heat Transfer, 1989, 3(3): 233-244.

[84] PAGE W A, ARNOLD J O. Shock layer radiation of blunt bodies at reentry velocities: NASA-TR-R-193[R]: Washington, D. C. : NASA, 1964.

[85] WHITING E E, PARK C. Radiative heating at the stagnation point of the AFE vehicle: NASA-TM-102829[R]: Washington, D. C. : NASA, 1990.

[86] PARK C, MILOS F S. Computational equations for radiating and ablating shock layer[C]//Aerospace Research Central. 28th Aerospace Sciences Meeting. Reston: AIAA Publishing, 1990: 0356.

[87] HARTUNG LIN C. Predicting radiative heat transfer in thermo-chemical non-equilibrium flow fields: theory and user's manual for the LORAN code: NASA-TM-4564[R]. Washington, D. C. : NASA, 1994.

[88] 周学华. 高超声速钝体尾流光电特性的计算[J]. 空气动力学学报, 1992, 10(2): 255-260.

[89] 黄华, 曾明, 瞿章华. 热化学非平衡辐射流场数值研究[J]. 力学学报, 2000, 32(5): 541-546.

[90] DONG S K, TAN H P, HE Z H, et al. Calculation of spectral absorption coefficient of high temperature equilibrium or non-equilibrium 11-species air[J]. Chinese Journal of Aeronautics, 2001, 14(3): 140-146.

[91] 王逸斌, 伍贻兆, 刘学强. 辐射及化学非平衡流耦合场计算方法[J]. 南京航空航天大学学报, 2006, 38(5): 590-594.

[92] BIRD G A. Nonequilibrium radiation during re-entry at 10 km/s[C]//Aerospace Research Central. 22nd Thermophysics Conference. Reston: AIAA Publishing, 1987: 1543.

[93] 吴其芬, 陈伟芳. 高温稀薄气体热化学非平衡流动的 DSMC 方法[M]. 长沙: 国防科技大学出版社, 1999.

[94] SHARMA S. Assessment of nonequilibrium radiation computation methods for hypersonic flows: NASA-TM-103994[R]. Washington, D. C. : NASA, 1993.

[95] MCCLATCHEY R A, BENEDICT W S, CLOUGH S A, et al. AFCGL atmospheric absorption line parameters compilation: AFCRL-TR-0096[R]:

Cambridge:AFCRL,1973.

[96] ROTHMAN L S. AFGL atmospheric absorption line parameters compilation: 1980 version[J]. Appl. Opt. ,1981,20(5):791-795.

[97] ROTHMAN L S,GAMACHE R R,GOLDMAN A,et al. The HITRAN database: 1986 edition:AFGL-TR-87-0283[R]. [S. l. ]:AFGL,1987.

[98] ROTHMAN L S,RINSLAND C P,GOLDMAN A,et al. The HITRAN molecular spectroscopic database and HAWKS (HITRAN atmospheric workstation):1996 edition[J]. J. Quant. Spectrosc. Radiat. Transfer,1998,60(5):665-710.

[99] GORDON I E,ROTHMAN L S,HARGREAVES R J, et al. The HITRAN2020 molecular spectroscopic database[J]. J. Quant. Spectrosc. Radiat. Transfer, 2022(277):107949.

[100] ROTHMAN L S,GORDON I E,BARBER R J,et al. HITEMP, the high-temperature molecular spectroscopic database[J]. J. Quant. Spectrosc. Radiat. Transfer,2010,111(15): 2139-2150.

[101] HARGREAVES R J,GORDON I E,ROTHMAN L S,et al. Spectroscopic line parameters of NO, $NO_2$, and $N_2O$ for the HITEMP database[J]. J. Quant. Spectrosc. Radiat. Transfer,2019,232:35-53.

[102] HARGREAVES R J,GORDON I E,REY M,et al. An accurate, extensive, and practical line list of methane for the HITEMP database[J]. The Astrophysical Journal Supplement Series,2020,247(2):55.

[103] JACQUINET-HUSSON N,ARIÉ E,BALLARD J,et al. The 1997 spectroscopic GEISA databank[J]. J. Quant. Spectrosc. Radiat. Transfer,1999,62(2): 205-254.

[104] TASHKUN S A,PEREVALOV V I,TEFFO J L,et al. The high-temperature carbon dioxide spectorscopic databand[J]. J. Quant. Spectrosc. Radiat. Transfer,2003,82(4):165-196.

[105] PIERLIUISSI J H,MARAGOUDAKIS C E. Molecular transmission and models for LOWTRAN:AFGL-TR-86-0272[R]. Bedford:AFGL,1987.

[106] BERK A L S,ROBERTSON B D C. MODTRAN(1989), a moderate resolution model for LOWTRAN 7:AFGL-TR-89-0122[R]. Bedford:AFGL,1989.

[107] SMITH H J P,DUBÉ D J,GARDNER M E,et al. FASCODE-fast atmospheric signature code (spectral transmittance and radiance) :AFGL-TR-78-0081[R]. Bedford:AFGL,1978.

[108] MARKARIAN P, KOSSON R. Standardized Infrared Radiation Model (SIRRM-Ⅱ). Vol. 1,Algorithm Upgrade Development:TR-87-098[R]. California: Air Force Astronautics Lab, 1988.

[109] REARDON J E,LEE Y C. A computer program for thermal radiation from gaseous rocket exhaust plumes (GASRAD):RTR 014 — 09[R]. Huntsville:

NASA Marshall Space Flight Center,1979.

[110] ELSASSER W M. Heat transfer by infrared radiation in the atmosphere[M]. Cambridge:Harvard University Press,1942.

[111] GOODY R M. A statistical model for water vapor absorption[J]. Quart. J. R. Meteorol. Soc. ,1952,78(336):165-169.

[112] MODEST M F. Radiative heat transfer[M]. New York:McGraw-Hill Comp. Inc. ,1993.

[113] YOUNG S J. Nonisothermal band model theory[J]. J. Quant. Spectrosc. Radiat. Transfer,1977,18(1):1-28.

[114] 董士奎,谈和平,余其铮,等. 300～3 000 K水蒸气红外辐射谱带模型参数[J]. 热能动力工程,2001,16(1):33-38.

[115] 董士奎,余其铮,谈和平,等. 燃烧产物二氧化碳高温辐射的窄谱带模型参数[J]. 航空动力学报,2001,16(4):355-359.

[116] CHU H Q,LIU F S,ZHOU H C. Calculations of gas thermal radiation transfer in one-dimensional planar enclosure using LBL and SNB models[J]. Int. J. Heat and Mass Transfer,2011,54(21/22):4736-4745.

[117] 董士奎,刘洪芝,马宇,等. 气粒混合物非灰辐射特性合并宽窄谱带 K 分布模型[J]. 工程热物理学报,2012,33(1):94-96.

[118] 蔡红华,聂万胜,吴睿,等. 气体高温辐射特性窄谱带模型参数库构建[J]. 红外与激光工程,2017,46(7):86-93.

[119] CHU H Q,GU M,CONSALVI J L,et al. Effects of total pressure on non-grey gas radiation transfer in oxy-fuel combustion using the LBL, SNB, SNBCK, WSGG, and FSCK methods[J]. J. Quant. Spectrosc. Radiat. Transfer, 2016(172):24-35.

[120] 楚化强,冯艳,曹文健,等. 灰气体加权和辐射模型综合评估及分析[J]. 物理学报, 2017,66(9):212-221.

[121] ROHSENOW WM,HARTNET JP,CHO Y I. Handbook of heat transfer[M]. 3th ed. New York:McGraw-Hill,1998.

[122] EDWARDS D K,MENARD W A. Comparison of models for correlation of total band absorption[J]. Applied Optics,1964,3(5):621.

[123] GOODY R J. Atmospherie radiation[M]. Oxford: Oxford University Press, 1961.

[124] 西格尔,豪威尔. 热辐射传热[M]. 2 版. 曹玉璋,黄素逸,陆大有,等译. 北京:科学出版社,1990.

[125] MODEST M F. Radiative heat transfer[M]. 3th ed. New York:Academic Press, 2013.

[126] HOWELL J R,MENGUC M P,DAUN K,et al. Thermal radiation heat transfer[M]. 7th ed. Boca Raton:CRC Press,2021.

[127] FELSKE J D,TIEN C L. Infrared radiation from non-homogeneous gas mixtures having overlapping bands[J]. J. Quant. Spectrosc. Radiat. Transfer,1974, 14(1):35-48.

[128] 曲燕妮,石广玉.大气红外吸收带重迭及其处理方法对长波辐射计算的影响[J].大气科学,1987,11(4):412-419.

[129] YU Q Z,BROSMER M A,TIEN C L. A simple combined-band model to calculate total gas radiative properties[J]. Heat Transfer Science and Technology, 1987,6(3):543-549.

[130] LI W M,TONG T W,DOBRANICH D, et al. A combined narrow- and wide-band model for computing the spectral absorption coefficient of $CO_2$, CO, $H_2O$, $CH_4$, $C_2H_2$ and NO[J]. J. Quant. Spectrosc. Radiat. Transfer, 1995,54(6):961-970.

[131] KOMORNICKI W,TOMECZEK J. Modification of the wide-band gas radiation model for flame calculation[J]. Int. J. Heat and Mass Transfer,1992,35(7): 1667-1672.

[132] 刘笑瑜,胡海洋,王强.基于多线组宽带模型与积分微分混合算法的喷管远程红外成像计算[J].航空动力学报,2018,33(10):2414-2423.

[133] TIEN C L,LOWDER J E. A correlation for total band absorptance of radiating gases[J]. Int. J. Heat and Mass Transfer,1966,9(7):698-701.

[134] GOODY R M,BELTON M J S. Radiative relasation times for mars[J]. Planetary and Space Science,1967,15(2):247-256.

[135] TIEN C L,LING G R. On a simple correlation for total band absorptance of radiating gases[J]. Int. J. Heat and Mass Transfer,1969,12(9):1179-1181.

[136] CESS R D,TIWARI S N. Infrared radiative energy transfer in gases[J]. Advances in Heat Transfer,1972,8(7):229-283.

[137] EDWARDS D K,WASSEL A. T. The radial radiative heat flux in a cylinder[J]. ASME J. Heat Transfer,1973,95(2):276-277.

[138] DOMOTO G A. Frequency integration for radiative transfer problems involving homogeneous non-gray gases:the inverse transmission function[J]. J. Quant. Spectrosc. Radiat. Transfer,1974,14(9):935-942.

[139] SHI G Y. An Accurate Calculation and Representation of the Infrared Transmission Function of the Atmospheric Constituents[D]. Sendai：Tohoku University,1981.

[140] 余其铮,鲍亦令.燃烧室中的二氧化碳与水蒸汽的辐射率[C]// 传热传质学文集编辑组.中国工程热物理学会 1984 年传热传质学学术会议论文集.北京:科学出版社,1984.

[141] 尹雪梅,刘林华,李炳熙.二氧化碳气体辐射特性宽带 k 分布模型[J].热能动力工程,2008,23(4):413-416,444-445.

[142] 阎维平,米翠丽. 基于宽带关联 k 模型的气体辐射特性分析与计算[J]. 动力工程,
　　　　2009,29(12):1115-1122.

[143] GOODY R M,WEST R,CHEN L, et al. The correlated-$\kappa$ method for radiation
　　　　calculations in nonhomogeneous atmospheres[J]. J. Quant. Spectrosc. Radiat.
　　　　Transfer,1989,42(6):539-550.

[144] ÓBRIEN D M,DILLEY A C. Infrared cooling of the atmosphere: accuracy of
　　　　correlated $\kappa$ — distributions[J]. J. Quant. Spectrosc. Radiat. Transfer,2000,
　　　　64(5):483-497.

[145] TVOROGOV S D,NESMELOVA L I,RODIMOVA O B. $\kappa$-Distribution of
　　　　Transmission Function and Theory of Dirichlet Series[J]. J. Quant. Spectrosc.
　　　　Radiat. Transfer,2000,66(3):243-262.

[146] BENNARTZ R,FISCHER J. A modified $\kappa$-distribution approach applied to
　　　　narrow band water vapour and oxygen absorption estimates in the near
　　　　infrared[J]. J. Quant. Spectrosc. Radiat. Transfer,2000,66(6):539-553.

[147] LACIS A,OINAS V. A description of the correlated-$\kappa$ distribution method for
　　　　modeling nongray gaseous absorption, thermal emission, and multiple
　　　　scattering in vertically inhomogeneous atmospheres[J]. J. Geophys. Res. ,
　　　　1991,96(D5):9027-9063.

[148] LEE P Y C,HOLLANDS K G T,RAITHBY G D. Reordering the absorption
　　　　coefficient within the wide band for predicting gaseous radiant exchange[J].
　　　　ASME J. Heat Transfer,1996,118(2):394-400.

[149] GERSTELL M F. Obtaining the cumulative $\kappa$-distribution of a gas mixture from
　　　　those of its components[J]. J. Quant. Spectrosc. Radiat. Transfer,1993,
　　　　49(1):15-38.

[150] MARIN O,BUCKIUS R O. A simplified wide band model of the cumulative
　　　　distribution function for water vapor[J]. Int. J. Heat and Mass Transfer,
　　　　1998,41(19):2877-2892.

[151] RIVIÉRE P H,SOUFIANI A,TAINE J. Correlated — $\kappa$ fictitious gas model for
　　　　$H_2O$ infrared radiation in the voigt regime[J]. J. Quant. Spectrosc. Radiat.
　　　　Transfer,1995,53(3):335-346.

[152] RIVIÉRE P H,SOUFIANI A,TAINE J. Correlated — $\kappa$ and fictitious gas
　　　　methods for $H_2O$ near 2.7 $\mu$m[J]. J. Quant. Spectrosc. Radiat. Transfer,
　　　　1992,48(2):187-203.

[153] CHU H,LIU F,CONSALVI J L. Relationship between the spectral line based
　　　　weighted-sum-of-gray-gases model and the full spectrum $\kappa$-distribution
　　　　model[J]. J. Quant. Spectrosc. Radiat. Transfer,2014(143):111-120.

[154] ZHANG L,SOUFIANI A,TAINE J. Spectral correlated and non-correlated
　　　　radiative transfer in a finite axisymmetric system containing an absorbing and

emitting real gas-particle mixture[J]. Int. J. Heat and Mass Transfer,1988,
31(11):2261-2272.

[155] TANG K C,BREWSTER M Q. $\kappa$-Distribution analysis of gas radiation with nongray, emitting, absorbing, and anisotropic scattering particles[J]. J. Heat Transfer,1994,116(6):980-985.

[156] PIERROT L,SOUFIANI A,TAINE J. Accuracy of narrow-band and global models for radiative transfer in $H_2O$, $CO_2$, and $H_2O$-$CO_2$ mixtures at high temperature[J]. J. Quant. Spectrosc. Radiat. Transfer,1999,62(5):523-548.

[157] DUFRESNE J L,FOURNIER R,GRANDPEIX J Y. Inverse gaussian $\kappa$-distributions[J]. J. Quant. Spectrosc. Radiat. Transfer,1999,61(4): 433-441.

[158] ZHANG H,MODEST M F. A multi-level full-spectrum correlated-$\kappa$ distribution for radiative heat transfer in inhomogeneous gas mixtures[J]. J. Heat Transfer,2002,124(1): 30-38.

[159] 杨世铭,陶文铨. 传热学[M]. 3 版. 北京:高等教育出版社,1998.

[160] HOTTEL H C,SAROFIM A F. Radiative transfer[M]. New York: McGraw-Hill,1967.

[161] 秦裕琨,主编. 炉内传热[M]. 2 版. 北京:机械工业出版社,1992.

[162] MODEST M F. The weighted-sum-of-gray-gases model for arbitrary solution methods in radiative transfer[J]. ASME J. Heat Transfer,1991,113(3): 650-656.

[163] KHAN Y U,LAWSON D A,TUCKER R J. Simple models of spectral radiative properties of carbon dioxide[J]. Int. J. Heat and Mass Transfer,1997,40(15): 3581-3593.

[164] 谈和平,夏新林,刘林华,等. 红外辐射特性与传输的数值计算:计算热辐射学[M]. 哈尔滨:哈尔滨工业大学出版社,2006.

[165] YAN L B,CAO Y,LI X Z,et al. A modified exponential wide band model for gas emissivity prediction in pressurized combustion and gasification processes[J]. Energy & Fuels,2018,32(2):1634-1643.

[166] LIU G H,ZHU J Y,LIU Y Y,et al. A full-spectrum correlated $\kappa$-distribution based interpolation weighted-sum-of-gray-gases model for $CO_2$-$H_2O$-soot mixture[J]. Int. J. of Heat and Mass Transfer,2023(210):124160.

[167] PAUL C,ROY S,SAILER J,et al. Detailed radiation modeling of two flames relevant to fire simulation using Photon Monte Carlo —Line by Line radiation model[J]. J. Quant. Spectrosc. Radiat. Transfer,2024(329):109177.

[168] ASLLANAJ F,CONTASSOT-VIVIER S,FRAGA G C,et al. New gas radiation model of high accuracy based on the principle of weighted sum of gray gases[J]. J. Quant. Spectrosc. Radiat. Transfer,2024(315):108887.

# 本 章 习 题

1. 两相距 0.15 m 的平行平板间,充满着压力为 1 atm(1.013 25 × 10⁵ Pa),温度为 2 220 K 的 $CO_2$ 气体,问:由于气体辐射,平板接收到的辐射热流密度为多少?

2. 试求纯 $CO_2$ 在 1 atm,500 K 和行程长度为 0.364 m 时,9.4 $\mu$m 谱带的有效带宽。

3. 试计算水蒸气 — 氮气混合气体的普朗克平均吸收系数。(气体温度为 400 K,总压为 2 atm(2.026 5 × 10⁵ Pa),水蒸气体积份额 1%,平均行程长度为 1 m)

4. 计算 $T = 350$ K 时,氖在 0.75 $\mu$m 处的多普勒增宽半宽。

5. 两条吸收谱线具有相同的跃迁波数,$\eta_{ij} = 500$ cm⁻¹,两者半宽均为 0.15 cm⁻¹。其中一条谱线具有多普勒线型,另一条具有洛伦兹线型,把 $\kappa_{\eta,ij}(\eta)/S_{ij}$ 作为 $\eta$ 的函数,试在同一张图上绘出两个谱线的形状。

6. 一种由氢原子组成的气体,温度为 800 K。试计算在多普勒增宽情况下氢的拉曼 $\alpha$ 谱线的半宽(谱线中心频率为 2.467 5 × 10¹⁵ Hz),将 $\kappa_{\eta,ij}(\eta)/S_{ij}$ 作为 $\eta$ 的函数画出这一谱线的谱线形状。(氢原子的质量为 1.66 × 10⁻²⁴ g)

7. 对于第 6 题中的同种气体和相同温度,试计算压力为 1 atm 时碰撞增宽的谱线半宽。(假设氢原子的直径约为 1.06 × 10⁻⁸ cm)

8. 如果水蒸气的压力为 0.1 atm,温度为 1 000 K,对于中心为 1.33 $\mu$m 的单根谱线,你认为增宽的主要原因是什么? 在什么波数范围内,吸收系数至少是中心值的 1%?

9. 某种气体在 1 bar 压力下的分子质量 $m = 10^{-22}$ g,直径 $D = 5 \times 10^{-8}$ cm。温度为多少时,多普勒增宽和碰撞增宽效应会导致中心波数为 4 000 cm⁻¹ 的谱线具有相同的增宽半宽?

10. $CH_4$ 在 1.7 $\mu$m 波段具有振 — 转带,测量在室温下($T = 300$ K)该谱带内谱线的多普勒增宽半宽。 为了确保碰撞增宽可以忽略不计,改变 $CH_4$ 的压力,使预期的碰撞增宽半宽仅为多普勒增宽半宽的 1/10,应该把压力调整为多少? (甲烷分子直径 $D = 0.381$ nm)

11. 在总压力为 1 atm 的 $N_2 - CO_2$ 的混合气体中,$CO_2$ 的分压力为 0.4 atm,气体温度为 500 K,行程长度为 0.5 m。试求 9.4 $\mu$m 谱带的有效带宽 $A$。

12. 某种气体有两个重要的振 — 转带,谱线中心分别为 4 $\mu$m 和 10 $\mu$m,在 4 $\mu$m 谱带内(300 K,1 bar)谱线的半宽为 0.5 cm⁻¹。试估计在 500 K、3 bar 条件下该气体在 10 $\mu$m 谱带的谱线半宽。(气体分子直径 5 Å < $D$ < 40 Å)

13. 1 m 高的容器中有 1 kg 气体混合物,温度为 2 000 K,压力为 1 atm,该混合气体由 70% 的 $N_2$(按体积计) 和 30% 的吸收物组成。 在某一光谱位置处,谱线半宽 $b = 300$ MHz,平均线距 $d = 2\,000$ MHz,线强度 $S = 100$ cm⁻¹ MHz。计算该条件下的平均光谱发射率。 如果密封容器冷却到 300 K,发射率会如何变化?

14. 2 000 K、1 atm 的 $N_2$ 中含有少量水蒸气。为了确定水蒸气浓度,测量了 6.3 $\mu$m 谱带对总发射率的贡献:已知 1 m 厚的等温气体层,总发射率 $\varepsilon_{6.3} = 0.012$。试确定水蒸气的摩尔分数。

15. 一种多原子分子在红外区有吸收带,当气体温度为 $T$,压力为 $P$ 时,一个窄谱带的平均谱线半宽为 $0.04\ cm^{-1}$,平均谱线强度为 $2.0\times10^{-4}\ cm^{-1}/(g\cdot m^{-2})$,平均谱线间隔为 $0.25\ cm^{-1}$,气体密度为 $3\times10^{-3}\ g/cm^3$。当压力为 1 atm,温度为 500 K,行程长度为 50 cm 时,分别使用爱尔沙色模型和统计谱带模型计算该谱带的平均光谱发射率。

16. 总压力为 1 atm,温度为 300 K 的水蒸气和 $N_2$ 的混合气在行程长度为 50 cm 时,$6.3\ \mu m$ 谱带的总吸收率为 $100\ cm^{-1}$,试确定水蒸气的分压。

17. 试将指数宽谱带模型得出的谱带发射率换算成谱带的吸收系数。

18. 使用指数宽谱带模型法,计算在 0.75 atm 和 600 K 条件下,行程长度为 1 m 的 $N_2-CO_2$ 混合气体的总发射率。($CO_2$ 的体积分数分别为 0.01%、1% 和 100%)

19. $CO_2$ 与空气的混合气中 $CO_2$ 的摩尔分数为 0.4,混合物温度为 1 250 K,总压力为 1 atm。使用 $\kappa -$ 分布方法,计算路径长度为 2 m 时每个谱带内的气体总发射率。

20. 编制一个水蒸气发射率宽谱带模型的计算程序。

# 第 13 章　粒子热辐射

在自然界及工业生产中,很多物质、产品(包括中间产品)呈粒子状态,例如:天空中的云、雾、雪及雨滴;空气中的尘埃;烟气中的灰粒、炭黑粒子;血液中的血细胞;工业生产的水泥、面粉等等。据统计,工业中有 50% 以上的产品与中间产品呈颗粒状。

粒子的吸收、发射及散射在许多领域内扮演着重要的角色。当电磁波或光子与含有小颗粒的介质相互作用时,辐射强度会因为吸收和散射作用而改变。这种相互作用的常见例子是太阳光被一团烟雾(悬浮在空气中的微小粒子群)吸收、散射的过程。太阳光被大气(大气实际上由微小粒子组成,等同于上述的烟雾)散射后,形成蓝色的天空、红色的日落以及七色的彩虹。用光学方法来测量粒子群的几何性质,分析各种电磁波在粒子群中的传递等,都需要知道它的辐射特性。

最先研究粒子辐射的是天体物理学家,他们对太空尘埃散射星光的过程很感兴趣。此外,许多领域的学者也同样关注电磁波散射:气象学家关注地球大气的散射过程(太阳光的散射、预测降水的雷达波散射);电子工程师和物理学家研究无线电波在大气中的传播。1871 年瑞利(L. Rayleigh,英国人,1842—1919)提出了针对小粒径电介质球的瑞利(Rayleigh)散射理论,分析了大气分子对太阳光的散射,成功解释了天空为什么是蓝色的。1908 年米氏(G. Mie,德国人,1868—1957)通过求解麦克斯韦方程,得到各向同性均匀球的散射解,后称米氏(Mie)散射理论,使粒子辐射理论达到一个新阶段。当代物理学家、化学家和工程师们使用光散射作为诊断工具,对气体、液体和固体进行非侵入无损测量。Tien 和 Drolen、Dombrovsky 和 Baillis 对粒子介质中的热辐射现象进行了综述。

传热界关注粒子辐射,是从烟气热辐射开始的。因为化石燃料燃烧形成的烟气中,气体辐射并不占主要地位,占主要地位的是炭黑粒子(粒径 $0.01 \sim 0.5~\mu m$)与灰粒(粒径 $10 \sim 20~\mu m$)的辐射。20 世纪 40 年代,从事炉内传热的科研人员开始用研究固体热辐射的方法来研究微粒热辐射,将它们视为不透明的黑体或灰体,用实验法求粒子的辐射特性:吸收系数。直到 20 世纪 70 年代,电磁理论、粒子辐射理论才开始逐渐移植到热辐射传输中来。目前粒子热辐射除用于炉内烟气中的炭黑、飞灰等粒子的辐射外,还用于火箭固体燃料燃烧产物中的颗粒、流化床中的物料粒子、保温材料中的纤维、隐身材料中的含微粒涂层等的红外辐射。电磁波通过含粒子介质时,其能量及辐射特性的变化规律还用于大气科学、湿蒸汽两相流、粒子特性测量、生物学、通信、遥感、海洋学、军事等领域。不同领域应用的方法常有区别,可相互借鉴。

# 13.1　粒子热辐射的特点与基本概念

工程中遇到的粒子(微粒)主要是固体和液体,粒子的辐射特性与大块状固(液)体表面的辐射特性不同,主要有以下 3 点区别:第一,粒子对投射辐射除吸收、反射外,还有散射(13.1.1 节);第二,大块状固(液)体的辐射特性与表面大小无关,而粒子的大小对其辐射特性影响很大(13.1.2 节);第三,同一材料,大块状固(液)体与微粒的复折射率(光学常数)不一样(13.1.2 节)。

在实际应用中,通常遇到的并非单个粒子,而是一群粒子,本书称其为粒子系或粒子群、粒子弥散系等,如烟雾、粉尘、含粒子涂层等。

下面对本章中采用的几个容易混淆的名词加以说明。

(1)介质:不加任何修饰词语则指均质、各向同性、非散射纯介质。

(2)参与性介质(吸收、散射性介质):具有吸收、散射特性的介质;当散射系数为零时,吸收、散射性介质简化为吸收性介质。

(3)介质系:指介质与一种或几种其他物质组成的物质系统,当不含其他物质时,介质系即为介质,因此介质是介质系的特例。

(4)粒子系:特指粒子与空气(或其他非参与性介质)组成的物质系统。

(5)单分散粒子系:粒子的大小、形状和结构都是相同的。

(6)多分散粒子系:粒子的大小、形状和结构各不相同。

(7)含粒子介质(系)、含粒子弥散系(简称:粒子系、弥散介质):粒子置于吸收性介质内。由于绝大多数的散射皆源于粒子,所以含粒子介质(系)、含粒子弥散系等同于吸收、散射性介质。如不特指,含粒子介质(系)、含粒子弥散系中的粒子均为多分散粒子系。

## 13.1.1　弹性散射与非弹性散射

辐射换热中,"散射"一词包括衍射、反射、折射或透射等光学现象,如图 13.1、图 13.2 所示。

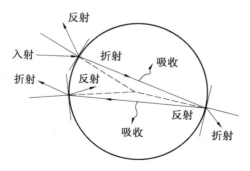

图 13.1　粒子散射

如果散射过程中的频率相对入射辐射不变,则散射辐射称为弹性散射。工程中遇到的大多数辐射传输问题都属于弹性散射:射线方向改变,但光子能量没有因散射而改变,

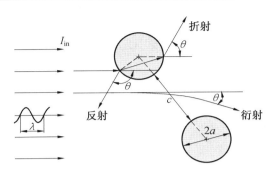

图 13.2　电磁波和球形粒子之间相互作用

即在散射时辐射场与介质之间无能量交换。

如果入射和散射辐射的频率不同(不仅射线方向改变,光子能量也有变化),如入射辐射像荧光那样被重新发射,则称之为非弹性散射或拉曼散射。尽管在光学诊断中拉曼散射非常重要,但其对热辐射传输计算的影响并不大,因此此在本书中只讨论弹性散射。

在热辐射研究中,绝大多数的散射皆源于粒子。粒子辐射行为的特殊性表现在对能量的散射,即粒子不仅吸收辐射能量,同时也会改变辐射能量的传递方向。

(1)衍射:指电磁波遇到障碍物,绕过它再传播,从而引起辐射强度重新分布的现象;此时电磁波没有和粒子接触,但其传播方向会因粒子的存在而改变。

(2)反射:指电磁波在粒子表面或粒子内部界面的反射。

(3)透射与折射:若粒子较小或吸收能力较弱,则需要考虑透射与折射。透射是指能量在粒子内部经一次或多次反射,最后透射出粒子;折射是指电磁波透射进或透射出粒子壁面时,传播方向的改变。

经过反射、透射与折射出粒子的射线,以及经过衍射绕过粒子的射线都改变了入射方向,所以统称为粒子散射。

### 13.1.2　复折射率与尺度参数

直径为 $D$ 的球形粒子与波长为 $\lambda$ 的电磁波相互作用的辐射特性由 3 个独立的无量纲参数控制。

(1)复折射率(也称光学常数):

$$m = n - ik \tag{13.1}$$

(2)尺度参数。对直径为 $D$ 的球形粒子,尺度参数定义为通过球心的截面圆周长与入射辐射波长之比:

$$\chi = \pi D / \lambda \tag{13.2}$$

(3)粒子间隙与波长之比:

$$c / \lambda \tag{13.3}$$

上述参数中,$n$、$k$ 分别为折射指数(单折射率、折射率)和吸收指数;$c$ 为粒子间隙,单位为 $\mu m$。

粒子对其附近电磁波的散射强度和散射方向取决于下列几个因素:粒子的相对大小;粒子的材料;粒子的几何形状;粒子之间的距离。

（1）粒子的相对大小。粒子的相对大小对其辐射特性有很大的影响，并且这种影响还与投射辐射的波长 $\lambda$ 有关，所以在描述粒子尺寸对辐射特性影响时，粒子相对大小用尺度参数 $\chi$ 表示。

① 当 $\chi \gg 1$ 时，粒子直径远大于波长，称为大粒子。例如：地球、烟气中的大灰体粒子，其热辐射行为与表面辐射基本相同，可用几何光学及衍射理论来描述。此时，粒子的表面粗糙度与波长相比往往不可忽略，粒子表面辐射特性要用包含表面粗糙度影响的表面发射率来表示。

② 当 $\chi \approx 1$ 时，粒子直径与波长数量级相当，通过粒子的电磁波与粒子的电磁场相互干扰的作用不能忽略，不能用几何光学计算，要用米氏电磁理论来计算。这种粒子常称为米氏粒子。

③ 当 $\chi \ll 1$ 时，粒子很小，如气体分子。可用简化的电磁理论 —— 瑞利电磁理论来计算，此时的散射通常称为瑞利散射。

（2）粒子的材料（复折射率、光学常数为 $m = n - ik$）。同样的材料，大块状的与微粒状的表面固有热辐射特性不同。因为微粒状材料单位体积拥有的表面积要比大块状材料单位体积拥有的表面积大得多，会引起界面处微结构的变化，所以微粒状材料的热辐射特性 —— 表观光学常数（通常用复折射率表示）并不是材料本身的特性参数，要考虑多个因素的影响，由粒子实验结合相应的反演模型来确定。对于大粒子的表面发射率，通常也不能用大块状材料的来代替，因为两者的表面状态往往不一样。

（3）粒子的几何形状。实际粒子的几何形状非常复杂，但是粒子群中每个粒子所处方位具有随机性，以及很多时候存在转动，使粒子呈现球形的某些特性。因此，粒子的球形假设是可行的。本章中如果无特别说明，均为球形粒子。对于纤维材料，通常将每根纤维简化为无限长圆柱体。

（4）粒子之间的距离。粒子群中要考虑粒子间的相互作用：一是粒子与其他粒子辐射的相互吸收和散射；二是粒子辐射场的相互干扰。对于稀疏的粒子群，可以认为入射辐射对单个粒子的作用不受邻近粒子的影响，这时粒子群的辐射特性主要取决于单个粒子的辐射特性，这类散射称为独立散射。当粒子群足够稠密时，粒子辐射场相互干扰，单个粒子对入射辐射的作用会受到邻近粒子的影响，这类粒子群的散射称为非独立散射。

### 13.1.3　吸收、散射和衰减系数、截面与效率

吸收、散射和衰减系数的概念、定义见 8.2 节，若介质既吸收又散射，则 $\kappa_{e\lambda} = \kappa_{a\lambda} + \kappa_{s\lambda}$。如果研究域内含有不同的颗粒、团聚体和气体（含粒子介质系），则相应的热辐射性质可通过线性叠加的方式确定：

$$
\begin{cases}
\kappa_{a\lambda} = \sum\limits_{i,\,\text{particles}} \kappa_{a\lambda,\,i} + \sum\limits_{j,\,\text{gases}} \kappa_{a\lambda,\,j} \\[2mm]
\kappa_{s\lambda} = \sum\limits_{i,\,\text{particles}} \kappa_{s\lambda,\,i} \\[2mm]
\kappa_{e\lambda} = \kappa_{s\lambda} + \kappa_{a\lambda} = \sum\limits_{i,\,\text{particles}} \kappa_{s\lambda,\,i} + \sum\limits_{i,\,\text{particles}} \kappa_{a\lambda,\,i} + \sum\limits_{j,\,\text{gases}} \kappa_{a\lambda,\,j} \\[2mm]
\omega_\lambda = \dfrac{\kappa_{s\lambda}}{\kappa_{e\lambda}}
\end{cases} \tag{13.4}
$$

式中    $i$、$j$—— 粒子类型与气体种类；

$\omega_\lambda$—— 光谱反照率（光谱消光系数、光谱散射度等，见 8.4 节）。

注意：$\kappa_{a\lambda}$，$\kappa_{s\lambda}$，$\kappa_{e\lambda}$ 这些比例常数都是体积量，反映了沿着光束路径的研究域内发生的辐射传输过程，单位为 $\mathrm{m}^{-1}$。

由式（13.4）可知，求解辐射传输方程（RTE）所需的吸收和散射系数是研究域内所有种类粒子与气体的吸收和散射系数的总和。对于大多数辐射传输计算而言，气体分子散射微不足道。然而，如果没有对分子和小粒子散射的详细了解，就无法解释天空的蓝色或日落／月落的红色。在这些情况下，辐射的路径长度是如此之大，以至于分子和小粒子的散射效应变得非常重要。

粒子的辐射特性常用衰减截面、吸收截面、散射截面，以及衰减因子、吸收因子、散射因子来描述。衰减截面 $C_{e\lambda}$、吸收截面 $C_{a\lambda}$、散射截面 $C_{s\lambda}$ 的定义如下（见 8.2 节）：

$$
C_{e\lambda} = \frac{\kappa_{e\lambda}}{N}, \ C_{a\lambda} = \frac{\kappa_{a\lambda}}{N}, \ C_{s\lambda} = \frac{\kappa_{s\lambda}}{N} \tag{13.5}
$$

其中，$N$ 为粒子的数密度（单位体积内粒子的数目），单位为 $\mathrm{m}^{-3}$。对于非均匀粒径的粒子群，有下列关系：

$$
\kappa_{e\lambda} = \int_0^\infty C_{e\lambda} N(r)\mathrm{d}r, \ \kappa_{a\lambda} = \int_0^\infty C_{a\lambda} N(r)\mathrm{d}r, \ \kappa_{s\lambda} = \int_0^\infty C_{s\lambda} N(r)\mathrm{d}r \tag{13.6}
$$

式中    $N(r)$—— 粒子数密度分布，$\mathrm{m}^{-3} \cdot \mathrm{m}^{-1}$ 或 $\mathrm{m}^{-3} \cdot \mu\mathrm{m}^{-1}$。

散射因子 $Q_{s\lambda}$ 的定义：散射截面与入射方向上散射体的几何投影面积 $G$ 之比。衰减因子 $Q_{e\lambda}$ 和吸收因子 $Q_{a\lambda}$ 的定义与散射因子 $Q_{s\lambda}$ 的定义类同，它们的定义式分别为（见 8.2 节）

$$
Q_{e\lambda} = \frac{C_{e\lambda}}{G}, \ Q_{a\lambda} = \frac{C_{a\lambda}}{G}, \ Q_{s\lambda} = \frac{C_{s\lambda}}{G} \tag{13.7}
$$

对于单分散、直径为 $D$ 的球形粒子系，在一定控制体积内，其吸收、散射系数与吸收、散射截面以及吸收、散射因子的关系为

$$
\kappa_{a\lambda} = NC_{a\lambda} = NQ_{a\lambda} \frac{\pi D^2}{4}, \ \kappa_{s\lambda} = NC_{s\lambda} = NQ_{s\lambda} \frac{\pi D^2}{4} \tag{13.8}
$$

当 $N$ 被粒子的体积分数 $f_v$ 取代时，可得

$$
f_v = NV_{\text{particle}} = N\pi \frac{D^3}{6} \tag{13.9}
$$

这里 $f_v$ 为无量纲（$\mathrm{m}^3/\mathrm{m}^3$）。对于具有不同尺寸粒子的多分散粒子系，可以写出类似的表达式，这需要定义尺寸分布。为简单起见，目前只讨论单分散粒子系。

由式(8.13)、式(8.15)可知,诸截面及诸因子有下列关系:

$$C_{e\lambda} = C_{a\lambda} + C_{s\lambda}, \quad Q_{e\lambda} = Q_{a\lambda} + Q_{s\lambda} \tag{13.10}$$

这条规则适用于辐射传输中的大多数应用,因为吸收和散射在本质上是独立的。

粒子辐射具有强烈的光谱选择性,而且粒子大小的判据 —— 尺度参数也包含波长变量,所以讨论粒子应该讨论光谱辐射特性。本章中所讨论的辐射特性参数,若无特殊说明均为光谱参数,但为了表达简便,略去光谱下标。

### 13.1.4　散射相函数与散射角

除了吸收系数和散射系数外,辐射传输方程的解取决于不同粒子或团聚体的散射相函数。以极角 $\theta$ 和方位角 $\varphi$ 表示,相函数给出了辐射事件在粒子的 $(\theta', \varphi')$ 方向上将被分散到以 $(\theta, \varphi)$ 方向为中心的一个立体角内的概率(图 13.3)。散射角 $\Theta$ 定义为入射方向与散射方向之间的夹角:

$$\cos\Theta = \cos\theta\cos\theta' + \sin\theta\sin\theta'\cos(\varphi - \varphi') \tag{13.11}$$

如果入射光束在 $z$ 方向上传播,则散射用极角表示: $\Theta = \theta$。为了清晰起见,假设入射辐射光束沿 $z$ 方向传播,则散射角 $\Theta$ 可以只用散射光束方向 $(\theta, \varphi)$ 来表示。则在远场距离为 $r$、散射光束方向 $(\theta, \varphi)$ 处的散射强度可以用微分散射截面 $\mathrm{d}C_s/\mathrm{d}\Omega$ 表示如下:

$$\frac{\mathrm{d}C_s}{\mathrm{d}\Omega} = I_i \frac{S_{11}}{\eta^2 r^2}, \quad I(\theta, \varphi) = I_i \frac{1}{r^2} \tag{13.12}$$

其中, $I_i$ 是在入射方向为 $z$ 方向时的入射辐射强度; $\eta$ 是波数,即辐射波长的倒数。这里, $S_{11}$ 是散射矩阵元素的第一项(见附录 D)。

散射相函数和散射截面通过下式相关联:

$$\Phi(\theta, \varphi) = \frac{1}{C_s} \frac{\mathrm{d}C_s}{\mathrm{d}\Omega} \tag{13.13a}$$

式中　　$\mathrm{d}C_s/\mathrm{d}\Omega$ —— 散射截面在立体角内的变化。

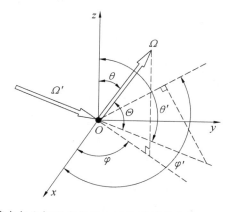

图 13.3　笛卡尔坐标系中关于入射和散射强度的描述($\Theta$ 是散射角)

散射截面通过积分 $S_{11}$ 来获得:

$$C_s = \frac{1}{\eta^2} \int_{\varphi=0}^{2\pi} \int_{\theta=0}^{\pi} S_{11}(\theta, \varphi) \sin\theta \mathrm{d}\theta \mathrm{d}\varphi \tag{13.13b}$$

因为相函数是概率函数,可均一化为

$$\frac{1}{4\pi}\int_{\varphi=0}^{2\pi}\int_{\theta=0}^{\pi}\Phi(\theta,\varphi)\sin\theta\mathrm{d}\theta\mathrm{d}\varphi=1 \tag{13.13c}$$

在辐射传输文献中,有两个术语被广泛用于定义散射角截面。

(1) 各向同性散射。各向同性散射是指散射强度在各个方向上均匀分布,散射相函数 $\Phi(\theta,\varphi)=1$。然而一方面在自然界中,没有任何物体能均匀地散射光,因此这种简化只能看作是数学处理上的方便方法。另一方面,一些填充介质(包括沙子和雪)有向各个方向均匀分散的趋势,可近似采用各向同性散射来求解这种介质中的辐射传输问题;但在这种情况下,各向同性散射对应的是介质,而不是单粒沙子或雪颗粒。

(2) 各向异性散射。各向异性散射实际上适用于自然界中所有的散射截面。由式(13.12)可知,物质散射光的角剖面随极角和方位角的变化而变化,在许多应用中,可以假设方位对称;因此,计算时可能需要只与极坐标有关的角,然后可导出 $\Phi(\theta,\varphi)=\Phi(\theta)$。

# 13.2　单个大粒子的辐射特性 —— 几何光学及衍射理论

单个粒子辐射问题的解,可以归结为一束平面电磁波投射到一给定形状、尺寸及光学常数粒子的麦克斯韦方程的解。粒子形状包括球形、柱形、椭球形等,这些解为进一步求粒子的辐射、吸收和散射特性提供了基本参数。目前,广泛使用的是适用于均匀球形粒子的 Lorenz-Mie 理论。

当粒子尺度参数很大时($\chi\gg1$),米氏散射理论需要非常多的级数展开项,才能保证计算精度,且收敛速度很慢。然而在这种情况下,可以使用简单的几何光学,将衍射与反射、折射分别处理。界定米氏公式可以简化的两个参数:尺度参数 $\chi$ 及粒子复折射率 $m$。

$$\begin{cases}\chi\ll1\text{ 且 }\chi|m-1|\ll1\text{:瑞利散射理论}\\\chi\gg1\text{ 且 }\chi|m-1|\gg1\text{:几何光学及衍射理论}\\|m-1|\ll1\text{ 且 }2\chi|m-1|\ll1\text{:Rayleigh-Gans 散射理论}\\\chi\gg1\text{ 且 }|m-1|\ll1\text{:Anomalous 衍射理论}\end{cases} \tag{13.14a}$$

如果大粒子的辐射行为可以用几何光学来描述,和表面辐射一样,其反射特性可分为镜反射与漫反射两种极限,并且根据粒子的材料性质又可分为透明、不透明与半透明3 种。考虑这些区别,大粒子可分为多种类型,如镜反射半透明、镜反射不透明、漫反射半透明等。大粒子的透明程度与 $4\pi Dk/\lambda=4\chi k$ 有关,$k$ 为粒子材料的吸收指数,$k$ 越大,进入粒子内部能量的衰减就越强;$\chi$ 大,粒子内部光程相对于入射波长就长,故衰减也强。所以当 $4\chi k$ 很大时,粒子可认为是不透明的。令 $\gamma$ 为透射率,存在下列关系:

$$\begin{cases}4\chi k\gg1,\text{为不透明大粒子},\gamma=0\\4\chi k\approx1,\text{为半透明大粒子},\rho+\gamma=1\\4\chi k\ll1,\text{为透明大粒子}\end{cases} \tag{13.14b}$$

在之后的内容中将确定不透明大球粒子的散射特性,即折射到粒子中的任何光线都被完全吸收而不会再从另一个位置离开球体。讨论这个问题时需要额外假设 $\chi k\gg1$。因此,只要 $\chi\gg1$,$k$ 的值就可以很小,这就导致对于金属粒子来说,"大颗粒"意味着 $\chi\gg10$;

而对近电介质来说"大颗粒"则可能意味着 $\chi \gg 10\,000$。

虽然电磁波理论总是假设表面光滑,可以产生镜面反射,但对非常大的球体(与波长相比)而言,球体表面的粗糙度可能比波长大,这将会产生非镜面反射。处理非常不规则的方向反射波是很困难的(就像处理表面辐射传输一样),但对于完全漫反射的极端情况也可以直接分析(类似于对表面辐射的处理)。

本节仅介绍大球粒子镜反射、漫反射、衍射的辐射特性,以及同时考虑多种散射形式的散射相函数。推导有两个前提:① 粒子为球形,原因见上节;② 投射辐射是平行的,即光源距粒子无限远。单个粒子的辐射特性都用吸收、散射、衰减因子或截面等表示,其相函数比较复杂,单列若干节介绍,见 13.2.2 ～ 13.2.5 节。

### 13.2.1　大球粒子的吸收、散射与衰减因子

若投射到直径为 $D$ 的球形粒子上的光谱能量为 $W_{i,\lambda}$,粒子表面光谱吸收率为 $\alpha_\lambda$,光谱反射率为 $\rho_\lambda$,光谱透射率为 $\gamma_\lambda$,则粒子的吸收能量为 $\alpha_\lambda W_{i,\lambda}$,反射能量为 $\rho_\lambda W_{i,\lambda}$,穿透能量为 $\gamma_\lambda W_{i,\lambda}$。

如果投射为平行波束,粒子产生的衍射称为夫琅和费衍射。根据光学的巴俾涅定理可知,小球夫琅和费衍射的强度大小与分布和同样半径的圆孔衍射是一样的。小孔衍射的能量等于投射到孔上的能量,所以小球衍射能量为 $W_\lambda = W_{i,\lambda}$。衍射能量的分布为

$$\frac{I(Z)}{I(0)} = \frac{J_1^2(Z)}{(Z/2)^2}$$

$$Z = \frac{\pi D \sin \Theta}{\lambda} = \chi \sin \Theta \qquad\qquad (13.15)$$

式中　　$Q$—— 散射角(投射方向与散射方向的夹角);

　　　　$I(Z)$ ——$\Theta$ 方向的散射强度;

　　　　$I(0)$——$\Theta = 0$ 方向的散射强度;

　　　　$J_1$ —— 一阶贝塞尔函数。

其衍射强度分布可如图 13.4 所示。由此分布可看出大粒子的衍射主要在前向,大部分射线没有拐弯,并且粒子越大、能量越集中在前向,故大粒子的衍射通常可忽略不计。

一般情况下,大粒子的衰减、吸收及散射因子的表达式非常简单:随着尺寸参数 $\chi$ 趋于无穷,衰减因子逐渐接近 2,且所有大粒子的衰减因子与粒子的材料及形状无关:

$$Q_{e\lambda} = Q_{a\lambda} + Q_{s\lambda} = \alpha_\lambda + \rho_\lambda + \gamma_\lambda + 1 = 2 \quad (\text{若忽略衍射},Q_{e\lambda} = 1) \quad (13.16a)$$

其中,数值 1 是由粒子的吸收、折射(透射)及反射引起的,这部分衰减截面积正好等于粒子的几何投影面积;其余的部分是绕射过粒子边缘的衍射引起的,只能用波动光学解释,这部分能量没有直接接触到粒子,数值上等于投射到粒子上的能量。

上述关系式被称为"衰减悖论""消光悖论",这个极限表明,一个大粒子从入射光束中消除的光能量是它能截获光量的两倍。这个关系最早由 Van de Hülst 进行了讨论,造成这种额外消光的原因是在粒子周围的平面平行光束的衍射超出了粒子本身的物理结构。由于在几何光学中,用于反射和吸收粒子的投影面积为 $\pi R^2$,这意味着消光效率的一半是由衍射引起的。剩下一半中,由吸收以及反射引起的部分则是由复折射率 $m$ 的值或球面

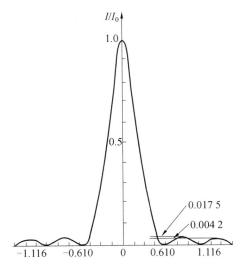

图 13.4　大粒子衍射强度分布

的反射率所决定。

对大粒子来说,衍射能量主要在前向。大粒子的吸收、散射因子与粒子的本身特性有关:

$$Q_{a\lambda} = \frac{粒子的吸收能量}{粒子的投射能量} = \frac{\alpha_\lambda W_{i,\lambda}}{W_{i,\lambda}} = \alpha_\lambda = 1 - \rho_\lambda - \gamma_\lambda \qquad (13.16b)$$

$$Q_{s\lambda} = \frac{粒子的散射能量}{粒子的投射能量} = \frac{\rho_\lambda W_{i,\lambda} + \gamma_\lambda W_{i,\lambda} + W_{i,\lambda}}{W_{i,\lambda}} = \rho_\lambda + \gamma_\lambda + 1 \qquad (13.16c)$$

$$忽略衍射,Q_{s\lambda} = \rho_\lambda + \gamma_\lambda;忽略衍射且粒子不透明,Q_{s\lambda} = \rho_\lambda \qquad (13.16d)$$

同理,粒子的吸收截面、散射截面与衰减截面分别为

$$\begin{cases} C_{a\lambda} = \dfrac{Q_{a\lambda}\pi D^2}{4} = \dfrac{\alpha_\lambda \pi D^2}{4} \\[2mm] C_{s\lambda} = \dfrac{(1 + \rho_\lambda + \gamma_\lambda)\pi D^2}{4} \\[2mm] C_{e\lambda} = \dfrac{2\pi D^2}{4} \end{cases} \qquad (13.16e)$$

如果粒子表面光谱发射率为 $\varepsilon_\lambda$,投射辐射源为黑体,发射的辐射强度为 $I_{b\lambda}$,粒子与投射辐射源同温,则从能量平衡原理可得粒子发射的总能量应等于吸收的总能量:

$$\int_0^\infty I_{b\lambda}(Q_{a\lambda} - \varepsilon_\lambda)\,\mathrm{d}\lambda = 0 \qquad (13.17a)$$

上式成立,必有

$$Q_{a\lambda} = \varepsilon_\lambda \quad 或 \quad Q_a = \varepsilon \qquad (13.17b)$$

式(13.16a)的物理意义将在 13.3.3 节的第 2 小节中阐述。

## 13.2.2　不透明大球粒子镜反射相函数 $\Phi_r^s(\Theta)$

对于内部强吸收(相当于内部强反射)大粒子,如尺度参数 $\chi > 25$ 的金属球,散射主要是由反射引起。因此,可以从相对简单的反射关系计算出散射因子 $Q_{s\lambda}$(散射效率因子)。此处考虑具有镜反射表面的大球粒子,这种类型的粒子在工程中很常见,其散射特性可以用于故障诊断或疾病诊断。当粒子的尺度参数 $\chi > 25$,对于可见光(400 ～ 700 nm)而言,相应的粒径大于 5 $\mu$m,在这种情况下,可以采用光线跟踪方法确定反射平面作为光线方向和表面方向的函数。

如图 13.5 所示,一束均匀分布在立体角 $d\Omega_i$ 上、强度为 $I_i$ 的窄射线照射在半径为 $R$ 的不透明镜反射球体上,与入射方向成 $\theta$ 角的无穷小带 $dA_{band}$(球面上一个宽度为 $Rd\theta$、周长为 $2\pi R\sin\theta$ 的投影面积,在图中用阴影表示)在波长范围 $d\lambda$ 内截获的微元辐射能是

$$d^2Q_{i,\lambda} = I_{i,\lambda}d\Omega_i d\lambda (dA_{band}\cos\theta) = (I_{i,\lambda}d\Omega_i d\lambda) \cdot (2\pi R^2\sin\theta\cos\theta d\theta) \quad (13.18a)$$

令入射方向为 $\theta$ 时的方向光谱镜反射率为 $\rho_\lambda^s(\theta)$(镜反射时,入射角等于反射角,部分辐射能被反射到 $2\theta$ 方向),则整个球面反射的能量可以通过对上述微元辐射能的球面积分获得,即

$$dQ_{s\lambda} = I_{i,\lambda}d\Omega_i d\lambda \pi R^2 \int_0^{\frac{\pi}{2}} 2\rho_\lambda^s(\theta)\sin\theta\cos\theta d\theta = \rho_\lambda^s I_{i,\lambda}d\Omega_i d\lambda \pi R^2 \quad (13.18b)$$

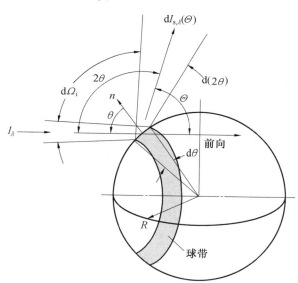

图 13.5　镜反射球面对入射辐射的反射

对于入射在镜面上的各向同性辐射,式(13.18b)中的积分即为光谱半球镜面反射率 $\rho_\lambda^s$(半球反射率在各个方向上的平均值):

$$\rho_\lambda^s = \int_0^{\frac{\pi}{2}} 2\rho_\lambda^s(\theta)\sin\theta\cos\theta d\theta \quad (13.18c)$$

因此,整个球体反射(或散射)的能量为 $I_{i,\lambda}d\Omega_i d\lambda(\pi R^2)\rho_\lambda^s$。

对于颗粒,粒子散射能量为 $\kappa_{s\lambda}I_{i,\lambda}d\Omega_i d\lambda$。因此,粒子的散射截面 $C_{s\lambda}$ 为

$$C_{s\lambda}(D) = \frac{\pi D^2}{4}Q_{s\lambda} = \pi R^2\rho_\lambda^s \quad (13.19)$$

光谱散射因子为

$$Q_{s\lambda} = \rho_\lambda^s \tag{13.20}$$

因此,散射截面等于粒子投影面积乘以半球反射率。对于相同直径 $D$ 的独立散射镜面球粒子系,散射系数 $\kappa_{s\lambda}$ 为

$$\kappa_{s\lambda} = \rho_\lambda^s \frac{\pi D^2}{4} N \tag{13.21a}$$

类似的,对于独立散射、直径为 $D$ 的镜反射,大球粒子系的光谱吸收系数为

$$\kappa_{a\lambda} = (1 - \rho_\lambda^s) \frac{\pi D^2}{4} N \tag{13.21b}$$

从图 13.5 可以看出,球带角度 $\theta$ 处的能量被镜反射到方向 $2\theta$,立体角 $\mathrm{d}\Omega_s$:

$$\mathrm{d}\Omega_s = 2\pi \sin 2\theta \mathrm{d}(2\theta) = 8\pi \sin \theta \cos \theta \mathrm{d}\theta$$

入射辐射散射的强度是单位入射立体角、投影面积和微元波长的反射部分:

$$I_{s,\lambda} = \frac{\rho_\lambda^s I_{i,\lambda} \mathrm{d}\Omega_i (\pi D^2/4) \mathrm{d}\lambda}{\mathrm{d}\Omega_i (\pi D^2/4) \mathrm{d}\lambda} = \rho_\lambda^s I_{i,\lambda} \tag{13.22a}$$

被粒子散射进入 $\mathrm{d}\Omega_s$ 的能量是 $\rho_\lambda^s(\theta) I_{i,\lambda} \mathrm{d}\Omega_i \mathrm{d}\lambda (\pi D^2/4) 2\sin \theta \cos \theta \mathrm{d}\theta$。则向 $2\theta$ 方向散射的强度为

$$I_{s,\lambda}(2\theta) = \frac{\rho_\lambda^s(\theta) I_{i,\lambda} \mathrm{d}\Omega_i \mathrm{d}\lambda (\pi D^2/4) 2\sin \theta \cos \theta \mathrm{d}\theta}{\mathrm{d}\Omega_i \mathrm{d}\lambda (\pi D^2/4) \mathrm{d}\Omega_s} = \frac{\rho_\lambda^s(\theta) I_{i,\lambda}}{4\pi} = \frac{I_{s,\lambda}}{4\pi} \frac{\rho_\lambda^s(\theta)}{\rho_\lambda^s} \tag{13.22b}$$

将其代入式(13.18b),则

$$\Phi_{p,r,\lambda}^s(2\theta) = \frac{\rho_\lambda^s(\theta)}{\rho_\lambda^s} \tag{13.23a}$$

在图 13.5 中角 $2\theta$ 与角 $\Theta$ 有关,$\Theta = \pi - 2\theta$,因此,相对于正向散射方向,有

$$\Phi_{p,r,\lambda}^s(\Theta) = \frac{\rho_\lambda^s[(\pi - \Theta)/2]}{\rho_\lambda^s} \tag{13.23b}$$

其中,$\rho_\lambda^s(\theta)$ 为光谱方向镜反射率,由 Fresnel 反射定律计算;$\theta_i = \theta = (\pi - \Theta)/2$ 为相对粒子表面法向的入射角;$\Theta$ 为散射角;$\rho_\lambda^s$ 为半球光谱镜反射率,见式(13.18c)。

对于非极化入射辐射,介电球体的镜反射率 $\rho_\lambda^s(\theta_i)$ 由式(4.46) 得

$$\rho_\lambda^s(\theta_i) = \frac{1}{2} \frac{\sin^2(\theta_i - \theta_t)}{\sin^2(\theta_i + \theta_t)} \left[1 + \frac{\cos^2(\theta_i + \theta_t)}{\cos^2(\theta_i - \theta_t)}\right], \quad \frac{\sin \theta_t}{\sin \theta_i} = \frac{n_1}{n_2} \tag{13.24}$$

式中　　$\theta_i$ —— 入射角;

　　　　$\theta_t$ —— 折射角。

粒子在相对于环境的各种不同折射率比 $n_2/n_1$ 下,$\rho_\lambda^s \Phi^s(\Theta)$ 值如图 13.6 所示。对于电介质[①],垂直入射的镜反射率 $\rho_\lambda^s(\theta_i)$ 通常比倾斜入射的反射率 $\rho_\lambda^s(\theta_i) I_{i,\lambda} \mathrm{d}\Omega_i \mathrm{d}\lambda \mathrm{d}A\cos \theta_i$ 要小。因此在图 13.6 中,来自球体的前向散射(在 $\Theta = 0$ 处)是 1,而后向散射(在 $\Theta = x$ 处)很小。

对其他形状的粒子也可以进行类似的分析。以大冰粒子为例,在本章参考文献[39]

---

　　① 注意,在材料为电介质的情况下,与折射率 $n$ 相比,吸收指数 $k$ 可以忽略不计;假设 $k$ 足够大,则使球体不透明。

中, Bi 等对这种分析方法的准确性进行了评估, 较新的文献也可以从这篇文章中获得。

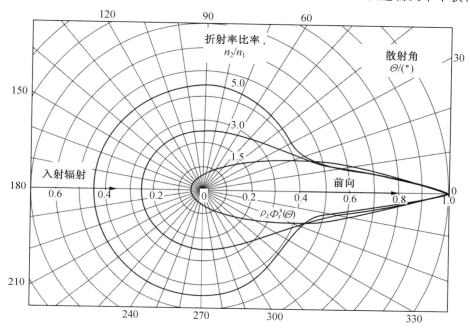

图 13.6　与球内辐射波长相比较大的镜面反射介质球的散射图, $\chi \gg 1$

## 13.2.3　不透明大球粒子漫反射相函数 $\Phi_r^d(\Theta)$

当粒子表面状况相对入射波长可以认为是粗糙表面时, 粒子表面为漫反射。对于漫反射非透明球形大粒子, 设球面上各处的方向—半球光谱反射率 $\rho_\lambda^d$ 相同。漫反射平面的反射辐射强度在半个空间上均匀分布, 符合兰贝特定律。但是对于漫反射球面, 由于几何原因, 不同方向的反射辐射强度不同。

首先观察 $\Theta$ 方向的粒子反射能量, 如图 13.7(a) 所示。能反射此能量的面, 须满足两个条件: 一是能接受到此反射能量的投射辐射, 二是在反射方向能够看到。满足这两个条件的只有图 13.7(a) 所示由过 $a$、$b$ 两点的经线围成的区域, 此区在球面上, 是个弧形面, 如图 13.7(b) 所示。在该区内取一微元面 $dA$, 入射方向为 $x$ 方向, $dA$ 的法线与 $x$、$z$ 轴分别成 $\varphi_i$、$\theta$ 角, $dA$ 在垂直入射方向的投影面积为 $dA\cos\gamma$。如果 $dA$ 面上入射辐射的立体角为 $d\Omega_i$, 则投射到 $dA$ 面在 $d\lambda$ 内的能量为 $I_\lambda d\Omega_i d\lambda dA\cos\gamma$, 被球体反射的能量为 $\rho_\lambda^d(\gamma)I_\lambda d\Omega_i d\lambda dA\cos\gamma$, 其中 $\rho_\lambda^d(\gamma)$ 是漫反射方向—半球光谱反射率。由于前面已设 $\rho_\lambda^d(\gamma)$ 不依赖于入射角, 即恒等于半球反射率 $\rho_\lambda^d$, 故反射能量的辐射强度在各个方向相同, 符合兰贝特定律。则 $dA$ 面在反射方向 (即 $\Theta$ 方向, 或与 $\boldsymbol{n}$ 成 $\alpha$ 角的方向) 单位立体角 $d\Omega_s$ 内的光谱辐射能量为

$$dW_{s,\lambda}(\alpha) = \frac{\rho_\lambda^d I_\lambda d\Omega_i d\lambda dA\cos\gamma}{\pi}\cos\alpha \tag{13.25}$$

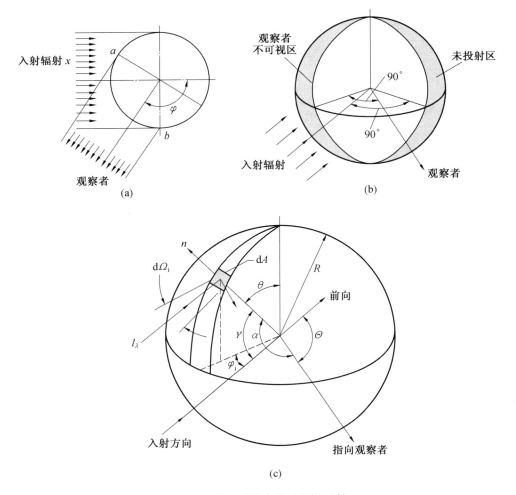

图 13.7　球形大粒子的漫反射

将 $\mathrm{d}W_{\mathrm{s},\lambda}(\alpha)$ 在所有入射面内积分即为 $\alpha$ 方向单位立体角内的总能量 $W_{\mathrm{s},\lambda}(\alpha)$。为积分方便，将式(13.25)化成球面坐标 $(\theta,\varphi_i,\gamma)$，如图 13.8 所示，则 $\mathrm{d}A$ 为

$$\mathrm{d}A = R\mathrm{d}\theta \cdot R\sin\theta\mathrm{d}\varphi_i = R^2\sin\theta\mathrm{d}\theta\mathrm{d}\varphi_i$$

式中　　$R$——球粒子半径。

观察直角三角形 $\triangle Oac$ 及 $\triangle abc$，可以看出

$$\cos\gamma = Oc/Oa$$

$$\sin\theta = ad/Oa$$

$$\cos\varphi_i = Oc/Ob = Oc/ad$$

所以 $\cos\gamma = \sin\theta\cos\varphi_i$。

同理，可得 $\cos\alpha = \sin\theta\cos(\pi - \Theta + \varphi_i)$。将上述两个结果代入式(13.25)，得

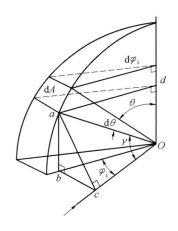

图 13.8　由直角坐标化为球坐标

$$dW_{s,\lambda}(\Theta) = \frac{\rho_{\lambda}^{d} I_{\lambda} d\Omega_{i} d\lambda}{\pi} R^{2} \sin^{3}\theta \cdot \cos\varphi_{i} \cdot \cos(\varphi_{i} + \pi - \Theta) d\theta d\varphi_{i} \qquad (13.26a)$$

将此式对入射面积分,可以得到每单位立体角 $d\Omega_{s}$ 反射到 $\Theta$ 方向的散射能量 $W_{s,\lambda}(\Theta)$ 为

$$W_{s,\lambda}(\Theta) = \frac{\rho_{\lambda}^{d} I_{\lambda} d\Omega_{i} d\lambda}{\pi} R^{2} \int_{\theta=0}^{\pi} \int_{\varphi_{i}=-\frac{\pi}{2}}^{\Theta-\frac{\pi}{2}} \sin^{3}\theta \cos\varphi_{i} \cos(\varphi_{i} + \pi - \Theta) d\varphi_{i} d\theta$$

$$= \frac{\rho_{\lambda}^{d} I_{\lambda} d\Omega_{i} d\lambda}{\pi} R^{2} \cdot \frac{2}{3} (\sin\Theta - \Theta\cos\Theta) \qquad (13.26b)$$

根据方向散射强度的定义, $\Theta$ 方向的方向散射强度为

$$I_{s,\lambda}(\Theta) = \frac{W_{s,\lambda}(\Theta)}{d\Omega_{i} \cdot \pi R^{2}} = \frac{\rho_{\lambda}^{d} I_{\lambda} d\lambda}{\pi^{2}} \cdot \frac{2}{3} (\sin\Theta - \Theta\cos\Theta) \qquad (13.26c)$$

粒子全空间平均的方向散射强度为 $\overline{I_{s,\lambda}} = \rho_{\lambda}^{d} I_{\lambda}/(4\pi)$,根据相函数的定义,得

$$\Phi_{p,r,\lambda}^{d}(\Theta) = \frac{I_{s,\lambda}(\Theta) d\lambda}{\overline{I_{s,\lambda}}} = \frac{8}{3\pi} (\sin\Theta - \Theta\cos\Theta) \qquad (13.27a)$$

或

$$\Phi_{p,r}^{d}(\Theta) = \frac{I_{s}(\Theta)}{\overline{I_{s}}} = \frac{8}{3\pi} (\sin\Theta - \Theta\cos\Theta) \qquad (13.27b)$$

由上式可以看出,漫反射相函数与波长无关。将此式图示于图 13.9,由图可见,漫反射球的相函数显示出一个强烈的后向散射峰,与材料的反射率(或复折射率)无关,最大的散射在 $\Theta = 180°$ 处,即与入射辐射方向相反。

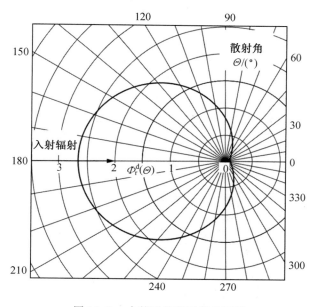

图 13.9　大粒子的漫反射相函数

### 13.2.4　不透明大球粒子衍射相函数 $\Phi_{\mathrm{diffr}}(\Theta)$

衍射是造成大多数粒子表现为前向散射的根本原因,当粒子足够大时,衍射相函数可以表示为

$$\Phi_{\mathrm{p,diffr},\lambda}(\Theta) = \chi^2 \left[ \frac{2J_1(\chi \sin \Theta)}{\chi \sin \Theta} \right)^2 = 4 \frac{J_1^2(\chi \sin \Theta]}{\sin^2 \Theta} \tag{13.28}$$

式中　　$Q$——散射角;

　　　　$J_1$——第一类贝塞尔函数;

　　　　diffr——衍射。

衍射散射只与粒子的尺度参数 $\chi$ 有关,而与物性无关。将式(13.28)图示于图13.10,可知几乎所有的能量都在透射方向 $\Theta < (150/\chi)°$ 的窄锥内向前散射。因此在传热应用中,通常忽略衍射,将其视为透射。而对于没有衍射的大颗粒,有 $Q_e = 1$。

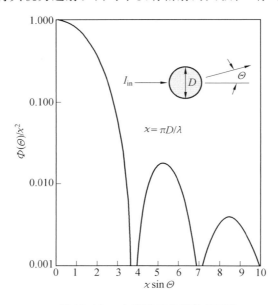

图 13.10　大球粒子的衍射相函数

### 13.2.5　同时考虑多种散射形式的大球粒子散射相函数

前文分别叙述了大球粒子的镜、漫反射和衍射相函数,实际粒子应当同时存在多种散射类型。各类散射相函数的分母是不同类型的半球平均散射强度,因此粒子散射相函数不等于各类相函数的代数和。根据相函数的定义,它的分子应是 $\Theta$ 方向的各类散射强度之和,分母是各类半球平均散射强度之和。下面举例说明。

**1. 半透明大球粒子漫反射、漫折射相函数 $\Phi_{r+t}^d(\Theta)$**

和反射类似,表面比较粗糙的粒子,其折射形式不能视为镜折射;极限情况下,这类粒子可视为漫反射、漫折射,即其射入、射出粒子的辐射强度,以及粒子内部的反射辐射强度在半个空间都是均匀分布的,如图 13.11 所示。

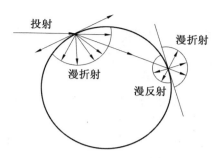

图 13.11　半透明粒子的漫折射

本章参考文献[4]采用蒙特卡罗方法，将漫反射与漫折射放在一起，得出数值解，然后用拟合方法得出大粒子漫反射与漫折射的相函数公式（详细推导见本章参考文献[4]）：

$$\Phi_{\mathrm{p,r+t}}^{\mathrm{d}}(\Theta) = b_1 + b_2 \frac{8}{3\pi}(\sin\Theta + \Theta\cos\Theta) \tag{13.29a}$$

式中：

$$b_1 = (1.116 - 1.346\rho_\lambda^{\mathrm{d}})\exp(-1.794\chi k)$$
$$b_2 = (7.107\rho_\lambda^{\mathrm{d}} + 1.628)\{[1 - \exp(-\chi k/\pi)]^{1.3} + 0.106\} \tag{13.29b}$$

其中，$\rho_\lambda^{\mathrm{d}}$ 为光谱漫反射率；$k$ 为吸收指数。拟合误差小于 $10\%$。

文献[4]还给出了一个判别式：

$$\rho_\lambda^{\mathrm{d}} \geqslant 0.85 - 0.49\chi k \tag{13.30}$$

当 $\rho_\lambda^{\mathrm{d}}$ 满足上式时，大粒子可认为是漫反射非透明体，不需要考虑折射；否则为漫反射半透明体，其相函数用式（13.29a）和式（13.29b）计算。从式（13.30）可看出，当粒子材料的吸收本领 $k$ 大，射线在粒子内部的行程大（即 $\chi$ 大），透出粒子的能量少，粒子可认为是不透明的。用此式判断，误差小于 $7\%$。

**2. 漫反射、衍射不透明大球粒子相函数**

令粒子的投射辐射为 1，则由漫反射引起的半球平均散射强度为 $\rho_\lambda^{\mathrm{d}}/\pi$，由衍射引起的半球平均散射强度为 $Q_{\mathrm{diffr},\lambda}/\pi$。$Q_{\mathrm{diffr},\lambda}$ 为衍射因子，本章参考文献[41]给出的计算式为

$$Q_{\mathrm{diffr},\lambda} = \frac{1}{2}\int_0^\pi \frac{(1 + \cos\Theta)^2}{\sin\Theta}[J^1(\chi\sin\Theta)]^2\mathrm{d}\Theta \tag{13.31}$$

所以相函数为

$$\Phi_{\mathrm{p,r+diffr},\lambda}(\Theta) = \frac{\Phi_{\mathrm{r},\lambda}^{\mathrm{d}}(\Theta)\rho_\lambda^{\mathrm{d}} + \Phi_{\mathrm{diffr},\lambda}(\Theta)Q_{\mathrm{diffr},\lambda}}{\rho_\lambda^{\mathrm{d}} + Q_{\mathrm{diffr},\lambda}} \tag{13.32}$$

**3. 漫反射、漫折射和衍射的半透明大球粒子相函数**

由于未能查到漫折射引起的半球平均散射强度计算式，近似地用镜折射引起的半球平均散射强度计算式代替之，其为 $Q_{\mathrm{t\lambda}}^{\mathrm{s}}/\pi$，$Q_{\mathrm{t\lambda}}^{\mathrm{s}}$ 为镜折射因子，计算式及推导见本章参考文献[42]。相函数为

$$\Phi_{\mathrm{p,r+t+diffr},\lambda}(\Theta) = \frac{\Phi_{\mathrm{r+t\lambda}}^{\mathrm{d}}(\Theta)[\rho_\lambda^{\mathrm{d}} + Q_{\mathrm{t\lambda}}^{\mathrm{s}}] + \Phi_{\mathrm{diffr},\lambda}(\Theta)Q_{\mathrm{diffr},\lambda}}{\rho_\lambda^{\mathrm{d}} + Q_{\mathrm{t\lambda}}^{\mathrm{s}} + Q_{\mathrm{diffr},\lambda}} \tag{13.33}$$

镜折射相函数可见本章参考文献[42]。

# 13.3　微粒的辐射特性与米氏散射理论

从电磁理论的角度看,粒子受到电磁波照射时,不仅会吸收一部分电磁能量,还会由于振荡的电磁场作用发生极化,从而感应出振荡的电磁多极子;这多极子又产生电磁振荡,向各个方向发射电磁波,这就形成了粒子的散射过程。所以可以用电磁理论来计算与分析粒子的辐射特性,米氏散射理论就是电磁理论在粒子辐射中的一种应用。

19 世纪后期,Lord Rayleigh 首先讨论了单个球体对辐射的散射和吸收,他得到了直径远小于辐射波长(小尺寸参数,$\chi \ll 1$)的球体的解析解,这项工作在 19 世纪 90 年代由丹麦物理学家 Lorenz 基于电磁学理论继续进行研究;1908 年 Gustav Mie 的经典论文和 1909 年 Debye 的相关研究紧随其后。Gustav Mie 提出一个麦克斯韦方程的等效解来解决电磁波穿过球体内部介质的传输问题。虽然 Lorenz 的工作早于 Gustav Mie 的工作,但一般称描述吸收性球体的辐射散射理论为"Mie 散射理论";近 60 年来,由于认识到 Lorenz 的贡献,"Lorenz-Mie 散射理论"这个术语也变得流行起来。Kerker 对粒子散射理论的发展历史进行了详尽的回顾。当球体尺寸过大而无法应用瑞利散射理论,而对于几何光学(要求 $\chi \gg 1$ 和 $k\chi \gg 1$)而言球体尺寸又太小时,必须使用复杂的 Lorenz-Mie 散射理论。本章将对米氏散射理论及其部分具有代表性的结论进行简要讨论。

## 13.3.1　米氏散射公式

米氏散射公式是非偏振平面电磁波投射在均质球形粒子时得到的麦克斯韦方程远场解。远场是指距粒子比较远处的电磁场。在实际应用中热辐射系统通常都比粒子尺寸大很多,而到达求解域或观察处的粒子的辐射能量绝大多数处于粒子的远场,所以通常情况都采用远场解。远场解是从麦克斯韦方程的精确解(亦称形式解)简化而来的,详细的推导可见 Van de Hülst、Kerker 以及 Bohren 和 Huffman 等的研究,其表示形式有多种,本节采用本章参考文献[36]的表达式。球粒子的衰减因子 $Q_e$、散射因子 $Q_s$、吸收因子 $Q_a$、散射反照率 $\omega_p$ 和相函数 $\Phi_p$ 的定义见第 8 章,公式分别如下:

$$Q_e(m,\chi) = \frac{C_e}{G} = \frac{2}{\chi^2}\sum_{n=1}^{\infty}(2n+1)\,\text{Re}\{a_n + b_n\} = \frac{4}{\chi^2}\text{Re}\{S_0\} \tag{13.34a}$$

$$Q_s(m,\chi) = \frac{C_s}{G} = \frac{2}{\chi^2}\sum_{n=1}^{\infty}(2n+1)\,(|a_n|^2 + |b_n|^2) \tag{13.34b}$$

$$\omega_p = Q_s/Q_e \tag{13.34c}$$

$$\Phi_p(m,\chi,\Theta) = \frac{2}{Q_s\chi^2}(|S_1(\Theta)|^2 + |S_2(\Theta)|^2) \tag{13.34d}$$

式中　　$G$——球粒子的几何投影面积,$G = \pi D^2/4$,$\text{m}^2$ 或 $\mu\text{m}^2$;

$\omega_p$——单个粒子的散射反照率;

$\Phi_p$——单个粒子的散射相函数;

$\Theta$——散射角;

Re——取复数实部；

$S_1$, $S_2$——复数幅值函数（也称散射函数）；

$S_0$——前向幅值函数，$S_0 = S_1(0) = S_2(0)$。

$a_n$ 与 $b_n$ 称为米氏散射系数，计算式如下：

$$a_n = \frac{\psi'_n(m\chi)\psi_n(\chi) - m\psi_n(m\chi)\psi'_n(\chi)}{\psi'_n(m\chi)\xi_n(\chi) - m\psi_n(m\chi)\xi'_n(\chi)} \tag{13.35a}$$

$$b_n = \frac{m\psi'_n(m\chi)\psi_n(\chi) - \psi_n(m\chi)\psi'_n(\chi)}{m\psi'_n(m\chi)\xi_n(\chi) - \psi_n(m\chi)\xi'_n(\chi)} \tag{13.35b}$$

其中，符号上带一撇表示对自变量求导数；$\xi_n = \psi_n - i\zeta_n$；$\psi_n$ 及 $\zeta_n$ 为 Ricatti-Bessel 函数，分别与第一类 Bessel 函数 $J_n$ 及 Hankel 函数 $H_n$ 相关：

$$\psi_n(z) = \left(\frac{\pi z}{2}\right)^{1/2} J_{n+1/2}(z) , \quad \zeta_n(z) = \left(\frac{\pi z}{2}\right)^{1/2} H_{n+1/2}(z) \tag{13.36}$$

式（13.36）满足下面的递推关系：

$$\psi_{n+1}(z) = \frac{2n+1}{z}\psi_n(z) - \psi_{n-1}(z), \quad \psi_{-1}(z) = \cos z, \quad \psi_0(z) = \sin z \tag{13.37a}$$

$$\zeta_{n+1}(z) = \frac{2n+1}{z}\zeta_n(z) - \zeta_{n-1}(z), \quad \zeta_{-1}(z) = -\sin z, \quad \zeta_0(z) = \cos z \tag{13.37b}$$

复数幅值函数计算式如下：

$$S_1(\Theta) = \sum_{n=1}^{\infty} \frac{2n+1}{n(n+1)} [a_n \pi_n(\cos\Theta) + b_n \tau_n(\cos\Theta)] \tag{13.38a}$$

$$S_2(\Theta) = \sum_{n=1}^{\infty} \frac{2n+1}{n(n+1)} [a_n \tau_n(\cos\Theta) + b_n \pi_n(\cos\Theta)] \tag{13.38b}$$

式中　　$\Theta$——散射角；

　　　　$\pi_n$, $\tau_n$——散射角函数，其定义式分别为

$$\pi_n(\cos\Theta) = \frac{\mathrm{d}P_n(\cos\Theta)}{\mathrm{d}\cos\Theta} \tag{13.39a}$$

$$\tau_n(\cos\Theta) = \cos\Theta\pi_n(\cos\Theta) - \sin^2\Theta\frac{\mathrm{d}\pi_n(\cos\Theta)}{\mathrm{d}\cos\Theta} \tag{13.39b}$$

其中，$P_n$ 为勒让德多项式，满足下面递推关系：

$$P_n(z) = \frac{2n-1}{n}zP_{n-1}(z) - \frac{n-1}{n}P_{n-2}(z), \; P_0(z) = 1, \; P_1(z) = z \tag{13.40}$$

可以利用散射非对称因子 $\Upsilon$ 的概念，简单、直观地表达散射能量分布的方向性。该因子定义为散射角余弦的平均值，表示单个粒子前、后半球散射份额的相对比率，定义式如下：

$$\Upsilon = \overline{\cos\Theta} = \frac{1}{4\pi}\int_{4\pi} \Phi_p(\Theta)\cos\Theta\mathrm{d}\Omega \tag{13.41a}$$

当入射辐射为偏振光并且粒子对称时（如球形粒子），粒子散射是周向对称的，即相函数与周向角（圆周角）无关。如无特殊说明，本章散射相函数皆与周向角无关。此时

$$\Upsilon = \overline{\cos\Theta} = \frac{1}{2}\int_0^\pi \Phi_p(\Theta)\cos\Theta\sin\Theta\mathrm{d}\Theta \tag{13.41b}$$

$\Upsilon$ 的取值范围为 $[-1,1]$，当 $\Upsilon=0$ 时表示前后对称散射；当 $\Upsilon>0$ 时表示前半球散射占优，随着 $\Upsilon \to 1$，前半球散射的比例不断增加；当 $\Upsilon<0$ 时表示后半球散射占优，随着 $\Upsilon \to -1$，后半球散射的比例不断增加。也可以用前半球散射份额 $F$ 或后半球散射份额 $B$ 表示散射的方向特性：

$$F = \frac{1}{2} \int_0^{\frac{\pi}{2}} \varPhi_{\mathrm{p}}(\varTheta) \sin \varTheta \mathrm{d}\varTheta \tag{13.42a}$$

$$B = 1 - F = \frac{1}{2} \int_{\frac{\pi}{2}}^{\pi} \varPhi_{\mathrm{p}}(\varTheta) \sin \varTheta \mathrm{d}\varTheta \tag{13.42b}$$

$F$ 与 $B$ 均在 $0 \sim 1$ 间变化，当 $F=B=0.5$ 时为前后对称散射；当 $F>0.5$ 或 $B<0.5$ 时为前向散射占优，反之则为后向散射占优；$F$ 越大则前向散射比例越大，$B$ 越大则后向散射比例越大。

综上所述，米氏散射计算的核心是求米氏散射系数 $a_n$、$b_n$ 及散射角函数 $\pi_n$ 和 $\tau_n$。$a_n$ 与 $b_n$ 都是具有复数自变量的复杂函数，容易出现解不稳定的问题。此外，若粒子材料的复折射率与尺度参数较大，即为大粒子，其米氏级数收敛很慢（见 13.2 节）。

所以，虽然米氏散射理论解早在 1908 年就已得出，但任意大小尺度参数与复折射率的米氏散射公式计算一直到 20 世纪 60 年代才完成。一方面是由于计算繁杂，必须借助 20 世纪 60 年代才出现的电子计算机；另一方面是由于将米氏散射公式直接编程往往会导致解的不稳定，而一直到 1968 年才有比较完整的算法发表，此后陆续又出现了多种新算法或改进的算法，以及一些具有一定精度或适合一定范围的近似算法，这些算法的出现提高了精度，扩大了参数范围，减少了计算机内存或缩短了计算时间。本章参考文献[7，35，46]给出了球形粒子的散射计算源程序。

### 13.3.2　米氏散射公式的极限

某些极限情况下，米氏散射公式可以简化。确定极限的参数有两个：一是尺度参数 $\chi$，二是粒子的复折射率 $m$。当尺度参数很小，且复折射率不是很大时，即 $\chi|m-1| \ll 1$ 时，米氏散射可简化为瑞利散射；当尺度参数很大，且复折射率不是很小时，即 $\chi|m-1| \gg 1$ 时，米氏散射逼近几何光学及衍射理论解（见 13.2 节）。此外还有多种近似，例如：适合吸收指数很小的介电质粒子；适合尺度参数比较大、折射率接近 1 的粒子，如水滴等。本节只介绍瑞利散射与光滑大粒子散射。

#### 1. 瑞利散射

米氏散射公式可以展开成以尺度参数 $\chi$ 为变量的幂级数。当 $\chi|m-1| \ll 1$ 时，与级数第一项相比，第二项及其以后诸项都很小，可忽略不计，只要取第一项即可得出小粒子解。这就是 19 世纪 Rayleigh 完成的小粒子散射理论，通常称为瑞利散射理论。

瑞利散射理论的适用范围与粒子的尺度参数 $\chi$ 及复折射率 $m$ 有关。不同复折射率 $m$ 值具有不同尺度参数 $\chi$ 的界限值。本章参考文献[39]认为 $\pi D/\lambda_{\mathrm{m}}$（$\lambda_{\mathrm{m}}$ 为粒子介质内的波长）小于 $0.6/n$ 就可以用瑞利散射近似法。文献[14]引用了本章参考文献[47]的计算结果，此文献根据一系列的 $\chi$ 与 $m$ 值，分别计算了瑞利散射理论与米氏散射理论的衰减效率因子，将两者相比，求出瑞利散射的误差。文献[14]中列出了表格，可供在不同误差要求下,选择适合瑞利散射的极限 $\chi$ 与 $m$ 值。从结果可看出,在同一误差下,$m$ 值减小,$\chi$ 值变大。

瑞利散射的散射因子、吸收因子、衰减因子与相函数计算式如下:

$$Q_{s\lambda} = \frac{8}{3}\chi^4 \left| \frac{m^2-1}{m^2+2} \right|^2 = \frac{8}{3}\chi^4 \frac{\left[(n^2-k^2-1)(n^2-k^2+2)+4n^2k^2\right]^2+36n^2k^2}{\left[(n^2-k^2+2)^2+4n^2k^2\right]^2}$$

$$(13.43a)$$

$$Q_{e\lambda} = -4\chi \operatorname{Im}\left(\frac{m^2-1}{m^2+2}\right) = \chi \frac{24nk}{(n^2-k^2+2)^2+4n^2k^2} \approx Q_{a\lambda} \qquad (13.43b)$$

$$\Phi_{p,\mathrm{Ray}}(\Theta) = \frac{3}{4}(1+\cos^2\Theta) \qquad (13.43c)$$

式中　　Im——取虚部。

从式(13.43a)可看出散射能量与入射波长的 4 次方成反比。如果投射辐射是全波长的,则短波部分具有更强的瑞利散射。这可用于解释一些常见的自然现象,例如:太阳光通过大气层时,波长较短的蓝色光被大气分子大量地散射到四周空间去,所以从地球上看天空,天空是蓝色的。同样也可以解释为什么落日比正午的太阳的颜色会红些,这是因为落日的阳光经过的大气层要比中午的厚,有更多的短波光被散射,故在落日直射到人眼的光中,红色的长波光相对多一些,所以人觉得落日比较红。

由散射截面公式与吸收截面公式可看出,散射能量正比于粒径的 6 次方,而吸收能量正比于粒径的 3 次方。所以随着粒径减小,散射能量的减少要比吸收能量的减少更快。由相函数公式(13.43c)可以看出,在尺度参数满足瑞利散射的条件下,瑞利散射与粒子物性、尺度参数无关,而且前、后向的散射能量是对称的,如图 13.12(a)所示。

瑞利散射多用于分子散射(如大气散射),可用于可见光及红外信息在大气中的传输。但一般工程中的气体体积比大气小得多,其散射能量很小,故可忽略不计。某些情况下,瑞利散射也用于红外光谱下的细微炭黑粒子和某些细金属或非金属粉末的散射。

**2. 光滑大粒子散射**

当尺度参数很大时,米氏散射理论解趋近镜表面球形大粒子的几何光学及衍射理论解。此时米氏散射理论要取很多项,计算收敛速度很慢,所以需要用几何光学及衍射理论来求解(见 13.2.2 节)。镜表面球形大粒子的几何光学及衍射理论与米氏散射理论的界线,与瑞利散射理论一样,和粒子材料的复折射率与尺度参数有关,不同的复折射率有不同的尺度参数界线值。本章参考文献[39]介绍:只要 $\pi D/\lambda_m$ 大于 5,几何光学及衍射理论即可适用,其中 $\lambda_m$ 为粒子内部的波长。实际上,不同的误差要求,有不同的极限数值。例如,对于煤灰粒子,其复折射率具有一定范围,本章参考文献[48]推荐:当 $\chi > 10$ 时,即可用几何光学及衍射理论。

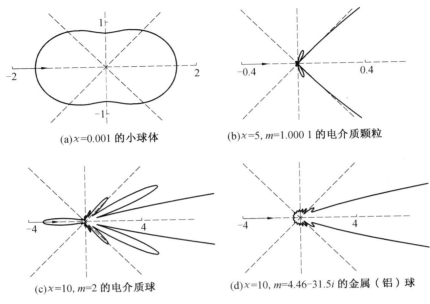

(a)$x=0.001$ 的小球体　　　　　(b)$x=5$，$m=1.000\ 1$ 的电介质颗粒

(c)$x=10$，$m=2$ 的电介质球　　　　(d)$x=10$，$m=4.46-31.5i$ 的金属（铝）球

图 13.12　　单个球形粒子散射相函数的极图

### 13.3.3　米氏散射特性分析

米氏散射特性与粒子尺度参数和复折射率密切相关且变化复杂，此处仅进行一般性介绍。

**1. 球形粒子米氏散射相函数**

当粒子的尺度参数较小时（在瑞利散射范围内），散射能量的分布基本上与光学常数无关，而且前、后向的散射能量对称。当复折射率不变，粒子尺度参数逐渐增大时，前、后向的散射能量会出现非对称性，前向要比后向的大，但相函数图还是光滑的。当 $\chi>1$ 时，相函数图开始产生一些峰和谷；当 $\chi>10$ 时，相函数图出现振荡，变得相当复杂。而粒子散射能量的最大值一般位于入射辐射的前向上，这主要是由衍射引起的。

图 13.12 展示了一些有代表性的散射相函数。图 13.12(a) 为极小粒子的散射行为（瑞利散射）：散射与垂直于入射光束的平面对称，并且几乎是各向同性，有轻微的前向和后向散射峰，对侧面的散射稍小。图 13.12(b) 显示了折射率接近相同的粒子的散射（Rayleigh-Gans 散射）：几乎所有的散射能量在正前方向，只有很少部分在其他方向。当尺寸参数增加时，这种情况更显著。图 13.12(c) 给出了典型电介质的相函数，散射有很强的正向分量；另外，散射行为在不同的散射角下表现出突变的最大值和最小值，其幅度比 Rayleigh-Gans 散射的幅度大得多。图 13.12(d) 显示了典型金属颗粒的散射特性，除了一个很强的正向散射峰外，这些粒子相比电介质表现出较小的振荡程度。

米氏散射相函数与复折射率的关系比较复杂。如果尺度参数不变，复折射率的虚部——吸收指数加大，粒子的反射及穿透减少，但对不经过粒子内部的衍射影响不大。吸收指数较小时，吸收指数的增加会使前向散射占总散射能量的比例略微增加。但吸收指数较大时，吸收指数的增加会使后向散射占总散射能量的比例经过最小值后又重新变大。

### 2. 球形粒子米氏吸收、散射及衰减因子

米氏散射因子随尺度参数的变化,具有规则的阻尼振荡特性,如图 13.13 所示。图中曲线对应的吸收指数 $k=0$,所以吸收因子为 0,$Q_{e\lambda}=Q_{s\lambda}$。由图可以看出,几条曲线虽然折射指数 $n$ 不同,但是 $Q_{e\lambda}$ 随 $2\chi(n-1)$ 的变化形式却十分类似。随着 $2\chi(n-1)$ 的加大,$Q_{e\lambda}$ 逐渐趋于在渐近值 2 附近进行阻尼振荡;但并不以 $Q_{e\lambda}=2$ 处作为振荡对称轴,而是在大于 2 侧振荡偏大;然后随着 $2\chi(n-1)\rightarrow\infty$ 而趋近 2,与大粒子几何光学和衍射理论得出的式(13.16a)一致。若以 $2\chi(n-1)$ 为横坐标,$Q_{e\lambda}$ 的峰值区位置几乎与折射指数无关,但峰值的幅度与折射指数有关。由图还可以看出,$n$ 越接近于 1 时,曲线越光滑,随着折射指数变大,曲线出现脉动,它们叠加在主振荡之上。

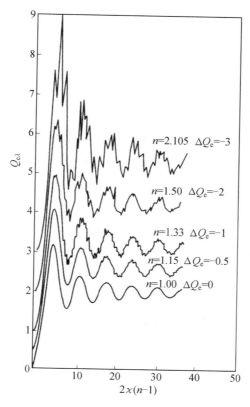

图 13.13　米氏散射因子随尺度参数的变化

从图 13.13 可见,大部分情况下 $Q_{e\lambda}=Q_{s\lambda}$ 且大于 1,它的物理意义是:衰减的能量大于直接投射到粒子上的能量。但人们的直觉常是,最大的衰减能量似乎应该是粒子挡住的能量,即 $Q_{e\lambda}$ 最大等于 1。所以此结论刚出现时,人们把它称为"衰减佯谬""衰减悖论""消光悖论",后来才得到正确的解释:在粒子辐射中,几何光学的概念已不再适用。

图 13.14 显示了一平行光照射一球形铝质小粒子时,粒子周围的波印廷(poynting)矢量(电磁波能流密度矢量)场。在远离粒子处,光线与入射方向平行。但在粒子附近区域,光束变形,强烈收缩;部分光线向粒子偏转,打到粒子表面,致使粒子的吸收范围大于

拦截范围。部分光线没打到粒子上,只改变了方向,属于散射范畴。所以吸收、散射、衰减因子都有可能大于1。

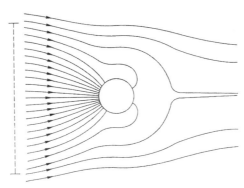

图 13.14　　球形铝质小粒子周围的波印廷矢量(垂直虚线表示有效拦截截面)

大粒子的衰减因子见式(13.16a):$Q_{e\lambda}=2$。其中的1是由吸收、反射等引起,其余的部分由衍射引起。衰减能量是这两部分之和,所以大粒子的 $Q_{e\lambda}=2$。对大粒子来说,衍射能量主要在前向。而人眼或辐射探测器分辨不出哪些能量是入射,哪些能量是衍射,只能将前向的衍射归为直射的入射,所以判别不出衍射是一种衰减,只能错认为 $Q_{e\lambda}=1$。

如果粒子表面光谱发射率为 $\varepsilon_\lambda$,投射辐射源为黑体,发射的辐射强度为 $I_{b\lambda}$,粒子与投射辐射源同温,则从能量平衡原理可知粒子发射的总能量应等于吸收的总能量,得

$$\int_0^\infty I_{b\lambda}\,(Q_{a\lambda}-\varepsilon_\lambda)\,\mathrm{d}\lambda=0$$

上式成立,必有

$$Q_{a\lambda}=\varepsilon_\lambda \quad \text{或} \quad Q_a=\varepsilon$$

由于 $Q_a$ 有可能大于1,所以粒子的发射率也有可能大于1,这也是小粒子辐射与表面辐射的不同之处。

# 13.4　粒子系的辐射特性

实际应用中,通常遇到的都不是单个粒子,而是由多个粒子组成的弥散系,称粒子系(或称粒子群、粒子弥散系)。粒子系包括两种情况:粒子置于非参与性介质(真空或空气)内;粒子置于吸收性介质内。前者本书仍称粒子系,后者本书称其为含粒子介质(系),见13.1节。如无特殊说明本章所提粒子系皆指前一种情况。

研究粒子系中的辐射传输,就要用到粒子系的特性参数,包括衰减系数、反照率及相函数等。虽然后两个参数与单个粒子特性的名称相同,但它们是有差别的。粒子系辐射特性的基础是单个粒子的辐射特性,在此基础上考虑粒子的相互作用、粒子浓度及粒径分布等影响,就可以得到粒子系的辐射特性。

## 13.4.1　独立散射与非独立散射

粒子系中要考虑粒子间的相互作用:一是粒子与其他粒子辐射的相互吸收和散射;二

是粒子辐射场的相互干扰。

对于稀疏的粒子群,可以认为入射辐射对单个粒子的作用不受邻近粒子的影响,即每个粒子的辐射特性不受邻近粒子的干扰,粒子群中每一个粒子的散射与吸收可以按单个粒子来计算。这时粒子群的辐射特性主要取决于单个粒子的辐射特性,这类散射称为独立散射,整个粒子群的辐射特性可认为是各单个粒子辐射特性的叠加。但是须注意:在独立散射的均匀粒子群中,即便每个粒子的辐射特性均相同,但是每个粒子吸收与散射的能量不一定相同。例如,一束平行辐射投射到粒子群中,显然先投射到的粒子的吸收与散射能量比后面的多。在非常稀疏的粒子群中,或者粒子群的光学厚度很薄时,经过粒子一次吸收和散射后的射线可认为再也碰不到粒子,此时可简化为粒子的一次吸收与散射,否则为多次吸收与散射。

当粒子系足够稠密时,粒子辐射场相互干扰,单个粒子对入射辐射的作用会受到邻近粒子的影响,粒子系的散射与吸收不能仅仅按单个粒子来计算,必须考虑粒子辐射场相互干扰的影响,这类粒子系的散射称为非独立散射。

实验表明,独立散射与非独立散射的界限主要取决于粒子间隙与入射波波长之比 $c/\lambda$,见式(13.3),$c$ 为粒子边缘间距。当 $c/\lambda < 0.5$ 时,粒子系的辐射特性如按独立散射计算,误差大于 5%,故此不等式为非独立散射与独立散射的分界。假设粒子排成菱形列阵,粒子间距 $\delta$(粒子与粒子中心间距)与其直径 $D$ 之比可近似写成 $\dfrac{\delta}{D} = \dfrac{0.905}{f_v^{1/3}}$,其中 $f_v$ 表示粒子的体积百分比。由于 $\delta = c + D$,所以

$$\frac{c}{\lambda} = \frac{\delta - D}{\lambda} = \left(\frac{\delta}{D} - 1\right)\frac{D}{\lambda} \tag{13.44}$$

将 $\dfrac{\delta}{D} = \dfrac{0.905}{f_v^{1/3}}$ 式代入,即得非独立散射条件为

$$\left(\frac{0.905}{f_v^{1/3}} - 1\right)\frac{D}{\lambda} < 0.5 \tag{13.45}$$

由上式可见,在相同粒子体积浓度时,大粒子 $\chi \propto D/\lambda \gg 1$,易呈独立散射。工程中出现的独立与非独立散射区域如图 13.15 所示。非独立散射属于"微尺度热辐射"研究范畴,近十余年,微尺度热辐射已成为微纳尺度领域研究的热点之一。

非独立散射比独立散射的吸收系数大。此性质可用于选择性透射,使短波辐射透射,长波辐射被吸收。例如:侦察飞机上的红外相机,在外面蒙上一涂有吸收雷达涂料的丝网。丝网铁丝间的空隙 $c_r$ 与敌方雷达波的波长 $\lambda_r$ 之比为 $c_r/\lambda_r \ll 1$,而空隙 $c_r$ 与红外相机接收波长 $\lambda_i$ 之比为 $c_r/\lambda_i \gg 1$。这样,丝网对雷达波为非独立散射,衰减大;对红外线为独立散射,穿透大,即使在强雷达照射下,也可以得到清晰的红外图像。另外,微波炉窗口装的带孔屏也有此作用:令孔径为 $c_l$,可见光光波为 $\lambda_l$,如 $c_l/\lambda_l \gg 1$,则可见光可穿过,从外面可以看到里面;令微波波长为 $\lambda_m$,如 $c_l/\lambda_m \ll 1$,则微波能量不能溢出。

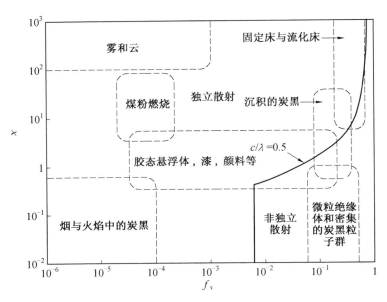

图 13.15　工程中出现的独立与非独立散射区域

### 13.4.2　稀疏粒子系的辐射特性

粒子系的辐射特性与所含粒子的光学常数、粒子含量及粒子系的粒径分布有关。稀疏粒子系属于独立散射,假设:对入射辐射,粒子相互不遮蔽,每个粒子都为独立散射,则粒子系的衰减、散射与吸收系数为单个粒子各参数的代数和。若粒子系只含一种粒子,并且粒径分布是非连续变化的,则粒子系的衰减系数 $\kappa_e$、散射系数 $\kappa_s$、吸收系数 $\kappa_a$ 及散射反照率 $\omega$ 可以表示为

$$
\begin{cases}
\kappa_{a\lambda} = \sum_{i=1}^{n} N_i C_{a\lambda,i} = \frac{\pi}{4} \sum_{i=1}^{n} D_i^2 N_i Q_{a\lambda,i} = 1.5 \sum_{i=1}^{n} Q_{a\lambda,i} \frac{f_{v,i}}{D_i} \\
\kappa_{s\lambda} = \sum_{i=1}^{n} N_i C_{s\lambda,i} = \frac{\pi}{4} \sum_{i=1}^{n} D_i^2 N_i Q_{s\lambda,i} = 1.5 \sum_{i=1}^{n} Q_{s\lambda,i} \frac{f_{v,i}}{D_i} \\
\kappa_{e\lambda} = \kappa_{a\lambda} + \kappa_{s\lambda} = \sum_{i=1}^{n} N_i C_{e\lambda,i} = \frac{\pi}{4} \sum_{i=1}^{n} D_i^2 N_i Q_{e\lambda,i} = 1.5 \sum_{i=1}^{n} Q_{e\lambda,i} \frac{f_{v,i}}{D_i}
\end{cases}
\tag{13.46a}
$$

$$
\omega = \kappa_s / (\kappa_a + \kappa_s) = \kappa_s / \kappa_e
\tag{13.46b}
$$

式中　　$N_i$ —— 粒径为 $D_i$ 的粒子数密度;

$C_{e\lambda,i}$ —— 粒径为 $D_i$ 的单粒子的衰减截面积;

$C_{s\lambda,i}$ —— 粒径为 $D_i$ 的单粒子的散射截面积;

$C_{a\lambda,i}$ —— 粒径为 $D_i$ 的单粒子的吸收截面积;

$Q_{e,i}$ —— 粒径为 $D_i$ 的单粒子的衰减因子;

$Q_{s,i}$ —— 粒径为 $D_i$ 的单粒子的散射因子;

$Q_{a,i}$ —— 粒径为 $D_i$ 的单粒子的吸收因子;

$f_{v,i}$ —— 粒径为 $D_i$ 的粒子的体积百分比(粒子体积占粒子系总体积的份额),

$f_{v,i} = \pi D_i{}^3 N_i / 6$。

由于粒子系内粒子尺度不同，散射能量在各方向上的分布规律也不同，因此粒子系的相函数是不同粒径粒子相函数结合对应粒径粒子数密度加权平均得到：

$$\Phi_\lambda(\Theta) = \frac{1}{\kappa_{s\lambda}} \sum_{i=1}^{n} N_i C_{s\lambda,i} \Phi_{p,\lambda,i}(\Theta) = \frac{1}{\kappa_{s\lambda}} \sum_{i=1}^{n} \frac{\pi}{4} D_i^2 N_i Q_{s\lambda,i} \Phi_{p,\lambda,i}(\Theta) \qquad (13.47)$$

式中　$\Phi_{p,i}(\Theta)$ —— 粒径为 $D_i$ 的单粒子散射相函数。

当粒径为连续分布时，由式(13.6)可知，各参数相应为

$$\kappa_{s\lambda} = \int_0^\infty N(D) C_{s\lambda} \mathrm{d}D = 1.5 \int_0^\infty Q_{s\lambda} \frac{f_v(D)}{D} \mathrm{d}D = \frac{\pi N_0}{4} \int_0^\infty D^2 Q_{s\lambda} P(D) \mathrm{d}D \quad (13.48a)$$

$$\kappa_{e\lambda} = \int_0^\infty N(D) C_{e\lambda} \mathrm{d}D = 1.5 \int_0^\infty Q_{e\lambda} \frac{f_v(D)}{D} \mathrm{d}D = \frac{\pi N_0}{4} \int_0^\infty D^2 Q_{e\lambda} P(D) \mathrm{d}D \quad (13.48b)$$

$$\Phi_\lambda(\Theta) = \frac{1}{\kappa_{s\lambda}} \int_0^\infty C_{s\lambda}(D) \Phi_{p,\lambda}(D,\Theta) N(D) \mathrm{d}D \qquad (13.49)$$

式中　$N(D)$ —— 粒子数密度分布，$\mathrm{m}^{-3} \cdot \mu\mathrm{m}^{-1}$；

$f_v$ —— 粒子的体积百分比，$f_v = \pi \int_0^\infty D^3 N(D) \mathrm{d}D / 6$；

$P(D)$ —— 粒子粒径分布函数，$P(D) = N(D)/N_0$，$\mu\mathrm{m}^{-1}$；

$N_0$ —— 粒子总数密度，$N_0 = \int_0^\infty N(D) \mathrm{d}D$，$\mathrm{m}^{-3}$；

$\Phi_p(D,\Theta)$ —— 单粒子散射相函数。

$P(D)$ 具有如下归一化性质：

$$\int_0^\infty P(D) \mathrm{d}D = \frac{1}{N_0} \int_0^\infty N(D) \mathrm{d}D = 1 \qquad (13.50)$$

当粒子系所含粒子的尺寸相同，称其为均一（单一）粒子系，反之称为非均一粒子系。在均一粒子系内虽然粒子的粒径相同，但可能具有不同的光学常数。此时粒子系的整体表观参数需要根据各种粒子所占的体积比例进行加权计算：

$$\kappa_e = 1.5 \sum_j \frac{Q_{ej} f_{v,j}}{D}, \ \kappa_s = 1.5 \sum_j \frac{Q_{sj} f_{v,j}}{D}, \ \omega = \sum_j \frac{Q_{sj} f_{v,j}}{D} \bigg/ \sum_j \frac{Q_{ej} f_{v,j}}{D} \quad (13.51)$$

$$\Phi(\Theta) = \frac{1}{\kappa_s} \sum_j N_j C_{sj} \Phi_{p,j}(\Theta) = \frac{1}{\kappa_s} \sum_j \frac{1}{4} \pi D^2 N_j Q_{sj} \Phi_{p,j}(\Theta) \qquad (13.52)$$

式中　$f_{v,j}$ —— $j$ 种粒子所占的体积百分比。

相函数计算式与式(13.47)类似，$N_j$ 为粒子系所含不同种类粒子的数密度。

如果粒子系为均一系，并且只含一种粒子，各种表达式最简单：

$$\kappa_e = N_0 C_e = \frac{\pi}{4} D^2 N_0 Q_e = 1.5 Q_e \frac{f_v}{D} \qquad (13.53a)$$

$$\kappa_s = N_0 C_s = \frac{\pi}{4} D^2 N_0 Q_s = 1.5 Q_s \frac{f_v}{D} \qquad (13.53b)$$

此时，粒子系散射相函数与单粒子散射相函数相同。

如果粒子置于吸收性介质内，称其为含粒子介质（系）。在所有粒子、吸收性介质的辐射特性均已知晓时，含粒子介质（系）的热辐射特性可按式(13.4)计算。否则，含粒子介

质(系)的表观辐射特性参数需综合考虑粒子与介质辐射的影响,根据二者所占的体积份额进行计算:

$$\kappa_e = \kappa_{ep} + (1 - f_{v,tot})\kappa_{am}, \kappa_a = \kappa_{ap} + (1 - f_{v,tot})\kappa_{am} \tag{13.54}$$

$$\kappa_s = \kappa_{sp}, \omega = \kappa_s / \kappa_e \tag{13.55}$$

式中　$\kappa_{ep}$——同种类、同分布、同数量的粒子置于非参与性介质内形成粒子系的衰减系数;

　　　$\kappa_{sp}$——同种类、同分布、同数量的粒子置于非参与性介质内形成粒子系的散射系数;

　　　$\kappa_{ap}$——同种类、同分布、同数量的粒子置于非参与性介质内形成粒子系的吸收系数;

　　　$\kappa_{am}$——介质的吸收系数;

　　　$f_{v,tot}$——介质系内所含多种粒子的总体积份额(若仅有一种粒子,则 $f_{v,tot} = f_v$)。

含粒子介质系散射相函数与粒子系散射相函数相同,与介质无关。分析以上诸式,可看出所谓稀疏粒子群需要满足下列条件:

(1) 对入射辐射,粒子相互不遮蔽。因为粒子数密度 $N$,粒子体积百分比 $f_v$ 及粒径分布函数都没有考虑粒子相互遮蔽的影响。

(2) 每个粒子都为独立散射。

# 13.5　工程中应用的某些粒子群理论

工程辐射换热计算中,直接应用电磁理论的情况比较少,尤其在传统工业的一般设计中很少见到;而随着科技的发展,尤其高科技工业的发展,它的应用会越来越广,但是目前在许多工程计算中,还在应用传统理论,所以还需要对其进一步了解。除此之外,传统理论还积累了很多经验和数据,这些成果是很宝贵的,它可以校验或补充新理论。

传统工业的一般设计中,应用的粒子群热辐射理论基本上沿用了固体辐射换热的方法与理论,有下列主要特点:① 主要应用直线传播的几何理论,很少单独考虑散射或根本不考虑散射;② 直接应用布格尔定理,不用传递方程,缺乏场的概念;③ 由于它没有采用直接描写粒子辐射行为的理论,所以很多时候不得不用纯实验方法。很多粒子辐射特性参数,如衰减系数、吸收系数等,都是直接由实验得出的。虽然公式有利于工程应用,但其应用范围较窄,并且有时很难说清楚它的物理意义,从这一角度上说,可称其为"糊涂系数"。苏联传统理论的公开资料比较多,本节在此仅概括介绍。

## 13.5.1　黑体大粒子群

黑体大粒子群辐射特性存在下列假设:粒子是球形的;空间均匀分布;不考虑衍射;粒子群为稀相,忽略射线传递方向上粒子的相互遮蔽作用。根据这些假设,可用几何光学的投影理论求其辐射特性。

设:粒子直径为 $D$(单位为 m),粒子材料的密度为 $\rho$(单位为 kg/m³),单位介质体积内含有粒子质量的质量浓度为 $\mu$（单位为 kg/m³）。则单位体积内的粒子数 —— 数密度 $N$（单位为 1/m³）为

$$N = \frac{\mu}{\rho \pi D^3/6} = \frac{6\mu}{\rho \pi D^3} \tag{13.56}$$

如果有一无限大平板形粒子群层，厚为 $L$，粒子层的投射辐射强度为 $I(0)$，在距入射面 $x$ 处取一微元层，厚度为 $dx$，因粒子为黑体，射线通过这层时被吸收的辐射强度 $dI$ 正比于射线遇到的粒子投影面积，所以得到如下 $dI$ 的表示式并将式（13.56）代入，得

$$dI = -\frac{N\pi D^2}{4} I dx = -1.5 \frac{\mu}{\rho D} I dx$$

对厚度积分后，得穿透该层的辐射强度 $I(L)$ 为

$$I(L) = I(0) \exp\left(\frac{1.5\mu L}{\rho D}\right)$$

将此式与布格尔定律相比较，可得黑体大粒子群的衰减系数（因不考虑衍射，又无反射，所以它等于吸收系数）为

$$\kappa_e = \kappa_a = \frac{1.5\mu}{D\rho} \tag{13.57}$$

将每千克粒子的表面积称为比表面积 $F$（单位为 m²/kg），则

$$F = \frac{\pi D^2 n}{\mu} = \frac{\pi D^2 6}{\pi D^3 \rho} = \frac{6}{D\rho}, \quad D\rho = \frac{6}{F} \tag{13.58}$$

代入式（13.57），得

$$\kappa_e = \kappa_a = 0.25 F\mu \tag{13.59}$$

由此式可看出，其衰减系数 $\kappa_e$ 与行程长度 $L$ 无关，光学厚度 $\tau = \kappa_e L$ 与 $\mu L$ 呈线性关系。

### 13.5.2　灰体大粒子群

灰体大粒子群的辐射特性计算存在下列假设：粒子呈球形；在空间均匀分布；不考虑衍射；表面为漫射灰体；忽略粒子间的相互影响，即粒子的反射能量碰不到其他粒子，且不考虑后向反射，反射能量全部穿透。根据这些假设，还可用几何光学的投影理论，它的衰减系数只要在黑体衰减系数式（13.46）上乘以粒子的吸收率（它等于发射率 $\varepsilon$）即可，即

$$\kappa_e = \kappa_a = 0.25\varepsilon F\mu \tag{13.60}$$

若考虑粒子间的相互影响，即粒子的反射能量能被其他粒子吸收和再反射，粒子群呈多次反射和多次吸收，其吸收的能量要比不考虑粒子间相互影响的多。若将粒子群内的粒子视为规则排列，在垂直射线方向可分成相互平行的若干粒子层，通过求出的粒子层角系数和穿透率，可得到整个粒子群的穿透能量或吸收能量。由能量可计算出粒子群的衰减系数，详细的推导可见本章参考文献[49]。此时的衰减系数与行程长度有关，光学厚度与行程长度不呈线性关系，此时呈非布格尔效应，原因可见 13.5.3 节最后的分析。

### 13.5.3　燃煤炉烟气中的煤灰粒子群

烟气中的灰粒不是黑体或灰体，衍射也不能忽略不计，并且颗粒大小不一，形状不规则，所以不能用式（13.60）计算。本节主要介绍目前我国广泛用于燃煤炉设计中的灰粒

群实验公式，它由苏联中央锅炉汽轮机研究所提出。

为了考虑灰粒与灰体的区别，将式(13.60)中的系数 $0.25\varepsilon$ 去掉，用某个系数 $K$ 代替，得

$$\kappa_e = K\mu F \qquad (13.61a)$$

由电磁理论可知衰减系数与粒子的尺度参数有关。故 $K$ 可以写成下式：

$$K = B\,(D/\lambda_{\max})^p \qquad (13.61b)$$

其中，$D$ 的单位为 $\mu m$；$\lambda_{\max}$ 为峰值波长，单位为 $\mu m$；$B$ 与 $p$ 为实验系数。括号内实质上是某种尺度参数，由于粒子大小不一，所以粒子直径用平均直径。由于衰减系数是全光谱的，波长就用光谱的峰值波长代替。用维恩定律去掉式中的峰值波长，即 $\lambda_{\max} = 2\,900/T$，其中 $T$ 为定性温度。当尺度参数 $\chi$ 在 $5\sim50$ 范围内时，由试验得出 $p = 1/3$。将比表面积 $F$ 用平均直径 $D$ 及粒子密度 $\rho$ 代替，见式(13.58)，只将 $D$ 的单位改为 $\mu m$，单位变换常数放入 $B$ 中。这样，式(13.61b)变为

$$\kappa_e = B\left(\frac{D}{\lambda_{\max}}\right)^{\frac{1}{3}}\mu F = B\left(\frac{DT}{2\,900}\right)^{\frac{1}{3}}\mu\,\frac{6}{D\rho} = \frac{0.42B}{\rho}\left(\frac{T}{D^2}\right)^{\frac{1}{3}}\mu \qquad (13.61c)$$

引入 1 kg 气体中含有灰粒的质量分数 $\mu_a$(kg/kg)，则

$$\mu = \mu_a\rho_0\,\frac{273}{T}\,\frac{p}{p_0}$$

式中　　$\rho_0$——标准状态下气体的密度，$kg/m^3$；

　　　　$p$——气体压力，Pa；

　　　　$p_0$——标准状态下气体压力，$p_0 = 9.81\times10^4\,Pa$。

将这些都代入式(13.61c)，得

$$\kappa_e = \frac{0.42}{\rho}\left(\frac{T}{D^2}\right)^{\frac{1}{3}}\mu_a\rho_0\,\frac{273p}{Tp_0} = \frac{0.42\times273B\rho_0}{\rho\,(TD)^{\frac{2}{3}}p_0}\mu_a p \qquad (13.61d)$$

取定性温度为炉膛出口温度 $T''$，根据实验，对一般锅炉内的含灰气流，有下列关系式：

$$\frac{0.42\times273B}{\rho p_0} = 4\,300\times10^{-5}$$

将此式代入式(13.61d)，得

$$\kappa_e = \frac{4\,300\rho_0}{(TD)^{\frac{2}{3}}}\mu_a p\times10^{-5} \qquad (13.62)$$

烟气标准状态下的密度 $\rho_0$ 一般可取为 1.3 $kg/m^3$。灰粒的平均直径与燃烧设备、燃料种类有关，有推荐的表可供选择。这就是苏联锅炉热力计算标准中推荐的灰粒衰减系数公式。

公式(13.62)是在 20 世纪 50 年代得出的，当时做的实验范围还不够广。由此公式可看出，衰减系数只与灰粒质量分数 $\mu_a$ 的一次方有关，而与行程长度 $L$ 无关，即光学厚度 $\tau = \kappa_e L$ 与 $\mu_a L$ 呈线性关系。到 20 世纪 60 年代，从更大 $\mu_a L$ 范围的实验数据中发现，光学厚度与 $\mu_a L$ 呈非线性关系。衰减系数公式中还需乘以 $\mu_a L$ 非线性项 $\Omega(\mu_a L)$，即

$$\kappa_e = \frac{4\,300\rho_0}{\sqrt[3]{T^2D^2}}\mu_a p\times10^{-5}\times\Omega(\mu_a L) \qquad (13.63a)$$

当 $\mu_a L \leqslant 120$ g/m$^3$ 时,根据实验,可建立如下关系式:

$$\Omega(\mu_a L) = 1 - b_2 \left[1 + b_1 (\mu_a L)^{-2}\right]^{-1} \tag{13.63b}$$

其中,$b_1 = 10^3$ (g/m$^3$)$^2$;$b_2$ 与煤灰的光学常数有关,其变化范围为 $0.6 \sim 0.7$。当 $\mu_a L \leqslant 20$ g/m$^3$ 时,可以取 $\Omega(\mu_a L) = 1$。

　　衰减系数与灰粒的 $\mu_a L$ 呈非线性关系,即非布格尔效应,主要是由两个原因引起的:一是多次散射,二是粒子选择性。若是一次散射,入射辐射直接投射到每个粒子上,经过粒子的一次吸收、散射后,就穿透粒子群,离开了介质,每个粒子只经历一次投射,所以粒子群吸收入射辐射的能量仅与入射辐射碰到粒子数的一次方有关,也就是与 $\mu_a L$ 呈线性关系,见式(13.59)。

　　多次散射时,投射到粒子上的能量除了入射辐射外,还有其他粒子的散射,处于不同深度的粒子,还受到前部粒子的遮蔽作用。所以不同行程长度上的粒子受到的投射能量是不同的,吸收的能量也不一样,第一排的比较多,后面几排会越来越少,所以后排粒子群吸收的能量要比每个粒子都受到"一次散射"时要少;如果粒子层很厚,深层的粒子很可能吸收不到入射辐射的能量。这样,由于考虑多次散射,$\mu_a L$ 对衰减系数就有附加的影响,使衰减系数减小,并与 $\mu_a L$ 呈非线性关系。当粒子群呈稀相时,多次散射的影响小,此作用可忽略不计。

　　粒子选择性的影响与气体的相同,其解释可见 12.5.3 节。

　　虽然衰减系数公式在 20 世纪 60 年代已修改,但目前我国的锅炉热力计算还在使用未修改的老公式。这是由于整个锅炉热力计算主要基于实验方法得出的,衰减系数修改了,其他相关部分也要修改。如果其他部分不变,衰减系数也不能变。

　　由上面的介绍可以看出这种求衰减系数实验法的缺点:除物理概念不清楚外,局限性也较大。其局限性还表现在不能分出吸收系数与散射系数,导致使用此系数进行辐射换热计算时,不能正确或全面考虑散射的影响,有时会引起较大的误差。严格来讲,在使用辐射传输方程与数值计算来求多维辐射强度场时,不应当用这种衰减系数实验公式。

　　从公开文献上看,目前西方国家燃烧产物中微粒辐射的研究成果,主要基于电磁理论,可参考本章参考文献[7]。我国这方面的研究成果可见本章参考文献[3,4,6,7],其中本章参考文献[6]推荐了一套适合中国典型动力煤燃烧产物中的气体与微粒的吸收与散射系数特性计算公式,可供计算燃中国动力煤的炉子辐射换热时参考。

# 13.6　粒子辐射研究展望

　　目前对于球形均质粒子辐射行为的研究已经比较充分,本章主要介绍了适用于该类粒子的成熟理论与方法。但实际粒子既不是球形也非均质。近年来,越来越多的学者证明了非球形粒子的散射特性区别于等效球形粒子的散射特性,包括光学截面、单次散射反照率、非对称因子和散射矩阵等,特别是对于散射矩阵,两者差异更大。

　　本章参考文献[52]认为:在研究粒子时,大多数学者采用球形粒子的假设仅仅是为了使问题易于处理,且希望研究结果接近真实情况;但是,由于球形粒子模型的不真实性,米氏散射理论计算结果的正确性难以保证。一些文献研究了非球形粒子对其辐射特性的影响,与米氏散射理论计算的球形粒子的结果相比较,发现散射相函数区别很大,尤其是后向散射。因此,在研究实际粒子辐射问题时,需要考虑粒子的不规则形状。

非规则形状粒子的散射理论在天体物理学、地球物理学、光学、微观物理学、生物学、胶体化学、声学、军事科学等领域有广泛的应用,如大气辐射传输的计算需要考虑地球大气气溶胶、云中粒子的非球形特性。

目前,非规则粒子的光散射已经成为国际上散射理论研究的焦点问题之一。除此之外,聚集粒子的辐射特性、高温粒子热辐射特性、稠密粒子系内相关散射等也是目前及未来研究的重要内容。

# 本章参考文献

[1] TIEN C L,DROLEN B L. Annual review of numerical fluid mechanics and heat transfer[M]. New York:Hemisphere Pub Corp,1987.

[2] DOMBROVSKY L A,BAILLIS D. Thermal radiation in disperse systems:an engineering approach[M].[S. l.]:Begell House Inc. ,2010.

[3] 余其铮,谈和平,阮立明. 煤在燃烧过程中各种产物辐射特性的研究[J]. 动力工程,1993,13(3):18-22,66.

[4] 阮立明. 煤灰粒子辐射特性的研究[D]. 哈尔滨:哈尔滨工业大学,1997.

[5] 阮立明,余其铮,刘林华,等. 煤及灰辐射特性参数的研究[J]. 热能动力工程,1995,10(5):297-301,339.

[6] 刘林华,余其铮,阮立明,等. 煤粉燃烧产物的辐射特性[J]. 动力工程,1996,16(6):14-21.

[7] 郑楚光,柳朝晖. 弥散介质的光学特性及辐射传热[M]. 武汉:华中理工大学出版社,1996.

[8] 柳朝晖,邢华伟,周英彪,等. 煤粉炉内弥散介质辐射传热的综合模拟[J]. 工程热物理学报,1999,3:383-387.

[9] 郝金波,董士奎,谈和平. 固体火箭发动机尾喷焰红外特性数值模拟[J]. 红外与毫米波学报,2003,22(4):246-250.

[10] TONG T W,TIEN C L. Radiative heat transfer in fibrous insulations—Part 1:analytical study[J]. J. Heat Transfer,1983,105(1):70-75.

[11] 王顺奎. 热红外隐身涂料的研究与应用简况[J]. 红外与激光技术,1993,(1):1-5,22.

[12] 潘迎春. 红外隐身材料的辐射特性研究[D]. 哈尔滨:哈尔滨工业大学,1994.

[13] 图梅 S. 大气气溶胶[M]. 王明星,王庚辰,译. 北京:科学出版社,1984.

[14] 孙景群. 激光大气探测[M]. 北京:科学出版社,1986.

[15] 蔡颐年,王乃宁. 湿蒸汽两相流[M]. 西安:西安交通大学出版社,1985.

[16] 谈和平,余其铮,拉勒芒 M. 测量微粒粒径分布的辐射反问题方法[J]. 工程热物理学报,1991,12(4):415-418.

[17] 谈和平,余其铮,阮立明.线性辐射反演确定液滴粒径的分布[J].工程热物理学报,1992,13(3):314-317.

[18] 阮立明,余其铮,谈和平.求非均匀体系微粒光学常数的透射法[J].红外与毫米波学报,1996,15(1):43-49.

[19] 孙威,应金品,李江,等.用蒙特卡罗方法研究生物组织中的光分布[J].光学学报,1994,14(1):97-101.

[20] 吴健,乐时晓.随机介质中的光传播理论[M].成都:成都电讯工程学院出版社,1988.

[21] 石丸 A.随机介质中波的传播和散射[M].黄润恒,周诗健,译,北京:科学出版社,1986.

[22] 祖耶夫 B E,卡巴诺夫 M B.光信号在地球大气中的传输[M].殷贤湘,译.北京:科学出版社,1987.

[23] 杰尔洛夫 И Д.海洋光学[M].赵俊生,吴曙初,译.北京:科学出版社,1981.

[24] 徐南荣,卞南华.红外辐射与制导[M].北京:国防工业出版社,1997.

[25] MODEST M F. Radiative heat transfer [M]. 3th ed. New York:Academic Press,2013.

[26] BREWSTER M Q,TIEN C L.Radiative transfer in packed fluidized beds:dependent versus independent scattering[J].J. Heat Transfer,1982,104(4):573-579.

[27] 闻立时.固体材料界面研究的物理基础[M].北京:科学出版社,1991.

[28] 阮立明,余其铮,刘林华,等.块状及粒子煤灰复折射率的研究[J].工程热物理学报,1997,18(5):620-623.

[29] MENGÜÇ M P,MANICKAVASAGAM S,D'SA D A.Determination of radiative properties of pulverized coal particles from experiments[J].Fuel,1994,73(4):613-625.

[30] WISCOMBE W J,MUGNAI A.Single scattering from non-spherical Chebyshev particles:a compendium of calculations[J].NASA Reference Publication,1986:1157-1181.

[31] WAUBEN W M,DE HAAN J F,HOVENIER J W.Influence of particle shape on the polarized radiation in planetary atmospheres[J].J. Quant. Spectrosc. Radiat. Transfer,1993,50(3):237-246.

[32] KALASHNIKOVA O V,SOKOLIK I N.Modeling the radiative properties of nonspherical soil-derived mineral aerosols[J].J. Quant. Spectrosc. Radiat. Transfer,2004,87(2):137-166.

[33] VAN DE HULST H C.Light scattering by small particles[M]. New York:John Wiley & Sons,1957.

[34] KERKER M.The scattering of light and other electromagnetic radiation[M].New York:Academic Press,1969.

[35] BOHREN C F,HUFFMAN D R. Absorption and scattering of light by small particles[M]. New York:John Willey & Sons,1983.

[36] BREWSTER M Q. Thermal radiative transfer and properties[M]. New York:John Wiley & Sons,1992.

[37] 玻恩 M,沃耳夫 E. 光学原理(上册)[M]. 杨葭荪,译. 2 版. 北京:科学出版社,1985.

[38] BI L,YANG P,LIU C,et al. Assessment of the accuracy of the conventional ray-tracing technique:implications in remote sensing and radiative transfer involving ice clouds[J]. J. Quant. Spectrosc. Radiat. Transfer,2014(146):158-174.

[39] 西格尔,豪威尔. 热辐射传热[M]. 曹玉璋,黄素逸,陆大有,等译. 2 版. 北京:科学出版社,1990.

[40] HOWELL J R,MENGÜÇ M P,DAUN K,et al. Thermal radiation heat transfer[M]. 7th ed. Boca Raton:CRC Press,Taylor & Francis,2021.

[41] JANZEN J. The refractive index of colloidal carbon[J]. J. Colloid Interface Sci. ,1979,69(3):436-447.

[42] HOTTEL H C,SAROFIM A F. Radiative transfer[M]. New York:McGraw-Hill,1967.

[43] DAVE J V. Subroutines for computing the parameters of the electro-magnetic radiation scattered by a sphere[M]. Palo Alto:IBM Palo Alto Scientific Center,1968.

[44] WISCOMBE W J. Improved Mie scattering algorithms[J]. Appl. Opt. ,1980,19(9):1505-1509.

[45] 余其铮,马国强,刘晓彦. Mie 散射算法的改进[J]. 哈尔滨工业大学学报,1987,19(4):21-27.

[46] 谈和平,夏新林,刘林华,等. 红外辐射特性与传输的数值计算:计算热辐射学[M]. 哈尔滨:哈尔滨工业大学出版社,2006.

[47] HELLER W. Theoretical investigations on the light scattering of spheres. XVI. range of practical validity of the rayleigh theory[J]. J Chem. Phys. ,1965,42(5):1609-1615.

[48] 阮立明,周英彪,余其铮,等. 球形粒子的散射相函数[C]// 高等学校工程热物理研究会. 高等学校工程热物理研究会第六届全国学术会议论文集. 武汉:武汉出版社,1996:228-231.

[49] 余其铮,邓作波. 悬浮大粒子群的辐射特性[J]. 哈尔滨工业大学学报,1987,19(1):27-31.

[50] 布洛赫 А Г. 锅炉炉内换热[M]. 贾鸿祥,译. 西安:西安交通大学出版社,1988.

[51] 秦裕琨. 炉内传热[M]. 2 版. 北京:机械工业出版社,1992.

[52] MISHCHENKO M I,FHOVENIER J W,TRAVIS L D. Light scattering by nonspherical particles[M]. New York:Academic Press,2000.

[53] BOURRELY C,CHIAPPETTA P,TORRESANI B. Light scattering by particles of arbitrary shape：a fractal approach[J].Journal of the Optical Society of America A,1986,3(2):250-255.

[54] YANG P,LIOU K N,MISHCHENKO M I,et al.Efficient finite-difference time-domain scheme for light scattering by dielectric particles：application to aerosols[J].Appl. Opt. ,2000,39(21):3727-3737.

[55] SURKOV Y,SHKURATOV Y,KAYDASH V,et al.Light scattering by Möbius particles[J].J. Quant. Spectrosc. Radiat. Transfer,2024(329):109215.

[56] SCHAEFER W,LI L X.Particle characterization by analyzing light scattering signals with a machine learning approach[J].Applied Optics,2024,63(29): 7701-7707.

[57] TARI E M,ZAHRAOUI S,IBNCHAIKH M,et al.Light scattering of an arbitrarily oriented cubic particle within the Wentzel-Kramers-Brillouin approach[J].European Physical Journal D,2024,78(10):123.

[58] CHENG M J,CAO Y C,REN K F,et al.Generalized Lorenz-Mie theory and simulation software for structured light scattering by particles[J].Frontiers in Physics,2024(12):1354223.

# 本 章 习 题

1.直径为 $D=0.05~\mu m$ 的微粒,其复折射率为 $m=2.21-1.23i$,求波长 $\lambda=3~\mu m$ 时,它的散射因子和吸收因子,散射系数和吸收系数。

2.玻璃微粒的复折射率为 $m=1.5-0.1i$,密度为 $\rho=2~g/cm^3$,悬浮于惰性气体中,单位体积内含有 $1~kg$ 粒子,直径为 $200\sim2~000~\mu m$。假设粒子的分布符合如下规则:粒子群中,相同粒径粒子的质量相等。试求红外波段 $3~\mu m<\lambda<10~\mu m$ 内粒子群的吸收与散射系数。(提示:当复折射率中 $k\ll n$ 时,该材料可视为介电质,可用电磁理论求它的表面辐射特性)

3.可用测量粒子群吸收系数的方法,求粒子分布。设一大粒子群,粒子表面为漫射体,光谱发射率为 $\varepsilon_\lambda=0.4$,其粒径分布函数 $n(D)$ 为

$$n(D)=c=\mathrm{const}\quad(100~\mu m<D<500~\mu m)$$
$$n(D)=0\quad(其他粒径)$$

如测出粒子群的吸收系数为 $\kappa_{a\lambda}=1~cm^{-1}$,试求 $c$ 及每立方厘米含有的粒子数。

4.试推导不透明、无限长圆柱形大粒子的散射因子(忽略衍射)。

5.求证不透明、镜反射表面的大粒子的相函数为 $\Phi^s(\Theta)=\dfrac{\rho^s[(\pi-\Theta)/2]}{\rho}$,其中:$\Theta$ 为散射角,即入射与散射方向的夹角;$\rho^s[(\pi-\Theta)/2]$ 为 $(\pi-\Theta)/2$ 处的方向反射率,$\rho^s$ 为半球反射率。

6.拟采用极小的球形黄金粒子对波长为 $\lambda\approx0.589~\mu m$ 的光束进行减弱,其特征直径

为 200 Å(忽略粒子的吸收)。粒子悬浮在不散射、不吸收的介质中,假设瑞利散射是适用的,那么粒子散射截面 $C_{s\lambda}$ 是多少? 在长度为 2 m 的路径中,要使散射强度衰减 10%,粒子数密度约为多少? 粒子的体积分数和每立方厘米散射介质的粒子质量是多少?

7. 在保持散射粒子大小和数密度不变的情况下,将习题 6 的光谱改为蓝光($\lambda \approx 0.42 \ \mu m$)。假设同样的光学常数适用于该波长,那么对于 2 m 的路径长度,该光束的衰减百分比是多少?

8. 考虑非常小的铜颗粒在 0.589 $\mu m$ 和 10 $\mu m$ 波长下的瑞利散射。散射截面 $C_{s\lambda}$ 在这两个波长下的比是多少? 如果把铜粒子换为金粒子,会得到怎样的结果?

9. 验证公式 $\Phi(\theta_0) = \dfrac{3}{5}\left[\left(1 - \dfrac{1}{2}\cos\theta_0\right)^2 + \left(\cos\theta_0 - \dfrac{1}{2}\right)^2\right]$ 中的相函数是否满足归一化。

10. 在 288 $\mu m$ 波长下,碳的复折射率为 $m = 2.2 - 1.2i$。碳粒为直径 0.1 $\mu m$ 的细小粒子(假设为球形)。假设周围的介质是空气,计算这些粒子的吸收和散射因子以及吸收截面与散射截面的比值。

11. 在习题 10 中,碳粒的散射相对于吸收是非常小的。这些粒子在空气中形成的分散体的粒子数密度为 $N = 1\ 010$ 个 / cm³。该分散体处于低温状态,那么:

(1) 波长为 $\lambda = 2.88 \ \mu m$ 的光束以 $0.4 \times 10^4$ W/(m² · $\mu$m¹ · sr¹) 的强度进入分散体,路径长度为 0.15 m,路径末端的强度是多少?

(2) 将分散体加热到 800 K,此时路径末端的强度是多少?

(3) 将分散体加热到某一均匀温度,路径末端的强度为 $0.4 \times 10^4$ W/(m² · $\mu m$ · sr) 时分散体的温度是多少?

12. 内燃机颗粒物排放是城市面临的重要问题,PM 质量浓度超过 50 $\mu g/m^3$ 会对人体健康产生不良影响。考虑这样一种情况:地表上方 1 000 m 厚的空气层中充满了质量浓度为 100 $\mu g/m^3$ 的直径为 100 nm 的烟尘颗粒。烟尘颗粒的表观密度可取为 2.26 g/cm³。烟尘颗粒的复折射率为 $m = 2.2 - 1.2i$,已知在波长 288 $\mu m$ 下这些颗粒的散射与吸收相比是很小的,因此只考虑烟尘颗粒的吸收。请分别确定该 1 000 m 厚空气层在太阳辐射和地球辐射的峰值波长($\lambda_{\max}$)处的透射率和吸收率。(太阳的温度是 5 780 ℃,地球的温度是 283 ℃)

13. 将质量为 $m$(单位为 kg)的煤磨成等粒径为 $a$(单位为 $\mu m$)的粒子,可假定其为"大"和黑色。假设粒子均匀地分布在整个球形空间内,确定其球形粒子云的光学厚度(基于半径 $R$)。

14. 某半无限空间填充有均匀半径 $a = 100 \ \mu m$ 的黑色粒子。粒子数密度在表面附近最大,并且随距离呈指数衰减规律:

$$N_T = N_0 e^{-Cz}$$

其中,$N_0 = 10^8 \text{m}^{-3}$,$C = \pi \text{m}^{-1}$。

(1) 求吸收系数和消光系数。

(2) 半无限空间的总光学厚度是多少?

15. 用波长为 633 nm 的激光束探测悬浮在空气中的 1 m 厚的金纳米颗粒层(半径 $a =$

10 nm；金粒子在波长为 633 nm 时，$m=0.47-2.83i$）。如果由于吸收和散射而使现有激光束衰减 10%，求：

（1）金粒子的数量密度。

（2）金粒子的体积分数。

# 第四篇　复合换热、数值计算与实验测试

# 第 14 章　　复合换热

热量传输有 3 种基本方式:热传导、热对流与热辐射。在换热过程中,如果热辐射与其他一种或两种基本方式在同一时间、同一地点共同起作用,这种换热称为复合换热,有的文献也称之为复杂换热、组合换热。复合换热包括耦合换热和非耦合换热两种。

耦合换热。耦合换热的特点在于不同热量传输方式之间相互影响、形成一体,并且这些影响通常是非线性的,很难完全分开。例如:具有辐射与导热的复合换热中,导热影响热辐射(导热影响温度场,继而影响热辐射),同时热辐射又影响导热(热辐射影响温度场,继而影响导热),所以总的换热量不是纯导热与纯辐射的简单叠加。两种或两种以上不同性质的过程,通过相互作用而彼此影响,以至联合起来的现象称之为耦合。上例的复合换热中,换热量和温度场都是耦合的。

非耦合换热。在一些情况下可能出现非耦合现象,例如:透明介质中的复合换热中,由于辐射对介质的温度没有影响,所以换热量和温度场都不是耦合的,换热量是辐射换热量与其他方式换热量的简单叠加,温度场与辐射无关,它的变化规律由其他换热方式决定。

这里要指出一点,本章中复合换热是指热辐射与其他换热方式同时、同地点共同作用的换热。一个换热系统中,虽然同时存在 3 种换热方式,但如果不在同一地点,则不叫复合换热。例如:真空中肋片的散热中,肋片内部仅有导热,肋片外部仅有热辐射;该系统可称为具有辐射边界条件的肋片导热或肋片表面与空间环境的辐射换热、具有辐射与导热的换热系统。

热辐射以电磁波的形式传输能量,其传播速度为光速,是工程中常见流体声速的 $10^5$ 倍以上。如此大的速度差异,意味着辐射传输有足够快的速度对流动状况和边界条件的变化做出响应,即可以认为复合换热中热辐射交换处于准稳态。复合换热可以分为两类:一类是热辐射与导热联合作用的复合换热;一类是热辐射与对流换热、导热联合作用的复合换热,其中包含可忽略导热、仅有热辐射与热对流联合作用的复合换热。本章仅介绍它们的主要特点、控制方程、某些精确或近似解法。由于问题的复杂性,复合换热的主要解法是数值法,该方法近年来发展迅速,本章不进行具体介绍,只列出一些文献以供参考。

## 14.1　辐射－导热复合换热

辐射－导热复合换热常常出现在半透明固体或静止的半透明液体与气体中,如玻璃、塑料、多孔材料、半透明陶瓷材料、静态水等。下面列举一些该类复合换热在工程中出现的例子。玻璃中的复合换热:玻璃制造与高温加工过程中玻璃内的温度分布、热应力分析,太阳能集热器的玻璃盖板换热,太阳能吸热器的透光窗口换热,导弹导引头的红外窗口换热,航天飞机舱窗的热传输过程等。多孔材料中的复合换热:耐火纤维的绝热,多孔材料的红外加热,气凝胶的防隔热等。半透明陶瓷材料的复合换热:涡轮叶片的高温热障涂层的换热,飞机与汽车发动机内高温陶瓷零件的换热,航天器返回大气层时隔热层的传热过程等。静态水中的复合换热:水滴在太空中的辐射冷却等。从发表的文献来看,20世纪 60 年代初就有这方面的文章发表,20 世纪 80 年代开始逐渐增加。起初的应用背景多为玻璃工业,后来逐渐扩展到塑料、纤维及多孔等各种材料和化工冶金、宇航工业、动力工程、太阳能利用、核热转换等多个领域。所研究的物理问题也从一维向三维、稳态向瞬态、介质无散射向各向异性散射、灰体向非灰体、辐射特性为常数向随温度变化、单层结构向多层结构等扩展,还有一些研究考虑了介质的梯度折射率、导热的非傅里叶效应等现象。

　　本节主要在分析辐射－导热复合换热过程存在的一些典型特点的基础上,首先介绍描述该换热过程的控制方程和边界条件特征。然后,以平板介质层复合换热问题为例,引入两种工程中常用的近似求解方法和一维简化问题下的解析求解过程。最后,简要介绍控制方程的数值求解思路和一些常用的数值计算方法。

### 14.1.1　辐射－导热复合换热过程特点

　　辐射－导热复合换热过程兼具辐射、导热两种传热方式的特点,同时还有二者相互影响而形成的特点。

　　如果半透明材料的界面是半透明的,则半透明材料的内部能够直接与外部环境进行辐射能量交换。所以,相比内部仅有热传导方式的不透明材料,对半透明材料进行辐射加热时,进入物体内部的能量更多,加热更快,温度更加均匀。即:外界的辐射源可以直接加热物体内部,对物体内部来说,就像在导热的背景下,内部额外增加了一个辐射热源。

　　如果半透明材料的界面不透明,则界面隔断了物体内部与外部环境的直接辐射换热,但是界面可以与物体内部进行辐射换热。即:外界辐射环境通过界面的影响在物体内部形成了辐射热源。

　　值得一提的是,对一些实际物体界面,可能存在不透明光谱区域和半透明光谱区域,这种情况下就同时存在上述两种现象。综上所述,可归纳为:从能量平衡角度上看,在稳态条件下半透明材料内的每一区域,都存在导热与辐射热源组成的能量平衡,在能量守恒方程中应当比纯导热时增加一个辐射热源项。

　　半透明材料内部任一区域的辐射热源是该区域与其他各区域(包括外部环境)的辐射能量交换。此辐射热源与下列因素相关:该区域介质的辐射特性、温度与几何特性;外界环境的热辐射特性、温度与几何特性;辐射射线经过的沿程物体的辐射特性、温度与距离。辐射热源的分布规律仍由辐射传输方程描述,但此时与纯辐射问题有一定区别;因为辐射传输路径中还存在导热,因而辐射传输方程中的温度由导热与辐射两种规律共同决定。但是从形式来看,辐射－导热复合换热中的辐射传输方程与纯辐射中的完全一样。

　　从上述分析可以看出,半透明材料内部任一点的导热与辐射热量各占比例的影响因素包括当地的导热特性与温度梯度,以及整个系统的辐射特性与温度场。前者直接与导热量有关,后者直接与辐射热量有关。由于温度场由热传导与辐射传输的规律共同决定,这就形成了导热热量与辐射热量的耦合。

半透明材料内的温度分布与纯导热、纯辐射都有所不同。与纯辐射相比,由于有热传导,其温度场是连续的,边界处不会出现温度跳跃。与纯导热相比,由于有热辐射,内部温度分布可能会出现峰值,例如冬天在阳光照射下,附着在竖壁上的冰层剥落现象。冰层的消失不是沿着阳光照射方向逐层融化的,而通常是冰与固体壁面接触处(阳光与冰层的最后接触区域)先融化,然后整块落下。这是由于冰对阳光的透射率比较大,而固体壁面的吸收率比较大;阳光穿透冰层照射到固体壁面,致使固体壁面吸收较多热辐射而温度升高,在壁面区形成温度峰值,导致近壁面处的冰先行融化。

### 14.1.2  控制方程与边界条件

辐射－导热复合换热的主控方程有两个:能量守恒方程和辐射传输方程。从上一节分析可知,其辐射传输方程与纯辐射时的相同,此处不再重复介绍;而辐射换热产生的净热量将以源项的形式出现在介质的能量守恒方程中,通过求解能量守恒方程才能得到介质的温度场。无内热源、无黏性耗散、不考虑膨胀或压缩时压力做的功,则能量守恒方程根据式(8.62)所述可表示为

$$\rho c_p \frac{\partial T(s,t)}{\partial t} = \mathrm{div} \left[ k \, \mathrm{grad} \, T(s,t) - \boldsymbol{q}^{\mathrm{r}}(s,t) \right] \tag{14.1a}$$

式中   $\rho$——密度;

$c_p$——比定压热容;

$k$——导热系数。

等式左端为非稳态项,右端为导热项和辐射热源项。一般情况下,辐射场与温度场是耦合的,辐射强度的分布决定了上式中辐射热流的散度 $-\mathrm{div} \, \boldsymbol{q}^{\mathrm{r}}$(即辐射热源项),而辐射强度、辐射特性参数又是温度的函数。因此,能量守恒方程与辐射传输方程需要联立求解。辐射热源项用辐射能量方程式(8.61)表示。考虑环境介质的影响,根据式(2.34),更普适的辐射能量为

$$\mathrm{div} \, \boldsymbol{q}^{\mathrm{r}}(s,t) = \int_0^\infty \kappa_{a\lambda} \left[ 4\pi n^2 I_{b\lambda}(s,t) - G_\lambda(s,t) \right] \mathrm{d}\lambda \tag{14.1b}$$

其中,$n$ 为半透明材料的折射率,在式(8.61)中,$n=1$;$G_\lambda(s,t)$ 为光谱投射辐射函数,见式(8.58):

$$G_\lambda(s,t) = \int_{\Omega=4\pi} I_\lambda(s,t,\boldsymbol{\Omega}) \, \mathrm{d}\Omega \tag{14.1c}$$

即

$$\mathrm{div} \, \boldsymbol{q}^{\mathrm{r}}(s,t) = \int_0^\infty \kappa_{a\lambda} \left[ 4\pi n^2 I_{b\lambda}(s,t) - \int_{\Omega=4\pi} I_\lambda(s,t,\boldsymbol{\Omega}) \, \mathrm{d}\Omega \right] \mathrm{d}\lambda \tag{14.1d}$$

式中   $I_\lambda(s,t,\boldsymbol{\Omega})$——$s$ 处 $t$ 时间 $\boldsymbol{\Omega}$ 方向的光谱投射辐射强度。

$I_\lambda(s,t,\boldsymbol{\Omega})$ 与整个介质的辐射特性和温度场有关,需通过辐射传输方程及其边界条件联立求解。式(14.1a)～(14.1d)可组成一个方程,这就是辐射－导热复合换热的能量守恒方程,即

$$\rho c_p \frac{\partial T(s,t)}{\partial t} = \mathrm{div} \left[ k \, \mathrm{grad} \, T(s,t) \right] - \int_0^\infty \kappa_{a\lambda} \left[ 4\pi n^2 I_{b\lambda}(s,t) - \int_{4\pi} I_\lambda(s,t,\boldsymbol{\Omega}) \, \mathrm{d}\Omega \right] \mathrm{d}\lambda$$

$$\tag{14.1e}$$

其中,导热项是温度的一次幂函数、辐射项是温度的 4 次幂函数,该方程是一个非线性积分－微分方程,求解较为困难,只有在个别简单情况下才能得到精确或近似解,大多数情况下只能采用数值计算方法。求解过程:首先确定合理的边界条件,然后联立求解能量守恒和辐射传输方程,最后获得温度场和辐射场。

辐射－导热复合换热的热流密度可用下式求出:

$$\boldsymbol{q}^{\mathrm{t}}(s,t) = -k\,\mathrm{grad}\,T(s,t) + \boldsymbol{q}^{\mathrm{r}}(s,t) \tag{14.2}$$

下面以一维辐射－导热复合换热问题为例展开讨论。一维(温度仅随 $y$ 方向变化)、稳态、均匀常物性、吸收性灰介质的能量守恒方程,根据式(14.1a)可得

$$k\,\frac{\mathrm{d}^2 T}{\mathrm{d}y^2} = \frac{\mathrm{d}q^{\mathrm{r}}}{\mathrm{d}y} \tag{14.3a}$$

$$\frac{\mathrm{d}q^{\mathrm{r}}}{\mathrm{d}y} = \kappa_{\mathrm{a}}(4\pi n^2 I_{\mathrm{b}} - G) \tag{14.3b}$$

或

$$k\,\frac{\mathrm{d}^2 T}{\mathrm{d}y^2} = \kappa_{\mathrm{a}}(4\pi n^2 I_{\mathrm{b}} - G) \tag{14.3c}$$

根据式(14.2),复合换热的热流密度可写为

$$q^{\mathrm{t}} = q^{\mathrm{cd}} + q^{\mathrm{r}} = -k\,\frac{\mathrm{d}T}{\mathrm{d}y} + q^{\mathrm{r}} \tag{14.3d}$$

式中　　$q^{\mathrm{cd}}$——导热的热流密度,$\mathrm{W/m^2}$;

　　　　$q^{\mathrm{r}}$——辐射的热流密度,$\mathrm{W/m^2}$;

　　　　$q^{\mathrm{t}}$——总的热流密度,$\mathrm{W/m^2}$。

将式(14.3a)～(14.3d)化为无量纲形式,可得

$$\frac{\mathrm{d}^2 \Theta}{\mathrm{d}\tau^2} = \frac{1}{4N_{\mathrm{ra-cd}}}\,\frac{\mathrm{d}q^{\mathrm{r}*}}{\mathrm{d}\tau} \tag{14.4a}$$

$$\frac{\mathrm{d}q^{\mathrm{r}*}}{\mathrm{d}\tau} = 4\Theta^4 - G^* \tag{14.4b}$$

或

$$\frac{\mathrm{d}^2 \Theta}{\mathrm{d}\tau^2} = \frac{1}{N_{\mathrm{ra-cd}}}\left(\Theta^4 - \frac{1}{4}G^*\right) \tag{14.4c}$$

$$\frac{q^{\mathrm{t}}}{n^2 \sigma T_{\mathrm{rf}}^4} = -4N_{\mathrm{ra-cd}}\,\frac{\mathrm{d}\Theta}{\mathrm{d}\tau} + q^{\mathrm{r}*} \tag{14.4d}$$

式中　　$\tau$——光学厚度,$\tau = \kappa_{\mathrm{a}} y$;

　　　　$\Theta$——无因次温度,$\Theta = T/T_{\mathrm{rf}}$;

　　　　$T_{\mathrm{rf}}$——定性(参考)温度;

　　　　$q^{\mathrm{r}*}$——无因次辐射热流密度,$q^{\mathrm{r}*} = q^{\mathrm{r}}/(n^2 \sigma T_{\mathrm{rf}}^4)$;

　　　　$G^*$——无因次投射辐射函数,$G^* = G/(n^2 \sigma T_{\mathrm{rf}}^4)$;

　　　　$N_{\mathrm{ra-cd}}$——辐射(灰介质)－导热参数,$N_{\mathrm{ra-cd}} = k\kappa_{\mathrm{a}}/(4n^2 \sigma T_{\mathrm{rf}}^3)$。

辐射－导热参数是辐射－导热复合换热中的重要参数,是描述辐射－导热复合换热的一个主要的准则(特征数),其物理意义可由下列推导看出。

若将光学穿透距离 $1/\kappa_{\mathrm{a}}$(见 8.2 节,且不考虑散射和光谱特性)当成介质层的厚度,

$T_1$、$T_2$ 为介质层两侧面的温度，则面积为 $A$、厚度为 $1/\kappa_a$ 的一维介质层的导热量为 $k(T_1-T_2)\kappa_a A$。令介质层的平均温度为 $T_m$，则体积为 $A/\kappa_a$ 的介质层本身热辐射为 $4\kappa_a n^2 \sigma T_m^4 A/\kappa_a = 4n^2 \sigma T_m^4 A$。这两种能量之比即

$$\frac{\text{介质层的导热量}}{\text{介质层的本身辐射}} = \frac{k\kappa_a(T_1-T_2)A}{4n^2\sigma T_m^4 A} = \frac{k\kappa_a}{4n^2\sigma T_m^3} \frac{\Theta_1-\Theta_2}{\Theta_m} = N_{ra-cd}\frac{\Theta_1-\Theta_2}{\Theta_m} \quad (14.5)$$

从相似理论推导准则的角度来讲，$N_{ra-cd}$ 的物理意义：复合换热中导热量与辐射能量的相似比，该比值同时取决于介质的温差和整体温度水平。当 $\kappa_a$ 为某一定数，$N_{ra-cd} \gg 1$ 时，辐射能量相对导热量来说可忽略不计，此时为纯导热情况。当 $N_{ra-cd} \ll 1$ 时，分两种情况：① 若 $\kappa_a$ 为某一定数，则 $k \ll 1$，此为纯辐射情况；② 若 $k$ 为某一定数，则 $\kappa_a \ll 1$，此为光学薄情况。

若考虑介质散射，一般定义 $N_{ra-cd} = k\kappa_e/(4n^2\sigma T_{rf}^3)$，$\kappa_e = \kappa_a + \kappa_s$，$\kappa_e$、$\kappa_s$ 分别为介质的衰减、散射系数。

对于一维光学厚介质层（$\tau_\delta \gg 1$，厚度为 $\delta$），$N_{ra-cd}$ 能够很好地评估导热和辐射的相对贡献，即

$$\frac{q^{cd}}{q^r} = \frac{-k\partial T/\partial y}{-k^r\partial T/\partial y} = \frac{k}{k^r} = \frac{3}{4}\frac{k\kappa_a}{4n^2\sigma T^4}$$

上式给出了基于当地温度的两种传热方式的热流密度之比。而对于光学薄情况（$\tau_\delta \ll 1$）则稍微复杂一些，原因是必须考虑整个计算域的温度场。如果光学薄介质层两侧为等温黑体壁面，温度分别为 $T_1$、$T_2$，则

$$\frac{q^{cd}}{q^r} \approx \frac{k(T_1-T_2)/\delta}{4n^2\sigma T_m^3(T_1-T_2)} = \frac{k/\delta}{4n^2\sigma T_m^3} = \frac{1}{\tau_\delta}\frac{k\kappa_a}{4n^2\sigma T_m^3}$$

与控制方程相对应，辐射 — 导热复合换热的边界条件包含温度边界条件和辐射强度（热流）边界条件。温度边界条件与其他换热形式一样，包括 3 类：第一类边界条件为给定界面处温度分布和其随时间的变化规律；第二类边界条件为给定界面处热流密度分布和其随时间的变化规律，它包含了以热流形式给出的环境辐射换热及复合换热情况；第三类边界条件为给定界面处对流换热和辐射换热（也可采用辐射换热系数）的条件，即本条件中包含了对流与辐射复合换热的边界情况。多数辐射问题给出的是第一类边界条件。

辐射强度边界条件是辐射问题独有的，它与界面的辐射特性密切相关，由于吸收、发射、散射的延程性，辐射强度边界条件中常含有远程项。根据边界（界面）的辐射特性，可分为 3 类界面：不透明界面；透明界面；半透明界面。对半透明及不透明界面还必须给出界面的反射特性及光谱选择性质。其中，反射特性包括：漫反射、镜反射、部分漫反射、部分镜反射。各类边界条件的不同组合，形成了复合换热边界条件的多样性（见 8.6 节）。

在纯导热的换热系统中，热传导只能影响邻近区域；在无内热源情况下，外界热量只能从边界逐渐向内部传输，温度逐层递减。而在复合换热中，边界条件对计算方法、温度分布、热流密度分布都有很大的影响。下面通过一个例子来说明边界条件、界面辐射特性对温度、热流密度分布的影响。

如图 14.1 所示，一平板型半透明物料置于板式红外热源之间。物料与热源之间为透明流体，物料两侧界面为半透明界面。板式红外热源的温度分别为 $T_1$、$T_2$，且 $T_1 > T_2$，

物料的初始温度为 $T_0$，透明流体的平均温度为 $T_f$，$T_f > T_0$。该物理问题可表述为一个瞬态辐射－导热复合换热过程，边界条件为第三类边界条件，半透明界面，界面处对流换热及外部辐射热源加热。其换热方式包括：半透明物料内辐射与导热的复合换热；边界面与周围气体的对流换热；物料内部与外界的辐射换热，当热射线穿过物料界面时，将产生折射和反射，射线在两界面间会产生多重反射。计算分析结果如下：

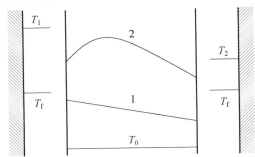

图 14.1    辐射与对流边界条件下，具有半透明界面的辐射－导热复合换热

（1）加热初始阶段，$T_f$ 高于物料界面温度，物料受到辐射与对流加热，温度分布如图 14.1 中的曲线 1 所示。

（2）加热到一定阶段，$T_f$ 低于物料界面温度，物料受到辐射加热与对流冷却。温度分布为图 14.1 中的曲线 2 所示，温度曲线出现峰值。在峰值位置左侧，导热热流方向与加热初始阶段时相反。物料的吸收系数越小、边界的对流换热系数越大，温度峰值的位置越靠近深处。

（3）如果物料界面改为不透明界面，外界热源不能与物料直接进行辐射换热，只能加热物料表面，然后由表面通过辐射和导热与物料内部进行换热，物料内部温度只能小于界面温度，因此温度峰值消失。如果边界无对流冷却，也不会出现温度峰值。

### 14.1.3    平板介质层辐射－导热复合换热的近似解

辐射－导热复合换热问题的基本方程形式复杂，在针对实际问题时，可以通过数学或物理近似进行一定的简化。这里以平板介质层的复合换热为例，介绍两种工程中常用的近似解法。

**1. 光学厚极限 —— 扩散近似法**

在光学厚极限时，辐射传输方程可简化为罗斯兰德扩散方程，见 10.2.3 节。对于一维平板型灰介质层（图 14.1），稳态辐射－导热复合换热的能量守恒方程根据式（14.2）可写成

$$\frac{\mathrm{d}}{\mathrm{d}y}(q^{cd} + q^r) = -\frac{\mathrm{d}}{\mathrm{d}y}\left[\left(k + \frac{16}{3}\frac{n^2\sigma}{\kappa_e}T^3\right)\frac{\mathrm{d}T}{\mathrm{d}y}\right] = 0 \qquad (14.6)$$

边界条件：$y = 0$，$T = T_1$；$y = \delta$，$T = T_2$。可以看出，此时热量的传递类似额外增加了一个随温度变化导热系数的导热过程。将上式化为无量纲形式为

$$\frac{\mathrm{d}}{\mathrm{d}\tau}\left[\left(1 + \frac{4}{3}\frac{1}{N_{ra-cd}}\Theta^3\right)\frac{\mathrm{d}\Theta}{\mathrm{d}\tau}\right] = 0 \qquad (14.7)$$

边界条件: $\tau=0$,$\Theta=\Theta_1$; $\tau=\tau_\delta$,$\Theta=\Theta_2$。上式是一个非线性方程,类似于变物性的一维导热能量方程,可用基尔霍夫方法将此方程线性化。先设一个新参数 $u(\Theta)$,令

$$u(\Theta)=\int_0^\Theta K(\Theta^*)\,\mathrm{d}\Theta^*\ ,\quad K(\Theta)=1+\frac{4}{3N_{ra-cd}}\Theta^3 \tag{14.8}$$

边界条件可化为

$$\tau=0\ \text{时},u=u_1=\int_0^{\Theta_1}K(\Theta^*)\,\mathrm{d}\Theta^*=\Theta_1+\frac{1}{3N_{ra-cd}}\Theta_1^4$$

$$\tau=\tau_\delta\ \text{时},u=u_2=\int_0^{\Theta_2}K(\Theta^*)\,\mathrm{d}\Theta^*=\Theta_2+\frac{1}{3N_{ra-cd}}\Theta_2^4$$

将式(14.8)对 $\tau$ 取导数,得

$$\frac{\mathrm{d}u(\Theta)}{\mathrm{d}\tau}=\frac{\mathrm{d}}{\mathrm{d}\tau}\int_0^\Theta K(\Theta^*)\,\mathrm{d}\Theta^*=K(\Theta)\frac{\mathrm{d}\Theta}{\mathrm{d}\tau} \tag{14.9}$$

利用上式的函数关系,可将能量方程式(14.7)化为

$$\frac{\mathrm{d}}{\mathrm{d}\tau}\left[K(\Theta)\frac{\mathrm{d}\Theta}{\mathrm{d}\tau}\right]=\frac{\mathrm{d}^2 u(\Theta)}{\mathrm{d}\tau^2}=0 \tag{14.10}$$

此式的通解为 $u=c_1\tau+c_2$;将边界条件代入,可得 $c_1=u_1-u_2$,$c_2=u_1$。进一步代入通解,可得温度分布方程:

$$\Theta+\frac{1}{3N_{ra-cd}}\Theta^4=(1-\tau)\Theta_1+\tau\Theta_2+\frac{1}{3N_{ra-cd}}\left[(1-\tau)\Theta_1^4+\tau\Theta_2^4\right]$$

$$=\Theta_1+\frac{1}{3N_{ra-cd}}\Theta_1^4+\left[\Theta_2-\Theta_1+\frac{1}{3N_{ra-cd}}(\Theta_2^4-\Theta_1^4)\right]\tau \tag{14.11}$$

如图 14.2 所示,比较了光学厚极限近似解与直接数值解(见 14.1.4 节)的温度分布。可以看出,当 $\tau_\delta\geqslant 10$ 时,两者已经相当接近,只是靠近壁面处的误差较大,温度梯度较直接数值解的也偏小。这是由于光学厚极限近似时未考虑边界的温度跳跃,且边界附近辐射强度不是各向同性的,扩散近似则不能够准确描述。本章参考文献[18]介绍了用滑移系数的方法来修正此误差。

采用扩散近似后,复合换热的热流密度 $q^t$ 可用下式表示:

$$q^t=q^{cd}+q^r=-k\frac{\mathrm{d}T}{\mathrm{d}y}-\frac{16}{3}\frac{n^2\sigma}{\kappa_e}T^3\frac{\mathrm{d}T}{\mathrm{d}y} \tag{14.12}$$

化为无量纲形式,得

$$\frac{q^t}{k\kappa_e T_{rf}}=-\left(1+\frac{4}{3N_{ra-cd}}\Theta^3\right)\frac{\mathrm{d}\Theta}{\mathrm{d}\tau} \tag{14.13}$$

由于传热过程是一维稳态,则热流密度 $q^t$ 为常数,故可以用分离变量法进行求解。代入边界条件后,结果为

$$\frac{q^t\delta}{kT_{rf}}=\Theta_1-\Theta_2+\frac{1}{3N_{ra-cd}}(\Theta_1^4-\Theta_2^4) \tag{14.14}$$

另外,此解也可以通过将温度分布方程式(14.11)代入式(14.13)得出。用物理量代替无量纲量,可得

$$q^t=\frac{k}{\delta}(T_1-T_2)+\frac{4}{3}\frac{n^2\sigma}{\kappa_e\delta}(T_1^4-T_2^4) \tag{14.15}$$

上式等号右侧第一项为无辐射时的导热热流密度计算式,第二项为无导热时的辐射热流

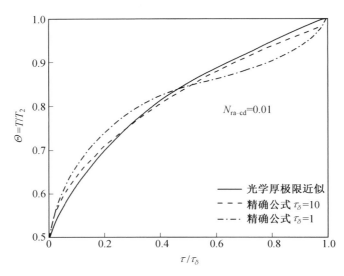

图 14.2　光学厚极限近似解与直接数值解温度分布的比较

密度计算式,即说明在光学厚极限时,辐射 — 导热复合换热的热流密度为导热热流密度与辐射热流密度的简单叠加。这是因为光学厚极限时热辐射的规律和导热相同,为扩散型。此时辐射传输主要依赖于介质内部,边界面的影响不大,但是不能认为光学厚时导热与辐射的热流密度不耦合。从图 14.2 的温度分布可看出,温度梯度是随 $y$ 轴变化的,所以导热热流密度也随 $y$ 轴变化;而由于 $q^t$ 为常数,所以辐射热流密度也是随 $y$ 轴变化的,故整个介质层中存在导热热量与辐射热量的相互影响与转化,热量依然耦合,只是在边界处具有简单叠加的形式。

**2. 叠加法近似**

叠加法近似假设两种传热过程之间相互作用很弱,因而在计算能量传输时,每个过程可独立进行。由前文可知,介质层光学厚极限时,热量可按导热热量与辐射热量的简单叠加来计算。对非光学厚极限时,也进行过这样的尝试。本章 14.1.4 节将提到具有黑体边界面的平板复合换热解,如按直接数值法得到的精确结果为 $q^t$,用简单的叠加法得出的结果为 $q_1^t$,两结果的比值列于表 14.1 的最后一列中,可以看出两者误差在 11% 以内,并且此误差与光学厚度 $\tau_\delta$ 及辐射 — 导热参数 $N_{ra-cd}$ 有关。

使用叠加法近似对将上例中的边界面改为灰体,以及介质层改为光学薄等情况的研究结果如下:总体来讲,叠加法在光学厚与光学薄极限时误差小;但在非光学厚与非光学薄极限时,若表面反射率较大,则会出现较大的误差。这里给出在光学薄极限下,一维介质层辐射 — 导热复合换热的总热流密度简化式:

$$q^t = \frac{k}{\delta}(T_1 - T_2) + \frac{n^2\sigma(T_1^4 - T_2^4)}{1/\varepsilon_1 + 1/\varepsilon_2 - 1} \tag{14.16}$$

其中,$\varepsilon_1$、$\varepsilon_2$ 为介质层两侧壁面边界的发射率,壁面为漫射灰体。可以看出光学薄极限情况下,介质的辐射特性对总热流密度无明显影响。

叠加法近似的优点是简单,在工程中常用。缺点是不能用于温度场计算,并且由于此方法没有物理模型作为基础,所以不能预计结果的准确度;若没有预先与精确结果做比较,不宜采用此方法。

**表 14.1　一维吸收性灰介质层辐射 － 导热复合换热的数值计算结果**

| $\tau_\delta$ | $\Theta_2$ | $N_{ra-cd}$ | $q^t/(\sigma T_1^4)$ | $q^t/q_1^t$ |
|---|---|---|---|---|
| 0.1 | 0.5 | 0 | 0.859 | 1.00 |
| | | 0.01 | 1.074 | 1.01 |
| | | 0.1 | 2.88 | 1.01 |
| | | 1.0 | 20.88 | 1.00 |
| | | 10.0 | 200.88 | 1.00 |
| 1.0 | 0.5 | 0 | 0.518 | 1.00 |
| | | 0.01 | 0.596 | 1.11 |
| | | 0.1 | 0.798 | 1.11 |
| | | 1.0 | 2.600 | 1.03 |
| | | 10.0 | 20.60 | 1.00 |
| 1.0 | 0.1 | 0 | 0.556 | 1.00 |
| | | 0.01 | 0.658 | 1.11 |
| | | 0.1 | 0.991 | 1.08 |
| | | 1.0 | 4.218 | 1.01 |
| | | 10.0 | 36.60 | 1.00 |
| 10.0 | 0.5 | 0 | 0.102 | 1.00 |
| | | 0.01 | 0.114 | 1.10 |
| | | 0.1 | 0.131 | 1.07 |
| | | 1.0 | 0.315 | 1.04 |
| | | 10.0 | 0.211 4 | 1.01 |

其他的近似方法还有指数核近似法,级数展开近似法,交换系数近似法等,这里不作介绍。

### 14.1.4　平板介质层辐射 － 导热复合换热的直接数值解

如 14.1.2 节所述,辐射 － 导热复合换热问题有能量守恒方程和辐射传输方程两个控制方程,且方程形式都比较复杂。针对此类问题,精确解仅存在于一维灰介质的一些简单情况下,如假设常物性、吸收性或各向同性散射介质、两侧界面为等温漫射灰体,无内热源、稳态传热,且重点在于辐射热源项的求解。

此处选取一维平板型吸收性灰介质层、无内热源的稳态辐射 － 导热复合换热过程为例。如图 14.3 所示,介质物性均匀且不随温度变化,边界为给定温度的黑体壁面。介质导热系数为 $k$,吸收系数为 $\kappa_a$,折射率 $n=1.0$,介质层厚度 $\delta$,两壁面温度分别为 $T_1$、$T_2$。

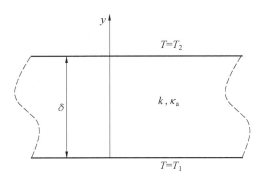

图 14.3 平板型半透明介质层的辐射－导热复合换热

对于无散射的一维灰介质的投射辐射函数 $G$，可通过辐射传输方程求出，参照式 (10.11)，化为无量纲形式，并选取 $T_1$ 为参考温度 $T_{rf}$，则

$$G^* = 2E_2(\tau) + 2\Theta_2^4 E_2(\tau_\delta - \tau) + 2\int_0^{\eta_\delta} \Theta^4(\tau^*) E_1(|\tau^* - \tau|) \mathrm{d}\tau^* \qquad (14.17)$$

其中，$\Theta_1 = 1.0$，$\Theta_2 = T_2/T_1$；$G^* = G/(\sigma T_1^4)$；$\tau_\delta = \kappa_a \delta$。将其代入能量方程式(14.4)，可得

$$N_{ra-cd}\frac{\mathrm{d}^2\Theta}{\mathrm{d}\tau^2} = \Theta^4 - \frac{1}{2}E_2(\tau) - \frac{1}{2}\Theta_2^4 E_2(\tau_\delta - \tau) - \frac{1}{2}\int_0^{\tau_\delta} \Theta^4(\tau^*) E_1(|\tau^* - \tau|)\mathrm{d}\tau^*$$

$$(14.18)$$

其边界条件：$\tau = 0$，$\Theta = 1.0$；$\tau = \tau_\delta$，$\Theta = \Theta_2$。可见，方程的解主要取决于参数 $N_{ra-cd}$、$\tau_\delta$ 和 $\Theta_2$。

上述积分－微分方程的解 $\Theta = f(N_{ra-cd}, \tau/\tau_\delta)$ 结果如图 14.4 所示。辐射－导热复合换热中，靠近冷壁处的温度梯度总是大于纯导热情况，并随着 $N_{ra-cd}$ 值的减小而增大；而在靠近热壁处的温度梯度可能比纯导热时大一些，也可能小一些，这取决于 $N_{ra-cd}$ 值的大小。由图 14.4 可看出 $N_{ra-cd}$ 对温度分布的影响：当 $N_{ra-cd} = 0$ 时，为纯辐射换热问题，壁面处温度不连续，出现温度阶跃；当 $N_{ra-cd}$ 较小时，近壁面位置介质的温度迅速趋近于壁温，其他位置温度分布基本相似；随着 $N_{ra-cd}$ 增大，导热影响增强，温度分布逐渐趋近于线性；推测可知，当 $N_{ra-cd} \to \infty$ 时，温度分布呈直线，为纯导热情况。实际上，当 $N_{ra-cd} \geqslant 10$ 时，基本上已是纯导热了。由图可以看出，辐射－导热复合换热中由于导热的原因，已不存在纯辐射时边界处的温度阶跃了。

对于光学薄情况（图中未给出结果），因介质内部的吸收和发射很弱，两侧边界壁面直接进行辐射换热，当 $N_{ra-cd} = 0$ 时壁面处温度阶跃则更大，当 $N_{ra-cd} = 0.1$ 时温度分布就接近线性了。

基于上述温度场结果，可采用式(14.4)计算复合换热的热流密度。其中，辐射热流 $q^{r*}$ 可用第 10 章中一维无散射黑体边界面的辐射热流密度式(10.13b)替代，将式 (10.13b)化成无量纲形式后为

$$q^{r*} = 1 - 2\left[\Theta_2^4 E_3(\tau_\delta) + \int_0^{\tau_\delta} \Theta^4(\tau^*) E_2(\tau^*)\mathrm{d}\tau^*\right] \qquad (14.19)$$

将上式带入式(14.4)，得

$$\frac{q}{\sigma T_1^4} = -4N_{ra-cd}\frac{\mathrm{d}\Theta}{\mathrm{d}\tau}\bigg|_{\tau=0} + 1 - 2\left[\Theta_2^4 E_3(\tau_\delta) + \int_0^{\tau_\delta} \Theta^4(\tau^*) E_2(\tau^*)\mathrm{d}\tau^*\right] \qquad (14.20)$$

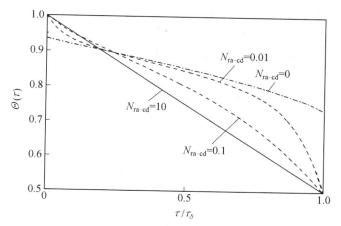

图 14.4　一维吸收性灰介质层辐射－导热复合换热时的温度分布$(\tau_\delta = 1.0, \Theta_1 = 1.0, \Theta_2 = 0.5)$

上式右侧各项表征:第一项是壁面 1 的介质导热,第二项为壁面 1 的发射辐射,第三项是壁面 2 的发射辐射经衰减到达壁面 1 的辐射能量,最后一项为介质辐射到达壁面 1 的辐射能量。

式(14.20)采用数值积分等方法求解,部分结果见表 14.1。整体可以看出,随着光学厚度的增大,总传热量减少。因为光学厚度增大,即吸收系数增大,介质层衰减辐射能的作用增强,导致传递热量减少。此外,随着辐射－导热系数的增大,总传热量增加,这主要是由于介质的导热量的增大。

对于一维、稳态、常物性的情况下,沿厚度方向复合换热的总热流密度是常数。但由于温度分布是曲线,所以导热热流密度沿厚度方向是变化的。这样,导热热流密度小处,辐射热流密度即大,反之亦然。这说明导热与辐射的热流密度沿厚度方向相互影响、相互转化,可明显地看出其耦合特征。

在上述研究结果的基础上,本章参考文献[19,21]进一步研究了壁面为灰体的复合换热,本章参考文献[22]增加了各向同性散射相关研究,这些文献都分别给出了部分计算结果。对于各向异性散射,多采用数学近似求解或者直接数值模拟,本章参考文献[23]指出在壁面(边界面)为高发射率时,前向散射促进传热,后向散射抑制传热;当壁面为低发射率时,则影响不明显。

当考虑介质散射时,以各向同性散射为例(散射相函数为 1),上述例子中一维介质层稳态辐射－导热复合换热的能量方程可表示为

$$\frac{\mathrm{d}^2 \Theta}{\mathrm{d}\tau^2} = \frac{1}{N_{ra-cd}}(1-\omega)\left(\Theta^4 - \frac{1}{4}G^*\right) \tag{14.21}$$

$$G^* = 2E_2(\tau) + 2\Theta_2^4 E_2(\tau_\delta - \tau) + 2\int_0^{\eta_\delta}\left[(1-\omega)\Theta^4(\tau^*) + \frac{\omega}{4}G^*(\tau^*)\right]E_1(|\tau^* - \tau|)\,\mathrm{d}\tau^*$$

$$\tag{14.22}$$

其中,$\omega = \kappa_s/\kappa_e$ 为反照率,表示由于散射而衰减的辐射能占总衰减辐射能的份额,$\kappa_e$ 为衰减系数。从图 14.5 可以看出介质散射对温度分布的影响。当反照率 $\omega = 0$ 时,即为纯吸收性介质情况。光学厚度一定时,反照率增大,即散射系数增大、吸收系数减小,温度分布

向纯导热时的线性分布趋近;当反照率趋近于 1.0 时,即强散射性介质,辐射能难以向内能转化,温度呈现线性分布。当反照率 $\omega=1.0$ 时,辐射传输过程与导热过程独立,总的热流可以由导热热流与辐射热流两者线性叠加得到,介质温度变化不影响辐射传输过程,介质内部温度梯度由导热作用决定。

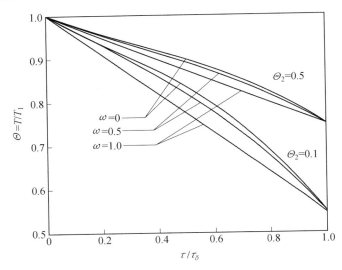

图 14.5　　一维各向同性散射灰介质层辐射－导热复合换热时的温度分布
($\tau_\delta = 1.0; N_{\mathrm{ra-cd}} = 0.1; \Theta_1 = 1.0; \Theta_2 = 0.1, 0.5$)

### 14.1.5　辐射－导热复合换热的数值方法简介

　　计算机技术的发展使得对更为复杂的辐射－导热复合换热问题进行深入的分析成为可能。例如实际工程中,很多半透明材料的物性参数会随温度发生剧烈变化,在对该类半透明材料进行传热分析时,需要考虑物性变化对传热特性的影响。如上所述,辐射－导热复合换热有两个主控方程:辐射传输方程与能量守恒方程,需要联立求解。其中,计算局域辐射热流的散度 $-\operatorname{div} \boldsymbol{q}^{\mathrm{r}}$(即辐射热源项)是关键,需要获得该局域每个波段、方向上的辐射强度。在数值计算过程中,可以采用松耦合求解和紧耦合求解。

　　松耦合求解一般先假定初场,由初场求解辐射传输方程得到辐射强度场,再计算介质辐射热源项,将其作为热源项带入能量守恒方程求解进而获得新的温度场;通过新的温度场信息确定介质物性参数,再一次求解辐射传输方程和能量守恒方程;反复迭代,获得最终的温度场、辐射场和热流密度分布。其基本流程如图 14.6 所示。该求解方法的优点是两个方程分开求解,可采用不同网格,容易获得收敛解。对于多维复合换热问题,辐射热源项求解是非常耗时的,但该数值在迭代中一般变化比较缓慢,可以不必每次迭代均计算一次,而采用多次迭代后再求解一次的方式,以提高计算速度。

　　紧耦合求解则是直接求解式(14.1e),该方程具有强非线性,可能导致不确定性和难以获得收敛解。因而,松耦合求解是一种更为安全的方法,特别是在辐射和其他传热方式同等重要的情况下(尽管收敛速度可能会慢一点)。

　　从形式上看,辐射－导热复合换热的能量守恒方程实际上是具有源项的导热方程,

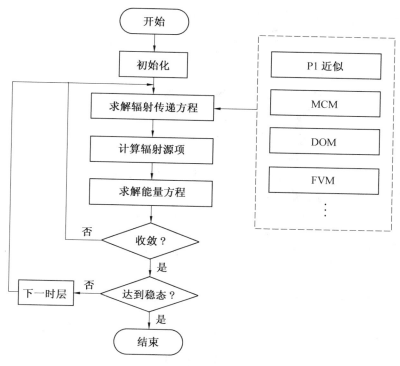

图 14.6　辐射－导热复合换热松耦合求解基本流程

故可用解导热方程的数值方法求解,如有限差分、有限体积和有限元等计算方法。导热方程具有良好的数值求解特性,对数值算法要求不高。另外,只要网格能够兼容,求解上述两个方程可以用不同的数值方法。辐射强度不仅是时间、空间位置的函数,也是波长、空间方向的函数。描述半透明介质内热辐射强度变化的基本方程为积分－微分混合型的辐射传输方程。因此,在复合换热中,辐射传输方程的求解是计算的关键环节。通常选取数值方法时,需要格外小心,从准确性、收敛性、计算效率等多个角度选择。目前已发展较多的数值求解方法,如:球形谐波法、有限体积法、离散坐标法、射线踪迹－节点分析法、蒙特卡罗法,以及有限元法、无网格法、格子玻尔兹曼法、谱元法、自然元法等等。目前主流的商业软件如 FLUENT、CFX、COMSOL 等,也已整合了部分辐射计算模型,如 P1 近似、离散传递法、离散坐标法和蒙特卡罗法。同时,一些研究者也正致力于上述方法的改进和新方法的开发,以进一步解决复合换热计算中的存储量、计算效率、收敛性等问题。

## 14.2　辐射－对流复合换热

　　辐射－对流复合换热广泛存在于涉及高温流体的工程领域,如传统的高温换热装置、燃气轮机或发动机燃烧室、工业炉内燃烧室、电站锅炉炉膛等。此外,高新技术和国防工业的发展也对辐射－对流复合换热的研究提出了迫切需求。例如:太阳能吸热器／热化学反应器内流体工质的传热;新一代气冷堆、磁流体发电、煤气化等具有高温流体能量转换系统内的复合换热;多孔燃烧器的火焰传播;超燃冲压发动机内的超声速火焰气流特性;高超声速飞行器或航天飞行器返回大气层时的表面加热及热防护;飞行器尾喷焰的红外目标特性等。

早期对此类换热问题的研究很少考虑耦合的影响,一般都采用叠加法计算换热量,即不考虑热辐射时的对流换热量,加上不考虑对流时的辐射换热量,等于总换热量。这种计算方法误差较大,并且不能求温度场。实际上,该换热过程不仅涉及热辐射、热对流两种基本传热方式的相互作用,而且涉及传热与流动两种物理过程的耦合,其过程机制与特性规律复杂。值得注意的是,在辐射与对流复合换热中,热辐射与流场之间没有直接耦合,因为流体和边界的热辐射及辐射特性与流场没有直接关联。然而,流场会直接影响温度场、压力分布和组分浓度场,这些参数决定了边界及流体的辐射强度和流体的辐射特性。这种间接耦合作用在高温燃烧问题中尤为明显。

影响对流换热的因素很多,通常根据一些主要影响因素,将对流换热分类,如内部流与外部流换热、层流与湍流换热、自然对流与强制对流换热、高速与常速换热等。类似地,辐射－对流复合换热也可以根据流动或对流换热特征,分为辐射与自然对流、辐射与强制对流、辐射与混合对流等的复合换热;也可按照耦合作用的程度或层次,分为常物性介质的辐射与对流复合换热、变物性介质的辐射与对流复合换热两类。

整体上看,辐射－对流复合换热的实际应用远没有达到对流换热的规模,并且内容比较复杂,从学术角度上,可以说它的发展更多地依赖流体力学与对流换热的深入研究。所以这里仅着重介绍一些基本概念、特点及一些动态。本节首先介绍此类复合换热的控制方程,并引入一些无因次(无量纲)特征参数;然后对平板边界层、槽道内的两类辐射－对流复合换热问题展开详细的讨论。为简化起见,本节中假定流体为吸收性无散射灰介质,边界、壁面为等温黑体。

### 14.2.1　控制方程及无因次准则

与辐射－导热复合换热类似,描写辐射－对流复合换热规律的控制方程组是对流换热的控制方程加上辐射传输方程,仅在对流的能量守恒方程中添加了一项辐射热源项。为简化起见,以二维稳态不可压缩层流问题为例,其中物性不随温度变化,流体为无散射的吸收、发射性灰介质。描写流动的连续方程及动量方程可表示为

$$\frac{\partial u_x}{\partial x} + \frac{\partial u_y}{\partial y} = 0 \tag{14.23}$$

$$\rho\left(u_x \frac{\partial u_x}{\partial x} + u_y \frac{\partial u_x}{\partial y}\right) = -\frac{\partial p}{\partial x} + \mu\left(\frac{\partial^2 u_x}{\partial x^2} + \frac{\partial^2 u_x}{\partial y^2}\right) \tag{14.24a}$$

$$\rho\left(u_x \frac{\partial u_y}{\partial x} + u_y \frac{\partial u_y}{\partial y}\right) = -\frac{\partial p}{\partial y} + \mu\left(\frac{\partial^2 u_y}{\partial x^2} + \frac{\partial^2 u_y}{\partial y^2}\right) \tag{14.24b}$$

式中　　$\mu$——流体的动力黏度;

　　　　$p$——流体压力;

　　　　$u_x$——$x$ 方向的流体速度;

　　　　$u_y$——$y$ 方向的流体速度。

加入辐射热源项,能量守恒方程可表示为

$$\rho c_p \left( u_x \frac{\partial T}{\partial x} + u_y \frac{\partial T}{\partial y} \right) = k \left( \frac{\partial^2 T}{\partial x^2} + \frac{\partial^2 T}{\partial y^2} \right) - \left( \frac{\partial q_x^r}{\partial x} + \frac{\partial q_y^r}{\partial y} \right) + \Psi_d \qquad (14.25)$$

式中　　$c_p$——流体的比定压热容；

$\quad\quad\quad k$——流体的导热系数；

$\quad\quad\quad q_x^r$——$x$ 方向的辐射热流密度；

$\quad\quad\quad q_y^r$——$y$ 方向的辐射热流密度；

$\quad\quad\quad \Psi_d$——流体的黏性耗散函数，$\Psi_d = \mu \left( \dfrac{\partial u_y}{\partial x} + \dfrac{\partial u_x}{\partial y} \right)^2$。

式（14.25）两个方向的辐射热流密度可用类似式（10.5）的定义式，式中的辐射强度可由辐射传输方程求出。根据实际物理问题，给予上述方程组适当的边界条件即可求解。

现介绍一下在辐射－对流复合换热中新引入几个准则或无因次（无量纲）特征数的物理意义。它们的导出可见 14.2.2 节和 14.2.3 节的无因次方程的推导。

（1）无因次参数 $\xi$：

$$\xi = \frac{n^2 \sigma T^3 \kappa_e}{\rho c_p u} x \qquad (14.26)$$

式中　　$n$——流体的折射率；

$\quad\quad\quad \kappa_e$——流体的辐射衰减系数。

从上式分子、分母代表的物理意义可知，该参数是热辐射和热对流在换热过程中所起相对作用的度量。当 $\xi = 0$ 时，相当于纯对流换热情况；当 $\xi \ll 1$ 时，相当于辐射－对流复合换热中辐射的光学薄情况；当 $\xi \to \infty$ 时，相当于忽略对流，只有导热与辐射的情况。

（2）玻尔兹曼准则（Boltzmann）$Bo$：

$$Bo = \frac{\rho c_p u}{n^2 \sigma T^3} \qquad (14.27a)$$

将分子、分母分别乘以 $T$，即 $Bo = \rho c_p u T / (n^2 \sigma T^4)$，表示热对流的热流密度与热辐射的热流密度之比。$Bo$ 数还可以写成

$$Bo = 4 \frac{k \kappa_e}{4 n^2 \sigma T^3} \frac{\rho u l}{\mu} \frac{\mu c_p}{k} \frac{1}{\kappa_e l} = 4 N_{ra-cd} \cdot Re \cdot Pr \cdot \frac{1}{\tau} \qquad (14.27b)$$

式中　　$l$——特征尺寸；

$\quad\quad\quad Re$——雷诺数，雷诺准则 $Re = \rho u l / \mu = u l / \nu$；

$\quad\quad\quad Pr$——普朗特数，普朗特准则 $Pr = \nu / a$，$\nu$ 为运动黏度；

$\quad\quad\quad a$——热扩散率（导温系数），$a = k / (\rho c_p)$；

$\quad\quad\quad \tau$——光学厚度。

（3）辐射贝克莱准则（Peclet）$Pe^r$。

在对流换热中，贝克莱准则 $Pe = u l / a = u l c_p \rho / k$，其物理意义为热对流与导热之比的度量。若 $Pe \gg 1$，对流作用远大于导热。取辐射效应最强的情况，即光学厚极限，辐射导热系数见式（10.62），$k^r = 16 \sigma n^2 T^3 / (3\kappa_e)$，用 $k^r$ 代替 $k$，由对流贝克莱准则 $Pe$ 即可得辐射贝克莱准则 $Pe^r$：

$$Pe^r = \frac{u l c_p \rho}{16 n^2 \sigma T^3 / (3\kappa_e)} \qquad (14.28)$$

它表示辐射－对流复合换热时，热对流与热辐射之比的度量。当 $Pe^r \gg 1$ 时，热辐射可以忽略不计。

（4）埃克特准则（Eckert）$Ec$：

$$Ec = \frac{u^2}{c_p T} \tag{14.29}$$

它是动量方程中的黏性耗散项与热对流项的相似比乘以 $Re$ 数。显然，当 $Ec \ll 1$ 时，黏性耗散可忽略。

由于热辐射的参与，相同条件下复合换热要强于纯对流换热。热辐射可以强化对流，也可以削弱对流。复合换热时，热边界层相对于纯对流换热时有所增厚；管槽通道流动复合换热情况下不存在充分发展段；流体介质的辐射特性对温度场的影响也非常明显。

### 14.2.2　平板层流边界层的辐射－对流复合换热

为讨论辐射和对流的相互作用机制，以简单的层流边界层为例。这是辐射－对流复合换热中最简单的情况之一，通过它可以了解和分析辐射－对流复合换热过程的一般方法。如图 14.7 所示，流体平行流过平板，流体与平板发生辐射－对流复合换热。流体为不可压缩、无散射的吸收性灰介质，流动为稳态黏性层流，忽略体积力，忽略黏性耗散（$Ec \ll 1$），物性不随温度变化，平板为等温黑体。令主流区流体的温度为 $T_\infty$，流速为 $u_\infty$，平板的温度为 $T_w$。

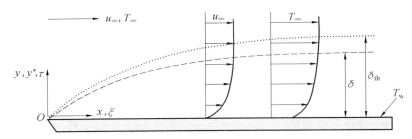

图 14.7　平板层流边界层的辐射－对流复合换热
$\delta$——流动边界层厚度；$\delta_{th}$——热边界层厚度

#### 1. 平板层流边界层的复合换热控制方程及边界条件

由边界层理论可知：动量方程中，由于沿 $y$ 方向的压力梯度很小，可认为边界层内的压力与 $y$ 无关，即 $\partial p / \partial y = 0$；由于 $u_y \ll u_x$，$y$ 向的动量方程式（14.24b）可忽略；由于 $x$ 向动量方程式（14.24a）的黏性项中 $\frac{\partial^2 u_x}{\partial y^2} \gg \frac{\partial^2 u_x}{\partial x^2}$，故 $\frac{\partial^2 u_x}{\partial x^2}$ 可忽略。因此，描述边界层流动的方程可表示为

$$\frac{\partial u_x}{\partial x} + \frac{\partial u_y}{\partial y} = 0 \tag{14.30}$$

$$u_x \frac{\partial u_x}{\partial x} + u_y \frac{\partial u_x}{\partial y} = \nu \frac{\partial^2 u_x}{\partial y^2} \tag{14.31}$$

式中　$\nu$——运动黏度。

能量守恒方程式(14.25)的导热项中，因 $\dfrac{\partial^2 T}{\partial y^2} \gg \dfrac{\partial^2 T}{\partial x^2}$，故 $\dfrac{\partial^2 T}{\partial x^2}$ 可忽略；辐射源项中，仅考虑 $y$ 向的辐射热流密度 $q_y^{\mathrm r}$ 的变化，忽略 $x$ 向的变化，即 $\partial q_x^{\mathrm r}/\partial x \approx 0$。符合这种情况的条件为 $\rho c_p u_x \dfrac{\partial T}{\partial x} \gg \dfrac{\partial q_x^{\mathrm r}}{\partial x}$。若用准则表示，即 $x$ 向的辐射贝克莱准则远大于 1。证明如下：若按光学厚极限考虑，用数量级分析方法，上述不等式可表示为 $c_p \rho u_\infty \dfrac{T_{\mathrm w} - T_\infty}{l} \gg k^{\mathrm r} \dfrac{T_{\mathrm w} - T_\infty}{l^2}$，整理后即为 $Pe_x^{\mathrm r} = \dfrac{u_\infty l}{k^{\mathrm r}/c_p \rho} \gg 1$。因此，能量守恒方程进而可表示为

$$\rho c_p \left( u_x \frac{\partial T}{\partial x} + u_y \frac{\partial T}{\partial y} \right) = k \frac{\partial^2 T}{\partial y^2} - \frac{\partial q_y^{\mathrm r}}{\partial y} \tag{14.32}$$

辐射热流密度的计算可参考 10.1.1 节式(10.13a)。但有如下变化：引入光学厚度 $\tau = \kappa_{\mathrm a} y$；由于 $\delta = \infty$，故 $\tau_\delta = \infty$，所以 $E_3(\tau_\delta - \tau) = E_3(\infty) = 0$；流体温度沿 $x$、$y$ 两个方向均有变化，所以流体的辐射强度也随 $x$、$y$ 变化，应表示为 $I(x, \tau)$；平板壁温不变，故 $I_{\mathrm{b1}}$ 改写为 $I_{\mathrm{bw}}$。则式(10.13a)可写为

$$q^{\mathrm r}(x, \tau) = 2\pi I_{\mathrm{bw}} E_3(\tau) + 2\pi \int_0^\tau I_{\mathrm b}(x, \tau^*) E_2(\tau - \tau^*) \mathrm d \tau^* -$$
$$2\pi \int_\tau^\infty I_{\mathrm b}(x, \tau^*) E_2(\tau^* - \tau) \mathrm d \tau^* \tag{14.33}$$

此式为近似表达式。因为严格地讲，式(10.13a)描述的是一维情况，而此式为二维。在式(10.13a)化为式(14.33)时，忽略了 $x$ 向辐射传输的影响。将式(14.33)对光学厚度 $\tau$ 取导数，即可得能量守恒方程中的辐射热源项：

$$\frac{1}{\kappa_{\mathrm a}} \frac{\partial q^{\mathrm r}(x, \tau)}{\partial y} = \frac{\partial q^{\mathrm r}(x, \tau)}{\partial \tau}$$
$$= 4\pi I_{\mathrm b}(x, \tau) - 2\pi I_{\mathrm{bw}} E_2(\tau) - 2\pi \int_0^\infty I_{\mathrm b}(x, \tau^*) E_1(|\tau^* - \tau|) \mathrm d \tau^* \tag{14.34}$$

此式推导过程中，应用了指数积分函数(见附录 C)的求导、含参变数积分求导，几个关键步骤如下：

$$\frac{\partial}{\partial \tau} \left[ I_{\mathrm{bw}} E_3(\tau) \right] = -I_{\mathrm{bw}} E_2(\tau)$$

$$\frac{\partial}{\partial \tau} \int_0^\tau I_{\mathrm b}(x, \tau^*) E_2(\tau - \tau^*) \mathrm d \tau^* = I_{\mathrm b}(x, \tau) E_2(0) = I_{\mathrm b}(x, \tau)$$

$$\frac{\partial}{\partial \tau} \left[ \int_0^\tau I_{\mathrm b}(x, \tau^*) E_2(\tau - \tau^*) \mathrm d \tau^* - \int_\tau^\infty I_{\mathrm b}(x, \tau^*) E_2(\tau^* - \tau) \mathrm d \tau^* \right]$$
$$= \frac{\partial}{\partial \tau} \left[ -\int_0^\infty I_{\mathrm b}(x, \tau^*) E_2(|\tau^* - \tau|) \mathrm d \tau^* + 2\int_0^\tau I_{\mathrm b}(x, \tau^*) E_2(\tau - \tau^*) \mathrm d \tau^* \right]$$
$$= -\int_0^\infty I_{\mathrm b}(x, \tau^*) E_1(|\tau^* - \tau|) \mathrm d \tau^* + 2 I_{\mathrm b}(x, \tau)$$

综上所述，式(14.30)、式(14.31)、式(14.32)、式(14.33)或式(14.34)即为辐射 — 对流复合换热的控制方程。相应的边界条件为

$$\begin{cases} \text{当 } x=0, 0<y<\infty \text{ 时}, u_x=u_\infty, T=T_\infty \\ \text{当 } x\geqslant 0, y=0 \text{ 时}, u_x=0, u_y=0, T=T_w \\ \text{当 } x\geqslant 0, y=\infty \text{ 时}, u_x=u_\infty, T=T_\infty \end{cases} \tag{14.35}$$

壁面边界处复合换热的热流密度 $q_w$ 可以表示为

$$q_w = q^{cv} + q_w^r = -k\frac{\partial T}{\partial y}\Big|_{y=0} + q_w^r \tag{14.36}$$

式中　　$q^{cv}$—— 壁面对流换热的热流密度；

　　　　$q_w^r$—— 壁面的辐射热流密度。

有的文献,尤其在一些工程中,沿用对流换热的概念,用复合换热系数 $h_{com}$ 来表征壁面换热强度,其定义式为

$$h_{com} = \frac{q_w}{T_\infty - T_w} = -\frac{k}{T_\infty - T_w}\frac{\partial T}{\partial y}\Big|_{y=0} + \frac{q_w^r}{T_\infty - T_w} \tag{14.37}$$

**2. 平板层流边界层的复合换热控制方程的求解**

对于平板层流边界层的对流换热,有一个著名的经典解法 —— 布拉修斯(Blasius)求解法。将此方法扩展,即可用于平板层流辐射 - 对流复合换热的求解。

首先,引入一个满足连续方程的流函数 $\psi$,$\psi$ 与 $u_x$、$u_y$ 有下列关系：

$$u_x = \frac{\partial \psi}{\partial y}, \ u_y = -\frac{\partial \psi}{\partial x} \tag{14.38}$$

基于上述定义,可以将描述边界层流动的动量方程,化成只含一个未知量 —— 流函数的方程,式(14.31)可改写为

$$\frac{\partial \psi}{\partial y}\frac{\partial^2 \psi}{\partial x \partial y} - \frac{\partial \psi}{\partial x}\frac{\partial^2 \psi}{\partial y^2} = \nu \frac{\partial^3 \psi}{\partial y^3} \tag{14.39}$$

再用仿射相似原理,引入相似变量 $\zeta$：

$$\zeta = y\sqrt{\frac{u_\infty}{\nu x}} \tag{14.40}$$

将随 $x$、$y$ 变化的流函数 $\psi$,化成仅随 $\zeta$ 变化。定义无因次流函数 $\psi^*$：

$$\psi^*(\zeta) = \frac{\psi}{\sqrt{\nu u_\infty x}} \tag{14.41}$$

将 $\zeta$、$\psi^*$ 引入动量方程式(14.39),即可将其化成无因次流函数 $\psi^*$ 的常微分方程,即

$$\frac{d^3 \psi^*}{d\zeta^3} + \frac{1}{2}\psi^*\frac{d^2 \psi^*}{d\zeta^2} = 0 \tag{14.42}$$

其详细推导过程可见本章参考文献[38,39]。

将无因次数(见14.1节)引入能量方程(注意:在本例中定性温度为 $T_\infty$):无因次辐射热流密度 $q^{r*} = q^r/(n^2\sigma T_\infty^4)$、无因次温度 $\Theta = T/T_\infty$、辐射 - 导热参数 $N_{ra-cd} = k\kappa_a/(4n^2\sigma T_\infty^3)$,以及式(14.26)定义的无因次参数 $\xi = n^2\sigma T_\infty^3\kappa_a x/(\rho c_p u_\infty)$(注意:无散射的吸收、发射性流体 $\kappa_e = \kappa_a$),对流换热中出现的普朗特数 $Pr = \mu c_p/k$。通过推导,能量守恒方程式(14.32)变为

$$\frac{d\psi^*}{d\zeta}\xi\frac{\partial \Theta}{\partial \xi} - \frac{1}{2}\psi^*\frac{\partial \Theta}{\partial \zeta} = \frac{1}{Pr}\frac{\partial^2 \Theta}{\partial \zeta^2} - \frac{1}{4}\left(\frac{\xi}{N_{ra-cd} \cdot Pr}\right)^{1/2}\frac{\partial q^{r*}}{\partial \zeta} \tag{14.43a}$$

将此式中温度的自变量 $\xi$ 改为光学厚度 $\tau$，即将 $\tau = \zeta \sqrt{Pr \cdot \xi \cdot N_{\mathrm{ra-cd}}}$ 代入，式(14.43a) 还可写成

$$\frac{\mathrm{d}\psi^*}{\mathrm{d}\zeta} \frac{\partial \Theta}{\partial \tau} - \frac{1}{2} \psi^* \frac{\partial \Theta}{\partial \zeta} \sqrt{\frac{Pr \cdot N_{\mathrm{ra-cd}}}{\xi}} = N_{\mathrm{ra-cd}} \frac{\partial^2 \Theta}{\partial \tau^2} - \frac{1}{4} \frac{\partial q^{r*}}{\partial \tau} \qquad (14.43\mathrm{b})$$

上述方程等号左端为对流项，右端第一项为导热项，右端第二项为辐射项。相应的边界条件为

$$\begin{cases} \xi = 0 \text{ 时}, \ \Theta = 1 \\ \zeta = 0 \text{ 时}, \ \psi^* = 0, \ \dfrac{\mathrm{d}\psi^*}{\mathrm{d}\zeta} = 0, \ \Theta = \dfrac{T_w}{T_\infty} = \Theta_w \\ \zeta \to \infty \text{ 时}, \ \dfrac{\mathrm{d}\psi^*}{\mathrm{d}\zeta} = 1, \ \Theta = 1 \end{cases} \qquad (14.44)$$

无量纲辐射热流密度 $q^{r*}$ 可由式(14.33)得出：

$$q^{r*}(\xi, \tau) = 2\Theta_w^4 E_3(\tau) + 2 \int_0^\tau \Theta^4(\xi, \tau^*) E_2(\tau - \tau^*) \mathrm{d}\tau^* - 2 \int_\tau^\infty \Theta^4(\xi, \tau^*) E_2(\tau^* - \tau) \mathrm{d}\tau^* \qquad (14.45)$$

进而，壁面 $\tau = 0$ 处的辐射热流密度可以写为

$$q^{r*}(\xi, 0) = \Theta_w^4 + 2 \int_0^\infty \Theta^4(\xi, \tau^*) E_2(\tau^*) \mathrm{d}\tau^* \qquad (14.46)$$

能量守恒方程中的辐射热源项可由式(14.34)得出：

$$\frac{\partial q^{r*}(\xi, \tau)}{\partial \tau} = 4\Theta^4(\xi, \tau) - 2\Theta_w^4 E_2(\tau) - 2 \int_0^\infty \Theta^4(\xi, \tau^*) E_1(|\tau^* - \tau|) \mathrm{d}\tau^*$$

$$= 4\Theta^4(\xi, \tau) - 2\Theta_w^4 E_2(\tau) - 2 \int_0^{\tau_\delta} \Theta^4(\xi, \tau^*) E_1(\tau - \tau^*) \mathrm{d}\tau^* +$$

$$2 \int_{\tau_\delta}^\infty \Theta^4(\xi, \tau^*) E_1(\tau^* - \tau) \mathrm{d}\tau^* \qquad (14.47)$$

上式等号右端第一项为 $(\xi, \tau)$ 处本身辐射的贡献；第二项为壁面辐射经介质衰减到达 $(\xi, \tau)$ 处的贡献；第三项为边界层内介质辐射经衰减到达 $(\xi, \tau)$ 处的贡献；第四项为边界层外介质辐射经衰减到达 $(\xi, \tau)$ 处的贡献。

复合换热中热流密度的无因次计算式可由式(14.36)导出：

$$q_w^{t*} = q^{cv*} + q^{r*}(\xi, 0) \qquad (14.48)$$

其中，$q_w^{t*} = \dfrac{q_w}{n^2 \sigma T_\infty^4}$，$q^{cv*} = -k \left. \dfrac{\partial T}{\partial y} \right|_{y=0} \cdot \dfrac{1}{n^2 \sigma T_\infty^4} = -4 \left( \dfrac{N_{\mathrm{ra-cd}}}{Pr \cdot \xi} \right)^{0.5} \left. \dfrac{\partial \Theta}{\partial \zeta} \right|_{\zeta=0}$。

复合换热的努塞尔准则可表示为

$$Nu = \frac{q_w}{T_w - T_\infty} \frac{l}{k} \qquad (14.49)$$

由 14.1.2 节可知，当 $k$ 为某一定值，而 $N_{\mathrm{ra-cd}} \ll 1$ 时，为光学薄情况。气体，尤其是空气，它的导热系数与吸收系数都很小，当温度较高时，$N_{\mathrm{ra-cd}} \ll 1$。所以，气体平板层流边界层的辐射 — 对流复合换热问题，一般可按光学薄近似处理。这种情况下的温度场可以简化为两个区域：一是光学薄热边界层，其温度梯度较大，导热起主要作用，热辐射可用光学薄近似假设；二是热边界层外，其温度梯度很小，导热作用可忽略不计，热辐射起主要作

用,这一区域可称为辐射层。根据此假设,求解温度场和壁面复合换热量需分两步:先计算辐射层的温度,并得出热边界层外缘的温度,即热边界层的边界条件;然后再求热边界层的温度场和壁面复合换热量。

(1) 辐射层。

能量方程式(14.43b)中,可忽略 $y$ 方向的温度梯度,即 $\partial\Theta/\partial\tau=0,\partial^2\Theta/\partial\tau^2=0$。由于辐射层离壁面较远,可假设它位于流动边界层以外,符合流动的边界条件,见式(14.44)中的 $\zeta\to\infty,\mathrm{d}\psi^*/\mathrm{d}\zeta=1$。这样,能量守恒方程可表示为

$$\frac{\partial\Theta}{\partial\xi}=-\frac{1}{4}\frac{\partial q^{\mathrm{r}*}}{\partial\tau} \tag{14.50}$$

将辐射热源项 (14.47) 式代入上式,可得

$$\frac{\partial\Theta}{\partial\xi}=-\Theta^4(\xi,\tau)+\frac{1}{2}\Theta_{\mathrm{w}}^4 E_2(\tau)+\frac{1}{2}\int_0^\infty\Theta^4(\xi,\tau^*)E_1(|\tau^*-\tau|)\mathrm{d}\tau^* \tag{14.51}$$

边界条件为 $\xi=0,\Theta=\Theta_{\mathrm{w}}$。此方程可采用逐步逼近法进行求解,第一次逼近取 $\Theta=1$,代入方程后,得到

$$\Theta=1+\frac{1}{2}(\Theta_{\mathrm{w}}^4-1)\xi\cdot E_2(\tau)+\cdots \tag{14.52}$$

为简化计算,本章参考文献[19]中只取第一次近似结果。令 $\tau_\delta$ 为热边界层光学厚度,$\Theta_\delta$ 为热边界外缘的无量纲温度。因热边界层为光学薄,所以 $E(\tau_\tau)\approx E_2(0)=1$。可以得到 $\Theta_\delta$:

$$\Theta_\delta=1+\frac{1}{2}(\Theta_{\mathrm{w}}^4-1)\xi \tag{14.53}$$

(2) 光学薄热边界层。

光学薄条件下,辐射热源项式(14.47)可进一步简化:一是等号右端第二项壁面辐射的贡献中,可忽略衰减,即 $\tau_\delta\to0,E_2(0)=1$;二是第三项边界层内介质辐射的贡献可忽略,即积分上限 $\tau_\delta\to0$;三是第四项边界层外主流区介质辐射,可不考虑其衰减,即 $\int_{\tau_\delta}^\infty\Theta^4(\xi,\tau^*)E_1(\tau^*-\tau)\mathrm{d}\tau=1$。所以辐射热源项方程式(14.47)简化为

$$\frac{\partial q^{\mathrm{r}*}(\xi,\tau)}{\partial\tau}=4\Theta^4(\xi,\tau)-2\Theta_{\mathrm{w}}^4+2 \tag{14.54}$$

这样,能量守恒方程式(14.43b)可以写为

$$\frac{\mathrm{d}\psi^*}{\mathrm{d}\zeta}\frac{\partial\Theta}{\partial\tau}-\frac{1}{2}\psi^*\frac{\partial\Theta}{\partial\zeta}\sqrt{\frac{Pr\cdot N_{\mathrm{ra-cd}}}{\xi}}=N_{\mathrm{ra-cd}}\frac{\partial^2\Theta}{\partial\tau^2}-\left[\Theta^4(\xi,\tau)+\frac{1}{2}\Theta_{\mathrm{w}}^4-\frac{1}{2}\right] \tag{14.55}$$

边界条件:$\tau=0,\Theta=\Theta_{\mathrm{w}};\xi=0,\Theta=\Theta_{\mathrm{w}};\tau\to\infty,\Theta=\Theta_\delta$。求解此式比较复杂,这里就不介绍了,可见本章参考文献[19,20,43]。获得温度场后,即可求出各种换热量。

### 3. 平板层流边界层的辐射－对流复合换热特点

(1) 在条件相同的情况下,有热辐射参与时,总复合换热量要比纯对流换热时多。这是因为增加了一种换热方式,所以不论哪种情况都是如此。

(2) 总复合换热量的增加中,对流换热(即壁面流体的导热)量有时增大。如图 14.8

所示,$\xi=0.2$ 时,边界处的温度梯度比纯对流换热 $\xi=0$ 时的大,所以 $\xi=0.2$ 时的对流换热量比纯对流时的大。这是辐射促进了对流,影响最大时,可以比无辐射时增大近一倍。但也有辐射促使对流换热减弱的情况。本章参考文献[44]指出,平板层流复合换热 $Pr=1$,$T_w/T_\infty<1.7$ 时,辐射促进了对流,$T_w/T_\infty>1.7$ 时,结果相反。

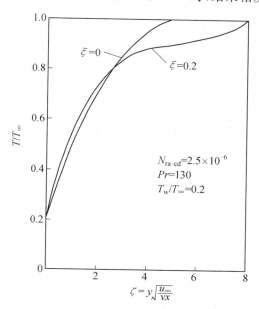

图 14.8　平板层流边界层复合换热的温度分布

（3）其他条件相同,有热辐射参与时的热边界层比纯对流换热的厚（图 14.8）。由图可见,$\xi=0.2$ 时热辐射并不强,热边界层有明显的增厚。对于光学厚,可用普朗特数 $Pr=\nu c_p \rho/k$ 来解释:光学厚时,$Pr$ 准则内的导热系数 $k$ 应当用有效导热系数（本征导热系数与辐射导热系数之和）表示。一般情况下,光学厚时的辐射导热系数比空气的本征导热系数要大 5 倍以上。所以,辐射—对流复合换热时的 $Pr$ 数值都远小于 1。由对流换热可知,$Pr$ 数是流动边界层与热边界层厚度之比的度量,$Pr$ 数远小于 1,表示此时热边界层比纯对流换热时的增厚了很多。

### 14.2.3　槽道内的辐射 — 层流对流复合换热

如图 14.9 所示,在两无限大平行平板通道中,流体呈稳态层流流动。不考虑进、出口处的影响,流动处于充分发展区,速度分布沿流动方向不变。流体力学中称之为泊肃叶（Poiseuille）流动。假设流体为无散射吸收性灰介质,两平板为等温黑体,两平板的间距为 $\delta$,壁温为 $T_w$。

**1. 槽道内辐射 — 层流对流复合换热的控制方程**

因为该例是充分发展的流动,$u_x=u$、$u_y=0$,由动量方程得出的速度分布呈抛物线形。当坐标系如图 14.9 所示,即 $y=0$ 处位于下平面上时,速度分布可表示为

$$u=6u_m \frac{y}{\delta}\left(1-\frac{y}{\delta}\right) \tag{14.56}$$

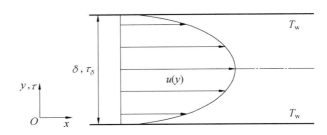

图 14.9　两平行平板间的层流复合换热

式中　$u_m$—— 流体的平均速度。

设埃克特数 $Ec \ll 1$，即流体的黏性耗散可忽略；$x$ 方向的辐射贝克莱数 $Pe_x^r \gg 1$，即 $x$ 向的辐射传输可忽略；和式（14.32）类似，再忽略 $x$ 方向的导热。这样能量守恒方程式（14.25）就可写成下式：

$$u \frac{\partial T}{\partial x} = a \frac{\partial^2 T}{\partial y^2} - \frac{1}{\rho c_p} \frac{\partial q_y^r}{\partial y} \tag{14.57}$$

边界条件为

$$x = 0 \text{ 时}, T = T_i \tag{14.58a}$$

$$y = 0 、 \delta \text{ 时}, T = T_w \tag{14.58b}$$

式中　$T_i$—— 入口温度。

考虑式（14.33）的近似条件，辐射热流密度直接取自式（10.13a），即

$$q^r(x, \tau) = 2\pi I_b \left[ E_3(\tau) - E_3(\tau_\delta - \tau) \right] +$$

$$2\pi \left[ \int_0^\tau I_b(x, \tau^*) E_2(\tau - \tau^*) \mathrm{d}\tau^* - \int_\tau^{\tau_\delta} I_b(x, \tau^*) E_2(\tau - \tau^*) \mathrm{d}\tau^* \right] \tag{14.59}$$

采用下列无因次量：

$$\begin{cases} \Theta = \dfrac{T}{T_w}, \ q^{r*} = \dfrac{q^r}{n^2 \sigma T_w^4}, \ \xi = \dfrac{x}{\delta \cdot Re_m \cdot Pr} = \dfrac{x}{\delta} \Big/ \left( \dfrac{u_m \delta}{\nu} \cdot \dfrac{\nu}{a} \right) \\[3mm] N_{ra-cd} = \dfrac{k\kappa_a}{4 n^2 \sigma T_w^3}, \ Nu_x(\xi) = \dfrac{4}{1 - \Theta_m(\xi)} \left( -\dfrac{\partial \Theta}{\partial y^*} + \dfrac{\tau_\delta}{4 N_{ra-cd}} q^{r*} \right)_{y^* = 0} \\[3mm] y^* = \dfrac{y}{\delta}, \ \tau = \kappa_a y, \ \tau_\delta = \kappa_a \delta \end{cases} \tag{14.60}$$

将以上诸式代入式（14.57）、式（14.58）和式（14.59），可得

$$6 y^* (1 - y^*) \frac{\partial \Theta}{\partial \xi} = \frac{\partial^2 \Theta}{\partial y^{*2}} - \frac{\tau_\delta}{4 N_{ra-cd}} \frac{\mathrm{d} q^{r*}}{\mathrm{d} y^*} \tag{14.61}$$

$$\xi = 0, \ \Theta = T_i / T_w = \Theta_i; \ y^* = 0 、 1, \ \Theta = 1 \tag{14.62}$$

$$q^{r*} = 2 \left[ E_3(\tau) - E_3(\tau_\delta - \tau) \right] +$$

$$2 \left[ \int_0^\tau \Theta^4(\xi, \tau^*) E_2(\tau - \tau^*) \mathrm{d}\tau^* - \int_\tau^{\tau_\delta} \Theta^4(\xi, \tau^*) E_2(\tau - \tau^*) \mathrm{d}\tau^* \right] \tag{14.63}$$

式（14.61）为抛物线型微分方程，式（14.63）为指数函数积分方程，两式组成一非线性积分 — 微分系统，可用数值方法求解，参考本章参考文献[43]。

**2. 槽道内辐射 — 层流对流复合换热特点**

（1）无热充分发展段。

管槽内对流换热时，若壁面温度或热流密度为常数，则和流动一样，热也具有起始段和充分发展段。热充分发展段的特征是：无因次过余温度沿流动方向不再变化，或者局部对流换热系数 $h_x$、努塞尔数 $Nu_x$ 趋近一定值，即

$$\frac{\partial \Theta}{\partial x}=\frac{\partial}{\partial x}\left(\frac{T_w-T}{T_w-T_m}\right)=0,\ h_x=-\frac{k}{T_w-T_m}\frac{\partial T}{\partial y}\bigg|_{y=0}=\mathrm{const},\ Nu_x=\frac{h_x l}{k}=\mathrm{const}$$

式中　　$T_m$——流体截面平均温度。

有些文献及某些教材（20 世纪六七十年代）假设或认为：管槽通道内辐射 — 对流复合换热与纯对流换热一样，存在热充分发展段。但实际上，由于非线性热辐射的作用，并不存在热充分发展段，当然也没有趋近的 $Nu_x$ 数，如图 14.10 所示。此图描述的是流体被加热时，$Nu_x$ 数沿 $x$ 方向的分布。$\tau_\delta=0$ 时为纯对流换热，$\tau_\delta\neq0$ 时 $Nu_x$ 存在一个极小值，这可以用 $Nu_x$ 的定义式（14.60）来解释。在入口处，壁面温度梯度的下降和纯对流换热的入口处段类似，比温差的下降要快得多，所以 $Nu_x$ 下降较快，这是由于对流换热份额起的作用。随着 $x$ 增大，流体温度上升，流体的辐射热流密度增加，热辐射份额起的作用加大，这就形成图 14.10 的情况。

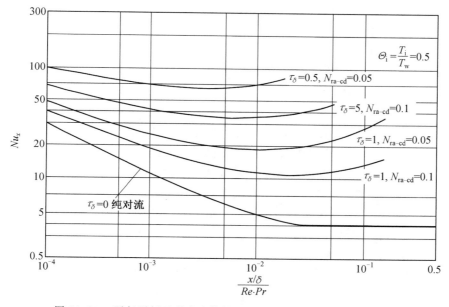

图 14.10　平行平板通道内流体被加热时的辐射 — 对流复合换热

当流体被冷却时，$Nu_x$ 随 $x$ 的变化规律有所不同。由于流体温度沿流动方向一路下降，所以辐射热流密度也一直下降，直到流体温度等于壁面温度，辐射热流密度等于零为止；由式（14.60）可看出，此时热辐射已不起作用，其换热规律与纯对流换热相同，$Nu_x$ 趋近一定值（换热为零），如图 14.11 所示。

对于加热管和冷却管两种场合，本章参考文献[46]认为：辐射 — 对流复合换热过程中，热辐射在冷却管中所起作用更加明显。

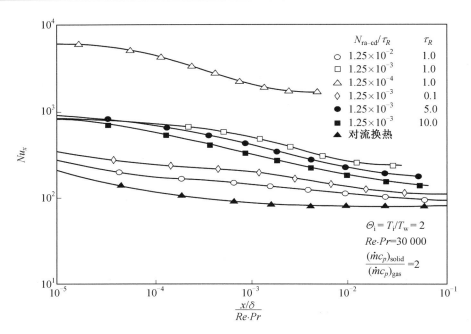

图 14.11　　圆管内含粒子气体被冷却时的辐射－对流复合换热（$R$ 为圆管半径，$\tau_R = \kappa_a R$）

（2）光学厚度对温度场的影响。

图 14.12 表示在等壁温管内辐射－对流复合换热时，流体被加热程度与流体光学厚度的关系。$T_i$、$T_o$ 和 $T_w$ 分别表示流体入口、出口及壁面的温度。流体被加热程度用 $(T_o - T_i)/(T_w - T_i)$ 表示，$L$ 为管长，$D$ 为圆管直径，$\tau_D = \kappa_a D$ 为光学厚度，$k/(D\sigma T_w^3) = 4N_{ra-cd}/\tau_D$ 表示流体导热能力与壁面辐射之比（当流体折射率 $n=1$ 时）。$k/(D\sigma T_w^3) = 0$ 为纯辐射现象，$\tau_D = 0$ 表示无辐射，$\tau_D$ 越大表示参与的辐射越强。由图可以看出：曲线有峰值，说明在相同的 $k/(D\sigma T_w^3)$ 条件下，有一个最佳 $\tau_D$ 值，使流体加热的程度最大。原因如下：在光学厚度较小时，随光学厚度的加大，辐射加热的作用增加，所以流体出口温度升高。但光学厚度加大到一定程度时，壁面辐射被附近区域的大光学厚度流体所吸收，到达管中部的辐射能减少，使流体总的吸收能量降低。这是大光学厚度流体对辐射的屏蔽效应，这种效应到光学厚极限时达到最强。这样就导致小和大光学厚度时的辐射－对流复合换热量没有中等光学厚度的多。

考虑入口起始段影响时，本章参考文献[46]指出辐射换热促进了热起始段的温度场发展，使其超过速度场的发展，在一定程度上抑制了对流换热作用。另外，在辐射－对流复合换热中同时存在流动和辐射两种边界条件。对于管内流动换热，由于入口的流动参数已给定，流场的计算更关心出口边界条件；而在计算辐射场时，入口、出口截面不是真实物理界面，一般而言，出口小于入口的温度梯度，计算时更关心入口边界条件。对入口设置不同的辐射特性，将会对复合换热中辐射流密度的计算结果产生明显差异。

辐射－对流复合换热的研究领域范围宽广。强制对流与辐射复合换热方面，除了以上介绍的，边界层流动中还有非稳态层流边界层、横向流过圆管的辐射－对流复合换热、湍流边界层等；管槽内部流还有层流、湍流、入口段、有阶梯的入口段等。

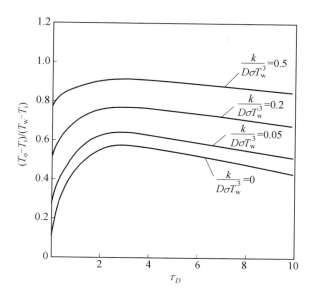

图 14.12　光学厚度对温度场的影响（$T_{o}/T_{w} = 0.4, L/D = 5, Bo = \rho u_{m} c_{p}/(n^{3}\sigma T_{m}^{3}) = 33$）

　　自然对流 — 辐射复合换热方面,大空间自然对流有竖板对流、竖板混合流、具有喷注与抽吸的竖板对流等;有限空间自然对流有竖缝对流、倾斜窄缝对流、方形封闭体对流等。本章参考文献[58]评述了封闭体自然对流 — 辐射复合换热数值方法。

# 14.3　多孔材料内的高温复合换热

　　多孔材料是一类利用孔隙结构来获得特定光学、热学、力学等性能指标优化的功能结构一体化材料,一般的共同特点是轻质、孔隙小、比表面积大、比力学性能高、阻尼性能好。三维空间拓扑结构可依据工程需求进行多功能、多学科协同优化设计,使其综合性能不断提高。目前,多孔材料已广泛应用于能源动力、化工、建筑和航空航天等多个领域。

　　多孔材料按成因划分,可分为天然多孔材料和人工多孔材料;按照微结构规则程度,可分为无序和有序两大类;按孔的形式可分开孔和闭孔两类;按孔隙直径,可划分为毫米级、微米级和纳米级多孔材料;按材质可划分为陶瓷、金属、塑料等多孔材料。其中,耐高温高孔隙多孔材料,如镍泡沫、氧化铝泡沫、碳化硅蜂窝、气凝胶等已被应用于诸多高能流输运场合,如太阳能热发电的容积吸热器、高温余热回收装置、辐射多孔燃烧器、高温热化学反应器以及熔体过滤器等。同时,在高超声速飞行器主动热防护、高速飞行器被动减阻以及空间核热推进等新兴领域中也展现出潜在应用价值。在这些高温应用场合,高温热辐射与热能的转换和输运是其共性热物理过程,并对系统技术性能起着关键作用。以太阳能热发电的容积吸热器为例,位于其内部的多孔吸热芯作为热交换媒介吸收聚集的太阳能,并将其存储为骨架的高温热能,而后通过对流换热方式将热能传递给孔隙通道内流通的气流,实现高密度能流的传递。这期间热转换温度可达 1 000 ℃ 以上,如果多孔芯的结构参数设计以及布置的位置不合理,极容易导致系统流动不稳定,换热不均匀,吸热芯局部换热恶化而形成"热斑",造成材料失效。

　　本节首先介绍多孔材料内主要传热机制和研究方法,接着对高温应用设计中所需关键参数——辐射特性参数的获取进行扼要说明,最后对多孔材料的高温复合换热展开论述,其中多孔材料的辐射—导热复合换热与 14.1 节所论述内容比较接近,这里仅作简要说明;而多孔材料的辐射—对流复合换热其实也包含多种类型,如自然对流、强制对流、混合对流,以及多孔边界层问题等,本节主要针对应用较广的强制对流与辐射的复合换热展开论述。

## 14.3.1　多孔材料的传热机制和研究方法

　　多孔材料的结构可以是颗粒堆积状、网状、纤维状等,并可能具有多级、多层次孔隙结构。对于实际的多孔材料,其孔隙体系往往形成极其复杂的表面,以至于很难以几何学的方式加以描述,因而在研究传热传质问题时往往采用一些宏观参数对其进行表征。基本结构参数有孔隙率、比表面积、孔隙数密度等;基本性能参数有渗透率、水力传导系数、饱和度等。

　　对于多孔材料,如果微小的孔隙空间存在流体,伴随着骨架和孔隙间的能量传递,使得多孔材料中的传热规律具有特殊的复杂性,其多种传热方式并存,影响因素众多,致使多孔材料的传热分析难度进一步增加。传热过程主要包括:固体骨架及孔隙中流体的导热;孔隙间流体的对流换热;固体骨架或流体间的辐射换热;如果发生相变还要考虑相变换热。除了压力、温度会对多孔材料内的流动与换热过程产生影响外,固体骨架的结构及物性、孔隙尺寸形状及分布、流通通道尺寸及弯曲程度,以及流体种类、组分、形态和特性也会产生影响。

　　在温度不高、无相变、孔隙中无流体或流体处于静止状态或流动甚微时,多孔材料中的能量传递主要以导热为主。多孔材料的对流有内部对流与外部对流之分,孔隙内部流体运动产生骨架和流体间的热量交换,导致对流换热的发生,既包括大团流体运动与混合的对流作用,也包括流体分子运动的热量传递作用。同样,多孔材料的辐射换热分为多孔内辐射换热与多孔外表面辐射换热。前者在内部固体骨架温度较高时出现,后者发生在高温多孔外表面向外界传热的过程中。多孔材料内辐射换热是孔壁间热量的吸收、发射和散射,经历吸收、多重散射、反射和透射等复杂的衰减过程,该过程不仅与材料表面性质有关,与辐射温度和微观尺寸等也直接相关。随着温度升高、孔径变大,辐射换热的贡献变得越明显。

　　针对多孔材料内的流动换热过程,相关研究可归为孔隙尺度和连续尺度两类。前者主要依赖于多孔材料内部细观三维骨架结构的数字重构,并结合孔隙层次辐射传输模拟和 CFD 模拟获得多孔结构内的能量及动量输运特性,可直观揭示内部流场以及流体与固体骨架间的换热状态。由于计算机技术的快速发展,该方法在近年来被广泛关注,是获取连续尺度模拟所涉及的等效输运参数和开展耦合换热的前沿方向。相比连续尺度的数值模拟研究,基于孔隙尺度方法的数值模拟研究更有助于认知多孔材料内部复杂的流动及传热现象,而为了求解细观尺度下的约束方程,构建能够表征多孔材料三维网络结构的几何模型形态极为关键。目前,构建多孔材料细观结构已经发展出了较多方法,如电子计算机断层扫描(computed tomography, CT);核磁共振成像(nuclear magnetic resonance imaging，MRI) 扫描重构；规则单元结构阵列或随机分布结构；分形结构等。

　　然而，多孔材料的几何拓扑结构十分复杂，孔隙通道具有弯曲性、无定向性和随机性，内部真实孔隙结构难以观测与精确描述。特别是涉及多效应耦合作用的情况时，更多采用基于连续尺度的研究方法。其主要思想持连续介质的观点，将多孔材料内贯穿孔隙的流体和三维网络固体基质均视为在相同占据空间内的等效介质。该方法忽略多孔骨架具体形态，采用基于体积平均理论的等效输运参数表征多孔材料内部宏观的动量输运和能量输运。对于热辐射传输问题的研究，是将三维网络固体基质视为一种等效辐射参与性介质，在介质层次上求解辐射传输方程；此时需要将孔隙结构、骨架表面辐射特性归结为介质辐射特性参数作为输入条件。而对于对流换热研究，则是以微分形式的 N-S 方程为基础，推导出适用于多孔材料内流动和传热的宏观控制方程，其所需的等效输运参数主要包括等效导热系数、压降阻力系数、容积对流换热系数。这些被关注的功能性参数可通过实验或者孔尺度的仿真实验获得。

## 14.3.2　多孔材料的辐射特性

　　如上所述，多孔材料的辐射传输研究也可分为连续尺度和孔隙尺度。连续尺度模拟方法将多孔材料视为辐射参与性连续介质（等效半透明介质），已发展了几十年，对其计算方法的研究相对成熟，应用也最为广泛。但是，需要将多孔材料的辐射特性参数作为输入条件。因此，辐射特性参数的获取是研究多孔材料高温传热的关键。目前，主要获取方法可归类为理论预测与实验辨识两种。理论预测能够清楚认识形态、材料光学常数对多孔材料辐射特性的影响；而实验辨识给出的是真实材料的结果，还可以作为预测模型的验证方法。

　　理论预测方面，早期研究将多孔材料简化为随机均匀弥散的多个颗粒（球、圆柱、三棱柱等），基于 Mie 散射理论或几何光学与衍射理论分析计算每个散射体的辐射特性，然后根据独立散射理论计算单元内所有颗粒的贡献。进一步发展后，运用类似数值仿真实验，基于简化的数字重构三维孔隙模型，通过表观辐射特性参数（反射／透射率数据），并结合连续尺度的辐射传输模型，反演辨识获得具体的辐射特性参数。近年来，基于孔隙空间的光线跟踪算法被广泛应用于多孔材料的辐射特性参数预测，从人工构建或扫描获取的孔隙尺度多孔结构内部特定点采用蒙特卡罗射线踪迹（monte carlo ray tracing，MCRT）方法由内向外发射光线，统计大量光束的传输路径，直接获得吸收系数、散射系数、衰减系数和散射相函数等辐射特性参数，其计算方法归为两类，即辐射分布函数辨识、平均自由程理论。

　　实验辨识方面与常规材料的实验方法一致，利用透射、反射或发射的光谱和定向测量并结合辐射传输正向模型的辨识（反演）方法，获得散射系数、吸收系数和相函数等特性参数。值得注意的是，多孔材料一般具有强散射、强衰减特征，相比其他材料对实验的设计要求更高。

　　目前，国内外针对多孔材料的辐射特性已经开展了大量研究，具体可参考本章文献[68-71]。

### 14.3.3　多孔材料的高温复合换热

#### 1. 多孔材料辐射－导热复合换热

在不考虑热辐射的中低温应用中,通常将多孔材料看作均质材料来研究,用等效导热系数来描述多孔材料的换热特性,其控制方程即为热传导能量守恒方程,主要区别在于比热容、密度、导热系数等需考虑多孔材料的孔隙结构特征。等效导热系数取决于多孔材料的孔隙率、材料的结构形态以及材料的物性。而由于多孔材料的几何结构相当复杂,固相和非固相的传热又有很大的差异,因此等效导热系数很难预测。目前的获取方法可分为简化结构的理论分析、三维重构几何的数值模拟以及直接实验测试获取。

在温度较高的场合,导热与辐射传热的耦合效应以及多孔结构的特殊性,给高温下热辐射特性的预测和传热性能的优化设计带来了很大困难。热辐射效应与多孔内部辐射表面积、骨架间的遮挡关系、基体材料的辐射特性以及工作温度等因素密切相关,导致多孔内部各传热方式所占比例发生变化,综合传热性能与温度较低时有很大差异。在评估高温下多孔材料传热性能时,常用考虑辐射的综合导热系数来表征,除了实验直接测量方法外,还可以通过两种方式计算:将热辐射效应处理为当量辐射导热系数,简单叠加;建立多孔材料的孔隙结构,直接对其内部的辐射－导热进行耦合数值求解。

此外,在多孔材料高温应用的设计、分析与优化时,通常也采用连续尺度的方法进行辐射－导热复合换热研究,不考虑其具体的微观结构,视其为一类辐射参与性介质。将辐射的传热作用以辐射源项的形式考虑到能量守恒方程中,通过联合求解带辐射热源项的能量守恒方程与辐射传输方程而实现辐射－导热复合换热计算;相关理论类似14.1节内容,这里不再赘述。

#### 2. 多孔材料辐射－强制对流复合换热

根据体积平均理论,连续尺度的控制方程可以通过将代表性单元体积内结构孔隙中流动传热精确描述方程进行积分平均化获得。引入表观平均和固有平均两类宏观变量,以任一物理量 $\Lambda$ 为例,可分别表示为

$$\Lambda^{\mathrm{v}} = \frac{1}{V_{\mathrm{rev}}} \int_{V_{\mathrm{rev}}} \Lambda \mathrm{d}V, \; \Lambda^{\mathrm{f}} = \frac{1}{V_{\mathrm{f}}} \int_{V_{\mathrm{f}}} \Lambda \mathrm{d}V \tag{14.64}$$

其中,$V_{\mathrm{rev}}$ 和 $V_{\mathrm{f}}$ 分别为表征体元的体积和其内流体相的体积,上标"v"和"f"分别表示表观平均和固有平均。孔隙率的定义为 $\phi = V_{\mathrm{f}}/V_{\mathrm{rev}}$,上述两类宏观变量的关系为 $\Lambda^{\mathrm{v}} = \varphi \Lambda^{\mathrm{f}}$。多孔材料内温度、压力和密度等多采用固有平均值表征,而速度边界一般在多孔材料的外侧测量获得,因而多采用表观平均值表征。

以多孔材料内不可压缩层流为例。假设多孔材料均匀、各向同性,流体为辐射透明介质,不考虑黏性耗散、热弥散、体积力,无化学反应。流速采用表观平均表示,其他物理量采用固有平均表示,为书写方便,去掉上角标。描述多孔材料内流动的方程可表示为

$$\frac{\partial (\phi \rho_{\mathrm{f}})}{\partial t} + \nabla \cdot (\rho_{\mathrm{f}} \boldsymbol{u}) = 0 \tag{14.65}$$

$$\frac{1}{\phi} \frac{\partial (\rho_{\mathrm{f}} \boldsymbol{u})}{\partial t} + \frac{1}{\phi} \nabla \left( \rho_{\mathrm{f}} \frac{\boldsymbol{u} \cdot \boldsymbol{u}}{\phi} \right) = -\nabla p + \nabla \cdot \left( \frac{\mu_{\mathrm{f}}}{\phi} \nabla \boldsymbol{u} \right) + \boldsymbol{F} \tag{14.66}$$

式中　　$\boldsymbol{u}$ —— 流体表观速度,与固有平均速度满足 $\boldsymbol{u} = \phi \boldsymbol{u}_{\mathrm{pore}}$ 的关系;

$F$——多孔材料孔隙结构引起的附加动量源项,kg/(m² · s²);

$\mu_f$——流体的动力黏度,N · s/m² 或 Pa · s;

$\rho_f$——流体的密度,kg/m³。

多孔材料内的流动受多种效应控制,对流动的描述最早是 Darcy 定律,但其忽略了界面效应和惯性效应的影响,只适于低流速、低孔隙率及非多组分的情况。之后,各类修正模型被提出,包括 Brinkman 修正、Wooding 修正和 Forchheimer 修正等等。这里采用综合考虑惯性力、黏性阻力、有效黏度、加速度和惯性效应等因素的 Darcy-Brinkman-Forchheimer 模型,则式(14.66)中动量源项可表示为

$$F = -\frac{\mu_f}{K}u - \frac{\rho_f C_F}{\sqrt{K}}|u|u \qquad (14.67)$$

式中　　$K$——多孔材料的渗透率,m²;

$C_F$——Forchheimer(福希海默)系数,无因次。

上述两个参数可以通过实验测量或者孔尺度模拟获得。公式中等号右端第一项表征黏性阻力项(也称 Darcy 项),第二项表征惯性阻力项(也称 Forchheimer 项),式(14.66)中黏度项也被称为 Brinkman 项。

根据流体与固体骨架的换热状态,连续尺度模拟可以分为基于局部热平衡(local thermal equilibrium,LTE)模型和基于局部非热平衡(local thermal non-equilibrium,LTNE)模型两种方式。其中,LTE 模型假定流体与固体骨架之间不存在换热温差,任意位置处两相的温度都可用同一温度来表征。从另外的角度来说,LTE 模型认为单位体积内流体与固体骨架之间的容积对流换热系数趋近于无穷大;LTNE 模型则认为流体与固体骨架之间存在换热温差,任意位置处的流体相和固体相应该采用两个不同的温度来表征。流体与固体骨架之间的容积对流换热系数则建立了流体相和固体相温度之间相关联的桥梁。采用 LTNE 模型,需分别为流体相和固体相建立能量守恒方程如下。

流体相:

$$\frac{\partial(\phi\rho_f c_f T_f)}{\partial t} + \nabla \cdot (\rho_f c_f u T_f) = \nabla \cdot (k_{e,f} \nabla T_f) + h_{f-s}A_{spe,f-s}(T_s - T_f) \qquad (14.68)$$

固体相:

$$\frac{\partial[(1-\phi)\rho_s c_s T_s]}{\partial t} = \nabla \cdot (k_{e,s} \nabla T_s) + h_{f-s}A_{spe,f-s}(T_f - T_s) + \phi_E \qquad (14.69)$$

其中,$k_{e,f}$ 和 $k_{e,s}$ 分别为流、固两相的等效导热系数;$h_{f-s}$、$A_{spe,f-s}$ 为流、固两相的界面传热系数和比表面积,容积对流换热系数则可表示为 $h_v = h_{f-s}A_{spe,f-s}$;$\phi_E$ 为热源项;下标"f"和"s"分别表示流体相和固体相。因而,在管槽通道填充多孔材料的壁面处,存在流体相的对流、固体相的导热、辐射换热 3 部分热量传递。壁面处的热流密度可表示为

$$q_w = q^{cv} + q^{cd} + q^r \qquad (14.70a)$$

即可为

$$q_w = -k_{e,f}\frac{\partial T_f}{\partial n_w} - k_{e,s}\frac{\partial T_s}{\partial n_w} - \varepsilon_w \sigma T_w^4 + \varepsilon_w \int_{n_w \cdot s_i < 0} I|n_w \cdot s_i|d\Omega \qquad (14.70b)$$

如果流、固两相的容积换热很强,即换热满足 LTE 条件($T_f = T_s = T$),则上述两个能量守恒方程可简化为一个:

$$\frac{\partial\left\{\left[\phi\rho_{\mathrm{f}}c_{\mathrm{f}}+(1-\phi)\rho_{\mathrm{s}}c_{\mathrm{s}}\right]T\right\}}{\partial t}+\nabla\cdot\left(\rho_{\mathrm{f}}c_{\mathrm{f}}\boldsymbol{u}T\right)=\nabla\cdot\left[\left(k_{\mathrm{e,f}}+k_{\mathrm{e,s}}\right)\nabla T\right]+\phi_{\mathrm{E}}$$

$$(14.71)$$

可以看出,上式与常规参与性流体介质的辐射－对流复合换热能量守恒方程形式基本一致,仅在特性参数上需要考虑多孔材料固体相的影响。

在能量守恒方程的源项 $\phi_{\mathrm{E}}$ 中,由辐射引起的热源需要重点说明:针对高温余热回收和高温换热器等无外部辐射入射的技术领域,仅需考虑多孔结构内自身辐射所形成的辐射热源项;针对太阳能高温转换利用技术、高能激光加热等领域,则还需在此基础上考虑外部辐射入射引起的热源。

图 14.13 给出了多孔材料辐射－对流复合换热关系,其与常规参与性介质的复合换热过程主要区别在于其内部存在流、固两相间的热交换。其中等效输运参数是数值模拟最为关键的输入条件,主要包括等效导热系数($k_{\mathrm{e,f}}$ 和 $k_{\mathrm{e,s}}$)、压降阻力参数($K$ 和 $C_{\mathrm{F}}$)、容积对流换热系数($h_{\mathrm{v}}=h_{\mathrm{f-s}}A_{\mathrm{spe,f-s}}$)和辐射特性参数($\kappa_{\mathrm{a}}$、$\kappa_{\mathrm{s}}$ 和 $\Phi$),通常采用基于孔隙结构参数的经验关联式表征,本章参考文献[74-76]对关联式及其获取方法进行了总结和评述。

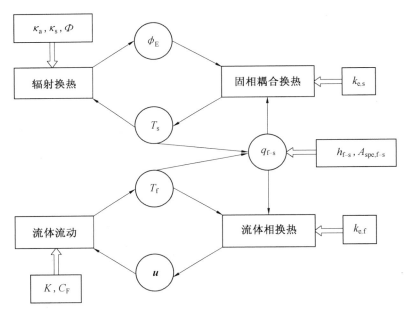

图 14.13　多孔材料内辐射－对流复合换热关系

针对 LTE 模型的适用性,本章参考文献[77,78]在仅考虑对流换热条件下指出,当高流速,含内热源传热,瞬态热传递以及流、固两相热物性差异较大时,LTE 模型不再适用。辐射－对流复合换热时,热辐射增强了热量的传递,再因高比表面积导致的强容积换热,流、固两相的温差相比纯对流换热时要小,即热辐射促进了流、固两相向局部热平衡发展,但在高孔隙率、固体相与流体相导热系数比大时温差依然存在。图 14.14 给出了高温圆管填充多孔材料的稳态层流情况下,分别采用 LTNE 和 LTE 模型计算的径向温度分布,其中管壁为等温黑体。多孔材料孔隙率 $\phi$ 为 0.9,孔径 $d_{\mathrm{p}}$ 为 2.0 mm。可以看到,流、固两相还是存在一定温度差异,且采用 LTE 模型计算的温度数值处于 LTNE 传热模型计算的流、固两相温度数值之间。另外,针对太阳能容积式多孔吸热器,高倍聚集的太阳能流被多孔芯吸收,入口端的多孔骨架温度极高,而气流入口温度较低。此时,多孔芯前段流、固两相温差非常大,因而必须采用 LTNE 模型才能准确预测两相的温度分布。

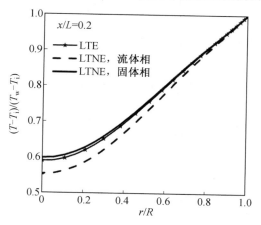

图 14.14　高温圆管填充多孔材料时 LTNE 和 LTE 模型下径向温度分布($\phi = 0.9, d_\mathrm{p} = 2.0$ mm)

如上所述,多孔材料内的辐射传输仍采用吸收、发射、散射性介质的辐射传输方程进行描述,其求解方法通用。由于多孔材料复杂的三维几何结构,整体呈现强衰减性,因而多采用基于光学厚假设的罗斯兰德扩散近似和 P1 近似,也可采用高精度的离散坐标法、蒙特卡罗法。采用罗斯兰德扩散近似、P1 近似、蒙特卡罗法时,参考前述章节,能量方程的辐射热源项可以表示为

罗斯兰德扩散近似:

$$\phi_\mathrm{E} = \nabla \cdot \left( \frac{16\sigma T_\mathrm{s}^3}{3\kappa_\mathrm{e}} \nabla T_\mathrm{s} \right) \tag{14.72}$$

P1 近似:

$$\phi_\mathrm{E} = -\kappa_\mathrm{a}(4\sigma T_\mathrm{s}^4 - G) \tag{14.73}$$

蒙特卡罗法:

$$\phi_{\mathrm{E},i} = \sum_j \mathrm{RD}_{j,i}^* \sigma (T_{\mathrm{s},j}^4 - T_{\mathrm{s},i}^4) / \Delta V_i \tag{14.74}$$

图 14.15 是以蒙特卡罗法计算结果为基准,比较了罗斯兰德扩散近似、P1 近似计算多孔材料内辐射 — 对流复合换热时的温度数值偏差。可以看出,高孔隙率、大孔径时,罗斯兰德扩散近似在多孔材料内复合换热模拟的求解精度较差,温度偏差可达 35%。相对而言,P1 近似可较为准确地预测流、固两相的温度场,且随着孔隙率和孔径的减小,温度偏差也减小。这是因为多孔材料的衰减系数随孔隙率与孔径的增大而减小,且高孔隙、大孔径时,多孔材料的衰减系数相对较小,即光学厚度变小,罗斯兰德扩散近似和 P1 近似方法针对此种情况下的计算精度有所降低。

随着多孔材料在高温中的应用逐渐增多,其辐射 — 对流复合换热研究也更加丰富和深入,如多孔套管换热器、多层多孔换热器、考虑化学反应的多孔反应器、多孔燃烧过程以及太阳能热化学制氢过程、封闭腔内多孔辐射与自然对流复合换热等等。

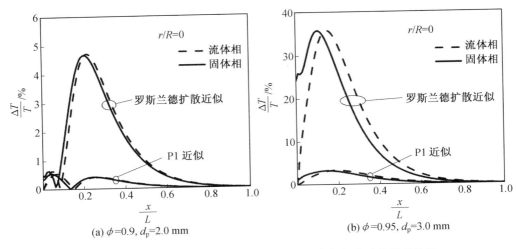

(a) $\phi=0.9$, $d_p=2.0$ mm　　　　　　　(b) $\phi=0.95$, $d_p=3.0$ mm

图 14.15　　等壁温圆管下采用不同辐射传输求解方法时的温度偏差

# 本章参考文献

[1] 谈和平,余其铮,米歇尔·拉勒芒.高温下半透明介质内辐射与导热的非稳态复合换热[J].工程热物理学报,1989,10(3):295-300.

[2] TAN H P,LALLEMAND M. Transient radiative—conductive heat transfer in flat glasses submitted to temperature,flux and mixed boundary conditions[J]. International Journal of Heat and Mass Transfer,1989,32(5):795-810.

[3] 戴贵龙,夏新林,于明跃.石英窗口太阳能吸热腔热转换特性研究[J].工程热物理学报,2010,31(6):1005-1008.

[4] 谈和平,余其铮,张辑洲.航天飞行器中舷窗温度场及换热的研究:外部界面处于第三类非线性边界条件[J].宇航学报,1991,12(1):25-33.

[5] 余其铮,温宁,杨立峰.硅酸铝耐火纤维的绝热性能[J].材料科学进展,1989,3(3):249-254.

[6] 余其铮,谈和平.红外加热中物料内部温度场的数值分析[J].红外与毫米波学报,1991,10(2):147-155.

[7] 李东辉,夏新林.碳遮光石英气凝胶传热机制与热性能数值模拟[J].工程热物理学报,2009,30(10):1735-1737.

[8] 金圣皓,王博翔,赵长颖.热障涂层热物性研究进展[J].航空制造技术,2021,64(13):59-76,87.

[9] THOMAS J R. Coupled radiation/conduction heat transfer in ceramic liners for diesel engines[J]. Numerical Heat Transfer,Part A:Applications,1992,21(1):109-120.

[10] PETROV V A. Combined radiation and conduction heat transfer in high temperature fiber thermal insulation[J]. International Journal of Heat and Mass

Transfer,1997,40(9):2241-2247.

[11] SIEGEL R. Transient radiative cooling of a droplet-filled layer[J]. ASME J. Heat Transfer,1987,109(1):159-164.

[12] VISKANTA R,ANDERSON E E. Heat transfer in semitransparent solids[J]. Advances in Heat Transfer,1975,11:317-441.

[13] SIEGEL R. Transient thermal effects of radiant energy in translucent materials[J]. ASME J. Heat Transfer,1998,120(1):4-23.

[14] XIA X L,HUANG Y,TAN H P,et al. Simultaneous radiation and conduction heat transfer in a graded index semitransparent slab with gray boundaries[J]. International Journal of Heat and Mass Transfer, 2002,45(13):2673-2688.

[15] LIU L H,TAN H P. Non-Fourier effects on transient coupled radiative—conductive heat transfer in one-dimensional semitransparent medium subjected to a periodic irradiation[J]. J. Quant. Spectrosc. & Radiat. Transf., 2001,71(1):11-24.

[16] SONG B,VISKANTA R. Deicing of solids using radiant heating[J]. Journal of Thermophysics and Heat Transfer,1990,4:311-317.

[17] 张洪济. 热传导[M]. 北京:高等教育出版社,1992.

[18] HOWELL J R,MENGUC M P,DAUN K,et al. Thermal radiation heat transfer. [M]. 7th ed. Boca Raton:CRC Press,2021.

[19] CESS D R. The interaction of thermal radiation with conduction and convection heat transfer[M]. New York:Academic Press,1964.

[20] 卞伯绘. 辐射换热的分析与计算[M]. 北京:清华大学出版社,1988.

[21] VISKANTA R,GROSH R J. Heat transfer by simultaneous conduction and radiation in an absorbing medium[J]. ASME J. Heat Transfer,1962,84(1): 63-72.

[22] LII C C,ÖZIŞIK M N. Transient radiation and conduction in an absorbing, emitting,scattering slab with reflective boundaries[J]. International Journal of Heat and Mass Transfer,1972,15(5):1175-1179.

[23] YUEN W W,WONG L W. Heat transfer by conduction and radiation in a one-dimensional absorbing,emitting and anisotropically-scattering medium[J]. ASME J. Heat Transfer, 1980,102(2):303-307.

[24] TENCER J,HOWELL J R. Coupling radiative heat transfer in participating media with other heat transfer modes[J]. Journal of the Brazilian Society of Mechanical Sciences & Engineering,2016,38(5):1473-1487.

[25] 谈和平,夏新林,刘林华,等. 红外辐射特性与传输的数值计算:计算热辐射学[M]. 哈尔滨:哈尔滨工业大学出版社,2006.

[26] 张琳,刘林华,赵军明. 求解半透明介质内辐射换热的迎风有限元法[J]. 中国电机工程学报,2007,27(11):73-77.

[27] 谭建宇. 求解辐射传递方程的无网格法[D]. 哈尔滨:哈尔滨工业大学,2006.

[28] MISHRA S C,ROY H K. Solving transient conduction and radiation heat transfer problems using the lattice Boltzmann method and the finite volume method[J]. Journal of Computational Physics,2007,223(1):89-107.

[29] 赵军明. 求解辐射传递方程的谱元法[D]. 哈尔滨:哈尔滨工业大学,2007.

[30] 张勇,易红亮,谈和平. 求解辐射导热耦合换热的自然单元法[J]. 工程热物理学报,2013,34(5):918-922.

[31] HE Y L,WANG K,QIU Y,et al. Review of the solar flux distribution in concentrated solar power:non-uniform features,challenges,and solutions[J]. Applied Thermal Engineering,2019,149:448-474.

[32] 王捷. 高温气冷堆技术背景和发展潜力的初步研究[J]. 核科学与工程,2002,22(4):325-330.

[33] MUJEEBU M A,ABDULLAH M Z,ABU BAKAR M Z,et al. Applications of porous media combustion technology—a review[J]. Applied Energy,2009,86(9):1365-1375.

[34] COELHO P J. Detailed numerical simulation of radiative transfer in a non-luminous turbulent jet diffusion flame[J]. Combustion and Flame,2004,136(4):481-492.

[35] 艾青,夏新林,郭亮. 超燃发动机燃烧室壁面辐射热流的预测分析[J]. 工程热物理学报,2007,28(S2):112-114.

[36] CROSBIE A L. Aerodynamics and planetary entry[M]//CROSBIE A L. Progress in Astronautics and Aeronautics. Reston:AIAA Publishing,1981.

[37] MAHULIKAR S P,SANE S K,GAITONDE U N,et al. Numerical studies of infrared signature levels of complete aircraft[J]. The Aeronautical Journal,2001,105(1046):185-192.

[38] 王启杰. 对流传热传质分析[M]. 西安:西安交通大学出版社,1991.

[39] 任泽霈. 对流换热[M]. 北京:高等教育出版社,1998.

[40] 杨强生. 对流传热与传质[M]. 北京:高等教育出版社,1985.

[41] 任德鹏. 通道内热辐射与湍流强制对流的耦合换热研究[D]. 哈尔滨:哈尔滨工业大学,2005.

[42] 杨世铭,陶文铨. 传热学[M]. 3版. 北京:高等教育出版社,1998.

[43] 斯帕罗 E M,塞斯 R D. 辐射传热[M]. 顾传保,张学学,译. 北京:高等教育出版社,1983.

[44] CESS R D. Radiation effects upon boundary-layer flow of an absorbing gas[J]. ASME J. Heat Transfer,1964,86(4):469-475.

[45] MODEST M F. Radiative heat transfer[M]. 3rd ed. Amsterdam:Elsevier Ltd,2013.

[46] 黄勇,夏新林,谈和平. 热辐射对圆管内层流半透明流体换热的影响[J]. 中国电机工

程学报,2001,21(11):29-33.

[47] RUBTSOV N A,TIMOFEEV A M. Unsteady conjugate problem of radiative-convective heat transfer in a laminar boundary layer on a thin plate[J]. Numerical Heat Transfer,Part A: Applications,1990,17(2):127-142.

[48] KAMINSKI D A,FU X D,JENSEN M K. Numerical and experimental analysis of combined convective and radiative heat transfer in laminar flow over a circular cylinder[J]. Int. J. Heat and Mass Transfer,1995,38(17):3161-3169.

[49] STASIEK J,COLLINS M W. Radiant and convective heat transfer for flow of a radiation gas in a heated/cooled tube with a grey wall[J]. International Journal of Heat and Mass Transfer,1993,36(14):3633-3645.

[50] SCHULER C,CAMPO A. Numerical prediction of turbulent heat transfer in gas pipe flows subject to combined convection and radiation[J]. International Journal of Heat and Fluid Flow,1988,9(3):308-315.

[51] SEO T,KAMINSKI D A,JENSEN M K. Combined convection and radiation in simultaneously developing flow and heat transfer with non-gray gas mixtures[J]. Numerical Heat Transfer, Part A: Applications, 1994,26(1): 49-66.

[52] KIM S S,BAEK S W. Radiation affected compressible turbulent flow over a backward facing step[J]. International Journal of Heat and Mass Transfer,1996, 39(16):3325-3332.

[53] CHENG E H,ÖZIŞIK M N. Radiation with free convection in an absorbing, emitting and scattering medium[J]. Int. J. Heat and Mass Transfer,1972, 15(6):1243-1252.

[54] ZHANG L,SOUFIANI A,PETIT J P, et al. Coupled radiation and laminar mixed convection in an absorbing and emitting real gas mixture along a vertical plate[J]. International Journal of Heat and Mass Transfer, 1990,33(2):319-329.

[55] HOSSAIN M A,ALIM M A,REES D A S. The effect of radiation on free convection from a porous vertical plate[J]. International Journal of Heat and Mass Transfer,1999,42(1):181-191.

[56] FUSEGI T,FAROUK B. Laminar and turbulent natural convection-radiation interactions in a square enclosure filled with nongray gas[J]. Numerical Heat Transfer,Part A:Applications,1989,15(3):303-322.

[57] YANG W M,LEU M C. Instability of radiation-induced flow in an inclined slot[J]. Int. J. Heat and Mass Transfer,1993,36(12):3089-3098.

[58] YANG K T. Numerical modeling of natural convection-radiation interaction in enclosures[C]//Proc 8th Int. Heat Conf. :Vol 1. San Francisco:International Conference on Heat Transfer Fluid Mechanics and Thermondynamics,1986: 131-140.

[59] RAKOW J F,WAAS A M. Response of actively cooled metal foam sandwich panels exposed to thermal loading[J]. AIAA Journal,2007,45(2):329-336.

[60] BEDAREV I A,MIRONOV S G,SERDYUK K M,et al. Physical and mathematical modeling of a supersonic flow around a cylinder with a porous insert[J]. Journal of Applied Mechanics and Technical Physics,2011,52(1): 9-17.

[61] YOUCHISON D L,LENARD R X,WILLIAMS B E,et al. A tricarbide foam fuel matrix for nuclear thermal propulsion[C]//42nd AIAA/ASME/SAE/ASEE Joint Propulsion Conference & Exhibit. Sacramento: AIAA, AIAA 2006-5086.

[62] BECKER M,FEND T,HOFFSCHMIDT B,et al. Theoretical and numerical investigation of flow stability in porous materials applied as volumetric solar receivers[J]. Solar Energy,2006,80(10):1241-1248.

[63] 刘伟,范爱武,黄晓明. 多孔介质传热传质理论与应用[M]. 北京:科学出版社,2006.

[64] VAFAI K,HADIM H A. Handbook of porous media[M]. New York:Mercer University Press,2005.

[65] BAILLIS D,SACADURA J F. Thermal radiation properties of dispersed media: theoretical prediction and experimental characterization[J]. J. Quant. Spectrosc. and Radiat. Transf., 2000,67(5):327-363.

[66] TANCREZ M,TAINE J. Direct identification of absorption and scattering coefficients and phase function of a porous medium by a Monte Carlo technique[J]. Int. J. Heat and Mass Transfer,2004,47(2):373-383.

[67] COQUARD R,BAILLIS D,MAIRE E. Numerical investigation of the radiative properties of polymeric foams from tomographic images[J]. Journal of Thermophysics and Heat Transfer,2010,24(3):647-658.

[68] BAILLIS D,COQUARD R,RANDRIANALISOA J,et al. Thermal radiation properties of highly porous cellular foams[J]. Special Topics & Reviews in Porous Media,2013,4(2):111-136.

[69] CUNSOLO S,COQUARD R,BAILLIS D,et al. Radiative properties modeling of open cell solid foam: review andnew analytical law[J]. International Journal of Thermal Sciences,2016(104):122-134.

[70] 张顺德. 光学窗口及泡沫材料的高温光谱辐射性质的实验测量研究[D]. 哈尔滨:哈尔滨工业大学,2018.

[71] 李洋. 高孔隙泡沫材料的孔尺度光谱辐射传输特性研究[D]. 哈尔滨:哈尔滨工业大学,2019.

[72] RANDRIANALISOA J,BAILLIS D. Thermal conductive and radiative properties of solid foams: traditional and recent advanced modelling approaches[J]. Comptes Rendus Physique,2014,15(8/9):683-695.

[73] KAVIANY M. Principles of heat transfer in porous media[M]. New York:

Springer,2011.

[74] XU H J,XING Z B,WANG F Q,et al. Review on heat conduction,heat convection,thermal radiation and phase change heat transfer of nanofluids in porous media:fundamentals and applications[J]. Chemical Engineering Science, 2019(195):462-483.

[75] RANUT P. On the effective thermal conductivity of aluminum metal foams: review and improvement of the available empirical and analytical models[J]. Applied Thermal Engineering,2016(101):496-524.

[76] EDOUARD D, LACROIX M,HUU C P,et al. Pressure drop modeling on solid foam:state-of-the art correlation[J]. Chemical Engineering Journal,2008, 144(2):299-311.

[77] AMIRI A,VAFAI K. Analysis of dispersion effects and non-thermal equilibrium, non-darcian,variable porosity incompressible flow through porous media[J]. International Journal of Heat and Mass Transfer,1994,37(6):939-954.

[78] YANG K,VAFAI K. Transient aspects of heat flux bifurcation in porous media: an exact solution[J]. ASME J. Heat Transfer,2011,133(5):052602.

[79] MAHMOUDI Y. Effect of thermal radiation on temperature differential in a porous medium under local thermal non-equilibrium condition[J]. International Journal of Heat and Mass Transfer,2014(76):105-121.

[80] 陈学. 泡沫多孔材料中强制对流与高温辐射的耦合传热研究[D]. 哈尔滨:哈尔滨工业大学,2016.

[81] VISKANTA R. Modeling of combustion in porous inert media[J]. Special Topics & Reviews in Porous Media-An International Journal,2011,2(3):181-204.

[82] WU Z Y,CALIOT C,FLAMANT G,et al. Coupled radiation and flow modeling in ceramic foam volumetric solar air receivers[J]. Solar Energy,2011,85(9): 2374-2385.

[83] CHEN X,XIA X L,MENG X L,et al. Thermal performance analysis on a volumetric solar receiver with double-layer ceramic foam[J]. Energy Conversion and Management,2015(97):282-289.

[84] BALA CHANDRAN R, DE SMITH R M, DAVIDSON J H. Model of an integrated solar thermochemical reactor/reticulated ceramic foam heat exchanger for gas-phase heat recovery[J]. Int. J. Heat and Mass Transfer,2015(81): 404-414.

[85] GANDJALIKHAN NASSAB N S,MARAMISARAN M. Transient numerical analysis of a multi-layered porous heat exchanger including gas radiation effects[J]. International Journal of Thermal Sciences,2009,48(8):1586-1595.

[86] DE LEMOS M J S,COUTINHO J E A . Turbulent flow in porous combustor using the thermal non-equilibrium hypothesis and radiation boundary

condition[J]. International Journal of Heat and Mass Transfer，2017(115)：1043-1054.

[87] WANG F Q,SHUAI Y,WANG Z Q,et al.Thermal and chemical reaction performance analyses of steam methane reforming in porous media solar thermochemical reactor[J].International Journal of Hydrogen Energy,2014,39(2):718-730.

[88] CHEN Y Y,LI B W,ZHANG J K,et al.Influences of radiative characteristics on free convection in a saturated porous cavity under thermal non-equilibrium condition[J].International Communications in Heat and Mass Transfer，2018(95):80-91.

[89] SARAVANAN S,RAJA N.Coupled radiative and convective heat transfer in enclosures：Effect of inner heater-enclosure wall emissivity contrast[J].Physics of Fluids,2020,32(9):093606.

[90] DESGUERS T,ROBINSON A.An analytical and numerical investigation into conductive-radiative energy transfers in evacuated honeycombs. Application to the optimisation and design of ultra-high temperature thermal insulation[J].Int. J. Heat and Mass Transfer,2022(188):122578.

[91] LIU M,HASEGAWA Y.Volume penalization method for solving coupled radiative-conductive heat transfer problems in complex geometries[J].Int. J. Heat and Mass Transfer,2023(200):123499.

[92] PENAZZI L,FARGES O,JANNOT Y,et al.Monte Carlo functional estimation of the radiative source term in a semi-transparent medium：A faster coupled conductive-radiative model resolution[J].Journal of Quantitative Spectroscopy and Radiative Transfer,2024(316):108894.

# 本 章 习 题

1. 举例说明一个可以忽略对流的辐射－导热复合换热系统,说明该系统与纯辐射换热系统的区别。

2. 激光、微波等辐射源透过生物组织时,是否可以应用辐射－导热复合换热的解析方法?

3. 两无限大平行平板,间距为 $L$,其中充满着光学厚的灰介质,吸收系数为 $\kappa_a$,导热系数为 $k$,两平板的温度分别为 $T_1$ 及 $T_2$。(1) 试用简单的叠加法求其换热量;(2) 试用光学厚近似法求其换热量。

4. 试推导两侧边界为等温漫灰体条件下,一维吸收、发射、各向同性散射灰体介质的辐射－导热复合换热控制方程和无量纲形式。

5. 初温为 $T_1 = 300$ K、直径为 $D = 4$ cm 的玻璃球,放入一等温炉内,炉墙与炉内性气体的温度分别为 $T_w = T_g = 1\,500$ K。假定:玻璃是灰体并且无散射,吸收系数为 $\kappa_a =$

$1\ \mathrm{cm}^{-1}$,折射率为 $n = 1.5$,导热系数为 $k = 1.5\ \mathrm{W/(m \cdot K)}$,炉内气体对球的换热系数为 $h = 10\ \mathrm{W/(m^2 \cdot K)}$。试求球内的非稳态温度场。

6.炉墙上有一厚为 1 cm 的石英玻璃窗。假设它为半透明灰体,吸收系数为 $\kappa_a = 1\ \mathrm{cm}^{-1}$,折射率为 $n = 1.5$,导热系数为 $k = 1.5\ \mathrm{W/(m \cdot K)}$,表面温度分别为 $T_1 = 800\ \mathrm{K}$ 及 $T_2 = 400\ \mathrm{K}$。试求通过此窗的总热流密度。

7.地面上有一层厚度为 20 cm 的冰,开始时,冰与地均为 $-10\ ℃$,之后有能量为 $800\ \mathrm{W/m^2}$、入射角为 $30°$ 的阳光投射到冰上。假设:地是绝热的;冰与水具有相同的导热系数、密度和比热容,并不随温度变化,它们对阳光的吸收系数为 $\kappa_a = 1\ \mathrm{cm}^{-1}$,冰表面对阳光的反射率为 0.02;忽略冰、地的辐射以及表面的对流换热。求冰融化前,冰/水的温度分布。

8.举例说明一个辐射－对流复合换热系统,分析导热、对流、辐射 3 种传热方式在热量传递量级上的相对关系。

9.对 14.2.2 节的平板层流边界层的辐射－对流复合换热过程,分析流体介质的辐射－导热系数 $N$ 对边界层内外区域的影响。

10.平行平板通道两侧受等热流密度 $q_w$ 加热,流动为充分发展的层流,流体为吸收、发射性灰体介质,常物性,吸收系数为 $\kappa_a$,导热系数为 $k$,壁面为黑体。请建立该换热过程的控制方程和边界条件,并整理成无量纲的形式。

11.试列出管内、等壁温、流动充分发展区、光学厚、灰流体的壁面与流体复合换热的控制方程组与边界条件,并整理成无量纲的形式。

12.图 14.16 所示为一个太阳能集热器,水层外侧直接受能量为 $1\ 000\ \mathrm{W/m^2}$ 太阳光加热,同时通过自然对流和辐射向外部散热,自然对流换热系数为 $h = 10\ \mathrm{W/(m^2 \cdot K)}$,环境温度为 300 K。在集热器顶部,水以 $T_i = 300\ \mathrm{K}$ 恒温流入,流动已充分发展,水层厚度为 5 mm,水层内侧为绝热黑体。假设水中掺杂部分细粉,使其为吸收性灰体,吸收系数为 $\kappa_a = 5\ \mathrm{cm}^{-1}$,试求出沿 $x$ 方向所收集到的太阳能。

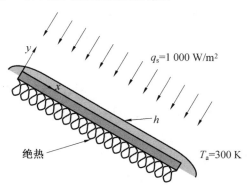

图 14.16

# 第 15 章 　 计算热辐射学简介

辐射传输方程描述了辐射强度在时间、位置空间和角度空间上的变化。辐射强度是时间、空间位置坐标、角度方向和波长的函数。在三维半透明介质中，辐射强度是七维变量的函数。

对于这样一个高维变量的积分 — 微分方程，一般难以获得理论解（解析解），多数情况下只能通过数值计算的途径进行近似求解。随着高速计算机的发展和普及，数值模拟方法越来越受到重视，目前已成为半透明介质内热辐射传递理论研究和工程应用的重要手段。

如第 6 章所述，表面辐射计算是半透明介质辐射计算的一个特例，当半透明介质的吸收系数 $\kappa_{a\lambda}$、散射系数 $\kappa_{s\lambda}$ 均为零（即透明介质）时，封闭系统内的介质辐射传输就简化为表面间的热辐射传输。所以本章不区分表面与介质，统称为热辐射的数值计算。

## 15.1 　 热辐射传输数值计算的特点

热辐射的产生与传输机理和导热、对流换热有根本的不同，导致描述它们的控制方程有很大的差异。由于方程不同，它们的解法也不一样，因而以往几十年里导热、对流换热数值计算中发展起来的一系列行之有效的方法，大部分都不适用于辐射换热的数值计算。辐射换热必须发展自己的数值计算方法。辐射换热与导热、对流换热在数值计算上的主要不同点如下：

（1）由于辐射换热中有两种形式的能量 —— 辐射能与热能，因此在辐射换热计算中，除和导热、对流换热一样有温度或热量的未知量外，还多一个要求的量 —— 辐射强度。这样，有关能量的方程就有两个，一是能量平衡方程，二是能量传递方程（即辐射传输方程）。导热、对流换热中这两者是统一的，能量方程既是平衡方程，也是传递方程。而在辐射换热中这两者是分开的，需要分别描述。

（2）辐射能量是靠电磁波传递的，只要介质是部分吸收性的（部分透明、半透明），电磁波就会穿透或散射，其传递为衰减型。局部地区的辐射能量不仅取决于当地的物性与温度，还与远处的物性、温度、能量有关。当考虑远处及沿射线行程物性、温度的影响时，传输方程中就会出现指数衰减型积分项。导热、对流换热是靠分子、原子微观运动或对流宏观运动来传递能量的，所以它们的控制方程中有扩散项或对流项，而辐射传输方程中没有。

（3）由于辐射具有容积性、选择性和方向性，所以辐射的能量平衡方程与传输方程要对容积、波长、方向积分，它常是积分方程或积分 — 微分方程。

除以上特点外，不少热辐射数值计算还涉及光学、电磁理论等内容。

迄今为止，流行的分类法是将热辐射的数值计算看作数值传热学（计算传热学）的一部分。但实际上,目前已出版的有关计算传热学的主要教材和专著,一般不包括或仅包括少量的热辐射数值计算内容。帕坦卡、孔祥谦、陶文铨的著作是传热数值计算的经典著作,被广泛参考与引用,但不包括计算热辐射学内容。郭宽良、施天谟的著作包含了少量的热辐射数值计算内容,主要为角系数及表面热辐射数值的计算。

最近十几年,随着辐射换热研究的进一步深入,其数值计算内容有很大的发展。如能源领域的炉膛传热数值计算,太阳能利用;航天领域的航天飞行器热分析,卫星光学遥感器的杂光分析;信息领域的军事目标红外理论建模,红外信息的传输,用辐射反演法识别目标的几何形状、温度场;材料工程领域的玻璃熔炉、半导体单晶炉、红外加热过程中的复合换热,纤维材料、多孔材料、微粒涂层内的复合换热及用辐射反演法求它们的热辐射特性等。热辐射数值计算从内容、理论、方法到应用等方面已逐渐成熟,在以上领域都有广泛的用途,并发展了多种独特的方法,其中某些内容已出版了教材和专著,可以说数值热辐射学(计算热辐射学)已形成一门独立学科。由于相关内容很多,本章只作简单介绍,有兴趣者可参阅本章参考文献[16]。

# 15.2　　热辐射传输数值计算方法的分类

参与性介质辐射换热的特点:辐射能量与时间、空间位置坐标,空间方向和波长有关。

辐射能量随时间、空间位置坐标的变化,并不构成热辐射传输方程求解的特殊问题。与计算流体力学和计算传热学一样,求解热辐射传输方程时,可以将原来在时间、空间位置坐标中连续的物理量场(温度场、辐射强度场),在计算区域内进行离散。

对于辐射能量随波长的变化,通常采用3种处理方法(见6.6.1节)进行研究:① 假定物体表面、介质、粒子为灰体、灰介质、灰粒子;② 采用平均的当量参数代替对波长有选择性的辐射物性参数,如入射平均吸收系数、普朗克平均吸收系数、罗斯兰德平均吸收系数等;③ 采用谱带近似法。因此,本章的分析均基于灰介质或基于谱带近似法的一个谱带。

辐射能量对空间方向的依赖性是使热辐射传输问题复杂化的关键因素。自20世纪50年代以来,许多学者针对参与性介质的热辐射传输已经提出、发展了多种求解方法,可以从不同角度对其进行分类:按控制方程的数学特点分类;按数值求解方法分类。现分别介绍如下。

## 15.2.1　　按控制方程的数学特点分类

(1)控制方程为代数方程、方程组。属于这一类的有被透明介质隔开的、有效辐射均匀的表面辐射换热等。

(2)控制方程为积分方程、方程组。属于这一类的有非均匀面的漫射表面辐射换热,非漫射、均匀面间的表面辐射换热,已知温度分布的介质辐射换热等。

(3)控制方程为积分 — 微分方程、方程组。属于这一类的有未知温度场的介质辐射换热,耦合的复合换热等。

除(1)外,控制方程的求解都比较困难,只有在个别简单情况下才能得到精确解或近似解析解。

### 15.2.2　按数值求解方法分类

目前已发展起来的辐射传输方程数值求解方法主要可以分为以下两类:

(1)基于射线跟踪的方法。这类方法一般需要通过跟踪光束传播轨迹进行求解,如区域法、蒙特卡罗法、离散传递法、射线踪迹法和 DRESOR 法。

(2)基于微分形式辐射传输方程全局离散的方法。该方法求解过程类似于一般偏微分方程的离散和求解,如热流法(通量法)、球谐函数法、离散坐标法、有限体积法、有限元法、谱元法等。

本章简述 3 种经典的辐射传输方程数值计算方法,区域法(zone method)、离散坐标法(discrete ordinate method,DOM)及球谐函数法(spherical harmonics method,SHM)。

# 15.3　区域法

区域法是 H. C. Hottel 和 E. S. Cohen 首先提出的,该方法实质上是计算表面间辐射换热的净辐射法的一种扩展。在区域法中,首先将封闭空腔划分为若干等温、等物性的体元和面元,称之为"区域"。然后通过积分计算每两个区域之间的辐射直接交换,称之为"直接交换面积"。再以温度和热流为未知量,列出每个区域的能量平衡式,求解方程组,最后得到每个区域的净辐射热流。

### 15.3.1　辐射直接交换面积

如图 15.1(a) 所示,体元 $V_i$ 中微体元 $\mathrm{d}V_i$ 位于 $\boldsymbol{r}_i$,面元 $A_j$ 上微面元 $\mathrm{d}A_j$ 位于 $\boldsymbol{r}_j$,二者间的距离为 $l_{ij} = |\boldsymbol{r}_j - \boldsymbol{r}_i|$,连线 $l_{ij}$ 与微面元 $\mathrm{d}A_j$ 的法线间的夹角为 $\theta_j$。微体元 $\mathrm{d}V_i$ 在单位立体角内向外辐射的能量为 $\kappa_\mathrm{a}(\boldsymbol{r}_i)I_\mathrm{b}(\boldsymbol{r}_i)\mathrm{d}V_i$,从 $\mathrm{d}V_i$ 看微面元 $\mathrm{d}A_j$ 所张的立体角为 $\mathrm{d}A_j\cos\theta_j/l_{ij}^2$。因此,$\mathrm{d}V_i$ 在此立体角内对微面元 $\mathrm{d}A_j$ 辐射的能量为 $\kappa_\mathrm{a}(\boldsymbol{r}_i)I_\mathrm{b}(\boldsymbol{r}_i)\cos\theta_j\mathrm{d}A_j\mathrm{d}V_i/l_{ij}^2$。考虑介质吸收引起的衰减,辐射能穿越距离 $l_{ij}$ 后透射的份额为 $\exp\left[-\int_0^{l_{ij}}\kappa_\mathrm{a}(l^*)\mathrm{d}l^*\right]$,其中 $l^* = |\boldsymbol{r}^* - \boldsymbol{r}_i|$。因此,由体元 $V_i$ 发射、经过距离 $l_{ij}$ 后投射到面元 $A_j$ 上的辐射能量为

$$H_{i-j}A_j = \int_{V_i}\int_{A_j}\frac{\kappa_\mathrm{a}(\boldsymbol{r}_i)I_\mathrm{b}(\boldsymbol{r}_i)\cos\theta_j}{l_{ij}^2}\exp\left[-\int_0^{l_{ij}}\kappa_\mathrm{a}(l^*)\mathrm{d}l^*\right]\mathrm{d}A_j\mathrm{d}V_i \qquad (15.1)$$

由于区域法认为体元 $V_i$ 中的温度、物性均匀,故该体元内介质的吸收系数 $\kappa_\mathrm{a}(\boldsymbol{r}_i)$ 是一个常量,用 $\kappa_{\mathrm{a},i}$ 表示;同理,$I_\mathrm{b}(\boldsymbol{r}_i) = I_{\mathrm{b},i}$。定义体元 $V_i$ 与面元 $A_j$ 之间的辐射直接交换为

$$Q_{i-j}^\mathrm{r} = \overline{v_i s_j}E_{\mathrm{b},i} = E_{\mathrm{b},i}\int_{V_i}\int_{A_j}\frac{\kappa_{ai}\cos\theta_j}{\pi l_{ij}^2}\exp\left[-\int_0^{l_{ij}}\kappa_\mathrm{a}(l^*)\mathrm{d}l^*\right]\mathrm{d}A_j\mathrm{d}V_i \qquad (15.2)$$

其中,$E_{\mathrm{b},i} = \pi I_{\mathrm{b},i}$,为体元 $V_i$ 的黑体辐射力;$\overline{v_i s_j}$ 为体元与面元之间的直接交换面积,因为它具有面积的单位。注意,式(15.1) 和式(15.2) 中的 $\kappa_\mathrm{a}(l^*)$ 是 $l_{ij}$ 沿程各体元的吸收系

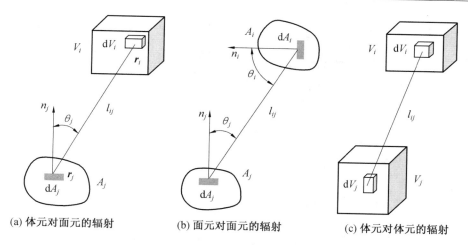

(a) 体元对面元的辐射　　　　(b) 面元对面元的辐射　　　　(c) 体元对体元的辐射

图 15.1　区域法计算示意图

数,它是沿程各体元的温度、物性的函数。除非假设 $\kappa_{\mathrm{a}}(l^*)$ 与温度、物性无关,是一个常量,否则 $\kappa_{\mathrm{a}}(l^*)$ 不能提到积分号外。若 $\kappa_{\mathrm{a}}(l^*)$ 是一个常量,则式(15.2)就简化为

$$Q^{\mathrm{r}}_{i-j}=\overline{v_is_j}E_{\mathrm{b},i}=E_{\mathrm{b},i}\int_{V_i}\int_{A_j}\frac{\kappa_{\mathrm{a}}\cos\theta_j}{\pi l_{ij}^2}\exp(-\kappa_{\mathrm{a}}l_j)\,\mathrm{d}A_j\mathrm{d}V_i \tag{15.3}$$

如图 15.1(b) 所示,在面元 $A_i$ 上取微面元 $\mathrm{d}A_i$,在面元 $A_j$ 上取微面元 $\mathrm{d}A_j$,其连线长度为 $l_{ij}$,表面法线与 $l_{ij}$ 的夹角分别用 $\theta_i$、$\theta_j$ 表示。 从 $\mathrm{d}A_i$ 看 $\mathrm{d}A_j$ 所张立体角为 $\mathrm{d}A_j\cos\theta_j/l_{ij}^2$。因此,由面元 $A_i$ 发射、经过介质的吸收衰减,到达面元 $A_j$ 上的辐射直接交换为

$$Q^{\mathrm{r}}_{i-j}=\overline{s_is_j}J_i=J_i\int_{A_i}\int_{A_j}\frac{\cos\theta_i\cos\theta_j}{\pi l_{ij}^2}\exp\left[-\int_0^{l_j}\kappa(l^*)\mathrm{d}l^*\right]\mathrm{d}A_j\mathrm{d}A_i \tag{15.4}$$

式中　$J_i$—— 面元 $A_i$ 的有效辐射力;

　　　$\overline{s_is_j}$—— 面元与面元之间的直接交换面积。

若 $\kappa(l^*)$ 是一常量,则式(15.4) 简化为

$$Q^{\mathrm{r}}_{i-j}=\overline{s_is_j}J_i=J_i\int_{A_i}\int_{A_j}\frac{\cos\theta_i\cos\theta_j}{\pi l_{ij}^2}\exp(-\kappa l_j)\,\mathrm{d}A_j\mathrm{d}A_i \tag{15.5}$$

同理,如图 15.1(c) 所示,体元 $V_i$ 与体元 $V_j$ 之间的辐射直接交换为

$$Q^{\mathrm{r}}_{i-j}=\overline{v_iv_j}E_{\mathrm{bi}}=E_{\mathrm{bi}}\int_{V_i}\int_{V_j}\frac{\kappa_i\kappa_j}{\pi l_{ij}^2}\exp\left[-\int_0^{l_j}\kappa(l^*)\mathrm{d}l^*\right]\mathrm{d}V_j\mathrm{d}V_i \tag{15.6}$$

式中　$\overline{v_iv_j}$—— 体元与体元之间的直接交换面积。

若 $\kappa(l^*)$ 是一常量,则式(15.6) 简化为

$$Q^{\mathrm{r}}_{i-j}=\overline{v_iv_j}E_{\mathrm{bi}}=E_{\mathrm{bi}}\int_{V_i}\int_{V_j}\frac{\kappa^2}{\pi l_{ij}^2}\exp(-\kappa l_j)\,\mathrm{d}V_j\mathrm{d}V_i \tag{15.7}$$

上述各式中的 $\overline{v_is_j}$、$\overline{s_is_j}$、$\overline{v_iv_j}$ 分别为体元与面元之间、面元与面元之间、体元与体元之间的直接交换面积,并满足以下互换性关系:

$$\overline{v_is_j}=\overline{s_jv_i},\qquad \overline{s_is_j}=\overline{s_js_i},\qquad \overline{v_iv_j}=\overline{v_jv_i} \tag{15.8}$$

### 15.3.2　求解过程

下面研究一个气体容积为 $V$，边界表面为 $A$ 的辐射系统。设气体与边界表面都是灰体，气体吸收系数 $\kappa$ 为常量。如果将边界表面 $A$ 划分为 $M_s$ 个面元，将气体容积 $V$ 划分为 $M_v$ 个体元，则任一面元 $A_i$ 的投射辐射 $H_i$ 可以表示为

$$H_i = \frac{1}{A_i} \left( \sum_{j=1}^{M_s} \overline{s_j s_i} J_j + \sum_{k=1}^{M_v} \overline{v_k s_i} E_{bk} \right) \quad (i=1,2,\cdots,M_s) \tag{15.9}$$

其中，等号右端括号内第一项代表所有面元对 $A_i$ 的辐射，第二项代表所有体元对 $A_i$ 的辐射。

面元 $A_i$ 的有效辐射 $J_i$ 和辐射热流率 $Q_{si}^r$ 可以表示为

$$J_i = \varepsilon_i \sigma T_i^4 + (1-\varepsilon_i) H_i \quad (i=1,2,\cdots,M_s) \tag{15.10}$$

$$Q_{si}^r = A_i (J_i - H_i) \quad (i=1,2,\cdots,M_s) \tag{15.11}$$

显然，当面元和体元的温度已知时，利用式（15.9）与式（15.10）共 $2M_s$ 个方程，在预先求得直接交换面积 $\overline{s_j s_i}$、$\overline{v_k s_i}$ 的条件下，很容易解出面元 $A_i$ 的投射辐射 $H_i$ 和有效辐射 $J_i$，然后再利用式（15.11）求出面元 $A_i$ 的辐射热流率 $Q_{si}^r$。如果已知部分面元的辐射热流率和面元温度，也可用类似方法求解其余的未知量。

如果体元的温度未知，则必须由体元的能量平衡列出 $M_v$ 个附加方程。在体元中没有热源和热汇的条件下，对于任一体元 $V_i$，其热平衡式如下：

$$4\kappa_i V_i \sigma T_i^4 = \sum_{j=1}^{M_s} \overline{s_j v_i} J_j + \sum_{k=1}^{M_v} \overline{v_k v_i} \sigma T_k^4 \quad (i=1,2,\cdots,M_v) \tag{15.12}$$

其中，等号左端表示体元 $V_i$ 发射的能量，右端表示所有面元和所有体元对 $V_i$ 的辐射能量。

如果已知面元的有效辐射 $J_j$，由此 $M_v$ 个方程联立求解可得体元的温度分布。如果 $J_j$ 为未知，则应联立求解式（15.9）、式（15.10）和式（15.12）共 $(2M_s + M_v)$ 个方程。

### 15.3.3　辐射总交换面积

当区域温度未知时，为了避免在迭代求解温度场的过程中反复进行矩阵求逆，我们希望消去上述各式中的投射辐射 $H_i$ 和有效辐射 $J_i$。为此，对式（15.2）、式（15.4）、式（15.6）求和，并引入总交换面积 $\overline{S_i S_j}$、$\overline{V_i V_j}$、$\overline{V_i S_j}$，体元和面元的净辐射热流率分别为

$$Q_{si}^r = \varepsilon_i A_i E_{bi} - \sum_{j=1}^{M_s} \overline{S_i S_j} E_{bj} - \sum_{k=1}^{M_v} \overline{S_i V_k} E_{bk} \quad (i=1,2,\cdots,M_s) \tag{15.13}$$

$$Q_{vi}^r = 4\kappa_i V_i E_{bi} - \sum_{j=1}^{M_s} \overline{V_i S_j} E_{bj} - \sum_{k=1}^{M_v} \overline{V_i V_k} E_{bk} \quad (i=1,2,\cdots,M_v) \tag{15.14}$$

其中

$$\sum_{j=1}^{M_s} \overline{S_i S_j} + \sum_{k=1}^{M_v} \overline{S_i V_k} = \varepsilon_i A_i \quad (i=1,2,\cdots,M_s) \tag{15.15}$$

$$\sum_{j=1}^{M_s} \overline{V_i S_j} + \sum_{k=1}^{M_v} \overline{V_i V_k} = 4\kappa_i V_i \quad (i=1,2,\cdots,M_v) \tag{15.16}$$

同时,总交换面积 $\overline{S_iS_j}$、$\overline{V_iV_j}$、$\overline{V_iS_j}$ 满足以下互换性关系:

$$\overline{S_iS_j}=\overline{S_jS_i},\ \overline{V_iV_j}=\overline{V_jV_i},\ \overline{V_iS_j}=\overline{S_jV_i} \tag{15.17}$$

由于区域法不存在对空间立体角的离散,所以对无散射的热辐射传输问题的计算精度较高,因此通常可将它的解作为一个验证的参考基准,以确定其他辐射求解方法给空间立体角离散带来的误差。区域法的主要缺点:① 对于复杂的几何形状,积分计算比较困难;② 需要计算并储存 $0.5(M_s^2+M_v^2+M_sM_v)-(M_s+M_v)$ 个总交换面积,为了实现有实际意义的求解,需要占用很大的内存资源;③ 处理各向异性散射介质的辐射传递比较困难;④ 从式(15.2)、式(15.4) 和式(15.6) 的求解中可以看出,处理非均匀介质(如吸收系数是温度、物性的函数)时比较困难。

# 15.4　离散坐标法

离散坐标法又名 $S_n$ 法,基本思想:采用有限个离散方向代替连续的辐射传输方向,将整个 $4\pi$ 立体角划分为离散的立体角空间,采用数值积分代替对立体角的积分,最终将非线性的微积分方程转化为联立的一阶线性偏微分方程组。 离散坐标法首先由 Chandrasekhar(1960) 在研究恒星和大气辐射问题时提出,并被 Lathrop(1966) 用于光子传输计算中。Love 等人(1965) 最早将其引入一维平板辐射换热问题的求解中。自此,离散坐标法引起了热辐射传输领域的重视,并被用于多维辐射换热问题的研究。

## 15.4.1　辐射传输方程的坐标离散

离散坐标法基于对辐射强度的方向变化进行离散,通过求解覆盖整个 $4\pi$ 空间立体角上一系列离散方向上的辐射传输方程而得到问题的解。基于谱带模型的吸收、发射、散射性介质内辐射传输方程的表达式为

$$\frac{\mathrm{d}I_k(s,\boldsymbol{s})}{\mathrm{d}s}=-\kappa_{ek}I_k(s,\boldsymbol{s})+\kappa_{ak}I_{bk}(s)+\frac{\kappa_{sk}}{4\pi}\int_{\Omega_i=4\pi}I_k(s,\boldsymbol{s}_i)\Phi_k(\boldsymbol{s}_i,\boldsymbol{s})\,\mathrm{d}\Omega_i \tag{15.18}$$

其中,下标“$k$”表示谱带模型 $k$ 区域;$I_k(s,\boldsymbol{s})$ 为空间位置 $s$、传输方向 $\boldsymbol{s}$、$k$ 谱带内的辐射强度;$\kappa_{ak}$、$\kappa_{sk}$、$\kappa_{ek}$ 分别为介质的谱带吸收、谱带散射和谱带衰减系数;$\Phi_k(\boldsymbol{s}_i,\boldsymbol{s})$ 为散射相函数。

在三维直角坐标系 $(x,y,z)$ 下,采用离散坐标法,将上式等号右端积分项近似由一数值积分代替,并在离散方向上对辐射传输方程求解:

$$\xi^m\frac{\partial I_k^m}{\partial x}+\eta^m\frac{\partial I_k^m}{\partial y}+\mu^m\frac{\partial I_k^m}{\partial z}=-\kappa_{ek}I_k^m+\kappa_{ak}I_{bk}(s)+\frac{\kappa_{sk}}{4\pi}\left[\sum_{l=1}^N w^l I_k^l \Phi_k^{m,l}\right] \tag{15.19}$$

其中,辐射传输方向的方向余弦 $\xi^m$、$\eta^m$、$\mu^m$ 及积分系数 $w^l$ 的取值受一定条件的约束;上角标“$l$”“$m$”表示空间方向离散的第 $l$ 个和第 $m$ 个立体角($l,m=1,2,\cdots,N$),$N$ 为 $4\pi$ 空间方向离散的立体角总数;$\Phi_k^{m,l}=\Phi_k(\boldsymbol{\Omega}^m,\boldsymbol{\Omega}^l)$ 为离散后的散射相函数。

对于不透明、漫发射、漫反射边界壁面(下标“w”表示壁面),相应的边界条件为

$$I_{k,w}(\boldsymbol{s})=\varepsilon_{k,w}I_{bk,w}+\frac{1-\varepsilon_{k,w}}{\pi}\int_{\boldsymbol{n}_w\cdot\boldsymbol{s}_i<0}I_{k,w}(\boldsymbol{s}_i)\,|\boldsymbol{n}_w\cdot\boldsymbol{s}_i|\,\mathrm{d}\Omega_i \tag{15.20}$$

式中　$\varepsilon_{k,\mathrm{w}}$——壁面谱带发射率；

　　　$\boldsymbol{n}$——壁面法向矢量。

若介质的折射率 $n_k = n = 1$，对式(15.20)进行离散，得

$$I_{k,\mathrm{w}}^m = \varepsilon_{k,\mathrm{w}} \frac{\sigma B_{k,T_{\mathrm{w}}} T_{\mathrm{w}}^4}{\pi} + \frac{1-\varepsilon_{k,\mathrm{w}}}{\pi} \sum_{\boldsymbol{n}_{\mathrm{w}}\cdot \boldsymbol{s}^l<0} w^l I_{k,\mathrm{w}}^l \,|\, \boldsymbol{n}_{\mathrm{w}} \cdot \boldsymbol{s}^l\,| \quad (\boldsymbol{n}_{\mathrm{w}} \cdot \boldsymbol{s}^m > 0) \quad (15.21)$$

$$B_{k,T_{\mathrm{w}}} = \int_{\Delta\lambda_k} E_{\mathrm{b}\lambda}(T_{\mathrm{w}}) \,\mathrm{d}\lambda \Big/ \Big[\int_0^\infty E_{\mathrm{b}\lambda}(T_{\mathrm{w}}) \,\mathrm{d}\lambda\Big] \tag{15.22}$$

式中　$B_{k,T_{\mathrm{w}}}$——壁面温度 $T_{\mathrm{w}}$ 下谱带模型 $k$ 区域内辐射能占总辐射能的份额。

用方向矢量 $\boldsymbol{r}^m$ 定义每个立体角的中心，下标"$E$""$W$""$S$""$N$""$T$""$B$"表示与控制体 $P$ 相邻的各控制体中心节点，下标"e""w""s""n""t""b"表示控制体 $P$ 的各边界，在如图 15.2 所示的控制体上积分式(15.19)可表示为

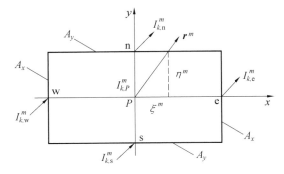

图 15.2　离散坐标法计算模型

$$\xi^m A_x (I_{k,\mathrm{e}}^m - I_{k,\mathrm{w}}^m) + \eta^m A_y (I_{k,\mathrm{n}}^m - I_{k,\mathrm{s}}^m) + \mu^m A_z (I_{k,\mathrm{t}}^m - I_{k,\mathrm{b}}^m)$$

$$= -\kappa_{ek} I_{k,P}^m V_P + \kappa_{ak} I_{\mathrm{b}k,P} V_P + \frac{\kappa_{sk}}{4\pi} \Big(\sum_{l=1}^N w^l I_{k,P}^l \Phi_k^{m,l}\Big) V_P \tag{15.23}$$

式中　$V_P$——控制体体积，$V_P = A_x A_y A_z$。

## 15.4.2　空间方向离散方式 —— 积分格式

离散坐标法要求对空间方向进行离散。Koch 等(1995)认为，离散坐标法的基础是离散方向的选择及其相应权值的选取或构造，计算的准确性及效率依赖于立体角的离散。立体角的离散及其权值的计算属于纯几何问题，为保持辐射传输方程坐标旋转的不变性，避免方向偏置，要求积分格式满足以下基本条件。

(1) 点 $(\xi^m, \eta^m, \mu^m)$ 落在半径为单位长度的球面上，即：$(\xi^m)^2 + (\eta^m)^2 + (\mu^m)^2 = 1$。

(2) 对称性。若 $(|\xi^m|, |\eta^m|, |\mu^m|)$ 为某离散方向，则对称性要求 $(\xi^m, \eta^m, \mu^m)$ 也是其中的离散方向，并有相同的权。或者说，若 $(\xi^m, \eta^m, \mu^m)$ 为某一离散方向，则对称性要求 $(-\xi^m, -\eta^m, -\mu^m)$、$(-\xi^m, \eta^m, \mu^m)$、$(\xi^m, -\eta^m, \mu^m)$、$(\xi^m, \eta^m, -\mu^m)$、$(-\xi^m, -\eta^m, \mu^m)$、$(-\xi^m, \eta^m, -\mu^m)$、$(\xi^m, -\eta^m, -\mu^m)$ 也是其中的离散方向，并有相同的权。

(3) 旋转不变性。若 $(\xi^m, \eta^m, \mu^m)$ 为一离散方向，则经90°旋转后所得方向也是其中的离散方向，并有相同的权，例如：当 $\xi^m \eta^m + \eta^m \mu^m + \mu^m \xi^m = 0$ 时，$(\xi^m, \eta^m, \mu^m) \overset{90°}{\Rightarrow} (\eta^m, \mu^m,$

$\xi^m$)。

在一般的热辐射传输问题中，可假设散射相函数不随圆周角变化，且满足如下对称关系：

$$\Phi(\boldsymbol{\Omega}^m, \boldsymbol{\Omega}^l) = \Phi(-\boldsymbol{\Omega}^l, -\boldsymbol{\Omega}^m)$$

对于各向异性散射，相函数可按下式近似展开：

$$\Phi^{m,l} \approx \sum_{n=0}^{M} a_n P_n (\xi^m \xi^l + \eta^m \eta^l + \mu^m \mu^l)$$

其中，$P_n$ 为 $n$ 阶勒让德多项式，$a_n$ 为展开系数。根据各向异性散射的强烈程度及解的精度要求，选择相函数展开的项数 $M$。因此，在各向异性散射较强烈的辐射传输问题中，积分格式的选取不仅要保证辐射强度零阶矩和一阶矩积分的准确性，同时还需保证入射散射项中一定阶数辐射强度矩积分的准确性。根据积分格式需满足基本条件及辐射强度不同阶矩积分的要求，可构造层对称偶、奇阶积分格式和等权偶、奇阶积分格式等。

### 15.4.3　空间坐标离散方式 —— 差分格式

设微元体界面上的辐射强度与微元体中心的辐射强度间存在某种关联，即构成某种空间差分格式，如

$$I_{k,P}^m = f_x I_{k,e}^m + (1 - f_x) I_{k,w}^m = f_y I_{k,n}^m + (1 - f_y) I_{k,s}^m = f_z I_{k,t}^m + (1 - f_z) I_{k,b}^m$$

$$(15.24)$$

其中，$f_x$、$f_y$、$f_z$ 为差分因子。将式(15.24)代入式(15.23)，消去下游界面的辐射强度项，并对源项做线性化处理，得

$$I_{k,P}^m = \frac{\xi^m A_x f_y f_z I_{k,w}^m + \eta^m A_y f_z f_x I_{k,s}^m + \mu^m A_z f_x f_y I_{k,b}^m + S_{k,P}^m f_x f_y f_z V_P}{\xi^m A_x f_y f_z + \eta^m A_y f_z f_x + \mu^m A_z f_x f_y + D_{k,P}^m f_x f_y f_z V_P} \quad (15.25)$$

其中

$$D_{k,P}^m = \kappa_{ek} - \frac{\kappa_{sk}}{4\pi} w^m \Phi_k^{m,m}, \quad S_{k,P}^m = \kappa_{ak} I_{bk,P} + \frac{\kappa_{sk}}{4\pi} \sum_{l, l \neq m} w^l I_{k,P}^l \Phi_k^{m,l} \quad (15.26)$$

这样，辐射传递问题的求解被转化成对式(15.24)、式(15.25)及其边界条件式(15.21)的求解。式(15.24)中差分因子 $f_x$、$f_y$、$f_z$ 的不同取值构成不同的差分格式。常见的差分格式如下。

(1) 阶梯格式：$f_x = f_y = f_z = 1.0$。

(2) 菱形格式：$f_x = f_y = f_z = 0.5$。

(3) 指数格式：$f_{k,x}^m = [1 - \exp(-\tau_{k,x}^m)]^{-1} - (\tau_{k,x}^m)^{-1}$，$\tau_{k,x}^m = D_{k,P}^m \Delta x / |\xi^m|$

$\qquad\qquad\qquad f_{k,y}^m = [1 - \exp(-\tau_{k,y}^m)]^{-1} - (\tau_{k,y}^m)^{-1}$，$\tau_{k,y}^m = D_{k,P}^m \Delta y / |\eta^m|$

$\qquad\qquad\qquad f_{k,z}^m = [1 - \exp(-\tau_{k,z}^m)]^{-1} - (\tau_{k,z}^m)^{-1}$，$\tau_{k,z}^m = D_{k,P}^m \Delta z / |\mu^m|$。

由于指数格式中的差分因子与光谱参数 $\kappa_{ek}$、$\kappa_{sk}$、光谱相函数 $\Phi_k$ 以及离散立体角有关(见式(15.26))，所以当采用指数格式时，须用方向光谱差分因子 $f_{k,x}^m$、$f_{k,y}^m$、$f_{k,z}^m$ 代替式(15.24)、式(15.25)中的差分因子 $f_x$、$f_y$、$f_z$。

选定差分格式后，离散坐标式(15.24)、式(15.25)可采用逐点推进的方法求解。对某一辐射传递方向，从其传递方向的上游边界开始，由节点上游界面强度利用式(15.25)

计算节点处的强度,再由式(15.24)计算节点下游界面强度,并以此作为下一节点的上游界面强度,按此逐点推进。由式(15.24)计算下游界面强度时,有时会得出负值,这时可令其为零,并重新由式(15.25)计算节点处的强度。以选用阶梯格式为例,即下游边界的辐射强度等于中心节点的辐射强度:

$$当\ \xi^m \geqslant 0\ 时,I^m_{k,e} = I^m_{k,P};当\ \xi^m < 0\ 时,I^m_{k,w} = I^m_{k,P}$$
$$当\ \eta^m \geqslant 0\ 时,I^m_{k,n} = I^m_{k,P};当\ \eta^m < 0\ 时,I^m_{k,s} = I^m_{k,P} \qquad (15.27)$$
$$当\ \mu^m \geqslant 0\ 时,I^m_{k,t} = I^m_{k,P};当\ \mu^m < 0\ 时,I^m_{k,b} = I^m_{k,P}$$

将式(15.27)代入式(15.23),可得

$$a^m_P I^m_{k,P} = a^m_E I^m_{k,E} + a^m_W I^m_{k,W} + a^m_N I^m_{k,N} + a^m_S I^m_{k,S} + a^m_T I^m_{k,T} + a^m_B I^m_{k,B} + b^m_{k,P} \qquad (15.28)$$

其中

$$a^m_E = \max\left[-A_x \xi^m, 0\right] \qquad (15.29a)$$
$$a^m_W = \max\left[A_x \xi^m, 0\right] \qquad (15.29b)$$
$$a^m_N = \max\left[-A_y \eta^m, 0\right] \qquad (15.29c)$$
$$a^m_S = \max\left[A_y \eta^m, 0\right] \qquad (15.29d)$$
$$a^m_T = \max\left[-A_z \mu^m, 0\right] \qquad (15.29e)$$
$$a^m_B = \max\left[A_z \mu^m, 0\right] \qquad (15.29f)$$

$$a^m_P = \max\left[-A_x \xi^m, 0\right] + \max\left[A_x \xi^m, 0\right] + \max\left[-A_y \eta^m, 0\right] + \max\left[A_y \eta^m, 0\right] +$$
$$\max\left[-A_z \mu^m, 0\right] + \max\left[A_z \mu^m, 0\right] + \kappa_{ek} V_P \qquad (15.29g)$$

$$b^m_{k,P} = \kappa_{ak} V_P \frac{\sigma B_{k,T_P} T^4_P}{\pi} + \frac{\kappa_{sk}}{4\pi}\left(\sum^N_{l=1} w^l I^l_{k,P} \Phi^{m,l}_k\right) V_P \qquad (15.29h)$$

式(15.28)可以写成矩阵形式:

$$\boldsymbol{H\Gamma} = \boldsymbol{B} \qquad (15.30)$$

式中　　$\boldsymbol{H}$——七对角不对称系数矩阵;

　　　　$\boldsymbol{\Gamma}$——由网格节点处的变量 $I^m$ 组成的矢量;

　　　　$\boldsymbol{B}$——式(15.28)右边的 $b^m$ 组成的矢量。

前文对式(15.18)的空间离散是在一个离散方向上进行的;若对所有空间方向进行离散,则形成了不对称的代数方程组,对每一个离散方向均可独立求解。

由于辐射强度是包括 3 个空间坐标和 2 个空间方向共 5 个变量的函数,在诸如圆柱、球等曲线坐标系中,即便光子传递方向不变,沿直线传播,在不同路径处以局部坐标系表示的方位角也在不断变化。与直角坐标系相比,曲线坐标系中辐射传输方程左边多出两项,表示局部坐标系中辐射矢量的方位随系统坐标变化的角分布项。因此,曲线坐标系中辐射传输方程的离散坐标法与直角坐标系中的解法有很大的不同。Jones 导出了圆柱和球坐标系中,不同系统坐标和局部坐标组合时辐射传输方程的表达式;Vaillon 讨论了二维正交曲线坐标系中传递方程离散坐标解法。在正交曲线坐标系(如圆柱和球坐标系)中辐射传输方程的离散坐标法,读者可参阅相关文献。基于离散坐标法,还发展出了求解辐射传输方程的有限体积法、有限元法、谱元法、格子 — 玻尔兹曼法等数值方法。

# 15.5　球谐函数法

球谐函数法(简称 SHM 或 $P_n$ 法)求解辐射传输问题的基本思想是:通过用一组正交完备的球谐函数对辐射传输方程中的辐射强度进行展开(展开级数取 $n$ 阶,称为 $P_n$ 近似),同时对散射相函数按勒让德多项式展开,代入微分 — 积分形式的辐射传输方程,转化为一系列的偏微分方程进行求解。从中子传输理论可知,奇数阶的近似比高一阶的偶数近似更精确,且采用偶次近似时,中子总通量在分界面上将不连续。因此,在实际问题中往往采用奇次近似,即 $n$ 一般取奇数。

## 15.5.1　辐射传输方程的球谐函数法展开

介质内 $r$ 处辐射强度可用二维广义傅里叶级数表示为

$$I(\boldsymbol{r}, \hat{\boldsymbol{s}}) = \sum_{l=0}^{\infty} \sum_{m=-l}^{l} I_l^m(\boldsymbol{r}) \varUpsilon_l^m(\hat{\boldsymbol{s}}) \tag{15.31}$$

其中,$I_l^m(\boldsymbol{r})$ 为与位置相关的系数;$\varUpsilon_l^m(\hat{\boldsymbol{s}})$ 为球谐函数,由下式给出:

$$\varUpsilon_l^m(\theta, \varphi) = \begin{cases} \cos(m\varphi) P_l^m(\cos\theta) & (m \geqslant 0) \\ \sin(|m|\varphi) P_l^m(\cos\theta) & (m < 0) \end{cases} \tag{15.32}$$

其中,$\theta$ 和 $\varphi$ 分别是天顶角和圆周角,用来描述方向单位矢量 $\hat{\boldsymbol{s}}$;$P_l^m$ 是连带勒让德多项式,由下式给出:

$$P_l^m(\mu) = (-1)^m \frac{(1-\mu^2)^{|m|/2}}{2^l l!} \frac{\mathrm{d}^{l+|m|}}{\mathrm{d}\mu^{l+|m|}} (\mu^2 - 1)^l \tag{15.33}$$

将式(15.31)代入如下辐射传输方程:

$$\hat{\boldsymbol{s}} \cdot \nabla_\tau I + I = (1-\omega) I_b + \frac{\omega}{4\pi} \int_{4\pi} I(\hat{\boldsymbol{s}}') \Phi(\hat{\boldsymbol{s}} \cdot \hat{\boldsymbol{s}}') \mathrm{d}\Omega' \tag{15.34}$$

得

$$\sum_{l=0}^{\infty} \sum_{m=-l}^{l} \hat{\boldsymbol{s}} \cdot \nabla_\tau I_l^m(\tau) \varUpsilon_l^m(\hat{\boldsymbol{s}}) + \sum_{l=0}^{\infty} \sum_{m=-l}^{l} I_l^m(\tau) \varUpsilon_l^m(\hat{\boldsymbol{s}}) =$$

$$(1-\omega) I_b + \frac{\omega}{4\pi} \int_{4\pi} \sum_{l=0}^{\infty} \sum_{m=-l}^{l} I_l^m(\tau) \varUpsilon_l^m(\hat{\boldsymbol{s}}') \Phi(\hat{\boldsymbol{s}} \cdot \hat{\boldsymbol{s}}') \mathrm{d}\Omega' \tag{15.35}$$

相函数用勒让德多项式展开:

$$\Phi(\hat{\boldsymbol{s}} \cdot \hat{\boldsymbol{s}}') = 1 + \sum_{m=1}^{M} A_m P_m(\hat{\boldsymbol{s}} \cdot \hat{\boldsymbol{s}}')$$

$$= 1 + \sum_{m=1}^{M} A_m P_m(\mu) P_m(\mu') +$$

$$2 \sum_{m=1}^{M} \sum_{l=1}^{m} A_m \frac{(m-l)!}{(m+l)!} P_l^m(\mu) P_l^m(\mu') \cos m(\varphi - \varphi') \tag{15.36}$$

其中,$M = 0$ 时为各向同性散射,$M = 1$ 时为各向异性散射;$A_m$ 为相函数展开系数;$P_m(\mu)$ 为勒让德多项式,由下式给出:

$$P_m(\mu) = \frac{1}{2^m m!} \frac{\mathrm{d}^m}{\mathrm{d}\mu^m} (\mu^2 - 1)^m \tag{15.37}$$

### 15.5.2　一维辐射传输问题的球谐函数法

对于一维辐射传输问题,强度不依赖于圆周角,式(15.31)可简化为

$$I(\tau, \mu) \simeq \sum_{l=0}^{n} I_l(\tau) P_l(\mu) \tag{15.38}$$

散射相函数可简化为

$$\Phi(\mu, \mu') = \sum_{m=0}^{M} A_m P_m(\mu) P_m(\mu') \tag{15.39}$$

其中,$M$ 为相函数的近似阶数。可以发现:

$$\int_{-1}^{1} \Phi(\mu, \mu') I(\tau, \mu') \mathrm{d}\mu' = \sum_{l=0}^{n} I_l(\tau) \sum_{m=0}^{M} A_m P_m(\mu) \int_{-1}^{1} P_l(\mu') P_m(\mu') \mathrm{d}\mu' \tag{15.40}$$

再利用勒让德多项式的正交性,得

$$\int_{-1}^{1} P_l(\mu) P_m(\mu) \mathrm{d}\mu = \frac{2\delta_{lm}}{2m+1} \tag{15.41}$$

式(15.40)可改写为

$$\int_{-1}^{1} \Phi(\mu, \mu') I(\tau, \mu') \mathrm{d}\mu' = \sum_{l=0}^{n} \frac{2A_l}{2l+1} I_l(\tau) P_l(\mu) \tag{15.42}$$

这样,一维平行平板介质辐射传输方程:

$$\mu \frac{\mathrm{d}I}{\mathrm{d}\tau} + I(\tau) = (1-\omega) I_b(\tau) + \frac{\omega}{2} \int_{-1}^{1} \Phi(\mu, \mu') I(\tau, \mu') \mathrm{d}\mu' \tag{15.43}$$

可改写为

$$\sum_{l=0}^{n} \left[ \frac{\mathrm{d}I_l}{\mathrm{d}\tau} \mu P_l(\mu) + I_l(\tau) P_l(\mu) \right] = (1-\omega) I_b(\tau) + \omega \sum_{l=0}^{n} \frac{A_l I_l(\tau)}{2l+1} P_l(\mu) \tag{15.44}$$

为了利用勒让德多项式的正交性,使用如下递归关系:

$$(2l+1) \mu P_l(\mu) = l P_{l-1}(\mu) + (l+1) P_{l+1}(\mu) \tag{15.45}$$

因此,式(15.44)可改写为

$$\sum_{l=0}^{n} \left\{ \frac{I'_l(\tau)}{2l+1} \left[ l P_{l-1}(\mu) + (l+1) P_{l+1}(\mu) \right] + I_l(\tau) P_l(\mu) \right\} =$$

$$(1-\omega) I_b(\tau) + \sum_{l=0}^{n} \frac{\omega A_l I_l(\tau)}{2l+1} P_l(\mu) \tag{15.46}$$

其中,$I'_l(\tau) = \dfrac{\mathrm{d}I_l}{\mathrm{d}\tau}$。

由于引入了 $(n+1)$ 个新变量,$I_l(l=0, \cdots, n)$,需要将方程(15.46)转换为与方向无关的 $(n+1)$ 个方程。因此,方程(15.46)$\times P_k(\mu)$ $(k=0, 1, \cdots, n)$ 并对所有的 $\mu$ 进行积分,再结合式(15.41),得

$$\frac{k+1}{2k+3} I'_{k+1}(\tau) + \frac{k}{2k-1} I'_{k-1}(\tau) + \left(1 - \frac{\omega A_k}{2k+1}\right) I_k(\tau) = (1-\omega) I_b(\tau) \delta_{0k}$$

$$\tag{15.47}$$

式(15.47)是包含$(n+1)$个一阶常微分方程的方程组,需要$(n+1)$个边界条件才能求解。

### 15.5.3　球谐函数法的边界条件

辐射传输方程式(15.34)需满足如下边界条件:

$$I(\boldsymbol{r}=\boldsymbol{r}_{w},\hat{\boldsymbol{s}})=I_{w}(\boldsymbol{r}_{w},\hat{\boldsymbol{s}})\quad(\hat{\boldsymbol{n}}\cdot\hat{\boldsymbol{s}}>0) \tag{15.48}$$

当应用$P_n$近似时,上述边界条件不再满足,必须替换为在选定方向$\hat{\boldsymbol{s}}_i$上满足式(15.48)或在积分意义上满足式(15.48)的边界条件。Mark 和 Marshak 提出了两组不同的球谐函数法边界条件,应用于一维平面平行介质中的中子输运问题。

(1)Mark 边界条件。

对于光学厚度为$\tau_L$的一维平板,式(15.48)可改写为

$$I(0,\mu)=I_{w1}(\mu)\quad(0<\mu<1) \tag{15.49a}$$

$$I(\tau_L,\mu)=I_{w2}(\mu)\quad(-1<\mu<0) \tag{15.49b}$$

对于$P_n$近似,式(15.47)需要$(n+1)$个边界条件,即在$\tau=0$和$\tau=\tau_L$处,各需要$2/(n+1)$个边界条件。注意到方程:

$$P_{n+1}(\mu)=0 \tag{15.50}$$

在$0\sim1$之间具有$2/(n+1)$个根$\mu_i$,Mark 建议边界条件方程式(15.49)由下列方程取代:

$$I(0,\mu=\mu_i)=I_{w1}(\mu_i)\quad(i=1,2,\cdots,\frac{1}{2}(n+1)) \tag{15.51a}$$

$$I(\tau_L,\mu=-\mu_i)=I_{w2}(-\mu_i)\quad(i=1,2,\cdots,\frac{1}{2}(n+1)) \tag{15.51b}$$

其中,$\mu_i$是式(15.50)的正根。例如,对于黑壁面一维介质的$P_1$近似,由$P_2(\mu)=\frac{1}{2}(3\mu^2-1)$,得$\mu_1=1/\sqrt{3}$,并由式(15.38)得到如下边界条件:

$$I\left(0,\mu=\frac{1}{\sqrt{3}}\right)=I_0(0)+\frac{I_1(0)}{\sqrt{3}}=I_{b1} \tag{15.52a}$$

$$I\left(\tau_L,\mu=-\frac{1}{\sqrt{3}}\right)=I_0(\tau_L)-\frac{I_1(\tau_L)}{\sqrt{3}}=I_{b2} \tag{15.52b}$$

Mark 边界条件的一个严重缺点是对于更复杂的几何形状难以施加。

(2) Marshak 边界条件。

Marshak 提出了另外一种球谐函数法边界条件实施方案,建议边界条件方程式(15.49)在积分意义上由如下方程取代:

$$\int_0^1 I(0,\mu)P_{2i-1}(\mu)\mathrm{d}\mu=\int_0^1 I_{w1}(\mu)P_{2i-1}(\mu)\mathrm{d}\mu\quad(i=1,2,\cdots,\frac{1}{2}(n+1)) \tag{15.53a}$$

$$\int_{-1}^0 I(\tau_L,\mu)P_{2i-1}(\mu)\mathrm{d}\mu=\int_{-1}^0 I_{w2}(\mu)P_{2i-1}(\mu)\mathrm{d}\mu\quad(i=1,2,\cdots,\frac{1}{2}(n+1)) \tag{15.53b}$$

将式(15.38)代入,并假设漫射表面,即$I_w=J_w/\pi$,可得

$$\sum_{l=0}^{n} I_l(0) \int_0^1 P_l(\mu) P_{2i-1}(\mu) \mathrm{d}\mu = \frac{J_{\mathrm{w1}}}{\pi} \int_0^1 P_{2i-1}(\mu) \mathrm{d}\mu \quad (i=1,2,\cdots,\frac{1}{2}(n+1))$$

(15.54a)

$$\sum_{l=0}^{n} I_l(\tau_L) \int_{-1}^0 P_l(\mu) P_{2i-1}(\mu) \mathrm{d}\mu = \frac{J_{\mathrm{w2}}}{\pi} \int_{-1}^0 P_{2i-1}(\mu) \mathrm{d}\mu \quad (i=1,2,\cdots,\frac{1}{2}(n+1))$$

(15.54b)

如再以黑壁面为界的介质 $P_1$ 近似为例,考虑到 $P_1(\mu)=\mu$,有

$$\int_0^1 I(0,\mu)\mu \mathrm{d}\mu = \int_0^1 [I_0(0)+I_1(0)\mu]\mu \mathrm{d}\mu = \int_0^1 I_{\mathrm{b1}}\mu \mathrm{d}\mu$$

$$\int_{-1}^0 I(\tau_L,\mu)\mu \mathrm{d}\mu = \int_{-1}^0 [I_0(\tau_L)+I_1(\tau_L)\mu]\mu \mathrm{d}\mu = \int_{-1}^0 I_{\mathrm{b2}}\mu \mathrm{d}\mu$$

或者

$$I_0(0)+\frac{2}{3}I_1(0)=I_{\mathrm{b1}}$$

(15.55a)

$$I_0(\tau_L)-\frac{2}{3}I_1(\tau_L)=I_{\mathrm{b2}}$$

(15.55b)

球谐函数($P_n$)法类似于分离变量法,利用球谐函数的正交性,将辐射强度随空间位置和方向的变化分离出来,不需要对方向进行离散,将积分－微分形式的辐射传输方程转化为相对简单的偏微分方程组。理论上 $P_n$ 法提供了一种获得任意高阶(高精度)的近似求解方法,但高阶 $P_n$ 近似数学处理的复杂性会急剧增加,即使对于简单的几何形状也是如此,因此一般采用 $P_1$ 或 $P_3$ 近似求解辐射传输方程或中子输运方程。对于光学厚度较小的介质,$P_1$ 和 $P_3$ 近似的计算误差均较大,但后者比前者计算效果好。对于高维、高阶、更复杂几何形状的球谐函数法可参考本章文献[56-59]。

# 本章参考文献

[1] 刘林华,赵军明,谈和平. 辐射传递方程数值模拟的有限元和谱元法[M]. 北京:科学出版社,2008.

[2] 帕坦卡. 传热与流体流动的数值计算[M]. 张政,译. 北京:科学出版社,1984.

[3] 孔祥谦. 有限单元法在传热学中的应用[M]. 2 版. 北京:科学出版社,1986.

[4] 陶文铨. 计算传热学的近代进展[M]. 北京:科学出版社,2000.

[5] 陶文铨. 数值传热学[M]. 2 版. 西安:西安交通大学出版社,2001.

[6] 郭宽良. 数值计算传热学[M]. 合肥:安徽科学技术出版社,1987.

[7] 郭宽良,孔祥谦,陈善年. 计算传热学[M]. 合肥:中国科学技术大学出版社,1988.

[8] 施天谟. 计算传热学[M]. 陈越南,译. 北京:科学出版社,1987.

[9] 卞伯绘. 辐射换热的分析与计算[M]. 北京:清华大学出版社,1988.

[10] YANG W J, TANIGUCHI H, KUDO K. Radiative heat transfer by the Monte Carlo method[M]// Advances in Heat Transfer:Vol 27. San Diego:Academic Press,1995.

［11］刘林华，谈和平.梯度折射率介质内热辐射传递的数值模拟［M］.北京:科学出版社，2006.

［12］DOMBROVSKY A L A，BAILLIS D. Thermal radiation in disperse systems:an engneering approach［M］. New York:Begell House Inc. Pub. ，2010.

［13］谈和平，易红亮.多层介质红外热辐射传输［M］.北京:科学出版社，2012.

［14］余其铮，谈和平.对辐射换热现状与发展的一些看法［R］.北京:国家自然科学基金会材料科学与工程科学部工程热物理与能源利用科学发展战略研究组，1989.

［15］谈和平，余其铮，夏新林，等.计算热辐射学及其在工程中的应用［C］//第六届全国计算传热学会议论文集.郑州:［s. n.］，1995:259-268.

［16］谈和平，夏新林，刘林华，等.红外辐射特性与传输的数值计算:计算热辐射学［M］.哈尔滨:哈尔滨工业大学出版社，2006.

［17］CHENG Q，ZHOU H C. The DRESOR method for a collimated irradiation on an isotropically scattering layer［J］. ASME J. Heat Transfer,2007, 129(5): 634-645.

［18］HUANG Z F，ZHOU H C，CHENG Q，et al. Solution of radiative intensity with high directional resolution in three-dimensional rectangular enclosures by DRESOR method［J］. Int. J. Heat and Mass Transfer,2013, 60: 81-87.

［19］HOTTEL H C，COHEN E S. Radiant heat exchange in a gas-filled enclosure: allowance for nonuniformity of gas temperature［J］.AIChE Journal,1958,4(1): 3-14.

［20］刘林华.炉内传热过程的数值模拟及过热器超温问题的研究［D］.哈尔滨:哈尔滨工业大学，1996.

［21］CHANDRASEKHAR S.Radiative transfer［M］. New York:Dover Publications Inc. ,1960.

［22］LATHROP K D. Use of discrete-ordinates methods for solution of photon transport problems［J］.Nuclear Science and Engineering,1966,24(4):381-388.

［23］LOVE T J，GROSH R J. Radiative heat transfer in absorbing, emitting, and scattering media［J］. ASME J. Heat Transfer,1965,87(2):161-166.

［24］KHALIL E E，TRUELOVE J S. Calculation of radiative heat transfer in a large gas fired furnace［J］.Letters in Heat Mass Transfer,1977,4(5):353-365.

［25］FIVELAND W A. Discrete ordinate methods for radiative heat transfer in isotropically and anisotropically scattering media［J］.ASME J. Heat Transfer, 1987,109(3):809-812.

［26］FIVELAND W A. Three-dimensional radiative heat transfer solutions by the discrete ordinates method［J］.J. Thermophys. Heat Transfer,1988,2(4): 309-316.

［27］TRULOVE J S. Three-dimensional radiation in absorbing-emitting-scattering media using the discrete-ordinates approximation［J］.J. Quant. Spectrosc.

Radiat. Transf. ,1988,39(1):27-31.

[28] KIM T K, LEE H S. Effect of anisotropic scattering on radiative heat transfer in two-dimensional rectangular enclosures[J]. Int. J. Heat and Mass Transfer, 1988,31(8): 1711-1721.

[29] KIM T K, LEE H S. Radiative transfer in two-dimentional anisotropic scattering media with collimated incidence[J]. J. Quant. Spectrosc. Radiat. Transf. ,1989, 42(3):225-238.

[30] CARLSON B G. Tables of equal weight quadrature over the unit sphere: LA-4737[R]. Los Alamos: Los Alamos National Laboratory,1971.

[31] FIVELAND W A. The selection of discrete ordinate quadrature sets for anisotropic scattering, in fundamentals of radiation heat transfer[J]. ASME HTD,1991(160):89-96.

[32] 刘林华,余其铮,阮立明,等. 求解辐射传递方程的离散坐标法[J]. 计算物理,1998, 15(3):337-343.

[33] KOCH R, KREBS W, WITTIG S, et al. Discrete ordinates quadrature schemes for multidimensional radiative transfer[J]. J. Quant. Spectrosc. Radiat. Transf. ,1995,53(4):353-372.

[34] CHAI J C, LEE H S, PATANKAR S V. Improved treatment of scattering using the discrete ordinates method[J]. ASME J. Heat Transfer,1994,116(1):260-263.

[35] CHAI J C, PATANKAR S V, LEE H S. Evaluation of spatial differencing practices for the discrete-ordinates method[J]. J. Thermophys. Heat Transfer, 1994,8(1):140-144.

[36] JONES P D, BAYAZITOGLU Y. Coordinate systems for the radiative transfer equation in curvilinear media[J]. J. Quant. Spectrosc. Radiat. Transf. ,1992, 48(4):427-440.

[37] VAILLON R, LALLEMAND M, LEMONNIER D. Radiative heat transfer in orthogonal curvilinear coordinates using the discrete ordinates method[J]. J. Quant. Spectrosc. Radiat. Transf. ,1996,55(1):7-17.

[38] RAITHBY G D, CHUI E H. A finite-volume method for predicting a radiant heat transfer in enclosures with participating media[J]. ASME J. Heat Transfer, 1990, 112(2): 415-423.

[39] CHUI E H, RAITHBY G D. Computation of radiant heat transfer on a nonorthogonal mesh using the finite-volume method[J]. Numer. Heat Transfer, Part B: Fundamentals,1993, 23(3): 269-288.

[40] CHAI J C, LEE H S, PATANKAR S V. Finite volume method for radiation heat transfer[J]. J. Thermophys. Heat Transfer,1994, 8(3): 419-425.

[41] CHAI J C, PARTHASARATHY G, LEE H S, et al. Finite volume radiative heat transfer procedure for irregular geometries[J]. J. Thermophys. Heat

Transfer, 1995, 9(3): 410-415.

[42] RAITHBY G D. Discussion of the finite-volume method for radiation, and its application using 3D unstructured meshes[J]. Numer. Heat Transfer, Part B: Fundamentals,1999, 35(4): 389-405.

[43] BYUN D Y, BAEK S W, KIM M Y. Investigation of radiative heat transfer in complex geometries using blocked-off, multiblock, and embedded boundary treatments[J]. Numer. Heat Transfer, Part A: Applications,2003, 43(8): 807-825.

[44] FIVELAND W A, JESSEE J P. Finite element formulation of the discrete-ordinates method for multidimensional geometries[J]. J. Thermophys. Heat Transfer,1994, 8(3): 426-433.

[45] LIU L H. Finite element simulation of radiative heat transfer in absorbing and scattering media[J]. J. Thermophys Heat Transfer, 2004, 18(4): 555-557.

[46] AN W, RUAN L M, QI H, et al. Finite element method for radiative heat transfer in absorbing and anisotropic scattering media[J]. J. Quant. Spectrosc. Radiat. Transf. , 2005, 96(3/4): 409-422.

[47] 赵军明. 求解辐射传递方程的谱元法[D]. 哈尔滨:哈尔滨工业大学,2007.

[48] ZHAO J M, LIU L H. Least-squares spectral element method for radiative heat transfer in semitransparent media[J]. Numer. Heat Transfer, Part B: Fundamentals,2006, 50(5): 473-489.

[49] ZHAO J M, LIU L H. Discontinuous spectral element method for solving radiative heat transfer in multidimensional semitransparent media[J]. J. Quant. Spectrosc. Radiat. Transf. , 2007, 107(1): 1-16.

[50] YI H L, YAO F J, TAN H P. Lattice Boltzmann model for a steady radiative transfer equation[J]. Physical Review E, 2016, 94 (2):023312.

[51] LIU X C, HUANG Y, WANG C H, et al. A multiple-relaxation-time lattice Boltzmann model for radiative transfer equation[J]. J. Comput. Phys, 2021(429):110007.

[52] MODEST M F. Rdiative heat transfer[M]. 4th ed. New York:Academic Press, 2013.

[53] MARK J C. The spherical harmonics method, Part I: technical report atomic energy report No. MT 92[R]. [S. l. ]: National Research Council of Canada, 1944.

[54] MARK J C, The spherical harmonics method, Part II: technical report atomic energy report No. MT 97[R]. [S. l. ]: National Research Council of Canada, 1945.

[55] MARSHAK R E. Note on the spherical harmonic method as applied to the Milne problem for a sphere[J]. Physical Review,1947,71(7): 443-446.

[56] GE W, MARQUEZ R, MODEST M F, et al. Implementation of high-order spherical harmonics methods for radiative heat transfer on OpenFOAM[J]. ASME J. Heat Transfer,2015, 137(5):052701.

[57] NOCEDAL J, WRIGHT S J. Numerical optimization[M].2nd ed. Berlin: Springer Verlag, 2006.

[58] GE W, MODEST M F, MARQUEZ R. Two-dimensional axisymmetric formulation of high order spherical harmonics methods for radiative heat transfer[J]. J. Quant. Spectrosc. Radiat. Transf.,2015(156): 58-66.

[59] GE W, MODEST M F, ROY S P. Development of high-order $P_N$ models for radiative heat transfer in special geometries and boundary conditions[J]. J. Quant. Spectrosc. Radiat. Transf.,2016(172): 98-109.

# 第16章 热辐射光谱特性实验测试简介

## 16.1 引言

随着能源、建筑、化工及航空航天等领域的不断发展,太阳能热利用、飞行器热防护等高温应用领域对介质的热性能提出了更高的要求。在高温应用领域中,辐射换热占据重要地位,参与性介质(名词说明见13.1节)的高温光谱辐射特性对系统设计与技术性能评估起关键作用。由于绝大部分参与性介质的光谱辐射特性参数无法通过实验测量直接获得,需要通过表观辐射特性的测量结果间接辨识获得,因此参与性介质的光谱辐射特性研究由表观辐射特性测量与光谱辐射特性参数辨识两部分内容构成。光谱辐射特性参数辨识属于"热辐射反问题(反演)"范畴,内容丰富,本章仅在16.3.2节中概述。

根据参与性介质是否具有散射特性,将其分为吸收性介质与散射性介质。

光学窗口材料和液态碳氢燃料都是典型的吸收性介质。光学窗口材料广泛用于航天器视窗、光纤传感器探头、光学精密元器件、薄膜化学气相沉积衬底、封装窗片及建筑物智能窗等。光学窗口材料的光谱辐射特性对其在相关应用领域的光热分析具有重要作用。液态碳氢燃料的光谱辐射特性在燃烧过程的研究中具有重要作用,是发动机性能分析的必要数据;同时,由于光谱诊断技术逐步应用于发动机燃烧中,准确获取液态碳氢燃料的光谱辐射特性和温度特性逐渐被重视起来。参与性介质的复折射率(即光学常数)是吸收性介质的主要光谱辐射特性参数:

$$m = n - ik \tag{16.1}$$

式中 $n$—— 折射指数(单折射率、折射率);

$k$—— 吸收指数。

在工程应用中,尽管已有关于参与性介质光谱辐射特性参数的众多报道,但是考虑到原料、产地、加工条件、生产方式等因素的影响,仍需针对具体介质进行相应的光谱辐射特性测量,给出可靠的基础光谱辐射特性参数数据。

微纳孔隙材料为典型的散射性介质,主要包括多孔泡沫材料、纳米陶瓷材料、热障涂层等,由于其表现出优于传统固体材料,故应用越来越广泛,如飞行器热防护、容积太阳能接收器、换热器、太阳能热化学反应腔、太阳能电池等。目前,获取微纳孔隙材料表观辐射特性参数的方法主要有两类:一类是基于数值建模或真实结构扫描获取的微纳结构开展辐射传输过程模拟,根据统计结果描述其光谱辐射特性;另一类是基于真实微纳孔隙样品开展光谱辐射特性测量研究,并据此辨识反演得到基础辐射特性参数。由于该类材料具有较强的散射特性,故待辨识的光谱辐射特性参数较多,包括介质衰减系数、散射反照率和散射相函数参数等。

参与性介质光谱辐射特性的测量方法主要包括透射法、反射法和发射法。

透射法测量基于透射比的定义,即光源信号穿透样品后在某方向上检测到的辐射强度与光源信号未经样品衰减时的辐射强度之比。

反射法测量基于反射比的定义,即光源信号经样品反射后在某方向上检测到的辐射强度与光源信号经标准片反射后在该方向上检测到的辐射强度之比。

发射法测量则基于发射率的定义,即样品在某一温度下的辐射强度与黑体在同一温度下的辐射强度之比,现有研究多以法向发射率测量为主。

透射法与反射法测量中,入射辐射信号来自外部光源,经斩波器或干涉仪调制后,可与样品自身发射信号、环境杂散辐射信号等区分开,从而有效获取样品的透射光谱和反射光谱。发射法测量中,辐射信号来自样品自身的发射,未经调制,无法与周围的环境杂散辐射信号区分开,故在实际测量结果处理中,需剔除杂散辐射信号;对于不透明介质,仅需在测量结果中去除环境辐射信号的干扰;但对于半透明介质,还需屏蔽加热源的辐射信号干扰,处理起来更为复杂。

本章分别针对吸收性介质与散射性介质,从常温到高温、从测量装置到辨识模型,多角度地阐述国内外研究者在光谱辐射特性测量领域采用的方法及获得的成果。

# 16.2　　吸收性介质光谱辐射特性测试概述

吸收性介质包括光学窗口等固态介质,液态碳氢燃料等液态介质。考虑到该类介质在红外波段具有较强透射特性,故以透射法为主要测量方法。本节简述该类介质光谱辐射特性测试研究现状。

## 16.2.1　　吸收性固态介质光谱辐射特性测试

光学窗口是典型的吸收性固态介质,种类繁多,如石英、蓝宝石、KBr、$CaF_2$、ZnSe 等,广泛应用于航空、航天等领域。针对该类介质光谱辐射特性的研究开始较早,测量方法相对成熟,主要包括最小偏向角法、透射法和反射法等,并结合测量温区、测量波段进行了拓展。

最小偏向角法是将窗片材料制成等效三棱镜,测量将其置于空气中时的最小偏向角,然后基于 Snell 定律计算折射率;该方法主要用于准确测量高透过率光学窗口材料的折射率,但是忽略吸收指数。

透射法和反射法是目前吸收性介质光谱辐射特性测量采用的最为广泛的测量方法,可依据吸收性介质光谱透过性的强弱进行测量方法选择。对于光谱透过性较弱的波段,测量中通常具有较强的反射信号,采用反射法能得到较好的测量精度,例如熔融石英材料在 $7 \sim 13 \ \mu m$ 波段内光谱透过性弱,适合采用反射法测量;对于光谱透过性较强的波段,基于透射法测量具有较好的测量精度,例如石英玻璃和有机玻璃在 $0.2 \sim 3 \ \mu m$ 波段内光谱透过性强,适合采用透射法测量。

有些研究旨在说明测量方法及分析模型的可靠性,因此多在室温下开展实验测量研究或以参考文献中的已有数据进行验证分析。例如:Li 等(2013)基于双厚度透射模型研究了样品叠层布置时透射比测量结果对 ZnSe 玻璃光学常数辨识结果的影响;Fu 等

（2015）分析了高温样品腔两侧封装窗片对 ZnS 材料透射测量结果的影响，并考虑了角度对该多层结构的影响。

另一些研究则旨在完善参与性介质的光谱辐射特性数据库，开展更宽波段及更高温度下的测量分析。例如 Beder 等（1971）测量了熔融石英材料在 $0.22 \sim 3.5~\mu m$ 波段内、室温至 1 773 K 温度范围内的透射光谱，并据此求得其吸收系数曲线，但是该研究并未获得折射率曲线；Lee 等（2011）研究得到了蓝宝石玻璃在 $303 \sim 773$ K 温度范围内的透射比、发射率和反射比等随温度及厚度的变化规律，但并未进一步辨识样品的折射率和吸收指数等参数；Zhang 等（2019）基于其提出的旋转界面法和叠层法，依据多个入射角度及不同样品层数下的透射光谱辨识，得到了蓝宝石玻璃在 $300 \sim 1$ 500 K 温度范围内的光学常数曲线。

### 16.2.2　吸收性液态介质光谱辐射特性测试

对液态介质的光谱辐射特性研究始于 20 世纪 70 年代，依据光源的调制技术经历了从分光光度计到干涉仪的发展历程。Hawranek 等基于分光光度计开展了针对苯、三氯甲烷等纯液态介质的透射光谱测量、修正与误差分析，结合 Kramers-Krönig（K-K）关系式辨识光谱辐射特性参数，早期的这些研究未考虑入射光束收敛角度等因素对测量结果的影响。在此基础上，Bertie 等采用 FTIR 光谱仪建立了衰减全反射（ATR）与透射测量两套系统，分析了装置测量精度，建立了针对透射测量的基线校正方法；考虑入射光束收敛角度及窗片不平行度等因素的影响，测得了甲醇等一系列液态介质的红外光学常数，提出了第二红外强度标准。同期，结合不同测温范围、液态工质封装工艺等技术，大量研究者采用透射法测量，完善了液态甲苯（$303 \sim 378$ K）、液态苯（$298 \sim 323$ K）等典型吸收性介质的红外光谱辐射特性参数，获取了吸收峰强度随温度的变化规律。

基于 K-K 关系式的光谱辐射特性辨识虽然可减少透射测量次数，但由于该方法在求解过程中需要对全波段进行积分，而实际测量的波段范围有限，故存在一定的截断误差，这为光学常数的求解引入了较大不确定性。基于此，Tien 等提出基于两次透射测量的双厚度透射法，测量了庚烷、癸烷的中红外辐射特性；测试时，以空液体池作为透射测量的背景，忽略了封装窗片－液体界面的反射率与封装窗片－空气界面的反射率之间的差异。基于单层平板的透射与反射表达式、多层离散结构的透射与反射表达式，Otanicar 等根据封装窗片间的多重反射效应修正了液态介质透射测量的 3 层结构模型，并指出尽管理论上根据两种不同厚度下的透射光谱可对液态介质的折射率和吸收指数进行适定求解，无须像 K-K 关系式求解中需事先已知待测样品在高波数下的折射率值，但实际研究中存在折射率解的不唯一性。同样地，Sani 等首先利用双厚度透射法求解乙二醇、乙醇及异丙醇等液态介质的吸收指数光谱，然后基于 K-K 关系式求解液态介质的折射率，由于该研究的光谱测量范围较宽（$181 \sim 54$ 000 $cm^{-1}$），故忽略了截断误差的影响。由此可见，针对液态介质光谱辐射特性的研究以纯液体为主。国内在该领域的研究主要基于双厚度透射法，且多以液态碳氢燃料与溶液等混合液态介质为研究对象。如 Li 等从 2013 年开始利用双厚度透射法测量柴油等液态碳氢燃料的光谱辐射特性，将粒子群算法引入光学常数参数辨识中，并分别比较不同透射与反射组合的辨识精度；Qi 等（2023）利用双厚度透射法获得了不同汽油燃料及其混合物的光学常数；Wang 等将双厚度透射法与椭偏法相结合，通过增加测量信息，获得了不同浓度下多组分混合盐溶液的光学常数，还测量和比较了 293～423 K 的棕榈油及其生物柴油、293～343 K 的异丙醇、293～363 K 的正丁醇、293～393 K 的正癸烷的光学常数。

　　尽管研究者们已开展了大量关于吸收性介质的光谱辐射特性测量研究，但考虑到受原料产地、生产工艺、加工条件等多种因素的影响，故在实际应用中，仍需针对具体材料开展特定研究，以保证相关领域中系统性能分析结果的可靠性。

# 16.3　散射性介质光谱辐射特性测试概述

## 16.3.1　散射性介质的表观辐射特性测量装置简介

　　对于散射性介质，表观辐射特性的获取方法主要有两类。一类是理论方法，采用数值建模或真实结构扫描获取的微纳结构开展辐射传输过程模拟；依托统计结果描述辐射传输涉及的骨架形状、骨架表面形态、骨架光谱辐射特性等微观尺度。另一类是实验方法，基于真实微纳孔隙材料开展方向或半球透射、反射及发射等表观光谱辐射特性测量研究。在理论仿真研究中，为便于计算，往往需要对材料结构进行简化处理，并采取一定的假设条件；此外，由于该类材料结构的复杂性，采用数值方法具有庞大的计算量，而实验研究则充分体现了介质内部的真实辐射传输结果，可靠性更高，且实验测量相对于数值模拟过程耗时少，可作为理论研究结果的验证基准，故实验手段具有更高的研究价值，也是研究者们不断努力的方向。

　　在微纳孔隙材料光谱辐射特性测试领域，早期的研究主要集中在实验装置搭建与测试，以及辐射特性参数辨识模型的构建。目前的研究主要侧重于利用已有实验装置开展相应的辐射特性测量，验证理论仿真结果的可靠性。本节从常温到高温、从半球特性到方向特性、从测量装置到辨识模型，多角度、多方位地阐述国内外研究者们的相关研究。

### 1. 常温下的光谱辐射特性测量装置

　　针对微纳孔隙材料的常温光谱辐射特性测量以方向—方向透／反射光谱和方向—半球透／反射光谱的获取为主，其测量原理与吸收性介质的光谱辐射特性测量一致。为了隔离环境等杂散辐射源对测量信号的干扰，测量通常需要对光源进行调制。目前光源调制主要有两类方法，一类是入射光源可采用斩波器调制的激光，然后基于锁相放大器和光电探测器进行测量；另一类是光源采用干涉仪调制形成连续光源，即基于 FTIR 光谱仪开展测量，见附录 E。由于激光光源波长单一，基于激光斩波调制系统仅能获取几个单一波长下的实验数据，且易受外界辐射信号干扰；相比之下，FTIR 光谱仪的光源光谱连续、系统稳定，且信噪比强，已被广泛应用于光谱信号测量研究中。该部分的主要研究人员研究机构及研究内容列于表 16.1 和表 16.2 中。

　　考虑到激光器的光束直径较小，为保证光源照射区域的样品结构具有代表性，研究者们多采用扩束操作，如 Zeghondy 等以经斩波器调制的 He－Ne 激光器（632.8 nm）作为光源，扩束后光束直径 8 mm，测量了莫来石的方向—方向透／反射信号，如图 16.1 所示；

张文杰等以扩束后的 He－Ne 激光器（660 nm）为光源,测量了泡沫铜的方向－方向反射强度分布（BRDF）情况,并以单晶硅片验证了测量系统的可靠性。

表 16.1　散射性介质常温下的表观辐射特性 —— 基于激光光源的斩波调制测量技术

| 主要研究人员及研究机构 | 测量物理量 | 测量装置 | 材料种类 | 波长 | 年份 |
|---|---|---|---|---|---|
| Zeghondy,法国巴黎中央理工学院 | 方向－方向透／反射比 | He－Ne 激光器 | 多铝红柱石 | 632.8 nm | 2006 |
| 张文杰,哈工大 | BRDF | He－Ne 激光器 | 泡沫铜 | 660 nm | 2013 |
| Milandri,法国南锡高等工程科学技术学院 | 方向－方向透／反射比 | 单色仪 | 纤维材料 | 4 $\mu$m,5 $\mu$m、9.5 $\mu$m、10.5 $\mu$m | 2002 |
| Coray,瑞士保罗谢勒所太阳能技术实验室 | 方向－方向透／反射比;方向－半球透／反射比 | 光栅单色仪 | 镀银玻璃ETFE 薄膜 | 0.3～4 $\mu$m、0.3～2.5 $\mu$m | 2011,2016 |
| Ganesan,美国明尼苏达大学与俄罗斯高温所 | 法向－法向透射比;方向－半球透射比 | 光栅单色仪 | 二氧化铈陶瓷 | 0.35～2 $\mu$m | 2013 |

表 16.2　散射性介质常温下的表观辐射特性 —— 基于 FTIR 光谱仪的干涉调制测量技术

| 主要研究人员及研究机构 | 测量物理量 | 测量装置 | 材料种类 | 波长 | 年份 |
|---|---|---|---|---|---|
| Zeng,美国加州大学伯克利分校 | 法向透射比;法向反射比 | FTIR 光谱仪内部光路 | 气凝胶材料 | 2.5～25 $\mu$m | 1996 |
| 张卓敏,美国佐治亚理工学院 | 法向透射比;方向－半球透／反射比 | FTIR 光谱仪内部光路;FTIR 光谱仪内部光路＋积分球 | $Al_2O_3$、AlN 和 $Si_3N_4$ 陶瓷材料 | 1.67～15.6 $\mu$m | 2016 |
| 魏高升,华北电力大学 | 法向透射光谱 | FTIR 光谱仪内部光路 | 气凝胶及其复合隔热材料;$Al_2O_3$、$ZrO_2$ 陶瓷 | 2.5～25 $\mu$m | 2011、2013、2017 |

续表 16.2

| 主要研究人员及研究机构 | 测量物理量 | 测量装置 | 材料种类 | 波长 | 年份 |
|---|---|---|---|---|---|
| Dietrich，德国卡尔斯鲁厄理工学院 | 光谱透射比和漫反射比 | FTIR 光谱仪内部光路＋漫反射附件 | 氧化铝陶瓷、莫来石、氧化 SiC 和堇青石等 | $2.5 \sim 27 \ \mu m$ | 2014 |
| Baillis，法国国家科研中心 | 方向—方向透射比／反射比 | FTIR 光谱仪外置光路 | 泡沫碳，聚氨酯泡沫塑料、纤维和含气泡石英 | $2 \sim 15 \ \mu m$ | 1999、2002、2004 |
| | 法向—半球透／反射比 | FTIR 光谱仪外置光路＋积分球 | 泡沫碳；聚氨酯泡沫塑料和纤维类；氧化锆 | $0.1 \sim 2.1 \ \mu m$、$2.5 \sim 9 \ \mu m$ | 2000、2002、2007 |
| | 法向—半球透／反射比 | FTIR 光谱仪内部光路＋积分球 | Al－NiP 泡沫 | $2 \sim 20 \ \mu m$ | 2012 |
| 赵长颖，上海交通大学 | 方向—半球透／反射比 | FTIR 光谱仪内部光路＋铜制半球 | FeCrAlY 金属泡沫 | $2.5 \sim 50 \ \mu m$ | 2004 |
| | 法向—半球透／反射比 | FTIR 光谱仪内部光路＋积分球 | 热障涂层 | $0.25 \sim 25 \ \mu m$ | 2013 |
| Eldridge，美国国家航空航天局 | 法向—半球透／反射比 | FTIR 光谱仪内部光路＋积分球 | YSZ 热障涂层 | $0.8 \sim 25 \ \mu m$ | 2008 |
| Wang，美国路易斯安那州立大学 | 法向—半球透／反射比 | FTIR 光谱仪内部光路＋积分球 | 8YSZ 热障涂层，等离子喷涂 $BaZrO_3$ 涂层 | $0.8 \sim 13 \ \mu m$ | 2014 |
| Burger、Manara，德国巴伐利亚应用能源研究中心 | 方向—半球透／反射比 | FTIR 光谱仪外置光路＋积分球 | 药粉 | $1.4 \sim 20 \ \mu m$、$0.3 \sim 2.5 \ \mu m$ | 1997、1998 |
| | | | 烧结 $Al_2O_3$ 陶瓷 | $0.7 \sim 2.5 \ \mu m$ | 1999 |
| | | | 热障涂层 | $0.25 \sim 35 \ \mu m$ | 2009 |
| | | | 挤压聚苯乙烯泡沫和聚氨酯泡沫 | $1.4 \sim 35 \ \mu m$ | 2015 |

　　为了能实现多个波长下的辐射特性同时测量,将光栅单色仪用作入射光源,利用光栅的衍射作用,将进入入射狭缝的复合光束分离成宽光谱范围内的单色光,并可通过电脑控制自动扫描,相当于多个激光器集成的光源系统。考虑到光栅单色仪发出的光线也未经过调制,故在实际搭建测量系统时,也需要配备斩波器与锁相放大器等元器件。

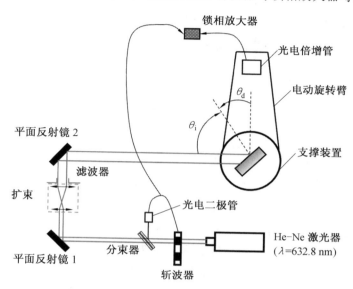

图 16.1　　基于激光斩波系统的方向－方向透／反射光谱测量系统

　　由于 FTIR 光谱仪具有光谱范围宽、扫描速度快、灵敏度高、系统鲁棒性好等优点,在光谱辐射测量领域得到广泛应用;其光路系统可根据用户需求进行定制,能更好地满足不同材料的光谱辐射特性测量需求。

　　在吸收性介质的光谱辐射特性测量中,通常忽略介质散射,故研究者们均以光谱仪内部光路为测量光路。该测量思路被很多研究者延伸应用到散射性介质的光谱辐射特性测量中,且一般认为测量物理量为散射性介质的法向透射光谱。但实际上,FTIR 光谱仪在设计之初,主要用于化学制药领域的成分检测;因此为增强检测信号强度,光谱仪内部光路设计采用汇聚光束,该设计在 FTIR 光谱仪被引入光谱辐射测量领域时被保留。随着光谱辐射测量领域研究的深入,有研究者逐渐认识到该汇聚特性,如 Dietrich 等在研究中指出,FTIR 光谱仪内部光路在汇聚点 —— 样品仓处的光斑直径为 8 mm,但并未进一步分析该汇聚入射光束对最终的透射和漫反射测量结果产生怎样的影响。

　　光谱仪内部光路的汇聚特性增加了光谱辐射测量结果处理的复杂性,且采用法向假设会使得测量结果存在一定偏差,针对该问题,Baillis 等基于 FTIR 光谱仪外置光路搭建了方向－方向透／反射光谱测量系统,如图 16.2 所示,将光谱仪内部光源引出后的近平行光束作为入射光源,测量了多种微纳结构材料的方向－方向透／反射光谱。

　　除 FTIR 光谱仪外,也有研究者采用分光光度计与光栅单色仪结合积分球附件开展方向－半球透／反射光谱的测量研究,这两种测量仪器测量效率较低,主要应用于紫外、可见及近红外波段。其中,分光光度计需要通过不断改变工作波长,实现在一定光谱范围内的辐射测量;光栅单色仪利用衍射光栅来分散光线,能在一定宽波段范围内实现自动扫描。

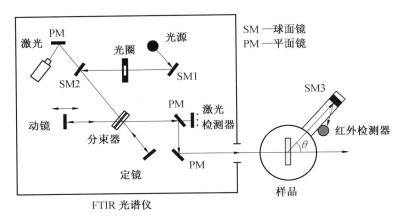

图 16.2　基于 FTIR 光谱仪外置光路的方向－方向透／反射光谱测量系统

考虑到微纳孔隙材料通常具有较强的散射特性,虽然方向光谱辐射特性测量能获取更多的信息,但有的方向上会因为辐射信号太弱而难以检测,因此,方向－半球透／反射光谱的获取也是研究该类材料辐射特性参数的必要手段。方向－半球透／反射光谱测量需要配备积分球开展,测量原理如图 16.3 所示,积分球可直接安装在光谱仪内部,也可布置在光谱仪外部。根据所测波段不同,积分球内部选用不同的涂层材料,对于紫外、可见及近红外波段,通常选用 $BaSO_4$ 涂层或聚四氟乙烯(PTFE)涂层,而中红外波段则选用金涂层。

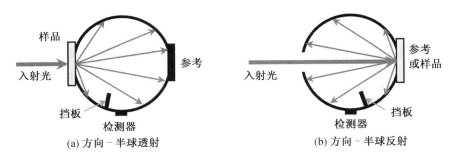

图 16.3　方向－半球透／反射光谱测量原理图

通过上述分析可见,激光器与光栅单色仪作为独立光源,需要利用斩波器与锁相放大器系统对其进行调制,测量系统较为复杂,且要获取连续宽光谱波段内的辐射特性,所需测量时间较长。相比之下,FTIR 光谱仪系统更为完善,内置干涉仪实现光源调制,测量光谱范围较宽,测量操作简便且测量时间短,因此在实际应用中,大多数研究者选择基于FTIR 光谱仪开展光谱辐射特性测量研究。在针对微纳孔隙材料的光谱辐射特性测量研究中,方向－方向透／反射光谱和方向－半球透／反射光谱是常温环境下测量的主要物理量,其中,方向－半球透／反射光谱测量需配备积分球。在目前已开展的相关研究中,不管是基于光谱仪内部光路还是外置光路,研究者们通常假设光源法向入射,但实际测量中,FTIR 光谱仪内部光路的入射光源具有一定的汇聚特性,但尚未有关于该影响因素的分析研究,与此同时,对于 FTIR 光谱仪外置光路的光源及检测方向的发散特性对测量结果的影响也鲜有研究。除此之外,关于散射性介质的方向－方向及方向－半球透／反射光谱的测量多在室温下开展,鲜少涉及温度影响。

**2. 高温下的光谱辐射特性测量装置**

考虑到微纳孔隙材料具有较强的散射特性,且除法向透射方向外,其余方向光谱辐射信号较弱,很难被检测,而高温环境下材料自身的发射辐射会进一步干扰待测信号,因此针对该类材料的方向－方向透／反射光谱测量基本上在室温下开展,鲜少涉及高温。对于方向－半球透／反射光谱辐射特性,由于实验所需的积分球附件一般难以承受高温环境,故该类测量也多在室温下开展。基于此,高温下微纳孔隙材料的光谱辐射特性测量研究多采用发射法。该部分的主要研究人员、研究机构及研究内容列于表 16.3 和表 16.4 中。

在目前已开展的方向－半球透／反射光谱测量研究中,有一些也涉及高温环境,如 Akopov 等基于 $CO_2$ 激光器搭建的高温法向－半球反射光谱测量装置,将样品置于球壳内部,测量室温至 3 200 K 温度范围下氧化锆陶瓷在 0.488 $\mu m$、0.632 8 $\mu m$、1.15 $\mu m$ 和 1.39 $\mu m$ 等几个波长下的法向－半球反射光谱,但该研究中未说明球体材质;Zhang 等利用自制的小型高温炉作为加热装置,将涂层样品加热后放置在积分球开孔处,测量其在 300 ~ 900 K 温度范围下的半球反射率;White 等基于太阳辐射开展多孔纤维材料的法向透射光谱测量,测量波段为可见和近红外,但未指明样品温度。

**表 16.3　散射性介质高温下的表观辐射特性 —— 基于透／反射光谱测量技术**

| 主要研究人员及研究机构 | 测量物理量 | 加热方式 | 温度 | 波长 | 材料种类 | 年份 |
|---|---|---|---|---|---|---|
| White, 美国国家航空航天局 | 法向透射光谱 | 太阳辐射 | — | 0.9 ~ 1.3 $\mu m$ | 多孔纤维材料 | 2010 |
| Akopov 等,俄罗斯科学院高温研究所 | 法向－半球反射光谱 | 10.6 $\mu m$ 的 $CO_2$ 激光 | 室温至 3 200 K | 激光器: 0.488 $\mu m$、 0.632 8 $\mu m$、 1.15 $\mu m$、 1.39 $\mu m$ | 氧化锆陶瓷 | 2001 |

**表 16.4  散射性介质高温下的表观辐射特性 —— 基于发射测量技术**

| 主要研究人员及研究机构 | 测量物理量 | 加热方式 | 温度 | 波长 | 材料种类 | 年份 |
|---|---|---|---|---|---|---|
| Meneses 等，法国国家科学研究中心 | 方向发射率 $(0 \sim 60°)$ | $CO_2$ 激光 | $600 \sim 3\,000$ K | $0.83 \sim 1\,000\ \mu m$ | $SiO_2$、MgO、$Al_2O_3$ 及其陶瓷 | 1999 |
| | | | $1\,300$ K | $2 \sim 25\ \mu m$ | 含气泡 $SiO_2$ 玻璃 | 2007 |
| | | | $580 \sim 2\,350$ K | $0.57 \sim 167\ \mu m$ | YSH 陶瓷 | 2011 |
| Jeon 等，韩国标准科学研究院 | 法向发射率 | 基底导热（双基底法） | 不超过 $1\,473$ K | $2.5 \sim 25\ \mu m$ | 蓝宝石、$Al_2O_3$ 陶瓷 | $2010 \sim 2013$ |
| Li 等，中国工程物理研究院 | 法向发射率 | 高温炉 | $573 \sim 1\,173$ K | $2.5 \sim 25\ \mu m$ | $ZrB_2 - SiC$ 复合材料 | 2017 |
| Lim 等，美国中弗罗里达大学 | 法向发射率 | 高温炉辐射防护管 | $673 \sim 1\,423$ K | $0.4 \sim 1.08\ \mu m$（单色仪） | YSZ 热障涂层 | 2009 |
| Hatzl 等，德国慕尼黑国防大学 | 法向发射率 | SiC 管 | $773 \sim 1\,623$ K | $0.6 \sim 15\ \mu m$ | 烧结 SiC | 2013 |
| 王龙升，南京理工大学 | 法向发射率 | 乙炔火焰 | $1\,073 \sim 1\,773$ K | $2 \sim 25\ \mu m$ | SiC、MgO 等电介质材料 | 2014 |

**续表 16.4**

| 主要研究人员及研究机构 | 测量物理量 | 加热方式 | 温度 | 波长 | 材料种类 | 年份 |
|---|---|---|---|---|---|---|
| Hay 等，法国国家计量测试实验室 | 发射率 | 七卤素灯阵炉 | 不超过 1 773 K | $0.8 \sim 10\ \mu\mathrm{m}$ | — | 2014 |
| 符泰然等，清华大学 | 发射率 | 六石英灯阵 | 878.5 K | $1.15 \sim 1.60\ \mu\mathrm{m}$ | 纯度 99.9% 非氧化石墨 | 2015 |

　　与透 / 反射测量不同，发射率测量无需外部光源，样品自身辐射即为辐射源，由于无法事先对待测信号进行调制，因此在实际测量结果中需要充分考虑各类杂散辐射信号的来源及影响，以获取准确的样品发射信号。对于高温条件下的辐射测量，样品加热是关键环节，目前已发展起来的加热方式主要有以下几种：电阻加热、高温炉加热、感应加热、激光加热、氙灯加热、火焰加热等，其中，电阻加热受功率影响，可加热温度上限较低；火焰加热需接触样品，可能对样品造成污染；感应加热利用电磁感应的方法使被加热材料内部产生电流，从而实现加热，适用于导体材料；高温炉加热受加热棒材料的限制，工作温度也受限，且炉腔内壁面经反复加热后会产生飞灰等杂质污染样品表面，相比之下，激光加热和氙灯加热这类辐射加热方式可供应用的温度区间更宽、可开发性更强、加热环境更洁净，是开展微纳孔隙材料高温发射测量的最优选择（附录 E）。

　　电阻加热作为最普遍的加热方式，为接触式加热，通过贴附在样品背面的金属板对样品进行单面加热，如图 16.4 所示。但受加热片的电功率限制，该类加热方式可实现的温度有限，如 Campo 等的研究中样品表面最高温度为 1 050 K，Guo 等通过陶瓷电加热器将加热最高温度提至 1 400 K。

　　此类加热方式采用单面加热，通常要求待测样品具有较好的导热性能，否则会在轴向产生较大的温度梯度，从而对材料的发射测量产生较大影响。当待测样品为半透明介质时，加热元件的辐射信号会干扰测量结果，基于此，Jeon 等提出了双基底法，通过在加热元件与待测样品之间放置的两种不同发射率的基底材料加热样品，根据测量信号与基底信号、待测样品信号之间的关系求解样品的实际发射率，测量温度可达 1 200 ℃。

　　高温炉加热方式通常采用商业购买或自行设计、加工的封闭腔作为加热装置，其可加热温度上限较电阻加热方式有所提高，但仍受加热元件制约，有一定的温度上限，且其内壁面辐射会干扰样品发射测量结果，但由于该加热方式的技术相对成熟，被很多研究者采用，如 Li 等基于高温炉加热测量了 $ZrB_2 - SiC$ 复合材料在 573 ~ 1 173 K 温度范围内的发射率；Lim 等基于辐射防护管测量了 YSZ 热障涂层经高温炉加热后在 673 ~ 1 423 K 温

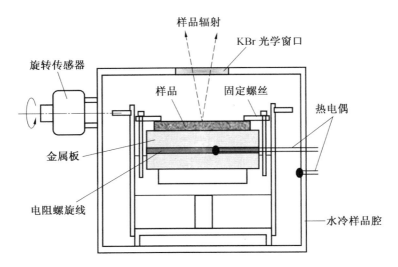

图 16.4　　样品方向光谱发射率测量的电阻加热炉示意图

度范围内的发射信号；Rydzek 等利用电阻加热丝缠绕制成的圆柱形管式炉加热测量了 $TiO_2/Y_2O_3$ 陶瓷等材料在 1 673 K 以内温度下的表面方向发射率，探测角度为 $0° \sim 85°$；Hatzl 等利用 SiC 管自制高温加热腔测得了大气环境下 $773 \sim 1 623$ K 温度范围内样品的发射率。

　　火焰加热方式相比于高温炉加热方式，具有更高的温度上限、更快的加热速率，可通过火焰中燃烧气与氧气的混合比例来调整加热温度范围，但该加热方式可能会对被加热样品造成污染，且对于半透明介质，加热源的辐射干扰难以屏蔽。

　　随着辐射加热领域的发展，激光加热和氙灯加热得到越来越广泛的应用（附录 E），该类加热方式没有温度上限，只要增加激光功率和氙灯功率，即可达到更高的温度；而且，非接触式加热方式不会对样品造成污染。但也存在一定的问题，如激光加热的加热源直径较小且能量呈现高斯分布，在应用时需进行扩束及能量匀化处理；氙灯加热同样存在能量呈高斯分布的非均匀化问题，需要通过氙灯离焦调节实现焦平面能量的均匀分布。此外，针对半透明介质开展发射光谱测量时，需考虑加热激光波长及氙灯加热波段等对测量结果的辐射干扰。Rozenbaum 等采用 $CO_2$ 激光分束双面同时加热的方式测量了多种半透明介质的高温辐射特性，温度范围为 $600 \sim 3 000$ K；经改进后，该装置可通过两台光谱仪分别对黑体炉和高温样品的发射光谱同时进行测量，如图 16.5 所示。

　　氙灯具有与太阳光相近的辐射光谱能量分布，可用于搭建太阳能聚集模拟器，通过改变氙灯功率及数量等实现对辐射强度的调节，通常用于光热性能转换及光催化性能研究等，有研究者将其作为辐射加热源引入介质高温发射特性的测量研究中。如 Robin 等基于四氙灯炉加热装置搭建了高温发射率测量系统，通过氙灯离焦调节与分频利用，在样品均温区范围内开展 $2.7 \sim 15$ μm 波段的发射光谱测量；Fu 等基于多石英灯辐射源测量了纯度 99.9% 的非氧化石墨样品在 878.5 K 温度下、$1.15 \sim 1.60$ μm 波段内的发射率曲线及不透明的氧化不锈钢材料和半透明的硅晶片材料在 $2.5 \sim 16$ μm 波段内的光谱发射率、方向－半球透/反射比；还有研究者基于 1 MW 太阳炉及半球形 $SiO_2$ 玻璃聚集，测量

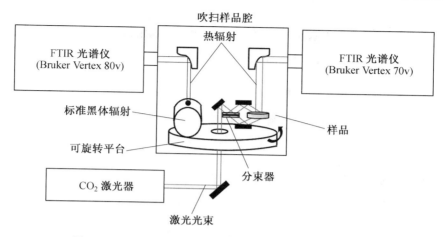

图 16.5　基于 $CO_2$ 激光加热的高温发射率改进测量系统

了 1 850 K 温度范围内的 SiC 材料、1 400 K 温度范围内的镍基超合金材料及 1 300 ∼ 2 200 K 温度范围内含二硅化钽的二硼化物复合材料的总半球发射率。

除了基于上述加热方式开展发射率测量外,还有针对低导热材料发射率测量的热风枪加热方法,以及黑体边界条件(BBC)法。BBC 法的原理如图 16.6 所示,通过改变样品前半球与后半球的边界条件,实现对温度和相应发射率的测量与计算。

根据上述分析,微纳孔隙类材料在高温下的光谱辐射特性测量以发射法为主。综合考虑各种加热方式的特点,基于激光或氙灯的辐射加热方式可实现的加热温度更高且对样品无污染,故具有更为广阔的应用前景;但考虑到其光束强度通常呈高斯分布,故需充分考虑加热表面的温度分布均匀性,以保证测量结果的可靠性。

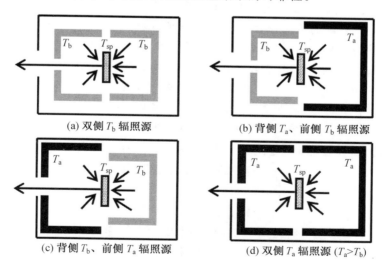

(a) 双侧 $T_b$ 辐照源　　　　　　　　(b) 背侧 $T_a$、前侧 $T_b$ 辐照源

(c) 背侧 $T_b$、前侧 $T_a$ 辐照源　　　　(d) 双侧 $T_a$ 辐照源 $(T_a > T_b)$

图 16.6　基于 BBC 法的发射率测量原理图

### 16.3.2 散射性介质的光谱辐射特性参数辨识概述

实验测量获得的是散射性介质的表观辐射特性,而在实际应用中,需要已知介质的基础光谱辐射特性参数,以分析其在不同条件下的辐射传输过程,因此,基于实验方法开展的介质光谱辐射特性研究中,除了实验测量部分,还包括参数辨识部分。对于微纳孔隙材料,辐射特性参数包括吸收系数、散射系数和散射相函数(或衰减系数、散射反照率和散射相函数)等,下面将针对基于不同表观辐射特性测量结果建立的微纳孔隙材料光谱辐射特性参数辨识模型进行分类总结。

#### 1. 基于透/反射光谱的辐射特性参数辨识

对于散射性介质,仅依靠法向透射光谱数据难以获取描述完整辐射特性的全部参数,在实际研究中,研究者们通过测量多个方向及半球空间的透射及反射光谱来获取尽量多的信息。在目前已发展的辨识模型中,有的仅基于方向—半球透/反射光谱,有的仅基于方向—方向透/反射光谱,还有的将二者相结合。

仅依据方向—半球透/反射光谱进行辨识的方法,尽管测量简单且快速,但信息量少,不足以开展光谱辐射特性参数辨识,尤其是相函数的辨识,因此该类辨识通常需要结合多样品厚度或多测量角度等以增加信息量。

对于方向—方向光谱辐射特性测量,包含的信息更多;且有研究者通过数值模拟表明,平行光束法向入射到样品时测得的方向—方向透/反射光谱比不同入射角下的方向—半球透/反射光谱更适合用于辨识该类介质的辐射特性参数。理论上,可依据多个方向—方向光谱辐射特性测量结果对介质的散射相函数进行辨识,但在实际测量中,除了法向入射方向外,其余方向的测量信号微弱且有噪声,因此相函数依然很难辨识。

综上所述,针对散射性介质的辐射特性参数辨识,主要关注散射相函数形式、待辨识参数与测量物理量之间的关系、辨识所需的实验测试数据量等。

散射相函数表示某一方向入射到某个粒子上的光在立体角内沿另一方向散射的可能性,当粒子间隙相对于辐射波长和粒子直径大得多时,可认为具有独立散射特性,否则需考虑粒子之间的相干效应(见 13.4.1 节)。对于本节重点关注的泡沫类微纳孔隙材料,孔隙直径较骨架直径大得多,通常认为满足独立散射条件。

在传统方法中,相函数多采用勒让德多项式的形式,但对于纤维及泡沫类等参与性介质可能有大量未知参数需要确定,因此,研究者们通常采用基于 Mie 散射理论得到的球形粒子散射相函数简化表达式或对勒让德多项式简化得到的散射相函数表达式来描述所研究材料的散射相函数。

Henyey-Greenstein(H-G)散射相函数描述各向异性散射特性的表达式简单,仅含一个未知参数,主要用于石英棉等纤维类材料,也用于含气泡 $SiO_2$ 玻璃、聚氨酯泡沫等材料;但仅适用于强前向散射。Nicolau 等提出将两个 H-G 散射相函数与各向同性相函数构成的组合相函数形式,利用参数表示前向与后向散射在总散射中所占的份额,包含 4 个未知参数。Milandri 等通过计算发现该散射相函数的计算结果与 Mie 散射理论存在一定偏差,故引入 Lorentz 函数对相函数表达式进行修正,使未知参数增加为 6 个。也有学者仅采用两个 H-G 散射相函数构成的相函数形式(涉及 3 个未知参数)。对于气凝胶纤维材料,由于存在纳米级别的团聚颗粒,散射特性需通过瑞利散射来描述,故 Zhao 等在上述散射相函数表达式的基础上增加了瑞利散射项。

对于开孔泡沫类材料,可认为方向随机的凸面大粒子反射造成的散射与同种材料、同样表面状况的大球反射引起的散射是相同的,因此,Baillis 等以不透明漫反射大球粒子的散射相函数来描述泡沫碳材料的散射特性;之后,Loretz 等在研究中指出,骨架不透明的泡沫材料的表面反射综合了漫反射与镜反射,故将镜漫反射比这一参数引入散射相函数的表达式中,此时该散射相函数为基于 Mie 散射理论的球形大粒子散射相函数与各向同性散射相函数的组合形式,二者之间的比例通过镜漫反射比参数来调节;随着扫描技术的发展,Coquard 等利用 X 射线层析图像及扫描电镜(SEM)图像结果建立了 Al-NiP 泡沫材料的数值模型,并据此分析散射相函数分布情况,可见其介于理想镜反射与纯漫反射之间,更为接近纯漫反射的情况;后续研究者们在开展针对骨架不透明泡沫类材料的辐射特性研究中,则直接采用该散射相函数表达形式。

在选定微纳孔隙材料的散射相函数表达式后,需要根据实验测得的表观辐射特性开展相应的参数辨识研究。根据敏感性分析结果,衰减系数对法向透射比最敏感,散射反照率对半球透射比和半球反射比较为敏感,而散射相函数中的非对称因子则对其他方向的透射比较敏感。因此,微纳孔隙材料的衰减系数可直接根据法向透射中的准直透射部分由 Beer 定律进行直接求解,而散射相函数中的未知参数,可根据敏感性分析,将对测量结果不敏感的参数值提前给定,其他参数则通过最小化测量值与理论值之间的偏差来确定。

在辨识开始之前,需提前确定所需的方向辐射的数量。分析表明,实验误差对辨识结果的影响非常小,所采用的方向透射比数量越多,辨识结果的收敛性越好,且将方向-半球透/反射比结合辨识的方法也更为可靠。通过分析所采用的方向辐射数目对辨识结果的影响,可见,透射方向数目对辨识参数的影响较为显著,至少需要 3 个透射方向才能保证辨识结果收敛,当满足 5 个透射方向与 2 个反射方向的情况下,辨识结果不再受选取的方向辐射数量影响。

综上所述,对于微纳孔隙类材料,在基于透/反射光谱的辐射特性辨识研究中,首先需要明确散射相函数表达形式,确定待辨识参数个数,并据此分析所需的方向辐射数量,进而开展实验测量;通过法向透射光谱确定衰减系数,通过测量值与基于辐射传输方程(RTE)的理论值之间的偏差最小化来确定其他未知参数。

**2. 基于发射光谱的辐射特性参数辨识**

由于方向辐射特性的测量装置多在常温条件下工作,因此高温下的辐射特性测量多以发射测量为主,但考虑到发射测量中无外部辐射源,无法对待测辐射信号进行有效调制,故针对发射率测量的研究侧重于通过发射测量结果获取准确的样品发射率。基于发射光谱辨识介质光谱辐射特性参数的研究相对较少。

Dombrovsky 等基于修正二流近似由辐射传输方程推导得到散射性介质的法向发射率的解析表达式,在假设样品的孔隙率、折射率和传输散射系数与温度弱相关的基础上,根据测得的样品法向发射率可求解吸收系数曲线;Jeon 等采用双基底法,根据基底材料的辐射特性与样品的法向发射率测量结果,可计算得到样品的透射光谱和反射光谱,进而基于 Beer 定律求解衰减系数光谱。但对于泡沫类材料,由于孔隙尺寸相对较大,在开展发射率测量研究时需保证所选用的样品体积具有代表性,因此 Guévelou 等针对泡沫材料开展了法向发射率代表性单元体积(REV)的研究,利用 3D 建模样品分析了开孔泡沫形貌特征对发射率 REV 和孔隙率 REV 的影响,并最终拟合得到泡沫材料发射率与孔隙率、基材光学常数之间的关联式。

由此可见,基于发射光谱开展微纳孔隙类材料辐射特性参数辨识的研究较少。部分研究者通过简化模型推导得到法向发射率的解析表达式,并据此求解相应的光谱辐射特性参数;其他研究者则通过测量结果同时获取透射光谱和反射光谱,并据此开展参数辨识研究。

# 16.4　目前存在的问题

FTIR 光谱仪已广泛应用于热辐射光谱测试领域。吸收性介质通常采用光谱仪内部光路开展透射测量;散射性介质既可采用光谱仪内部光路测量法向透射比或半球透射比,也可采用光谱仪外置光路开展方向－方向透／反射比、方向－半球透／反射比的测量。由于 FTIR 光谱仪内部光路并非准直平行光,具有一定的汇聚特性,故在实际测量中需对该因素的影响进行具体分析,以保证表观辐射特性测量结果的可靠性。考虑到散射性介质结构的复杂性,其表观辐射特性的单次测量结果具有一定的随机性,故需通过增加测量次数与完善测量模型等方法保证测量结果的可靠性。

透／反射测量以外部光源为入射辐射信号,经斩波器或干涉仪调制后,可与环境杂散辐射有效区分,获得可靠的测量信号;但发射测量以样品自身辐射为入射信号,无法通过调制作用有效屏蔽环境杂散辐射信号的干扰,故需在测量开展前对检测系统的响应函数进行标定,依此对测量结果进行后处理。

除此之外,高温下的辐射特性测量需要考虑待测样品表面的温度均匀性。在目前已发展的加热方式中,电阻加热为接触式单面加热方式,需保证待测样品具有较好的导热特性,否则将存在较大的轴向温度梯度,且对半透明介质会产生一定的辐射干扰;而火焰加热易对测量样品造成污染。非接触式加热方式中,感应加热要求待测样品为导体,而高温炉封闭腔的加热温度受加热棒材料的限制。相比之下,基于激光或氙灯的辐射加热方式具有更为广阔的应用前景,加热温度更高,加热速率更快,对样品无污染,但由于该类加热源的辐射强度呈高斯分布,故需采取有效措施保证样品表面的温度均匀分布。

对于具有散射特性的微纳孔隙类材料,其样品端面因切割加工导致存在一定厚度的破碎元胞层,该结构会对材料的辐射传输过程产生影响,测量中只能通过采取对多次不同位置的测量结果求平均的方式来尽量减少因结构随机性产生的测量误差,但要从根本上消除这一影响,则需要从参数辨识上采取措施,这一点也是目前已有研究中尚未考虑的问题。

# 本章参考文献

[1] ZAVERSKY F, ALDAZ L, SÁNCHEZ M, et al. Numerical and experimental evaluation and optimization of ceramic foam as solar absorber—single-layer vs multi-layer configurations[J]. Applied Energy, 2018(210): 351-375.

[2] VAN HEERDEN A S J, JUDT D M, JAFARI S, et al. Aircraft thermal management: practices, technology, system architectures, future challenges, and opportunities[J]. Progress in Aerospace Sciences, 2022(128): 100767.

[3] SULIGA A, BRAS B, ERGINCAN O, et al. Transmission loss of spacecraft optical materials due to ultraviolet-induced contamination[J]. Journal of Spacecraft and Rockets, 2022, 59(3): 773-781.

[4] VELMUZHOV A P, SHIRYAEV V S, SUKHANOV M V, et al. Mid-IR fiber-optic sensors based on especially pure $Ge_{20}Se_{80}$ and $Ga_{10}Ge_{15}Te_{73}I_2$ glasses[J]. Journal of Non-Crystalline Solids, 2022(579): 121374.

[5] 谭淞年, 姚园, 徐钰蕾, 等. 航空相机气密光学窗口及其保护罩的设计[J]. 光学精密工程, 2022, 30(20): 2436-2445.

[6] SAITO T, KATO A, YASUI K. Defect distribution in ZnO thin films grown on a-plane sapphire substrates by catalytic-reaction-assisted chemical vapor deposition[J]. Journal of Crystal Growth, 2021(570): 126206.

[7] LI X L, SUN F X, QIU J, et al. Optimization of optical window of solar receiver by genetic algorithm combined with monte carlo ray tracing[C]// Advances in Heat Transfer and Thermal Engineering. Singapore: Springer, 2021: 773-777.

[8] WU S D, SUN H L, DUAN M F, et al. Applications of thermochromic and electrochromic smart windows: materials to buildings[J]. Cell Reports Physical Science, 2023, 4(5): 101370.

[9] WANG B S, XUAN Y M, HAN X S. Analysis on roles of thermal radiation to evaporation and combustion of fuel droplets[J]. International Journal of Thermal Sciences, 2023(191): 108306.

[10] FANG S H, WANG Z Z, LIN X, et al. Characterizing combustion of a hybrid rocket using laser absorption spectroscopy[J]. Experimental Thermal and Fluid Science, 2021(127): 110411.

[11] LI W J, HUANG J, ZHANG Z W, et al. A model for thermal protection ablative material with local thermal non-equilibrium and thermal radiation mechanisms[J]. Acta Astronautica, 2021(183): 101-111.

[12] BARRETO G, CANHOTO P, COLLARES-PEREIRA M. Parametric analysis and optimisation of porous volumetric solar receivers made of open-cell SiC ceramic foam[J]. Energy, 2020(200): 117476.

[13] ZHANG Y B, SHEN C, ZHANG C X, et al. A novel porous channel to optimize the cooling performance of PV modules[J]. Energy and Built Environment, 2022, 3(2): 210-225.

[14] ZHANG H, SHUAI Y, LOUGOU B G, et al. Effects of foam structure on thermochemical characteristics of porous-filled solar reactor[J]. Energy, 2022, 239: 122219.

[15] ALAMI A H, AOKAL K, FARAJ M. Investigating nickel foam as photoanode substrate for potential dye-sensitized solar cells applications[J]. Energy, 2020, 211: 118689.

[16] MALITSON I H. Interspecimen comparison of the refractive index of fused silica[J]. J. OPt. Soc. Am., 1965, 55(10): 1205-1209.

[17] KHASHAN M A, NASSIF A Y. Dispersion of the optical constants of quartz and polymethyl methacrylate glasses in a wide spectral range: 0.2～3 $\mu$m[J]. Optics Communications, 2001, 188(1): 129-139.

[18] LI D, AI Q, XIA X L. Measured optical constants of ZnSe glass from 0.83 $\mu$m to 2.20 $\mu$m by a novel transmittance method[J]. Optik, 2013, 124(21): 5177-5180.

[19] FU T R, LIU J F. Measurement method for high-temperature infrared optical constants of ZnS crystal materials in a multi-layer structure[J]. Infrared Physics & Technology, 2015, 69: 88-95.

[20] BEDER E C, BASS C D, SHACKLEFORD W L. Transmissivity and absorption of fused quartz between 0.22 $\mu$m and 3.5 $\mu$m from room temperature to 1 500 ℃[J]. Applied Optics, 1971, 10(10): 2263-2268.

[21] LEE G W, JEON S, PARK SN, et al. Temperature and thickness dependence of i. r. optical properties of sapphire at moderate temperature[J]. International Journal of Thermophysics, 2011, 32(7): 1448-1456.

[22] ZHANG S D, SUN F X, XIA X L, et al. A rotating-interface method for measuring optical constants of weakly absorbing medium at high-temperature[J]. International Journal of Thermal Sciences, 2019, 142: 348-356.

[23] HAWRANEK J, NEELAKANTAN P, YOUNG R, et al. The control of errors in i. r. spectrophotometry—III. Transmission measurements using thin cells[J]. Spectrochimica Acta Part A: Molecular Spectroscopy, 1976, 32(1): 75-84.

[24] HAWRANEK J, NEELAKANTAN P, YOUNG R, et al. The control of errors in i. r. spectrophotometry—IV. Corrections for dispersion distortion and the evaluation of both optical constants[J]. Spectrochimica Acta Part A: Molecular Spectroscopy, 1976, 32(1): 85-98.

[25] HAWRANEK J, JONES R. The control of errors in i. r. spectrophotometry—V.

assessment of errors in the evaluation of optical constants by transmission measurements on thin films[J]. Spectrochimica Acta Part A: Molecular Spectroscopy, 1976, 32(1): 99-109.

[26] HAWRANEK J, JONES R. The determination of the optical constants of benzene and chloroform in the i. r. by thin film transmission[J]. Spectrochimica Acta Part A: Molecular Spectroscopy, 1976, 32(1): 111-123.

[27] BERTIE J E, JONES R N, BEHNAM V. Infrared intensities of liquids III: the photometric accuracy of FT-IR transmission spectra of $C_5H_{10}$, $CH_3NO_2$, $CH_2Cl_2$, $C_6H_6$, $C_6H_5 \cdot CH_3$, and $C_6H_5Cl$ in the liquid state at 25 ℃ in 11-to 500-$\mu$m cells[J]. Applied Spectroscopy, 1986, 40(4): 427-434.

[28] BERTIE J E, KEEFE C D, JONES R N. Infrared intensities of liquids—VIII. Accurate baseline correction of transmission spectra of liquids for computation of absolute intensities, and the 1 036 $cm^{-1}$ band of benzene as a potential intensity standard[J]. Canadian Journal of Chemistry, 1991, 69(11): 1609-1618.

[29] BERTIE J E, ZHANG S L, JONES R N, et al. Determination and use of secondary infrared intensity standards[J]. Applied Spectroscopy, 1995, 49(12): 1821-1825.

[30] KEEFE C D, INNIS S M. Temperature dependence of the optical properties of liquid toluene between 4 000 and 400 $cm^{-1}$ from 30 to 105 ℃[J]. Journal of Molecular Structure, 2005, 737(2/3): 207-219.

[31] KEEFE C D, GILLIS E A L. Temperature dependence of the optical properties of liquid benzene in the infrared between 25 and 50 ℃[J]. Spectrochimica Acta Part A: Molecular and Biomolecular Spectroscopy, 2008, 70(3): 500-509.

[32] TUNTOMO A, TIEN C, PARK S. Optical constants of liquid hydrocarbon fuels[J]. Combustion Science and Technology, 1992, 84(1-6): 133-140.

[33] STENZEL O. Thick slabs and thin films[M]// Stenzel Olaf. The Physics of Thin Film Optical Spectra: An Introduction. 2nd ed. Cham: Springer International Publishing, 2016: 131-161.

[34] LARGE M, MCKENZIE D, LARGE M. Incoherent reflection processes: a discrete approach[J]. Optics Communications, 1996, 128(4-6): 307-314.

[35] OTANICAR T P, PHELAN P E, GOLDEN J S. Optical properties of liquids for direct absorption solar thermal energy systems[J]. Solar Energy, 2009, 83(7): 969-977.

[36] LAMPRECHT K, PAPOUSEK W, LEISING G. Problem of ambiguity in the determination of optical constants of thin absorbing films from spectroscopic reflectance and transmittance measurements[J]. Applied Optics, 1997, 36(25): 6364-6371.

[37] SANI E, DELL O'ORO A. Optical constants of ethylene glycol over an

extremely wide spectral range[J]. Optical Materials, 2014, 37: 36-41.

[38] SANI E, DELL O'ORO A. Spectral optical constants of ethanol and isopropanol from ultraviolet to far infrared[J]. Optical Materials, 2016, 60: 137-141.

[39] WANG Q S, HU X H, QI H B, et al. Methods investigation to determine optical constants of liquid based on transmittance and reflectance spectrum[J]. Optik, 2018(169): 350-360.

[40] HU X H, XU T, ZHOU L J, et al. Comparison of transmittance and reflection methods for solving optical constants of optical glass[J]. Optik, 2019(183): 924-932.

[41] QI H B, ZHU H, ZHANG X X, et al. Optical constants of gasoline and gasoline mixture[J]. Journal of Optics, 2023, 52(4): 2342-2355.

[42] WANG C C, TAN J Y, LIU L H. Wavelength and concentration-dependent optical constants of NaCl, KCl, $MgCl_2$, $CaCl_2$, and $Na_2SO_4$ multi-component mixed-salt solutions[J]. Applied Optics, 2017, 56(27): 7662-7671.

[43] WANG C C, TAN J Y, MA Y H, et al. Infrared optical constants of liquid palm oil and palm oil biodiesel determined by the combined ellipsometry-transmission method[J]. Applied Optics, 2017, 56(18): 5156-5163.

[44] WANG C C, TAN J Y, JING C Y, et al. Temperature-dependent optical constants of liquid isopropanol, *n*-butanol, and *n*-decane[J]. Applied Optics, 2018, 57(12): 3003-3011.

[45] CUNSOLO S, BAILLIS D, BIANCO N. Improved Monte Carlo methods for computational modelling of thermal radiation applied to porous cellular materials[J]. International Journal of Thermal Sciences, 2019, 137: 161-179.

[46] LI Y, CHEN H W, XIA X L, et al. Prediction of high-temperature radiative properties of copper, nickel, zirconia, and alumina foams[J]. Int. J. Heat and Mass Transfer, 2020, 148: 119154.

[47] ZEGHONDY B, IACONA E, TAINE J. Experimental and RDFI calculated radiative properties of a mullite foam[J]. Int. J. Heat and Mass Transfer, 2006, 49(19/20): 3702-3707.

[48] ZHANG W J, ZHAO J M, LIU L H. Experimental study of the effective brdf of a copper foam sheet[C]// Proceedings of the 7th International Symposium on Radiative Transfer. Kusadasi: Begel Houce Inc. , 2013: RAD-13-SH4.

[49] MILANDRI A, ASLLANAJ F, JEANDEL G. Determination of radiative properties of fibrous media by an inverse method—comparison with the Mie theory[J]. J. Quant. Spectrosc. Radiat. Transf. , 2002, 74(5): 637-653.

[50] CORAY P S, LIPIŃSKI W, STEINFELD A. Spectroscopic goniometry system for determining thermal radiative properties of participating media[J]. Experimental Heat Transfer, 2011, 24(4): 300-312.

[51] GOOD P, COOPER T, QUERCI M, et al. Spectral reflectance, transmittance, and angular scattering of materials for solar concentrators[J]. Solar Energy Materials and Solar Cells, 2016, 144: 509-522.

[52] GANESAN K, DOMBROVSKY L A, LIPIŃSKI W. Visible and near-infrared optical properties of ceria ceramics[J]. Infrared Physics and Technology, 2013, 57: 101-109.

[53] ZENG J S Q, GREIF R, STEVENS P, et al. Effective optical constants $n$ and $\kappa$ and extinction coefficient of silica aerogel[J]. Journal of Materials Research, 1996, 11(3): 687-693.

[54] CHENG Q, YANG P Y, ZHANG Z M. Radiative properties of ceramic $Al_2O_3$, AlN, and $Si_3N_4$: I. experiments[J]. International Journal of Thermophysics, 2016(37): 62.

[55] WEI G S, LIU Y S, ZHANG X X, et al. Thermal conductivities study on silica aerogel and its composite insulation materials[J]. Int. J. Heat and Mass Transfer, 2011, 54(11/12): 2355-2366.

[56] WEI G S, LIU Y S, ZHANG X X, et al. Radiative heat transfer study on silica aerogel and its composite insulation materials[J]. Journal of Non-Crystalline Solids, 2013(362): 231-236.

[57] WEI G S, HUANG P R, XU C, et al. Experimental study on the radiative properties of open-cell porous ceramics[J]. Solar Energy, 2017(149): 13-19.

[58] DIETRICH B, FISCHEDICK T, HEISSLER S, et al. Optical parameters for characterization of thermal radiation in ceramic sponges—experimental results and correlation[J]. Int. J. Heat and Mass Transfer, 2014, 79: 655-665.

[59] BAILLIS D, RAYNAUD M, SACADURA J F. Spectral radiative properties of open-cell foam insulation[J]. Journal of Thermophysics and Heat Transfer, 1999, 13(3): 292-298.

[60] BAILLIS D, SACADURA J F. Identification of polyurethane foam radiative properties-influence of transmittance measurements number[J]. Journal of Thermophysics and Heat Transfer, 2002, 16(2): 200-206.

[61] BAILLIS D, ARDUINI-SCHUSTER M, SACADURA J F. Identification of spectral radiative properties of polyurethane foam from hemispherical and bi-directional transmittance and reflectance measurements[J]. J. Quant. Spectrosc. Radiat. Transf., 2002, 73(2-5): 297-306.

[62] SACADURA J F, BAILLIS D. Experimental characterization of thermal radiation properties of dispersed media[J]. International Journal of Thermal Sciences, 2002, 41(7): 699-707.

[63] BAILLIS D, PILON L, RANDRIANALISOA H, et al. Measurements of radiation characteristics of fused quartz containing bubbles[J]. Journal of the

Optical Society of America A，2004，21(1)：149-159.

[64] COQUARD R，ROUSSEAU B，ECHEGUT P，et al. Investigations of the radiative properties of Al-NiP foams using tomographic images and stereoscopic micrographs[J]. Int. J. Heat and Mass Transfer，2012，55(5/6)：1606-1619.

[65] BAILLIS D，RAYNAUD M，SACADURA J F. Determination of spectral radiative properties of open cell foam：model validation[J]. Journal of Thermophysics and Heat Transfer，2000，14(2)：137-143.

[66] DOMBROVSKY L A，TAGNE H K，BAILLIS D，et al. Near-infrared radiative properties of porous zirconia ceramics[J]. Infrared Physics & Technology，2007，51(1)：44-53.

[67] ZHAO C Y，LU T J，HODSON H P. Thermal radiation in ultralight metal foams with open cells[J]. Int. J. Heat and Mass Transfer，2004，47(14-16)：2927-2939.

[68] YANG G，ZHAO C Y，WANG B X. Experimental study on radiative properties of air plasma sprayed thermal barrier coatings[J]. Int. J. Heat and Mass Transfer，2013，66：695-698.

[69] ELDRIDGE J I，SPUCKLER C M. Determination of scattering and absorption coefficients for plasma-sprayed yttria-stabilized zirconia thermal barrier coatings[J]. Journal of the American Ceramic Society，2008，91(5)：1603-1611.

[70] WANG L，ELDRIDGE J I，GUO S M. Comparison of different models for the determination of the absorption and scattering coefficients of thermal barrier coatings[J]. Acta Materialia，2014(64)：402-410.

[71] WANG L，HABIBI M H，ELDRIDGE J I，et al. Infrared radiative properties of plasma-sprayed BaZrO₃ coatings[J]. Journal of the European Ceramic Society，2014，34(15)：3941-3949.

[72] BURGER T，KUHN J，CAPS R，et al. Quantitative determination of the scattering and absorption coefficients from diffuse reflectance and transmittance measurements：application to pharmaceutical powders[J]. Applied Spectroscopy，1997，51(3)：309-317.

[73] BURGER T，FRICKE J，KUHN J. NIR radiative transfer investigations to characterise pharmaceutical powders and their mixtures[J]. Journal of Near Infrared Spectroscopy，1998，6(1)：33-40.

[74] MANARA J，CAPS R，RAETHER F，et al. Characterization of the pore structure of alumina ceramics by diffuse radiation propagation in the near infrared[J]. Optics Communications，1999，168(1-4)：237-250.

[75] MANARA J，ARDUINI-SCHUSTER M，RÄTZER-SCHEIBE H J，et al. Infrared-optical properties and heat transfer coefficients of semitransparent thermal barrier coatings[J]. Surface and Coatings Technology，2009，203(8)：

1059-1068.

[76] ARDUINI-SCHUSTER M, MANARA J, VO C. Experimental characterization and theoretical modeling of the infrared-optical properties and the thermal conductivity of foams[J]. International Journal of Thermal Sciences, 2015, 98: 156-164.

[77] AKOPOV F A, VAL,YANO G E, VOROB,EV A Y, et al. Thermal radiative properties of ceramic of cubic $ZrO_2$ stabilized with $Y_2O_3$ at high temperatures[J]. High Temperature, 2001, 39(2): 244-254.

[78] ZHANG Y F, DAI J M, WANG Z W, et al. A spectral emissivity measurement facility for solar absorbing coatings[J]. International Journal of Thermophysics, 2013, 34(5): 916-925.

[79] WHITE S M. High-temperature spectrometer for thermal protection system radiation measurements[J]. Journal of Spacecraft and Rockets, 2010, 47(1): 21-28.

[80] ROZENBAUM O, DE SOUSA MENESES D, AUGER Y, et al. A spectroscopic method to measure the spectral emissivity of semi-transparent materials up to high temperature[J]. Review of Scientific Instruments, 1999, 70(10): 4020-4025.

[81] ROUSSEAU B, DE SOUSA MENESES D, ECHEGUT P, et al. Prediction of the thermal radiative properties of an x-ray mu-tomographied porous silica glass[J]. Applied Optics, 2007,46(20): 4266-4276.

[82] DEL CAMPO L, DE SOUSA MENESES D, BLIN A, et al. High-temperature radiative properties of an yttria-stabilized Hafnia Ceramic[J]. Journal of the American Ceramic Society, 2011, 94(6): 1859-1864.

[83] JEON S, PARK S N, YOO Y S, et al. Simultaneous measurement of emittance, transmittance, and reflectance of semitransparent materials at elevated temperature[J]. Optics Letters, 2010, 35(23): 4015-4017.

[84] LEE G W, JEON S, YOO N J, et al. Normal and directional spectral emittance measurement of semi-transparent materials using two-substrate method: alumina[J]. International Journal of Thermophysics, 2011, 32(6): 1234-1246.

[85] JEON S, KANG DH, LEE G W. Difference of optical properties between porous alumina and sapphire using two-substrate method at elevated temperature[J]. Current Applied Physics, 2013, 13(8): 1594-1599.

[86] LI N, XING P, LI C, et al. Influence of surface oxidation on the radiative properties of $ZrB_2$-SiC composites[J]. Applied Surface Science, 2017(409): 1-7.

[87] LIM G, KAR A. Radiative properties of thermal barrier coatings at high temperatures[J]. Journal of Physics D: Applied Physics, 2009, 42(15): 155412.

[88] HATZL S, KIRSCHNER M, LIPPIG V, et al. Direct measurements of infrared

normal spectral emissivity of solid materials for high-temperature applications[J]. International Journal of Thermophysics, 2013, 34(11): 2089-2101.

[89] 王龙升. 高温条件下材料光谱发射率测量研究[D]. 南京: 南京理工大学, 2014.

[90] HAY B, HAMEURY J, FLEURENCE N, et al. New facilities for the measurements of high-temperature thermophysical properties at LNE[J]. International Journal of Thermophysics, 2014, 35(9): 1712-1724.

[91] FU T R, DUAN M H, TANG J Q, et al. Measurements of the directional spectral emissivity based on a radiation heating source with alternating spectral distributions[J]. Int. J. Heat and Mass Transfer, 2015(90): 1207-1213.

[92] DEL CAMPO L, PÉREZ SÁEZ R B, ESQUISABEL X, et al. New experimental device for infrared spectral directional emissivity measurements in a controlled environment[J]. Review of Scientific Instruments, 2006, 77(11): 113111.

[93] GUO Y M, PANG S J, LUO Z J, et al. Measurement of directional spectral emissivity at high temperatures[J]. International Journal of Thermophysics, 2018, 40(1): 10.

[94] RYDZEK M, STARK T, ARDUINI-SCHUSTER M, et al. Newly designed apparatus for measuring the angular dependent surface emittance in a wide wavelength range and at elevated temperatures up to 1 400 ℃[J]. Journal of Physics: Conference Series, 2012(395): 012152.

[95] LOW Z K, NOVIKOV A, DE SOUSA MENESES D, et al. Radiative behavior of low-porosity ceramics: Ⅱ-experimental and numerical study of porous alumina up to high temperatures[J]. Journal of Quantitative Spectroscopy and Radiative Transfer, 2021(272): 107821.

[96] ROBIN L, DELMAS A, LANTERNIER T, et al. Experimental and theoretical determination of spectral heat flux emitted by a ceramic under axial temperature gradient[C]//13th International Heat Transfer Conference. Sydney: Begel House Inc., 2006: RAD-10.

[97] DELMAS A, ROBIN L, OELHOFFEN F, et al. Experimental and theoretical characterization of emission from ceramics at high temperature: investigation on yttria-stabilized zirconia and alumina[J]. International Journal of Thermophysics, 2010, 31(6): 1092-1110.

[98] BALAT-PICHELIN M, BOUSQUET A. Total hemispherical emissivity of sintered SiC up to 1 850 K in high vacuum and in air at different pressures[J]. Journal of the European Ceramic Society, 2018, 38(10): 3447-3456.

[99] BALAT-PICHELIN M, SANS J L, BÊCHE E, et al. Emissivity at high temperature of Ni-based superalloys for the design of solar receivers for future tower power plants[J]. Solar Energy Materials and Solar Cells, 2021(227):

111066.

[100] PELLEGRINI C，BALAT P-PICHELIN M，RAPAUD O，et al. Oxidation resistance and emissivity of diboride-based composites containing tantalum disilicide in air plasma up to 2 600 K for space applications[J]. Ceramics International，2022，48(19，Part A)：27878-27890.

[101] 王卜平. 基于FT-IR的材料光谱发射率测量的标准装置研究[D]. 北京：华北电力大学，2013.

[102] MANARA J，ARDUINI S-SCHUSTER M，KELLER M. Infrared-optical characteristics of ceramics at elevated temperatures[J]. Infrared Physics & Technology，2011，54(5)：395-402.

[103] NICOLAU V P，RAYNAUD M，SACADURA J F. Spectral radiative properties identification of fiber insulating materials[J]. Int. J. Heat and Mass Transfer，1994，37：311-324.

[104] MARTI J，ROESLE M，STEINFELD A. Experimental determination of the radiative properties of particle suspensions for high-temperature solar receiver applications[J]. Heat Transfer Engineering，2014，35(3)：272-280.

[105] ZHAO S Y，DONG J L，MONTE C，et al. New phase function development and complete spectral radiative properties measurements of aerogel infused fibrous blanket based on simulated annealing algorithm[J]. International Journal of Thermal Sciences，2020(154)：106407.

[106] LORETZ M，COQUARD R，BAILLIS D，et al. Metallic foams：radiative properties/comparison between different models[J]. J. Quant. Spectrosc. Radiat. Transf.，2008，109(1)：16-27.

[107] LI Y，XIA X L，SUN C，et al. Pore-level numerical analysis of the infrared surface temperature of metallic foam[J]. J. Quant. Spectrosc. Radiat. Transf.，2017(200)：59-69.

[108] DOMBROVSKY L A，ROUSSEAU B，ECHEGUT P，et al. High temperature infrared properties of YSZ electrolyte ceramics for sofcs：experimental determination and theoretical modeling[J]. Journal of the American Ceramic Society，2011，94(12)：4310-4316.

[109] GUÉVELOU S，ROUSSEAU B，DOMINGUES G，et al. Representative elementary volumes required to characterize the normal spectral emittance of silicon carbide foams used as volumetric solar absorbers[J]. Int. J. Heat and Mass Transfer，2016，93：118-129.

[110] 帅永，齐宏，艾青，等. 热辐射测量技术[M]. 哈尔滨：哈尔滨工业大学出版社，2014.

# 附录 A  黑体相对波段辐射力

附表 1  黑体相对波段辐射力

| $\lambda T/\mu m \cdot K$ | $F_{b(0-\lambda T)}$ | $\lambda T/\mu m \cdot K$ | $F_{b(0-\lambda T)}$ | $\lambda T/\mu m \cdot K$ | $F_{b(0-\lambda T)}$ | $\lambda T/\mu m \cdot K$ | $F_{b(0-\lambda T)}$ |
|---|---|---|---|---|---|---|---|
| 210 | $9.091\,0\times10^{-26}$ | 490 | $7.650\,2\times10^{-10}$ | 770 | $9.084\,6\times10^{-6}$ | 1 050 | $5.557\,5\times10^{-4}$ |
| 220 | $1.784\,2\times10^{-24}$ | 500 | $1.298\,2\times10^{-9}$ | 780 | $1.113\,0\times10^{-5}$ | 1 060 | $6.160\,6\times10^{-4}$ |
| 230 | $2.687\,5\times10^{-23}$ | 510 | $2.155\,3\times10^{-9}$ | 790 | $1.355\,9\times10^{-5}$ | 1 070 | $6.814\,6\times10^{-4}$ |
| 240 | $3.212\,3\times10^{-22}$ | 520 | $3.505\,6\times10^{-9}$ | 800 | $1.643\,1\times10^{-5}$ | 1 080 | $7.522\,3\times10^{-4}$ |
| 250 | $3.133\,2\times10^{-21}$ | 530 | $5.592\,6\times10^{-9}$ | 810 | $1.980\,9\times10^{-5}$ | 1 090 | $8.286\,7\times10^{-4}$ |
| 260 | $2.553\,5\times10^{-20}$ | 540 | $8.760\,4\times10^{-9}$ | 820 | $2.376\,3\times10^{-5}$ | 1 100 | $9.110\,8\times10^{-4}$ |
| 270 | $1.774\,2\times10^{-19}$ | 550 | $1.348\,8\times10^{-8}$ | 830 | $2.837\,0\times10^{-5}$ | 1 110 | $9.997\,7\times10^{-4}$ |
| 280 | $1.069\,2\times10^{-18}$ | 560 | $2.043\,1\times10^{-8}$ | 840 | $3.371\,5\times10^{-5}$ | 1 120 | $1.095\,1\times10^{-3}$ |
| 290 | $5.673\,1\times10^{-18}$ | 570 | $3.047\,3\times10^{-8}$ | 850 | $3.989\,1\times10^{-5}$ | 1 130 | $1.197\,3\times10^{-3}$ |
| 300 | $2.684\,1\times10^{-17}$ | 580 | $4.479\,2\times10^{-8}$ | 860 | $4.699\,7\times10^{-5}$ | 1 140 | $1.306\,7\times10^{-3}$ |
| 310 | $1.145\,3\times10^{-16}$ | 590 | $6.493\,4\times10^{-8}$ | 870 | $5.514\,0\times10^{-5}$ | 1 150 | $1.423\,7\times10^{-3}$ |
| 320 | $4.450\,0\times10^{-16}$ | 600 | $9.290\,2\times10^{-8}$ | 880 | $6.443\,9\times10^{-5}$ | 1 160 | $1.548\,6\times10^{-3}$ |
| 330 | $1.588\,3\times10^{-15}$ | 610 | $1.312\,7\times10^{-7}$ | 890 | $7.501\,7\times10^{-5}$ | 1 170 | $1.681\,7\times10^{-3}$ |
| 340 | $5.246\,5\times10^{-15}$ | 620 | $1.832\,9\times10^{-7}$ | 900 | $8.700\,9\times10^{-5}$ | 1 180 | $1.823\,4\times10^{-3}$ |
| 350 | $1.614\,8\times10^{-14}$ | 630 | $2.530\,5\times10^{-7}$ | 910 | $1.005\,6\times10^{-4}$ | 1 190 | $1.974\,0\times10^{-3}$ |
| 360 | $4.658\,7\times10^{-14}$ | 640 | $3.456\,2\times10^{-7}$ | 920 | $1.158\,1\times10^{-4}$ | 1 200 | $2.133\,9\times10^{-3}$ |
| 370 | $1.266\,5\times10^{-13}$ | 650 | $4.672\,4\times10^{-7}$ | 930 | $1.329\,4\times10^{-4}$ | 1 210 | $2.303\,3\times10^{-3}$ |
| 380 | $3.260\,0\times10^{-13}$ | 660 | $6.255\,3\times10^{-7}$ | 940 | $1.521\,1\times10^{-4}$ | 1 220 | $2.482\,7\times10^{-3}$ |
| 390 | $7.978\,9\times10^{-13}$ | 670 | $8.296\,7\times10^{-7}$ | 950 | $1.735\,0\times10^{-4}$ | 1 230 | $2.672\,3\times10^{-3}$ |
| 400 | $1.864\,0\times10^{-12}$ | 680 | $1.090\,7\times10^{-6}$ | 960 | $1.973\,0\times10^{-4}$ | 1 240 | $2.872\,6\times10^{-3}$ |
| 410 | $4.170\,7\times10^{-12}$ | 690 | $1.421\,7\times10^{-6}$ | 970 | $2.237\,1\times10^{-4}$ | 1 250 | $3.083\,8\times10^{-3}$ |
| 420 | $8.966\,3\times10^{-12}$ | 700 | $1.838\,1\times10^{-6}$ | 980 | $2.529\,3\times10^{-4}$ | 1 260 | $3.306\,3\times10^{-3}$ |
| 430 | $1.857\,3\times10^{-11}$ | 710 | $2.358\,0\times10^{-6}$ | 990 | $2.851\,9\times10^{-4}$ | 1 270 | $3.540\,4\times10^{-3}$ |
| 440 | $3.716\,4\times10^{-11}$ | 720 | $3.002\,7\times10^{-6}$ | 1 000 | $3.207\,1\times10^{-4}$ | 1 280 | $3.786\,5\times10^{-3}$ |
| 450 | $7.200\,4\times10^{-11}$ | 730 | $3.796\,3\times10^{-6}$ | 1 010 | $3.597\,3\times10^{-4}$ | 1 290 | $4.044\,9\times10^{-3}$ |
| 460 | $1.353\,7\times10^{-10}$ | 740 | $4.767\,1\times10^{-6}$ | 1 020 | $4.024\,8\times10^{-4}$ | 1 300 | $4.315\,9\times10^{-3}$ |
| 470 | $2.474\,3\times10^{-10}$ | 750 | $5.947\,0\times10^{-6}$ | 1 030 | $4.492\,3\times10^{-4}$ | 1 310 | $4.599\,8\times10^{-3}$ |
| 480 | $4.404\,9\times10^{-10}$ | 760 | $7.372\,5\times10^{-6}$ | 1 040 | $5.002\,3\times10^{-4}$ | 1 320 | $4.897\,1\times10^{-3}$ |

**续附表 1**

| $\lambda T/\mu\text{m}\cdot\text{K}$ | $F_{b(0-\lambda T)}$ | $\lambda T/\mu\text{m}\cdot\text{K}$ | $F_{b(0-\lambda T)}$ | $\lambda T/\mu\text{m}\cdot\text{K}$ | $F_{b(0-\lambda T)}$ | $\lambda T/\mu\text{m}\cdot\text{K}$ | $F_{b(0-\lambda T)}$ |
|---|---|---|---|---|---|---|---|
| 1 330 | $5.2079\times10^{-3}$ | 1 650 | $2.3876\times10^{-2}$ | 1 970 | $6.2152\times10^{-2}$ | 2 290 | $1.1806\times10^{-1}$ |
| 1 340 | $5.5326\times10^{-3}$ | 1 660 | $2.4767\times10^{-2}$ | 1 980 | $6.3659\times10^{-2}$ | 2 300 | $1.2002\times10^{-1}$ |
| 1 350 | $5.8715\times10^{-3}$ | 1 670 | $2.5678\times10^{-2}$ | 1 990 | $6.5183\times10^{-2}$ | 2 310 | $1.2200\times10^{-1}$ |
| 1 360 | $6.2249\times10^{-3}$ | 1 680 | $2.6609\times10^{-2}$ | 2 000 | $6.6725\times10^{-2}$ | 2 320 | $1.2399\times10^{-1}$ |
| 1 370 | $6.5931\times10^{-3}$ | 1 690 | $2.7561\times10^{-2}$ | 2 010 | $6.8284\times10^{-2}$ | 2 330 | $1.2599\times10^{-1}$ |
| 1 380 | $6.9764\times10^{-3}$ | 1 700 | $2.8532\times10^{-2}$ | 2 020 | $6.9859\times10^{-2}$ | 2 340 | $1.2800\times10^{-1}$ |
| 1 390 | $7.3751\times10^{-3}$ | 1 710 | $2.9523\times10^{-2}$ | 2 030 | $7.1451\times10^{-2}$ | 2 350 | $1.3001\times10^{-1}$ |
| 1 400 | $7.7894\times10^{-3}$ | 1 720 | $3.0534\times10^{-2}$ | 2 040 | $7.3060\times10^{-2}$ | 2 360 | $1.3204\times10^{-1}$ |
| 1 410 | $8.2197\times10^{-3}$ | 1 730 | $3.1565\times10^{-2}$ | 2 050 | $7.4685\times10^{-2}$ | 2 370 | $1.3408\times10^{-1}$ |
| 1 420 | $8.6661\times10^{-3}$ | 1 740 | $3.2616\times10^{-2}$ | 2 060 | $7.6326\times10^{-2}$ | 2 380 | $1.3613\times10^{-1}$ |
| 1 430 | $9.1290\times10^{-3}$ | 1 750 | $3.3686\times10^{-2}$ | 2 070 | $7.7983\times10^{-2}$ | 2 390 | $1.3818\times10^{-1}$ |
| 1 440 | $9.6085\times10^{-3}$ | 1 760 | $3.4777\times10^{-2}$ | 2 080 | $7.9656\times10^{-2}$ | 2 400 | $1.4025\times10^{-1}$ |
| 1 450 | $1.0105\times10^{-2}$ | 1 770 | $3.5888\times10^{-2}$ | 2 090 | $8.1344\times10^{-2}$ | 2 410 | $1.4232\times10^{-1}$ |
| 1 460 | $1.0619\times10^{-2}$ | 1 780 | $3.7018\times10^{-2}$ | 2 100 | $8.3048\times10^{-2}$ | 2 420 | $1.4441\times10^{-1}$ |
| 1 470 | $1.1149\times10^{-2}$ | 1 790 | $3.8169\times10^{-2}$ | 2 110 | $8.4766\times10^{-2}$ | 2 430 | $1.4650\times10^{-1}$ |
| 1 480 | $1.1698\times10^{-2}$ | 1 800 | $3.9339\times10^{-2}$ | 2 120 | $8.6500\times10^{-2}$ | 2 440 | $1.4860\times10^{-1}$ |
| 1 490 | $1.2264\times10^{-2}$ | 1 810 | $4.0528\times10^{-2}$ | 2 130 | $8.8249\times10^{-2}$ | 2 450 | $1.5070\times10^{-1}$ |
| 1 500 | $1.2849\times10^{-2}$ | 1 820 | $4.1738\times10^{-2}$ | 2 140 | $9.0012\times10^{-2}$ | 2 460 | $1.5282\times10^{-1}$ |
| 1 510 | $1.3451\times10^{-2}$ | 1 830 | $4.2966\times10^{-2}$ | 2 150 | $9.1789\times10^{-2}$ | 2 470 | $1.5494\times10^{-1}$ |
| 1 520 | $1.4072\times10^{-2}$ | 1 840 | $4.4214\times10^{-2}$ | 2 160 | $9.3580\times10^{-2}$ | 2 480 | $1.5707\times10^{-1}$ |
| 1 530 | $1.4711\times10^{-2}$ | 1 850 | $4.5482\times10^{-2}$ | 2 170 | $9.5386\times10^{-2}$ | 2 490 | $1.5920\times10^{-1}$ |
| 1 540 | $1.5369\times10^{-2}$ | 1 860 | $4.6768\times10^{-2}$ | 2 180 | $9.7205\times10^{-2}$ | 2 500 | $1.6135\times10^{-1}$ |
| 1 550 | $1.6046\times10^{-2}$ | 1 870 | $4.8074\times10^{-2}$ | 2 190 | $9.9037\times10^{-2}$ | 2 510 | $1.6350\times10^{-1}$ |
| 1 560 | $1.6742\times10^{-2}$ | 1 880 | $4.9398\times10^{-2}$ | 2 200 | $1.0088\times10^{-1}$ | 2 520 | $1.6565\times10^{-1}$ |
| 1 570 | $1.7457\times10^{-2}$ | 1 890 | $5.0742\times10^{-2}$ | 2 210 | $1.0274\times10^{-1}$ | 2 530 | $1.6782\times10^{-1}$ |
| 1 580 | $1.8191\times10^{-2}$ | 1 900 | $5.2104\times10^{-2}$ | 2 220 | $1.0461\times10^{-1}$ | 2 540 | $1.6998\times10^{-1}$ |
| 1 590 | $1.8944\times10^{-2}$ | 1 910 | $5.3485\times10^{-2}$ | 2 230 | $1.0650\times10^{-1}$ | 2 550 | $1.7216\times10^{-1}$ |
| 1 600 | $1.9717\times10^{-2}$ | 1 920 | $5.4884\times10^{-2}$ | 2 240 | $1.0839\times10^{-1}$ | 2 560 | $1.7434\times10^{-1}$ |
| 1 610 | $2.0510\times10^{-2}$ | 1 930 | $5.6302\times10^{-2}$ | 2 250 | $1.1030\times10^{-1}$ | 2 570 | $1.7652\times10^{-1}$ |
| 1 620 | $2.1322\times10^{-2}$ | 1 940 | $5.7737\times10^{-2}$ | 2 260 | $1.1222\times10^{-1}$ | 2 580 | $1.7871\times10^{-1}$ |
| 1 630 | $2.2153\times10^{-2}$ | 1 950 | $5.9191\times10^{-2}$ | 2 270 | $1.1416\times10^{-1}$ | 2 590 | $1.8091\times10^{-1}$ |
| 1 640 | $2.3005\times10^{-2}$ | 1 960 | $6.0663\times10^{-2}$ | 2 280 | $1.1610\times10^{-1}$ | 2 600 | $1.8311\times10^{-1}$ |

**续附表 1**

| $\lambda T/\mu\mathrm{m}\cdot\mathrm{K}$ | $F_{b(0-\lambda T)}$ | $\lambda T/\mu\mathrm{m}\cdot\mathrm{K}$ | $F_{b(0-\lambda T)}$ | $\lambda T/\mu\mathrm{m}\cdot\mathrm{K}$ | $F_{b(0-\lambda T)}$ | $\lambda T/\mu\mathrm{m}\cdot\mathrm{K}$ | $F_{b(0-\lambda T)}$ |
|---|---|---|---|---|---|---|---|
| 2 610 | $1.853\,2\times10^{-1}$ | 2 930 | $2.573\,6\times10^{-1}$ | 3 250 | $3.291\,3\times10^{-1}$ | 3 570 | $3.974\,3\times10^{-1}$ |
| 2 620 | $1.875\,3\times10^{-1}$ | 2 940 | $2.596\,2\times10^{-1}$ | 3 260 | $3.313\,3\times10^{-1}$ | 3 580 | $3.994\,9\times10^{-1}$ |
| 2 630 | $1.897\,4\times10^{-1}$ | 2 950 | $2.618\,9\times10^{-1}$ | 3 270 | $3.335\,3\times10^{-1}$ | 3 590 | $4.015\,4\times10^{-1}$ |
| 2 640 | $1.919\,6\times10^{-1}$ | 2 960 | $2.641\,6\times10^{-1}$ | 3 280 | $3.357\,2\times10^{-1}$ | 3 600 | $4.035\,9\times10^{-1}$ |
| 2 650 | $1.941\,8\times10^{-1}$ | 2 970 | $2.664\,3\times10^{-1}$ | 3 290 | $3.379\,1\times10^{-1}$ | 3 610 | $4.056\,3\times10^{-1}$ |
| 2 660 | $1.964\,1\times10^{-1}$ | 2 980 | $2.686\,9\times10^{-1}$ | 3 300 | $3.400\,9\times10^{-1}$ | 3 620 | $4.076\,6\times10^{-1}$ |
| 2 670 | $1.986\,4\times10^{-1}$ | 2 990 | $2.709\,6\times10^{-1}$ | 3 310 | $3.422\,7\times10^{-1}$ | 3 630 | $4.096\,9\times10^{-1}$ |
| 2 680 | $2.008\,7\times10^{-1}$ | 3 000 | $2.732\,2\times10^{-1}$ | 3 320 | $3.444\,5\times10^{-1}$ | 3 640 | $4.117\,2\times10^{-1}$ |
| 2 690 | $2.031\,1\times10^{-1}$ | 3 010 | $2.754\,8\times10^{-1}$ | 3 330 | $3.466\,2\times10^{-1}$ | 3 650 | $4.137\,4\times10^{-1}$ |
| 2 700 | $2.053\,5\times10^{-1}$ | 3 020 | $2.777\,4\times10^{-1}$ | 3 340 | $3.487\,9\times10^{-1}$ | 3 660 | $4.157\,5\times10^{-1}$ |
| 2 710 | $2.075\,9\times10^{-1}$ | 3 030 | $2.800\,0\times10^{-1}$ | 3 350 | $3.509\,6\times10^{-1}$ | 3 670 | $4.177\,6\times10^{-1}$ |
| 2 720 | $2.098\,4\times10^{-1}$ | 3 040 | $2.822\,6\times10^{-1}$ | 3 360 | $3.531\,2\times10^{-1}$ | 3 680 | $4.197\,6\times10^{-1}$ |
| 2 730 | $2.120\,8\times10^{-1}$ | 3 050 | $2.845\,1\times10^{-1}$ | 3 370 | $3.552\,7\times10^{-1}$ | 3 690 | $4.217\,6\times10^{-1}$ |
| 2 740 | $2.143\,3\times10^{-1}$ | 3 060 | $2.867\,7\times10^{-1}$ | 3 380 | $3.574\,3\times10^{-1}$ | 3 700 | $4.237\,5\times10^{-1}$ |
| 2 750 | $2.165\,9\times10^{-1}$ | 3 070 | $2.890\,2\times10^{-1}$ | 3 390 | $3.595\,7\times10^{-1}$ | 3 710 | $4.257\,4\times10^{-1}$ |
| 2 760 | $2.188\,4\times10^{-1}$ | 3 080 | $2.912\,7\times10^{-1}$ | 3 400 | $3.617\,2\times10^{-1}$ | 3 720 | $4.277\,2\times10^{-1}$ |
| 2 770 | $2.211\,0\times10^{-1}$ | 3 090 | $2.935\,2\times10^{-1}$ | 3 410 | $3.638\,6\times10^{-1}$ | 3 730 | $4.296\,9\times10^{-1}$ |
| 2 780 | $2.233\,6\times10^{-1}$ | 3 100 | $2.957\,6\times10^{-1}$ | 3 420 | $3.659\,9\times10^{-1}$ | 3 740 | $4.316\,6\times10^{-1}$ |
| 2 790 | $2.256\,2\times10^{-1}$ | 3 110 | $2.980\,1\times10^{-1}$ | 3 430 | $3.681\,2\times10^{-1}$ | 3 750 | $4.336\,3\times10^{-1}$ |
| 2 800 | $2.278\,8\times10^{-1}$ | 3 120 | $3.002\,5\times10^{-1}$ | 3 440 | $3.702\,5\times10^{-1}$ | 3 760 | $4.355\,8\times10^{-1}$ |
| 2 810 | $2.301\,4\times10^{-1}$ | 3 130 | $3.024\,9\times10^{-1}$ | 3 450 | $3.723\,7\times10^{-1}$ | 3 770 | $4.375\,4\times10^{-1}$ |
| 2 820 | $2.324\,1\times10^{-1}$ | 3 140 | $3.047\,3\times10^{-1}$ | 3 460 | $3.744\,8\times10^{-1}$ | 3 780 | $4.394\,8\times10^{-1}$ |
| 2 830 | $2.346\,7\times10^{-1}$ | 3 150 | $3.069\,6\times10^{-1}$ | 3 470 | $3.765\,9\times10^{-1}$ | 3 790 | $4.414\,2\times10^{-1}$ |
| 2 840 | $2.369\,4\times10^{-1}$ | 3 160 | $3.091\,9\times10^{-1}$ | 3 480 | $3.787\,0\times10^{-1}$ | 3 800 | $4.433\,6\times10^{-1}$ |
| 2 850 | $2.392\,1\times10^{-1}$ | 3 170 | $3.114\,2\times10^{-1}$ | 3 490 | $3.808\,0\times10^{-1}$ | 3 810 | $4.452\,9\times10^{-1}$ |
| 2 860 | $2.414\,7\times10^{-1}$ | 3 180 | $3.136\,4\times10^{-1}$ | 3 500 | $3.829\,0\times10^{-1}$ | 3 820 | $4.472\,1\times10^{-1}$ |
| 2 870 | $2.437\,4\times10^{-1}$ | 3 190 | $3.158\,7\times10^{-1}$ | 3 510 | $3.849\,9\times10^{-1}$ | 3 830 | $4.491\,3\times10^{-1}$ |
| 2 880 | $2.460\,1\times10^{-1}$ | 3 200 | $3.180\,9\times10^{-1}$ | 3 520 | $3.870\,8\times10^{-1}$ | 3 840 | $4.510\,5\times10^{-1}$ |
| 2 890 | $2.482\,8\times10^{-1}$ | 3 210 | $3.203\,0\times10^{-1}$ | 3 530 | $3.891\,6\times10^{-1}$ | 3 850 | $4.529\,5\times10^{-1}$ |
| 2 900 | $2.505\,5\times10^{-1}$ | 3 220 | $3.225\,1\times10^{-1}$ | 3 540 | $3.912\,3\times10^{-1}$ | 3 860 | $4.548\,5\times10^{-1}$ |
| 2 910 | $2.528\,2\times10^{-1}$ | 3 230 | $3.247\,2\times10^{-1}$ | 3 550 | $3.933\,1\times10^{-1}$ | 3 870 | $4.567\,5\times10^{-1}$ |
| 2 920 | $2.550\,9\times10^{-1}$ | 3 240 | $3.269\,3\times10^{-1}$ | 3 560 | $3.953\,7\times10^{-1}$ | 3 880 | $4.586\,4\times10^{-1}$ |

## 续附表 1

| $\lambda T/\mu\text{m}\cdot\text{K}$ | $F_{b(0-\lambda T)}$ | $\lambda T/\mu\text{m}\cdot\text{K}$ | $F_{b(0-\lambda T)}$ | $\lambda T/\mu\text{m}\cdot\text{K}$ | $F_{b(0-\lambda T)}$ | $\lambda T/\mu\text{m}\cdot\text{K}$ | $F_{b(0-\lambda T)}$ |
|---|---|---|---|---|---|---|---|
| 3 890 | $4.605\ 2\times10^{-1}$ | 4 210 | $5.176\ 8\times10^{-1}$ | 4 530 | $5.688\ 4\times10^{-1}$ | 4 850 | $6.142\ 7\times10^{-1}$ |
| 3 900 | $4.624\ 0\times10^{-1}$ | 4 220 | $5.193\ 7\times10^{-1}$ | 4 540 | $5.703\ 4\times10^{-1}$ | 4 860 | $6.156\ 0\times10^{-1}$ |
| 3 910 | $4.642\ 7\times10^{-1}$ | 4 230 | $5.210\ 5\times10^{-1}$ | 4 550 | $5.718\ 4\times10^{-1}$ | 4 870 | $6.169\ 3\times10^{-1}$ |
| 3 920 | $4.661\ 4\times10^{-1}$ | 4 240 | $5.227\ 3\times10^{-1}$ | 4 560 | $5.733\ 3\times10^{-1}$ | 4 880 | $6.182\ 5\times10^{-1}$ |
| 3 930 | $4.680\ 0\times10^{-1}$ | 4 250 | $5.244\ 0\times10^{-1}$ | 4 570 | $5.748\ 2\times10^{-1}$ | 4 890 | $6.195\ 6\times10^{-1}$ |
| 3 940 | $4.698\ 5\times10^{-1}$ | 4 260 | $5.260\ 7\times10^{-1}$ | 4 580 | $5.763\ 0\times10^{-1}$ | 4 900 | $6.208\ 8\times10^{-1}$ |
| 3 950 | $4.717\ 0\times10^{-1}$ | 4 270 | $5.277\ 3\times10^{-1}$ | 4 590 | $5.777\ 8\times10^{-1}$ | 4 910 | $6.221\ 8\times10^{-1}$ |
| 3 960 | $4.735\ 4\times10^{-1}$ | 4 280 | $5.293\ 8\times10^{-1}$ | 4 600 | $5.792\ 5\times10^{-1}$ | 4 920 | $6.234\ 8\times10^{-1}$ |
| 3 970 | $4.753\ 8\times10^{-1}$ | 4 290 | $5.310\ 3\times10^{-1}$ | 4 610 | $5.807\ 2\times10^{-1}$ | 4 930 | $6.247\ 8\times10^{-1}$ |
| 3 980 | $4.772\ 1\times10^{-1}$ | 4 300 | $5.326\ 7\times10^{-1}$ | 4 620 | $5.821\ 8\times10^{-1}$ | 4 940 | $6.260\ 7\times10^{-1}$ |
| 3 990 | $4.790\ 3\times10^{-1}$ | 4 310 | $5.343\ 1\times10^{-1}$ | 4 630 | $5.836\ 3\times10^{-1}$ | 4 950 | $6.273\ 6\times10^{-1}$ |
| 4 000 | $4.808\ 5\times10^{-1}$ | 4 320 | $5.359\ 4\times10^{-1}$ | 4 640 | $5.850\ 8\times10^{-1}$ | 4 960 | $6.286\ 4\times10^{-1}$ |
| 4 010 | $4.826\ 7\times10^{-1}$ | 4 330 | $5.375\ 6\times10^{-1}$ | 4 650 | $5.865\ 2\times10^{-1}$ | 4 970 | $6.299\ 2\times10^{-1}$ |
| 4 020 | $4.844\ 7\times10^{-1}$ | 4 340 | $5.391\ 8\times10^{-1}$ | 4 660 | $5.879\ 6\times10^{-1}$ | 4 980 | $6.311\ 9\times10^{-1}$ |
| 4 030 | $4.862\ 7\times10^{-1}$ | 4 350 | $5.407\ 9\times10^{-1}$ | 4 670 | $5.893\ 9\times10^{-1}$ | 4 990 | $6.324\ 5\times10^{-1}$ |
| 4 040 | $4.880\ 7\times10^{-1}$ | 4 360 | $5.424\ 0\times10^{-1}$ | 4 680 | $5.908\ 2\times10^{-1}$ | 5 000 | $6.337\ 2\times10^{-1}$ |
| 4 050 | $4.898\ 6\times10^{-1}$ | 4 370 | $5.440\ 0\times10^{-1}$ | 4 690 | $5.922\ 4\times10^{-1}$ | 5 010 | $6.349\ 7\times10^{-1}$ |
| 4 060 | $4.916\ 4\times10^{-1}$ | 4 380 | $5.456\ 0\times10^{-1}$ | 4 700 | $5.936\ 6\times10^{-1}$ | 5 020 | $6.362\ 2\times10^{-1}$ |
| 4 070 | $4.934\ 2\times10^{-1}$ | 4 390 | $5.471\ 9\times10^{-1}$ | 4 710 | $5.950\ 7\times10^{-1}$ | 5 030 | $6.374\ 7\times10^{-1}$ |
| 4 080 | $4.951\ 9\times10^{-1}$ | 4 400 | $5.487\ 7\times10^{-1}$ | 4 720 | $5.964\ 8\times10^{-1}$ | 5 040 | $6.387\ 1\times10^{-1}$ |
| 4 090 | $4.969\ 6\times10^{-1}$ | 4 410 | $5.503\ 5\times10^{-1}$ | 4 730 | $5.978\ 8\times10^{-1}$ | 5 050 | $6.399\ 5\times10^{-1}$ |
| 4 100 | $4.987\ 2\times10^{-1}$ | 4 420 | $5.519\ 2\times10^{-1}$ | 4 740 | $5.992\ 7\times10^{-1}$ | 5 060 | $6.411\ 8\times10^{-1}$ |
| 4 110 | $5.004\ 7\times10^{-1}$ | 4 430 | $5.534\ 9\times10^{-1}$ | 4 750 | $6.006\ 6\times10^{-1}$ | 5 070 | $6.424\ 1\times10^{-1}$ |
| 4 120 | $5.022\ 2\times10^{-1}$ | 4 440 | $5.550\ 5\times10^{-1}$ | 4 760 | $6.020\ 4\times10^{-1}$ | 5 080 | $6.436\ 3\times10^{-1}$ |
| 4 130 | $5.039\ 6\times10^{-1}$ | 4 450 | $5.566\ 0\times10^{-1}$ | 4 770 | $6.034\ 2\times10^{-1}$ | 5 090 | $6.448\ 5\times10^{-1}$ |
| 4 140 | $5.057\ 0\times10^{-1}$ | 4 460 | $5.581\ 5\times10^{-1}$ | 4 780 | $6.048\ 0\times10^{-1}$ | 5 100 | $6.460\ 6\times10^{-1}$ |
| 4 150 | $5.074\ 3\times10^{-1}$ | 4 470 | $5.597\ 0\times10^{-1}$ | 4 790 | $6.061\ 7\times10^{-1}$ | 5 110 | $6.472\ 7\times10^{-1}$ |
| 4 160 | $5.091\ 5\times10^{-1}$ | 4 480 | $5.612\ 3\times10^{-1}$ | 4 800 | $6.075\ 3\times10^{-1}$ | 5 120 | $6.484\ 8\times10^{-1}$ |
| 4 170 | $5.108\ 7\times10^{-1}$ | 4 490 | $5.627\ 7\times10^{-1}$ | 4 810 | $6.088\ 9\times10^{-1}$ | 5 130 | $6.496\ 8\times10^{-1}$ |
| 4 180 | $5.125\ 8\times10^{-1}$ | 4 500 | $5.642\ 9\times10^{-1}$ | 4 820 | $6.102\ 4\times10^{-1}$ | 5 140 | $6.508\ 7\times10^{-1}$ |
| 4 190 | $5.142\ 9\times10^{-1}$ | 4 510 | $5.658\ 1\times10^{-1}$ | 4 830 | $6.115\ 9\times10^{-1}$ | 5 150 | $6.520\ 6\times10^{-1}$ |
| 4 200 | $5.159\ 9\times10^{-1}$ | 4 520 | $5.673\ 3\times10^{-1}$ | 4 840 | $6.129\ 3\times10^{-1}$ | 5 160 | $6.532\ 4\times10^{-1}$ |

**续附表 1**

| $\lambda T/\mu m \cdot K$ | $F_{b(0-\lambda T)}$ | $\lambda T/\mu m \cdot K$ | $F_{b(0-\lambda T)}$ | $\lambda T/\mu m \cdot K$ | $F_{b(0-\lambda T)}$ | $\lambda T/\mu m \cdot K$ | $F_{b(0-\lambda T)}$ |
|---|---|---|---|---|---|---|---|
| 5 170 | $6.544\ 2\times10^{-1}$ | 5 490 | $6.898\ 4\times10^{-1}$ | 5 810 | $7.210\ 4\times10^{-1}$ | 6 130 | $7.485\ 4\times10^{-1}$ |
| 5 180 | $6.556\ 0\times10^{-1}$ | 5 500 | $6.908\ 7\times10^{-1}$ | 5 820 | $7.219\ 5\times10^{-1}$ | 6 140 | $7.493\ 4\times10^{-1}$ |
| 5 190 | $6.567\ 7\times10^{-1}$ | 5 510 | $6.919\ 1\times10^{-1}$ | 5 830 | $7.228\ 6\times10^{-1}$ | 6 150 | $7.501\ 4\times10^{-1}$ |
| 5 200 | $6.579\ 4\times10^{-1}$ | 5 520 | $6.929\ 3\times10^{-1}$ | 5 840 | $7.237\ 7\times10^{-1}$ | 6 160 | $7.509\ 4\times10^{-1}$ |
| 5 210 | $6.591\ 0\times10^{-1}$ | 5 530 | $6.939\ 6\times10^{-1}$ | 5 850 | $7.246\ 7\times10^{-1}$ | 6 170 | $7.517\ 4\times10^{-1}$ |
| 5 220 | $6.602\ 6\times10^{-1}$ | 5 540 | $6.949\ 8\times10^{-1}$ | 5 860 | $7.255\ 7\times10^{-1}$ | 6 180 | $7.525\ 3\times10^{-1}$ |
| 5 230 | $6.614\ 1\times10^{-1}$ | 5 550 | $6.959\ 9\times10^{-1}$ | 5 870 | $7.264\ 6\times10^{-1}$ | 6 190 | $7.533\ 2\times10^{-1}$ |
| 5 240 | $6.625\ 6\times10^{-1}$ | 5 560 | $6.970\ 0\times10^{-1}$ | 5 880 | $7.273\ 5\times10^{-1}$ | 6 200 | $7.541\ 0\times10^{-1}$ |
| 5 250 | $6.637\ 0\times10^{-1}$ | 5 570 | $6.980\ 1\times10^{-1}$ | 5 890 | $7.282\ 4\times10^{-1}$ | 6 210 | $7.548\ 9\times10^{-1}$ |
| 5 260 | $6.648\ 4\times10^{-1}$ | 5 580 | $6.990\ 2\times10^{-1}$ | 5 900 | $7.291\ 3\times10^{-1}$ | 6 220 | $7.556\ 7\times10^{-1}$ |
| 5 270 | $6.659\ 8\times10^{-1}$ | 5 590 | $7.000\ 2\times10^{-1}$ | 5 910 | $7.300\ 1\times10^{-1}$ | 6 230 | $7.564\ 4\times10^{-1}$ |
| 5 280 | $6.671\ 1\times10^{-1}$ | 5 600 | $7.010\ 1\times10^{-1}$ | 5 920 | $7.308\ 8\times10^{-1}$ | 6 240 | $7.572\ 2\times10^{-1}$ |
| 5 290 | $6.682\ 3\times10^{-1}$ | 5 610 | $7.020\ 0\times10^{-1}$ | 5 930 | $7.317\ 6\times10^{-1}$ | 6 250 | $7.579\ 9\times10^{-1}$ |
| 5 300 | $6.693\ 5\times10^{-1}$ | 5 620 | $7.029\ 9\times10^{-1}$ | 5 940 | $7.326\ 3\times10^{-1}$ | 6 260 | $7.587\ 5\times10^{-1}$ |
| 5 310 | $6.704\ 7\times10^{-1}$ | 5 630 | $7.039\ 8\times10^{-1}$ | 5 950 | $7.335\ 0\times10^{-1}$ | 6 270 | $7.595\ 2\times10^{-1}$ |
| 5 320 | $6.715\ 8\times10^{-1}$ | 5 640 | $7.049\ 6\times10^{-1}$ | 5 960 | $7.343\ 6\times10^{-1}$ | 6 280 | $7.602\ 8\times10^{-1}$ |
| 5 330 | $6.726\ 9\times10^{-1}$ | 5 650 | $7.059\ 3\times10^{-1}$ | 5 970 | $7.352\ 2\times10^{-1}$ | 6 290 | $7.610\ 4\times10^{-1}$ |
| 5 340 | $6.737\ 9\times10^{-1}$ | 5 660 | $7.069\ 0\times10^{-1}$ | 5 980 | $7.360\ 8\times10^{-1}$ | 6 300 | $7.618\ 0\times10^{-1}$ |
| 5 350 | $6.748\ 9\times10^{-1}$ | 5 670 | $7.078\ 7\times10^{-1}$ | 5 990 | $7.369\ 3\times10^{-1}$ | 6 310 | $7.625\ 5\times10^{-1}$ |
| 5 360 | $6.759\ 9\times10^{-1}$ | 5 680 | $7.088\ 4\times10^{-1}$ | 6 000 | $7.377\ 8\times10^{-1}$ | 6 320 | $7.633\ 0\times10^{-1}$ |
| 5 370 | $6.770\ 8\times10^{-1}$ | 5 690 | $7.098\ 0\times10^{-1}$ | 6 010 | $7.386\ 3\times10^{-1}$ | 6 330 | $7.640\ 5\times10^{-1}$ |
| 5 380 | $6.781\ 7\times10^{-1}$ | 5 700 | $7.107\ 6\times10^{-1}$ | 6 020 | $7.394\ 7\times10^{-1}$ | 6 340 | $7.647\ 9\times10^{-1}$ |
| 5 390 | $6.792\ 5\times10^{-1}$ | 5 710 | $7.117\ 1\times10^{-1}$ | 6 030 | $7.403\ 1\times10^{-1}$ | 6 350 | $7.655\ 3\times10^{-1}$ |
| 5 400 | $6.803\ 3\times10^{-1}$ | 5 720 | $7.126\ 6\times10^{-1}$ | 6 040 | $7.411\ 5\times10^{-1}$ | 6 360 | $7.662\ 7\times10^{-1}$ |
| 5 410 | $6.814\ 0\times10^{-1}$ | 5 730 | $7.136\ 1\times10^{-1}$ | 6 050 | $7.419\ 8\times10^{-1}$ | 6 370 | $7.670\ 1\times10^{-1}$ |
| 5 420 | $6.824\ 7\times10^{-1}$ | 5 740 | $7.145\ 5\times10^{-1}$ | 6 060 | $7.428\ 1\times10^{-1}$ | 6 380 | $7.677\ 4\times10^{-1}$ |
| 5 430 | $6.835\ 3\times10^{-1}$ | 5 750 | $7.154\ 9\times10^{-1}$ | 6 070 | $7.436\ 4\times10^{-1}$ | 6 390 | $7.684\ 7\times10^{-1}$ |
| 5 440 | $6.846\ 0\times10^{-1}$ | 5 760 | $7.164\ 2\times10^{-1}$ | 6 080 | $7.444\ 6\times10^{-1}$ | 6 400 | $7.692\ 0\times10^{-1}$ |
| 5 450 | $6.856\ 5\times10^{-1}$ | 5 770 | $7.173\ 5\times10^{-1}$ | 6 090 | $7.452\ 8\times10^{-1}$ | 6 410 | $7.699\ 2\times10^{-1}$ |
| 5 460 | $6.867\ 0\times10^{-1}$ | 5 780 | $7.182\ 8\times10^{-1}$ | 6 100 | $7.461\ 0\times10^{-1}$ | 6 420 | $7.706\ 4\times10^{-1}$ |
| 5 470 | $6.877\ 5\times10^{-1}$ | 5 790 | $7.192\ 0\times10^{-1}$ | 6 110 | $7.469\ 2\times10^{-1}$ | 6 430 | $7.713\ 6\times10^{-1}$ |
| 5 480 | $6.888\ 0\times10^{-1}$ | 5 800 | $7.201\ 2\times10^{-1}$ | 6 120 | $7.477\ 3\times10^{-1}$ | 6 440 | $7.720\ 8\times10^{-1}$ |

续附表 1

| $\lambda T/\mu\text{m}\cdot\text{K}$ | $F_{\text{b}(0-\lambda T)}$ | $\lambda T/\mu\text{m}\cdot\text{K}$ | $F_{\text{b}(0-\lambda T)}$ | $\lambda T/\mu\text{m}\cdot\text{K}$ | $F_{\text{b}(0-\lambda T)}$ | $\lambda T/\mu\text{m}\cdot\text{K}$ | $F_{\text{b}(0-\lambda T)}$ |
|---|---|---|---|---|---|---|---|
| 6 450 | $7.727\ 9\times10^{-1}$ | 6 770 | $7.942\ 1\times10^{-1}$ | 7 090 | $8.131\ 7\times10^{-1}$ | 7 410 | $8.299\ 8\times10^{-1}$ |
| 6 460 | $7.735\ 0\times10^{-1}$ | 6 780 | $7.948\ 4\times10^{-1}$ | 7 100 | $8.137\ 3\times10^{-1}$ | 7 420 | $8.304\ 7\times10^{-1}$ |
| 6 470 | $7.742\ 1\times10^{-1}$ | 6 790 | $7.954\ 7\times10^{-1}$ | 7 110 | $8.142\ 8\times10^{-1}$ | 7 430 | $8.309\ 7\times10^{-1}$ |
| 6 480 | $7.749\ 1\times10^{-1}$ | 6 800 | $7.960\ 9\times10^{-1}$ | 7 120 | $8.148\ 3\times10^{-1}$ | 7 440 | $8.314\ 6\times10^{-1}$ |
| 6 490 | $7.756\ 1\times10^{-1}$ | 6 810 | $7.967\ 1\times10^{-1}$ | 7 130 | $8.153\ 8\times10^{-1}$ | 7 450 | $8.319\ 5\times10^{-1}$ |
| 6 500 | $7.763\ 1\times10^{-1}$ | 6 820 | $7.973\ 3\times10^{-1}$ | 7 140 | $8.159\ 3\times10^{-1}$ | 7 460 | $8.324\ 3\times10^{-1}$ |
| 6 510 | $7.770\ 1\times10^{-1}$ | 6 830 | $7.979\ 4\times10^{-1}$ | 7 150 | $8.164\ 8\times10^{-1}$ | 7 470 | $8.329\ 2\times10^{-1}$ |
| 6 520 | $7.777\ 0\times10^{-1}$ | 6 840 | $7.985\ 6\times10^{-1}$ | 7 160 | $8.170\ 2\times10^{-1}$ | 7 480 | $8.334\ 0\times10^{-1}$ |
| 6 530 | $7.783\ 9\times10^{-1}$ | 6 850 | $7.991\ 7\times10^{-1}$ | 7 170 | $8.175\ 6\times10^{-1}$ | 7 490 | $8.338\ 8\times10^{-1}$ |
| 6 540 | $7.790\ 8\times10^{-1}$ | 6 860 | $7.997\ 8\times10^{-1}$ | 7 180 | $8.181\ 0\times10^{-1}$ | 7 500 | $8.343\ 6\times10^{-1}$ |
| 6 550 | $7.797\ 7\times10^{-1}$ | 6 870 | $8.003\ 9\times10^{-1}$ | 7 190 | $8.186\ 4\times10^{-1}$ | 7 510 | $8.348\ 4\times10^{-1}$ |
| 6 560 | $7.804\ 5\times10^{-1}$ | 6 880 | $8.009\ 9\times10^{-1}$ | 7 200 | $8.191\ 8\times10^{-1}$ | 7 520 | $8.353\ 1\times10^{-1}$ |
| 6 570 | $7.811\ 3\times10^{-1}$ | 6 890 | $8.015\ 9\times10^{-1}$ | 7 210 | $8.197\ 1\times10^{-1}$ | 7 530 | $8.357\ 9\times10^{-1}$ |
| 6 580 | $7.818\ 1\times10^{-1}$ | 6 900 | $8.021\ 9\times10^{-1}$ | 7 220 | $8.202\ 4\times10^{-1}$ | 7 540 | $8.362\ 6\times10^{-1}$ |
| 6 590 | $7.824\ 9\times10^{-1}$ | 6 910 | $8.027\ 9\times10^{-1}$ | 7 230 | $8.207\ 7\times10^{-1}$ | 7 550 | $8.367\ 3\times10^{-1}$ |
| 6 600 | $7.831\ 6\times10^{-1}$ | 6 920 | $8.033\ 9\times10^{-1}$ | 7 240 | $8.213\ 0\times10^{-1}$ | 7 560 | $8.372\ 0\times10^{-1}$ |
| 6 610 | $7.838\ 3\times10^{-1}$ | 6 930 | $8.039\ 8\times10^{-1}$ | 7 250 | $8.218\ 3\times10^{-1}$ | 7 570 | $8.376\ 7\times10^{-1}$ |
| 6 620 | $7.845\ 0\times10^{-1}$ | 6 940 | $8.045\ 7\times10^{-1}$ | 7 260 | $8.223\ 5\times10^{-1}$ | 7 580 | $8.381\ 3\times10^{-1}$ |
| 6 630 | $7.851\ 6\times10^{-1}$ | 6 950 | $8.051\ 6\times10^{-1}$ | 7 270 | $8.228\ 7\times10^{-1}$ | 7 590 | $8.386\ 0\times10^{-1}$ |
| 6 640 | $7.858\ 3\times10^{-1}$ | 6 960 | $8.057\ 4\times10^{-1}$ | 7 280 | $8.233\ 9\times10^{-1}$ | 7 600 | $8.390\ 6\times10^{-1}$ |
| 6 650 | $7.864\ 9\times10^{-1}$ | 6 970 | $8.063\ 3\times10^{-1}$ | 7 290 | $8.239\ 1\times10^{-1}$ | 7 610 | $8.395\ 2\times10^{-1}$ |
| 6 660 | $7.871\ 4\times10^{-1}$ | 6 980 | $8.069\ 1\times10^{-1}$ | 7 300 | $8.244\ 3\times10^{-1}$ | 7 620 | $8.399\ 8\times10^{-1}$ |
| 6 670 | $7.878\ 0\times10^{-1}$ | 6 990 | $8.074\ 9\times10^{-1}$ | 7 310 | $8.249\ 4\times10^{-1}$ | 7 630 | $8.404\ 4\times10^{-1}$ |
| 6 680 | $7.884\ 5\times10^{-1}$ | 7 000 | $8.080\ 7\times10^{-1}$ | 7 320 | $8.254\ 5\times10^{-1}$ | 7 640 | $8.408\ 9\times10^{-1}$ |
| 6 690 | $7.891\ 0\times10^{-1}$ | 7 010 | $8.086\ 4\times10^{-1}$ | 7 330 | $8.259\ 6\times10^{-1}$ | 7 650 | $8.413\ 5\times10^{-1}$ |
| 6 700 | $7.897\ 5\times10^{-1}$ | 7 020 | $8.092\ 2\times10^{-1}$ | 7 340 | $8.264\ 7\times10^{-1}$ | 7 660 | $8.418\ 0\times10^{-1}$ |
| 6 710 | $7.903\ 9\times10^{-1}$ | 7 030 | $8.097\ 9\times10^{-1}$ | 7 350 | $8.269\ 8\times10^{-1}$ | 7 670 | $8.422\ 5\times10^{-1}$ |
| 6 720 | $7.910\ 4\times10^{-1}$ | 7 040 | $8.103\ 6\times10^{-1}$ | 7 360 | $8.274\ 8\times10^{-1}$ | 7 680 | $8.427\ 0\times10^{-1}$ |
| 6 730 | $7.916\ 8\times10^{-1}$ | 7 050 | $8.109\ 2\times10^{-1}$ | 7 370 | $8.279\ 9\times10^{-1}$ | 7 690 | $8.431\ 5\times10^{-1}$ |
| 6 740 | $7.923\ 1\times10^{-1}$ | 7 060 | $8.114\ 9\times10^{-1}$ | 7 380 | $8.284\ 9\times10^{-1}$ | 7 700 | $8.435\ 9\times10^{-1}$ |
| 6 750 | $7.929\ 5\times10^{-1}$ | 7 070 | $8.120\ 5\times10^{-1}$ | 7 390 | $8.289\ 9\times10^{-1}$ | 7 710 | $8.440\ 4\times10^{-1}$ |
| 6 760 | $7.935\ 8\times10^{-1}$ | 7 080 | $8.126\ 1\times10^{-1}$ | 7 400 | $8.294\ 9\times10^{-1}$ | 7 720 | $8.444\ 8\times10^{-1}$ |

续附表 1

| $\lambda T/\mu\mathrm{m} \cdot \mathrm{K}$ | $F_{\mathrm{b}(0-\lambda T)}$ | $\lambda T/\mu\mathrm{m} \cdot \mathrm{K}$ | $F_{\mathrm{b}(0-\lambda T)}$ | $\lambda T/\mu\mathrm{m} \cdot \mathrm{K}$ | $F_{\mathrm{b}(0-\lambda T)}$ | $\lambda T/\mu\mathrm{m} \cdot \mathrm{K}$ | $F_{\mathrm{b}(0-\lambda T)}$ |
|---|---|---|---|---|---|---|---|
| 7 730 | $8.449\,2\times10^{-1}$ | 8 050 | $8.582\,3\times10^{-1}$ | 8 370 | $8.701\,0\times10^{-1}$ | 8 690 | $8.807\,3\times10^{-1}$ |
| 7 740 | $8.453\,6\times10^{-1}$ | 8 060 | $8.586\,2\times10^{-1}$ | 8 380 | $8.704\,5\times10^{-1}$ | 8 700 | $8.810\,5\times10^{-1}$ |
| 7 750 | $8.458\,0\times10^{-1}$ | 8 070 | $8.590\,1\times10^{-1}$ | 8 390 | $8.708\,0\times10^{-1}$ | 8 710 | $8.813\,6\times10^{-1}$ |
| 7 760 | $8.462\,3\times10^{-1}$ | 8 080 | $8.594\,0\times10^{-1}$ | 8 400 | $8.711\,5\times10^{-1}$ | 8 720 | $8.816\,7\times10^{-1}$ |
| 7 770 | $8.466\,7\times10^{-1}$ | 8 090 | $8.597\,8\times10^{-1}$ | 8 410 | $8.715\,0\times10^{-1}$ | 8 730 | $8.819\,8\times10^{-1}$ |
| 7 780 | $8.471\,0\times10^{-1}$ | 8 100 | $8.601\,7\times10^{-1}$ | 8 420 | $8.718\,4\times10^{-1}$ | 8 740 | $8.822\,9\times10^{-1}$ |
| 7 790 | $8.475\,3\times10^{-1}$ | 8 110 | $8.605\,6\times10^{-1}$ | 8 430 | $8.721\,9\times10^{-1}$ | 8 750 | $8.826\,0\times10^{-1}$ |
| 7 800 | $8.479\,6\times10^{-1}$ | 8 120 | $8.609\,4\times10^{-1}$ | 8 440 | $8.725\,3\times10^{-1}$ | 8 760 | $8.829\,1\times10^{-1}$ |
| 7 810 | $8.483\,9\times10^{-1}$ | 8 130 | $8.613\,2\times10^{-1}$ | 8 450 | $8.728\,7\times10^{-1}$ | 8 770 | $8.832\,1\times10^{-1}$ |
| 7 820 | $8.488\,2\times10^{-1}$ | 8 140 | $8.617\,0\times10^{-1}$ | 8 460 | $8.732\,1\times10^{-1}$ | 8 780 | $8.835\,2\times10^{-1}$ |
| 7 830 | $8.492\,4\times10^{-1}$ | 8 150 | $8.620\,8\times10^{-1}$ | 8 470 | $8.735\,5\times10^{-1}$ | 8 790 | $8.838\,2\times10^{-1}$ |
| 7 840 | $8.496\,7\times10^{-1}$ | 8 160 | $8.624\,6\times10^{-1}$ | 8 480 | $8.738\,9\times10^{-1}$ | 8 800 | $8.841\,3\times10^{-1}$ |
| 7 850 | $8.500\,9\times10^{-1}$ | 8 170 | $8.628\,4\times10^{-1}$ | 8 490 | $8.742\,3\times10^{-1}$ | 8 810 | $8.844\,3\times10^{-1}$ |
| 7 860 | $8.505\,1\times10^{-1}$ | 8 180 | $8.632\,1\times10^{-1}$ | 8 500 | $8.745\,6\times10^{-1}$ | 8 820 | $8.847\,3\times10^{-1}$ |
| 7 870 | $8.509\,3\times10^{-1}$ | 8 190 | $8.635\,9\times10^{-1}$ | 8 510 | $8.749\,0\times10^{-1}$ | 8 830 | $8.850\,3\times10^{-1}$ |
| 7 880 | $8.513\,5\times10^{-1}$ | 8 200 | $8.639\,6\times10^{-1}$ | 8 520 | $8.752\,3\times10^{-1}$ | 8 840 | $8.853\,3\times10^{-1}$ |
| 7 890 | $8.517\,6\times10^{-1}$ | 8 210 | $8.643\,3\times10^{-1}$ | 8 530 | $8.755\,7\times10^{-1}$ | 8 850 | $8.856\,3\times10^{-1}$ |
| 7 900 | $8.521\,8\times10^{-1}$ | 8 220 | $8.647\,0\times10^{-1}$ | 8 540 | $8.759\,0\times10^{-1}$ | 8 860 | $8.859\,3\times10^{-1}$ |
| 7 910 | $8.525\,9\times10^{-1}$ | 8 230 | $8.650\,7\times10^{-1}$ | 8 550 | $8.762\,3\times10^{-1}$ | 8 870 | $8.862\,2\times10^{-1}$ |
| 7 920 | $8.530\,0\times10^{-1}$ | 8 240 | $8.654\,4\times10^{-1}$ | 8 560 | $8.765\,6\times10^{-1}$ | 8 880 | $8.865\,2\times10^{-1}$ |
| 7 930 | $8.534\,1\times10^{-1}$ | 8 250 | $8.658\,1\times10^{-1}$ | 8 570 | $8.768\,8\times10^{-1}$ | 8 890 | $8.868\,1\times10^{-1}$ |
| 7 940 | $8.538\,2\times10^{-1}$ | 8 260 | $8.661\,7\times10^{-1}$ | 8 580 | $8.772\,1\times10^{-1}$ | 8 900 | $8.871\,1\times10^{-1}$ |
| 7 950 | $8.542\,3\times10^{-1}$ | 8 270 | $8.665\,3\times10^{-1}$ | 8 590 | $8.775\,4\times10^{-1}$ | 8 910 | $8.874\,0\times10^{-1}$ |
| 7 960 | $8.546\,4\times10^{-1}$ | 8 280 | $8.669\,0\times10^{-1}$ | 8 600 | $8.778\,6\times10^{-1}$ | 8 920 | $8.876\,9\times10^{-1}$ |
| 7 970 | $8.550\,4\times10^{-1}$ | 8 290 | $8.672\,6\times10^{-1}$ | 8 610 | $8.781\,9\times10^{-1}$ | 8 930 | $8.879\,8\times10^{-1}$ |
| 7 980 | $8.554\,4\times10^{-1}$ | 8 300 | $8.676\,2\times10^{-1}$ | 8 620 | $8.785\,1\times10^{-1}$ | 8 940 | $8.882\,7\times10^{-1}$ |
| 7 990 | $8.558\,5\times10^{-1}$ | 8 310 | $8.679\,8\times10^{-1}$ | 8 630 | $8.788\,3\times10^{-1}$ | 8 950 | $8.885\,6\times10^{-1}$ |
| 8 000 | $8.562\,5\times10^{-1}$ | 8 320 | $8.683\,3\times10^{-1}$ | 8 640 | $8.791\,5\times10^{-1}$ | 8 960 | $8.888\,4\times10^{-1}$ |
| 8 010 | $8.566\,4\times10^{-1}$ | 8 330 | $8.686\,9\times10^{-1}$ | 8 650 | $8.794\,7\times10^{-1}$ | 8 970 | $8.891\,3\times10^{-1}$ |
| 8 020 | $8.570\,4\times10^{-1}$ | 8 340 | $8.690\,5\times10^{-1}$ | 8 660 | $8.797\,9\times10^{-1}$ | 8 980 | $8.894\,2\times10^{-1}$ |
| 8 030 | $8.574\,4\times10^{-1}$ | 8 350 | $8.694\,0\times10^{-1}$ | 8 670 | $8.801\,0\times10^{-1}$ | 8 990 | $8.897\,0\times10^{-1}$ |
| 8 040 | $8.578\,3\times10^{-1}$ | 8 360 | $8.697\,5\times10^{-1}$ | 8 680 | $8.804\,2\times10^{-1}$ | 9 000 | $8.899\,9\times10^{-1}$ |

续附表 1

| $\lambda T/\mu m \cdot K$ | $F_{b(0-\lambda T)}$ | $\lambda T/\mu m \cdot K$ | $F_{b(0-\lambda T)}$ | $\lambda T/\mu m \cdot K$ | $F_{b(0-\lambda T)}$ | $\lambda T/\mu m \cdot K$ | $F_{b(0-\lambda T)}$ |
|---|---|---|---|---|---|---|---|
| 9 010 | $8.9027 \times 10^{-1}$ | 9 330 | $8.9884 \times 10^{-1}$ | 9 650 | $9.0656 \times 10^{-1}$ | 9 970 | $9.1354 \times 10^{-1}$ |
| 9 020 | $8.9055 \times 10^{-1}$ | 9 340 | $8.9909 \times 10^{-1}$ | 9 660 | $9.0679 \times 10^{-1}$ | 9 980 | $9.1374 \times 10^{-1}$ |
| 9 030 | $8.9083 \times 10^{-1}$ | 9 350 | $8.9935 \times 10^{-1}$ | 9 670 | $9.0702 \times 10^{-1}$ | 9 990 | $9.1395 \times 10^{-1}$ |
| 9 040 | $8.9111 \times 10^{-1}$ | 9 360 | $8.9960 \times 10^{-1}$ | 9 680 | $9.0725 \times 10^{-1}$ | 10 000 | $9.1415 \times 10^{-1}$ |
| 9 050 | $8.9139 \times 10^{-1}$ | 9 370 | $8.9985 \times 10^{-1}$ | 9 690 | $9.0747 \times 10^{-1}$ | 10 100 | $9.1617 \times 10^{-1}$ |
| 9 060 | $8.9167 \times 10^{-1}$ | 9 380 | $9.0010 \times 10^{-1}$ | 9 700 | $9.0770 \times 10^{-1}$ | 10 200 | $9.1813 \times 10^{-1}$ |
| 9 070 | $8.9194 \times 10^{-1}$ | 9 390 | $9.0035 \times 10^{-1}$ | 9 710 | $9.0792 \times 10^{-1}$ | 10 300 | $9.2003 \times 10^{-1}$ |
| 9 080 | $8.9222 \times 10^{-1}$ | 9 400 | $9.0060 \times 10^{-1}$ | 9 720 | $9.0815 \times 10^{-1}$ | 10 400 | $9.2188 \times 10^{-1}$ |
| 9 090 | $8.9250 \times 10^{-1}$ | 9 410 | $9.0085 \times 10^{-1}$ | 9 730 | $9.0837 \times 10^{-1}$ | 10 500 | $9.2366 \times 10^{-1}$ |
| 9 100 | $8.9277 \times 10^{-1}$ | 9 420 | $9.0109 \times 10^{-1}$ | 9 740 | $9.0859 \times 10^{-1}$ | 10 600 | $9.2540 \times 10^{-1}$ |
| 9 110 | $8.9304 \times 10^{-1}$ | 9 430 | $9.0134 \times 10^{-1}$ | 9 750 | $9.0882 \times 10^{-1}$ | 10 700 | $9.2708 \times 10^{-1}$ |
| 9 120 | $8.9332 \times 10^{-1}$ | 9 440 | $9.0158 \times 10^{-1}$ | 9 760 | $9.0904 \times 10^{-1}$ | 10 800 | $9.2872 \times 10^{-1}$ |
| 9 130 | $8.9359 \times 10^{-1}$ | 9 450 | $9.0183 \times 10^{-1}$ | 9 770 | $9.0926 \times 10^{-1}$ | 10 900 | $9.3030 \times 10^{-1}$ |
| 9 140 | $8.9386 \times 10^{-1}$ | 9 460 | $9.0207 \times 10^{-1}$ | 9 780 | $9.0948 \times 10^{-1}$ | 11 000 | $9.3184 \times 10^{-1}$ |
| 9 150 | $8.9413 \times 10^{-1}$ | 9 470 | $9.0232 \times 10^{-1}$ | 9 790 | $9.0970 \times 10^{-1}$ | 11 100 | $9.3334 \times 10^{-1}$ |
| 9 160 | $8.9440 \times 10^{-1}$ | 9 480 | $9.0256 \times 10^{-1}$ | 9 800 | $9.0992 \times 10^{-1}$ | 11 200 | $9.3479 \times 10^{-1}$ |
| 9 170 | $8.9467 \times 10^{-1}$ | 9 490 | $9.0280 \times 10^{-1}$ | 9 810 | $9.1014 \times 10^{-1}$ | 11 300 | $9.3621 \times 10^{-1}$ |
| 9 180 | $8.9493 \times 10^{-1}$ | 9 500 | $9.0304 \times 10^{-1}$ | 9 820 | $9.1035 \times 10^{-1}$ | 11 400 | $9.3758 \times 10^{-1}$ |
| 9 190 | $8.9520 \times 10^{-1}$ | 9 510 | $9.0328 \times 10^{-1}$ | 9 830 | $9.1057 \times 10^{-1}$ | 11 500 | $9.3891 \times 10^{-1}$ |
| 9 200 | $8.9547 \times 10^{-1}$ | 9 520 | $9.0352 \times 10^{-1}$ | 9 840 | $9.1079 \times 10^{-1}$ | 11 600 | $9.4021 \times 10^{-1}$ |
| 9 210 | $8.9573 \times 10^{-1}$ | 9 530 | $9.0376 \times 10^{-1}$ | 9 850 | $9.1100 \times 10^{-1}$ | 11 700 | $9.4147 \times 10^{-1}$ |
| 9 220 | $8.9599 \times 10^{-1}$ | 9 540 | $9.0400 \times 10^{-1}$ | 9 860 | $9.1122 \times 10^{-1}$ | 11 800 | $9.4270 \times 10^{-1}$ |
| 9 230 | $8.9626 \times 10^{-1}$ | 9 550 | $9.0423 \times 10^{-1}$ | 9 870 | $9.1143 \times 10^{-1}$ | 11 900 | $9.4389 \times 10^{-1}$ |
| 9 240 | $8.9652 \times 10^{-1}$ | 9 560 | $9.0447 \times 10^{-1}$ | 9 880 | $9.1164 \times 10^{-1}$ | 12 000 | $9.4505 \times 10^{-1}$ |
| 9 250 | $8.9678 \times 10^{-1}$ | 9 570 | $9.0470 \times 10^{-1}$ | 9 890 | $9.1186 \times 10^{-1}$ | 12 100 | $9.4618 \times 10^{-1}$ |
| 9 260 | $8.9704 \times 10^{-1}$ | 9 580 | $9.0494 \times 10^{-1}$ | 9 900 | $9.1207 \times 10^{-1}$ | 12 200 | $9.4728 \times 10^{-1}$ |
| 9 270 | $8.9730 \times 10^{-1}$ | 9 590 | $9.0517 \times 10^{-1}$ | 9 910 | $9.1228 \times 10^{-1}$ | 12 300 | $9.4835 \times 10^{-1}$ |
| 9 280 | $8.9756 \times 10^{-1}$ | 9 600 | $9.0541 \times 10^{-1}$ | 9 920 | $9.1249 \times 10^{-1}$ | 12 400 | $9.4939 \times 10^{-1}$ |
| 9 290 | $8.9782 \times 10^{-1}$ | 9 610 | $9.0564 \times 10^{-1}$ | 9 930 | $9.1270 \times 10^{-1}$ | 12 500 | $9.5040 \times 10^{-1}$ |
| 9 300 | $8.9807 \times 10^{-1}$ | 9 620 | $9.0587 \times 10^{-1}$ | 9 940 | $9.1291 \times 10^{-1}$ | 12 600 | $9.5139 \times 10^{-1}$ |
| 9 310 | $8.9833 \times 10^{-1}$ | 9 630 | $9.0610 \times 10^{-1}$ | 9 950 | $9.1312 \times 10^{-1}$ | 12 700 | $9.5235 \times 10^{-1}$ |
| 9 320 | $8.9858 \times 10^{-1}$ | 9 640 | $9.0633 \times 10^{-1}$ | 9 960 | $9.1333 \times 10^{-1}$ | 12 800 | $9.5329 \times 10^{-1}$ |

续附表 1

| $\lambda T/\mu\mathrm{m}\cdot\mathrm{K}$ | $F_{\mathrm{b}(0-\lambda T)}$ | $\lambda T/\mu\mathrm{m}\cdot\mathrm{K}$ | $F_{\mathrm{b}(0-\lambda T)}$ | $\lambda T/\mu\mathrm{m}\cdot\mathrm{K}$ | $F_{\mathrm{b}(0-\lambda T)}$ | $\lambda T/\mu\mathrm{m}\cdot\mathrm{K}$ | $F_{\mathrm{b}(0-\lambda T)}$ |
|---|---|---|---|---|---|---|---|
| 12 900 | $9.542\ 0\times10^{-1}$ | 16 100 | $9.741\ 9\times10^{-1}$ | 19 300 | $9.840\ 9\times10^{-1}$ | 22 500 | $9.895\ 2\times10^{-1}$ |
| 13 000 | $9.550\ 9\times10^{-1}$ | 16 200 | $9.746\ 1\times10^{-1}$ | 19 400 | $9.843\ 1\times10^{-1}$ | 22 600 | $9.896\ 5\times10^{-1}$ |
| 13 100 | $9.559\ 6\times10^{-1}$ | 16 300 | $9.750\ 2\times10^{-1}$ | 19 500 | $9.845\ 3\times10^{-1}$ | 22 700 | $9.897\ 7\times10^{-1}$ |
| 13 200 | $9.568\ 0\times10^{-1}$ | 16 400 | $9.754\ 2\times10^{-1}$ | 19 600 | $9.847\ 4\times10^{-1}$ | 22 800 | $9.899\ 0\times10^{-1}$ |
| 13 300 | $9.576\ 3\times10^{-1}$ | 16 500 | $9.758\ 1\times10^{-1}$ | 19 700 | $9.849\ 5\times10^{-1}$ | 22 900 | $9.900\ 2\times10^{-1}$ |
| 13 400 | $9.584\ 3\times10^{-1}$ | 16 600 | $9.762\ 0\times10^{-1}$ | 19 800 | $9.851\ 5\times10^{-1}$ | 23 000 | $9.901\ 4\times10^{-1}$ |
| 13 500 | $9.592\ 1\times10^{-1}$ | 16 700 | $9.765\ 7\times10^{-1}$ | 19 900 | $9.853\ 6\times10^{-1}$ | 23 100 | $9.902\ 5\times10^{-1}$ |
| 13 600 | $9.599\ 8\times10^{-1}$ | 16 800 | $9.769\ 4\times10^{-1}$ | 20 000 | $9.855\ 5\times10^{-1}$ | 23 200 | $9.903\ 7\times10^{-1}$ |
| 13 700 | $9.607\ 2\times10^{-1}$ | 16 900 | $9.773\ 0\times10^{-1}$ | 20 100 | $9.857\ 5\times10^{-1}$ | 23 300 | $9.904\ 8\times10^{-1}$ |
| 13 800 | $9.614\ 5\times10^{-1}$ | 17 000 | $9.776\ 5\times10^{-1}$ | 20 200 | $9.859\ 4\times10^{-1}$ | 23 400 | $9.905\ 9\times10^{-1}$ |
| 13 900 | $9.621\ 6\times10^{-1}$ | 17 100 | $9.780\ 0\times10^{-1}$ | 20 300 | $9.861\ 3\times10^{-1}$ | 23 500 | $9.907\ 0\times10^{-1}$ |
| 14 000 | $9.628\ 5\times10^{-1}$ | 17 200 | $9.783\ 4\times10^{-1}$ | 20 400 | $9.863\ 1\times10^{-1}$ | 23 600 | $9.908\ 1\times10^{-1}$ |
| 14 100 | $9.635\ 3\times10^{-1}$ | 17 300 | $9.786\ 7\times10^{-1}$ | 20 500 | $9.864\ 9\times10^{-1}$ | 23 700 | $9.909\ 2\times10^{-1}$ |
| 14 200 | $9.641\ 8\times10^{-1}$ | 17 400 | $9.789\ 9\times10^{-1}$ | 20 600 | $9.866\ 7\times10^{-1}$ | 23 800 | $9.910\ 2\times10^{-1}$ |
| 14 300 | $9.648\ 3\times10^{-1}$ | 17 500 | $9.793\ 1\times10^{-1}$ | 20 700 | $9.868\ 4\times10^{-1}$ | 23 900 | $9.911\ 3\times10^{-1}$ |
| 14 400 | $9.654\ 6\times10^{-1}$ | 17 600 | $9.796\ 2\times10^{-1}$ | 20 800 | $9.870\ 1\times10^{-1}$ | 24 000 | $9.912\ 3\times10^{-1}$ |
| 14 500 | $9.660\ 7\times10^{-1}$ | 17 700 | $9.799\ 3\times10^{-1}$ | 20 900 | $9.871\ 8\times10^{-1}$ | 24 100 | $9.913\ 3\times10^{-1}$ |
| 14 600 | $9.666\ 7\times10^{-1}$ | 17 800 | $9.802\ 3\times10^{-1}$ | 21 000 | $9.873\ 5\times10^{-1}$ | 24 200 | $9.914\ 3\times10^{-1}$ |
| 14 700 | $9.672\ 6\times10^{-1}$ | 17 900 | $9.805\ 2\times10^{-1}$ | 21 100 | $9.875\ 1\times10^{-1}$ | 24 300 | $9.915\ 2\times10^{-1}$ |
| 14 800 | $9.678\ 3\times10^{-1}$ | 18 000 | $9.808\ 1\times10^{-1}$ | 21 200 | $9.876\ 7\times10^{-1}$ | 24 400 | $9.916\ 2\times10^{-1}$ |
| 14 900 | $9.683\ 9\times10^{-1}$ | 18 100 | $9.810\ 9\times10^{-1}$ | 21 300 | $9.878\ 3\times10^{-1}$ | 24 500 | $9.917\ 1\times10^{-1}$ |
| 15 000 | $9.689\ 3\times10^{-1}$ | 18 200 | $9.813\ 7\times10^{-1}$ | 21 400 | $9.879\ 8\times10^{-1}$ | 24 600 | $9.918\ 1\times10^{-1}$ |
| 15 100 | $9.694\ 7\times10^{-1}$ | 18 300 | $9.816\ 4\times10^{-1}$ | 21 500 | $9.881\ 3\times10^{-1}$ | 24 700 | $9.919\ 0\times10^{-1}$ |
| 15 200 | $9.699\ 9\times10^{-1}$ | 18 400 | $9.819\ 1\times10^{-1}$ | 21 600 | $9.882\ 8\times10^{-1}$ | 24 800 | $9.919\ 9\times10^{-1}$ |
| 15 300 | $9.705\ 0\times10^{-1}$ | 18 500 | $9.821\ 7\times10^{-1}$ | 21 700 | $9.884\ 3\times10^{-1}$ | 24 900 | $9.920\ 8\times10^{-1}$ |
| 15 400 | $9.710\ 0\times10^{-1}$ | 18 600 | $9.824\ 3\times10^{-1}$ | 21 800 | $9.885\ 8\times10^{-1}$ | 25 000 | $9.921\ 7\times10^{-1}$ |
| 15 500 | $9.714\ 8\times10^{-1}$ | 18 700 | $9.826\ 8\times10^{-1}$ | 21 900 | $9.887\ 2\times10^{-1}$ | 25 100 | $9.922\ 5\times10^{-1}$ |
| 15 600 | $9.719\ 6\times10^{-1}$ | 18 800 | $9.829\ 3\times10^{-1}$ | 22 000 | $9.888\ 6\times10^{-1}$ | 25 200 | $9.923\ 4\times10^{-1}$ |
| 15 700 | $9.724\ 3\times10^{-1}$ | 18 900 | $9.831\ 7\times10^{-1}$ | 22 100 | $9.890\ 0\times10^{-1}$ | 25 300 | $9.924\ 2\times10^{-1}$ |
| 15 800 | $9.728\ 8\times10^{-1}$ | 19 000 | $9.834\ 0\times10^{-1}$ | 22 200 | $9.891\ 3\times10^{-1}$ | 25 400 | $9.925\ 0\times10^{-1}$ |
| 15 900 | $9.733\ 3\times10^{-1}$ | 19 100 | $9.836\ 4\times10^{-1}$ | 22 300 | $9.892\ 6\times10^{-1}$ | 25 500 | $9.925\ 8\times10^{-1}$ |
| 16 000 | $9.737\ 7\times10^{-1}$ | 19 200 | $9.838\ 7\times10^{-1}$ | 22 400 | $9.893\ 9\times10^{-1}$ | 25 600 | $9.926\ 6\times10^{-1}$ |

续附表 1

| $\lambda T/\mu\mathrm{m}\cdot\mathrm{K}$ | $F_{\mathrm{b}(0-\lambda T)}$ | $\lambda T/\mu\mathrm{m}\cdot\mathrm{K}$ | $F_{\mathrm{b}(0-\lambda T)}$ | $\lambda T/\mu\mathrm{m}\cdot\mathrm{K}$ | $F_{\mathrm{b}(0-\lambda T)}$ | $\lambda T/\mu\mathrm{m}\cdot\mathrm{K}$ | $F_{\mathrm{b}(0-\lambda T)}$ |
|---|---|---|---|---|---|---|---|
| 25 700 | $9.9274\times10^{-1}$ | 28 900 | $9.9477\times10^{-1}$ | 32 100 | $9.9611\times10^{-1}$ | 35 300 | $9.9703\times10^{-1}$ |
| 25 800 | $9.9282\times10^{-1}$ | 29 000 | $9.9482\times10^{-1}$ | 32 200 | $9.9614\times10^{-1}$ | 35 400 | $9.9705\times10^{-1}$ |
| 25 900 | $9.9290\times10^{-1}$ | 29 100 | $9.9487\times10^{-1}$ | 32 300 | $9.9618\times10^{-1}$ | 35 500 | $9.9707\times10^{-1}$ |
| 26 000 | $9.9297\times10^{-1}$ | 29 200 | $9.9492\times10^{-1}$ | 32 400 | $9.9621\times10^{-1}$ | 35 600 | $9.9710\times10^{-1}$ |
| 26 100 | $9.9305\times10^{-1}$ | 29 300 | $9.9497\times10^{-1}$ | 32 500 | $9.9624\times10^{-1}$ | 35 700 | $9.9712\times10^{-1}$ |
| 26 200 | $9.9312\times10^{-1}$ | 29 400 | $9.9502\times10^{-1}$ | 32 600 | $9.9627\times10^{-1}$ | 35 800 | $9.9714\times10^{-1}$ |
| 26 300 | $9.9319\times10^{-1}$ | 29 500 | $9.9506\times10^{-1}$ | 32 700 | $9.9631\times10^{-1}$ | 35 900 | $9.9717\times10^{-1}$ |
| 26 400 | $9.9327\times10^{-1}$ | 29 600 | $9.9511\times10^{-1}$ | 32 800 | $9.9634\times10^{-1}$ | 36 000 | $9.9719\times10^{-1}$ |
| 26 500 | $9.9334\times10^{-1}$ | 29 700 | $9.9516\times10^{-1}$ | 32 900 | $9.9637\times10^{-1}$ | 36 100 | $9.9721\times10^{-1}$ |
| 26 600 | $9.9341\times10^{-1}$ | 29 800 | $9.9520\times10^{-1}$ | 33 000 | $9.9640\times10^{-1}$ | 36 200 | $9.9723\times10^{-1}$ |
| 26 700 | $9.9347\times10^{-1}$ | 29 900 | $9.9525\times10^{-1}$ | 33 100 | $9.9643\times10^{-1}$ | 36 300 | $9.9725\times10^{-1}$ |
| 26 800 | $9.9354\times10^{-1}$ | 30 000 | $9.9529\times10^{-1}$ | 33 200 | $9.9646\times10^{-1}$ | 36 400 | $9.9728\times10^{-1}$ |
| 26 900 | $9.9361\times10^{-1}$ | 30 100 | $9.9533\times10^{-1}$ | 33 300 | $9.9649\times10^{-1}$ | 36 500 | $9.9730\times10^{-1}$ |
| 27 000 | $9.9367\times10^{-1}$ | 30 200 | $9.9538\times10^{-1}$ | 33 400 | $9.9652\times10^{-1}$ | 36 600 | $9.9732\times10^{-1}$ |
| 27 100 | $9.9374\times10^{-1}$ | 30 300 | $9.9542\times10^{-1}$ | 33 500 | $9.9655\times10^{-1}$ | 36 700 | $9.9734\times10^{-1}$ |
| 27 200 | $9.9380\times10^{-1}$ | 30 400 | $9.9546\times10^{-1}$ | 33 600 | $9.9658\times10^{-1}$ | 36 800 | $9.9736\times10^{-1}$ |
| 27 300 | $9.9387\times10^{-1}$ | 30 500 | $9.9550\times10^{-1}$ | 33 700 | $9.9661\times10^{-1}$ | 36 900 | $9.9738\times10^{-1}$ |
| 27 400 | $9.9393\times10^{-1}$ | 30 600 | $9.9555\times10^{-1}$ | 33 800 | $9.9664\times10^{-1}$ | 37 000 | $9.9740\times10^{-1}$ |
| 27 500 | $9.9399\times10^{-1}$ | 30 700 | $9.9559\times10^{-1}$ | 33 900 | $9.9666\times10^{-1}$ | 37 100 | $9.9742\times10^{-1}$ |
| 27 600 | $9.9405\times10^{-1}$ | 30 800 | $9.9563\times10^{-1}$ | 34 000 | $9.9669\times10^{-1}$ | 37 200 | $9.9744\times10^{-1}$ |
| 27 700 | $9.9411\times10^{-1}$ | 30 900 | $9.9567\times10^{-1}$ | 34 100 | $9.9672\times10^{-1}$ | 37 300 | $9.9746\times10^{-1}$ |
| 27 800 | $9.9417\times10^{-1}$ | 31 000 | $9.9571\times10^{-1}$ | 34 200 | $9.9675\times10^{-1}$ | 37 400 | $9.9748\times10^{-1}$ |
| 27 900 | $9.9423\times10^{-1}$ | 31 100 | $9.9574\times10^{-1}$ | 34 300 | $9.9677\times10^{-1}$ | 37 500 | $9.9750\times10^{-1}$ |
| 28 000 | $9.9429\times10^{-1}$ | 31 200 | $9.9578\times10^{-1}$ | 34 400 | $9.9680\times10^{-1}$ | 37 600 | $9.9752\times10^{-1}$ |
| 28 100 | $9.9434\times10^{-1}$ | 31 300 | $9.9582\times10^{-1}$ | 34 500 | $9.9683\times10^{-1}$ | 37 700 | $9.9753\times10^{-1}$ |
| 28 200 | $9.9440\times10^{-1}$ | 31 400 | $9.9586\times10^{-1}$ | 34 600 | $9.9685\times10^{-1}$ | 37 800 | $9.9755\times10^{-1}$ |
| 28 300 | $9.9445\times10^{-1}$ | 31 500 | $9.9590\times10^{-1}$ | 34 700 | $9.9688\times10^{-1}$ | 37 900 | $9.9757\times10^{-1}$ |
| 28 400 | $9.9451\times10^{-1}$ | 31 600 | $9.9593\times10^{-1}$ | 34 800 | $9.9690\times10^{-1}$ | 38 000 | $9.9759\times10^{-1}$ |
| 28 500 | $9.9456\times10^{-1}$ | 31 700 | $9.9597\times10^{-1}$ | 34 900 | $9.9693\times10^{-1}$ | 38 100 | $9.9761\times10^{-1}$ |
| 28 600 | $9.9462\times10^{-1}$ | 31 800 | $9.9600\times10^{-1}$ | 35 000 | $9.9695\times10^{-1}$ | 38 200 | $9.9763\times10^{-1}$ |
| 28 700 | $9.9467\times10^{-1}$ | 31 900 | $9.9604\times10^{-1}$ | 35 100 | $9.9698\times10^{-1}$ | 38 300 | $9.9764\times10^{-1}$ |
| 28 800 | $9.9472\times10^{-1}$ | 32 000 | $9.9607\times10^{-1}$ | 35 200 | $9.9700\times10^{-1}$ | 38 400 | $9.9766\times10^{-1}$ |

续附表 1

| $\lambda T/\mu m \cdot K$ | $F_{b(0-\lambda T)}$ | $\lambda T/\mu m \cdot K$ | $F_{b(0-\lambda T)}$ | $\lambda T/\mu m \cdot K$ | $F_{b(0-\lambda T)}$ | $\lambda T/\mu m \cdot K$ | $F_{b(0-\lambda T)}$ |
|---|---|---|---|---|---|---|---|
| 38 500 | $9.9768 \times 10^{-1}$ | 41 700 | $9.9815 \times 10^{-1}$ | 44 900 | $9.9851 \times 10^{-1}$ | 48 100 | $9.9877 \times 10^{-1}$ |
| 38 600 | $9.9769 \times 10^{-1}$ | 41 800 | $9.9816 \times 10^{-1}$ | 45 000 | $9.9851 \times 10^{-1}$ | 48 200 | $9.9878 \times 10^{-1}$ |
| 38 700 | $9.9771 \times 10^{-1}$ | 41 900 | $9.9818 \times 10^{-1}$ | 45 100 | $9.9852 \times 10^{-1}$ | 48 300 | $9.9879 \times 10^{-1}$ |
| 38 800 | $9.9773 \times 10^{-1}$ | 42 000 | $9.9819 \times 10^{-1}$ | 45 200 | $9.9853 \times 10^{-1}$ | 48 400 | $9.9880 \times 10^{-1}$ |
| 38 900 | $9.9775 \times 10^{-1}$ | 42 100 | $9.9820 \times 10^{-1}$ | 45 300 | $9.9854 \times 10^{-1}$ | 48 500 | $9.9880 \times 10^{-1}$ |
| 39 000 | $9.9776 \times 10^{-1}$ | 42 200 | $9.9821 \times 10^{-1}$ | 45 400 | $9.9855 \times 10^{-1}$ | 48 600 | $9.9881 \times 10^{-1}$ |
| 39 100 | $9.9778 \times 10^{-1}$ | 42 300 | $9.9823 \times 10^{-1}$ | 45 500 | $9.9856 \times 10^{-1}$ | 48 700 | $9.9882 \times 10^{-1}$ |
| 39 200 | $9.9779 \times 10^{-1}$ | 42 400 | $9.9824 \times 10^{-1}$ | 45 600 | $9.9857 \times 10^{-1}$ | 48 800 | $9.9882 \times 10^{-1}$ |
| 39 300 | $9.9781 \times 10^{-1}$ | 42 500 | $9.9825 \times 10^{-1}$ | 45 700 | $9.9858 \times 10^{-1}$ | 48 900 | $9.9883 \times 10^{-1}$ |
| 39 400 | $9.9783 \times 10^{-1}$ | 42 600 | $9.9826 \times 10^{-1}$ | 45 800 | $9.9859 \times 10^{-1}$ | 49 000 | $9.9884 \times 10^{-1}$ |
| 39 500 | $9.9784 \times 10^{-1}$ | 42 700 | $9.9827 \times 10^{-1}$ | 45 900 | $9.9860 \times 10^{-1}$ | 49 100 | $9.9884 \times 10^{-1}$ |
| 39 600 | $9.9786 \times 10^{-1}$ | 42 800 | $9.9828 \times 10^{-1}$ | 46 000 | $9.9861 \times 10^{-1}$ | 49 200 | $9.9885 \times 10^{-1}$ |
| 39 700 | $9.9787 \times 10^{-1}$ | 42 900 | $9.9830 \times 10^{-1}$ | 46 100 | $9.9861 \times 10^{-1}$ | 49 300 | $9.9886 \times 10^{-1}$ |
| 39 800 | $9.9789 \times 10^{-1}$ | 43 000 | $9.9831 \times 10^{-1}$ | 46 200 | $9.9862 \times 10^{-1}$ | 49 400 | $9.9886 \times 10^{-1}$ |
| 39 900 | $9.9790 \times 10^{-1}$ | 43 100 | $9.9832 \times 10^{-1}$ | 46 300 | $9.9863 \times 10^{-1}$ | 49 500 | $9.9887 \times 10^{-1}$ |
| 40 000 | $9.9792 \times 10^{-1}$ | 43 200 | $9.9833 \times 10^{-1}$ | 46 400 | $9.9864 \times 10^{-1}$ | 49 600 | $9.9888 \times 10^{-1}$ |
| 40 100 | $9.9793 \times 10^{-1}$ | 43 300 | $9.9834 \times 10^{-1}$ | 46 500 | $9.9865 \times 10^{-1}$ | 49 700 | $9.9888 \times 10^{-1}$ |
| 40 200 | $9.9795 \times 10^{-1}$ | 43 400 | $9.9835 \times 10^{-1}$ | 46 600 | $9.9866 \times 10^{-1}$ | 49 800 | $9.9889 \times 10^{-1}$ |
| 40 300 | $9.9796 \times 10^{-1}$ | 43 500 | $9.9836 \times 10^{-1}$ | 46 700 | $9.9867 \times 10^{-1}$ | 49 900 | $9.9890 \times 10^{-1}$ |
| 40 400 | $9.9798 \times 10^{-1}$ | 43 600 | $9.9837 \times 10^{-1}$ | 46 800 | $9.9867 \times 10^{-1}$ | 50 000 | $9.9890 \times 10^{-1}$ |
| 40 500 | $9.9799 \times 10^{-1}$ | 43 700 | $9.9838 \times 10^{-1}$ | 46 900 | $9.9868 \times 10^{-1}$ | 50 100 | $9.9891 \times 10^{-1}$ |
| 40 600 | $9.9800 \times 10^{-1}$ | 43 800 | $9.9839 \times 10^{-1}$ | 47 000 | $9.9869 \times 10^{-1}$ | 50 200 | $9.9892 \times 10^{-1}$ |
| 40 700 | $9.9802 \times 10^{-1}$ | 43 900 | $9.9841 \times 10^{-1}$ | 47 100 | $9.9870 \times 10^{-1}$ | 50 300 | $9.9892 \times 10^{-1}$ |
| 40 800 | $9.9803 \times 10^{-1}$ | 44 000 | $9.9842 \times 10^{-1}$ | 47 200 | $9.9871 \times 10^{-1}$ | 50 400 | $9.9893 \times 10^{-1}$ |
| 40 900 | $9.9805 \times 10^{-1}$ | 44 100 | $9.9843 \times 10^{-1}$ | 47 300 | $9.9871 \times 10^{-1}$ | 50 500 | $9.9893 \times 10^{-1}$ |
| 41 000 | $9.9806 \times 10^{-1}$ | 44 200 | $9.9844 \times 10^{-1}$ | 47 400 | $9.9872 \times 10^{-1}$ | 50 600 | $9.9894 \times 10^{-1}$ |
| 41 100 | $9.9807 \times 10^{-1}$ | 44 300 | $9.9845 \times 10^{-1}$ | 47 500 | $9.9873 \times 10^{-1}$ | 50 700 | $9.9895 \times 10^{-1}$ |
| 41 200 | $9.9809 \times 10^{-1}$ | 44 400 | $9.9846 \times 10^{-1}$ | 47 600 | $9.9874 \times 10^{-1}$ | 50 800 | $9.9895 \times 10^{-1}$ |
| 41 300 | $9.9810 \times 10^{-1}$ | 44 500 | $9.9847 \times 10^{-1}$ | 47 700 | $9.9874 \times 10^{-1}$ | 50 900 | $9.9896 \times 10^{-1}$ |
| 41 400 | $9.9811 \times 10^{-1}$ | 44 600 | $9.9848 \times 10^{-1}$ | 47 800 | $9.9875 \times 10^{-1}$ | 51 000 | $9.9896 \times 10^{-1}$ |
| 41 500 | $9.9813 \times 10^{-1}$ | 44 700 | $9.9849 \times 10^{-1}$ | 47 900 | $9.9876 \times 10^{-1}$ | 51 100 | $9.9897 \times 10^{-1}$ |
| 41 600 | $9.9814 \times 10^{-1}$ | 44 800 | $9.9850 \times 10^{-1}$ | 48 000 | $9.9877 \times 10^{-1}$ | 51 200 | $9.9898 \times 10^{-1}$ |

续附表 1

| $\lambda T/\mu m \cdot K$ | $F_{b(0-\lambda T)}$ | $\lambda T/\mu m \cdot K$ | $F_{b(0-\lambda T)}$ | $\lambda T/\mu m \cdot K$ | $F_{b(0-\lambda T)}$ | $\lambda T/\mu m \cdot K$ | $F_{b(0-\lambda T)}$ |
|---|---|---|---|---|---|---|---|
| 51 300 | $9.989\ 8\times10^{-1}$ | 54 500 | $9.991\ 5\times10^{-1}$ | 57 700 | $9.992\ 8\times10^{-1}$ | 60 900 | $9.993\ 8\times10^{-1}$ |
| 51 400 | $9.989\ 9\times10^{-1}$ | 54 600 | $9.991\ 5\times10^{-1}$ | 57 800 | $9.992\ 8\times10^{-1}$ | 61 000 | $9.993\ 8\times10^{-1}$ |
| 51 500 | $9.989\ 9\times10^{-1}$ | 54 700 | $9.991\ 5\times10^{-1}$ | 57 900 | $9.992\ 8\times10^{-1}$ | 61 100 | $9.993\ 9\times10^{-1}$ |
| 51 600 | $9.990\ 0\times10^{-1}$ | 54 800 | $9.991\ 6\times10^{-1}$ | 58 000 | $9.992\ 9\times10^{-1}$ | 61 200 | $9.993\ 9\times10^{-1}$ |
| 51 700 | $9.990\ 0\times10^{-1}$ | 54 900 | $9.991\ 6\times10^{-1}$ | 58 100 | $9.992\ 9\times10^{-1}$ | 61 300 | $9.993\ 9\times10^{-1}$ |
| 51 800 | $9.990\ 1\times10^{-1}$ | 55 000 | $9.991\ 7\times10^{-1}$ | 58 200 | $9.992\ 9\times10^{-1}$ | 61 400 | $9.994\ 0\times10^{-1}$ |
| 51 900 | $9.990\ 2\times10^{-1}$ | 55 100 | $9.991\ 7\times10^{-1}$ | 58 300 | $9.993\ 0\times10^{-1}$ | 61 500 | $9.994\ 0\times10^{-1}$ |
| 52 000 | $9.990\ 2\times10^{-1}$ | 55 200 | $9.991\ 8\times10^{-1}$ | 58 400 | $9.993\ 0\times10^{-1}$ | 61 600 | $9.994\ 0\times10^{-1}$ |
| 52 100 | $9.990\ 3\times10^{-1}$ | 55 300 | $9.991\ 8\times10^{-1}$ | 58 500 | $9.993\ 0\times10^{-1}$ | 61 700 | $9.994\ 0\times10^{-1}$ |
| 52 200 | $9.990\ 3\times10^{-1}$ | 55 400 | $9.991\ 9\times10^{-1}$ | 58 600 | $9.993\ 1\times10^{-1}$ | 61 800 | $9.994\ 1\times10^{-1}$ |
| 52 300 | $9.990\ 4\times10^{-1}$ | 55 500 | $9.991\ 9\times10^{-1}$ | 58 700 | $9.993\ 1\times10^{-1}$ | 61 900 | $9.994\ 1\times10^{-1}$ |
| 52 400 | $9.990\ 4\times10^{-1}$ | 55 600 | $9.991\ 9\times10^{-1}$ | 58 800 | $9.993\ 1\times10^{-1}$ | 62 000 | $9.994\ 1\times10^{-1}$ |
| 52 500 | $9.990\ 5\times10^{-1}$ | 55 700 | $9.992\ 0\times10^{-1}$ | 58 900 | $9.993\ 2\times10^{-1}$ | 62 100 | $9.994\ 2\times10^{-1}$ |
| 52 600 | $9.990\ 5\times10^{-1}$ | 55 800 | $9.992\ 0\times10^{-1}$ | 59 000 | $9.993\ 2\times10^{-1}$ | 62 200 | $9.994\ 2\times10^{-1}$ |
| 52 700 | $9.990\ 6\times10^{-1}$ | 55 900 | $9.992\ 1\times10^{-1}$ | 59 100 | $9.993\ 2\times10^{-1}$ | 62 300 | $9.994\ 2\times10^{-1}$ |
| 52 800 | $9.990\ 6\times10^{-1}$ | 56 000 | $9.992\ 1\times10^{-1}$ | 59 200 | $9.993\ 3\times10^{-1}$ | 62 400 | $9.994\ 2\times10^{-1}$ |
| 52 900 | $9.990\ 7\times10^{-1}$ | 56 100 | $9.992\ 1\times10^{-1}$ | 59 300 | $9.993\ 3\times10^{-1}$ | 62 500 | $9.994\ 3\times10^{-1}$ |
| 53 000 | $9.990\ 7\times10^{-1}$ | 56 200 | $9.992\ 2\times10^{-1}$ | 59 400 | $9.993\ 3\times10^{-1}$ | 62 600 | $9.994\ 3\times10^{-1}$ |
| 53 100 | $9.990\ 8\times10^{-1}$ | 56 300 | $9.992\ 2\times10^{-1}$ | 59 500 | $9.993\ 4\times10^{-1}$ | 62 700 | $9.994\ 3\times10^{-1}$ |
| 53 200 | $9.990\ 8\times10^{-1}$ | 56 400 | $9.992\ 3\times10^{-1}$ | 59 600 | $9.993\ 4\times10^{-1}$ | 62 800 | $9.994\ 3\times10^{-1}$ |
| 53 300 | $9.990\ 9\times10^{-1}$ | 56 500 | $9.992\ 3\times10^{-1}$ | 59 700 | $9.993\ 4\times10^{-1}$ | 62 900 | $9.994\ 4\times10^{-1}$ |
| 53 400 | $9.990\ 9\times10^{-1}$ | 56 600 | $9.992\ 3\times10^{-1}$ | 59 800 | $9.993\ 5\times10^{-1}$ | 63 000 | $9.994\ 4\times10^{-1}$ |
| 53 500 | $9.991\ 0\times10^{-1}$ | 56 700 | $9.992\ 4\times10^{-1}$ | 59 900 | $9.993\ 5\times10^{-1}$ | 63 100 | $9.994\ 4\times10^{-1}$ |
| 53 600 | $9.991\ 0\times10^{-1}$ | 56 800 | $9.992\ 4\times10^{-1}$ | 60 000 | $9.993\ 5\times10^{-1}$ | 63 200 | $9.994\ 4\times10^{-1}$ |
| 53 700 | $9.991\ 1\times10^{-1}$ | 56 900 | $9.992\ 5\times10^{-1}$ | 60 100 | $9.993\ 6\times10^{-1}$ | 63 300 | $9.994\ 5\times10^{-1}$ |
| 53 800 | $9.991\ 1\times10^{-1}$ | 57 000 | $9.992\ 5\times10^{-1}$ | 60 200 | $9.993\ 6\times10^{-1}$ | 63 400 | $9.994\ 5\times10^{-1}$ |
| 53 900 | $9.991\ 2\times10^{-1}$ | 57 100 | $9.992\ 5\times10^{-1}$ | 60 300 | $9.993\ 6\times10^{-1}$ | 63 500 | $9.994\ 5\times10^{-1}$ |
| 54 000 | $9.991\ 2\times10^{-1}$ | 57 200 | $9.992\ 6\times10^{-1}$ | 60 400 | $9.993\ 7\times10^{-1}$ | 63 600 | $9.994\ 5\times10^{-1}$ |
| 54 100 | $9.991\ 3\times10^{-1}$ | 57 300 | $9.992\ 6\times10^{-1}$ | 60 500 | $9.993\ 7\times10^{-1}$ | 63 700 | $9.994\ 6\times10^{-1}$ |
| 54 200 | $9.991\ 3\times10^{-1}$ | 57 400 | $9.992\ 7\times10^{-1}$ | 60 600 | $9.993\ 7\times10^{-1}$ | 63 800 | $9.994\ 6\times10^{-1}$ |
| 54 300 | $9.991\ 4\times10^{-1}$ | 57 500 | $9.992\ 7\times10^{-1}$ | 60 700 | $9.993\ 8\times10^{-1}$ | 63 900 | $9.994\ 6\times10^{-1}$ |
| 54 400 | $9.991\ 4\times10^{-1}$ | 57 600 | $9.992\ 7\times10^{-1}$ | 60 800 | $9.993\ 8\times10^{-1}$ | 64 000 | $9.994\ 6\times10^{-1}$ |

续附表 1

| $\lambda T/\mu m \cdot K$ | $F_{b(0-\lambda T)}$ | $\lambda T/\mu m \cdot K$ | $F_{b(0-\lambda T)}$ | $\lambda T/\mu m \cdot K$ | $F_{b(0-\lambda T)}$ | $\lambda T/\mu m \cdot K$ | $F_{b(0-\lambda T)}$ |
|---|---|---|---|---|---|---|---|
| 64 100 | $9.9947\times10^{-1}$ | 67 300 | $9.9954\times10^{-1}$ | 70 500 | $9.9960\times10^{-1}$ | 73 700 | $9.9965\times10^{-1}$ |
| 64 200 | $9.9947\times10^{-1}$ | 67 400 | $9.9954\times10^{-1}$ | 70 600 | $9.9960\times10^{-1}$ | 73 800 | $9.9965\times10^{-1}$ |
| 64 300 | $9.9947\times10^{-1}$ | 67 500 | $9.9954\times10^{-1}$ | 70 700 | $9.9960\times10^{-1}$ | 73 900 | $9.9965\times10^{-1}$ |
| 64 400 | $9.9947\times10^{-1}$ | 67 600 | $9.9954\times10^{-1}$ | 70 800 | $9.9960\times10^{-1}$ | 74 000 | $9.9965\times10^{-1}$ |
| 64 500 | $9.9948\times10^{-1}$ | 67 700 | $9.9955\times10^{-1}$ | 70 900 | $9.9960\times10^{-1}$ | 74 100 | $9.9965\times10^{-1}$ |
| 64 600 | $9.9948\times10^{-1}$ | 67 800 | $9.9955\times10^{-1}$ | 71 000 | $9.9960\times10^{-1}$ | 74 200 | $9.9965\times10^{-1}$ |
| 64 700 | $9.9948\times10^{-1}$ | 67 900 | $9.9955\times10^{-1}$ | 71 100 | $9.9961\times10^{-1}$ | 74 300 | $9.9965\times10^{-1}$ |
| 64 800 | $9.9948\times10^{-1}$ | 68 000 | $9.9955\times10^{-1}$ | 71 200 | $9.9961\times10^{-1}$ | 74 400 | $9.9966\times10^{-1}$ |
| 64 900 | $9.9949\times10^{-1}$ | 68 100 | $9.9955\times10^{-1}$ | 71 300 | $9.9961\times10^{-1}$ | 74 500 | $9.9966\times10^{-1}$ |
| 65 000 | $9.9949\times10^{-1}$ | 68 200 | $9.9956\times10^{-1}$ | 71 400 | $9.9961\times10^{-1}$ | 74 600 | $9.9966\times10^{-1}$ |
| 65 100 | $9.9949\times10^{-1}$ | 68 300 | $9.9956\times10^{-1}$ | 71 500 | $9.9961\times10^{-1}$ | 74 700 | $9.9966\times10^{-1}$ |
| 65 200 | $9.9949\times10^{-1}$ | 68 400 | $9.9956\times10^{-1}$ | 71 600 | $9.9961\times10^{-1}$ | 74 800 | $9.9966\times10^{-1}$ |
| 65 300 | $9.9950\times10^{-1}$ | 68 500 | $9.9956\times10^{-1}$ | 71 700 | $9.9962\times10^{-1}$ | 74 900 | $9.9966\times10^{-1}$ |
| 65 400 | $9.9950\times10^{-1}$ | 68 600 | $9.9956\times10^{-1}$ | 71 800 | $9.9962\times10^{-1}$ | 75 000 | $9.9966\times10^{-1}$ |
| 65 500 | $9.9950\times10^{-1}$ | 68 700 | $9.9956\times10^{-1}$ | 71 900 | $9.9962\times10^{-1}$ | 75 100 | $9.9966\times10^{-1}$ |
| 65 600 | $9.9950\times10^{-1}$ | 68 800 | $9.9957\times10^{-1}$ | 72 000 | $9.9962\times10^{-1}$ | 75 200 | $9.9967\times10^{-1}$ |
| 65 700 | $9.9950\times10^{-1}$ | 68 900 | $9.9957\times10^{-1}$ | 72 100 | $9.9962\times10^{-1}$ | 75 300 | $9.9967\times10^{-1}$ |
| 65 800 | $9.9951\times10^{-1}$ | 69 000 | $9.9957\times10^{-1}$ | 72 200 | $9.9962\times10^{-1}$ | 75 400 | $9.9967\times10^{-1}$ |
| 65 900 | $9.9951\times10^{-1}$ | 69 100 | $9.9957\times10^{-1}$ | 72 300 | $9.9962\times10^{-1}$ | 75 500 | $9.9967\times10^{-1}$ |
| 66 000 | $9.9951\times10^{-1}$ | 69 200 | $9.9957\times10^{-1}$ | 72 400 | $9.9963\times10^{-1}$ | 75 600 | $9.9967\times10^{-1}$ |
| 66 100 | $9.9951\times10^{-1}$ | 69 300 | $9.9958\times10^{-1}$ | 72 500 | $9.9963\times10^{-1}$ | 75 700 | $9.9967\times10^{-1}$ |
| 66 200 | $9.9951\times10^{-1}$ | 69 400 | $9.9958\times10^{-1}$ | 72 600 | $9.9963\times10^{-1}$ | 75 800 | $9.9967\times10^{-1}$ |
| 66 300 | $9.9952\times10^{-1}$ | 69 500 | $9.9958\times10^{-1}$ | 72 700 | $9.9963\times10^{-1}$ | 75 900 | $9.9967\times10^{-1}$ |
| 66 400 | $9.9952\times10^{-1}$ | 69 600 | $9.9958\times10^{-1}$ | 72 800 | $9.9963\times10^{-1}$ | 76 000 | $9.9968\times10^{-1}$ |
| 66 500 | $9.9952\times10^{-1}$ | 69 700 | $9.9958\times10^{-1}$ | 72 900 | $9.9963\times10^{-1}$ | 76 100 | $9.9968\times10^{-1}$ |
| 66 600 | $9.9952\times10^{-1}$ | 69 800 | $9.9958\times10^{-1}$ | 73 000 | $9.9964\times10^{-1}$ | 76 200 | $9.9968\times10^{-1}$ |
| 66 700 | $9.9953\times10^{-1}$ | 69 900 | $9.9959\times10^{-1}$ | 73 100 | $9.9964\times10^{-1}$ | 76 300 | $9.9968\times10^{-1}$ |
| 66 800 | $9.9953\times10^{-1}$ | 70 000 | $9.9959\times10^{-1}$ | 73 200 | $9.9964\times10^{-1}$ | 76 400 | $9.9968\times10^{-1}$ |
| 66 900 | $9.9953\times10^{-1}$ | 70 100 | $9.9959\times10^{-1}$ | 73 300 | $9.9964\times10^{-1}$ | 76 500 | $9.9968\times10^{-1}$ |
| 67 000 | $9.9953\times10^{-1}$ | 70 200 | $9.9959\times10^{-1}$ | 73 400 | $9.9964\times10^{-1}$ | 76 600 | $9.9968\times10^{-1}$ |
| 67 100 | $9.9953\times10^{-1}$ | 70 300 | $9.9959\times10^{-1}$ | 73 500 | $9.9964\times10^{-1}$ | 76 700 | $9.9968\times10^{-1}$ |
| 67 200 | $9.9954\times10^{-1}$ | 70 400 | $9.9959\times10^{-1}$ | 73 600 | $9.9964\times10^{-1}$ | 76 800 | $9.9969\times10^{-1}$ |

续附表 1

| $\lambda T/\mu\text{m}\cdot\text{K}$ | $F_{b(0-\lambda T)}$ | $\lambda T/\mu\text{m}\cdot\text{K}$ | $F_{b(0-\lambda T)}$ | $\lambda T/\mu\text{m}\cdot\text{K}$ | $F_{b(0-\lambda T)}$ | $\lambda T/\mu\text{m}\cdot\text{K}$ | $F_{b(0-\lambda T)}$ |
|---|---|---|---|---|---|---|---|
| 76 900 | $9.9969\times10^{-1}$ | 80 100 | $9.9972\times10^{-1}$ | 83 300 | $9.9975\times10^{-1}$ | 86 500 | $9.9978\times10^{-1}$ |
| 77 000 | $9.9969\times10^{-1}$ | 80 200 | $9.9972\times10^{-1}$ | 83 400 | $9.9975\times10^{-1}$ | 86 600 | $9.9978\times10^{-1}$ |
| 77 100 | $9.9969\times10^{-1}$ | 80 300 | $9.9972\times10^{-1}$ | 83 500 | $9.9975\times10^{-1}$ | 86 700 | $9.9978\times10^{-1}$ |
| 77 200 | $9.9969\times10^{-1}$ | 80 400 | $9.9973\times10^{-1}$ | 83 600 | $9.9975\times10^{-1}$ | 86 800 | $9.9978\times10^{-1}$ |
| 77 300 | $9.9969\times10^{-1}$ | 80 500 | $9.9973\times10^{-1}$ | 83 700 | $9.9976\times10^{-1}$ | 86 900 | $9.9978\times10^{-1}$ |
| 77 400 | $9.9969\times10^{-1}$ | 80 600 | $9.9973\times10^{-1}$ | 83 800 | $9.9976\times10^{-1}$ | 87 000 | $9.9978\times10^{-1}$ |
| 77 500 | $9.9969\times10^{-1}$ | 80 700 | $9.9973\times10^{-1}$ | 83 900 | $9.9976\times10^{-1}$ | 87 100 | $9.9978\times10^{-1}$ |
| 77 600 | $9.9970\times10^{-1}$ | 80 800 | $9.9973\times10^{-1}$ | 84 000 | $9.9976\times10^{-1}$ | 87 200 | $9.9978\times10^{-1}$ |
| 77 700 | $9.9970\times10^{-1}$ | 80 900 | $9.9973\times10^{-1}$ | 84 100 | $9.9976\times10^{-1}$ | 87 300 | $9.9978\times10^{-1}$ |
| 77 800 | $9.9970\times10^{-1}$ | 81 000 | $9.9973\times10^{-1}$ | 84 200 | $9.9976\times10^{-1}$ | 87 400 | $9.9978\times10^{-1}$ |
| 77 900 | $9.9970\times10^{-1}$ | 81 100 | $9.9973\times10^{-1}$ | 84 300 | $9.9976\times10^{-1}$ | 87 500 | $9.9979\times10^{-1}$ |
| 78 000 | $9.9970\times10^{-1}$ | 81 200 | $9.9973\times10^{-1}$ | 84 400 | $9.9976\times10^{-1}$ | 87 600 | $9.9979\times10^{-1}$ |
| 78 100 | $9.9970\times10^{-1}$ | 81 300 | $9.9973\times10^{-1}$ | 84 500 | $9.9976\times10^{-1}$ | 87 700 | $9.9979\times10^{-1}$ |
| 78 200 | $9.9970\times10^{-1}$ | 81 400 | $9.9973\times10^{-1}$ | 84 600 | $9.9976\times10^{-1}$ | 87 800 | $9.9979\times10^{-1}$ |
| 78 300 | $9.9970\times10^{-1}$ | 81 500 | $9.9974\times10^{-1}$ | 84 700 | $9.9976\times10^{-1}$ | 87 900 | $9.9979\times10^{-1}$ |
| 78 400 | $9.9970\times10^{-1}$ | 81 600 | $9.9974\times10^{-1}$ | 84 800 | $9.9976\times10^{-1}$ | 88 000 | $9.9979\times10^{-1}$ |
| 78 500 | $9.9971\times10^{-1}$ | 81 700 | $9.9974\times10^{-1}$ | 84 900 | $9.9977\times10^{-1}$ | 88 100 | $9.9979\times10^{-1}$ |
| 78 600 | $9.9971\times10^{-1}$ | 81 800 | $9.9974\times10^{-1}$ | 85 000 | $9.9977\times10^{-1}$ | 88 200 | $9.9979\times10^{-1}$ |
| 78 700 | $9.9971\times10^{-1}$ | 81 900 | $9.9974\times10^{-1}$ | 85 100 | $9.9977\times10^{-1}$ | 88 300 | $9.9979\times10^{-1}$ |
| 78 800 | $9.9971\times10^{-1}$ | 82 000 | $9.9974\times10^{-1}$ | 85 200 | $9.9977\times10^{-1}$ | 88 400 | $9.9979\times10^{-1}$ |
| 78 900 | $9.9971\times10^{-1}$ | 82 100 | $9.9974\times10^{-1}$ | 85 300 | $9.9977\times10^{-1}$ | 88 500 | $9.9979\times10^{-1}$ |
| 79 000 | $9.9971\times10^{-1}$ | 82 200 | $9.9974\times10^{-1}$ | 85 400 | $9.9977\times10^{-1}$ | 88 600 | $9.9979\times10^{-1}$ |
| 79 100 | $9.9971\times10^{-1}$ | 82 300 | $9.9974\times10^{-1}$ | 85 500 | $9.9977\times10^{-1}$ | 88 700 | $9.9979\times10^{-1}$ |
| 79 200 | $9.9971\times10^{-1}$ | 82 400 | $9.9974\times10^{-1}$ | 85 600 | $9.9977\times10^{-1}$ | 88 800 | $9.9979\times10^{-1}$ |
| 79 300 | $9.9971\times10^{-1}$ | 82 500 | $9.9975\times10^{-1}$ | 85 700 | $9.9977\times10^{-1}$ | 88 900 | $9.9980\times10^{-1}$ |
| 79 400 | $9.9971\times10^{-1}$ | 82 600 | $9.9975\times10^{-1}$ | 85 800 | $9.9977\times10^{-1}$ | 89 000 | $9.9980\times10^{-1}$ |
| 79 500 | $9.9972\times10^{-1}$ | 82 700 | $9.9975\times10^{-1}$ | 85 900 | $9.9977\times10^{-1}$ | 89 100 | $9.9980\times10^{-1}$ |
| 79 600 | $9.9972\times10^{-1}$ | 82 800 | $9.9975\times10^{-1}$ | 86 000 | $9.9977\times10^{-1}$ | 89 200 | $9.9980\times10^{-1}$ |
| 79 700 | $9.9972\times10^{-1}$ | 82 900 | $9.9975\times10^{-1}$ | 86 100 | $9.9978\times10^{-1}$ | 89 300 | $9.9980\times10^{-1}$ |
| 79 800 | $9.9972\times10^{-1}$ | 83 000 | $9.9975\times10^{-1}$ | 86 200 | $9.9978\times10^{-1}$ | 89 400 | $9.9980\times10^{-1}$ |
| 79 900 | $9.9972\times10^{-1}$ | 83 100 | $9.9975\times10^{-1}$ | 86 300 | $9.9978\times10^{-1}$ | 89 500 | $9.9980\times10^{-1}$ |
| 80 000 | $9.9972\times10^{-1}$ | 83 200 | $9.9975\times10^{-1}$ | 86 400 | $9.9978\times10^{-1}$ | 89 600 | $9.9980\times10^{-1}$ |

**续附表 1**

| $\lambda T/\mu m \cdot K$ | $F_{b(0-\lambda T)}$ | $\lambda T/\mu m \cdot K$ | $F_{b(0-\lambda T)}$ | $\lambda T/\mu m \cdot K$ | $F_{b(0-\lambda T)}$ | $\lambda T/\mu m \cdot K$ | $F_{b(0-\lambda T)}$ |
|---|---|---|---|---|---|---|---|
| 89 700 | $9.9980 \times 10^{-1}$ | 92 900 | $9.9982 \times 10^{-1}$ | 96 100 | $9.9984 \times 10^{-1}$ | | |
| 89 800 | $9.9980 \times 10^{-1}$ | 93 000 | $9.9982 \times 10^{-1}$ | 96 200 | $9.9984 \times 10^{-1}$ | | |
| 89 900 | $9.9980 \times 10^{-1}$ | 93 100 | $9.9982 \times 10^{-1}$ | 96 300 | $9.9984 \times 10^{-1}$ | 99 300 | $9.9985 \times 10^{-1}$ |
| 90 000 | $9.9980 \times 10^{-1}$ | 93 200 | $9.9982 \times 10^{-1}$ | 96 400 | $9.9984 \times 10^{-1}$ | 99 400 | $9.9985 \times 10^{-1}$ |
| 90 100 | $9.9980 \times 10^{-1}$ | 93 300 | $9.9982 \times 10^{-1}$ | 96 500 | $9.9984 \times 10^{-1}$ | 99 500 | $9.9985 \times 10^{-1}$ |
| 90 200 | $9.9980 \times 10^{-1}$ | 93 400 | $9.9982 \times 10^{-1}$ | 96 600 | $9.9984 \times 10^{-1}$ | 99 600 | $9.9985 \times 10^{-1}$ |
| 90 300 | $9.9980 \times 10^{-1}$ | 93 500 | $9.9982 \times 10^{-1}$ | 96 700 | $9.9984 \times 10^{-1}$ | 99 700 | $9.9985 \times 10^{-1}$ |
| 90 400 | $9.9981 \times 10^{-1}$ | 93 600 | $9.9982 \times 10^{-1}$ | 96 800 | $9.9984 \times 10^{-1}$ | 99 800 | $9.9985 \times 10^{-1}$ |
| 90 500 | $9.9981 \times 10^{-1}$ | 93 700 | $9.9982 \times 10^{-1}$ | 96 900 | $9.9984 \times 10^{-1}$ | 99 900 | $9.9985 \times 10^{-1}$ |
| 90 600 | $9.9981 \times 10^{-1}$ | 93 800 | $9.9983 \times 10^{-1}$ | 97 000 | $9.9984 \times 10^{-1}$ | 100 000 | $9.9986 \times 10^{-1}$ |
| 90 700 | $9.9981 \times 10^{-1}$ | 93 900 | $9.9983 \times 10^{-1}$ | 97 100 | $9.9984 \times 10^{-1}$ | | |
| 90 800 | $9.9981 \times 10^{-1}$ | 94 000 | $9.9983 \times 10^{-1}$ | 97 200 | $9.9984 \times 10^{-1}$ | | |
| 90 900 | $9.9981 \times 10^{-1}$ | 94 100 | $9.9983 \times 10^{-1}$ | 97 300 | $9.9984 \times 10^{-1}$ | | |
| 91 000 | $9.9981 \times 10^{-1}$ | 94 200 | $9.9983 \times 10^{-1}$ | 97 400 | $9.9984 \times 10^{-1}$ | | |
| 91 100 | $9.9981 \times 10^{-1}$ | 94 300 | $9.9983 \times 10^{-1}$ | 97 500 | $9.9984 \times 10^{-1}$ | | |
| 91 200 | $9.9981 \times 10^{-1}$ | 94 400 | $9.9983 \times 10^{-1}$ | 97 600 | $9.9984 \times 10^{-1}$ | | |
| 91 300 | $9.9981 \times 10^{-1}$ | 94 500 | $9.9983 \times 10^{-1}$ | 97 700 | $9.9984 \times 10^{-1}$ | | |
| 91 400 | $9.9981 \times 10^{-1}$ | 94 600 | $9.9983 \times 10^{-1}$ | 97 800 | $9.9985 \times 10^{-1}$ | | |
| 91 500 | $9.9981 \times 10^{-1}$ | 94 700 | $9.9983 \times 10^{-1}$ | 97 900 | $9.9985 \times 10^{-1}$ | | |
| 91 600 | $9.9981 \times 10^{-1}$ | 94 800 | $9.9983 \times 10^{-1}$ | 98 000 | $9.9985 \times 10^{-1}$ | | |
| 91 700 | $9.9981 \times 10^{-1}$ | 94 900 | $9.9983 \times 10^{-1}$ | 98 100 | $9.9985 \times 10^{-1}$ | | |
| 91 800 | $9.9981 \times 10^{-1}$ | 95 000 | $9.9983 \times 10^{-1}$ | 98 200 | $9.9985 \times 10^{-1}$ | | |
| 91 900 | $9.9981 \times 10^{-1}$ | 95 100 | $9.9983 \times 10^{-1}$ | 98 300 | $9.9985 \times 10^{-1}$ | | |
| 92 000 | $9.9981 \times 10^{-1}$ | 95 200 | $9.9983 \times 10^{-1}$ | 98 400 | $9.9985 \times 10^{-1}$ | | |
| 92 100 | $9.9982 \times 10^{-1}$ | 95 300 | $9.9983 \times 10^{-1}$ | 98 500 | $9.9985 \times 10^{-1}$ | | |
| 92 200 | $9.9982 \times 10^{-1}$ | 95 400 | $9.9983 \times 10^{-1}$ | 98 600 | $9.9985 \times 10^{-1}$ | | |
| 92 300 | $9.9982 \times 10^{-1}$ | 95 500 | $9.9983 \times 10^{-1}$ | 98 700 | $9.9985 \times 10^{-1}$ | | |
| 92 400 | $9.9982 \times 10^{-1}$ | 95 600 | $9.9983 \times 10^{-1}$ | 98 800 | $9.9985 \times 10^{-1}$ | | |
| 92 500 | $9.9982 \times 10^{-1}$ | 95 700 | $9.9984 \times 10^{-1}$ | 98 900 | $9.9985 \times 10^{-1}$ | | |
| 92 600 | $9.9982 \times 10^{-1}$ | 95 800 | $9.9984 \times 10^{-1}$ | 99 000 | $9.9985 \times 10^{-1}$ | | |
| 92 700 | $9.9982 \times 10^{-1}$ | 95 900 | $9.9984 \times 10^{-1}$ | 99 100 | $9.9985 \times 10^{-1}$ | | |
| 92 800 | $9.9982 \times 10^{-1}$ | 96 000 | $9.9984 \times 10^{-1}$ | 99 200 | $9.9985 \times 10^{-1}$ | | |

# 附录 B  角系数

**附表 2  角系数相关符号,公式及示意图**

| 相关符号与公式 | 示意图 |
|---|---|
| $X_{d1-d2} = \dfrac{\cos\varphi \mathrm{d}\varphi}{2}$ | |
| $R = r/l, \ X_{d1-d2} = \dfrac{2R}{(1+R^2)}\mathrm{d}R$ | |
| $X = x/r, \ X_{d1-d2} = \dfrac{2X}{(1+X^2)^2}\mathrm{d}X$ | |

**续附表2**

| 相关符号与公式 | 示意图 |
|---|---|
| $$Z=\frac{z}{r_1},$$ $$R=\frac{r_2}{r_1},$$ $$X=1+Z^2+R^2,$$ $$X_{d1-d2}=\frac{2Z(X-2R^2)R\mathrm{d}R}{(X^2-4R^2)^{3/2}}$$ | |
| $$Y=\frac{y}{x},$$ $$X_{d1-d2}=\frac{Y\sin^2\varphi\,\mathrm{d}Y}{2\,(1+Y^2-2Y\cos\varphi)^{3/2}}$$ | |
| $$B=\frac{b}{r},$$ $$X_{d1-d2}=\tan^{-1}B\,\frac{\cos\varphi}{\pi}\mathrm{d}\varphi$$ | |
| $$R=r_2/r_1,$$ $$L=l/r_1,$$ $$X_{d1-d2}=\frac{2RL^2(L^2+R^2+1)\,\mathrm{d}R}{\left[(L^2+R^2+1)^2-4R^2\right]^{3/2}}$$ | |

**续附表2**

| 相关符号与公式 | 示意图 |
| --- | --- |
| $R = r_1/r_2$ , <br> $X = x/r_2$ , <br><br> $X_{d1-d2} = \dfrac{2X(X^2 - R^2 + 1)\,dX}{\left[(X^2 + R^2 + 1)^2 - 4R^2\right]^{3/2}}$ | |
| $X = \dfrac{x}{2r}$ , <br><br> $X_{d1-d2} = \left[1 - \dfrac{X(2X^2 + 3)}{2(X^2 + 1)^{3/2}}\right] dX_2$ | |
| $A = \dfrac{a}{c}$ , <br><br> $B = \dfrac{b}{c}$ , <br><br> $X_{d1-2} = \dfrac{1}{2\pi}\Big(\dfrac{A}{\sqrt{1 + A^2}} \tan^{-1} \dfrac{B}{\sqrt{1 + A^2}} +$ <br><br> $\dfrac{B}{\sqrt{1 + B^2}} \tan^{-1} \dfrac{A}{\sqrt{1 + B^2}}\Big)$ | |
| $X = \dfrac{a}{b}$ , <br><br> $Y = \dfrac{c}{b}$ , <br><br> $X_{d1-2} = \dfrac{1}{2\pi}\Big(\tan^{-1} \dfrac{1}{Y} - \dfrac{Y}{\sqrt{X^2 + Y^2}} \tan^{-1} \dfrac{1}{\sqrt{X^2 + Y^2}}\Big)$ | |

**续附表2**

| 相关符号与公式 | 示意图 |
|---|---|
| $H = \dfrac{h}{r}$, $$X_{d1-2} = \dfrac{1}{H^2 + 1}$$ | |
| $H = \dfrac{h}{a}$, $R = \dfrac{r}{a}$, $Z = 1 + H^2 + R^2$, $$X_{d1-2} = \dfrac{1}{2}\left(1 - \dfrac{Z - 2R^2}{\sqrt{Z^2 - 4R^2}}\right)$$ | |
| $H = \dfrac{h}{l}$, $R = \dfrac{r}{l}$, $Z = 1 + H^2 + R^2$, $$X_{d1-2} = \dfrac{H}{2}\left(\dfrac{Z}{\sqrt{Z^2 - 4R^2}} - 1\right)$$ | |

**续附表2**

| 相关符号与公式 | 示意图 |
|---|---|

$$L=l/r,$$
$$H=h/r;$$
$$X=(1+H)^2+L^2, Y=(1-H)^2+L^2$$
$$X_{d1-2}=\frac{L}{\pi H}\left[\frac{1}{L}\tan^{-1}\frac{L}{\sqrt{H^2-1}}+\frac{X-2H}{\sqrt{XY}}\tan^{-1}\sqrt{\frac{X(H-1)}{Y(H+1)}}\right.$$
$$\left.-\tan^{-1}\sqrt{\frac{H-1}{H+1}}\right]$$

$$X_{d1-2}=\left(\frac{r}{h}\right)^2$$

$$H=\frac{h}{r},$$
$$X_{d1-2}=\frac{1}{\pi}\left(\tan^{-1}\frac{1}{\sqrt{H^2-1}}-\frac{\sqrt{H^2-1}}{H^2}\right)$$

$$\theta\leqslant\cos^{-1}\frac{r}{h},$$
$$X_{d1-2}=\left(\frac{r}{h}\right)^2\cos\theta$$

**续附表2**

| 相关符号与公式 | 示意图 |
|---|---|
| $$L=\frac{l}{r},H=\frac{h}{r}$$ $H \geqslant 1$ 时: $$X_{d1-2}=\frac{H}{(L^2+H^2)^{3/2}};$$ $-1<H<1$ 时: $$X_{d1-2}=\frac{1}{\pi}\left[\frac{H}{(L^2+H^2)^{3/2}}\cos^{-1}\left(-\frac{H}{L}\sqrt{L^2+H^2-1}\right)-\right.$$ $$\frac{\sqrt{(L^2+H^2-1)(1-H^2)}}{L^2+H^2}-$$ $$\left.\sin^{-1}\frac{\sqrt{L^2+H^2-1}}{L}+\frac{\pi}{2}\right]$$ | |
| $$Z=\frac{z}{2r},$$ $$H=\frac{h}{2r},$$ $$X_{d1-2}=1+H-\frac{Z^2+1/2}{\sqrt{Z^2+1}}-\frac{(H-Z)^2+1/2}{\sqrt{(H-Z)^2+1}}$$ | |
| $$Z=\frac{z}{r},\ X_{d1-2}=\frac{Z^2+2}{2\sqrt{Z^2+4}}-\frac{Z}{2}$$ | |

**续附表2**

| 相关符号与公式 | 示意图 |
|---|---|
| $Z=\dfrac{z}{r_1}$,<br><br>$R=\dfrac{r_2}{r_1}$,<br><br>$X=1+Z^2+R^2$,<br><br>$X_{d1-2}=\dfrac{Z}{2}\left(\dfrac{X}{\sqrt{X^2-4R^2}}-1\right)$ | |
| $X=\dfrac{x}{l}$, $X_{d1-2}=\dfrac{1}{2}+\dfrac{\cos\varphi-X}{2\sqrt{1+X^2-2X\cos\varphi}}$ | |
| $X_{d1-2}=\dfrac{1}{2}(\sin\varphi_2-\sin\varphi_1)$ | |
| $A=\dfrac{a}{r}$, $B=\dfrac{b}{r}$, $X_{d1-2}=\dfrac{A}{A^2+B^2}$ | |

**续附表2**

| 相关符号与公式 | 示意图 |
|---|---|

$$X=\frac{a}{c},$$

$$Y=\frac{b}{c},$$

$$X_{d1-2}=\frac{1}{\pi Y}\left(\sqrt{1+Y^2}\tan^{-1}\frac{X}{\sqrt{1+Y^2}}-\right.$$

$$\left.\tan^{-1}X+\frac{XY}{\sqrt{1+X^2}}\tan^{-1}\frac{Y}{\sqrt{1+X^2}}\right)$$

$$X=\frac{a}{b},$$

$$Y=\frac{c}{b},$$

$$X_{d1-2}=\frac{1}{\pi}\left[\tan^{-1}\frac{1}{Y}+\frac{Y}{2}\ln\frac{Y^2(X^2+Y^2+1)}{(Y^2+1)(X^2+Y^2)}-\right.$$

$$\left.\frac{Y}{\sqrt{X^2+Y^2}}\tan^{-1}\frac{1}{\sqrt{X^2+Y^2}}\right]$$

$$S=\frac{s}{r},X=\frac{x}{r},H=\frac{h}{r},A=H^2+S^2+X^2-1\ B$$

$$=H^2-S^2-X^2+1,$$

$$F=\frac{\sqrt{A^2+4H^2}}{2H}\cos^{-1}\frac{B}{A\sqrt{S^2+X^2}}-\frac{B}{2H}\sin^{-1}\frac{1}{\sqrt{S^2+X^2}},$$

$$X_{d1-2}=\frac{S}{S^2+X^2}\left[1-\frac{1}{\pi}\left(\cos^{-1}\frac{B}{A}-F\right)-\frac{A}{4H}\right]$$

$$X_{d1-2}=\frac{1}{2}(1+\cos\varphi)$$

**续附表2**

| 相关符号与公式 | 示意图 |
|---|---|
| $R_1 = \dfrac{r_1}{a}$，$R_2 = \dfrac{r_2}{a}$，$X_{\text{d}1-2} = \dfrac{R_2^2}{(1+R_1^2)^{3/2}}$ | |
| $X = \dfrac{x}{2r}$，$X_{\text{d}1-2} = \dfrac{X^2+1/2}{\sqrt{X^2+1}} - X$ | |
| $H = \dfrac{h}{w}$，$X_{1-2} = X_{2-1} = \sqrt{1+H^2} - H$ | |
| $H = \dfrac{h}{w}$，$X_{1-2} = \dfrac{1}{2}(1+H-\sqrt{1+H^2})$ | |

**续附表2**

| 相关符号与公式 | 示意图 |
|---|---|
| $$X_{1-2} = X_{2-1} = 1 - \sin \frac{\alpha}{2}$$ | |
| $$X = 1 + \frac{s}{2r}, X_{1-2} = \frac{1}{\pi} \left( \sin^{-1} \frac{1}{X} + \sqrt{X^2 - 1} - X \right)$$ | |
| $$R = \frac{r_2}{r_1}, S = \frac{s}{r_1}, C = 1 + R + S,$$ $$F = (R-1) \cos^{-1} \frac{R-1}{C} - (R+1) \cos^{-1} \frac{R+1}{C},$$ $$X_{1-2} = \frac{1}{2\pi} \left[ \pi + \sqrt{C^2 - (R+1)^2} - \sqrt{C^2 - (R-1)^2} + F \right]$$ | |
| $$B_1 = \frac{b_1}{a}, B_2 = \frac{b_2}{a}, X_{1-2} = \frac{1}{2\pi} (\tan^{-1} B_1 - \tan^{-1} B_2)$$ | |

**续附表 2**

| 相关符号与公式 | 示意图 |
|---|---|
| $X = \dfrac{a}{c}, Y = \dfrac{b}{c},$ <br><br> $X_{1-2} = \dfrac{2}{\pi XY} \Bigg\{ \ln \left[ \dfrac{(1+X^2)(1+Y^2)}{1+X^2+Y^2} \right]^{1/2} +$ <br><br> $X\sqrt{1+Y^2}\,\tan^{-1}\dfrac{X}{\sqrt{1+Y^2}} +$ <br><br> $Y\sqrt{1+X^2}\,\tan^{-1}\dfrac{Y}{\sqrt{1+X^2}} -$ <br><br> $X\tan^{-1}X - Y\tan^{-1}Y \Bigg\}$ | 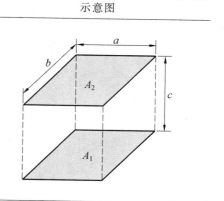 |
| $H = \dfrac{h}{l}, W = \dfrac{w}{l},$ <br><br> $A = \left[ \dfrac{H^2(1+W^2+H^2)}{(1+H^2)(H^2+W^2)} \right]^{H^2},$ <br><br> $X_{1-2} = \dfrac{1}{\pi W} \Bigg\{ W\tan^{-1}\dfrac{1}{W} + H\tan^{-1}\dfrac{1}{H} -$ <br><br> $\sqrt{H^2+W^2}\,\tan^{-1}\dfrac{1}{\sqrt{H^2+W^2}} +$ <br><br> $\dfrac{1}{4}\Bigg\{ A\,\dfrac{(1+W^2)(1+H^2)}{1+W^2+H^2}\left[ \dfrac{W^2(1+W^2+H^2)}{(1+W^2)(H^2+W^2)} \right]^{W^2} \Bigg\} \Bigg\}$ | 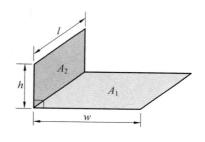 |
| $R_1 = \dfrac{r_1}{a}, R_2 = \dfrac{r_2}{a}, X = 1 + \dfrac{1+R_2^2}{R_1^2},$ <br><br> $X_{1-2} = \dfrac{1}{2}\left[ X - \sqrt{X^2 - 4\left(\dfrac{R_2}{R_1}\right)^2} \right]$ | 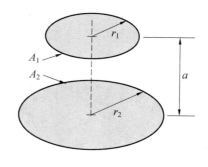 |

**续附表2**

| 相关符号与公式 | 示意图 |
|---|---|
| $R=\dfrac{r_1}{r_2}$, $L=\dfrac{l}{r_2}$, $A=L^2+R^2-1$, $B=L^2-R^2+1$,<br>$X_{1-2}=\dfrac{B}{8RL}+\dfrac{1}{2\pi}\Big[\cos^{-1}\dfrac{A}{B}-\dfrac{1}{2L}\sqrt{\dfrac{(A+2)^2}{R^2}-4}\times$<br>　　　$\cos^{-1}\dfrac{AR}{B}-\dfrac{A}{2RL}\sin^{-1}R\Big]$ | |
| $H=\dfrac{h}{2r}$, $X_{1-1}=1+H-\sqrt{1+H^2}$ | |
| $H=\dfrac{h}{2r}$, $X_{1-2}=2H(\sqrt{1+H^2}-H)$ | |

**续附表2**

| 相关符号与公式 | 示意图 |
|---|---|
| $R = \dfrac{r_2}{r_1}$, $H = \dfrac{h}{r_1}$, <br><br> $A = \sin^{-1}\dfrac{H^2 + 4(R^2 - 1) - 2H^2/R^2}{H^2 + 4(R^2 - 1)}$, <br><br> $X_{2-2} = 1 - \dfrac{1}{R} - \dfrac{\sqrt{H^2 + 4R^2} - H}{4R} +$ <br><br> $\dfrac{1}{\pi}\left\{ \dfrac{2}{R}\tan^{-1}\dfrac{2\sqrt{R^2 - 1}}{H} - \right.$ <br><br> $\left. \dfrac{H}{2R}\left[ \dfrac{\sqrt{4R^2 + H^2}}{H}A - \sin^{-1}\dfrac{R^2 - 2}{R^2} \right] \right\}$ | 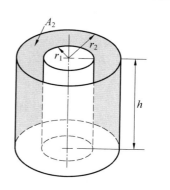 |
| $R = \dfrac{r_2}{r_1}$, $H = \dfrac{h}{r_1}$, <br><br> $A = \dfrac{\sqrt{(H^2 + R^2 + 1)^2 - 4R^2}}{2H}\cos^{-1}\dfrac{H^2 - R^2 + 1}{R(H^2 + R^2 - 1)}$ <br><br> $X_{2-1} = \dfrac{1}{R}\left[ 1 - \dfrac{H^2 + R^2 - 1}{4H} - \right.$ <br><br> $\left. \dfrac{1}{\pi}\left( \cos^{-1}\dfrac{H^2 - R^2 + 1}{H^2 + R^2 - 1} - A - \dfrac{H^2 - R^2 + 1}{2H}\sin^{-1}\dfrac{1}{R} \right) \right]$ | 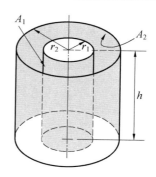 |
| $R = \dfrac{r_1}{r_2}$, $H = \dfrac{h}{r_2}$; $X = \sqrt{1 - R^2}$, $Y = \dfrac{R(1 - R^2 - H^2)}{1 - R^2 + H^2}$, <br><br> $A = R\left( \tan^{-1}\dfrac{X}{H} - \tan^{-1}\dfrac{2X}{H} \right)$, <br><br> $B = \dfrac{H}{4}\left[ \sin^{-1}(2R^2 - 1) - \sin^{-1}R \right]$, <br><br> $C = \dfrac{X^2}{4H}\left( \dfrac{\pi}{2} + \sin^{-1}R \right)$, <br><br> $D = \dfrac{\sqrt{(1 + R^2 + H^2)^2 - 4R^2}}{4H}\left( \dfrac{\pi}{2} + \sin^{-1}Y \right)$, <br><br> $X_{1-2} = \dfrac{1}{\pi}\left\{ A + B + C - D + \dfrac{\sqrt{4 + H^2}}{4} \right.$ <br><br> $\left. \left[ \dfrac{\pi}{2} + \sin^{-1}\left( 1 - \dfrac{2R^2 H^2}{4X^2 + H^2} \right) \right] \right\}$ | 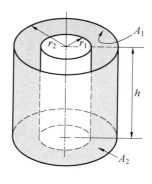 |

**续附表2**

| 相关符号与公式 | 示意图 |
|---|---|
| $r<d$，$D_1=\dfrac{d}{l_1}$，$D_2=\dfrac{d}{l_2}$，<br><br>$X_{1-2}=\dfrac{1}{4\pi}\tan^{-1}\sqrt{\dfrac{1}{D_1^2+D_2^2+D_1^2D_2^2}}$ | |
| $R=\dfrac{r}{a}$，$X_{1-2}=\dfrac{1}{2}\left(1-\dfrac{1}{\sqrt{1+R^2}}\right)$ | |
| $R=\dfrac{r}{a}$，$X_{1-2}=\dfrac{1}{\sqrt{1+R^2}}$ | |
| $S=\dfrac{s}{r_1}$，$R=\dfrac{r_2}{r_1}$，<br><br>对于 $\omega\geqslant\sin^{-1}\dfrac{1}{S+1}$：<br><br>$X_{1-2}=\dfrac{1}{2}\left[1-\dfrac{1+S+R\cot\omega}{\sqrt{(1+S+R\cot\omega)^2+R^2}}\right]$ | |

**续附表2**

| 相关符号与公式 | 示意图 |
|---|---|
| $$X_{1-2} = \frac{D}{s}\cos^{-1}\frac{D}{s} + 1 - \sqrt{1-\left(\frac{D}{s}\right)^2}$$ | |

# 附录 C　指数积分函数

（1）定义式：

以 $x$ 为自变量，$n$ 阶指数积分 $E_n(x)$ 的定义式为

$$E_n(x) = \int_0^1 e^{-x/\mu} \mu^{n-2} \, d\mu = \int_1^\infty e^{-xt} t^{-n} \, dt \quad (n=0,1,2,\cdots) \tag{C1}$$

其中，$E_0(x) = \int_1^\infty e^{-xt} \, dt = e^{-x}/x$。

（2）递推关系：

由微分可得第一种递推关系。对式（C1）微分，得

$$\frac{dE_n(x)}{dx} = -E_{n-1}(x) \quad (n=1,2,3,\cdots) \tag{C2}$$

由积分可得第二种递推关系。对式（C1）积分，得

$$nE_{n+1}(x) = e^{-x} - xE_n(x) \quad (n=1,2,3,\cdots) \tag{C3}$$

对式（C2）积分，得

$$\int_x^\infty E_n(x) \, dx = E_{n+1}(x) \quad (n=0,1,2,\cdots) \tag{C4}$$

（3）展开式及近似式：

$$E_1(x) = -(\gamma_E + \ln x) + x - \frac{x^2}{2! \cdot 2} + \frac{x^3}{3! \cdot 3} - \frac{x^4}{4! \cdot 4} + \cdots \tag{C5}$$

$$E_2(x) = 1 + x(\gamma_E - 1 + \ln x) - \frac{x^2}{2! \cdot 1} + \frac{x^3}{3! \cdot 2} - \frac{x^4}{4! \cdot 3} + \cdots \tag{C6}$$

$$E_3(x) = \frac{1}{2} - x + \frac{x^2}{2}\left(-\gamma_E + \frac{3}{2} - \ln x\right) + \frac{x^3}{3! \cdot 1} - \frac{x^4}{4! \cdot 2} + \cdots \tag{C7}$$

其中，$\gamma_E = 0.577\,216$，为欧拉常数。

当 $x$ 比较大时，其近似展开式为

$$E_n(x) = \frac{e^{-x}}{x}\left[1 - \frac{n}{x} + \frac{n(n+1)}{x^2} - \frac{n(n+1)(n+2)}{x^3} + \cdots\right] \tag{C8}$$

（4）当 $x=0$ 时：

$$E_n(0) = \begin{cases} +\infty, & n=1 \\[2mm] \dfrac{1}{n-1}, & n \geqslant 2 \end{cases} \tag{C9}$$

（5）估计指数积分大小的不等式：

$$\frac{n-1}{n}E_n(x) < E_{n+1}(x) < E_n(x) \tag{C10a}$$

$$\frac{1}{x+n} < e^x E_n(x) \leqslant \frac{1}{x+n-1} \tag{C10b}$$

### 附表 3　指数积分函数值表

| $x$ | $E_1$ | $E_2$ | $E_3$ | $E_4$ |
| --- | --- | --- | --- | --- |
| 0.00 | $\infty$ | 1.000 000 | 0.500 000 | 0.333 333 |
| 0.01 | 4.037 929 | 0.949 671 | 0.490 277 | 0.328 382 |
| 0.02 | 3.354 707 | 0.913 105 | 0.480 968 | 0.323 526 |
| 0.03 | 2.959 118 | 0.881 672 | 0.471 998 | 0.318 762 |
| 0.04 | 2.681 263 | 0.853 539 | 0.463 324 | 0.314 085 |
| 0.05 | 2.467 898 | 0.827 835 | 0.454 919 | 0.309 494 |
| 0.06 | 2.295 307 | 0.804 046 | 0.446 761 | 0.304 986 |
| 0.07 | 2.150 838 | 0.781 835 | 0.438 833 | 0.300 559 |
| 0.08 | 2.026 941 | 0.760 961 | 0.431 120 | 0.296 209 |
| 0.09 | 1.918 744 | 0.741 244 | 0.423 610 | 0.291 935 |
| 0.10 | 1.822 924 | 0.722 545 | 0.416 291 | 0.287 736 |
| 0.15 | 1.464 461 | 0.641 039 | 0.382 276 | 0.267 789 |
| 0.20 | 1.222 650 | 0.574 201 | 0.351 945 | 0.249 447 |
| 0.25 | 1.044 283 | 0.517 730 | 0.324 684 | 0.232 543 |
| 0.30 | 0.905 677 | 0.469 115 | 0.300 042 | 0.216 935 |
| 0.35 | 0.794 215 | 0.426 713 | 0.277 669 | 0.202 501 |
| 0.40 | 0.702 380 | 0.389 368 | 0.257 286 | 0.189 135 |
| 0.45 | 0.625 331 | 0.356 229 | 0.238 663 | 0.176 743 |
| 0.50 | 0.559 773 | 0.326 644 | 0.221 604 | 0.165 243 |
| 0.60 | 0.454 379 | 0.276 184 | 0.191 551 | 0.144 627 |
| 0.70 | 0.373 769 | 0.234 947 | 0.166 061 | 0.126 781 |
| 0.80 | 0.310 597 | 0.200 852 | 0.144 324 | 0.111 290 |
| 0.90 | 0.260 184 | 0.172 404 | 0.125 703 | 0.097 812 |
| 1.00 | 0.219 384 | 0.148 496 | 0.109 692 | 0.086 062 |
| 1.10 | 0.185 991 | 0.128 281 | 0.095 881 | 0.075 801 |
| 1.20 | 0.158 408 | 0.111 104 | 0.083 935 | 0.066 824 |
| 1.30 | 0.135 451 | 0.096 446 | 0.073 576 | 0.058 961 |
| 1.40 | 0.116 219 | 0.083 890 | 0.064 576 | 0.052 064 |
| 1.50 | 0.100 020 | 0.073 101 | 0.056 739 | 0.046 007 |
| 1.60 | 0.086 308 | 0.063 803 | 0.049 906 | 0.040 682 |
| 1.70 | 0.074 655 | 0.055 771 | 0.043 937 | 0.035 997 |
| 1.80 | 0.064 713 | 0.048 815 | 0.038 716 | 0.031 870 |

**续附表3**

| $x$ | $E_1$ | $E_2$ | $E_3$ | $E_4$ |
|---|---|---|---|---|
| 1.90 | 0.056 204 | 0.042 780 | 0.034 143 | 0.028 232 |
| 2.00 | 0.048 901 | 0.037 534 | 0.030 133 | 0.025 023 |
| 2.50 | 0.024 915 | 0.019 798 | 0.016 295 | 0.013 782 |
| 3.00 | 0.013 048 | 0.010 642 | 0.008 931 | 0.007 665 |
| 4.00 | 0.003 779 | 0.003 198 | 0.002 761 | 0.002 423 |
| 5.00 | 0.001 148 | 0.000 996 | 0.000 878 | 0.000 783 |

# 附录 D  矢量球谐波

考虑一个层状球形粒子或一个被分成一系列同心球体的层状球体，每一层球体的直径为 $d_i$、尺寸参数 $\xi_i = \pi d_i / \lambda_m$（$\lambda$ 和 $\lambda_m$ 分别为真空和介质波长，$\lambda_m = \lambda / n_i$），复折射率 $m_i = n_i - i k_i$，第 $l$ 个球体内部电场和散射电场用矢量球谐波表示为

$$E_{lr} = \frac{\cos \varphi \sin \theta}{\xi^2} \sum_{n=1}^{\infty} n(n+1) E_n \{\pi_n(\theta) [b_{ln} \psi_n(\xi) + d_{ln} \chi_n(\xi)]\} \tag{D1}$$

$$E_{l\theta} = \frac{\cos \varphi}{\xi} \sum_{n=1}^{\infty} E_n \{\pi_n(\theta) [a_{ln} \psi_n(\xi) + c_{ln} \chi_n(\xi)] - i\tau_n(\theta) [b_{ln} \psi'_n(\xi) + d_{ln} \chi'_n(\xi)]\} \tag{D2}$$

$$E_{l\varphi} = \frac{\sin \varphi}{\xi} \sum_{n=1}^{\infty} E_n \{-\tau_n(\theta) [a_{ln} \psi_n(\xi) + c_{ln} \chi_n(\xi)] + i\pi_n(\theta) [b_{ln} \psi'_n(\xi) + d_{ln} \chi'_n(\xi)]\} \tag{D3}$$

来自分层粒子的散射场为

$$E_{sr} = \frac{i\cos \varphi \sin \theta}{\xi^2} \sum_{j=1}^{\infty} j(j+1) E_j [a_j \pi_j(\theta) \zeta_j(\xi)] \tag{D4}$$

$$E_{s\theta} = \frac{\cos \varphi}{\xi} \sum_{j=1}^{\infty} E_j [ia_j \pi_j(\theta) \zeta'_j(\xi) - b_j \pi_j(\theta) \zeta_j(\xi)] \tag{D5}$$

$$E_{s\varphi} = -\frac{\sin \varphi}{\xi} \sum_{j=1}^{\infty} E_j [ia_j \tau_j(\theta) \zeta'_j - b_j \tau_j(\theta) \zeta_j(\xi)] \tag{D6}$$

其中

$$\xi = \frac{\pi n_i d}{\lambda} \tag{D7}$$

$$E_j = \frac{i^j (2j+1) E_0}{j(j+1)} \tag{D8}$$

$$\pi_j = \frac{\mathrm{d} P_j^l(\cos \theta)}{\mathrm{d}\theta} \tag{D9}$$

$$\tau_j = \frac{P_j^l(\cos \theta)}{\sin \theta} \tag{D10}$$

$P_j$ 为第 $j$ 阶勒让德系数，可以表示为

$$P_j(\cos \theta) = \sum_{i=0}^{j/2} (-1)^i \frac{(2j-2i)!}{2^k i! (j-i)! (j-2i)!} (\cos \theta)^{j-2i} \tag{D11}$$

$a_j$ 和 $b_j$ 为 Lorenz-Mie 膨胀系数，可以由下式计算：

$$a_j = \frac{n\psi_j(\xi) [\psi'_j(n\xi)/\psi_j(n\xi)] - \psi'_j(\xi)}{n\zeta_j(\xi) [\psi'_j(n\xi)/\psi_j(n\xi)] - \zeta'_j(\xi)} \tag{D12}$$

$$b_j = \frac{\psi_j(\xi) [\psi'_j(n\xi)/\psi_j(n\xi)] - n\psi'_j(\xi)}{\zeta_j(\xi) [\psi'_j(n\xi)/\psi_j(n\xi)] - n\zeta'_j(\xi)} \tag{D13}$$

Lorenz-Mie 膨胀系数 $a_j$ 和 $b_j$ 可以通过边界条件和每个界面上电场和磁场的切向分量来确定。这里，$\psi_j$ 和 $\zeta_j$ 是需要用场方程迭代求解的 Riccati-Bessel 函数，与 Bessel 和 Hankel 函数有关：

$$\psi_n(z) = (\pi z/2)^{1/2} J_{n+1/2}(z) \tag{D14}$$

$$\zeta_n(z) = (\pi z/2)^{1/2} H_{n+1/2}(z) \tag{D15}$$

Lorenz-Mie 系数确定后，可以得到散射、吸收和消光截面：

$$C_s = \frac{2\pi}{k^2} \sum_{j=1}^{\infty} (2j+1)(a_j^2 + b_j^2) \tag{D16}$$

$$C_e = C_s + C_a \tag{D17}$$

$$C_e = \frac{2\pi}{k^2} \sum_{j=1}^{\infty} (2j+1) \, \mathrm{Re}\{a_j + b_j\} \tag{D18}$$

将散射、吸收和消光截面除以粒子的几何截面，可以得到吸收、散射和消光因子：

$$Q_a = \frac{C_a}{\pi d^2}, \; Q_s = \frac{C_s}{\pi d^2}, \; Q_e = \frac{C_e}{\pi d^2} \tag{D19}$$

振幅散射矩阵 $\boldsymbol{S}$ 的元素可以表示为

$$S_1 = \sum_{n=1}^{\infty} \frac{2n+1}{n(n+1)}(a_n \pi_n + b_n \tau_n) \tag{D20}$$

$$S_2 = \sum_{n=1}^{\infty} \frac{2n+1}{n(n+1)}(a_n \tau_n + b_n \pi_n) \tag{D21}$$

$$S_{11} = \frac{1}{2}(|S_2|^2 + |S_1|^2) \tag{D22}$$

因此，散射相函数可以用散射角表示为

$$\Phi(\theta) = \frac{4\pi}{C_s} \frac{S_{11}(\theta)}{k^2} \tag{D23}$$

其中，$\theta$ 为散射角；$S_{11}$ 为散射体的微分散射截面，是散射矩阵 $\boldsymbol{S}$ 的第一项，其大小随散射角的变化而变化。

对于轴对称粒子，散射相函数可以表示为

$$\Phi(\theta) = 1 + \sum_{j=1}^{\infty} A_j P_j(\cos \theta) \tag{D24}$$

式中　$P_j$——第 $j$ 阶的勒让德系数。

# 附录 E　常用辐射源及探测器

## 1. 光谱辐射源

为了获得物体的光谱辐射特性,往往需要借助某一特定区间的光谱辐射源作为入射源,配合相应的光谱仪,与之对应的光谱辐射源包括卤钨灯、氙灯、氘灯、溴钨灯、汞灯、碳化硅红外光源等,相应的光谱范围如附图 1 所示。

在紫外波段,经常使用氘灯作为标准光源。氘灯能发出较强的紫外光,具有辐射强度高、稳定性好、寿命长等优点。借助氘灯可以测量各种紫外光源、探测器、材料的光谱特性。特别是用于飞行仪器的校准光源,如卫星光谱仪、太阳光谱仪等天文仪器的光谱特性。

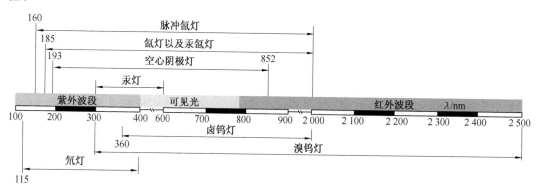

附图 1　典型光源的光谱辐射范围

热辐射红外光源可以是黑体、气体放电光源、通电碳化硅棒等。黑体是理想的热辐射红外光源,因为在同一温度下,黑体的辐射功率密度最大。白炽灯泡能将 $75\%$ 以上的输入电能转变为红外辐射,原因是白炽灯辐射出的波长 $5~\mu m$ 以上的红外辐射均被玻璃外壳吸收,属于一种近红外和中红外光源;而采用反射形玻璃外壳可充分利用白炽灯泡的红外辐射,通过玻璃外壳后部的铝反射面把红外辐射集中到前方,进一步增强效果。此外,还可采用石英管形红外白炽灯作为红外光源,它利用卤钨循环原理工作、体积小、机械强度高、便于安装使用,且寿命可达 $5~000~h$ 以上。

某些气体放电光源放电时产生红外辐射,可作为红外光源使用。氙灯的光谱连续并且在近红外区域产生强烈的辐射,常被用作太阳模拟光源、熔炼特殊金属或材料的热源。碳化硅棒通电加热后在波长 $2\sim20~\mu m$ 范围内近似黑体辐射,是一种中、远红外光源。在发热物体表面涂敷钛、锆、铬、锰、铁、镍和硅的氧化物,或者涂敷硼和硅的碳化物,可以制成远红外光源。

## 2. 激光辐射源

宽光谱光源的单色辐射强度很小,导致透射或反射信号特别微弱,很多情况下无法从强背景噪声中探测、识别出信号。为了获得透过性能稍差(如多孔材料)的光谱透射特性、物体表面的双向反射特性,改善上述情况,激光光源就成了比较好的选择。

激光器是利用受激辐射原理使光在某些受激发的物质中放大或振荡发射的器件。除自由电子激光器外,各种激光器的基本工作原理均相同。根据工作物质物态的不同,可把所有的激光器分为以下几大类:固体激光器、气体激光器、液体激光器、半导体激光器、自由电子激光器。根据激光输出方式的不同又可以分为连续激光器和脉冲激光器,其中脉冲激光的峰值功率可以非常大。按激励方式可以分为光泵式激光器、电激励式激光器、化学激光器、核泵浦激光器。按照运转方式可以分为连续激光器、单次脉冲激光器、重复脉冲激光器、调激光器、锁模激光器、单模和稳频激光器、可调谐激光器。常见激光器的工作波长见附表4。

附表 4　按照波长分类的常见激光器类型

| 波段 | 激光器类型 |
|---|---|
| 紫外 | 氮气激光器(337.1 nm),氦镉激光器(325 nm),氦离子激光器(350.7 nm,356.4 nm),KrF 激光器(248 nm),XeF 激光器(351~353 nm),ArF 激光器(193 nm),XeCl 激光器(308 nm),$F_2$ 激光器(157 nm) |
| 可见 | 氦氖激光器(632.8 nm),氩离子激光器(457.9 nm,476.5 nm,488.0 nm,496.5 nm,501.7 nm,514.5 nm),氦镉激光器(442 nm),氪离子激光器(476.2 nm,482.5 nm,520.6 nm,530.9 nm,586.2 nm,647.1 nm,676.4 nm),铜蒸汽激光器(510.6~578.2 nm),溴化铜激光器(510.6~578.2 nm),Nd:YVO4 激光器(掺钕钒酸钇,532 nm),红宝石 $Cr^{3+}$ 激光器(694.3 nm) |
| 近红外 | 氪离子激光器(752.5 nm,799.3 nm),氧碘(OI)激光器(1 315 nm),Nd:YAG 激光器(掺钕钇铝石榴石,1 064 nm),Nd:YVO₄ 激光器(掺钕钒酸钇,1 064 nm),钛蓝宝石激光器(670~1 200 nm),Nd 固体激光器(1 064.0 nm) |
| 中远红外 | 二氧化碳激光器(10.6 μm),一氧化碳激光器(6~8 μm),溴化氢(HBr)化学激光器(4.0~4.7 μm),氟化氢(HF)化学激光器(2.5~3.5 μm),氟化氘(DF)化学激光器(3.5~4.5 μm) |

### 3. 探测类仪器

检测器的作用是检测红外信号的能量,因此通常要求使用的检测器具有高的检测灵敏度、快的响应速度和较宽的测量范围。目前,红外检测类仪器主要有热检测器和光子检测器两大类。

热检测器是根据入射辐射的热效应引起探测材料某一物理性质变化,进而转换为输出信号变化的一类检测器。物体吸收辐射使其温度发生变化从而引起物体的物理、机械等性能相应变化的现象称为热效应。探测材料因吸收入射红外辐射温度升高,可以产生温差电动势、电阻率变化、自发极化强度变化等,测量这些物理性质的变化就能够测量被吸收的红外辐射功率。热检测器利用了辐射引起的物体热效应,其响应与辐射波长无关,因此,它对任何波长的辐射都有响应,所以称热检测器为无选择性检测器。如果想对特定波段进行响应,需要在热检测器前加一滤波片将不需要的辐射滤掉,这是它同光子检测器的一大差别。

　　光子检测器是利用入射的光子流与探测材料中的电子之间直接的相互作用，从而改变电子能量状态，引起各种电学现象，统称为光子效应。光子效应又有内光电效应和外光电效应之分。外光电效应是入射光子使吸收光的物质表面发生电子的效应，也称光电子发生效应，对应的检测器称为光电子发生光子检测器。在内光电效应中，光所激发的载流子仍滞留在材料内部。根据载流子引起材料电导率的变化值或光生电动势的大小，就可以测定被吸收的光子数。常见光子检测器的响应见附表 5。

**附表 5　常见光子检测器性能参数**

| 探测器类型 | 可用光谱区间 / $cm^{-1}$ | 工作温度 |
|---|---|---|
| Ge－Cu | 330～4 000 | 液氮 |
| DTGS | 400 ～ 9 000 | 室温 |
| MCT | 400 ～ 7 000 | 液氮 |
| InSb | 1 900 ～ 10 000 | 液氮 |
| InAs | 3 300 ～ 12 000 | 液氮 |
| PbSe | 2 000 ～ 10 000 | 室温 |
| PbS | 3 100 ～ 12 000 | 室温 |
| Ge | 5 500 ～ 12 000 | 室温 |
| Si | 9 000 ～ 可见光 | 室温 |